世界技术编年史

SHIJIE JISHU BIANNIAN SHI

农业　建筑　水利

主编　王思明　邵龙　巩新龙

山东教育出版社

图书在版编目（CIP）数据

世界技术编年史. 农业 建筑 水利 / 王思明，邵龙，巩新龙主编. — 济南：山东教育出版社，2019.10（2020.8重印）
ISBN 978-7-5701-0798-8

Ⅰ. ①世… Ⅱ. ①王… ②邵… ③巩… Ⅲ. ①技术史-世界 Ⅳ. ①N091

中国版本图书馆CIP数据核字（2019）第217559号

责任编辑：庄 源 王 燕
装帧设计：丁 明
责任校对：任军芳

SHIJIE JISHU BIANNIAN SHI
NONGYE JIANZHU SHUILI

世界技术编年史
农业 建筑 水利
王思明 邵 龙 巩新龙 主编

主管单位：山东出版传媒股份有限公司
出版发行：山东教育出版社
地址：济南市纬一路321号 邮编：250001
电话：（0531）82092660 网址：www.sjs.com.cn
印 刷：山东临沂新华印刷物流集团有限责任公司
版 次：2019年10月第1版
印 次：2020年8月第2次印刷
开 本：710毫米×1000毫米 1/16
印 张：41.75
字 数：683千
定 价：135.00元

（如印装质量有问题，请与印刷厂联系调换）印厂电话：0539-2925659

《世界技术编年史》编辑委员会

总序

人类的历史，是一部不断发展进步的文明史。在这一历史长河中，技术的进步起着十分重要的推动作用。特别是在近现代，科学技术的发展水平，已经成为衡量一个国家综合国力和文明程度的重要标志。

科学技术历史的研究是文化建设的重要内容，可以启迪我们对科学技术的社会功能及其在人类文明进步过程中作用的认识与理解，还可以为我们研究制定科技政策与规划、经济社会发展战略提供重要借鉴。20世纪以来，国内外学术界十分注重对科学技术史的研究，但总体看来，与科学史研究相比，技术史的研究相对薄弱。在当代，技术与经济、社会、文化的关系十分密切，技术是人类将科学知识付诸应用、保护与改造自然、造福人类的创新实践，是生产力发展最重要的因素。因此，技术史的研究具有十分重要的现实意义和理论意义。

本书是国内从事技术史、技术哲学的研究人员用了多年的时间编写而成的，按技术门类收录了古今中外重大的技术事件，图文并茂，内容十分丰富。本书的问世，将为我国科学技术界、社会科学界、文化教育界以及经济社会发展研究部门的研究提供一部基础性文献。

希望我国的科学技术史研究不断取得新的成果。

路甬祥 2012/11/02

前言

技术是人类改造自然、创造人工自然的方法和手段，是人类得以生存繁衍、经济发展、社会进步的基本前提，是生产力中最为活跃的因素。近代以来，由于工业技术的兴起，科学与技术的历史得到学界及社会各阶层的普遍重视，然而总体看来，科学由于更多地属于形而上层面，留有大量文献资料可供研究，而技术更多地体现在形而下的物质层面，历史上的各类工具、器物不断被淘汰销毁，文字遗留更为稀缺，这都增加了技术史研究的难度。

综合性的历史著作大体有两种文本形式，其一是在进行历史事件考察整理的基础上，抓一个或几个主线编写出一种“类故事”的历史著作；其二是按时间顺序编写的“编年史”。显然，后一种著作受编写者个人偏好和知识结构的影响更少，具有较强的文献价值，是相关专业研究、教学与学习人员必备的工具书，也适合从事技术政策、科技战略研究与管理人员学习参考。

技术编年史在内容选取和编排上也可以分为两类，其一是综合性的，即将同一年的重大技术事项大体分类加以综合归纳，这样，同一年中包括了所有技术门类；其二是专业性的，即按技术门类编写。显然，两者适合不同专业的人员使用而很难相互取代，而且在材料的选取、写作深度和对撰稿者专业要求方面均有所不同。

早在1985年，由赵红州先生倡导，在中国科协原书记处书记田夫的支持下，我们在北京玉渊潭望海楼宾馆开始编写简明的《大科学年表》，该年表历时5年完成，1992年由湖南教育出版社出版。在参与这一工作中，我深感学界缺少一种解释较为详尽的技术编年史。经过一段时间的筹备之后，1995

年与清华大学汪广仁教授和东北大学远德玉教授组成了编写核心组，组织清华大学、东北大学、北京航空航天大学、北京科技大学、北京化工大学、中国电力信息中心、华中农业大学、哈尔滨工业大学、哈尔滨医科大学等单位的同行参与这一工作。这一工作得到了李昌及卢嘉锡、任继愈、路甬祥、柯俊、席泽宗等一批知名科学家的支持，他们欣然担任了学术顾问。全国人大常委会原副委员长、中国科学院原院长路甬祥院士还亲自给我写信，谈了他的看法和建议，并为这套书写了序。2000年，中国科学院学部主席团原执行主席、原中共中央顾问委员会委员李昌到哈工大参加校庆时，还专门了解该书的编写情况，提出了很好的建议。当时这套书定名为《技术发展大事典》，准备以纯技术事项为主。2010年，为了申报教育部哲学社会科学研究后期资助项目，决定首先将这一工作的古代部分编成一部以社会文化科学为背景的技术编年史（远古—1900），申报栏目为"哲学"，因为我国自然科学和社会科学基金项目申报书中没有“科学技术史”这一学科栏目。这一工作很快被教育部批准为社科后期资助重点项目，又用了近3年的时间完成了这一课题，书名定为《社会文化科学背景下的技术编年史（远古—1900）》，2016年由高等教育出版社出版，2017年获第三届中国出版政府奖提名奖。该书现代部分（1901—2010）已经得到国家社科基金后期资助，正在编写中。

2011年4月12日，在山东教育出版社策划申报的按技术门类编写的《世界技术编年史》一书，被国家新闻出版总署列为“十二五”国家重点出版规划项目。以此为契机，在山东教育出版社领导的支持下，调整了编辑委员会，确定了本书的编写体例，决定按技术门类分多卷出版。期间召开了四次全体编写者参与的编辑工作会，就编写中的一些具体问题进行研讨。在编写者的努力下，历经8年陆续完成。这样，上述两类技术编年史基本告成，二者具有相辅相成，互为补充的效应。

本书的编写，是一项基础性的学术研究工作，它涉及技术概念的内涵和外延、技术分类、技术事项整理与事项价值的判定，与技术事项相关的时间、人物、情节的考证诸多方面。特别是现代的许多技术事件的原理深奥、结构复杂，写到什么深度和广度均不易把握。

这套书从发起到陆续出版历时20多年，期间参与工作的几位老先生及5位顾问相继谢世，为此我们深感愧对故人而由衷遗憾。虽然我和汪广仁、远德玉、程承斌都已是七八十岁的老人了，但是在这几年的编写、修订过程中，不断有年轻人加入进来，工作后继有人又十分令人欣慰。

本书的完成，应当感谢相关专家的鼎力相助以及参编人员的认真劳作。由于这项工作无法确定完成的时间，因此也就无法申报有时限限制的各类科研项目，参编人员是在没有任何经费资助的情况下，凭借对科技史的兴趣和为学术界服务的愿望，利用自己业余时间完成的。

本书的编写有一定的困难，各卷责任编辑对稿件的编辑加工更为困难，他们不但要按照编写体例进行订正修改，还要查阅相关资料对一些事件进行核实。对他们认真而负责任的工作，对于对本书的编写与出版给予全力支持的山东教育出版社的领导，致以衷心谢意。本书在编写中参阅了大量国内外资料和图书，对这些资料和图书作者的先驱性工作，表示衷心敬意。

本书不当之处，显然是主编的责任，真诚地希望得到读者的批评指正。

姜振寰

2019年6月20日

编写说明

一、本书收录范围

本书包括农业（种植业、养殖业、渔业、林业、兽医、化肥农药、农用机械等）、建筑（建筑材料、城市规划、土木工程、测绘、桥梁、建筑设计与建造等）、水利（农田水利、水坝、水电站、水利枢纽等）三大部分。每部分收录的事件按年代顺序排列。

二、条目选择

与上述三大部分有关的技术思想、原理、发明与革新（专利、实物、实用化）、工艺（新工艺设计、改进、实用化），与技术发展有关的重要事件、著作与论文等。

三、编写要点

1. 每个事项以条目的方式写出。用一句话概括，其后为内容简释（一段话）。

2. 外国人名、地名、机构名、企业名尽量采用习惯译名，无习惯译名的按商务印书馆出版的辛华编写的各类译名手册处理。

3. 文中专业术语不加解释。

4. 书后附录由人名索引、事项索引及参考文献部分组成，均按汉语拼音字母顺序排列。

人名、事项后加注该人物、事项出现的年代。

四、国别缩略语

[英] 英国	[法] 法国	[德] 德国	[意] 意大利	[奥] 奥地利
[西] 西班牙	[葡] 葡萄牙	[美] 美国	[加] 加拿大	[波] 波兰
[匈] 匈牙利	[俄] 俄国	[中] 中国	[芬] 芬兰	[日] 日本
[希] 希腊	[典] 瑞典	[比] 比利时	[埃] 埃及	[印] 印度
[丹] 丹麦	[瑞] 瑞士	[荷] 荷兰	[挪] 挪威	[捷] 捷克
[苏] 苏联	[以] 以色列	[新] 新西兰	[澳] 澳大利亚	

农　业

建　筑

水 利

农　业

概述

世界农业发展史，就其主要特征而言，就是农业与非农产业联合、分离、再联合，并经历了原始农业、古代农业、近代农业、现代农业等主要阶段的发展史。其中任何一个阶段都是前一个阶段综合发展的结果，其生产力水平、生产关系形态、分工协作方式都较以前阶段更为先进，是人类社会整体发展最重要、最基本的标志之一。

1. 原始农业

远古人类为了维持生存，只有依靠捕捞和采集自然界里现成的动植物果腹，还不能以自己的劳动去增加动植物的产品数量。这时一切的技术进步都是为了寻找到更多的食物。这个时期包括了人类的童年期和旧石器时期。在人类的童年期，人类生活在热带和亚热带的森林中，树居和食果是主要特征。

到了新石器时代，人类学会了以打磨制作石器作为工具，并发明了弓箭，这是该阶段的重要特征。弓箭的发明和使用是当时的重大技术进步，它使打猎成为人类普通的劳动，也使肉食成为人类的日常食物。人类从打猎中学会了驯养动物，从此开始形成原始的畜牧业。他们也懂得了把磨制好的石器缚在棍棒上作为武器和工具使用，懂得了用石器削制木质用具和容器，加上在长期的采集植物过程中找到了适于种植的谷物的籽粒，因此就形成了原始的种植业。

驯养繁殖动物和种植谷物，使新石器时期的人类开始定居生活并形成村落。当代考古学家已在世界各地多处发掘出新石器时代的陶器。这就证明，人类的祖先是在新石器时期开始其定居生活的，因为陶器只有在定居的环境下才能制作。而陶器的制作，又标志着人类文化史上被称为蒙昧时代的结束和野蛮时代的开始。

原始农业的技术进步首先表现在生产工具上，从粗制的棍棒和石器工具（农具）发展为精心打磨过的石制、骨制和木制工具（农具），还出现了极少量的青铜制工具（农具）。其次表现在耕作方法上，从只会采集发展到刀耕火种乃至锄耕火种，出现了原始的烧垦制。而铁锄被大量制造和使用的普及则说明原始农业已过渡到了古代农业。再次表现在对野生动植物的驯化上，从单纯猎取野生动物，采集野生植物的籽粒，发展到对某些野生动植物进行驯化，使之可以饲养和种植。如现在通常种植的小麦、水稻、玉米和饲养的猪、牛、羊、狗、鸡等都是由人类祖先在原始农业的发展阶段驯化而成的，后世所做的工作是对驯化出来的动植物进行品种改良而已。所以，对野生动植物的驯化是原始农业对人类社会发展的重大贡献。最后表现在对农业生产条件的改造上，原始人类从对自然环境的绝对依赖发展到在很小的范围内对自然条件作某些改善，使之有利于农业的发展，如出现了简陋的灌溉农业，这说明原始人类开始有了改造农作物生产条件的意识和初步能力。

尽管原始农业的生产技术进步对社会发展有重要意义，但它只是建立在原始的直接经验基础上的技术。所谓原始的直接经验，是指缺乏广泛交流，只是在个别原始部落内部产生和流传的有限的粗浅经验，劳动生产率和土地产出率都十分低下。特别是烧垦制的出现，表明当时人类只会从土地上掠夺物质和能源，而不能及时地进行补充和偿还，所以，这是一种为保证人类繁衍而以自然环境被破坏为代价的原始技术。

由于生产水平低下，原始人类为了维持生存就必须实行简单协作，从事集体劳动。当时的分工以自然分工为主。所谓自然分工，是指人们按性别和年龄的差别，在纯生理基础上产生的劳动分工。与这种分工相适应的协作，就是一种以原始氏族大家庭为单位，将手工业（打磨石器）、农业（采集、种植）、畜牧业（狩猎驯化）联系在一起的简单协作。具体表现为，在一个原始氏族家庭中，青年男子从事狩猎、驯化工作，女子从事采集劳动，而中老年人则专门从事打磨石器、制作工具的工作。

2. 古代农业

随着炼铁术及铁制工具制作技术的成熟，铁制工具（农具）的使用逐渐普及，世界农业发展就进入了古代农业阶段。

考古资料表明，公元前2年左右，巴比伦人发明炼铁方法，而中国的冶铁技术发明更早，至迟是在春秋中期。生产工具的每一阶段变革都与材料、能源、工艺、控制在技术上的重大发展密切相关。冶铁技术的发明，必然促进铁制农具的出现。这一跃进产生于希腊的荷马时代和中国的春秋时代。还在希腊城邦国家建立的早期，木犁就已装上了铁制的犁铧。各地由于气候、土质等自然条件存在着差异，所用农具也有所不同。罗马使用较轻便的弯辕犁，阿尔卑斯山以北的地方，则使用有轮的较为笨重但适于深耕的反转犁。据文献记载，公元1世纪左右，罗马已有大麦、小麦的集穗装置，谷物加工机械也已出现。对出土文物的研究可以证明，中国在春秋战国时有了功能较为完善的铁制耕犁；汉代初期，铁犁向形式多样化发展，有铁口犁铧、尖锋双翼犁铧、舌状梯形犁铧等，并且还发明了犁壁装置和能够调节耕地深浅的犁箭装置。

如果缺少新的动力，先进的铁制农具也是无法充分发挥作用的。在欧洲，罗马帝国末期，由于奴隶缺乏，人们寻找新的动力，但成效甚微，直至公元1000年前后西欧人才广泛使用畜力。在中国，公元前350年已经开始使用牛耕。

铁犁牛耕使古代农业的劳动生产率高于原始农业，从而促使人类社会的各个方面发生变革，开始了人类文化史上所谓的野蛮时期向文明时期的过渡。

生产工具的进步必然推动农业技术的发展。首先，耕作制度由原始的烧垦制过渡到既能较充分地利用土地资源又能较好地保护自然植被的轮作制。一系列精耕细作的方法也随之出现，如整地播种、育苗移栽、中耕除草、灌溉施肥等。

在欧洲，典型的古代农业技术是休闲、轮作并兼有放牧地的二圃、三圃以及四圃耕作制，它把种植业和畜牧业结合起来了。大约在公元前1000年，二圃制在希腊形成。二圃制是指把土地分为两个区，一个区种麦类作物，一个区休闲，次年调换，以恢复地力，保持土壤水分，并有放牧地。在二圃制的基础上，由于农村人口的增加和有轮重犁的发明，就产生了三圃制。三圃制是指把土地分成三个区，两个区分别种越冬作物和春播作物，第三区休闲，三年轮换循环一次。二圃和三圃制虽然保护地力，但是土地的利用率不高。进入18世纪，为了提高土地利用率和农业的集约化程度，英国首先推行了四圃耕作制，即所谓“诺福克轮作制”，它把农地分为四块，依次轮换种植芜菁、大麦、三叶草和小麦等作物。这样，休闲地、放牧地被取消了，有利于土地利用率的提高，并为牲畜提供了优良饲料，把牧畜放牧改进为舍饲，同时，又可以利用厩肥，从而提高地力。

在西亚和北非，古代农业的耕作制度是隔年耕作法，即在干旱缺肥的条件下，种一年休闲一年。但随着人口的增加，休闲期也逐渐缩短，成为不休闲和短期休闲的轮作制。在中国，古代农业的耕作制度水平远高于世界其他国家，著名的德国农业化学家李比希称中国的农业是“合理农业的典范”。

其次，灌溉施肥方法由原始的自然补充土地水分、肥力过渡到劳动者利用各种方法主动对土地施加水肥。在农业起源最早的西亚、北非地区，由于气候干旱炎热，创立了灌溉农业。当时人们创造了许多种灌溉方法，如建造引河水渠道进行自流灌溉，或引河水淤灌，或引地下水灌溉，或修水井及坎儿井实施井灌等。灌溉农业以埃及尼罗河流域最为著名。当地年降雨量不足200毫米，但由于创造了淤灌法，就建立起了能维持当地人口生存的农业生产。所谓淤灌法，即在每年的8—9月汛期，引尼罗河水浸泡两岸土地并借此淤积肥沃的河泥，在排干水以后播种一季作物，然后休闲至新的汛期。由于淤积和休闲交替，土壤中养分不断聚积和分解，维系了作物生长所需要的水肥。在中国，发明了耕—耙—耱的抗旱保墒耕作法，而东汉时期的龙骨水车也能反映出当时灌溉技术的进步。

总之，古代农业生产技术是随着生产工具的更新而不断更新的。一方面，生产技术更新是先进生产工具充分发挥作用的保证，比如，铁犁的完善和动力的增加要求地力常新，否则土壤退化的面积更大、速度更快，土地生产率将日趋下降，先进农具的优越性无从表现。另一方面，先进的生产工具又使得农业技术的更新成为可能，比如，有了马拉的条播机、中耕机，才能在劳力短缺的欧洲实行“四圃制”，扩大种植面积；又如，有了水利工程和水车灌溉工具，灌溉技术才得以发展；同样，因为铁犁犁壁的发明使用，才能把杂草埋在地下面作肥料，从而实施精耕细作。

古代农业对农业发展的主要贡献在于：采用精耕细作的方法，提高了土地生产率，初步实现了对土地的用养结合，从而使自然生态环境得以维持。较原始农业而言，这是人类认识与实践上的一个重大进步，而对现代农业的持续发展来说，也可以从中得到有益的启发。

不过，古代农业是一种自给自足的自然经济，社会分工虽有发展，但力度有限，对社会经济整体发展的影响不大。农业与手工业之间的联系有所松动，但依然密切。其纽带就是彼此之间很少联系的、相对孤立的封建庄园和农户家庭，而“男耕女织”便是这种情形的具体描绘。在东方各国，由于以农户家庭为纽带的农业与手工业的联系更为紧密，封建经营方式的分散性、封闭性更为突出，所以它们古代农业所经历的时间比西方更为长久。

3. 近现代农业

近代农业主要兴起于第一次工业革命之后，止于20世纪初，这期间除了利用手工农具、畜力农具且施用有机肥外，全球的大部分地区已开始从三圃制过渡到四圃轮栽式农业。严格意义上的现代农业阶段，是在20世纪初采用动力机械和人工合成化肥以后开始的，这一阶段依靠的是机械、化肥农药等技术。因此，近代农业和现代农业是相对于古代农业而言的，是有工业技术装备、以实验科学为指导、主要从事商品生产的农业。

西方农业上的技术改革以英国为最早，大体上和第一次工业革命同时进行。18世纪末，塔尔所倡导的中耕法和设计的马拉式条播机及中耕机得到逐步应用推广，开始改变了中世纪遗留下来的粗放经营方式，轮作式农业逐步取代了三圃制，耕地得以充分合理利用。19世纪初，地多人少、劳力不足的美国为了迅速提高农业产量，进行了农机具的改革，开始使用畜力农业机械。1825年第一台马拉棉花播种机注册登记，接着谷物收割机、畜力脱谷机、玉米播种机、割草机等相继问世。到19世纪50年代，马拉农具已被普遍使用。1850年美国开始使用蒸汽机，最早是用在脱谷机上；1870年试制成第一台蒸汽拖拉机，1910年生产出汽油拖拉机。

在西方农业进行大刀阔斧改革的同时，中国经历了鸦片战争失败的惨痛失利。一些受西方影响较深的知识分子逐渐认识到西方近代农业优于中国传统农业，于是开始翻译和介绍西方近代农学书刊，引进西方农业科学技术。19世纪60年代至90年代的“洋务运动”中，西方近代自然科学及工业技术在被翻译和学习的同时，近代农学知识以及有关的植物学和农业化学也开始传入中国。1877年《格致汇编》刊载的《农事略论》便第一次对李比希《化学在农业和生理学中的应用》一书作了简要评介，也首次将有关西方农具特别是以蒸汽为动力的农机具的情况介绍到中国。

1898年“戊戌变法”失败后，越来越多的人意识到，必须进行包括农业在内的全面改革才有希望。为了学习外国的近代农业科学技术，各地开始兴办各级农业学校，选派学农留学生出国，聘用外国农业教员，引进新式农机具及优良农作物和畜、禽品种，创办农学会等。可以说，这一时期西方近代农学知识的引进与传播，推动了近代农业科学技术在中国的起步和发展。

发达国家农业的现代化从20世纪20年代开始。农业生产在一些经济发达的国家率先进入现代化时期，彼时内燃机牵引的轮式通用拖拉机逐步成为农业生产上的主要动力，李比希矿质学说的提出和F.哈柏氮肥合成法的成功，使化肥工业有了较大的发展。农业现代化最先在美国实现，其他西方国家略迟于美国。从20世纪30年代初开始，一直到1955年，西方国家陆续实现农业现代化。日本的农业现代化过程与西方国家不同。日本经济在明治维新后就逐步向资本主义过渡，但在相当长的一个时期里，农业技术一直没有超出传统水平，直到1950年农业机械化才开始，到1967年基本实现了耕地、排灌、除草、施肥、加工等作业的机械化。

1911年至1936年是中国近代农业科学技术的发展时期。中国农业对世界先进农业科技的认识、研究和学习主要体现在：近代实验农学思想逐渐渗透到中国农业科技的各个学科，从单纯翻译外国的农学知识转向科学实验和田间试验，从完全照搬外国农业科技发展到与中国传统农业科技相结合。此后也开始效法欧美日，设立科研机构、兴办农业教育和开展农业推广工作。1902年在保定设立了第一所综合性的科研机构——直隶农事试验场，1906年在北京设立的中央农事试验场，为中国第一所国家级的农业科研机构。20世纪20—30年代农业科研机构的数量迅速增加，一些著名大学如金陵大学、东南大学、岭南大学等的农科（后改称农学院），普遍采用教学、科研、推广三结合的教学方法，成为学习、研究、推广近代农业科学技术的中坚力量。

1937年到1949年，烽火连年，农业科学技术研究处于极其困难的局面之下，这是中国近代农业科学技术的艰难发展时期。直到新中国成立以后，农业发展才又焕发生机。新中国成立后的最初十年，主要是学习苏联。我国农业工作者系统地认识了米丘林遗传育种理论和方法、威廉斯土壤学、巴甫洛夫生理学等，学习农业生产和管理经验，引进和推广了一些农作物、牧草种子、种畜等，在推动中国农业科技教育业和农业生产发展等方面起了一定作用，但因照搬某些技术经验和学术理论，致使效益不高。

20世纪70年代以后，第三次科技革命的浪潮席卷了整个世界，生物和信息技术得到了飞速发展，在农业领域，主要表现为农业科学化和信息化方面取得了快速发展，西方发达国家的这些成就也激起了我国农业现代化的发展高潮。中国和世界主要发达国家，都有了农业交往关系，也逐步与各个国际农业组织和多边机构建立了联系和合作关系。

概之，20世纪是中国农业发展史上最为重要的发展阶段，是中国传统农业逐渐向现代农业转化的历史时期，是近代农业科学技术在中国产生、发展并逐渐中国化，建立符合中国国情农业模式的重要时期，其重要性无论怎么被评述都不为过。

约B.C.12000—B.C.10000年

中国江西万年仙人洞和吊桶环遗址出现类似栽培稻　仙人洞遗址与吊桶环遗址位于中国江西省万年县，是两处洞穴遗址，坐落于小而湿润的大源盆地内，二者相距约800米。两处遗址的文化堆积丰富，出土遗物包括各种石器、骨器、穿孔蚌器、夹砂的褐色陶器、人骨和大量动物骨骼，其中夹粗砂条纹陶、绳纹陶为世界上目前发现年代最早的陶器标本之一。

仙人洞遗址出土陶罐

仙人洞古人类遗址

在这两处属于新石器时代早期的遗址上层，发现大量野生稻植硅石和类似栽培稻稻属植硅石，经碳14法断代测定，其遗存年代约为B.C.12000—B.C.10000年。结合花粉分析，从中可以看出仙人洞和吊桶环先民从采集野生稻到学会人工栽培水稻的漫长变化过程：由采集野生稻，到开始出现栽培稻时仍继续大量采集野生稻，两者比重随年代发生此长彼落的变化，直至完全取代野生稻，经历时间达数千年之久。

虽然在仙人洞与吊桶环遗址没有发现稻作遗存，但是它们为探讨人类如何从旧石器时代过渡到新石器时代这一世界性大课题，以及中国陶器和稻作农业的起源提供了重要的实物资料。

约B.C.9000—B.C.8000年

西亚扎维凯米-沙尼达尔遗址开始驯化绵羊　西亚（西方人习惯称之为

近东或中东）包括小亚细亚及伊朗高原以南的地区。西亚的农业最早起源于托罗斯山和扎格罗斯山所构成的新月形（或伞形）肥沃丘陵地带。在这个区域里，普遍发现了距今1万年左右的由采集狩猎向农耕转化的遗址，这些遗址与野生小麦和大麦的分布相吻合。

扎维凯米遗址（Zawi Chemi Site）和沙尼达尔遗址（Shanidar Site）位于西亚伊拉克北部大扎卜河谷，二者相距4千米。扎维凯米是伊拉克最古老的村落遗址，面积近6万平方米；沙尼达尔则是一处洞穴居住遗址。扎维凯米遗址有许多居住层，经碳14法断代测定，遗址居住层年代为约B.C.9000—B.C.8000年，居住时间长达1000年。但居址的性质很可能是季节性的，有人推测人们夏季在此设营地，冬天则回到沙尼达尔洞穴居住。临时茅屋呈圆形，直径近4米，墙基用河卵石砌成，没有发现灶。兽骨很多，据分析，绵羊已是家畜，因为该遗址发现了世界上最早驯化的绵羊；山羊、赤鹿、野猪、狼等是猎物，也采集蜗牛、河蚌、鱼类和乌龟为食。两个遗址中都出土了大量农具，有石臼、石杵、石磨、骨镰等，用于采集和加工食物。此时人类尚没有完全定居，处于农业最初发生时期。

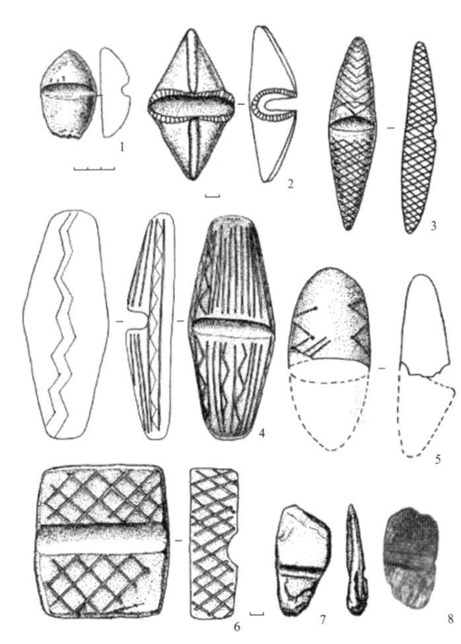

沙尼达尔遗址出土的石器

约B.C.8500—B.C.6000年

西亚耶利哥遗址形成原始定居村落 耶利哥遗址（Jericho Site）位于西亚约旦西部约旦河河口西北约15千米处。文化层自中石器时代延续至青铜时代，堆积层极厚。最早为中石器时代的猎人和食物采集者文化，此后为原始新石器时代文化，属游猎向定居生活过渡阶段，农业出现与否尚不能肯定。再后是前陶新石器时代文化，包括A、B两期。

在大约B.C.8500—B.C.6500年的前陶新石器时代文化A期，遗址面积达4

耶利哥遗址

公顷，周围有厚1.64米的石墙，石墙残高3.74米，外有宽8.5米、深2.1米的壕沟。这是世界上最早的农业村落。城墙内建有高8.15米的望楼，内有通向顶部的阶梯。居民居住在土坯砌筑的圆形房屋内。根据遗址规模推断，居民约有2000人，要维持如此多人的生活，必须依靠农耕。防御系统的建筑，说明当时已有很发达的公社组织。石器较为简单，有石镰、石镞、石锥、石凿、石锛等。在大约B.C.6500—B.C.6000年的前陶新石器时代文化B期，出现了长而薄的石刀，还有大量磨石、石锤、石杵、碾石等。房屋变化明显，呈方形，用卷叶形烧砖建造。当时种植有大麦、小麦、豌豆、扁豆及无花果。

约B.C.8000年

中国湖南道县玉蟾岩遗址出现栽培稻　玉蟾岩遗址位于湖南道县，是一处洞穴遗址。在那里发现了烧火堆，以石核、石片、砍砸器、刮削器为主的打制石器，骨锥、骨镞、骨铲、骨钩和角铲之类的骨角器；在文化层底层出土少量火候低、厚胎的夹砂粗陶器（绳纹敞口尖底的釜形器），大量半石化的陆水生动物遗骸和植物果核等。

玉蟾岩遗址出土的陶釜

最重要的是，在近底层发现的4枚稻谷，经鉴定兼有野、籼、粳稻综合特征，为演化中的最原始的古栽培稻类型。这是迄今为止中国所发现的最早的古栽培稻实物，也是目前世界上最早的栽培稻实物标本。同时，土样分析表明还存在水稻硅酸体，说明已开始少量栽培最原始的水稻。经碳14法断代测定，稻谷遗存年代约为B.C.8000年。

玉蟾岩遗址栽培稻种的发现，对探讨中国史前稻作农业的起源具有重要的价值。

约B.C.7000年

中国河北徐水南庄头和广西桂林甑皮岩出现家猪 中国是世界上最早将野猪驯化为家猪的国家。在河北徐水南庄头遗址和广西桂林甑皮岩遗址都发现了约B.C.7000年的家猪骨骼，这是中国目前发现最早的家猪遗存，也是迄今世界上最早的家猪遗存。在距今约7000年的浙江余姚河姆渡遗址中，也出土了家猪的骨骼，同时还出土了陶制的猪模型。

猪是中国农区最主要的家畜。据研究，中国家猪的起源可分华南猪和华北猪两大类型，二者在体形、毛色、繁殖力等方面都迥然不同。这表明中国家猪的起源是多中心的，即南北各地先后分别将当地野猪驯化为家猪。

野猪经过人工长期的圈养驯化、选择，在生活习性、体态、结构和生理机能等方面逐渐起变化，最典型的是体型方面的改变。野猪因觅食掘巢，经常拱土，嘴长而有力，犬齿发达，头部强大伸直，头长与体长的比例约为1∶3。现代家猪因经过长期喂养，头部明显缩短，犬齿退化，头长与体长之比约为1∶6。

南庄头遗址发掘的石磨盘

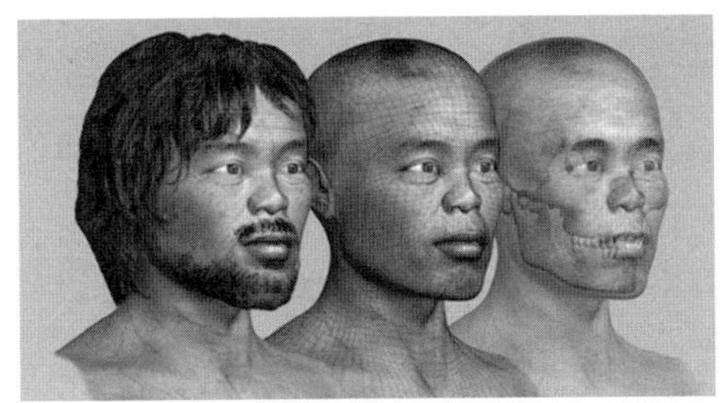
甑皮岩遗址复原人像

约B.C.7000—B.C.5800年

西亚耶莫遗址早期农业发展 耶莫遗址（Jarmo Site）位于西亚伊拉克东北部基尔库克以东约60千米处。遗址面积约1.6公顷，文化堆积层厚8米，从上到下分为16层。下部的11层属于无陶新石器时代，年代约为B.C.7000—

B.C.6100年；上部的5层属有陶新石器时代，年代约为B.C.6100—B.C.5800年。

无陶阶段的房屋为长方形，墙壁以黏土构筑，平顶，铺芦苇，并涂着一层厚泥。居民已知栽培二粒小麦、单粒小麦以及二棱有稃大麦，还种植扁豆、豌豆和山黧豆等。驯化的动物有狗、猪、山羊和绵羊，并大量采食蜗牛。石器有石臼、石杵、马鞍形手磨、石球以及刃部磨光的石斧等。

耶莫遗址房屋模型

养羊业在当时已经成为主要的生产部门。家羊分为绵羊和山羊，属于不同的属。驯化较早的是绵羊，由野绵羊驯化而来，驯化中的变异是母畜失去角和粗毛皮变为多绒毛皮；山羊的驯化时间比绵羊略晚，由野山羊驯化而来，驯化中的变异是羊角的形状从钩镰状变为螺旋状。

约B.C.6000年

中国湖南澧县八十垱遗址出现早期稻作农业　以湖南澧县八十垱遗址、彭头山遗址为代表的彭头山文化，是中国长江中游地区目前已知年代最早的新石器时代文化。在八十垱遗址中发现了大量炭化的稻谷和稻米，总数约为2万多粒，是迄今为止中国史前遗址中出土炭化稻谷和稻米最多的一个地点。经过对373粒稻谷和稻米作形态分析研究，认定八十垱的稻谷遗存是一群籼、粳、野特征兼有的小粒种类型，而且是一个正在向籼、粳演化的多向分化群体。据此可以认为，彭头山文化已有了早期的稻作农业。

八十垱遗址出土的炭化稻粒

在八十垱遗址还出土了大量菱角、芡实、莲子，许多鹿、麂、鱼等野生动物的骨骼，以及牛、猪、鸡等家畜禽骨骼，反映出采集和渔猎在当时经济生活中仍然占有一定的位置。

在八十垱遗址中还发现了目前中国最早的聚落壕沟和围墙。聚落总面积超过3万平方米，壕沟沿遗址的边缘开挖，掘出的土堆在壕沟内侧筑成低矮的围墙。

彭头山文化出土的稻作遗存，对于研究稻作农业的产生和发展具有重要的价值。

中国黄土高原地区出现锄耕农业 中国黄土高原地区土壤肥沃，土层深厚，土质疏松，蓄水性好。在这一地区，发现了大量约B.C.6000年的已经进入锄耕时代的农业遗址，最典型的有河南新郑裴李岗遗址、河北武安磁山遗址和甘肃秦安大地湾遗址等。

其时种植业已是当地居民最重要的生活资料来源，出土的农具配套成龙，从砍伐林木、清理场地用的石斧，松土或翻土用的石铲，收割用的石镰，到加工谷物用的石磨盘、磨棒，一应俱全，制作精良。主要作物是俗称谷子的粟和俗称大黄米的黍（如甘肃秦安大地湾遗址发现了迄今为止年代最早的栽培黍遗存），并使用地窖储藏。采猎业是当时仅次于种植业的生产部门，人们使用弓箭、鱼镖、网罟等工具进行渔猎，并采集朴树籽、胡桃等作为食物的重要补充。畜养业也有一定发展，饲养的畜禽有猪、狗和鸡，可能还有黄牛。在这一地区出土了目前最早的纺轮（史前唯一的纺纱工具）。与这种以种植业为主的综合经济相适应，人们过着相对定居的生活，其标志就是农业聚落遗址的出现。

磁山遗址出土的陶盂和大地湾遗址出土的陶器

希腊爱琴海地区出现早期农业 西亚地区农业出现以后，向西穿过塞浦路斯、克里特等爱琴海诸岛向巴尔干半岛传播。约B.C.6000年前，在希腊南端的伯罗奔尼撒半岛的法兰奇蒂洞穴中出现了大量被驯化的山羊与绵羊的骨骸，说明农民已经从爱琴海的岛屿登上了大陆希腊和巴尔干半岛南部，爱琴海地区早期农业形成。

约B.C.5000年

河姆渡遗址

中国浙江余姚河姆渡出现较发达的史前稻作农业 河姆渡遗址位于中国浙江省余姚市，遗址的较大范围内普遍发现了稻谷遗存，有的地方稻谷、稻壳、茎叶等混杂的堆积最厚处超过1米。稻类遗存数量之多，保存之完好，都是中国新石器时代考古史上所罕见的。经碳14法断代测定，遗存年代约为B.C.5000—B.C.3300年。经鉴定，河姆渡出土的稻谷主要属于籼稻种晚稻型水稻，但也有粳稻和中间类型。河姆渡遗址还出土了大量稻作农业的骨耜、木耜等生产工具和可能已经被驯化的水牛遗骨，说明河姆渡文化已有较发达的史前稻作农业。

正是在发达的稻作农业生产的基础上，河姆渡的先民因地制宜创建了用榫卯结构连接起来的木构干栏式建筑，其木构件和榫卯结合方法成为后来中国传统木构建筑之祖。干栏式建筑是一种适应南方多雨、潮湿环境的典型建筑，以桩木、地梁和地板，架构成高于地面的建筑基座，再在其上部

《河姆渡遗址》纪念邮票

立柱架梁，用席类材料围墙盖顶建成房屋。在已发现的20多排桩木中，较清楚的一座为总长度在23米以上的干栏式长屋。农闲之时，人们在干栏式长屋中制作漆木器、编织器，以及陶、石、骨、木质艺术品等，创造出丰富多彩的史前农耕文化。

中美洲古印第安人开始世界上最早的玉米栽培 新大陆的农业是在与旧大陆隔绝的情况下独立发展起来的。约B.C.5000年，中美洲以采集为主的古印第安人，开始了世界上最早的玉米栽培。

在中美洲墨西哥中部的特瓦坎（Tehuacan）谷地一共发现了400多处遗址，发掘了其中主要的12处，在5个洞穴遗址——考克斯卡特兰（Coxcatlan）、普隆（Purron）、圣·马柯斯（San Marcos）、特柯拉尔（Tecoral）和埃尔·里戈（Ei Riogo）中发现了史前玉米遗存，有25000多件玉米植株和果穗。在发掘的这些遗址中，出土了数以万计的遗物，包括石器、陶器、编织品、动物骨骼、野生植物遗骸等。

印第安人除了种植玉米之外，以后又培育了甘薯、马铃薯、花生、南瓜、烟草、西红柿、向日葵、辣椒、可可等一大批在当今世界上受到广泛利用的作物。此外，他们还驯化了羊驼和火鸡，但是从未饲养、使役过旧大陆常见的役畜。印第安人没有发明冶铁术，也没有耕犁和铁制农具，直到公元9世纪，仍然以采集狩猎为主；从9世纪到13世纪才开始定居，从事原始的农业生产，但是畜牧业仍然十分落后。

约B.C.4500—B.C.4300年

中国湖南澧县城头山和江苏苏州草鞋山出现水稻田 城头山遗址位于中国湖南省澧县，属于大溪文化时期，在其下层发现了面积约100平方米、由3条人工堆筑的田埂组成的长方形水稻田。稻田中淤积青灰色黏土，泥土中还保存着稻梗和根须，可辨识出当时采用的播种方式是撒播。与稻田配套的还有由3个圆形的蓄水坑和3条排水沟组成的原始灌溉设施。经碳14法断代测定，遗存年代约为B.C.4500—B.C.4300年，是迄今为止世界上年代最早的水稻田遗迹。

在江苏省苏州市属于马家浜文化的草鞋山遗址也发现了距今6000多年前

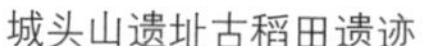
城头山遗址古稻田遗迹

草鞋山遗址出土的玉琮

的古稻田。在遗址东区发现水稻田33块、水沟3条、水井6座。古稻田中，面积小的仅有0.9平方米，大的达12.5平方米，成西南—东北成行排列。水稻田之间有的用水口相通，并有水沟、蓄水井（坑）等设施。在遗址西区发现水田11块、水沟3条、水井4座和人工开挖的大水塘2个。稻田的形状、大小、排列方式等均与东区相同。

城头山和草鞋山遗址两处古稻田的发现，表明当时长江流域稻作农业已经从原始形态发展到规模经营，稻作农业生产已经日趋成熟，达到了相当高的水平，这是中国史前稻作农业考古的重大突破。

约B.C.4500年

西亚两河流域苏美尔人从游牧转入定居 约B.C.4500年，西亚两河流域南部苏美尔人从游牧转入定居。农业生产已经由锄耕转向犁耕，以四头牛或驴为一组来拖拉；种植的作物以大麦为主，还有小麦、亚麻、椰枣和豆科作物等；饲养的家畜有山羊、绵羊、牛、驴、猪等，并用驴拉车。此时渔猎还占有重要的地位，羊毛是早期对外交换的项目，大麦充当交易媒介。

苏美尔人

此时已经出现简单的人工灌溉，利用的是天然堤岸口流出的河水和没有控制的泛滥水流。至B.C.4000年，开始有了水利网的建设，灌溉在农业生产中发挥了重要作用。

最为重要的是，在B.C.4000年时，巴比伦人发明了一种新式农具——带有播种器的耧。它由两头犍牛曳引，一人扶犁，一人牵牛，一人在旁向谷斗放种子，实现了一边耕地，一边播种，是一种较先进的农具。

古埃及巴达里遗址出现原始农业 古代埃及的范围是尼罗河第一瀑布以北至地中海的河谷地带。尼罗河的定期泛滥，形成了肥沃的冲积平原。孟菲斯以南的尼罗河谷地为上埃及，以北为下埃及。

古埃及的原始农业大约开始于B.C.5000年，首先发生于上埃及。在约B.C.4500年，巴达里遗址的先民已经定居务农，种植小麦、大麦，用麦粉做面包和粥；饲养绵羊、山羊，与西亚的作物和家畜很相似；使用石铲、石锄、石刀以及少量铜刀、铜锥等工具。那时以农业为主，辅之以渔猎，人们住在尼罗河附近的沙漠台地上，还未移至尼罗河冲积平原。

约B.C.3900—B.C.3200年

中国上海青浦崧泽出现三角形石犁和直筒形水井 崧泽遗址位于中国上海市青浦区，其遗存年代约为B.C.3900—B.C.3200年，这里出土了大量的农业生产工具。可以看出，当时先民们已懂得用木千篰来捻取河泥，同水草混合发酵后，作为农田的底肥。当时的农具不仅多而且配套，同时还出现了戽水灌田和小型的引水或排水设施。

在崧泽遗址中，发现了迄今为止中国最早的三角形石犁。石犁由石板打制成三角形的犁铧，上面凿钻圆孔，可以装在木柄上使用，说明当时的稻作农业已进入犁耕农业阶段。石犁的出现在中国农业史上具有重要意义。

在崧泽遗址还发现了中国目前最早的直筒形水井，出土了大量精美的玉器。当时已存在用猪下颔骨随葬的习俗，这些都是稻作农业成熟的重要标志。

崧泽古文化遗址

崧泽遗址出土的凿形足釜形陶鼎

崧泽遗址出土的双层镂孔瓣足陶壶

崧泽遗址出土的镂孔勾连纹陶豆

约B.C.3400年

古埃及人用尼罗河洪水放淤灌溉 尼罗河是埃及的生命线，几乎是埃及唯一的地表水源。尼罗河水绝大部分来自干湿季分明的埃塞俄比亚高原，因而每年有明显的洪水期和枯水期，在埃及境内形成每年夏秋之交的定期泛滥，逐渐沉积在尼罗河谷地和三角洲地段，形成肥沃的冲积层。

约B.C.3400年，古埃及人已经掌握了尼罗河每年8、9月间定期泛滥的规律，开始沿尼罗河谷地引洪漫灌，用尼罗河洪水放淤灌溉，发展农业，使农业生产有了显著的进步。

约B.C.3300—B.C.2600年

中国浙江湖州钱山漾出现丝织品和麻织物 中国是世界上最早养蚕缫丝的国家。在约B.C.5000年的浙江河姆渡遗址中，发现了一件刻绘着4条蚕纹和编织纹的骨盅，表明当时可能已经开始了利用野生蚕丝并驯化家蚕的工作。

钱山漾遗址位于中国浙江省湖州市，是新石器时代晚期的一个村落。这里出土了一批残绢片、丝带和丝线。经鉴定，绢片的表面细致光滑，丝缕平整，明显是以家蚕丝捻合的长丝为经纬交织而成的平纹织物。经碳14法断代测定，遗存年代约为B.C.3300—B.C.2600年。这是世界上迄今为止所见最早的以家蚕丝为原料的丝织品。钱山漾遗址还出土了苎麻织物麻布残片和细麻绳，麻布为平纹，经纬密度为每平方厘米16～24根，与现代细麻布相当。

钱山漾遗址丝、麻织物实物的出土，表明当时已经开始利用蚕丝和苎麻，太湖流域丝麻纺织技术已经相当成熟。

弧背鱼鳍足陶器

钱山漾遗址

约B.C.3000年

西亚两河流域苏美尔人制定世界上最早的太阴历　根据考古发掘的泥版记载，B.C.3000年，两河流域苏美尔人就依据月亮盈亏制定了世界上最早的太阴历。将1年分为12个月，大小月相间，大月30天，小月29天，1年共354天，采用设置闰月的办法加以调整。以新月初见作为每个月的开始，一个朔望月29.5天，晚上能见到月亮的有28天，把28天4等分，每一部分7天，再将这7天依次分配给太

太阴历

阳、月亮、火星、水星、木星、金星和土星，这就是“星期”的起源。

古巴比伦人也已知道“黄道”——太阳一年之中在恒星之间所走的视路径。他们将黄道分为12段，每一段中的恒星为一个星座，这些星座名称被沿用下来，形成占星术上所说的“黄道十二宫”。

约B.C.2700年

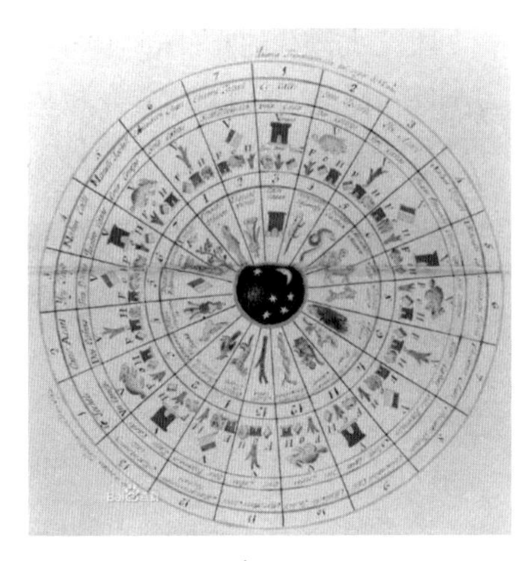
太阳历

古埃及人创制世界上最早的太阳历　尼罗河一年一度的定期泛滥对于古埃及的农业生产至关重要。古埃及人经过长期观测发现，每当天狼星（西名大犬座α星，全天空最亮的恒星）和太阳同时在地平线上升起之后的两个月，尼罗河便开始泛滥，于是他们就把天狼星与太阳同出的一天当作一年的开始。

在大约B.C.2700年，古埃及人创制了世界上最早的太阳历。根据这个历法，1年分为3个季节，首先是泛滥季节，接着是播种季节和收获季节。每个季节4个月，1年12个月，每月30天，年终加5天宗教节日，1年共365天。这是已知的世界上最早的太阳历，是今天大多数国家通用公历的原始基础。

古埃及人精确的历法与其天文观测紧密相关，他们已经认识到恒星和行星的区别，也能用图画来表示星体在天空中的位置。在大约B.C.1500年的埃及法老陵墓天花板上的壁画上，北部天空画有大熊星座和小熊星座，南部天空画有猎户星座和天狼星座；而刻于B.C.1350—B.C.1100年间法老陵墓石壁上的天牛像，实际上就是一幅宇宙结构图。这些一定程度上反映了当时古埃及天文学所达到的水平。

约B.C.2686—B.C.2181年

埃及古王国时期开始出现原始木犁　约B.C.2686—B.C.2181年的埃及古王国时期，尼罗河两岸灌溉农业已经初具规模，开始出现双牛牵引的原始木犁（后加横木把手）、碎土整地用的木耙、收割用的金属镰刀等。种植的作物有大麦、小麦、亚麻和多种蔬菜，种植的葡萄和橄榄用来酿酒榨油；牛和毛驴已经被用作役畜。

法老经常派人清查全国人口、土地、牲畜等财产，编制成册，用以确定应征税额；为加强对尼罗河水的利用，经常征调人力兴修水利，派专人长年观测管理。

约B.C.2500年

中美洲玛雅文明早期农业 在中美洲墨西哥湾南部的尤卡坦半岛上，约在B.C.2500年开始形成玛雅文明。早期玛雅人实行刀耕火种的原始农业。每年1月用燧石制成的手斧砍倒庄稼秆，然后晒干，在雨季（6—12月）到来之前烧掉秸秆作肥料，按1米的距离刨坑种玉米。夏季锄几遍草。9月以后收割，然后播种南瓜、甘薯。种植2—3年后休耕十来年。这种耕作制被称为“米尔帕耕作制”。

早期玛雅人耕作

约B.C.2350年

印度河流域开始世界上最早的棉花栽培 约B.C.4500年，南亚印度河流域开始进入新石器时代，种植大麦、小麦、枣树等，饲养牛、山羊、绵羊；至B.C.3500年，开始了定居的农牧业，铜器增多，进入金石并用时代。

在大约B.C.2350年，印度河流域出现了100多处城镇和村落。这些古代的城市文化统称为哈拉帕文化，又因位于印度河流域被称为印度河流域文化。这时的农业生产已经达到相当高的水平，成为居民的主要生产活动。当时人们已经能够制作铜与青铜的工具和武器，出现了用青铜制作的鹤嘴锄和镰刀；但是带有燧石犁头的轻犁和木犁、掘棒等木、石农具仍在使用。主要种植的作物有大麦、小麦、豌豆、胡麻、甜瓜、枣树等，并开始了世界上最早

的棉花栽培。

棉花可以织成细布，软而耐用，是印度历史上的主要贸易商品。根据考古资料，最早的棉织物出土于印度河文明摩亨佐·达罗遗址的一个银瓶中。据研究，这些棉织物平均每平方米重67.5克，一平方厘米上平均有24个线头，8个漏线处。在洛特尔遗址的一个仓库里，出土了一批印章，印章外面有用席子和棉布包捆的痕迹。从阿拉姆遮普的哈拉巴地层中也出土了棉织物，棉纱纺得比较细，采用的是平纹纺织技术。新石器时代的遗址出土的陶纺轮有可能是纺棉线用的。

摩亨佐·达罗古城遗址

约B.C.21世纪

禹

中国大禹治水，建造农田沟洫　禹是中国传说中的部落联盟领袖，相传生活在约B.C.21世纪——那时洪水泛滥，久治不息。禹的父亲鲧奉命治水，用筑堤堵塞的方法治水9年，始终徒劳无功。鲧死后，禹继任领导治水工作，他一改其父拥塞阻水的办法，而以疏通河道和宣泄洪流为主，在治水13年中，三过家门而不入，终于治水成功。

传说禹在治水过程中还根据实地勘测，划定九州，深入调查各州的土壤和物产，规定各州的贡赋；同时还率领人民进行平治水土的工作，挖沟筑渠，辟土植谷，修建原始的排灌工程，使农业生产得到迅速恢复和发展。

约B.C.2040—B.C.1786年

埃及中王国时期广泛使用青铜工具 B.C.2040—B.C.1786年，埃及中王国时期广泛使用青铜工具，出现了适于深耕的扶柄陡直、上有握手孔的梯形把手犁；改进了水利系统，对法尤姆绿洲进行了大规模开发，灌溉农业获得较大发展。这时出现了纺织用的平式亚麻织布机，纺织工艺已经比较发达，能织出高质量的亚麻布。

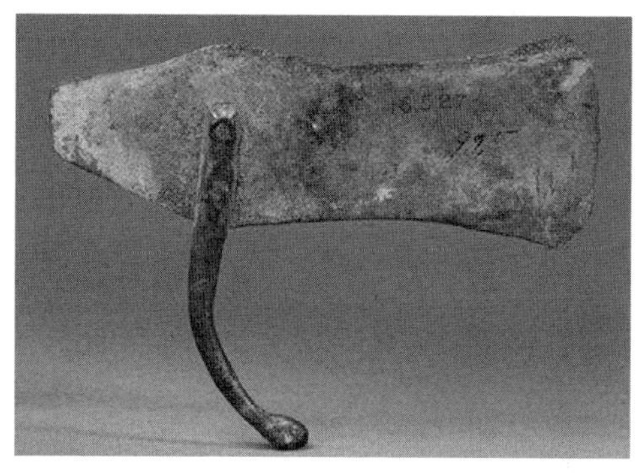

梯形把手犁

B.C.2000年

爱琴海地区出现最早的橄榄油业 古希腊的文明史是从爱琴文明开始的，爱琴文明的中心是克里特岛和迈锡尼城。B.C.2000年，克里特岛进入青铜时代，产生了由农村公社结合而成的最早的奴隶制国家；已经使用犁耕，农作物有大麦、小麦和豆类；园艺作物有葡萄和橄榄，并出现了最早的橄榄油业；王宫仓库里成排堆放的大陶缸，用来存储油、酒和谷物。

迈锡尼古城遗址

B.C.1792—B.C.1750年

《汉谟拉比法典》石碑

古巴比伦汉谟拉比兴修水利，开凿运河 古巴比伦王国第六代国王汉谟拉比（Hammurabi）极为重视水利建设，组织开凿了沟通基什和波斯湾的运河，扩大和改善了灌溉系统。这一工程在当时不仅使大片荒地变成良田，而且使南部许多城市告别水患。

汉谟拉比在统治之初，继承苏美尔-阿卡德时代各邦的法律，并结合当时当地的习惯法汇编成《汉谟拉比法典》，后来刻石公布于众。这是目前已知的世界上最古老、最完整的成文法典。全文用阿卡德语写成，共282条，3500行，刻在一根高2.25米的黑色玄武岩柱上。法典从维护奴隶主阶级利益出发，竭力保护奴隶主对奴隶及其他财产的所有权。其中有些条文与水利有关，也提到了耕牛等役畜；此外，对有关出租和耕耘土地、放牧和管理牲畜以及修建管理果园等，也作了具体规定。

约B.C.16世纪

夏小正
漢戴德傳
宋金履祥注
濟陽張爾岐稷若輯定
北平黃叔琳崑圃增訂
傳曰何以謂之小正以小著名也

《夏小正》

中国夏商之际出现物候历《夏小正》 《夏小正》是中国现存最早的物候历，是古代将天文、气象、物候和农事结合叙述的月令式著作。隋代以前，《夏小正》只是西汉戴德汇编的《大戴礼记》中的一篇，以后出现了单行本，在《隋书·经籍志》中第一次被单独著录。

《夏小正》以夏历1年12个月为序，分别记述每个月中的星象、气象、物候以及所应从事的农事和政事。全文共400多字，书中反映当时农业生产的内容包括谷物、纤维作物、染料作物、园艺作物的种植，蚕桑，畜牧，采集和渔猎。蚕桑和养马颇受重视。马的阉割，用作染料的蓼蓝和园艺作物芸、桃、杏等的栽培，均为首次见于记载。

据考证，《夏小正》的经文可能成书于B.C.16世纪的夏商之际，最迟不晚于春秋以前，是居住在淮海地区沿用夏时的杞人整理记录而成的。其内容则保留了许多夏代的东西，为研究中国上古的农业和农业科学技术提供了宝贵的资料。

约B.C.1567—B.C.1085年

埃及新王国时期开始推行轮作制 B.C.1567—B.C.1085年，埃及新王国时期开始推行轮作制，并普遍使用新式的梯形犁和骡马等大牲口的畜力；为了便于打下亚麻种子，人们还发明了梳状的木板；用多层桔槔连续提水，可把河水汲至高层，增强了灌溉的功效。这些新型农具的出现，为农业生产的发展起了一定的作用。第十八王朝中期墓葬的一幅画中，描绘了几个人一组相互配合的劳作场面：一些人拔树，另一些人用锄头和小锤松土，一个人掌犁，另一人调整挽具，还有一个正在撒种子。画面显示了古埃及人从耕作、播种、收割到把谷物运走的农事活动过程。

约B.C.1300年

中国商朝开始使用阴阳历 几千年来，世界各国的历法主要分为三类，即阳历、阴历和阴阳历。阳历中1年的日数平均约等于回归年——按季节变化确定年的日数，1年中的月数和1月中的日数则人为规定，例如现行的公历。阴历1个月的日数平均约等于朔望月——按月相变化确定月的日数，1年中的月数则人为规定，例如伊斯兰教历。阴阳历中1个月的日数平均约等于朔望月的日数，1年中的日数又平均约等于回归年的日数，例如中国现仍保留使用的农历。

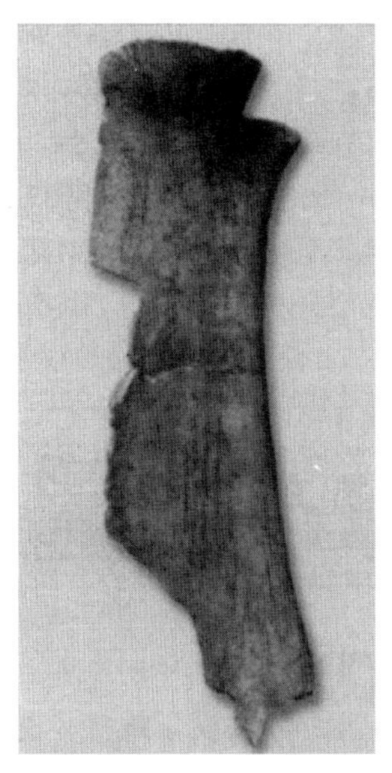

商朝刻干支表牛骨

早在约B.C.1300年的殷商时代，中国已经开始使用一种较为粗略的阴阳历，这是中国农业上应用阴阳历的开始。根据甲骨文记载，商代实行年中或年终置闰，平年12个月，闰年13个月；每月以新月为始，月分大小，大月30日，小月29日；有大小月相间的安排，也有连大月和连小月的现象。

商朝甲骨文

中国商朝甲骨文记载农业技术 甲骨文是刻在龟甲和兽骨上的文字，是中国目前所知的最早的成熟文字，始现于B.C.1300年。甲骨文中有大量的关于农业技术方面的记载，包括农作物（黍、粟、麦、菽、稻等）、农田治理（垦田、劦田、耤田、作田、求田、省田等）、收获收藏（获、采、稟等），以及中耕除草、施肥灌溉和园艺活动等。商朝统治者对农业十分重视，经常以占卜求雨祈年，常常到其他方国开荒种地，把邻近的猎区和牧区变为农田。商朝贵族嗜酒成癖，从侧面反映了商朝粮产之丰。

B.C.11世纪—B.C.9世纪

古希腊荷马时代开始使用铁制农具 B.C.11世纪—B.C.9世纪，荷马时代的希腊人已经开始使用犁、锄、铲和镰刀等铁制农具。犁用双牛牵引进行深耕，栽培小麦、大麦等谷物，使用自然肥料；种植谷物的土地每年需要翻耕2～3遍，为了恢复地力采用隔年休耕的二圃制；收割时用镰摘穗，再以役畜践踏禾穗来脱粒，加工则用杵、臼等器物。此外还适当种植

古希腊时代陶器

橄榄、葡萄和牧草，马、牛、羊、猪等家畜已由专人成群饲养，牲畜、皮革和铜、铁一起被充当物物交换的媒介，手工业开始与农业分离。

随着农业的发展，私有财产与阶级分化开始出现。遍布各地的农村公社把土地分成小块份地，分配给各个家庭耕种。有权势的家庭逐渐成为贵族，占有较多和较好的土地，并从事田园和牧场经营。大批公社成员失掉份地，沦为乞丐或佣工。荷马时代后期，氏族部落的管理机构开始向国家统治机关过渡。

约B.C.1046—B.C.771年

中国西周时期星象、物候、历法相结合确定农时 约B.C.1046—B.C.771年，中国西周时期的人们已掌握用土圭测日影定季节和求回归年长度的技术，将星象、物候、历法结合起来作为确定农时的依据。

西周时期的历法主要见于《诗经》和《尚书》。《诗经》中已有春、夏、秋、冬四季的全部名称。由于岁差的缘故，季节和恒星位置的关系是在不断变化的，只有用土圭观察太阳圭影在日中时的高度变化，才能较准确地反映季节变化的本质。《尚书·尧典》中有“日中”“日永”“宵中”“日短”的描述，实际上已有春分、夏至、秋分、冬至等“二分”“二至”4个节气的概念，后来演变成二十四节气和七十二物候，指导中国古代的农业生产。

周公测景台

B.C.11世纪

中国的蚕种和养蚕技术传入朝鲜 中国是世界上最早养蚕缫丝织绸的国家。中国古代社会以“男耕女织”“农桑并举”为特点，蚕丝业成为中国古代社会经济不可缺少的重要组成部分。

中朝两国山水相连，国土毗邻，两国人民常因战乱或灾荒移居对方。据史载，周武王封箕子于朝鲜时，就“教其民田蚕织作”，也就是B.C.11世纪，中国的蚕种和养蚕技术向东传至朝鲜。

约B.C.800年

ΗΣΙΟΔΟΥ ΤΟΥ ΑΣΚΡΑΙΟΥ ΕΡΓΑ ΚΑΙ ΗΜΕΡΑΙ.

HESIODI ASCRAEI OPERA ET DIES, NVNC CASTIGATIVS VERSAE, AVTORE VLPIO FRANEKERENSI FRISIO.

MOVSAE Pierides, præstantes laude canendi,
Adsitis, patrē celebrātes dicite uestrum,
Dicite, cur homines inter sit nobilis ille
Conspicuusq;, hic obscurus? (Iouis illa uoluntas)
Nam facile extollit, facile elatumq; refrenat,
Et clarum obscurans, obscuri nomen adauget,
Erigit & miserum facile, extinguitq; superbum,
Iuppiter altifremus, cui celsum regia cœlum,
Audi cuncta uidens noscensq;, & dirige recte
Hæc oracula, ego sic Persen uera docebo.
Scilicet in terris gemina est contentio, uerum
Hanc animaduertens aliquis laudarit, at illam
Dixerit esse malam, sibi nam contrariæ utræq;.
Seminat illa etenim bellum, litesq; malignas,
Hinc hominum nulli grata est, sed sæpe sequuntur
Atq; colunt illam Dijs instigantibus ipsis.
Alteram at ipse (etenim prior atra nocte creata est)
Terris imposuit summi regnator olympi
A 4 Iuppiter,

《田功农时》

荷西俄德［古希腊］著《田功农时》 早在B.C.800年左右，古希腊的荷西俄德（Hesiod）著《田功农时》（*Works and Days*），长达828行，反映了古希腊奴隶制城邦形成初期以农事活动为主的社会情景。诗中对全年该做的农活按季节月份加以叙述，它不仅提供了当时农事生产的情况，也反映了当时小土地所有者利用很少的家内奴隶和雇工，以及亲自参加田间劳作的情况。诗中同时也反映了土地制度的变化情况。荷西俄德叙述，他与其弟应当平分父亲的遗产，而其弟竟然想独得而去贿赂法官。可见，一块单一的地产已经可以分割，并允许从家族成员共用转归为个别成员占有。

约B.C.770—B.C.476年

中国春秋时期出现铁犁和牛耕 约B.C.771—B.C.476年，中国春秋时期发明了冶铁技术并用于农业生产，开始使用铁犁耕地，铁制农具有锄、锸、铲等；出现牛耕，创造牛穿鼻的使役技术。如《左传·昭公二十九年》记载，晋国自民间征收“一鼓铁，以铸刑鼎”，

战国时期的牛尊（牛带鼻环）

表明春秋时期已有冶铸生铁的技术。《国语·齐语》记载管仲提到“美金以铸剑戟，试诸狗马；恶金以铸鉏夷斤斸，试诸壤土”，表明当时“美金”（指青铜）用来制造刀剑、宰猪杀马，“恶金”（指铁）用来制造农具、耕地翻土。《国语·晋语》载：“将耕于齐，宗庙之牺，为畎亩之勤”，表明当时宗庙里用作牺牲祭品的牛，已被转用来供田间耕作。

牛耕的使用，是中国农业技术史上使用动力的一次革命。由于牛耕的推广，铁犁铧取代了青铜犁铧；出土的犁铧冠多数呈V字形，被套在犁铧前头使用，以便磨损后更换。

中国春秋时期出现相畜术和专业兽医 约B.C.770—B.C.476年，随着农业的发展和军事的需求，中国春秋时期已经出现相畜术，即根据家畜的外形特征来选拔优良的个体，如《周礼·夏官》中记载的“马质”一职，就负责评议马的价值，他们必须能够分辨各种类型马的优劣。春秋时代最著名的相马家是伯乐和九方皋，相牛家是宁戚，相传他们分别著有《伯乐相马经》与《宁戚相牛经》。

《九方皋相马图》

春秋时期，兽医技术也有了初步发展，已出现医术精湛的兽医，《墨子·尚闲》记载“罢马不能治，必索良医”。当时的专业兽医还有了分工，《周礼·天官》中记载的“兽医”就包括疗兽病的内科和疗兽疡的外科。根据《周礼》记载，无论内科外科，首先灌药治疗，而外科还要进行手术治疗，以清除坏死组织和脓污，然后在创口上敷上药物。

中兽医独特的外治疗法针刺火烙也有发展，已用针刺术来治中暑、脑充血和黑汗等病。

约B.C.8世纪—B.C.6世纪

古希腊城邦时期广泛使用铁制农具 B.C.8世纪—B.C.6世纪是古希腊奴

隶制城邦形成的时期。城邦（即城市国家）由一个中心城市和附近若干村落组成，最初是由原始公社演化而来的一种公民集体，后来逐渐发展成贵族政治，经过一人独裁的僭主政治，再演化成奴隶主民主政治。

古希腊的城邦经济使农业生产有了新的发展，铁锄、装有铁铧的犁和其他铁制农具的广泛使用，使贫瘠的土地得以被成片地开垦和耕种。此时谷物的种植面积虽然进一步扩大，但是因为人口增加与土地不足，所产谷物仍然不能满足所需，因而通过对外贸易，用葡萄酒、橄榄油及其他手工业制品换取短缺的粮食，海外殖民与海外贸易因此逐渐发展。

到了大约B.C.6世纪，古希腊的生产技术虽然没有根本变革，但是在细节上有所提高：在土地肥沃地区开始用谷物和蔬菜的轮种代替休闲；在陡峭的山坡上修筑梯田；用沟渠引水浇灌旱地；以掺土和换土的方法改良土壤，施用硝石、草木灰及人畜粪尿肥田等。可见，当时的希腊人已经了解并能辨识土壤的类型、作物的习性和各种不同肥料的功用。

B.C.8世纪

罗马开始了复杂的人工灌溉　B.C.2000年左右，意大利北部已经出现畜牧和农耕。B.C.8世纪，罗马的伊达拉里亚地区（今托斯坎纳）的农业获得发展。人们排干沼泽，改良土壤，开始了复杂的人工灌溉。罗马王政时期，铁犁、铁锄、铁镰等铁制农具的使用，使农业生产效率大为提高，农业成为罗马的主要经济部门。

约B.C.597年

孙叔敖［中］主持修建芍陂（中国最早的陂塘工程）　芍陂在中国安徽省寿春县（今安徽省寿县）南，是中国历史上最早的大型陂塘工程，现在的安丰塘是其淤缩后的

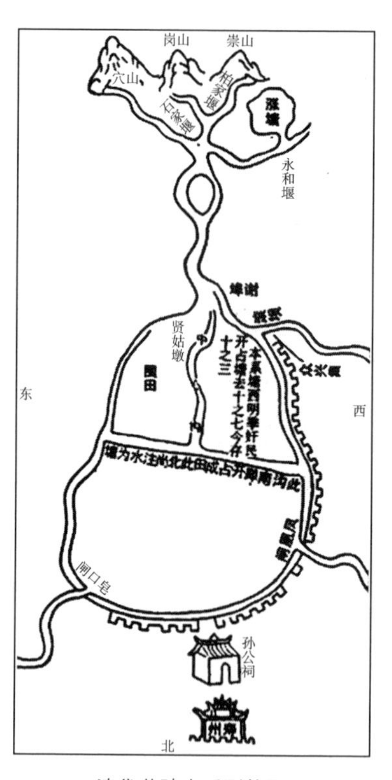

清代芍陂水系形势图

部分遗迹。约B.C.597年，由楚国令尹（相国）孙叔敖主持修建。被任命为令尹前不久，孙叔敖曾经在今河南省固始县东南的雩娄（可能是今灌河）修建过期思陂。芍陂利用西面的沘水（今淠河）与东面的肥水（今东淝河）两条河流夹注形成水深面广的人工湖，水源丰富；规模巨大，周长120里，灌溉良田万余顷；设有5个水门，以控制水流——是一个集农田灌溉、蓄水防洪、维护航运多种功能于一体的综合性工程。

约B.C.475—B.C.221年

中国战国时期黄河流域开始形成传统的精耕细作技术 约B.C.475—B.C.221年，中国战国时期黄河流域已经普遍使用铁犁和牛耕，开始出现连年种植，轮作复种也已萌芽，出现深耕熟耰、深耕疾耰、深耕易耨的耕作技术，传统的精耕细作技术开始形成。

西周后期至春秋时期实行的是“田莱制”和“易田制”。“田莱制”中的“莱”即休闲地，“田莱制”的休耕时间已缩短为一二年。“易田制”的“易”即轮换，“易田制”与“田莱制”相比，所不同的是已有了“不易之地”，说明在肥沃之地已实行了连种制。

战国时代的秦国经过商鞅变法，极力提倡“垦草”和“治莱”，鼓励开垦荒地和利用撂荒地，并在政策上给予了一系列优惠，促进了轮荒耕作制向土地连种制的演变。东方六国也“辟草莱，任土地”。随着铁农具的普及和牛耕的推行，土壤耕作效率提高，加上施肥和土地用养结合的运用等，连种制已经占据了主导地位，逐渐成为中国耕作制度的主流。

战国时期，为了调节地力，防止病虫害，人们开始实行轮作制。《吕氏春秋·任地》指出，在深耕细作，消灭杂草和虫害的前提下，可达到“今兹美禾，来兹美禾”，即实行禾麦轮作。土壤耕作技术也有了进一步的发展，着重提倡深耕细作，形成了耕耨结合的耕作体系。

约B.C.450年

玛雅文化（中美洲）出现台田农业 约B.C.450年，玛雅早期奴隶制国家建立，人口大量增加，在平原地区出现了台田农业这一集约式种植方式。台田是河旁、沼泽地里的长条形耕地——由耕地周围挖沟，将沟里的泥土垒在耕地上形成；台田周围的沟可以排水、养鱼，泥土可以肥田。这种集约式农业是玛雅文明的基础。

约B.C.400年

色诺芬［古希腊］著《经济论》 约B.C.400年，由古希腊色诺芬（Xenophon）著的《经济论》（*OECONMICUS*，又译作《家政论》）是古希腊流传至今的第一部经济专著。书中最早使用“经济”一词。在古希腊文中，“经济”的原义是家庭管理。当时生产管理是以家庭为单位，所以有关组织和管理奴隶制经济的活动就用“经济”一词来概括。作者强调农业是一切技艺的母亲，认为农业若兴盛，其他行业也繁荣；农业若衰落，其他行业也必然凋敝。主人应了解农业生产，并能有效地加以组织；要选择好的监工来监督奴隶们的劳动作为家庭管理——实际上不外是奴隶主如何管好自己的财产并有效地监督奴隶。

色诺芬

约B.C.256—B.C.251年

李冰［中］主持修建都江堰 都江堰水利工程位于中国四川省都江堰市，地处岷江流域的成都平原，是世界上历史最悠久的无坝引水灌溉工程。约B.C.256—B.C.251年，秦昭王任用李冰为蜀郡守，解决岷江经常泛滥的水害。李冰经过实地调查，发动当地人民修建都江堰，解决了防洪、排灌和运输等多种问题，并沿用至今。

都江堰的修建有完善的规划和合理的布局，其枢纽工程主要由鱼嘴、飞沙堰和宝瓶口等组成。鱼嘴又叫分水鱼嘴，控制水流，又便于分水引流和自流灌溉；飞沙堰是和内金刚堤下端衔接的内江溢洪排沙的关键工程，具有溢洪排沙的双重作用；宝瓶口则是控制内江流量和引流灌溉的咽喉工程，避免洪水危害下游的成都平原农田。都江堰通过以上三者的配合使用，调整流量，达到少雨年份不缺水、大水年份不成灾的效果。

都江堰水利工程还有一系列的配套设施，如百丈堤、金刚堤和人字堤等，起到约束和导引内江水进入宝瓶口的作用。在对都江堰管理养护方面，逐步形成“深淘滩，低作堰”六字诀。

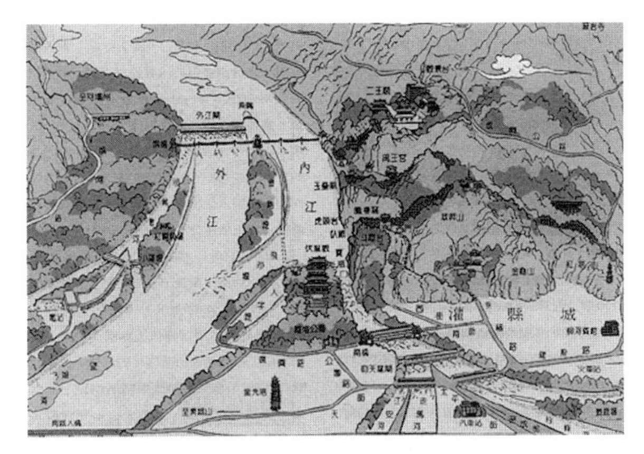

都江堰水系图

2000多年来，都江堰水利工程遗址发挥着重要作用，使成都平原渠系密布，灌区辽阔，溉田万顷，成为“水旱从人，不知饥馑”的“天府之国”，其本身更成为世界水利史上的一个奇迹。

B.C.246年

郑国［中］主持建造郑国渠（中国古代最长的人工灌溉渠道） 郑国渠位于中国陕西省关中平原北部。B.C.246年，韩国水工郑国主持建造。郑国渠渠长120多千米，是中国古代最长的人工灌溉渠道。建成之后，灌田4万余顷。由于河水挟带大量肥沃的淤泥，经过引流灌溉，起到淤灌压碱和培肥的作用，亩产高达六石四斗，出现了前所未有的大面积高产，关中平原于是变为千里沃野之地，成为秦国的重要粮仓。郑国渠在供水输水、渠首位置选择和渠系分布上均有所发明和创造，是中国水利建设史上又一个伟大的创造。

郑国

B.C.239年

吕不韦［中］组织编写《吕氏春秋》 《吕氏春秋》中的《上农》《任

而食之則不可以爲危矣王伯之君亦然誅暴
而不私以封天下之賢者故可以爲王伯若使
王伯之君誅暴而私之則亦不可以爲王伯矣

呂氏春秋第二卷
明 新安吳勉學 校
仲春紀第二
二月紀
一曰仲春之月日在奎昏弧中旦建星中其日
甲乙其帝太皞其神句芒其蟲鱗其音角律中
夾鐘其數八其味酸其臭羶其祀戶祭先脾始
雨水桃李華蒼庚鳴鷹化爲鳩天子居青陽太
廟乘鸞輅駕蒼龍載青旂衣青衣服青玉食麥

《吕氏春秋》

地》《辩土》《审时》等四篇是中国唯一保存至今的有关先秦农业生产的论文。《吕氏春秋》是秦相国吕不韦（？—B.C.235）组织门客集体编写的杂家著作，亦称《吕览》，成书于秦王政八年（B.C.239年）。

四篇内容各有侧重。《上农》主要论述重农思想和农业政策；《任地》主要介绍土地利用的原则和土壤耕作的经验；《辩土》主要讲述耕作栽培的要求和方法；《审时》重点论述掌握农时的重要意义。

《上农》等四篇虽然不是一部独立的农书，但四篇联成一体，仍能构成比较完整的农业技术知识体系，从农业思想和农学理论方面为中国精耕细作农业的发展奠定了基础，对中国传统农学的发展做出了贡献。

B.C.219年

史禄［中］主持建造灵渠 灵渠又称零渠、秦凿渠，位于今广西兴安县，是秦始皇统一中国以后修建的第一项大型水利工程，也是世界著名的运河之一。B.C.219年，秦始皇为征伐岭南、运输士兵和军粮，命秦将史禄（或称监禄，名禄，姓不详，史、监都是官名）在今广西兴安县境内开凿运河，以沟通湘江和漓江，联系长江与珠江两大水系。

建造灵渠时，充分利用了兴安河谷地带引水方便的地理条件，在兴安县城东南五里龙王庙山下的分水塘筑坝拦截，凿开南、北二渠，以沟通湘江和漓江。灵渠工

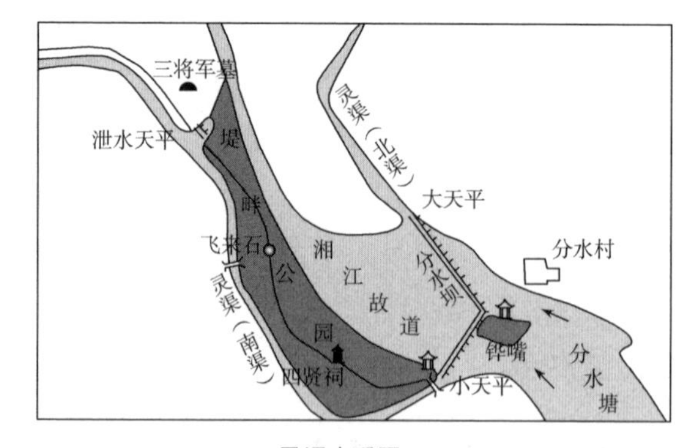

灵渠水系图

程主要包括分水铧嘴、大小天平、南北渠道等部分。分水铧嘴前锐后钝，形似犁铧，由巨石堆砌而成，便于分水引流；铧嘴以下是南、北二渠，渠首附近有大小天平，呈“人”字形，用于平衡水量。唐代以后又在渠上用巨石筑成斗门（船闸），调控河道水流，使工程更加完善。

汉代以后，历代的疏浚改建，使灵渠成为联络中原与岭南地区的水路通道。除航运外，灵渠也用于灌溉，其在促进地方经济的发展方面起到了十分重要的作用。

约B.C.3世纪

中国大豆传入朝鲜 中国是大豆的起源地，已有约4000年驯化栽培大豆的历史。全世界的大豆共有9个种，分布于亚洲、澳洲及非洲，其中中国的野生大豆被公认是栽培大豆的祖先种，世界各国栽培的大豆都是直接或间接从中国传播过去的。秦代以前大豆一般称“叔”或“菽”。西周时，“菽”在《诗经》中多次出现，说明大豆已是重要的粮食作物。从周代金文中“菽”字的写法，有学者认为当时人们对于大豆根瘤已经有所认识。秦汉以后，又因豆粒色泽的不同，而在大豆的名称前加上黑、白、黄、青等字，作为某一品种的专名，“大豆”则成为其统称。

大约在B.C.3世纪，大豆由中国华北传入朝鲜，而后又从朝鲜传到日本；6世纪前后，又通过商船自中国华东传播到日本九州一带；712年，日本《古事记》中开始出现关于大豆的记载。大约在300年前，传往印度尼西亚。18世纪开始传往欧洲。1740年，法国传教士从中国带回大豆种子在巴黎植物园种植；1786年，大豆传到德国；1790年，英国皇家植物园也引进大豆，但长期没有大量种植。直到1873年，中国的大豆在奥地利首都维也纳举办的万国博览会上第一次展出，才引人注意，被视为珍品。自此，中国

《古事记》

的大豆名闻四海，传播四方。

约B.C.200年

西亚地区波斯人发明世界上最早的风力机——立轴式风车　世界上最早的风力机是西亚地区波斯人在大约B.C.200年发明的立轴式风车，这些风车主要用于磨碎谷粒。7世纪时，波斯人利用风力磨粮食和汲水。11世纪，风车在中东已获得广泛的应用。阿拉伯半岛上，一年有几个月的风季，他们用由12片棕榈树叶或编织材料做的风帆驱动磨盘和水车，提高生产能力。

立式风车复原模型

约B.C.160年

加图［罗马］著《农业志》　《农业志》又译作《农业论》，是现存最早的罗马农书，其作者加图（Marcus Porcius Cato B.C.234—B.C.149）是罗马共和时代有名的政治家和作家，尤其是一位亲身从事农业管理的农学家。加图一生著述颇多，内容涉及法律、文学、军事、医学和农学。

加图

《农业志》成书于约B.C.160年，比较具体而集中地记述了B.C.2世纪罗马种植栽培谷物、果树（葡萄、橄榄等）及蔬菜的技艺，同时还讨论了管理奴隶制农业的若干原则。强调在生产中要组织劳动协作，经营农庄要选择有利的地点，确定适宜的规模，重视日趋活跃的商品经济，加强同市场的联系。

《农业志》不仅论及农业，还涉及罗马人的建筑技术、手工业技术、医疗技术、宗教信仰、生活习俗等各个方面。特别是详细论及庄园的管理组织、阶级结构、剥削关系、奴隶主阶级的思想面貌与物质生活状况、奴隶阶级的处境与待遇等，为研究B.C.2世纪的罗马社会史提供了宝贵的资料。

B.C.139—B.C.115年

张骞［中］出使西域，开通丝绸之路 在中西文化交流史上，丝绸起了最初的、极其重要的作用，西方人正是通过色彩鲜艳的丝绸认识了东方的文明古国——中国。

西汉初年，匈奴强盛，时时侵扰中原。汉武帝即位后，着手征伐匈奴。B.C.139—B.C.115年，侍从官张骞两次受命出使西域，打开了通往西方的丝绸之路。

丝绸之路开通以后，随着民族、地区和国家之间的经济文化交流，许多新的作物资源、畜禽品种和生产技术互相传播。从西域传入中国的物产有汗血马、大宛马和乌孙马，用以改良秦河曲马。苜蓿、大蒜、胡荽、黄瓜、葡萄、胡桃、石榴、蚕豆等作物传入中国。从中国传至中亚以至欧洲的物产和技术有丝绸、钢铁、炼钢术和凿井技术等。

张骞出使西域所带回的信息记载于《史记》和《汉书》，成为近人研究中亚和西域早期历史地理的重要文献资料。

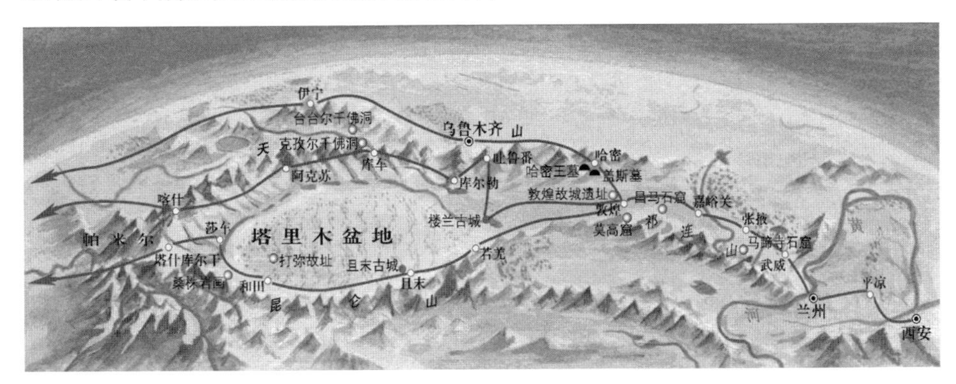

丝绸之路路线图

B.C.128—B.C.117年

中国西汉时期发明井渠法，筑龙首渠 龙首渠是汉武帝时期建成、中国最早采用井渠法修建的水渠。大约在汉武帝元朔至元狩年间（B.C.128—B.C.117），为了引洛水浇灌关中地区，汉武帝征调1万余人开渠，渠道由征县（今陕西省澄城县）境内开始，经商颜山而至临晋（今陕西省大荔县）。工程进行到商颜山附近时，须凿渠穿山而过。最初采用明渠开挖法，

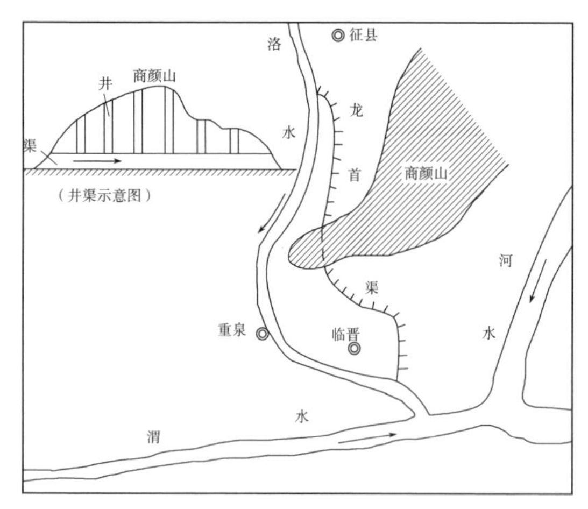

龙首渠示意图

但因山体为疏松的黄土，极易塌方，于是改用井渠法施工，即在水渠的预定路线上依次开凿一系列竖井，然后将井底打通，这样水就可以沿着一系列竖井从地下穿过。历时十多年，渠道建成。由于在开挖过程中挖出恐龙化石，故名龙首渠。龙首渠的建设开创了井渠法施工的先河，不但解决了水渠穿越山岭的问题，而且能够减少沿途的水分蒸发，因此很快被推广到西北缺水地区。今天新疆地区的坎儿井就是在井渠法基础上发展而来的。

B.C.120年

中国西汉时期关中平原大力推广宿麦（冬小麦） 石转磨在春秋战国时期已经出现，传说为公输班（即鲁班）所发明。目前考古发现最早的是战国晚期的石转磨。到了西汉时期，石转磨开始被普遍使用。石转磨的推广使得小麦由粒食变为面食，进一步制成可口的食品，烧饼、面条、馄饨、水饺、馒头、包子等都在这一时期出现，开始逐步形成独具特色的面食文化。这些又大大促进了小麦，尤其是宿麦的发展。

石转磨

汉武帝元狩三年（B.C.120年），董仲舒上书汉武帝，建议

在关中地区大力推广种植宿麦，以弥补秋粮的歉收。后来，氾胜之也推广冬小麦的种植技术，将之作为工作重点之一。

冬小麦是秋种夏熟作物，在利用晚秋和早春的生长季节提高复种指数方面具有重要意义。冬小麦的推广，为轮作复种的发展创造了重要条件。

约B.C.100年

罗马帝国出现维特鲁维亚水磨 约B.C.100年，罗马桔槔式提水工具和吊桶式水车使用范围扩大，创制了涡形轮和诺斯水磨等新的流体机械。前者靠转动螺纹形杆，将水由低处提到高处，主要用于罗马城市的供水；后者用来磨谷物，靠水流推动方叶轮而转动。同时出现功率较大的维特鲁维亚水磨，水轮靠下冲的水流推动，通过适当选择大小齿轮的齿数，就可调整水磨的转速，其功率约3马力，后来提高到50马力，成为当时功率最大的原动机。

B.C.89年

赵过［中］推广代田法 汉武帝征和四年（B.C.89年），赵过被任命为搜粟都尉。赵过在关中地区试验、示范与推广代田法，即在同一块田里进行沟垄互换种植作物，以达到取消休田又含有休田作用的目的。代田法的重要特点之一是“岁代处”，即垄台与垄沟的位置逐年互换。其栽培方法是在开沟作垄的基础上，播种于沟中，在禾苗出土以后，要及时进行中耕除草，每次中耕除草时都要把垄上的土铲下来一些，培壅在禾苗根部，到了盛夏的时候，垄上的土已经被铲平，农作物的根系扎得很深，既能防风抗倒，又能保墒防旱。赵过在试验、示范、推广代田法时，采取了先重点试验，再多点示范，然后大面积推广的方法，使代田法在河套、宁夏、甘肃西北部、关中地区、山西西南部以及河南西部等广大地区得到大面积推广。

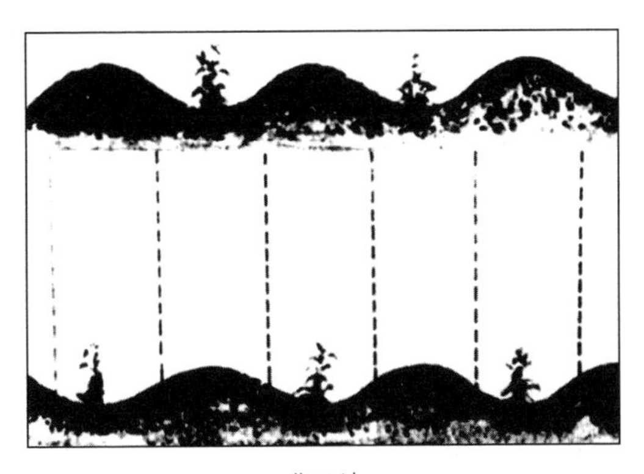

代田法

耧车

赵过［中］创制条播工具耧车 汉武帝征和四年（B.C.89年），赵过被任命为搜粟都尉。赵过在关中地区改进犁耕技术，创制了推广二牛三人的耦犁和条播工具耧车。

耧车是世界上最早出现的独立的播种机，主要由耧斗、耧腿和耧架组成。耧斗用来盛种子，有一个带播种量调节板的出口，还附有一个防止种子阻塞的悬垂重物。耧斗下是三条中空的耧腿，下边装有铁制耧铧。其余部分便是由耧辕、耧柄以及安装耧斗的几根横木组成的耧架。播种前，先将调节板调至适当位置，控制好播种量。播种时，一面由牲畜驾耧辕前进，一面由扶耧人用手左右摇耧，种子便由耧斗进入耧腿，再经铁铧后方落入种沟。为防止种子与土壤接触不实，耧车后还要拖拉一个用树枝编成的叫挞的农具，或在耧车后面用两根绳子拉一根横木，进行覆土、镇压。耧车既能调节播种量和深浅，又能将开沟、播种、覆土三道工序合而为一，省时省力，提高了生产效率。

耧车的发明，是中国农具发展史上的一件大事。它和中国古代的犁一样，对世界有深远的影响。欧洲农学家普遍认为，欧洲在18世纪从亚洲引进了曲面犁壁、畜力播种和中耕的农具耧犁以后，改变了中世纪的二圃、三圃休闲地耕作制度，乃是近代欧洲农业革命的起点。

B.C.73—B.C.49年

中国新疆地区创制坎儿井 中国新疆地区地处干旱地带，水分蒸发量大，加之一些冲积平原土质疏松，渗水性很强，开挖明渠困难较大，而挖掘利用地下水资源，引流灌溉则十分便利。其时，关中地区已经使用井渠法修建龙首渠，这一技术传入新疆地区以后，

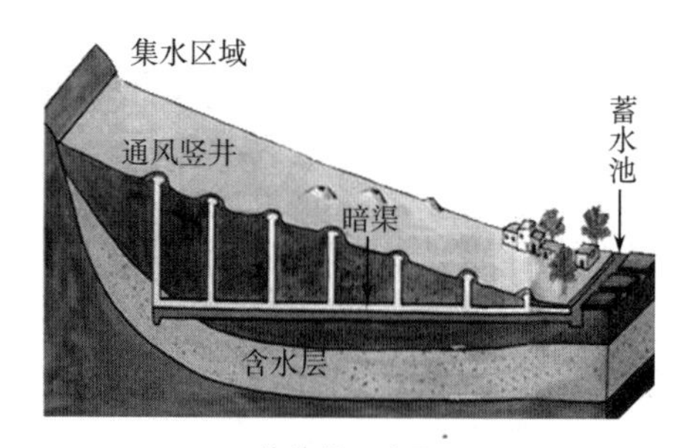

坎儿井示意图

当地民众因地制宜地创制了坎儿井。《汉书·西域传》记载："宣帝（B.C.73—B.C.49在位）时，汉遣破羌将军辛武贤将兵万五千人至敦煌，遣使者按行表，穿卑鞮侯井以西，欲通渠转谷，积居庐仓以讨之。"所谓卑鞮侯井，三国时孟康注曰："大井六，通渠也，下流涌出，在白龙堆东土山下。"说明这个工程有6个竖井，井下通渠引水。西域诸国的坎儿井是汉代开发西域过程中凿井术西传的结果，王国维《观堂集林》卷13《西域井渠考》对此有详细考证。

B.C.36年

瓦罗［罗马］著《论农业》　《论农业》（*Rerum ru'Sticarum*）是罗马农学家瓦罗（Varro，M.T. B.C.116—B.C.27）的一部重要作品，集中反映了罗马奴隶制全盛时期的农业状况，是有关农业经营和技术的专著，为罗马农书的代表作，是瓦罗在B.C.36年所著。作者认为农业是人类必需的一项重要技艺，为了能够卓有成效地经营，必须具备关于农庄及土壤、应备物品、耕作、农时等四个方面的知识。

《论农业》

全书采用对话体，共分3卷97章。《农业》卷共分69章，论述农业的目的、要素、农业科学分科、生产管理，从整地、播种、收割、脱粒一直到加工、销售，其中还有一年的农事安排、主要作物的生长习性和栽培技术等。《家畜》卷共分11章，讲述家畜的起源及山羊、绵羊、猪、牛、驴、骡、狗的饲养技术及制奶酪、剪羊毛的技术。《小家畜》卷共分17章，讲述家禽（鸡、鸭、鹅）、兔及蜜蜂、鱼的饲养，还专门讲述了孔雀、斑鸠、蜗牛、睡鼠等。

《论农业》是西方著名古典农业文献之一，书中反映出当时的农业已经发展到了较高的水平，发达的罗马传统农业奠定了罗马文明和欧洲传统农业的基础。

B.C.32—B.C.7年

氾胜之［中］著《氾胜之书》　《氾胜之书》是西汉晚期的一部重要农学著作，一般认为是中国现存最古老的农书。《汉书·艺文志》著录作“《氾胜之》十八篇”，《氾胜之书》是后世的通称，成书于B.C.32—B.C.7年。作者氾胜之，汉成帝（B.C.32—B.C.7年在位）时为议郎，知农事。他曾经在今陕西关中平原地区教民耕种，获得丰收。

《氾胜之书》是氾胜之对西汉黄河流域的农业生产经验和操作技术的总结，原书约在北宋初年亡佚，现存的《氾胜之书》是后人从《齐民要术》等古书中摘录原文辑集而成，约3500字。主要内容包括耕作的基本原则，播种日期的选择，种子处理，个别作物的栽培、收获、留种和贮藏技术，区种法等。就现存文字来看，以对个别作物的栽培技术的记载较为详细，这些作物有禾、黍、麦、稻、稗、大豆、小豆、枲、麻、瓜、瓠、芋、桑等13种。区种法（即区田法）在该书中占有重要地位，所记载的葫芦栽培使用靠接技术，是中国使用嫁接技术的开端。此外，书中提到的溲种法、耕田法、种麦法、种瓜法、种瓠法、穗选法、调节稻田水温法、桑苗截干法等，都不

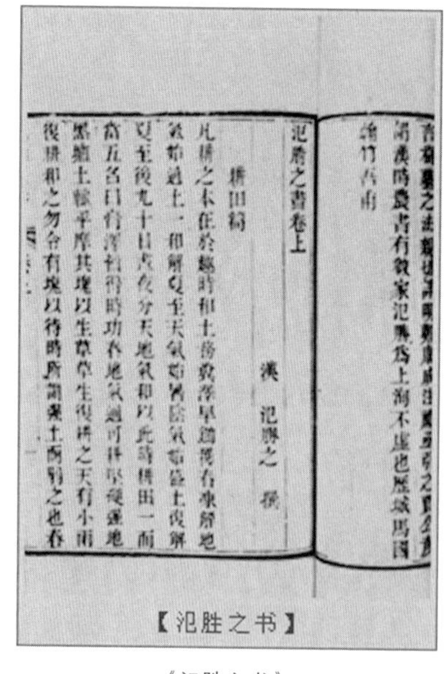
氾勝之書卷上
漢 氾勝之 撰
耕田篇
凡耕之本在於趣時和土務糞澤早鋤早穫春凍解地
氣始通土一和解夏至天氣始暑陰氣始盛土復解
夏至後九十日晝夜分天地氣和以此時耕田一而
當五名曰膏澤皆得時功春地氣通可耕堅硬強地
黑壚土輒平摩其塊以生草草生復耕之天有小雨
復耕和之勿令有塊以待時所謂強土而弱之也春

【氾胜之书】

《氾胜之书》

《氾胜之书今释》

同程度地体现了科学的精神。其中所述溲种法是世界上最早的包衣种子制作法，在农业发展史上具有重要意义；穗选法是见于文献的最早记载。

氾胜之

B.C.1世纪

中国西汉时期关中地区出现区田法 汉成帝时，氾胜之在关中地区总结并推广了区田法（又称区种法），是一种经济用水、集中用肥、配合深耕的抗旱丰产的农作技术。其具体方法是，在田块上挖成若干带状低畦或方形浅穴的小区，把作物种在低畦或浅穴中；区的大小、株距、行距和小区的间隔都有具体的规格，有利于干旱地区的蓄水保墒；区内深耕细作，集中施肥灌水，为作物生长发育创造优良环境条件，是一种行之有效、抗旱耕作的高产栽培法。

中国关中地区出现瓜类嫁接技术 汉成帝时，氾胜之在其所著《氾胜之书》中记载了B.C.1世纪时，在中国黄河流域关中地区开始结大葫芦，这是嫁接技术在草本（瓜类）植物上的首次记录。

中国关中地区出现溲种法 汉成帝时，氾胜之在其所著《氾胜之书》中记载了B.C.1世纪时，在中国关中地区出现了溲种法。溲种法就是利用雪汁或骨汁，蚕矢或羊矢，以及附子等三类材料，在种子外面包上一层以蚕矢或羊矢为主要材料的外壳，类似现代的“包衣种子”的方法。从所用材料来看，碎骨煮出来的骨胶，可能起到粘胶作用；蚕矢或羊矢起种肥作用；附子是一种热性而有毒的药物，可能有驱虫作用。

约60年

科路美拉［罗马］著《农业论》 《农业论》（*De Terutisca*）是罗马奴隶制衰落时期有关农业生产及管理的著作，也是所有罗马农业著作中最系统、最全面的一部，大约成书于公元60年，作者科路美拉（Lucius Junius Moderatus Columella）是罗马帝国后期杰出的农学家，对罗马的农业经济很有研究。

全书共分12章，对罗马大庄园农业进行了仔细的研究。前6章详细介绍作物种植，后4章介绍家庭饲养，最后2章论述了管家的职责。书中不仅叙述了农牧业生产技术和管理方面的经验，还就如何改善和提高农业生产等问题提出了自己的独特见解，对后世尤其是中世纪庄园管理影响重大。

科路美拉是精耕农业的拥护者，提倡因地制宜发展农业。作为一位经验丰富的农庄主，他在书中描述了公元1世纪罗马农业衰落的现象和原因，论述了农业的重要性，认为农业是一门需要精心研究的专门学问，要热心研究过去的耕作方法并使之适合当代农业。

158—166年

崔寔［中］著《四民月令》 《四民月令》是东汉时期的一部以农家月令为体裁的农书，也是中国最早的一部农家月令书，成书于158—166年。著者崔寔（约103—170），曾任议郎、东观著作、五原和辽东两郡的太守。在担任五原太守期间，曾教当地群众种大麻，并从河东（今山西）招聘有经验的老农教导纺纱织布。他在另一部著作《政论》中，对辽东耕犁使用不便之处进行了评论。

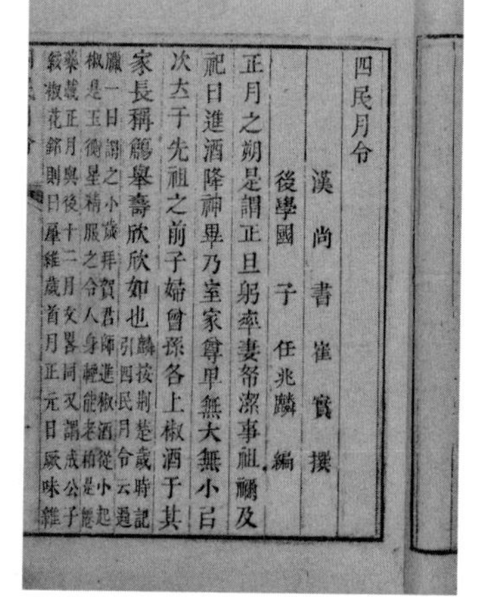
四民月令
漢尚書崔寔撰
後學國子任兆麟編
正月之朔是謂正旦躬率妻帑潔祀祖禰及
祀日進酒降神畢乃室家尊卑無大無小㠯
次列于先祖之前子婦曾孫各上椒酒于其
家長稱觴舉壽欣欣如也

《四民月令》

全书基本上以士民（中小地主）的家庭为背景，按月叙述有关治生（以农业为主）的事项和经验。在农业生产方面，此书涉及耕作（各类田土的耕作）、繁殖（各种作物的播种、分株、移植以及木本植物的插枝、压条等）、管理（中耕、除草、施肥、剪枝、防虫、扫叶等）、收获（包括伐木和采集野生药用植物）、养蚕、纺织，以至农产品的贮藏加工（特别是酿造）、买卖等。书中所记的“别稻”是中国移栽水稻的最早记载。

《四民月令》记述和总结了公元2世纪黄河中游地区的农业生产水平和农家生活概况，对后世有着比较深远的影响，是一部优秀的月令体农书的代表作。

199年

中国蚕种传入日本 据《日本书纪》记载，199年（日本仲哀天皇八年），中国的蚕种由一个自称是秦始皇十一世孙的功满王从朝鲜的百济带到日本，是为中国蚕种传入日本之始。此后日本还直接派人至中国引进蚕种、招聘养蚕和缫丝工匠。238年，倭国女王俾弥呼派遣使者到中国，魏明帝赠送给使者的国礼就是精美的中国丝织品。这是中国丝绸作为皇帝的礼品而传入日本的最早文献记载。

469年，南朝宋派四名丝织和裁缝女工到日本传授技艺，日本开始出现吴服（今和服），对日本丝织工业的发展起到了促进作用。

2世纪

中国东汉时期出现水稻移栽技术 成书于158—166年的《四民月令》出现了“别稻”的记载。所谓“别稻”就是水稻移栽，说明中国黄河流域水稻移栽技术的出现不晚于东汉时期。南方地区可能已经出现了育秧田，出土的陶水田模型就有育秧移栽的反映。育秧移栽的目的之一就是适应水稻一年两熟连作的需要。

陶水田模型

227—239年

马钧［中］改进翻车和旧式绫机 马钧，中国三国时期曹魏人，在机械设计制造上有多方面的成就，被时人誉为“天下之名巧”。在农业机械方面，以改进翻车（即龙骨水车）最为著名。翻车是一种灌溉机械，最早由东汉灵帝时毕岚发明，魏明帝（227—239年在位）时经马钧改进后，效率提高了很多。

翻车由手柄、曲轴、齿轮链板等部件组成。最先以人力为动力，后发展到利用畜力、水力和风力；制作简便，提水效率高，操作搬运方便，还可及时转移取水点。中国古代链传动的最早应用就是在翻车上，是农业灌溉机械的一项重大改进。

马钧改造旧式绫机的成就也很突出。经他设计的新式绫机不仅更精致，更简单适用，而且生产效率也比原来提高了四五倍。织出的提花绫锦，花纹图案奇特，花形变化多端，受到了广大丝织工人的欢迎。对旧式绫机的改造，是中国古代纺织工具的一项重大改革。

翻车

304年

嵇含［中］著《南方草木状》　《南方草木状》是中国最早的地方植物志，也是世界上现存最早的植物学文献之一，成书于304年。据说作者嵇含（263—306）在军旅中每到一处就悉心谘访当地风土习俗，将别人讲述的岭南一带的奇花异草、巨木修竹记下来，加以整理和编辑。所记植物名称，多数至今仍在沿用。

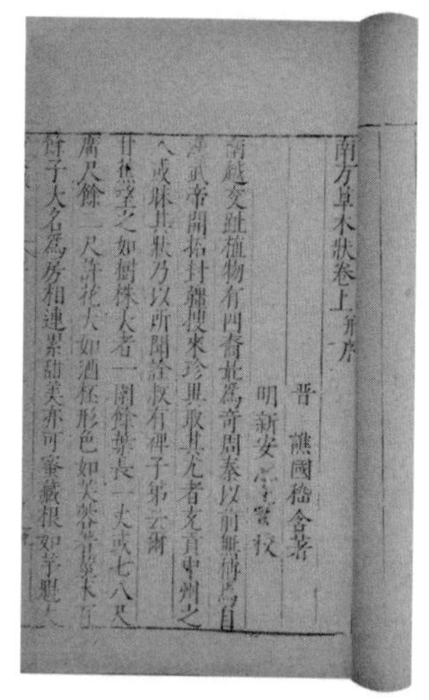

南方草木狀卷上

晉　譙國嵇含著

明　新安　校

南越交趾植物有四裔最爲奇周秦以前無稱焉自漢武帝開拓封疆搜來珍異取其尤者充貢中州之人或昧其狀乃以所聞詮叙有裨子弟云爾

甘蕉望之如樹株大者一圍餘葉長一丈或七八尺廣尺餘二尺許花大如酒杯形色如芙蓉著莖末百餘子大名爲房相連累甜美亦可蜜藏根如芋魁大

嵇含和《南方草木状》

全书3卷，介绍了中国热带、亚热带地区的植物，其中上卷草类29种，中卷木类28种，下卷果类17种、竹类6种，共计80种。第一次把竹类从草类中分出，自成一类。书中描述了植物的形态特征、生活环境、用途、产地等。书中所记在水浮苇筏上种蕹菜的方法，是世界上有关水面栽培（无土栽培）蔬菜的最早记载；所记南方橘园利用黄猄蚁防治柑橘害虫，是世界上利用生物防治害虫的最早先例。书中记载："交趾人以席囊贮蚁鬻于市者，其窠如薄絮，囊皆连枝叶，蚁在其中，并窠而卖。蚁赤黄色，大于常蚁。南方柑树，若无此蚁，则其实皆为群蠹所伤，无复一完者矣。"这种方法，大概是中国南方少数民族所创，且在岭南柑橘生产中一直被采用。唐末的《岭表异录》、清初的《广东新语·虫语》皆有类似记载，目前仍在闽、粤等省橘园中应用，是世界上应用生物防治的创举。

4世纪

帕拉迪乌斯［罗马］著《农业论》　《农业论》（*Opus Agriculture*）是关于罗马后期的一部农书，成书于公元4世纪，作者为罗马帕拉迪乌斯（Palladius，R.T.A.）。该书以农事诗体裁、农事历形式依次记述当时有关农耕及家计活动，侧重果树、蔬菜及花卉等园艺作物。书中对技术的叙述远多于管理，从中也可看出奴隶制大庄园在这一方面已经日趋萎缩，濒临解体。

6世纪前期

中国出现果树嫁接技术　嫁接繁殖是中国古代果树栽培中应用最广泛的繁殖方法。成书于公元6世纪前期的《齐民要术》第一次提到了果树的嫁接技术，并详细论述了梨的嫁接繁殖技术。据该书记载，嫁接梨树的砧木有棠、杜、桑、枣、石榴5种。这几种砧木以棠最好，杜次之，接桑很差，接枣和石榴能得上等梨，但十株只活一二株。当时虽然没有认识到远缘嫁接亲和力差的道理，却已经体验到其成活率低的规律。认识到砧木的选用，关系到成活率和以后结梨的品质，因而在实际应用中以棠、杜为多。足见在南北朝时期，果树的嫁接技术已经达到了相当高的水平。

533—544年

贾思勰［中］著《齐民要术》　贾思勰，中国北魏时期山东益都（今山东省寿光市）人，曾任高阳郡（今山东省淄博市临淄区）太守，具有广博的农学知识。他一生致力于农业研究，以收集的大量文献资料和自己的经验所得，于533—544年写成《齐民要术》一书。

《齐民要术》

《齐民要术》由序、杂说和正文三大部分组成。正文分10卷，共92篇。全书内容丰富，涉及面广，包括农艺、园艺、畜牧、渔业及农副产品制造加工等，总结了汉代至北魏时期黄河中下游一带的农业生产经验，反映了北魏时期的农业经济和农村生活，标志着以耕、耙、耱为核心的北方旱地精耕细作技术体系已经形成。《齐民要术》是中国最早、最完整的综合性农业百科全书，也是世界上最早、最有价值的农业科学名著，目前已经成为国际上研究中国农业发展最重要的文献之一。

《齐民要术》对世界农业也有一定的影响。日本宽平年间（889—907）藤原佐世编的《日本国见在书目》中已有《齐民要术》，说明该书在唐代已传入日本。当时传去的是手抄本，今已不存。现存最早的刻本——北宋天圣年间（1023—1031）皇家藏书处的崇文院本，就是在日本京都以收藏古籍著称的高山寺发现的，被日本当作“国宝”，珍藏在京都博物馆中。

552年

中国蚕种西传至东罗马帝国　中国丝绸西传之初，被西方人视为最上等的衣料，极受追捧，其价贵比黄金。据罗马作家普林尼（Pliny 23—79）称，罗马帝国为购买丝绸、珍珠等奢侈品，每年的支出约占当时罗马帝国每年商品进口总额的一半。巨大的财政压力，迫使当权者要求尽快掌握养蚕缫丝的方法。

查士丁尼一世

552年，东罗马帝国皇帝查士丁尼（Justinian）通过经常出入中国的波斯人和印度僧侣，将蚕种和养蚕法由中国引入东罗马帝国的首都君士坦丁堡，是为中国蚕种西传的开始。从此，东罗马人掌握了养蚕和蚕丝生产技术，君士坦丁堡也出现了庞大的皇家丝织工场，独占了东罗马的丝绸制造和贸易，并垄断了欧洲的蚕丝生产和纺织技术。

直到12世纪中叶，意大利才从拜占庭掳劫来2000名丝织工人，将他们安置在南意大利，开始了丝绸生产。13世纪以后，养蚕织丝技术陆续传到今天的西班牙、法国、英国、德国等西欧国家，丝绸生产在欧洲才广泛传播开来。

16世纪以后，随着新航路的开辟，中国的养蚕织丝技术传遍美洲各国。至此，中国丝绸名闻四海，传遍五洲。

6世纪

《萨利克法典》编纂和修改 《萨利克法典》（*Salic Law*）是在法兰克王国的创始者克洛维一世（Clovis Ⅰ约466—511）死后编纂的，以后做过几次补充和修改。法典保护公社土地的集体所有制，严禁对共有财产的侵犯；保障自由法兰克人的人身自由及私有财产的不受侵犯；已具有封建主义倾向，肯定了王权，与自由民并列的还有各种无权或只享有部分权利的居民。法典清晰地反映公元5—6世纪法兰克王国的经济制度和经济思想，充分反映了日耳曼人由氏族制度转向封建关系的最初形成阶段的经济生活，也肯定了某种程度的阶级区别及王权与公职、贵族的利益。

克洛维一世

632—646年

中国茶籽传入朝鲜半岛 据史书记载，新罗善德王时期（632—646，唐太宗贞观六年至二十年），一位来自新罗的赴唐求法僧，回国时自中国携回茶籽，种在双溪寺（今韩国庆尚南道河东郡内）。自此，中国茶传入朝鲜半岛，新罗开始栽培茶树。

后来，新罗兴德王三年（828年，唐文宗大和二年），新罗使节金大廉自唐回国时，又带回唐之茶种，种植在地理山（今智异山），新罗茶树栽培得到更大发展。

（朝）《三国史记》卷10《新罗本纪第10》“兴德王三年”条：“入唐回使（金）大廉持茶种子来，王使植地理山。茶自善德王时有之，至于此盛焉。”

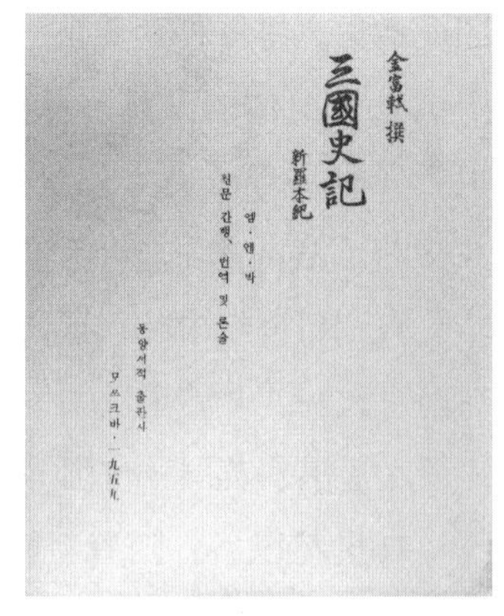

《三国史记》

640年

马奶葡萄和葡萄酒酿制技术从西域传入中国中原地区　葡萄酒酿造历史悠久。据考证，葡萄酒起源于B.C.3000多年的古巴比伦。B.C.2000年，埃及人也用葡萄酿酒。中国新疆地区在汉代时也已大量酿造葡萄酒，司马迁在《史记》中就有生产葡萄以及酿酒的记述。至于中国其他地区酿造葡萄酒，则是在汉武帝时张骞从西域带回葡萄之后。但在较长的时期里，葡萄酒都被视为“珍异之物”。直到南北朝，葡萄仍为难得之物。有人向北齐皇帝献一盘葡萄，居然得到一百匹绢的重赏。

唐太宗李世民（627—649年在位）是一个葡萄酒爱好者。据《太平御览》记载，唐太宗贞观十四年（640年），唐军在李靖的率领下破高昌国（今新疆

马奶葡萄

《太平御览》

吐鲁番），唐太宗从高昌国获得马奶葡萄种和葡萄酒酿制法后，不仅在皇宫御苑里大种葡萄，还亲自参与葡萄酒的酿制，酿成的葡萄酒色味很好。唐人酿葡萄酒风气甚盛，爱喝葡萄酒，当时的葡萄酒酿造工艺及产量水平很高。

8世纪

欧洲出现铧式犁 铧式犁是一种以犁铧和犁壁为主要工作部件进行耕翻和碎土作业的犁，也是世界上使用范围最广的耕作机械。8世纪，欧洲出现带有木制犁铧和犁壁的铧式犁（也称撒克逊犁）。16世纪初，发展成为由十几匹马牵引的大型畜力犁。1730年，装有木制犁壁的荷兰犁传入英国，经过改进后成为欧洲著名的若泽罕犁。1785年，英国开始生产铁制犁铧。

《拜占庭农业法》颁布 公元7世纪，斯拉夫人大批南下定居于拜占庭帝国境内。斯拉夫人农村公社与拜占庭当地农村公社的结合，加速了拜占庭奴隶制的解体，发展了封建关系。《拜占庭农业法》就是这种农村经济生活形式和习惯的反映，它出现于公元8世纪，有100余部不同的希腊文抄本传世。全文共有85条，7000余字。主要内容：规定农民可以长期占有并使用农村公社分配给的份地；规定了土地租佃的关系；规定私有财产和共有土地不容侵犯。此外，还有关于谷物种植、牧业生产、葡萄园、森林地以及奴隶等的法律规定，是拜占庭帝国由奴隶制进入封建制时期的重要法律文件。

8世纪中叶—9世纪中叶

阿拉伯帝国农业发展 8世纪中叶—9世纪中叶，是阿拉伯帝国阿拔斯王朝（750—1258，中国史书称之为“黑衣大食”）最繁荣的时期，也是阿拉伯帝国国势极盛的“黄金时代”。在这一时期，阿拉伯帝国较少发动大规模侵略战争，哈里发政府比较注重农业生产，改善和扩大水利灌溉系统，并调整剥削政策，将田赋的最高额从收获量的1/2改为2/5，并禁止向农民额外征税。在农民和手工业者的辛勤劳动下，农业、手工业和商业有了显著的发展。有些地区水磨和风磨代替了手推磨和畜力磨，在巴格达就有百来盘大水磨。水车和扬水机的流行，扩大了耕地面积，使农业产量不断增长。

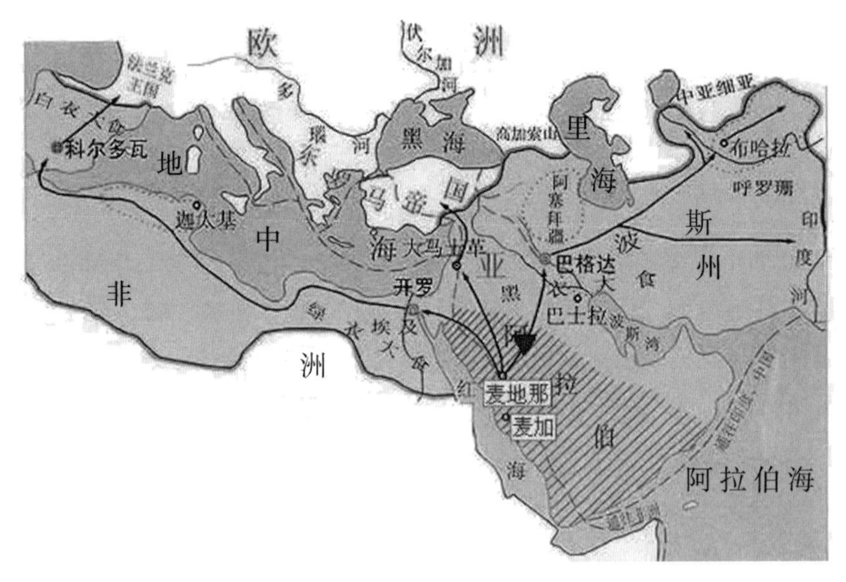

阿拉伯帝国地图

751—762年

中国织绸技术传入伊拉克　751年，中国唐朝军队与大食国（今阿拉伯）军队战于中亚的怛逻斯（今哈萨克斯坦的塔拉兹）。唐军大败，2万多唐兵被俘，其中有许多手工业者。流落到撒马尔罕的唐军战俘将中国的造纸术传授给了当地人。不久，大食国腹地也有了造纸作坊。怛逻斯之战，还使中国军队携带的大批精美瓷器与丝绸成了大食联军的战利品。

753年

中国豆腐制作法传入日本　豆腐的发明，是大豆利用中的一次革命性变革，是中国古代人对食品的一大贡献。以大豆为原料制作的豆腐，富含蛋白质及钙、磷等多种微量元素，营养丰富，物美价廉，素有“植物肉”的美誉，又因为源于中国，因此被称为“中国豆腐”。

豆腐

豆腐不但在中国得到很大的发展，还随着民间交流逐步流布海外。豆腐最先传入的是东邻日本。据史书记载，中国唐代鉴真和尚（697—763）在753年东渡日本宣扬佛法时，也随之带去了豆腐制作技术和制糖、制酱技术。因此日本人把鉴真奉为豆腐业的始祖，并称豆腐为“唐符”和“唐布”。江户时代出版的《料理物语》中有13种豆腐制法，盛行于奈良的“祇园豆腐”远近闻名。

760年

陆羽［中］著《茶经》 陆羽（733—804），中国唐代复州竟陵（今湖北省天门市）人，为避安史之乱隐居浙江苕溪（今浙江省湖州市），在亲自调查和实践的基础上，认真总结、悉心研究了前人和当时茶叶的生产经验，于760年完成了创始之作《茶经》，被尊为“茶圣”。

《茶经》是世界上现存最早的茶叶专著，分3卷10节，约7000字。对中国唐代及以前的茶叶历史、产地，茶的功效、栽培、采制、煎煮、饮用等知识技术都做了阐述，是一部关于茶叶生产的历史、源流、现状、生产技术以及饮茶技艺、茶道原理的综合性论著。

《茶经》系统地总结了当时的茶叶采制和饮用经验，传播了茶业科学知识，促进了茶叶生产的发展，开中国茶道的先河，推动了中国茶文化的发展。

陆羽

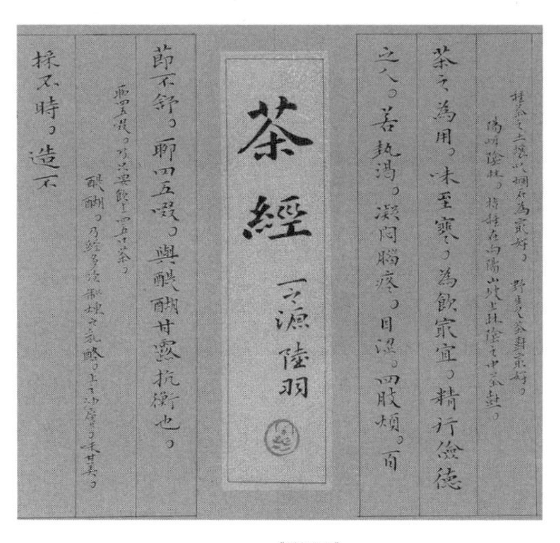
茶經 竟陵 陸羽

茶之為用。味至寒。為飲最宜。精行儉德之人。若熱渴。凝悶腦疼。目澀。四肢煩。百節不舒。聊四五啜。與醍醐甘露抗衡也。採不時。造不

《茶经》

8世纪后期

中国唐朝中原王朝与边境少数民族开始茶马互市 中国唐代中期以后，传统的陇右官办牧场多沦于吐蕃之手，部分牧地又为寺观所占有。原来主要分布于黄土高原半农半牧区的官办养马业和民办大畜牧业均走向衰落，中原王朝国防所需要的马匹和部分民用马匹不得不主要依靠向边境少数民族购买。唐代饮茶风气蔓延全国，茶叶逐渐成为少数民族（尤其是畜牧民族）的生活必需品，因而也就成为中原向少数民族地区用以交换马匹的重要物资。茶马互市因此在晚唐时期产生，不过，当时尚无专门官员专职其事，也未形成制度。

8世纪末

查理大帝［法兰克］颁布《庄园敕令》 《庄园敕令》（*Capitulave de Villis*）是法兰克王国加洛林王朝国王、查理曼帝国皇帝查理大帝（Charlemagene 742—814）为整顿领地而亲自为王室庄园管理人员所规定的管理条例，是欧洲中世纪前期封建社会领主庄园经济的主要法律文件。

查理大帝

《庄园敕令》全文共70条，8000余字，相当详尽地反映了庄园经济的内容。由于其他类型庄园也都大同小异，所以颇具典型性。主要内容为：土地分为国王直属领地及农奴份地两部分，农民只有在取得主人同意并缴纳继承金后才能继承份地；作为领主对农奴剥削方式的地租形态，是以劳役地租为主，实物贡纳为辅。内容还涉及庄园内的生产，包括谷物、蔬菜和经济作物；草场经营和牛、羊、马、猪、狗的饲养与繁殖；鸡、鸭、鹅以及孔雀等的养殖；经营坚果林、水果林、建材林、木材林、薪炭林、蜜蜂养殖和水产养殖业；农产品加工业、纺织业、生活用具制造业和建筑业等。

《庄园敕令》原文为拉丁文，有法文和德文本传世。

805年

中国茶籽传入日本 中国是茶的原产地，也是茶文化的发祥地。唐代，中国的茶叶及饮茶习俗随着佛教传入日本。据史书记载，729年4月，日本天皇曾召集僧侣进禁廷讲经，事毕，各赐以粉茶，人人皆感到荣幸，这是日本关于饮茶的最早记载。804年，日本高僧最澄（762—822）赴中国浙江天台山国清寺学佛求法，805年返回日本时，带走浙东茶籽，后在日本广为播种，其在京都比睿山麓的日吉茶园延续至今，为日本最古老的茶园。与最澄同船入唐学佛的日本高僧空海（774—835），于806年回国时，也带回茶籽献给嵯峨天皇。今奈良宇陀郡佛隆寺仍保留着由空海带回的碾茶用的石碾。815年4月，嵯峨天皇在崇福寺品尝了在中国学佛30年的永忠法师（743—816）按唐代茶道所献的茶汤，印象至深，两个月后下令在关西地区种茶，以备每年进贡。从此，日本出现了贡茶，茶道作为一种文化被宫廷接受。

日吉茶园

最澄

829年

日本仿制中国水车 唐代时，中国的水车及其制造方法传入日本。日本淳和天皇天长六年（829年），令各地方仿制唐式手推、脚踏和牛拉各种类型水车，用于农业生产。各种形制的龙骨水车，用于堰渠不便之处，使缺水高远之地也能正常地种植水稻。

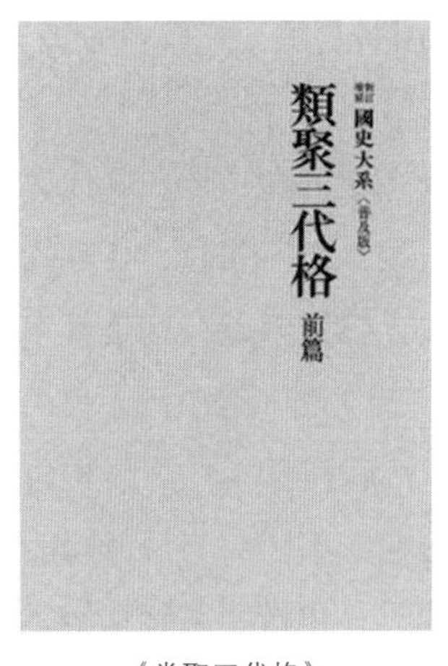

《类聚三代格》

日本《类聚三代格》卷8记载：天长六年五月《太政府符》称："耕种之利，水田为本，水田之难，尤其旱损。传闻唐国之风，渠堰不便之处，多构水车。无水之地，以斯不失其利。此间之民，素无此备，动若焦损。宜下仰民间，作备作器，以为农业之资。其以手转、足踏、服牛回等，备随便宜。若有贫乏之辈，不堪作备者，国司作给。经用破损，随亦修理。"这一记载，不仅确实无疑地反映日本使用的水车是由中国引入的，而且还透视出当时中国的龙骨水车已比较普遍，且已有手转、足踏、牛转等多种类型。

9世纪前期

李石［中］著《司牧安骥集》　《司牧安骥集》又名《安骥集》，编纂者李石（783—845），是中国唐代综合性兽医学著作，也是中国现存最古老的中兽医专著。共4卷，分医3卷、方1卷；药方单独成书时称《安骥药方》。《司牧安骥集》系汇集唐代前后的主要兽医学论著编纂而成，对马病的诊断和防治是本书的核心。本书在《相马外形学》中，首先提出选育良马要查阅良马的血缘系谱；在《旋毛论》中指出中国古代马的60个优良品种的毛色特性。本书所收的《伯乐针经》是现存最早的兽医针灸文献，所列的穴位至今仍在兽医临床上广为应用。南宋高宗绍兴五年（1135年）重刊，称新刊校正本。金元时期，增补成8卷本。曾经多次翻刻重印，是宋、元、明时代学习兽医的必读书。

《司牧安骥集》

879—881年

陆龟蒙［中］著《耒耜经》　《耒耜经》是中国现存最早的农具类农

书，唐代陆龟蒙所著。陆龟蒙（？—881），江苏长洲（今江苏省苏州市）人，曾任湖州、苏州刺史幕僚，后隐居松江甫里，人称“甫里先生”。陆龟蒙曾经亲自经营农业，留心农事，对当地农具种类、结构和耕作技术有较多了解。《耒耜经》就是他在访问老农和实际观察的基础上，于879—881年写成的，收录在《甫里先生文集》第19卷中。

《耒耜经》全篇640多字，记述了唐代末期江南地区的农具，如江东犁（曲辕犁）、爬（耙）、砺础和碌碡等。书中所记耕犁由铁制的犁铧、犁壁和木制的犁底、压镵、策额、犁箭、犁辕、犁评、犁建、犁梢、犁盘等11个部件组成。这种耕犁的辕是弯曲的，所以后世称之为“曲辕犁”；又因文末有“江东之田器尽于是”，又称之为“江东犁”。犁铧用以起土；犁壁用于翻土；犁底和压镵用以固定犁头；策额保护犁壁；犁箭和犁评用以调节耕地深浅；犁梢控制宽窄；犁辕短而弯曲；犁盘可以转动。整个犁具有结构合理、使用轻便、回转灵活等特点。陆龟蒙对各部件的形状、大小、尺寸也有详细记述，十分便于仿制流传。

唐代长江下游最早出现的曲辕犁，是中国农具史上的一个里程碑，标志着传统的中国犁已基本定型。

9世纪末10世纪初

韩鄂［中］著《四时纂要》 《四时纂要》是按月依次编排、叙述农事活动的月令类农书。著者韩鄂，生平及著书年代均无史料可据。多数学者认为他生活在唐末至五代初年，成书年代大致在9世纪末至10世纪初。全书分为5卷，约43000字。其主要内容有：（1）农业技术：内容占全书一半以上，是本书的主体，其中尤以大田作物和蔬菜所占比重最大。有些技术较前代有显著发展，如葡萄藤穿过枣树靠接法、紫花苜蓿与麦混种法，茶树、菌子、薯蓣等栽培技术和人工养蜂均属首次记载；（2）农副产品贮藏加工：这一类约占全书的1/5，内容包括织造、染色、酿酒、制酱和制乳品、油脂、淀粉等的加工以及食品的腌藏等，其中酿酒、制酱、制淀粉的技术均较前代有较大发展；（3）医药卫生：包括药用植物的栽培、采收、药物贮藏、民间验方以及润肤品和装饰品的制备等，其中药用植物的栽培技术是首次记载。其他还有工

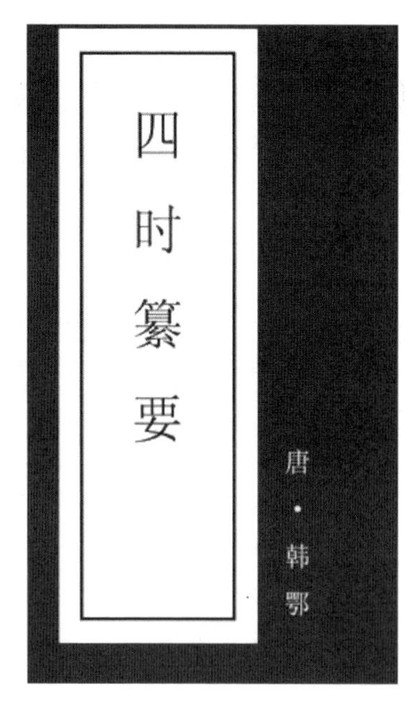

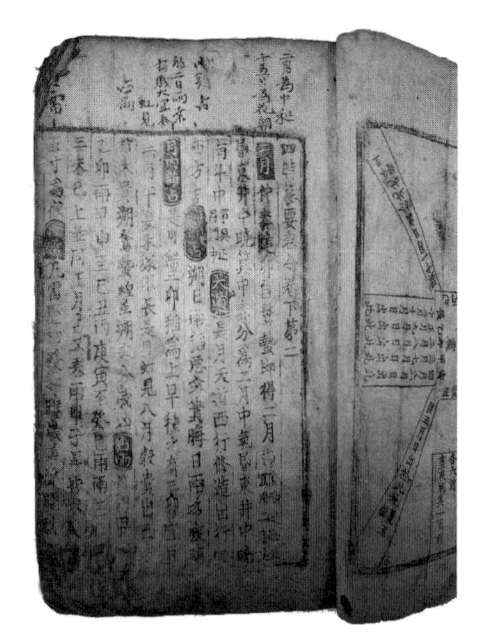

《四时纂要》及其书页

具、武器的修造，农副产品的买卖和租赁，文化用品的保藏，以及天象、占候等，大多是实践经验的总结。《四时纂要》填补了从6世纪初的《齐民要术》到12世纪的陈旉《农书》之间的空白，是研究唐和五代农业生产技术史、社会经济史和民间习俗史的重要文献。

10世纪前后

西欧开始出现重犁　西欧在封建社会形成时期，生产力发展缓慢，农业与手工业紧密结合在一起。10世纪前后，西欧开始出现重犁。这种犁一般需用较多的畜力牵引，可翻耕较深的土壤，同时这种犁装备犁板，能在翻耕田地的同时开出畦沟，从而解决春季潮湿土地排水的问题。

随着铁制农具的增多和土地耕种方式的改善，特别是用马牵引的带轮的铁犁和二圃制、三圃制的广泛流行以及大面积垦荒，生产效率得到提升；马颈皮项圈、马蹄铁等马具有了改进，以马牵引的带轮铁犁开始应用于大面积垦荒；主要谷物如大麦、小麦、豌豆、麻类的产量有所提高，葡萄、麻、果木等园艺以及畜牧业普遍发展。

1012年

中国北宋时期引进越南占城稻 占城稻又称早禾或占禾，属于早籼稻，原产越南中南部，北宋初年首先传入中国福建地区。根据中国古书记载，占城稻有很多优点，以耐旱、生长期短、适应性强著称。

1012年，江淮两浙大旱，水田无粮可产。宋真宗遣使到福建，取占城稻种三万斛（旧量器，一斛为10斗），分给江淮两浙地区播种，获得成功。不久，今河南、河北一带也种上了占城稻。南宋时期，占城稻遍布各地，成为早籼稻的主要品种，也成为广大农民常年食用的主要粮食。占城稻的引进，是中国历史上一次大规模的水稻引种。

占城稻种植

11—12世纪

阿拉伯帝国农业繁荣 11—12世纪，阿拉伯帝国农业繁荣，叙利亚大马士革地区、美索不达米亚南部、波斯湾东岸和阿姆河流域，农业产量不断增加，号称阿拔斯王朝的“四大谷仓”。

农业的发展带动了经济的发展，阿拉伯帝国的国际贸易十分活跃。中国的丝绸和瓷器、印度的香料、中亚的宝石、东非的象牙和金砂等，都经过阿拉伯商人转销世界各地，巴格达成为东西方国际贸易的中心之一。中国的广州、泉州、扬州等沿海城市，都是阿拉伯商人经常往来的地方；巴格达也有专卖中国货物的市场。此外，大马士革的缎子、库法的绢、叙利亚的玻璃、布哈拉的毛毯，也都远近驰名。

阿拉伯商人由于穿梭各地，在客观上起到了传播文化的作用。中国古代“四大发明”中的造纸、指南针和火药就是在这一时期由阿拉伯商人传到欧洲

去的。

中国北宋时期开始形成茶马互市制度 北宋初年，马政更加衰落，国防用马更非依靠边境不可，买茶博马渐成制度。宋神宗熙宁七年（1074年），政府派员入蜀“经划买茶”运往秦州（今甘肃省天水市）等地易马，是为提举茶事兼买马之始。元丰四年（1081年），并买茶买马为一司，史称熙河路茶马司或秦州茶马司。四川茶马司与秦州茶马司情况大体相同。南宋时，因关陕沦陷，秦州司合并于四川司，称都大提举茶马司。宋代向边境民族买马主要有两种方式：一是在边境发预售券和刍粟，由少数民族运往京师，称“卷马”；二是在边境置场收购，由政府派人送到所需地点，称“纲马”。

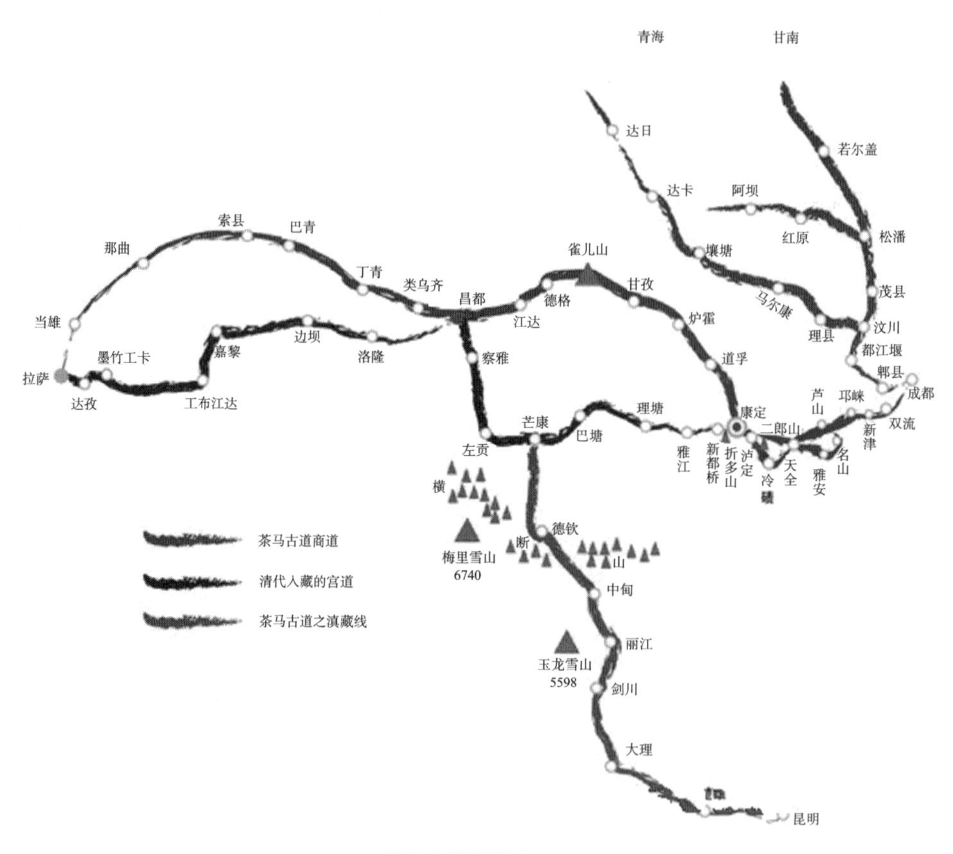

茶马古道路线图

1090—1094年

曾安止［中］著《禾谱》 《禾谱》是中国北宋时期江西泰和地区的水稻品种志，也是中国迄今所见最早的水稻品种专志。作者曾安止（1047—1098），字移忠，号屠龙翁，江西泰和人。熙宁九年（1076年）进士，曾任彭泽县令。退仕后，有感于当时士大夫只为牡丹、荔枝、茶等著谱，而稻未有谱，因此调查当地水稻资源，于元祐五年（1090年）至绍圣元年（1094年）写成《禾谱》。《禾谱》第一部分论析了水稻的“总名”“复名”“散名”，明确指出了古今水稻品种之间的联系与差别；特别辨正了古今水稻的异名，比较古今水稻品种之间生物学特性的差异。《禾谱》记载的水稻品种，填补了北宋时期水稻品种资源记载的空白；所记泰和水稻品种数量之多，说明赣江流域是宋代重要水稻产区。《禾谱》对研究中国水稻栽培历史以及宋代粮食生产、社会经济都有重要意义。

1096—1270年

东方先进生产技术及多种作物传入西欧 1096—1291年，西欧封建统治者通过战争和殖民掠夺，获得大量土地和财富，极大地改善了西欧社会经济状况，不仅克服了社会经济危机，并且促进了农业、手工业和商业的发展。意大利、法兰西、西班牙等国同东方贸易增多，东方不少先进的生产技术如纺织、丝绸、印染、制糖以及多种作物如稻、棉花、甘蔗、芝麻、甜瓜、杏等传入西欧，大大丰富了物质生产，提高了生产力水平。在商业方面，意大利商人取代了阿拉伯和拜占庭商人在东方贸易中的垄断地位，独占了地中海商业霸权，有力地推动了西欧的商业发展。

至约1291年，由东方输往欧洲的商品比以前增加了10倍。贸易的发展促进了城市的繁荣和市场的扩大，导致西欧封建社会的深刻变化，使之开始进入一个新的发展时代。

12世纪

风车从波斯传至欧洲 12世纪，风车从波斯传至欧洲，荷兰人发展了水平转轴、螺旋桨式的风车。14世纪，荷兰人广泛利用风车排除莱茵河三角洲沼泽地的积水，在沿海排水造田，也进行磨谷、榨油和锯木等其他作业，有“风车之国”之称。15世纪时，风车已经在欧洲得到广泛应用。后来由于蒸汽机的出现，欧洲风车数目急剧下降。

荷兰风车

1127—1162年

中国南方水田耕作体系形成 中国在唐代中期以后，随着经济重心的南移及稻作的勃兴，一大批与稻作有关的农具相继出现，出现了以江东犁为代表的水田整地农具，包括水田耙、碌碡和砺礋。

秧马

宋代由于北方时有战争，局势不稳，兵役繁重，大批北人离乡背井，流落南方。南北人口之比出现显著变化，影响农业生产形成南北新格局。东南人口的迅速增加，迫使人们努力开发水土资源，与山争地，与水争田，对梯田、圩田等土地的利用方式有了长足进步，大量修建中小型农田水利。除扩大耕地外，还讲究精耕细作，提高土地生产力。

宋代，耖得以普及，还出现了秧马、秧船等与水稻移栽有关的农具，标志着水田整地农具的完善。宋高宗时期（1127—1162），逐渐形成了耕、耙、耖、耘、耥相结合的水田耕作技术体系，并带动了育秧、施肥、选种等许多技术环节的进步。陈旉《农书》的出现，是中国南方水田精耕细作技术体系成熟的标志。

1132—1134年

楼璹［中］制成《耕织图》　楼璹（1090—1162）是中国南宋时期浙江鄞县（今浙江省宁波市鄞州区）人，任浙江於潜（今浙江省杭州市临安区）县令时，深感农夫、蚕妇之辛苦，遂于1132—1134年编制了一套《耕织图》，系统描绘江南农耕、蚕桑生产的各个环节，是最早的农业技术推广挂图，成为后人研究宋代农业生产技术最珍贵的形象资料。

《耕织图》之耕

《耕织图》包括耕图21幅，内容有浸种、耕、耙耨、耖、碌碡、布秧、淤荫、拔秧、插秧、一耘、二耘、三耘、灌溉、收割、登场、持穗、簸扬、砻、舂碓、筛、入仓等；织图计24幅，内容有浴蚕、下蚕、喂蚕、一眠、二眠、三眠、分箔、采桑、大起、捉绩、上簇、炙箔、下簇、择茧、窖茧、缫丝、蚕蛾、祝谢、络丝、经、纬、织、攀花、剪帛等；每图皆配以一首五言律诗。

1210年，楼璹之孙楼洪、楼深等以石刻《耕织图》传于后世。15世纪以后，中国的《耕织图》流传到了日本、朝鲜。

1149年

陈旉［中］著《农书》　南宋农学家陈旉（1076—1154）于1149年所著《农书》，是中国现存最早论述江南水田耕作栽培技术和农桑生产技术的农书。全书约12000字，分上、中、下3卷。上卷是全书的重点，主要讲述土地规划和水稻栽培技术；中卷主要论述水牛的饲养、管理、役用和疾病防治；下卷论述蚕桑的生产和技术。

《农书》是陈旉总结农民耕作经验、结合自己种药治圃的心得体会写作而成的。书中首次提出了“地力常新壮”的理论，指出只要适当施肥，便可使土地精熟肥美，保持新壮肥沃的地力，批判了地力衰退的悲观论调；首次介绍了制造火粪、饼肥发酵、粪屋积肥、沤池积肥等经验，提出了“用粪如用药”

的合理施肥思想；指出要根据土壤性质和作物生长情况，选用适宜的肥料种类、数量、施用时间和施用方法；首次系统论述南方水稻的耕作栽培技术，对耘薅、烤田和育秧技术的记载尤为详尽，总结出“种之以时，择地得宜，用粪得理”的培育壮秧要诀，对秧田水深的控制也有精辟的论述。

《陈旉农书》

陈旉《农书》反映出宋代江南地区农业生产高度发展的水平和成就，书中有关土壤肥料的论述，代表了中国古代关于土壤学说最杰出的思想。

1168—1187年

荣西禅师［日］著《吃茶养生记》 1168年和1187年，日本高僧荣西禅师两次入宋学佛，前后在中国居住了24年之久。除了在佛教方面有很深的造诣，他对陆羽的《茶经》和中国茶文化也颇有研究，回国后全面传播了在中

荣西禅师

《吃茶养生记》

国所学的制茶和饮茶技艺，使仅限于贵族阶层的饮茶文化广及佛寺、武士阶层。荣西所著《吃茶养生记》是日本第一本茶文化专著，在日本广为流传，奠定了日本茶道的基础，他也被尊为日本的“茶祖”。

日本的茶道可以说是中国唐宋茶文化与日本传统文化相结合，根据日本民族特点加以改造发展而成的。

12世纪下半叶

伊本·阿瓦木［阿拉伯］著《农书》 12世纪下半叶，阿拉伯农学家伊本·阿瓦木（Ibn-Al-Awams）撰成《农书》，反映了中世纪曾经影响西欧的东方文化成就，是伊斯兰世界最为杰出的农学专著。

这部著作的部分材料，采自较古的希腊著作和阿拉伯著作；另一部分材料，是西班牙穆斯林农民生产经验的总结。该书的技术特点是适应夏季少雨的地中海气候，强调深耕细耘，并记载有引入豆科作物的轮作体系。书中论述了585种植物，并且说明50多种果树的栽培方法；就嫁接及土壤和肥料的特性，提出了许多新颖的见解；论述了许多果树病虫害的症候，并且提出了治疗的方法。

这部书用阿拉伯语写成，虽然非常重要，但曾一度湮没无闻，18世纪才在马德里被发现，19世纪初及中期先后出版了西班牙文和法文译本。

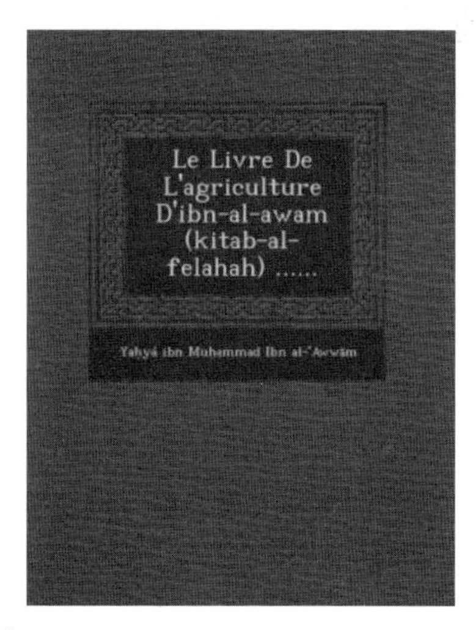

《农书》

约13世纪

沃尔特·亨利［英］著《亨利农书》 约13世纪，英国农学家沃尔特·亨利（Walter Henry 约1200—1283）著《亨利农书》（*Treatise on Husbandry*），反映出英国庄园处于全盛时期的管理水平。

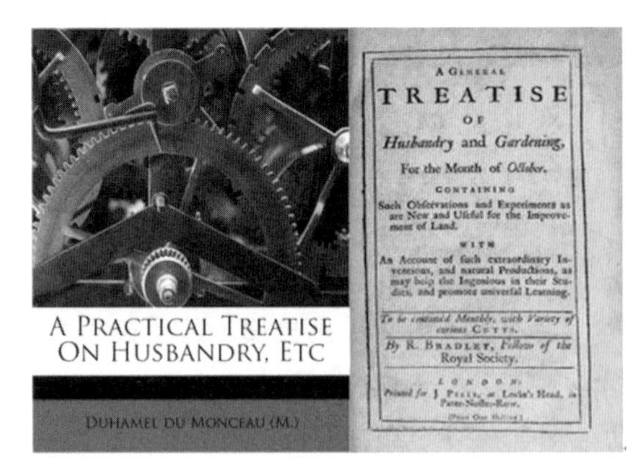

《亨利农书》

全书以内容翔实著称于世。正文前有简短前言，说明撰写的目的是向拥有土地及房产的人进言，使其了解应该如何管理庄园、耕种土地、饲养牲畜，从而实现聚财致富的目的。书中包括有关领地的管理以及种植谷物、饲养牲畜等技术，强调对管事的人员不能根据亲戚关系和喜好来决定，对劳动的监督可委托管事来承担。为了有效地进行监督，除了严加管理，还要经常检查工作完成的情况。为了确定每英亩的播种量和一个庄园中能饲养的家畜头数，要驱使忠诚的下属丈量土地。可见，当时庄园的管理已经达到一定的水平。这种管理经验的总结与技术的积累一样，对英国农业生产的发展都起到了积极的推动作用。

《亨利农书》最初是用英国化的诺曼-法兰西语写成，有拉丁文及英文译本，以手抄本流传，内容互有出入，是16世纪开始大量涌现的英国农书的先驱。

1273年

孟祺［中］完成《农桑辑要》初稿 《农桑辑要》是元代大司农司编纂的以黄河流域为主体，兼及南方农业生产的综合性农书。一般认为孟祺（1241—1291）是至元十年（1273年）完成初稿的主要负责人，畅师文（1247—1314）是至元二十三年（1286年）完成修订工作并把书稿献给朝廷的人。全书6万字左右，分为7卷10篇，凡是与农业生产有关的各种技术知识，如谷物、油料、纤维等基本作物的耕作栽培，栽桑养蚕，家畜、家禽、鱼和蜜蜂的饲养等，均已包括在内，各个月生活及操作的重要事项被列入最末的“岁时杂事”中。重视蚕桑是《农桑辑要》的突出特点。书中栽桑养蚕虽各1卷，篇幅却占到全书的1/3，书名也以“农桑”并提。

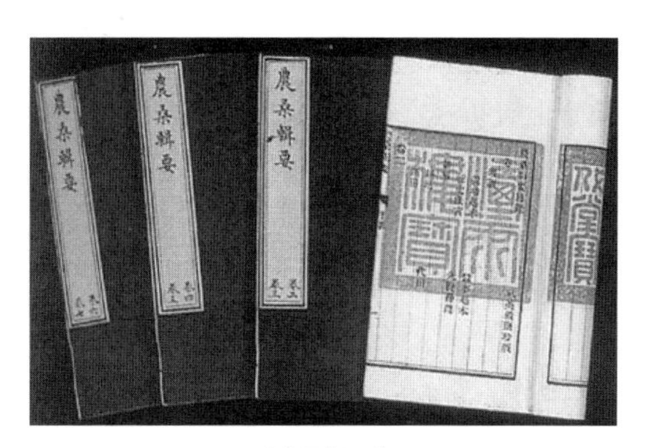

《农桑辑要》

1295—1296年

黄道婆［中］推广棉纺织技术 大约从13世纪后期开始，棉花由中国边疆分南北两路传入内地，并很快成为中国重要的衣着原料。元朝元贞年间（1295—1296），黄道婆（约1245—？）在松江地区革新、推广棉纺织技术，推动了棉花在中国的广泛种植。

黄道婆是中国古代杰出的棉纺织技术革新家，被联合国教科文组织称为“世界级的科学家”。相传她是宋末元初松江府乌泥泾镇（今属上海市徐汇区）人，出身贫苦，幼年流落到海南岛的崖州（今海南省三亚市崖州区）。海南岛黎族种棉较早，黄道婆向黎族同胞学得一手精湛的棉纺织技术。

1295年，黄道婆自崖州重返阔别30多年的家乡乌泥泾，将海南岛黎族的棉纺织技术与江南的丝、麻纺织技术相结合，开创了先进的乌泥泾棉纺织技艺，并对去籽、弹花、纺纱、织布的工具和工艺进行了系统改进。其中由她发明的脚踏式三锭纺车是当时世界上最先进的纺织工具，一次能纺三根纱，比手摇一次只能纺一根纱的效率提高了两倍，这是世界纺织史上的一次重大革新。

黄道婆

在织造方面，黄道婆总结出一套先进的“错

纱、配色、综线、挈花”等织造技术，织制出闻名全国、远销各地的乌泥泾被，上有折枝、团凤、棋局、字样等各种美丽的图案。

经黄道婆的革新和推广，松江地区的棉纺织技术水平迅速提高。到了明代，淞江已经成为全国棉纺织业的中心，赢得“松郡棉布，衣被天下”的美誉。

1313年

王祯［中］著《农书》 《农书》是中国第一部贯通南北农业的农书，书中有中国现存最早的农器图谱。作者王祯，生卒年月不详，山东东平（今山东省东平县）人。元贞元年（1295年）起任宣州旌德（今安徽省旌德县）县尹，大德四年（1300年）调任信州永丰（今江西省上饶市广丰区）县尹。在任期间，奖励农耕，教农民栽桑种棉。元仁宗皇庆二年（1313年），王祯为《农书》作序，刊行时间未明。

《农书》

全书共约13.6万字，分三大部分。第一部分《农桑通诀》相当于农业总论，其中农事起本、耕牛起本和蚕事起本，简要地叙述了中国农业的有关历史及其传说；第二部分《百谷谱》属各论，按照谷、蓏、蔬、果、竹木、杂类、饮食（附备荒）等7类，逐一介绍当时的栽培植物，分述其起源及栽培、保护、收获、贮藏、利用等技术方法；第三部分《农器图谱》是全书的重点，篇幅几乎占了全书的3/5，并附有农器图270余幅，可以和文字叙述对照阅读，凡是有关耕作，收获，劳动保护，产品加工、贮藏、运输，灌溉，蚕桑，纺织等各个门类的农具，都有详细的介绍，图文并茂，最后还附有两篇《杂录》。

王祯《农书》在农业技术方面有许多创新。在《田制门》中全面介绍了圩田、柜田、梯田、架田、沙田、涂田等各种土地利用方式；《种植篇》中系统介绍了桑、果的身接、根接、皮接、枝接、靥接和搭接等6种嫁接方法；在《粪壤篇》中把大粪以外的肥料，归纳为踏粪（厩肥）、苗粪（绿肥）、草粪（野生绿肥）、火粪（草木灰、石灰）、泥粪（沟港堆泥）等几大类，并提出“惜肥如惜金”的主张；在《百谷谱》中第一次记载了把香菇子实体作为播种材料的方法。此外，在《授时篇》和《田制门》中，根据一年四季、十二月、二十四节气、七十二候循环往复的变化规律，把星躔、季节物候和农事活动联成一体，制成“授时指掌活法之图”，可以与日历结合使用，起到授民时而节民事的作用。

1314年

鲁明善［中］著《农桑衣食撮要》 《农桑衣食撮要》又名《农桑撮要》《养民月宜》，是中国元代月令体裁农书，作者鲁明善，维吾尔族人。元仁宗延祐元年（1314年），鲁明善出任寿春郡（今安徽省寿县）监察官，在任内参考《农桑辑要》，吸收江南农业生产的精华，撰成并初刻《农桑衣食撮要》，至顺元年（1330年）重刻。全书11000字，按十二个月份的顺序排列，逐条列举当月农家所应从事的作业，写明操作步骤、技术方法与注意事项。内容以农桑为主，也包括蔬菜、果树、竹木、水利、气象、畜牧兽医、药材、养蜂、农副产品加工、酿造、农产品收藏等。由于选材精练，语言通俗，行文简要，便于农家掌握，实用性强。

鲁明善

14世纪中叶

阿兹特克人［中美洲］发明“浮园耕作法” 13世纪早期，阿兹特克人到达墨西哥盆地。1325年，定居于特斯科科湖，逐渐占据了周围大部分地区。阿兹特克农业文化发达，在人工灌溉和施肥方面超过了玛雅人，达到较高水

平。随着人口的增长，岛屿变得非常拥挤，阿兹特克人发明了著名的“浮园耕作法”以扩大耕地面积。他们首先在用芦苇编成的芦筏上堆积泥土，使其浮在水面上，然后在新造的土地上种植作物和果树，利用树根巩固人造的浮动园地。每次播种之前，都挖些新的泥土，铺在浮动园地上，因此，园地会随着一次次耕种而不断增高。之后，表层的泥土被挖去，用于建造新的“浮动园地”，开始了新的循环。直到今天，某些地区仍然使用这种耕作方法。

15世纪中叶

印加帝国［南美洲］农业发展　14世纪时，居住在南美洲今秘鲁境内库斯科谷地的印加人开始崛起。经过连续向外扩张，1438年，印加人建立起中央集权奴隶制国家——印加帝国。帝国全盛时面积约90万平方千米，人口达600万，几乎征服安第斯地区所有部落。印加人重视农业，确定农业节序的历法已经相当完备，农业技术较为先进，使用装有青铜尖头的木镢，利用鸟粪作肥料；除主要作物玉米和马铃薯，还有南瓜、番茄、棉花等近40种作物；饲养的牲畜不用于耕作，有能驮运的骆马及毛可用于纺织的羊驼，还饲养火鸡等家禽；在安第斯山坡地上修筑了许多带石砌护墙的梯田，并且建造了复杂的灌溉系统，水渠最长的达113千米。

1492年

甘薯由美洲传入西班牙　甘薯，旋花科薯蓣属一年生或多年生曼生草本，又名番薯、山芋、红薯、白薯、地瓜、红苕等。原产中南美洲，块根可作粮食、饲料和工业原料。据史书记载，1492年，哥伦布初谒西班牙女王时，将由新大陆带回的甘薯献给女王。16世纪初，西班牙已经普遍种植甘薯。之后，西班牙水手将甘薯携带至菲律宾的马尼拉和印度尼西亚的马鲁古岛，再传至亚洲各地。16世纪末叶，甘薯通过多种渠道传入中国，明代的

甘薯

《闽书》《农政全书》、清代的《植物名实图考》等都有相关记载。甘薯最先引种到中国的广东、福建等地，后来一直被推广到北方等地。

宋元以前的中国文献中屡见有关“甘薯”的记载，但那时所说的甘薯是指薯蓣科植物的一种，而我们现在所说的甘薯则是旋花科植物。它被引种到中国以后，因形似中国原有的薯蓣科的甘薯，便被称为“甘薯”。久而久之，“甘薯”一词反而被旋花科的番薯所占用。

1493年

辣椒由美洲传入欧洲 辣椒，茄科辣椒属一年生草本，在热带地区可为多年生灌木，别名番椒、海椒、秦椒、地胡椒、辣茄，以果实供食用。辣椒原产于南美洲的秘鲁，在墨西哥被驯化为栽培种。1493年传入欧洲，1593—1598年传入日本，明朝后期传入中国。传入中国有两条途径：一是经由古丝绸之路传入甘肃、陕西等地；一是经海路引入广东、广西、云南等地。

辣椒

中国关于辣椒的记载始见于成书于1591年的明代高濂《遵生八笺》：“番椒丛生，白花，果俨似秃笔头，味辣，色红。”清代陈淏子《花镜》有“番椒……丛生白花，深秋结子，俨如秃笔头倒垂，初绿后朱红，悬经可观，其味最辣”的记载。“辣椒”一名最早见于成书于1764年的《柳州府志》。

1494年

玉米由美洲传入西班牙 玉米，禾本科玉蜀黍属一年生草本，又名玉蜀黍，俗称苞谷、棒子、珍珠米等，是重要的粮食作物和饲料作物。玉米原产美洲的墨西哥、秘鲁，栽培历史已有5000年左右。1492年，哥伦布在古巴发现玉米，后知整个南、北美洲都有栽培。1494年，他将玉米带回西班牙以后，玉米逐渐传至世界各地。

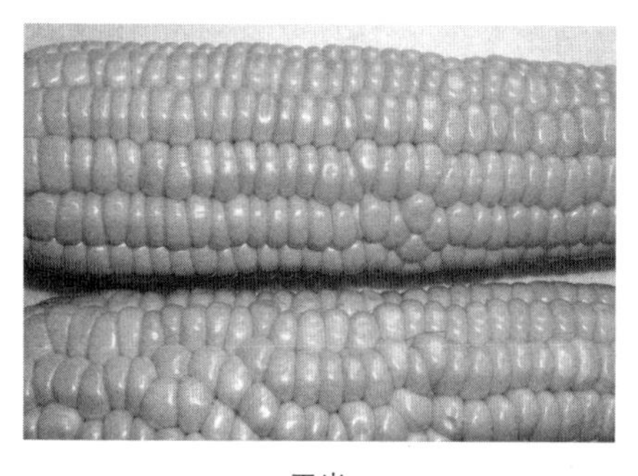
玉米

中国玉米栽培已有400多年的历史，大约在公元1511年传入。传入途径，一说由陆路从欧洲经非洲、印度传入中国云南，或从麦加经中亚细亚沿着丝绸之路传入中国西北部，再传至内地各省；一说由海路传入，先在沿海种植，然后再传至内地各省。玉米具有高产、耐饥、适应性强的特点，明清以后中国人口的快速增长，很大程度上有赖于玉米等作物的引进。

成书于1560年的甘肃《平凉府志》卷11有关于玉米的具体记载：“番麦，一曰西天麦，苗叶如蜀秫而肥短，末有穗如稻而非实。实如塔，如桐子大，生节间，花炊红绒在塔末，长五六寸，三月种，八月收。”此外，明代田艺蘅的《留青日札》和李时珍的《本草纲目》均有记载。

16世纪初

花生由南美洲传入非洲　花生，豆科落花生属一年生草本，地上开花，地下结果，故有落花生、落地参之称；又名长生果、万寿果、番豆等，是一种人们喜爱的食品，也是一种重要的油料作物。

花生

花生原产美洲，玻利维亚南部、阿根廷西北部和安第斯山麓的拉波拉塔河流域可能是花生的起源中心地。据近年的考古发现，在4000年前的秘鲁就有了花生的人工栽培种。从B.C.200年到公元700年这段时期，花生的种植利用已有了一些发展。在15世纪末哥伦布航渡美洲、开创地理大发现时代以前，花生大量种植于南美的巴拉圭、乌拉圭、巴西、阿根廷等地区。

16世纪伊始，葡萄牙人将花生从巴西传入非洲。欧洲文献中最早的花生记载见于西班牙著名史家奥维多于1526年在西班牙出版的《西印度博物志》

（又译为《西印度自然通史》）一书，可见16世纪初花生也已传入欧洲。

中国有关花生的最早记载见于元末明初贾铭所著的《饮食须知》，其后许多书籍不但记载落花生的生物学特性，而且还有其地理分布等。19世纪后期，中国又从美洲引进了大粒花生。

1502年

中国金鱼传入日本　金鱼起源于中国，是野生红鲫在长期人工饲养及选育下家化而成的观赏鱼。早在北宋时期，杭州兴教寺等寺庙的水池内已有红鲫饲养，可认为是原始的金鱼。南宋时，建池养金鱼已形成一种社会风气。当时还出现了一批从事“鱼儿活”的养金鱼技工，他们用水蚤喂养金鱼，还注意研究培育金鱼的新奇品种。有意识的人工选择促使金鱼新的变异能够得到繁殖和发展。

到了明代，金鱼的饲养技术有了很大的发展，开始由池养改为盆养，金鱼也较普遍地被作为室内的一种陈设以供玩赏。由于生活环境的改变，更由于采用分盆育种，特异的优良品质比较容易保存。经过长期的选种和杂交遗传，金鱼在颜色、外形、器官、习性等各方面的变异逐渐增多，新的品种不断涌现。成书于1596年的张谦德所著《朱砂鱼谱》是中国最早的一本论述金鱼生态习性和饲养方法的专著，其中所记金鱼达29种之多。

金鱼及其培育技术在明代开始外传。1502年中国金鱼由福建泉州传入日本；1611年前后被运往葡萄牙；1691年前流传到英国；1728年在荷兰阿姆斯特丹人工繁殖成功，从而遍及整个欧洲；1878年传入美国，并由美国传到美洲其他国家。此后，金鱼成为遍及全球的著名观赏鱼。

金鱼对科学的发展也有重要影响。达尔文的《物种起源》等书中都提到了中国有关动植物的人工选择及变异，其中就包括金鱼培育。现在，金鱼已成为研究生物遗传变异的重要科学材料之一。

1510年

向日葵由北美洲传入欧洲　向日葵，菊科向日葵属一年生草本，又名西番菊、一丈菊、迎阳花、葵花等，因幼苗和花盘有向日性而得名，是主要油料作物之一，也可直接食用。

向日葵

向日葵原产北美洲西南部。1510年被西班牙探险队引入欧洲，种植在西班牙马德里的皇家植物园作为观赏植物。1544年传入意大利；1575年传入英国；16世纪末，向日葵已传遍欧洲。17世纪末，欧洲人才开始采摘向日葵花盘上的嫩花朵，加上佐料作凉拌生菜吃，并采摘籽粒作为咖啡代用品和鸟饲料。1716年，英国人首次从向日葵种子中成功提取油脂。18世纪初，向日葵从荷兰传入俄国。到19世纪中叶，经俄国科学家育种改良的榨油品种又从俄国回传入美国和加拿大。

《群芳谱》

向日葵约在16世纪末17世纪初由南洋传入中国，有关记载最早见于1621年明代王象晋所著的《群芳谱》，当时被称西番菊。“向日葵”之名首见于于明代文震亨的《长物志》（1639年成书）。但明代李时珍的《本草纲目》（成书于1578年）和徐光启的《农政全书》（成书于1625—1628年）尚未提到向日葵，可推知那时它的栽培还不普遍。据《群芳谱》的记载，估计向日葵主要用于观赏和入药。

1519年

墨西哥开始栽培烟草 烟草，茄科烟草属叶用一年生草本。叶片含烟碱（尼古丁），采收后经加工处理用于制作卷烟、雪茄烟、斗烟、旱烟、水烟和鼻烟等，是世界性栽培的嗜好类工业原料作物。烟草的别称还有相思草、金丝烟、芬草、返魂烟等。

烟草原产于中、南美洲。建于432年的墨西哥帕伦克一座神殿里的浮雕，表现了玛雅人的祭司在举行典礼时以管吹烟的情形，这是人类利用烟草的最早证据。1519年，烟草开始被栽培于墨西哥的尤卡坦。欧洲的探险家们随后将烟草带回了本土。1531年，西班牙人在西印度群岛的海地种植烟草，继而将其传播到葡萄牙和西班牙，以后逐渐传向各国。当时人们对它十分好奇，并且心存疑虑，然而这种情况很快就得到改变。16世纪时，烟斗和雪茄已遍及整个欧洲。

1573年，烟草（时称“淡巴菰”，这是印第安语烟叶“tobago”的音译）从菲律宾传入中国。最早记录烟草的文献是明代张景岳的《景岳全书》（成书于1624年）：“此物自古未闻，近自我明万历时始出闽、广之间。”

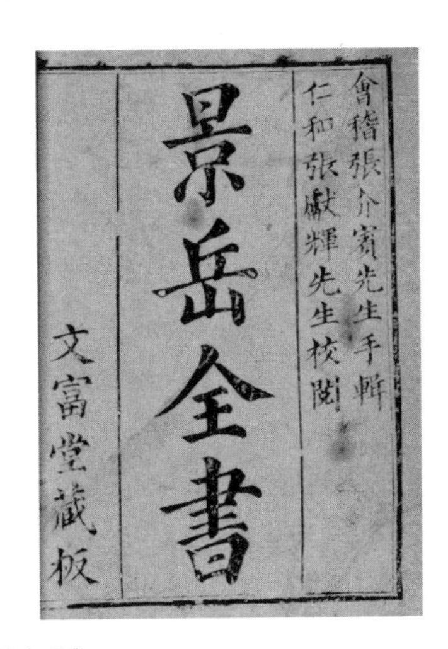

會稽張介賓先生手輯
仁和張獻輝先生校閱
景岳全書
文富堂藏板

张景岳与《景岳全书》

1523年

费兹哈柏［英］著《农业全书》 16世纪以后，英国农村经济发展较快，而反映处于技术变革时期前夕特点的农书，也以英国为多。1523年，英国拥有自主土地、从事独立经营的约曼农（14—19世纪英国农民的一个阶层）费兹哈柏（Fitzherbert 1460—1531），在积累了40年实践经验的基础上撰写、刊行了《农业全书》。

《农业全书》从讨论农具——犁开始，涉及犁的种类及犁操作上应该注意的事项等，进而讨论与耕种饲养有关的农事。全书重点探讨了与三圃制有关的一些技术管理措施，已提出把豌豆、蚕豆等豆类作物引入轮作体系，使之成为临时牧草地。这种牧草地不是和永久性敞地分开，而是把个人占有的条田充当临时的采草地，几年后再耕翻恢复原样，标志着当时英国有的地方已经从三圃制向改良三圃制转变。书中也提到，受市场需求增加的刺激，人们为了提高产量而开始在大田施用厩肥。

《农业全书》被公认为是英国近代农书的先驱，其内容体例已经符合严格意义上的农学著作，是英国近代早期农书的代表作。

16世纪中叶

番茄由美洲传入欧洲 番茄，茄科番茄属一年生草本，在热带为多年生，又名西红柿、番柿、西番柿、六月柿、洋柿子等，主要以成熟果实作蔬菜或水果食用。番茄原产南美洲安第斯山地带的秘鲁、厄瓜多尔等地，在安第斯山脉至今还有原始野生种，后来传播至墨西哥，被驯化为栽培种。

番茄

16世纪中叶，番茄由西班牙和葡萄牙商人从中南美洲带到欧洲，再由欧洲传至北美洲和亚洲各地。初始时以鲜红的果实作为庭园观赏用，后来才逐渐被食用。番茄大约在明代万历年间传入中国。中国有关番茄的最早记载，见于成书于1621年的《群芳谱》，其中记载："番柿，一名六月柿，茎似蒿，高四五尺，叶似艾，花似榴，一枝结五实或三四实，一树二三十实，……草本也，来自西番，故名。"

西班牙美利奴羊传入美洲 美利奴羊译自西班牙文"Merino"，是细毛绵羊品种的统称。原产于西班牙，后被输往其他各国，通过不同自然条件的影响和系统选育，成为各种不同的美利奴羊品种，如法国兰布耶、澳洲美利奴等。据史书记载，西班牙美利奴羊的祖

美利奴羊

先源于公元前几百年从腓尼基运到西班牙的一些细毛羊。在罗马帝国时期，繁育细毛羊和用其毛制造呢绒，是西班牙经济收益最多的部门之一。细毛羊的专利和一些奖励措施对于西班牙的美利奴羊养殖和毛纺工业起到了推动作用。16世纪，养羊业得到进一步发展，羊的数量显著增加，并建立了高质量的种用畜群。当时以游牧和定点放牧方式经营，国王、贵族和教会拥有较多的头数。西班牙曾经严禁美利奴羊输出，违者除国王以外处以死刑。

16世纪中叶，西班牙美利奴羊传入美洲，18世纪又相继传入瑞典、德国、法国、意大利、澳大利亚、俄国、南非及其他一些国家，至19世纪遍布世界各地。

1564—1628年

松浦宗案［日］著《清良记》 《清良记》是日本现存最早的古农书，作者松浦宗案，成书于1564—1628年。《清良记》又名《亲民鉴月集》，是记叙土佐（今日本四国岛南部高知县宇和岛）领主土居清良一生业绩传说的作品。全书30卷，有关农史部分的第7卷，是书中最有价值的部分，被公认是日本最早较为系统的记叙农业技术的著述。其体例是向领主讲授经营农业的形式。以增产作为贡米的水稻为主，记载的品种有粳米60种、糯米16种、大唐米8种及陆稻12种，总共达96种之多；对麦、杂谷、蔬菜及一些经济作物也有记述，但详略不等。据早生稻项下有关资料，可以得知当时已经大体形成“早稻—荞麦—早麦—中、晚稻”的两年五熟水旱轮作体系。在区分土质的基础上提出种植时应因地制宜，在肯定肥料效用的同时强调要注意农家自制肥料的迟效性。

1565年

芜菁和三叶草被引入英国 从16世纪开始，芜菁、马铃薯、胡萝卜等块根作物和三叶草、驴喜豆、黑麦草等牧草被引入英国。影响较大的是荷兰移民于1565年将芜菁和三叶草引入

三叶草

芜菁

英国，首先在英格兰西南部开始种植。

芜菁和三叶草开始是作为饲料而引进的。但是在种植这些作物的过程中，人们发现，种过三叶草的地方小麦生长得更好，因而认为三叶草以某种方式给小麦准备好了土壤。同样的经验也使他们相信，小麦为芜菁、芜菁为大麦、大麦为三叶草准备了土壤。这样便导致了被称为“诺福克轮作制”的小麦、芜菁、大麦和三叶草的四圃农作制的出现。这种农作制度，使休闲的频率降低，因为三叶草加速了硝化过程，而其栽培又清除了地上的杂草，加速了土地利用的周转，提高了土地的利用率。

芜菁和三叶草的引进不仅增加了动物的饲料，提高了土地的载畜能力和利用率，改变了英国的农作制度，而且对于耕地面积的扩大和单位面积产量的提高也起到了积极的作用。芜菁和三叶草的引种增加了载畜量，同时也就增加了肥料的供应。畜肥是当时主要的肥料，畜肥量的增加，提高了土壤肥力和谷物的产量。除此之外，芜菁和三叶草还直接作用于土壤。芜菁和中耕结合在一起可以起到抑草作物的作用；三叶草作为一种固氮的豆科作物，增加了粮食作物所必需的营养供应，对于提高谷物的产量发挥了重要作用。

1570年

马铃薯从南美洲传入西班牙 马铃薯，茄科茄属一年生草本，又名洋芋、土豆、山药蛋、地蛋、荷兰薯等。块茎可供食用，是重要的粮食、蔬菜兼用作物。马铃薯原产南美洲安第斯山区，为印第安人所驯化。

马铃薯

马铃薯于16世纪后半叶传

到欧洲。1570年，西班牙海员把马铃薯当作储备粮食无意中带到了西班牙塞维利亚，后来经意大利、德国传遍中欧各地。1590年，马铃薯被引种到英格兰，并遍植英伦三岛，再传播到北欧诸国，引种至大不列颠王国所属的殖民地以及北美洲。

1650年左右，马铃薯传入中国。在生态环境恶劣、不适合其他谷物生长的高寒地带，马铃薯成为当地人赖以生存的重要粮食作物。

1612年

徐光启［中］和熊三拔［意大利］合译《泰西水法》 明朝后期，随着西方传教士来华传教，西方水利技术开始传入中国。1612年，徐光启（1562—1633）和意大利传教士熊三拔（Sabbatino de Ursis 1575—1620）合译了《泰西水法》，这是中国第一部系统介绍西方农田水利技术的著作。

《泰西水法》共6卷，分别介绍螺旋式提水机具龙尾车、利用气压原理提水的玉衡车和恒升车、小型水库、凿井找水技术、水力学原理及水力机械图谱。书中所讲的寻泉、凿井和检验水质的方法，切实可用。

《泰西水法》包容欧洲古典水利工程学的精粹，内容翔实，图文并茂，集中体现了17世纪欧洲的先进科学技术，对于指导农田水利工作具有极大的现实作用。

徐光启

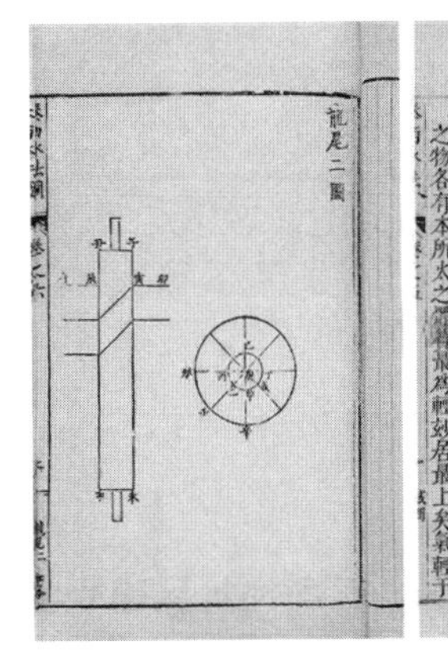

《泰西水法》

1621年

王象晋［中］著《群芳谱》 《群芳谱》是17世纪初中国明代的一部植物学、农学巨著，原名《二如亭群芳谱》。编著者王象晋，山东新城（今山东省桓台县）人，1604年进士，曾在家乡经营过农业。在抄录农经、花史以及其他有关植物和种艺的书籍，加入自己十多年实践经验的基础上，于1621年写成此书。全书28卷（或分30卷），40余万字。记述了植物的别名、品种、形态特征、生长环境、种植技术和用途，对于果木的栽培管理技术记述尤其周详。书中叙述的无花果结实后的滴灌技术、棉花整枝技术都反映了当时农业技术的进步。此外，作者还对引入中国不久的作物甘薯结合自己的栽培经验，详细记载了其性味、补益、形态特征、择地、种期、育苗繁殖、栽培管理、留种贮藏技术等。《群芳谱》于1735年和1756年两次由商船经长崎传入日本。英国人曾经将该书第10卷翻译出版。

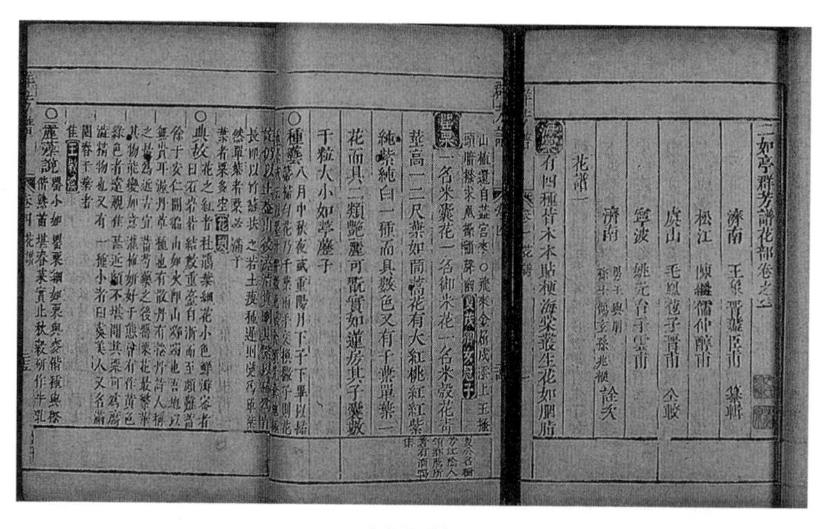

《群芳谱》

1624—1644年

中国太湖地区和珠江三角洲地区出现生态农业雏形 中国的太湖地区既是湖羊的主产区，又是全国蚕桑业的重心所在，1624—1644年，这里的人民创造出了粮、畜、桑、蚕、鱼相结合的“桑基鱼塘”。据方志记载，所谓“桑基鱼塘”就是把低洼地挖深为塘，把挖出的泥土覆于四周成基，塘内养鱼，基面植桑种作物，形成一个“基种桑，塘养鱼，桑叶饲蚕，蚕屎饲鱼，两利俱全，十倍禾稼”的生产格局，从而成为一个基塘式人工生态系统。“桑基鱼塘”是中国水乡人民在土地利用方面的一种创造，也是中国建立合理的人工生态农业的开端。它既能合理地利用水陆资源，又能合理地利用动植物资源，无论在生态上还是在经济上，都取得了很高的效益，曾被联合国粮农组织列为最佳农业生态模式之一。

珠江三角洲地区是广东的主要产粮区，但是全区的1/3耕地地势比较低洼，水患严重，有的还受咸水的威胁。为了克服这些不利因素，当地人民创造出果、鱼、桑相结合的“果基鱼塘”。在基面上种植荔枝、柑橘、龙眼、香蕉等南方水果。后来随着商品经济和对外贸易的发展，珠江三角洲地区在“果基鱼塘”的基础上又发展出“菜基鱼塘”“稻基鱼塘”“蔗基鱼塘”“花基鱼塘”等多种形式并存的基塘生态。

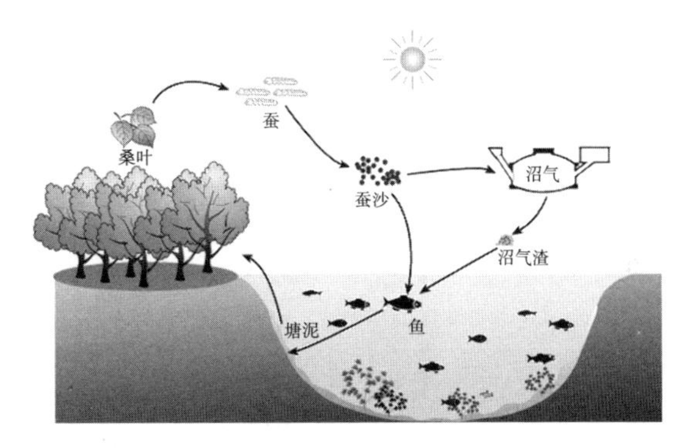

桑基鱼塘示意图

1639年

徐光启［中］《农政全书》问世 《农政全书》是中国历史上关于农业科学技术的一部百科全书，总结了17世纪以前中国传统农政措施和农业科学技术发展的历史成就，在中国和世界农学史上均占有重要的地位。其编撰者徐光启（1562—1633）是明代著名科学家，具有广博的科学知识，是将西方近代科学技术介绍到中国并使之与中国传统科学技术相融合的先驱之一。他的科学研究涉及天文、历法、数学、测量、农学、水利和军事等方面，尤以农学、天文学、数学成就最高，并翻译过大量的西方著作，主要有《几何原本》《测量法义》《泰西水法》等。

《农政全书》是徐光启一生所做农业科学研究的总汇。该书编著于

1625—1628年间，在徐光启生前未能出版，后经他的学生陈子龙删改（大约删者十之三，增者十之二），于1639年刊行。全书60卷，70余万字，内容包括农本、田制、农事、水利、农器、树艺、蚕桑、蚕桑广类、种植、收养、制造、荒政等，其科学性和实践意义都远远超过其他整体性传统农书，是中国农业科学技术史上一部不朽的著作。

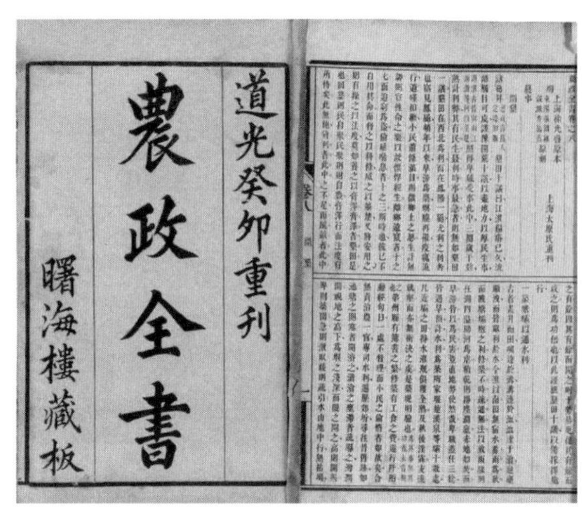

《农政全书》

1658年

张履祥［中］著《补农书》 《补农书》由《沈氏农书》和《补农书》合编而成，分为上、下两卷，是中国明末清初真实反映浙江嘉湖地区农业生产状况的农书。《沈氏农书》为浙江归安（今浙江省湖州市）沈氏（名字及生平不详）所作，成书时间约为1640年。《补农书》是浙江桐乡人张履祥（1611—1674）的著述，于1658年成书。1874年，《杨园先生全集》（张履祥世居桐乡杨园村，人称杨园先生）重刊时，把《沈氏农书》也一并列入了

《补农书》

《补农书》中。从此，《补农书》的内容也包括《沈氏农书》在内。《补农书》在农业技术和农业经营方面都有突出的贡献。

《沈氏农书》由《逐月事宜》《运田地法》《蚕务》和《家常日用》4篇组成。《逐月事宜》是农家月令提纲，按月列举重要农事、工具和用品置备等；《运田地法》主要记载水稻和桑树栽培；《蚕务》除养蚕外，还包括丝织和六畜饲养；《家常日用》讲述农副产品的加工和贮藏知识。《补农书》主要论述有关种植业、养殖业的生产和集约经营等知识，记载了桐乡一带较重要的经济作物如梅豆、大麻、甘菊和芋艿等的栽培技术，内容广泛，切实可行。

1684年

佐濑与次右卫门［日］著《会津农书》 《会津农书》是日本江户时代前期的农业技术著作。作者佐濑与次右卫门（1630—1711）是会津郡幕内村（今福岛县会津若松市）“豪农”，曾任当地村长多年。该书是其一生亲自参与农事活动的总结，写成于贞享元年（1684年）。此外，作者还撰有《会津歌农书》《会津农书附录》等。

《会津农书》分上、中、下3卷。上卷集中讨论水田生产。水田按地貌可区分为位于丘岗的“山田”和地处平原的“乡田”两种。山田的出现说明日本偏远的东北地方土地开发利用程度已经很高。书中提到的水稻品种有30多个，分别按茎叶、分蘖、根系等形态以及耐旱、耐寒、抗倒伏等生理特征加以记述。在技术管理上，育秧前的浸种催芽和插秧后控制本田水温的适度灌水法极具特色。肥料除人粪尿、厩肥及草木灰、沤制的绿肥外，还提到了酒精和麸饼等，不论秧田、本田都要大量施用。中卷记述旱地种植的麦类、杂谷、豆类及蔬菜等36种作物的栽培管理方法，并指出连作不轮换的缺点。下卷论述与经营管理有关事宜，并涉及年中行事、气象、灾害及救荒作物等方面，强调种植的品种及类别宜多元化，以减少灾害可能带来的损失。书中对水田及旱地一些主要作物的产量和用工量分别进行了测算，据测算，集约经营下的水稻生产水平和中国同一时期据《补农书》所记的浙江湖州地区大体相近。

1696年

宫崎安贞［日］编成《农业全书》 徐光启所著《农政全书》于1639年刊印后，不久便传到日本，农学家宫崎安贞依照《农政全书》的体系和格局，于1696年编成《农业全书》。《农业全书》共10卷，记述了148种作物的栽培方法，也简单地涉及家畜、家禽及鱼类的饲养繁殖技术。此书编写时虽然参考了中国的《农政全书》，但是能体现、突出日本自然环境和技术措施的特点。书中强调兴修水利是提高和保证水稻丰产的首要条件，地力培育可以通过施用优质肥料来解决。油粕、鱼粉等优质速效肥料被认为是种植经济作物所必不可少的，反映出用货币购进的商品肥料在生产中占有一定的比重。《农业全书》还提出水田与旱地同时种植经营便于人力的安排。对农具的记载较为简略，乃至认为锄草时用手操作胜过用手工农具。这些记述体现了以多劳多肥为特点的日本传统农业技术成就，适应当时日本商品经济的发展。书中对木棉、蓝靛、烟草等经济作物亦有记叙。《农业全书》记述了明治维新前的农业生产技术，对当时的农业生产及后来撰写的一些农书都有一定的影响，被公认为日本农书的代表作。

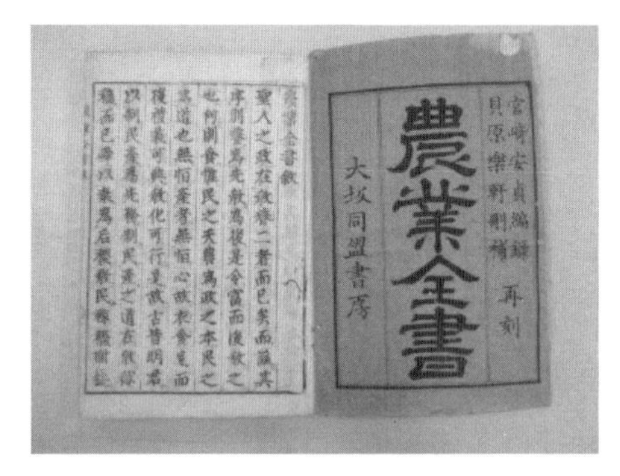

《农业全书》

1701年

塔尔［英］发明马拉谷物条播机 16—17世纪，荷兰的轻便犁传入英国，英国开始了农具改革。其中取得重大进步的是英国农具改革的先驱、近代农学奠基人之一杰斯罗·塔尔（Jethro Tull 1674—1740）于1701年发明的马拉谷物条播机。该条播机由一个车轮状结构以及装满种子的盒子等构成。当沿着农田拖动该机器时，由车轮驱动的棘轮能够均匀地将种子播撒下去，显著地提高了作业效率和播种质量。

在田间管理上，塔尔鉴于人力中耕的不足而改用畜力中耕，又设计、制作并推广了马拉中耕机（马拉锄），用来除去田间杂草。后来他又改进、创制了具有4个犁刀的双轮犁。

塔尔倡导把条播与中耕结合起来的新式耕种方法，使英国开始改变过去的粗放经营模式，进行精耕细作。

1708年

汪灏［中］等人编成《广群芳谱》 《广群芳谱》全名《御制佩文斋广群芳谱》，是清代一部较完备而系统的农学、植物学著作。汪灏等人受康熙皇帝之命就王象晋《群芳谱》增删、改编、扩充，于康熙四十七年（1708年）成书。《广群芳谱》全书100卷，分为天时、谷、桑麻、蔬、茶、花、果、木、竹、卉、药等11个谱。汪灏等人大幅度改编《群芳谱》，删去一些与农事无关的内容，对原书引文错误及脱漏之处一一加以补正。取材更为丰富，内容严谨充实。据《日本博物学史》记载，19世纪日本商船曾多次将《广群芳谱》带入日本。

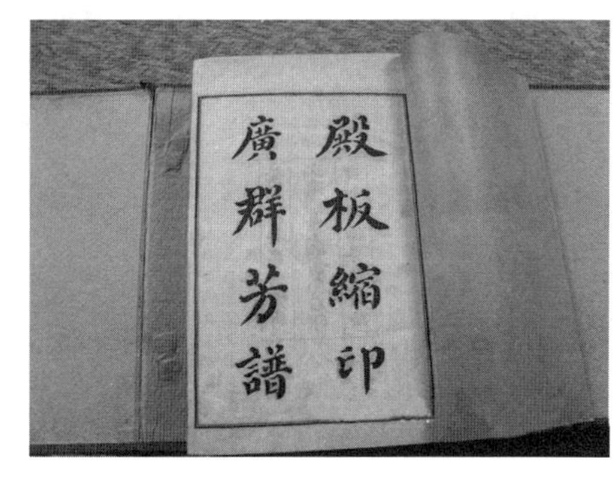

《广群芳谱》

1733年

塔尔［英］《马拉农法》出版 在创制出马拉谷物条播机、马拉中耕机（马拉锄）的基础上，杰斯罗·塔尔于1733年在伦敦出版了《马拉农法》（*The Horse-hoing Husbandry*，或译为《马力中耕农法》），是英国倡导以马力中耕为特点的近代农学专著。

全书共19章。1739年出版了最后审定本，增补了6章，共25章。依其内容大体可以分为三个部分：一是理论部分（1—4章），叙述论证植物形态、营养及栽培原理等；二是实践部分（5—18章），有关品种施肥、整地、中耕、除草及病害防治等；三是农业器械部分（19—25章），关于犁、条播机及其在小麦、芜菁等作物种植中的应用等。该书在塔尔逝世后曾被多次再版。

杰斯罗·塔尔

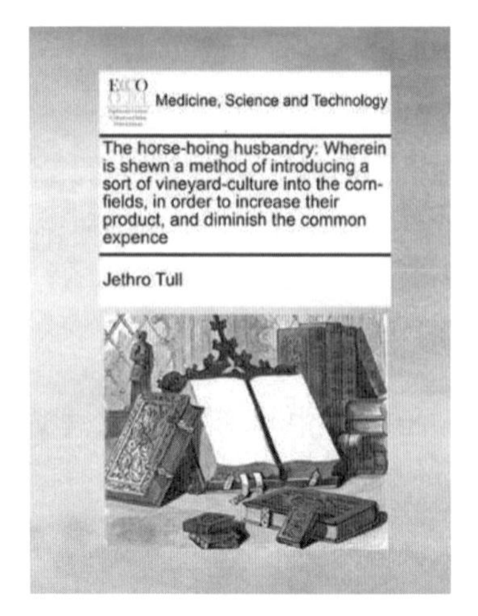
Medicine, Science and Technology

The horse-hoing husbandry: Wherein is shewn a method of introducing a sort of vineyard-culture into the corn-fields, in order to increase their product, and diminish the common expence

Jethro Tull

《马拉农法》

《马拉农法》倡导以马力条播中耕为特点的新式农法，即通称的“塔尔农法”，其主要原理为英国农业革命奠定了基础。

1742年

中国清代官修农书《授时通考》问世 《授时通考》是中国清代官修的全国性大型综合性农书，也是中国封建社会最后一部整体性的传统农书，于1737年开始编写，1742年编成并刻印。本书汇辑前人关于农业方面的著述，搜集古代经、史、子、集中有关农事的记载达427种之多，并配512幅精致的插图，图文并茂。

《授时通考》

《授时通考》共70卷，约98万字，分为天时、土宜、谷种、功作、劝课、蓄聚、农余、蚕桑等八门：天时门论述农家四季的农事活动；土宜门讲辨方、物土、田制、水利等内容；谷种门记载各种有关粮食、豆类等农作物的品种名称；功作门记述从垦耕到收藏各生产环节所需工具和操作方法；劝课门是有关历朝重农的政令，并列入御制诗文和《耕织图》；蓄聚门论述有关仓储、积谷和备荒的各种制度；农余门记述大田以外的蔬菜、果木、畜牧等种种副业；蚕桑门记载养蚕缫丝以及棉麻等纤维作物栽培的各项事宜。全书结构严谨，征引周详，汇集和保存了不少宝贵的历史资料，不但对清代农林牧副渔各业生产的发展起到了指导和促进作用，而且对国内外农业生产和农业科学的研究都具有深远的影响。《授时通考》有英、俄等多种外文译本在国外流传。

18世纪中期—19世纪初

英国圈地运动形成高潮 圈地运动是英国新兴资产阶级和新的封建贵族使用暴力大规模侵占农民土地的活动，是资本原始积累方式之一。圈地运动发生于13—14世纪，领主以逐渐侵占方式强占森林、沼泽及荒地等公有地，用栅栏、篱笆、壕沟等加以圈围，使之变为私有的大牧场、大农场。15世纪末16世纪初，随着羊毛出口的增加和毛纺织业的发展，圈地规模日益扩大。领主除了继续圈占公有地，还剥夺农民的份地或收回出租给小佃户的土地，变耕地为牧场，由自己经营或出租给农业资本家，其结果是许多村庄被废毁，大批农民因被剥夺土地而沦为无产者，成为雇工或流浪汉。从18世纪开始，英国国会通过一系列的法令使圈地运动合法化，圈地运动从而由私人暴行变成合法行动，在18世纪中期形成高潮并延续到19世纪初。1750年，自耕农基本消失；18世纪末期，农民公有地痕迹也全部绝迹。同大土地所有制相结合的租佃农场制，最终占据统治地位，标志着资本主义土地所有制已经取代封建土地所有制，资本主义在英国农业中取得了完全的胜利。

18世纪后期

波洛托夫［俄］著《关于圃场的划分》 《关于圃场的划分》是有关18世纪后半期俄国农业生产技术的专著，也是俄国近代早期农学中最有影响的著作，作者是俄国农学家波洛托夫。书中结合俄国情况，全面论述了土地利用、轮作、施肥的作用及措施；主张废除三圃制，栽种牧草，对杂草的防除对策也有论述；在新作物的引进中说明马铃薯的生物特性及经济意义，强调

应予以积极推广。该书对当时俄国农业技术改进与普及曾起到重要作用，书中有些技术措施至今仍有参考价值。

1760年

贝克韦尔［英］开创家畜育种工作 英国的圈地运动和诺福克轮作制为牲畜的改良提供了良好的条件。1760年，英国早期的家畜改良和育种学家贝克韦尔（Bakewell，R. 1725—1795）开始系统、科学地进行家畜改良和育种工作，成为这一方面研究的开拓者之一。

在家畜的改良中，贝克韦尔首先应用科学的育种方法，选择良种母畜进行同质选配；又采用杂交和近亲繁育，尤其是多代的近亲交配，培育了马、牛和绵羊良种，取得明显效果。贝克韦尔被认为是近代家畜育种的创始人，他的一些技术和方法对后来的家畜育种工作具有深远影响。

约1770年

诺福克轮作制在英国各地普遍推行 由于芜菁和三叶草的引进，18世纪初期，英格兰东南部的诺福克郡开始推行“诺福克轮作制”——在废除土地休闲和改放牧为耕地的基础上，将所有耕地分为四区，依次种植芜菁、大麦、三叶草和小麦，因而也称四圃轮作制。约1770年，诺福克轮作制在英国各地推行，从而取得有“农业革命”之称的改革历程中的核心地位，并迅速在欧洲得到广泛施行。诺福克轮作制因废除休闲而使耕地面积有所扩大，种植豆科牧草有利于地力的恢复和提高，引进许多饲料作物便于改放牧为舍饲，舍饲既能有效地收集厩肥以施用到田间增进肥力，也有助于推动家畜品种改良工作的开展，从而显著提高了家畜的体质和生产性能。

1780年

斯帕兰兹尼［意］首次进行家畜人工授精 1780年，意大利生物学者斯帕兰兹尼（Abbe Spallanzani）用19克精液给母犬输精，母犬62天后产出3只仔犬，这是用犬进行人工授精的开端，同时也正是由于这一成功的实验才揭开了家畜人工授精历史的序幕。

斯帕兰兹尼

1782年，罗西（Rossi）重复这种实验，也得到4只仔犬。但是在以后的近100年间虽然其他家畜的人工授精技术得到迅速发展，而犬的人工授精却很少有人问津。究其原因，可能有以下两个方面：其一是公犬一次射出的精子数比其他家畜少，最多够配2～3只母犬；其二是各品种协会对人工授精繁殖出来的犬的血统不予承认（除非事前取得协会繁殖委员会特准）。

1784年

阿瑟·扬［英］创办《农业年刊》 世界上最早的农业期刊《农业年刊》是英国农业经济学家阿瑟·扬（Young，A. 1741—1820）于1784年创办的，他同时担任主要撰稿人。阿瑟·扬于1763年起从事农业经营，1767年起考察英国、法国等地的农村，根据当地的农业状况写了一系列游记。他是英国农业革命的先驱，对农业的贡献涉及许多方面：他提倡条播、马拉犁；认为英国诺福克郡的轮作制是合理的，种植块根作物可以减少土地休闲；认为生产手段的合理配合是农业经营中重要的原则，由此提出大经营胜于小经营的理论。他对农业革命理论的宣传和解释，对其他国家农业革命的兴起起到了促进作用。

1786年

米克尔［英］发明脱粒机 谷物收割后，还有一个除壳、去秆的脱粒过程。传统的脱粒方法是用连枷敲打谷物脱粒，这样做费时费力，0.4公顷麦子脱粒至少要5天。1786年，苏格兰人米克尔（Mikel，A.）发明的脱粒机改变了这一状况。脱粒机装有一个在滚筒上转动的木构架，木构架上安装着狭条皮带；当构架转动时，就形成了一股气流，借此吹走谷物上的外壳。米克尔脱粒机的最大优点是可以利用各种动力——人力、马力、水力、蒸汽动力，因此生产效率很高。若用蒸汽机带动，只需1天的时间便可完成0.4公顷麦子的

脱粒。

1797年

纽博尔德［美］发明单面铸铁犁 1780年代，美国人出于耕地面积的扩大和生产发展的需要，陆续发明和改良了农具和机器。当时刃部包铁的木犁是主要的耕作机具。1797年，美国人纽博尔德（Newbold）把犁铧、犁壁等铸成一个整体，从而发明了单面铸铁犁并获得专利。但当时的使用效果并不理想，如果任何一个部分断裂，犁就没法修理。1813年，切那沃斯制造出了一部可以更换犁铧的铸铁犁，进一步发展了犁的设计制造技术。1819年，杰斯罗·伍德（Wood，J.）设计出了又一架零件可以互相替换的铸铁犁并取得专利权。几年内，成千架这种铁犁得到广泛使用。

1799年

英国出现马拉圆盘割刀收割机 在大型农业机器的发明中，谷物收割机的进步非常重要。1799年，英国出现最早的马拉圆盘割刀收割机。1822年，收割机割刀上方增加了拨禾装置。1826年，美国出现采用往复式切割器和拨禾轮的现代收割机雏形，由多匹马牵引并通过地轮的转动驱动切割器。

约18世纪末

欧洲农业革命开始 18世纪末至19世纪中叶，随着资本主义生产关系在农业中的发展，欧洲农业生产技术发生了巨大变革。英国的大农场生产进一步发展，农业技术进一步提高，影响和推动了欧洲大陆各国农业技术的进步，主要表现在：（1）推行作物轮作制：作物连续轮作是农业技术变革的重要内容。科学的轮作制首先遍及英国，进而兴盛于德、法等欧洲国家。轮作制通过种植不同作物以保持和恢复地力，包括种植饲料，以扩大牲畜饲养，从而增加了肥源。农耕与畜牧有机结合，最后消灭了休耕地。（2）新作物的引种和推广：种植新作物在很大程度上是实行轮作制的直接结果。当时欧洲大部分地区种植的新品种中，主要有芜菁、三叶草、胡萝卜、马铃薯等作物。（3）传统农具的改进和新农具引进：首先是对犁的改进，改进犁的结构和增加铁的使用。其他革新有长柄镰刀、播种机和马拉锄等的使用，扩大使用马匹耕种。17世纪，使用牛每天可耕地0.4公顷，采用马耕可达0.6公顷；18世纪末，由于犁的改进，每天可耕地达到0.8公顷；到19世纪中叶，采用蒸汽机牵引，每天可耕地5公顷。（4）选择良种和改良畜种：开始了作物选种和培养优良畜种，从而使肉产量和奶产量有了迅速增长。（5）耕地的扩大和改良：土地开垦速度加快，特别是湿地排水法开始被广泛使用。在1820—1880年期间，欧洲耕地面积从1.47亿公顷迅速增长到2.21亿公顷。

之后的革新主要包括发明和改进新式农业机器，使用非畜力的牵引机和化学肥料。农具的改进和肥料的增加，使欧洲农业在19世纪中期发展较快。不过，农业机械的发明和应用热潮已经由英国移往美国，农业的半机械化和机械化首先在美国发展起来。

1809—1812年

泰尔［德］《合理农业原理》刊行 《合理农业原理》是近代农学理论的开创性著作之一，涉及农业经营和农业各学科。作者是近代农学的奠基人、德国柏林大学教授泰尔（Albrecht Daniel Thaer 1752—1828）。该书4卷本，于1809—1812年间在柏林陆续出版。书中强调，合理的农业不仅在方法上要采用实验手段，在内容上也要吸收自然科学和社会科学两个方面的积极成果，因为自然科学的合理性（高产、稳产）和经济学上的合理性（最大盈利）可以协调而不矛盾。作者认为，合理农业的具体形式就是已经在英国盛行的四圃轮栽式农业。因为它不仅符合科学原理，而且收益也是最大的，所以在德国当时的农业变革过程中，就应该以之取代三圃制农业。书中说明农学应该借助于自然科学和社会科学两大学科体系，还具体指出农业的辅助学科（即基础学科）有物理学、化学、植物生理学、植物学及动物学、数学，特别是应用数学也是十分重要的。

泰尔

1820年

美国发明马拉耘田机 18世纪末，当工业革命在美国东北部起步时，西进运动也刚刚开始。由于西部地区地广人稀，劳动力奇缺，加之地理环境也适合机械化大农业生产，因此，西进运动推动美国农业较早地实现了机械化。

随着农业生产发展的迫切需要，许多农具和机器被陆续发明和改良。1820年，发明马拉耘田机；1831年，发明刈草机；1833年和1834年，试制成马拉收割机，并在1855年巴黎国际博览会的比赛中获得第一名；1836年，发明打谷机——一台打谷机能抵120个人的工作能力，它在1855年的国际赛会上同样超过了英、法等国的发明而获得优胜。此外，还有其他一些农具的改良和发明，如小麦播种机、玉米栽种机等。

从1820年马拉耘田机问世后，割草机、脱粒机、马拉收割机、小麦播种机、玉米栽种机、谷物捆扎机和其他各种搬运机械相继出现。其中，马拉收割机是当时世界上最先进的，其效率比英国的收割机高两倍多。到1855年，美国共有这种收割机1万台。在农业机械化方面，美国走在了其他各国的前面。

美国制出带齿钉的圆筒脱粒机 打谷机的发展几乎与收割机的发展同步。1820年，美国制出带齿钉的圆筒脱粒机。19世纪30年代，美国生产的打谷机就有数百种。这时的打谷机功能单一，只能打谷。40年代后期，匹特公司和凯恩公司开始制造和出售打谷、去秸和扬场三道工序结合在一起的打谷机。

苏格兰的安德鲁·梅克尔成功发明了第一台脱粒机。他用木头做了一个驱动滚筒的结实机架，把耐用的布或皮子一条一条地固定在机架上。滚筒转动时产生风，把穗子和茎秆吹走，剩下粮食。他的玉米脱粒机包含了许多天才人物在长期的社会发展过程中做出的贡献，是一项集社会大成的发明。

1822年

大藏永常［日］著《农具便利论》 《农具便利论》是日本江户时代后

期有关农具的专著。作者大藏永常（1768—？），丰后国（今日本九州大分县）农民出身，曾经游历考察日本各地，是日本明治维新前有较大影响的农学家。生前刊印农书27部69册，写好未印的6部10册，涉及农业的各个方面，其中最为著名的是文政五年（1822年）完成的《农具便利论》。该书分3卷，配有多幅插图，是日本古代唯一的农具专著。上卷及中卷的大半记述普通农具，中卷的一部分和下卷叙述提水、排水的器械及工具。书中重点讨论的是锄头，认为锄头在日本和中国都是首要的农具。对锄头的种类、形制、尺寸及其分化的形态都在实地测定基础上加以分析和论述，认为各地锄头在形制上的差别与土性有关。书末附有35种犁的价格表，便于各地农户购置。

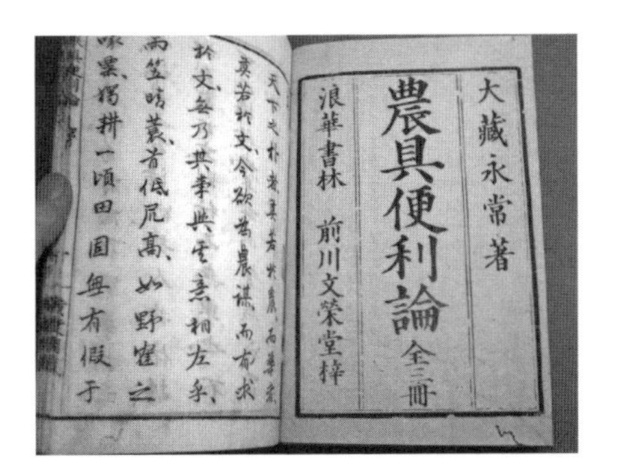

《农具便利论》

1828年

贝尔［英］发明了马拉玉米收割机　在英国工业革命兴起以后，各种以畜力、水力或蒸汽为动力的农业机械陆续出现。1828年，英国帕特里克·贝尔（Bell，P.）发明了马拉玉米收割机。他做了若干三角刀，将其安在收割机前面的两根水平杆上——下面一根杆是固定的，上面一根杆通过齿轮由两个车轮带动，作往复运动。转动的翼板把玉米送向剪刀，每割一次都由帆布圆筒将其放倒在一边。

1831年

麦考密克［美］研制出马拉往复式收割机　早期的脱粒机和收割机是互

不相连的独立机械，在谷物收获时各自分别作业。1828年，美国发布第一个谷物联合收割机的专利，把收割机和可行走的谷物脱粒机联合在一起。1831年，美国工业家和发明家麦考密克（Cyrus Hall McCormick 1809—1884）研制出马拉往复式收割机，并于1834年获得专利。这种收割机用两匹马牵引，有一个木翻轮和一个带着锋利尖齿、像锯那样做往复运动的切割臂。

麦考密克

1834年

布森戈［法］创办首个农事试验场 法国农业化学家布森戈（Boussingault, J.B. 1802—1887）是农业化学的奠基人之一，提出了植物氮素营养学说，并于1834年在自己的庄园里创办了世界上最早的、以其名字命名的农事试验场。布森戈通过对氮素营养的研究，证明了氮对于生命的极端重要性。为了给施肥提供依据，布森戈分析了各种粪便和肥料的化学成分，并绘制成图表。他测定了作物从土壤中吸收的磷酸、钾、石灰和其他无机物的数量，并换算成相当数量的肥料数量。他以氮为标准，测定各种牧草的营养价值，比较不同饲料的效果，研究食物被家畜消化后化学成分上的变化。这是早期家畜营养学方面难得的研究。布森戈还对不同食物中的氮含量、不同品种小麦中谷蛋白的含量、植物叶子的功能等做了卓有成效的研究，主要著作有《农学、农业化学和生理学》。

布森戈

1837年

迪尔［美］和莱恩［美］分别制造出钢犁 传统的木犁和美国人纽博尔德发明的单面铸铁犁都耕不动坚硬的草原地。1837年，美国伊利诺伊州的铁匠约翰·迪尔（Deere，J.）和约翰·莱恩（Layhe，J.）分别制造出用锯条钢和高光洁度的锻铁制作的犁头和模板，后来在此基础上制造出了二铧犁、三铧犁。它们迅速取代木犁和铁犁，而后被广泛应用于各种土壤的耕翻。19世纪40年代，随着蒸汽机的广泛应用，农业机器制造、生产技术和规模得到空前的发展。

约翰·迪尔公司商标

1840年

农业化学创始人李比希［德］出版《化学在农业和生理学上的应用》，促进了化学肥料工业的迅速发展 李比希（Liebig Justus von 1803—1873），德国达姆施塔特人，自幼喜爱化学。1818年，年仅15岁的他就跟着一名药剂师当学徒，1820年考入波恩大学学习，一年后转学到埃朗根大学，1822年获哲学博士学位。同年，李比希来到巴黎，经常去听当时知名化学家盖·吕萨克和杜隆等的讲演，不久后到盖·吕萨克的实验室中工作。经过长时间的实验积累和深思熟虑，1840年李比希出版《化学在农业和生理学上的应用》一书，在世界上产生了强烈影响。一个多世纪来，这本书被公认是土壤农化、植物营养方面的经典著作。

李比希

在该书中，李比希否定了当时盛行的腐殖质营养学说，提出了“矿质营养学说”。他指出，腐殖质出现在地球上有了植物以后，而不是在植物出现之前，因此植物的原始养分只能是矿物质；植物以不同方式从土壤中吸收矿质养分，要彻底保持地力必须首先把土壤中最缺乏的养分归还，因为作物的产量是受数量最少的养分所制约的。他用实验方法证明：植物生长需要碳酸、氨、氧化镁、磷、硝酸以及钾、钠和铁的化合物等无机物；人和动物的排泄物只有转变为碳酸、氨和硝酸等才能被植物吸收。这些观点是近代农业化学的基础。1940年，在该书出版一百周年之际，美国科学促进协会专门召开了纪念会，出版了纪念专集，对这本书作了极高的评价："一百多年来，从来没有一本化学文献在农业科学革命方面比这本划时代的文献起了更大的作用。"李比希对无机化学、有机化学、生物化学、农业化学都做出了卓越的贡献，他开创了农业化学的研究提出植物需要氮、磷、钾等基本元素的先河，研究了提高土壤肥力的问题，因此被农学界称为"农业化学之父"。

刘宝楠［中］撰《释谷》　《释谷》，清代考释农作物名称的农书。作者刘宝楠（1791—1855），字楚桢，江苏宝应人。道光二十年（1840年）进士，历任文安、三河知县。其学受父亲刘台拱的影响，稽经考古，著述颇丰。

《释谷》内页

道光二年（1822年），作者在友人家中看到了程瑶田（1725—1844）著《通艺录》，其中《九谷考》"辨别禾黍稷三中最为精悉"。又读了邵晋涵（1743—1796）《尔雅正义》，认为此书"犹沿旧说"，缺乏新意。于是"爰于授徒之暇，原本程说，广引群书，旁推交通，作为释谷其篇"。显然作者撰著目的在于考证、阐明主要农作物的名称。

《释谷》为研究中国谷物名称的一部专著。全文4卷，书首有道光二十年作者自序和同时代人丁寿昌的序文。自序写了撰书的经过，卷一释禾；卷二释黍、稷、稻、麦；卷三释豆、麻、苽蒋（苽、茭白）；卷四释谷，逐一论证五谷、六谷、八谷、九谷。作者广征博引历代训诂书籍、本草医学文献和诸多农书，详细地论述农作物名称的引进，持之有据，不少地方提出独到的见解。

欧洲开始用石灰硫黄合剂控制葡萄白粉病　白粉病在全世界分布广泛，危害双子叶植物尤为普遍。葡萄白粉病主要危害叶片、枝梢及果实等部位，以幼嫩组织最敏感。葡萄展叶期叶片正面产生大小不等的不规则形黄色或褪绿色小斑块，病斑正反面均可见有一层白色粉状物，粉斑下叶表面呈褐色花斑，严重时全叶枯焦；初期新梢和果梗及穗轴表面产生不规则灰白色粉斑，后期粉斑下面形成雪花状或不规则的褐斑，可使穗轴、果梗变脆，枝梢生长受阻；幼果先出现褐绿斑块，果面出现星芒状花纹，其上覆盖一层白粉状物，病果停止生长，有时变成畸形，果肉味酸，开始着色后果实在多雨时感病，病处裂开，后腐烂。

葡萄白粉病发病果实

石硫合剂作为无机硫制剂的一个品种，有效成分主要是多硫化钙。1833年美国将其用于防治葡萄白粉病，1840年欧洲开始用其控制葡萄白粉病。1886年被发现能防治梨圆介壳虫，后使用范围逐渐扩大，至今仍被许多国家用于杀菌、杀虫及杀螨。

1841年

海耶尔［德］将法正林理论发展为完整的学说 所谓法正林（Normal Forest）就是理想的森林或标准的森林，亦译为“标准林”“模式林”“正规林”，指实现永续利用的一种古典理想森林。

森林永续利用理论可以追溯到17世纪中叶。1669年，法国率先颁布了《森林与水法令》，木材的极限和永恒生产首次被列入国家法规。1713年，德国森林永续利用理论的创始人汉里希·冯·卡洛维茨（Carlowitz，H.V.）首先提出了森林永续利用原则及人工造林思想。这一理论的出现也为近代林业的兴起与发展拉开了序幕。

南京市紫金山上的人工森林

1826年，J.C.洪德斯哈根在总结前人经验的基础上，在其《森林调查》中，创立了法正林学说：在一个作业级内，每一林分都符合标准林分要求，要有最高的木材生长量，同时不同年龄的林分，应各占相等的面积和一定的排列顺序，要求永远不断地从

森林取得等量的木材。1841年，海耶尔（Hayer，C.）对这个学说做了进一步的补充，使法正林理论发展成为一个完整的学说。

法正林思想的诞生，表明人类具有恢复森林的能力，人工林的营造和经营使人类不再纯粹依靠原始森林获得木材，缓解了当时的木材供需矛盾。但是，以追求经济利益为主的木材永续利用，导致大批同龄针叶纯林的出现，造成地力严重衰退，破坏了森林的生态结构，这是目前造成生态危机的根源。

1842年

约翰·劳斯［英］制造出过磷酸盐，开创了合成肥料工业 约翰·劳斯（John Lawes 1814—1900）在19世纪30年代就同李比希的学生约瑟夫·吉尔伯特（Joseph Gilbert）一起进行农业化学的研究，并于1842年制造出过磷酸盐。1843年约翰·劳斯在德普特福建立了一个制造过碳酸钙化肥的工厂，将不溶性的磷酸盐加硫酸处理，使之较易溶解。他最初利用动物的骨头作为磷酸盐的来源，然后从1847年起采用了塞福尔克、贝德福郡和其他地方发现的磷酸盐矿的沉积物。1815年左右起，人们就用硫酸去掉煤气中的氨，这样获得的硫酸铵在1850年以后就被广泛地用作人造肥料。智利的硝酸盐沉积物以及德国斯特拉斯福特的硫酸钾沉积物于1852年起被开采，粗盐被直接用作肥料，这样便完成了化肥发展的第一阶段，人类正式进入了合成化肥工业时代。

合成化肥

1843年

九斤黄鸡

我国的“九斤黄鸡”由上海运往伦敦，为英女王维多利亚加冕献礼 “九斤黄鸡”是我国著名的优良肉用鸡品种。原产北京郊区，体大头小，颈短胸宽，背部稍拱起，羽毛多为黄色，脚上也有较长的羽毛；肌肉丰满、细嫩，骨骼粗壮。因体重达九斤（旧市斤）左右，体大肉美，当时被誉为“世界肉鸡之王”。1843年，我国的“九斤黄鸡”被由上海运往伦敦，为英女王维多利亚加冕献礼。后各国纷纷利用“九斤黄鸡”育成了芦花鸡、洛岛红鸡、奥品顿鸡、名古屋鸡、三河鸡等著名鸡种。由于盛名远扬，国内外的优质鸡几乎都与它有一定的血缘关系。如英国的奥品顿鸡，在育成过程中即引用过“九斤黄鸡”进行杂交。

劳斯［英］创立罗桑试验站（即罗森斯特德试验站） 罗桑（Rothamthed）试验站是世界上最古老的农业研究站，被称为现代农业科学发祥地。1843年由英国J.B.劳斯私人出资创建，总部坐落在伦敦北部哈彭顿镇附近的罗桑庄园上。

该站拥有一批农业科研领域的精英人才与世界一流的实验室设备，更是以其在许多农业领域，尤其是持续农业和环境科学方面领先的科学地位闻名于世。历任站长多为著名土壤学家，建站初期主要进行土壤肥料方面的田间试验，以后研究范围不断扩大，包括连作对土壤结构、土壤肥力、微生物区系的影响，不同肥料对土壤发育和植物发育的影响等。20世纪70年代以来，试验站开始对冬小麦、油菜等进行多学科研究，研究课题涉及土壤生物学、土壤化学和土壤植物营养、土壤矿物学等领域，是世界上进行土壤肥料试验最早和最有影响的研究中心之一。

该站的主要研究领域分为作物育种、植物病理、植物和无脊椎动物生态学、生物化学、农业和环境、甜菜生产和改良6大部门；拥有4个实验农场、

1个水生植物研究中心和田间站；试验地约320顷，工作人员700余人。所属图书馆藏书8万余册，期刊几千种，出版有年报和专题研究报告等。二战后，罗桑实验站还大力开展国际培训和教育项目，每年都接收来自第三世界和发展中国家的技术人员来实验站学习、研究，开展合作项目，以此推广实验站的科研成果，改善全球的农业和生态环境。

1844年

包世臣［中］著《齐民四术》刊行，小麦锈病首次见于该书记载，称“黄疸病”　包世臣（1775—1853），清代学者，文学家、书法家、书学理论家、政治理论家。字慎伯，晚号倦翁，安徽泾县人。自幼家贫，勤苦学习，工辞章，有经济大略，喜谈兵，嘉庆十三年（1808年）中举。包世臣的社会地位非常低微，但在当时社会中却是一个相当知名的人物，因为他对当时重大的社会问题，如农政、漕运、盐务、河工、银荒、货币以及水利、赋税、吏治、法律、军事等方面的实际情况都相当熟悉，尤其具有农、礼、刑、兵，所谓“齐民四术”方面的广博学识，所以成为当时许多封疆大吏重视的“全才”幕僚。

《齐民四术》

1844年，包世臣著《齐民四术》刊行。《齐民四术》是包世臣的重要著作之一，收入在他亲自校订的《安吴四种》作品集中。其中农3卷，礼3卷，刑2卷，兵4卷。该书是研究明清时期特别是鸦片战争前夕社会农业、政治、军事、法律的宝贵资料。小麦锈病，又称“黄疸病”，是小麦的主要病害之一，见于该书记载。

1845年

麦考密克［美］发明自动收割机　麦考密克，美国人，企业家、发明家，收割机的发明者。1831年，22岁的麦考密克发明了马拉收割机。第一次看到他用马拉着收割机在弗吉尼亚石桥县的约翰斯蒂尔农场上收割小麦，围观的人们大为兴奋，因为他们见证了农业机械化正从身边的农田里开始。与用镰刀割麦相比，这台收割机让农民的生产力提高了3倍，并由此引发了美国的农业革命。

1834年，麦考密克创制的一台收割机获得专利。1845年，麦考密克又发明自动收割机。这种收割机还装有一组滚轮，用来接收刚割下的麦子，然后沿着机器有规律地自由旋转，形同一条传送带。1847年，麦考密克在伊利诺伊州芝加哥市建立工厂，开始大规模生产收割机。1867年的法国巴黎博览会和1873年的奥地利维也纳世博会上，经过多次改进的麦考密克收割机开始使用柴油机作为驱动，收割效率得到极大提高，能一次完成收割、脱粒、分离、清洗过程，得到清洁的谷粒。麦考密克发明的收割机很快风靡美国和欧洲，法国科学院赞扬麦考密克“对农业做出了超过一切人的最大贡献。”随后，这种新的农业机械发明开始影响世界，而此时的麦考密克建立了自己的收割机公司，后来又合并了其他公司，于1902年组成国际收割机公司，至今仍然是世界农机制造业最大的公司。

麦考密克和他发明的收割机

1847年

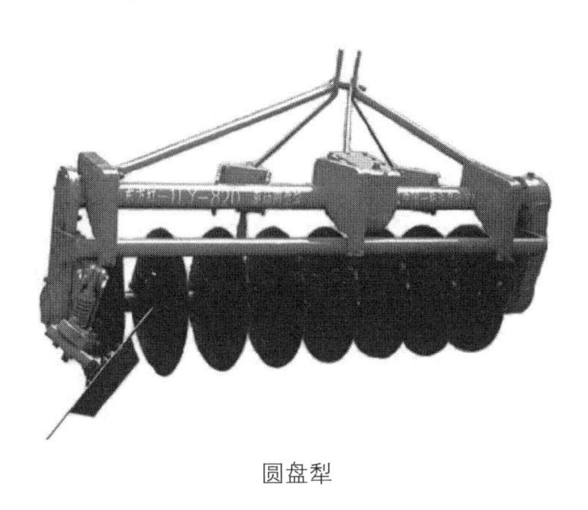

圆盘犁

圆盘犁在美国获得专利 圆盘犁是一种液压水平摆动式的犁，与拖拉机全悬挂连接配套，作业时犁片旋转运动，对土壤进行耕翻作业，特别适用于杂草丛生、茎秆直立、土壤比阻较大、土壤中有砖石碎块等复杂农田的耕翻作业。适用于水、旱地耕作与整地，不缠草、

不阻塞、不壅土，能够切断作物茎秆，克服土壤的砖石碎块。具有工作效率高、作业质量好、调整方便、简易耐用等特点。该犁的犁梁后端通过尾轮转向机构连接尾轮，犁体的上端通过拐臂连接转向机构，液压缸的两端通过耳板分别连接犁梁与机架，是20～150马力拖拉机配套使用的新型耕作机具。1847年，圆盘犁在美国获得专利。

1848年

吴其濬［中］撰《植物名实图考》初刻本问世，高粱黑穗病记载首见于该书 吴其濬（1789—1847），清代植物学家，河南固始县人，清嘉庆二十二年状元，先后任翰林院修纂，江西、湖北学政，兵部侍郎，并官至湖南、湖北、云南、贵州、福建、山西等省总督或巡抚。宦游各地，酷爱植物，每至一处，必搜集标本，绘制图形，并于庭院中培植野生植物，历时7年，将其实地考察及经历所得之真知，写成《植物名实图考》一书。

1848年，吴其濬撰《植物名实图考》初刻本问世，该书收载植物1714种，每种植物都记有形色、性味、产地、用途等，并附有插图，对于植物的药用价值及同物异名或同名异物考订尤详。高粱黑穗病记载见于该书，时称"稔头""灰包"。《植物名实图考》全文约71万字，主要以历代本草书籍作为基础，着重考核植物名实，对历来的同物异名或同名异物考订尤详，为研究中国植物种、属及固有名称的重要参考文献。它的编写体例不同于历代的本草著作，实质上已经进入植物学的范畴，是中国古代一部科学价值比较高的植物学专著或药用植物志。它在植物学史上的地位，早已为古今中外学者所公认。

19世纪中期

英、美等国应用带农具的牵引式蒸汽机在田间工作 1850年，美国使用蒸汽带动的脱粒机，1851年，英国制成用蒸汽机带动钢丝绳牵引的双向铧式犁，是农业生产上用机械动力代替畜力的开始。1870年，第一台蒸汽拖拉机即牵引式蒸汽机试制成功。19世纪中叶，带农具在田间工作的牵引式蒸汽机在英、美等国得到应用，被改称为蒸汽拖拉机。1890年，美国发明由蒸汽机驱动的自走式和牵引式谷物联合收割机。

牵引式蒸汽机

蒸汽拖拉机由于要多人操作，并耗用大量煤、水，发展受到限制。1890年，内燃机开始被应用在拖拉机上；同年，美国在小麦田使用第一台内燃拖拉机。20世纪20年代，内燃拖拉机得到迅速发展；30年代初，农用拖拉机由于使用充气轮胎作为标准设备而提高了机动灵活性，减轻了振动，改善了行驶条件，便于运输作业；30年代中期，英国人弗格森（Ferguson，H.G.）创制成功三点悬挂系统，使拖拉机和农机具有机地联成一个整体，加上液压提升装置的应用，不仅简化了农机具的升降操纵，而且大大提高了作业质量，促使农业生产开始了大规模应用机械动力的时代。

中国南方稻田使用烟茎治螟　我国南方很早就有在稻田中插烟茎治螟的传统。清同治年间《济阳县志》中，有用烟茎插入稻田泥中防治稻螟的方法。这在清乾隆时期的《瑞金县志》和《漳州府志》中也有类似记载。

具体方法为：把烟骨插在禾苗的根部，使烟草中的尼古丁溶解在水

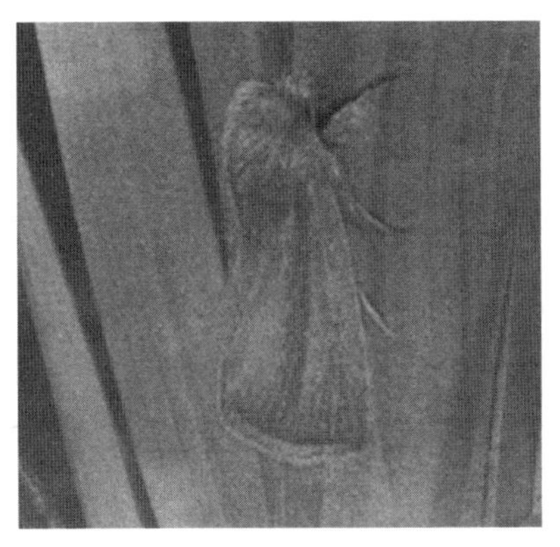
螟

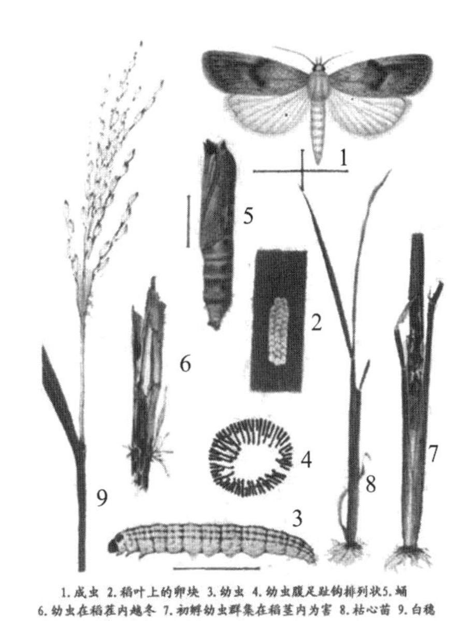

稻螟

中，被稻根吸收以后，稻叶产生苦涩味，螟幼虫钻入稻茎就会被杀死。在插烟的有效期内，螟虫卵不能孵化，水稻的铁甲虫危害同时大为减轻。用烟叶治螟的稻田，螟虫减少一半，产量增加了20%~25%。

1850年

英国开始使用蒸汽带动的脱粒机 18—19世纪，欧洲的城市化带来的人口快速增长需要日益增多的食品，于是人们便进行集约耕作，甚至扩大耕种面积。这期间，农业飞速发展：农业机械的广泛使用，对牲畜品种的改良和农业技术的改革，粮食产量提高……这些变化往往来自荷兰或英国，被称作“农业革命”。

好奇的观众在研究蒸汽脱粒机

农业领域的“革命”是指农业的机械化解放了农村的劳动力。1850年左右，将农民系于土地之上并迫使他们耕种土地的封建制在西欧已基本上消失，在英国田野上可以看见新的农业机器——蒸汽脱粒机。传统农民已经消失，从此土地由农业工人或小耕作者耕种。农业变革使工业化更充满活力，农业的盈余创造了资本，资本再次投入运输业与工业，促进了新技术在欧洲的传播。

蒸汽脱粒机在田间工作

欧洲出现第一台马拉乘坐式中耕机，进入农业半机械化时期 19世纪上半叶，由于农业生产迅速发展的需要，欧美国家尤其是美国，陆续发明并采用了一系列新型的农机具以提高劳动生产率。自19世纪初，耘田机、播种机、刈草机、收割机、脱谷机等各种农机具相继问世；美国从1830开始出现马拉农具，1850年欧洲出现第一台马拉乘坐式中耕机，马拉农具大行其道，农业进入半机械化时期。

19世纪中叶欧洲的马拉机械

1851年

英国制成用蒸汽机牵引带动的双向铧式犁，是农业生产上用机械代替畜力的开始 1851年，英国制成了用蒸汽机带动钢丝绳牵引的天平式双向铧式犁，这是农业生产上用机械动力代替人、畜力耕地的开始。1868年，美国开始使用中层较软、外层较硬的3层复合钢板制造犁壁，使其兼有必要的强度和耐磨性。直至19世纪末使用内燃机的拖拉机出现后，铧式犁仍始终是最主要的配套农具之一。1922年，英国制成了第一台悬挂铧式犁，使犁与拖拉机形成一体，最终改变了由拖拉机牵引畜力犁的作业方式。

1L-530型铧式犁

铧式犁在田间工作

1853年

白蜡虫由中国引入英国 白蜡虫是属于昆虫纲、同翅目、蚧总科、蜡蚧科的一种微小昆虫。在世界上的分布，除中国外，日本、朝鲜、印度和苏联也有记载。我国是最早利用白蜡虫和虫白蜡的国家。南宋庆元乙卯年（1195年）朱辅著《溪蛮丛笑》，书上提到以蜡刻板印布，入靛缸渍染，用于铜鼓纹的模印上。这里所说的蜡就是虫白蜡。元朝至元十八年（1282年）至元贞二年（1296年），周密著《癸辛杂识》一书，详细地描述了江苏、浙江一带劳动人民放养白蜡虫、摘收虫白蜡的具体方法，并首次科学地记录了雌、雄性白蜡虫互不相同的习性、生活史等特点。

国外第一个知道白蜡虫的是英国耶稣会传教士特里高尔特，他在1651年记述过我国东南沿海各省摘取虫白蜡的事情。之后不久，中国放养白蜡虫的消息就传到了欧洲。1853年，洛克哈特将虫白蜡样品连同白蜡虫从上海送到英国供作研究。

白蜡虫成虫及虫蜡

1855—1935年

伊万·弗拉基米洛维奇·米丘林［俄］提出定向培育、远缘杂交等改变植物遗传性的原则和方法，其实践和理论后被总结为“米丘林学说” 伊万·弗拉基米洛维奇·米丘林（Ivan Vladimirovich Michurin）是苏联卓越的园艺学家、植物育种学家，自20岁起从事植物育种工作达60年之久。提出关于动摇遗传性、定向培育、远缘杂交、无性杂交和驯化等改变植物遗传性的原则和方法，培育出300多个果树新品种 。曾为苏联科学院名誉院士和苏联农业科学院院士，著有《工作原理和方法》《六十年工作总结》等。

米丘林

米丘林学说的基本思想为：生物体与其生活条件是统一的，生物体的遗传性是其祖先所同化的全部生活条件的总和——如果生活条件能满足其遗传性的要求时，遗传性保持不变；如果被迫同化非其遗传性所要求的生活条件时，则导致遗传性发生变异，由此获得的性状与其生活条件相适应，并在相应的生活条件中遗传下去——他因而主张生活条件的改变所引起的变异具有定向性，获得性状能够遗传。

这个学说中关于无性杂交、辅导法和媒介法、杂交亲本组的选择、春化法、气候驯化法、阶段发育理论等，对提高农业生产和获得植物新品种具有实际意义。但是，米丘林关于“生活条件的改变所引起的变异具有定向性，获得性状能够遗传”的理论，缺乏足够的科学事实根据。当孟德尔（Gregor Johann Mendel）的遗传学在苏联受到攻击时，米丘林由于培育出300多种新型果树，而受到苏联政府的赞扬。他的杂交理论经李森科发挥后被苏联政府采纳为官方的遗传科学，尽管当时全世界的科学家均拒绝接受这个理论，但它仍被强制推行，不同的学术观点同时受到压制和排斥。20世纪50年代，这一理论在苏联、东欧和中国盛行一时，对生物学研究造成了不良影响。

1856年

杨秀元［中］著《农言著实》刊行，是一本具有地域特色的月令体农书 《农言著实》由清代杰出的农学家、农业经营管理专家杨秀元著。杨秀元（18世纪末—19世纪中叶），字一臣，陕西三原县人，主张“耕读兼营”，“半耕半读”，其居所被称为“半半山庄”。《农言著实》成书于道光二十年（1840年）前后，是杨秀元晚年把前人经验及自己在农业生产技术、农户经营管理方面的实践、体会加以总结写成的一部农学著作。此书封面上方题有“半半山庄主人示儿辈”，可见此书原只是传示他的后辈的。

《农言著实》总结了陕西三原地区的农业生产经验，近似月令农书，以月为序安排农事活动，文字简练通俗，便于流传，“读之事事精详，语语切实”。书成之后，杨家即收藏起来，秘不外传。直到1856年，杨秀元之子杨士果才把《农言著实》这部书正式刊行于世。

1859年

达尔文［英］著《物种起源》出版 查尔斯·罗伯特·达尔文（Charles Robert Darwin 1809—1882），英国生物学家，进化论的奠基人。1831年，达尔文从剑桥大学毕业。他放弃了待遇丰厚的牧师职业，依然热衷于自己的自然科学研究。同年12月，英国政府组织了“贝格尔号”军舰的环球考察，达尔文经人推荐，以博物学家的身份，自费搭船，开始了漫长而又艰苦的环球考察活动。达尔文每到一地总要进行认真的考察研究，采访当地的居民，有时请他们当向导，跋山涉水采集矿物和动植物标本，挖掘生物化石，发现了许多未被记载的新物种。他白天收集谷类岩石标本、动物化石，晚上又忙着记录收集经过。后来，达尔文又随船横渡太平洋，经过澳大利亚，越过印度洋，绕过好望角，于1836年10月回到英国。在历时5年的环球考察中，达尔文积累了大量的资料。回国之后，他一面整理这些资料，一面又深入实践，同时查阅大量书籍，为生物进化理论寻找根据。1842年，他第一次写出《物种起源》的简要提纲。1859年11月，达尔文经过20多年研究而写成的科学巨著《物种起源》终于出版了，生物进化论由此诞生。

达尔文

《物种起源》这一划时代的著作提出了生物进化论学说，书中用大量资料证明了所有的生物都不是上帝创造的，而是在遗传、变异、生存斗争和自然选择中，由简单到复杂、由低等到高等不断发展变化的，从而摧毁了唯心的“神造论”和“物种不变论”。除了生物学外，达尔文的理论对人类学、心理学、哲学的发展都有不容忽视的影响。恩格斯将“进化论”列为19世纪自然科学的三大发现之一。

1860年

德国开始进行农田滴灌试验 滴灌是利用特定管道将水通过管上的孔口或滴头送到作物根部进行局部灌溉。它是目前干旱缺水地区最有效的一种节水灌溉方式，水的利用率可达95%。滴灌较喷灌具有更高的节水增产效果，同时可以结合施肥，提高肥效一倍以上。适用于果树、蔬菜、经济作物以及温室大棚灌溉，在干旱缺水的地方也可用于大田作物灌溉。其不足之处是滴头易结垢和堵塞，因此应对水源进行严格的过滤处理。

滴灌

1860年，德国首次进行滴灌试验，当时主要是利用排水瓦管进行地下渗灌试验，结果发现可使种植在贫瘠土壤上的作物产量成倍增加，这项试验连续进行了20多年。1920年，在水的出流方面实现了一次突破——科学家研制出了带有微孔的陶瓷管，使水沿管道输送时从孔眼流入土壤。1923年，苏联和法国也进行了类似的试验，研究穿孔管系统的灌溉方法，主要是利用地下水位的改变进行灌溉。1934年，美国研究用多孔帆布管渗灌。自1935年以后，科学家着重试验各种不同材料制成的孔管系统，研究根据土壤水分的张力确定管道中流到土壤里的水量。荷兰、英国首先应用这种灌溉方法灌溉温室中的花卉和蔬菜。

第二次世界大战以后，塑料工业迅速发展，出现了各种塑料管。由于塑料管易于穿孔和连接，且价格低廉，使灌溉系统在技术上实现了第二次突破，成为今天所广泛采用的形式。到了20世纪50年代后期，以色列研制成功长流道管式滴头，在滴灌技术的发展中又迈出了重要的一步；20世纪70年代以来，许多国家开始重视滴灌，滴灌进而得到了快速发展，获得了广泛的应用。

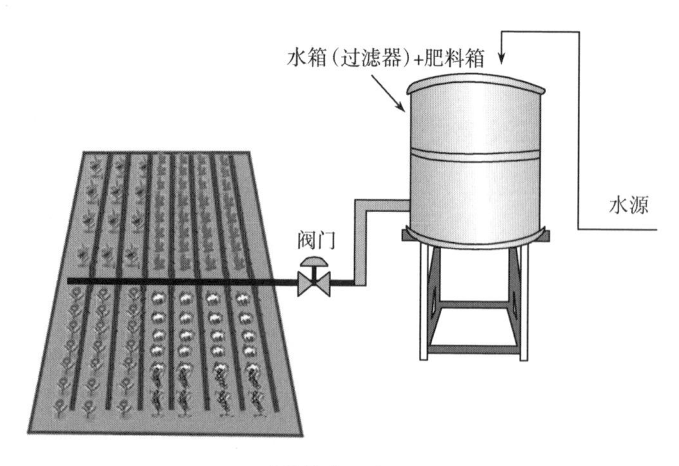

滴灌技术示意图

穆拉斯［法］将简易沉淀池改进成世界上第一个沼气发生器（又称自动净化器） 世界上第一个沼气发生器（又称自动净化器）是法国穆拉斯（Mouras，L）于1860年改进简易沉淀池而成。德国、美国分别在1925年和1926年建造了备有加热设施及集气装置的消化池，这是现代大中型沼气发生装置的原型。

第二次世界大战后，沼气发酵技术曾在西欧一些国家得到发展，但由于廉价的石油大量涌入市场而受到影响。后随着世界性能源危机的出现，沼气又重新引起人们重视。1955年，新的沼气发酵工艺流程——高速率厌氧消化工艺产生。它突破了传统的工艺流程，使单位池容积产气量（即产气率）

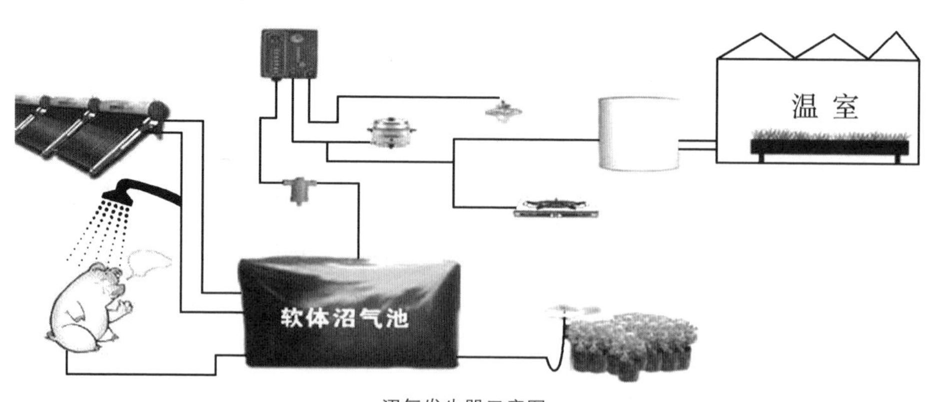

沼气发生器示意图

在中温下由每天1立方米容积产生0.7～1.5立方米沼气，提高到4～8立方米沼气，滞留时间由15天或更长的时间缩短到几天甚至几个小时。中国于20世纪20年代初期由罗国瑞在广东省潮梅地区建成了第一个沼气池，随之成立了中华国瑞瓦斯总行以推广沼气技术。

1861年

麦加尔［英］在上海首次开设机械缫丝厂 19世纪中叶至20世纪初，西方国家掀起工业化浪潮，先进的科学技术成果已先后应用于丝绸生产。在资本主义的世界丝绸市场上，机械缫丝、动力织绸和科学练染的新时代浪潮向东方产丝国家拍岸而来。换句话说，这一时期，作为人类古代文明结晶的中国丝绸，其传统工艺技术虽曾经独领风骚数千年，但这一辉煌历史已接近尾声。但由于历史原因和自身的特点，在一段时间内，其余威犹存。

当时，世界最大生丝消费国是法国，里昂丝织中心还保留着大量手工织机。为迎合西欧上层社会消费风尚，丝织中心主要织造高级绸缎、缝制华贵衣饰，对于原料，则认为中国手工生产的土丝，特别是湖州生产的辑里丝，虽然质量标准不高，但精细和光泽则优于机械缫丝。因此，这时上海生丝出口盛销不衰。为使中国发展机器缫丝业，增加产量，以便运销欧美从事丝织，英国商人麦加尔（Mayjar，J.）于咸丰十一年（1861年）在上海创办了第一家机器缫丝厂，有意式机器（丝车）100台。1869年，苏伊士运河开通，原由英商垄断上海生丝市场的局面，才为法、意、美、德商人打破。1881年，第一家华商机械缫丝厂诞生，反映了世界生丝市场的景气现象。此后20来年，一批华商缫丝厂相继出现，但大多开开停停，经营上不甚稳定，因为产地蚕茧市场需要培育过程，一些地方势力和土丝经营者对于新兴工业的微弱抵制也要一个淡化和融合过程。因此，直到19世纪末，

缫丝厂车间

上海出口的生丝还以土丝为主，虽在出口量值上有所增加（在1900年的世界市场上占40%，仍坐着第一大国的宝座），但在所占市场份额上则已明显下降。

1863年

俄国在汉口设立顺丰砖茶厂，为外国人在我国设厂制茶之始 1840年鸦片战争之后，伴随着外资工业不断入侵中国，中国的机器工业开始产生。外资在华企业大多以掠取原料而经营的加工工业为主，以推销商品而经营的加工工业较少。砖茶制造业就是当时主要的加工工业之一。汉口开埠后，俄国商人在同治二年（1863年）投资设立顺丰砖茶厂，为外国人在我国设厂制茶之始。

顺丰砖茶厂最初为手工制造，十年后陆续使用机器生产。其后，机器制茶厂陆续开办，到光绪中期以后，汉口已有“阜昌”“新泰”等若干大型砖茶工厂。汉口砖茶出口量到光绪二十一年（1895年）达35.4454 万担，主要输往俄国。此外，俄国还在福州、九江等茶叶出口地相继设立几个规模较小的分厂，如九江新泰砖茶厂、九江顺丰砖茶厂和福州的若干工厂等，从而基本垄断了这些地区砖茶生产。其间，虽偶有英商等开办砖茶厂，但均无力取代俄商地位。由于俄国在华砖茶业采用机器生产，产品成本低，又享有子口税，致使我国旧式砖茶制造业每况愈下。

顺丰砖茶厂旧址

1863—1939年

马伯特［美］创立和发展了美国土壤分类系统 土壤是覆盖在地球陆地表面上能够生长植物的疏松层。土壤不仅具有自己发生发展的历史，而且是从形态、物质组成、结构和功能上可以被剖析的物质实体。土壤地理学是研究土壤与地理环境相互关系的学科，是土壤学和自然地理学之间的边缘学科，它研究土壤的形成、演变、分类和分布，为评价、改良、利用和保护土壤资源，发展农、林、牧业生产提供科学依据。

20世纪二三十年代以来，苏联学者继承和发展了道库恰耶夫土壤发生学理论，对土壤与自然环境间的关系，特别是生物和气候对土壤形成的影响进行了深入研究，如威廉斯（Williams，B.P.）指出，物质生物循环在土壤形成过程中起着主导作用。

美国土壤学的发展，在相当长的时间内接受土壤发生学派的观点。美国土壤学者马伯特（Marbut，C.F.）是美国土壤科学的奠基者，他提出的美国第一个土壤分类系统仍然体现了土壤发生学的基本观点，但他确定的基层分类单元土系是以土壤本身的性态为研究核心。20世纪40年代，美国学者詹尼（Jenny，H.）用函数式定量对土壤和环境因素之间的联系进行了多项相关分析，随后将土壤生成因子公式扩大应用到生态系统上，成为状态因子公式。美国的土壤分类是在马伯特于1935年拟订的美国土壤分类系统基础上，经过其他专家的修订而成。

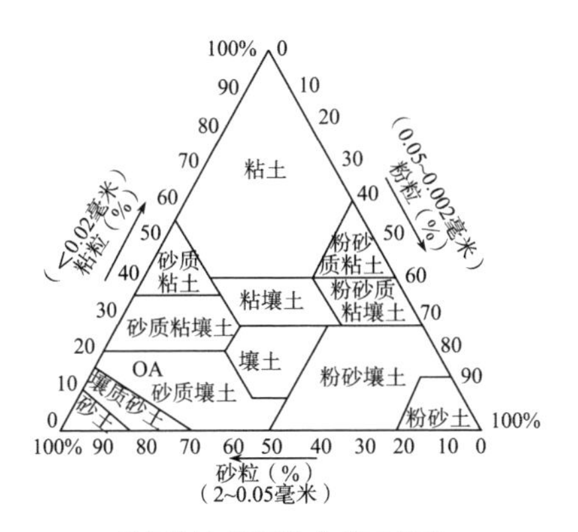

美国制土壤质地分类三角表

威廉斯［俄］创立土壤统一形成学说，并提出了草田农作制 威廉斯（Williams，B.P.）是俄国十月革命后最有影响的土壤学家和农学家之一，他提出了土壤形成的生物发生学观点，认为在土壤形成过程中，生物因素起着主导作用；还提出土壤是人类劳动的对象和产物的论点。

《农业原理》是威廉斯最杰出的代表作。威廉斯的学术成就集中反映在他关于土壤统一形成过程、土壤肥力及草田耕作制的理论上，而这些理论的基础则是关于有机物质合成和分解的学说。土壤的根本特性是肥力，有团粒结构的土壤能够形成较好的肥力条件，因而团粒是土壤肥力的基础。威廉斯根据自然肥力恢复过程和多年生混播牧草培肥效果的研究，提出通过草田轮作恢复肥力的建议，从而开辟了在人力干涉下缩短恢复地力过程的道路。

《农业原理》

威廉斯指出，农业生产的基本任务，是把太阳光线的热能变为有机物中的潜能，这一任务只能由绿色植物来完成。植物生产、动物生产、土壤经营（即耕作）是组成持续稳定的农业生产必不可少的三大环节或三个车间。把动植物残余物中处于有机状态的各种养分元素，分解为绿色植物能利用的简单无机化合物，保证植物生长发育和高产需要并使土壤获得持久的肥力，这是农业生产第三车间的任务。威廉斯就此为耕作学这门新学科的建立提出了明确而严谨的理论根据。

1865年

英国商人将美棉种籽带到上海，美棉开始传入中国　中国最早引种美棉的地区是上海。上海是近代最早被迫对外开埠通商的城市之一，大批外国商人、银行家和冒险家不断涌入，遂使上海发展成为全国最大的港口城市和对外贸易中心。来华的外国人不止一次地携带美棉种籽在上海及周边地区试种。不过，引种美棉种籽的数量极其有限，试种地区也很分散，因而未引起国人的重视，也未见诸文献记载。最早见于文献记载的引种美棉是1865年，英国商人将一些美棉种籽带到上海试种，美棉开始传入中国。

在上海引种美棉之后，较大量地引种美棉的地区是湖北。时任湖广总督的张之洞在湖北武昌创办了湖北机器织布局，1892年，他委托清政府驻美公使崔国因在美国选购棉籽，崔国因在美国选择适宜湖北气候土壤的2种陆地棉34担，寄湖北棉区试种。这次试种的地区有武昌、孝感、沔阳、天门等15个产棉州县。次年，张之洞又从美国购运棉种百余担。

张之洞在湖北地区试种美棉在全国产生了很大的影响和很好的示范作用。清政府 1903 年设立的商部，于1904年从美国购买大批美棉种籽分配给长江流域及黄河中下游地区各产棉县，鼓励农民栽培。江苏、浙江、山东、河北、河南等省连续不断地从美国引入棉种。1912年以后，中国大力提倡种植美棉，除了引进美国棉种以外，还根据本国自然环境和条件，对美棉种籽进行改良，在此基础上向全国各地推广美棉。

遗传学家孟德尔［奥］根据豌豆杂交试验结果，创立了“孟德尔定律” 孟德尔定律是奥地利遗传学家孟德尔（Gregor Johann Mendel 1822—1884）根据豌豆杂交试验发现的遗传学基本定律，包括分离定律和独立分配定律。他根据8年（1857—1865年）的豌豆杂交试验结果，在1865年发表的《植物杂交试验》论文中提出，生物的任何性状均受体内遗传因子（基因）的控制；基因是颗粒状结构的作用单位，具有独立性和连续性；正是亲代将遗传基因传递给子代，才在子代身上表现出与亲代相似的性状。由此确立的颗粒式遗传概念和最早在遗传分析中运用概率法则，为建立现代遗传学奠定了基础，在理论和实践上有着十分重要的意义。

孟德尔

中国樗蚕传入意大利 樗蚕，鳞翅目，大蚕蛾科，成虫体长28毫米左右，翅展为128毫米左右，体青褐色。前翅黄褐色，顶角圆而突出，基部有曲形白色带，中央有月牙形白纹，外线均为白色，有棕褐色细边线，翅面有粉紫色斑纹。卵扁椭圆形，灰白色，有褐斑。虫体附有白粉，各体节均有6个刺突，突起之间有深褐色斑点。蛹棕褐色，莲子形。茧丝质，橄榄形，上端开孔，茧柄长，常以1个叶片包着半边茧。樗茧含丝胶多，脱胶困难，加之茧上有孔，丝路紊乱，故不能缫丝，长期以来，均由农民采集后煮茧，然后捻丝织绸。其丝柔软，其绸坚固，不易沾尘。绸色殷红、黝黑，色调古雅。樗蚕在1865年由中国传入意大利。

樗蚕

1867—1920年

莫洛佐夫［俄］首创和发展了林型学 林型是一些在树种组成、其他植物层、动物区系、综合的森林生长条件（气候、土壤和水文条件）、森林更新过程和更替方向类似，因而在相同的经济条件下需要采用相同营林措施的林地的总体，是气候和土壤条件相同的地段的综合，是在同一立地条件下不同的气候型。采用该气候区的优势种来命名，如桦木湿润较贫瘠林型。

植物标本

林型学由俄国莫洛佐夫（Morozov）首创，其后不断发展和完善。以莫洛佐夫、苏卡乔夫为代表的林型学，创立了生物地理群落学概念，指出物质和能量的积累与转化是生物地理群落学研究的核心，充实和提高了自然综合体的“中心”思想，丰富和发展了道库恰耶夫关于生物在自然综合体中起积极导向作用的思想。

我国地理学家黄秉维先生于20世纪50年代末基于林型学的研究，进一步提出了地理学发展的三个新方向——水热平衡、化学地理与生物地理群落，实质是从物理过程、化学过程和生物过程说明错综复杂的地理过程，进而大大促进了我国自然地理学的发展，为我国地理学界进入环境保护科学领域奠定了基础。

1869年

诺伯［德］建立世界上第一个种子检验室 1869年，德国人诺伯（Nobbe，F.）建立了世界上第一个种子检验室，此后种子检验事业不断壮大；1906年，在德国汉堡举行的首届国际种子检验会议促使此项工作开始寻求国际合作。1908年，美国和加拿大成立北美官方种子分析协会。1924年，在欧洲种子检验协会的基础上改名重建的国际种子检验协会（ISTA），是各国政府对国际贸易的种子谋求统一检验方法的国际组织。以上两个机构都把林木种子检验作为主要活动内容。国际种子检验协会的另一重要任务是为国与国间贸易的种子制订抽样和检验标准的程序和方法，称国际种子检验规程。中国的种子检验工作始于20世纪50年代，最初主要在林业领域，1957年中国林业部颁发《林木种子品质检验技术规程（草案）》，1982年国家标准总局发布《林木种子检验方法》，同年林业部在北京和南京分别建立了北方和南方林木种子检验中心。

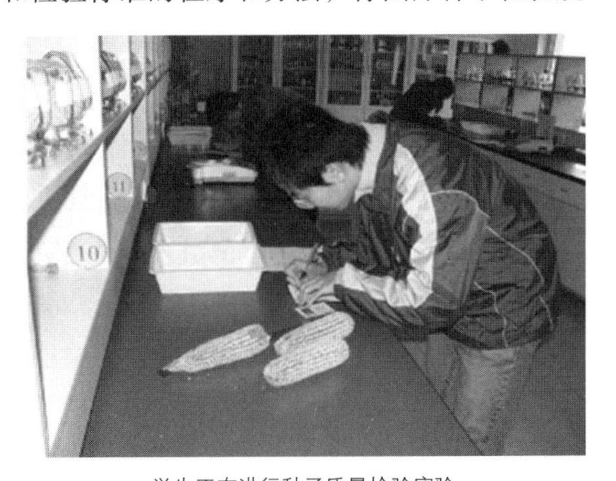

学生正在进行种子质量检验实验

1870年

爱尔夏奶牛由外国侨民引种到上海 中国是世界最早驯化饲养牛马羊等奶畜的国家之一，新石器晚期即产生了原始畜牧业。1840年鸦片战争以后，西方列强入侵，沿海城市涌入了许多外国侨民，他们陆续把西洋奶牛引进了我国各地。1842年，荷兰黑白花奶牛被引入厦门、泉州、福州，这是西方奶牛传入我国的最早记载。1870年，爱尔夏奶牛被引入上海饲养。1878年，上海川沙县用由英国引进的黄白花小公牛与当地良种黄牛“塘脚牛”杂交，育成的体强力壮、耐粗饲、适应性强、产奶率高的“川沙奶牛”，是最早在我国利用现代家畜繁殖技术选育而成的奶牛品种。1887年，居住在淡水的英国人由苏格兰输入爱尔夏奶

爱尔夏奶牛

牛，是台湾地区引进西方奶牛的最早记载。此后各地陆续多次引进各种奶牛品种，并使之与当地黄牛杂交，选育出了品种繁杂的杂交奶牛种群。到1949年新中国成立时，全国饲养的奶牛总数约4万头，主要分布在京、沪、汉、宁、杭、蓉、渝等大城市。

1871年

基督教牧师约翰·倪维思［美］将西洋苹果、西洋樱桃等品种传入我国烟台地区 19世纪中叶后，海禁开放，西方文化大量输入，果树资源交流更加频繁，苹果属果树也随之被引入。早期引种苹果的途径是多方位的，其中以山东最早。据烟台的地方史志记载，1861年美国基督教牧师约翰·倪维思（John Nevius）受长老会派遣，由上海来山东登州（今山东省蓬莱市）。倪因妻患病，1864年返美。1871年倪氏夫妇重返烟台传教时，引种西洋苹果13个品种、西洋樱桃8个品种、西洋梨18个品种以及美洲葡萄、欧洲李等果树品

西洋苹果苗木

烟台大樱桃（也称西洋樱桃）

种，在烟台毓璜顶东南山麓建园栽植，取名“广兴果园”。烟台随后发展成为中国最著名的苹果、樱桃生产基地，直至现今。

1872年

中国狼山鸡传入英国，对“奥品顿”及“澳洲黑”品种鸡的育成有重大影响 狼山鸡原产江苏如东，是蛋肉兼用型鸡种之一，以产蛋多、蛋体大，体肥健壮、肉质鲜美而著称，按毛色分为黑白两种，因集散地在江苏境内狼山附近得名。清同治十一年（1872年）狼山鸡被引入英国，后从英国传入美国、德国、日本、澳大利亚等国，成为名闻世界的鸡种。1883年被列为国际标准鸡种，曾参与育成了“奥品顿”“澳洲黑”等国际知名鸡种，并被列入英美等国家禽标准图谱，亦为我国唯一被列入国际标准鸡种的地方鸡。

狼山鸡

2000年，国家农业部130号公告，将狼山鸡列入《国家级畜禽遗传资源保护品种名录》。如东县狼山鸡种鸡场成立于1959年，几十年来，受江苏省农委委托，一直负责狼山鸡的保种选育、提纯复壮和改良繁育工作，2008年被国家农业部授予“国家级狼山鸡保种场”。目前，市场上的狼山鸡祖代鸡几乎全部来自如东狼山鸡种鸡场。

陈启源［中］在广东南海开设继昌隆机器缫丝厂，首创中国机器缫丝 陈启源（1825—1905），字芷馨，广东南海人，中国第一家机器缫丝厂的创办人。他于清朝咸丰四年（1854年）出国至暹罗等国，考察各国机器，准备创办机器缫丝厂；于同治十二年（1873年）回到国内，在南海简村办起继昌隆缫丝厂。该厂采用蒸汽机和传动装置，雇女工数百人，“出丝精美，行销于欧美两洲，价值之高，倍于从前，遂获厚利”。这是中国第一家近代民族资本工厂，标志着中国民族资本主义的兴起。之后，广东各地华侨也相继回国开办各种工厂企业（迄1894年，民族资本企业总数为170家，投资额800余万元）。

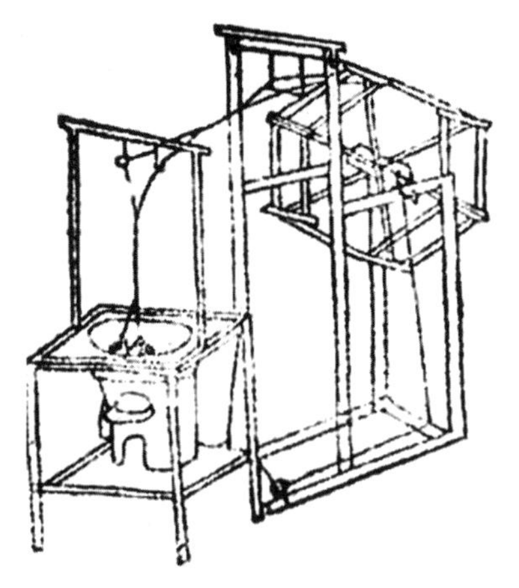
陈启源改良的缫丝器——机汽单车

19世纪80年代以后，手工缫丝业中，效率较高的足缫机逐渐取代了手缫机。陈启源还设计了一种半机械的缫丝小机，也逐渐为广大手工业者所接受。在20世纪初的广东缫丝业中，手工缫丝和机器缫丝又形成了并行不悖的局面。进入20世纪30年代，广东缫丝开始衰落，继昌隆缫丝厂也未能幸免。由于当地人认为机器缫丝挤占了手工业工人的就业机会，继昌隆缫丝厂不久即被捣毁，被迫迁往澳门。

陈启源及其全机械化的继昌隆缫丝厂是中国民族资本主义萌芽时期的典型代表。中国民族资本主义工业的产生，具体说有两种途径：一种是一部分中小地主、官僚、买办、商人、华侨等投资于近代工矿企业；另一种是部分手工工场开始采用机器生产，转变为近代工矿企业。

1874年

陈崇砥［中］撰《治蝗书》刊行　我国历史上自然灾害频繁，害虫对农业的危害尤为严重。古代人民在不断与害虫开展斗争中，积累了丰富的经验。距今一百多年前，清代学者陈崇砥对河北农业害虫（特别是蝗虫）的防治做出了很大贡献，被称为“治虫专家”。陈崇砥，字亦香，福建侯官（今福建省福州市）人，清道光二十五年（1845年）中举人。自咸丰三年（1853年）到直隶（今河北省）任地方官，先为献县知县，因政绩卓著，升为保定府同知；后又被授大名知府、

飞蝗

河间知府。陈崇砥在任职期间，深入基层，体察民情，疏浚河道，兴修水利，促使农业丰收；对农业害虫的防治更为重视，并于晚年总结群众治虫经验，写出了《治蝗虫》一卷。1874年，陈崇砥撰《治蝗书》刊行。

陈崇砥讲究科学、深入实际，当有人把害虫视为“神虫”时，他却不相信这些，并批驳了这种唯心的无所作为的思想，认为害虫也是一种普通昆虫，只要“同心齐力”，“御蝗蝻如御冠盗”，是可以除掉小小虫害的。他通过长期的调查，了解到蝗虫害易于春末夏初发生，尤其在河北的“滨临湖河低洼之处”更易繁殖；同时根据害虫的生活习性和发生规律制订了相应的防治措施，提出 “未出为子，既出为辅，长翅为蝗”，对这三个阶段应采取不同的防治措施。《治蝗书》采用文、图结合的方式，如《焚飞蝗图》上，有人鸣锣燃炮，有人举棍抽打，有人纵火焚烧，形象逼真，栩栩如生，结合文字说明，使人一目了然。陈崇砥在《治蝗书》中所阐述的治虫经验对今天仍有参考和借鉴价值。

哈尔蒂希［德］发表世界上第一部有关森林病害的专著《森林病害教科书》 有关森林病害的研究在德国开展较早。1874年，德国人哈尔蒂希（Hartig，R.）发表的《森林病害教科书》，是世界上第一部有关森林病害的专著。其他如英、美、日、俄等许多国家的林病研究工作大多开始于19世纪末和20世纪初。当时病害毁灭大片森林的事例在林业上时有发生，在欧美各国流行并造成重大损失的松疱锈病、板栗疫病、榆荷兰病等是几种毁灭性的森林病害。1904年前后，板栗疫病传入北美后，不到40年时间便摧毁了5400万亩左右的美国板栗纯林，使一个经济价值很高的树种很难继续用于造林。20世纪初，在北美流行的松疱锈病曾使该地区的美国五针松大量死亡，至今仍无有效防治办法。这一病害自20世纪50年代以来，在中国东北地区的红松人工林中也不断蔓延，有的林分死亡率达40%以上，并有日渐扩展的趋势。除经济损失外，森林病害对人类生活环境的破坏也值得重视，如自20世纪以来，欧美国家许多大城市因行道和庭园的榆树感染榆荷兰病而使城市生态环境受到破坏。这些毁灭性森林病害的爆发，客观上促进了对森林病害发生规律及防治方法的研究。

第二次世界大战后的几十年间，林病研究工作持续、迅速发展，在病害

森林病害防治

生态、生理、预测以及抗病育种和其他防治理论、技术等方面都取得了巨大进展。中国的森林病害研究和防治工作开展较晚，20世纪50年代中期才开始大规模的调查、研究和生产性防治工作，但目前已初具规模，在松林松毛虫生物防治等领域走在世界先进行列。

1876—1879年

周盛传［中］在天津小站屯垦种稻，培育成闻名世界的“小站稻” 天津小站稻米粒呈椭圆形，晶莹透亮，垩白极少，洁白有光泽，蒸煮时有香味，饭粒完整、软而不糊，食味好，冷后不硬，清香适口。清同治十年（1871年），周盛传率兵十八营，进驻马厂（今河北省青县马厂镇），修建新城（今天津市塘沽区新城镇）至马厂大道，沿途设站，十里一小站，四十里一大站，如今的小站镇及西小站村、东大站村即由此而得名。周为补充军饷，在新城附近垦田种稻，并吸取前人种稻经验教训，先从兴修水利入手，于光绪元年（1875年），令淮军士兵十四营移屯小站一带开挖马厂减河，其首端在今静海县大张屯乡靳官屯村，与南运河（也叫御河）疏通。同时在河边修拦潮大堤，预防海潮侵袭。遂在小站一带垦荒种稻，收成颇

我国著名优质水稻——“小站稻”

丰。南运河水源上游来自黄河，含淤泥和腐殖质较多，水质很好，灌溉稻田不仅省肥高产，稻米外观、蒸煮、食味品质亦均佳。科学考证，这应是形成“小站稻”名特优产品的主要因素。

1877年

日本外务省延聘中国孵坊师陆亨瑞、仇金宝去东京传授鸡鸭人工孵化技术 家禽的人工孵化技术是我国劳动人民发明的一项大大提高禽业生产效率的技术，它出现于宋代，至清代发展成熟。在北方有坑孵法，江南有缸孵法，闽广一带有桶孵法。这一技术的发展为我国禽业的发达奠定了基础。19世纪70年代，刚经历了明治维新的日本，为加速经济发展，提高国内农业近代化水平，不惜花费重金雇佣外国专家赴日，指导技术改良和培养科技文化人才。在这一大环境下，一大批中国的优秀农业技师受雇赴日，指导日本的农业技术改良，宁波人陆亨瑞、仇金宝便是这一时期受雇赴日的中国农业技师。1877年，他们受日本驻上海总领事品川忠道推荐赴日，并成功地将当时处于世界领先水平的江南人工孵化技术传至日本，为日本家禽养殖的产业近代化做出了巨大贡献。

1879年

陈筱西［中］到日本学习蚕桑，是中国学生出国学农之始 中国是世界蚕业生产大国， 但是到了19世纪中后期，蚕利逐渐被日本所夺。在国际生丝市场上，日本渐渐超过中国成为生丝出口大国。这时，国内的有识之士看到蚕业是中国的重要产业，但由于因循传统技术、没有引入近代科学逐渐衰落，因而发起了向日本学习的口号，号召从日本引进先进的蚕业科学和生产技术。光绪四年（1878年）左右，福建陈筱西到日本学蚕桑，是我国学生出国学农之始；光绪二十二年（1896年），稽侃、汪有龄入日本东京琦玉县玉町竞进社学

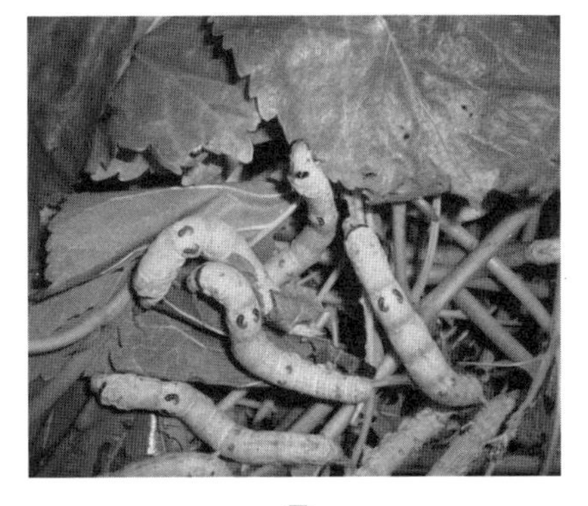

蚕

习近代养蚕技术。1898年，上海设立育蚕试验场，聘请日本精于饲蚕者井原君指导。由此，日本的蚕桑科学和生产技术不断被引进我国。19世纪末20世纪初，通过从不同的途径大量引进日本的先进蚕业科技，我国养蚕科学技术的发展进入了一个新的历史时期。这也是近代新养蚕科学技术在中国传播和发展的重要时期。

1881年

《益闻录》报道：天津有客民租地，用农机耕种，是为中国最早的机耕农场　1881年，轮船招商局总办唐廷枢联络了具有先进思想的知识分子郑观应、徐润等人与开平矿务局，用股份制的方法集资13万两白银（其中唐廷枢、徐润认股65000两，开平矿务局认股62000两，郑观应认股3000两），在当时属于宁河县的新河一带（在今塘沽火车站一带），以“普惠堂”的名义购买荒地4000顷，建立了天津沽塘耕植畜牧公司，用西法进行种植和畜牧业的开发。由于这里地近海河，便于开沟作渠，大量盐碱地变成可耕地；与此同时，该公司进口了西洋农业机器进行耕作，“以机器从事，行见翻犁锄禾，事半功倍”。这是近代中国第一家股份制农场，以至被国外舆论称为“模范农场”。天津沽塘耕植畜牧公司比张謇在江苏南通建立的通海垦牧公司早了20多年的时间，在近代中国当属第一家。

农场机耕队

机耕现场

1882年

米亚尔代［法］创制波尔多液　法国植物学家米亚尔代（Millardet,

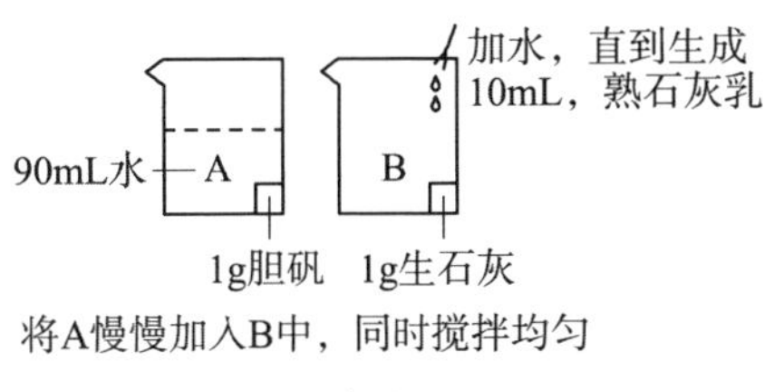

波尔多液的配制

Pierre-Marie-Alexis 1838—1902），先后在法国南锡大学、斯特拉斯堡大学、波尔多大学任植物学教授，1888年成为法国科学院院士，著有《美国葡萄评论》《从理论上和实践上论美国葡萄的问题》等。他的主要贡献是发明了防治植物病害的第一种杀菌剂，即用硫酸铜和石灰配制而成的波尔多液。大约19世纪中叶，北美的葡萄霜霉病传入法国，引起法国葡萄霜霉病大流行。1882年，米亚尔代偶然发现硫酸铜和石灰的混合液能有效地减轻甚至免除霜霉病的危害，经研究后于1885年发表了波尔多液的配制方法，有效地控制了该病的流行；这种铜制剂又被发现还可防治马铃薯晚疫病和多种重要的植物病害，遂成为之后半个多世纪世界上使用最广泛的铜素杀菌剂。

中学生配制波尔多液

作为无机化工产品用于防治植物病害的开端，波尔多液在杀菌剂发展史上有重要影响。它通常按质量比以硫酸铜1份、石灰1份、水100份搅拌混合而成，被称为等量式波尔多液。此外，按用途需要，还有倍量式（石灰为硫酸铜的一倍）和半量式（石灰为硫酸铜的一半）波尔多液。硫酸铜的配比高时，杀菌效力亦高，但药害亦大；反之，则药效较低，但对作物安全。它具有毒性小（对人、畜基本无毒），价格低，使用安全、方便，防治病害范围广泛等特点；对绝大多数真菌性病害和细菌性病害都有较好的防治效果，且长期使用不产生抗药性；黏着力强，使用后不易被雨水冲刷掉，药效持久。

波尔多液自问世以来，一百多年久用不衰，使用范围越来越广。它不但是防治枣树、葡萄、苹果、梨等多种果树病害的最常用药，也是用于蔬菜、花卉、药材及各种农作物防病的常用药。即便在科学技术飞速发展、种类繁多的高效防病农药层出不穷的今天，其他农药也难以取代它。因此，掌握正

确的配制、使用波尔多液防治各种作物病害的技术，是每个农业技术工作者、果农及菜农的基本功之一。

1883年

美国制成绞盘机并用于集材作业 林业机械化大体可分两个阶段：一是初步机械化阶段，特点是主要的单项工序实现了机械化，而工序之间或工序内部的辅助作业仍有不少手工劳动。二是全盘机械化阶段，特点是全部作业，包括辅助作业均由机械完成，部分操作实现了自动化，生产时工人可不直接接触作业对象，是机械化的高级阶段。全盘机械化的进一步发展是林业生产的自动化。

小型集材绞盘机

林业机械化实际的发展过程是从森林采运开始的。19世纪后期，北美和欧洲首先用铁路运材。1883年，第一台绞盘机在美国问世。1893年，蒸汽拖拉机进入北美林区，开始了机械化集材作业。20世纪以后，各种林业专用机械增多且结构不断完善；到40年代末期开始被大批量生产，推动了林业机械化的迅速发展；50年代末期，一些林业发达的国家已基本实现机械化；60年代开始，瑞典、苏联、美国、加拿大等国相继制成伐区作业联合机，使采运生产进入了全盘机械化阶段。

阿尔丰沙·德堪多［瑞］撰著《农艺作物起源》出版 近代用科学方法探讨作物起源，始于瑞士的植物学家阿尔丰沙·德堪多（Alphonsede Candolle）。他用植物自然分类学和植物地理学的观点研究作物的亲缘关系、区系的历史和分布地域，应用考古学知识研究出土的植物遗体和洞穴中的植物绘图形象，又应用古生物学、历史学和语言学的知识验证作物起源的地点，首先提出人类最初驯化植物的地区可能在中国、亚洲西南部、埃及至热带非洲等3处。1882年，阿尔丰沙·德堪多撰著《农艺作物起源》出版。这部名著对于研究作物起源问题有重大参考价值，引起植物学家、遗传学家和植物育种学家的长期关注。

辽宁农艺园及园内一景

1886年

刘铭传［中］从夏威夷引进甘蔗新品种在台湾试种 中法战争后，清政府正式在台湾建省，刘铭传（1836—1896）是首任巡抚，他十分重视台湾农业的改进和传播。在1885—1891年任期内，他制定了三项农业政策——抚番、抚垦和清赋，为台湾农业的近代化铺平了道路。在农作物的改进方面，1886年，刘铭传从夏威夷引进甘蔗新品种在台试种，以期提高台湾蔗糖生产，1889年请来锡兰（今斯里兰卡）茶叶专家辅导台湾各地茶叶生产。到19世纪后期，台湾已出现新式糖厂、茶厂、碾米厂以及较大型的农产经销公司，并有了少量带资本主义性质经营的种植园。随着对外交往的扩大，台湾也开始引入许多国外的动植物物产和品种，并且开始应用化学肥料。

刘铭传农业开发政策和其他农业措施的成功实施，促进台湾取得了良好的经济效益和社会效益，不仅使台湾的农业步入近代化，而且为台湾其他近代化事业奠定了坚实的基础。

刘铭传

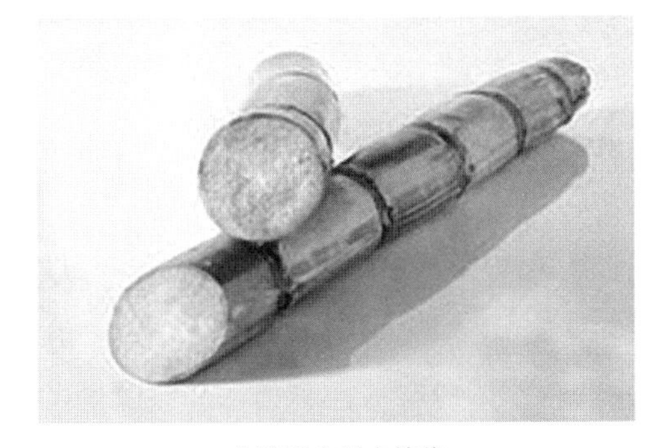

台湾原产绿皮甘蔗

1887年

美国大粒种花生传入中国山东 花生又名落花生，因“藤生花，落地而结果”得名，也称长生果。中国有关花生的最初记载是元末明初的《饮食须知》：“近出一种落花生，诡名长生果，味辛苦甘，性冷，形似豆荚，子如莲肉。”我国早期栽培的花生为龙生型小粒种，大花生则由海外传入。清末以前，中国栽培的花生都是壳长寸许、皱纹明显、每荚有实三四粒的中粒花生（称龙生）以及每荚二粒为主的小粒种（称珍珠花生）。19世纪80年代才开始出现大粒种花生（称大洋生），最初见载于光绪十三年（1887年）《慈谿县志》。同时期，大粒种花生也由外国传教士从美国传到山东蓬莱。由于收获省工、产量高，大粒种花生发展很快。到20世纪初，在广东等地区大粒种的栽培已超过小粒种。

花生最初被当作一种直接利用的食品。明末《天工开物》所列油料中，就无花生。花生作为油料的记载始见于《三农纪》——“炒食可果，可榨油，油色黄浊，饼可肥田”，说明大约在18世纪时，花生已成为一种油料。花生的产量，清末《武陵土产表》记载“每亩约收三石”，出油率为“花生重十五、六斤，制油三斤半”；《抚郡农产考略》记载“亩收四、五百”，“花生百斤，可榨油三十二斤”，说明20世纪初期，花生的单产水平已经不低，但出油率不高，这可能和当时榨油技术水平有关。关于花生的栽培技术，明代《汝南圃史》已有关于种、收时期，施肥及土宜等方面的记述。明末出现了“横枝取土压之”的培土措施。清代实行条播或穴播、开深沟排水灌溉等方法，并已认识到花生有固氮能力，“地不必肥，肥则根叶繁茂，结实少”。

1887—1943年

植物学家瓦维洛夫［俄］提出栽培植物起源中心理论 尼古拉·伊万诺维奇·瓦维洛夫（Vavilov，N.I. 1887—1943）是苏联时期的俄罗斯植物学家和遗传学家，其最主要的成就在于确认

瓦维洛夫

人工栽培植物——小麦

了栽培植物的起源中心。他综合前人的学说和方法研究栽培植物的起源问题，将一生都贡献给了有关小麦、玉米和其他支撑世界人口的谷物的研究。1923—1931年，他组织了植物考察队，在世界上60个国家进行了大规模的考察，搜集了25万份栽培植物材料，对这些材料进行了综合分析，并做了一系列科学实验，出版了《栽培植物的起源中心》一书，发表了题为《育种的植物地理基础》的论文，提出了世界栽培植物起源中心学说，把世界分为8个栽培植物起源中心，论述了主要栽培植物，包括蔬菜、果树、农作物和其他近缘植物600多个物种的起源地。

1921年—1940年，瓦维洛夫担任彼得格勒应用植物学和选种处主席，该处于1924年改组为全苏应用植物学和新谷物研究所，又在1930年改组为全苏植物耕作学院，在1968年重新以瓦维洛夫的名字命名。今天，位于圣彼得堡的瓦维洛夫种植业学院仍然维护着一个植物遗传资料库（世界上最大的植物遗传资料库之一）。

1890年

卷烟传入中国 烟草传入中国，最初是用于预防疫病和寒疾，后才被用作消费品。18世纪末，烟草种植与加工已很兴盛，烟草及其制品成为重要商品。乾隆年间，江西、山东、广西都有初具规模的烟草加工场，如山东济宁有6家加工场，工

货架上的香烟

人4000余名，每年营业额达200万两白银。海运畅通后，烟叶销往日本、埃及、德意志、荷兰等国。据海关资料，19世纪90年代，上海年平均烟草流转量已达1.25万吨。

中国机制卷烟的消费始于1890年，美商老晋隆有限公司在中国推销卷烟。直至20世纪初，在中国人民的反帝爱国运动推动之下，许多有识之士深感在抵制美货的同时，还必须大兴国货，因此一些民族资本家在“不用美国货，不吸美国烟”的口号下，兴起了办厂热潮，与外资抗衡，我国民族卷烟工业由此开始崛起。规模较大的，北有1902年天津官商合办的北洋烟草公司，是中国人自己兴办最早的烟厂；南有1905年南洋华侨在香港创立的香港南洋兄弟烟草公司；其他民族卷烟公司也纷纷成立，从而拉开了中国卷烟工业的历史序幕。到了1949年，中国共有卷烟厂1249家，职工28.6万人，年卷烟产量160万箱。

美国发明由蒸汽机驱动的自走式和牵引式谷物联合收割机　谷物联合收割机是指一次完成谷类作物的收割、脱粒、分离茎秆、清除杂余等工序，从田间直接获得谷粒的谷物收获机械。有些谷物联收机经局部改装和调整后，还可收获豆类、向日葵和牧草种子等。其优点是生产率高，劳动强度小，能赶农时，适宜地块面积大的农田使用，但在生产规模较小的情况下作业成本较高。

谷物联合收割机

1828年，美国公布第一个谷物联合收割机专利，提出了将生产一台把收割机和可行走的谷物脱粒机联合在一起的机器方案。1834年出现用畜群牵引、通过地轮驱动收割器等部件工作的谷物联合收割机的样机。1890年发明了由蒸汽机驱动的自走式和牵引式谷物联收机。1911年，美国开始使用以内燃机为动力的谷物联合收割机。1920年左右，美国小麦产区开始推广由汽油拖拉机牵引的谷物联收

内燃机驱动的自走式联合收割机

机，到第二次世界大战期间已被大量使用。苏联于1925年，英、法、德等国从1928年起分别从美国引进并改制谷物联收机。1938年前后，美国开始使用自走式谷物联收机。到20世纪60年代中后期，美国生产的自走式谷物联收机已占谷物联收机总产量的90%～95%，苏联已全部生产自走式谷物联收机并逐步用柴油机取代汽油机作为动力。20世纪60年代末，谷物联收机上开始使用电子监视装置。70年代中期，欧美的一些公司生产出轴流滚筒式谷物联收机。日本从1967年起开始生产半喂入式水稻联收机。1974年世界上已出现程序控制、全自动、无人驾驶的样机。

美国在小麦田首次使用内燃拖拉机　19世纪中叶，为了满足工业发展以及国内和西欧市场对农产品的需求，美国国内开始大面积开发中西部土地，以畜力为动力的农业机械开始发展，用以弥补农业劳动力的不足。最初的蒸汽拖拉机由于笨重而昂贵，使用不便，往往需数人操作，仅适于在广阔原野上耕作，一般个体农民难以负担。缘于此，1889年，美国芝加哥的查达发动机公司制造出了世界上第一台使用汽油内燃机的农用拖拉机——“巴加”号拖拉机。内燃机由于比较轻便，易于操作，而且工作效率高，为拖拉机的推广应用打下了基础。1890年，美国在小麦田第一次使用内燃拖拉机。20世纪初，瑞典、德国、匈牙利和英国等国几乎同时制造出以柴油内燃机为动力的拖拉机。第一次世界大战期间，由于战争的原因，劳动力不足和农产品价格上涨，促进了农田拖拉机的发展。

以内燃机为动力的四轮拖拉机

1891年

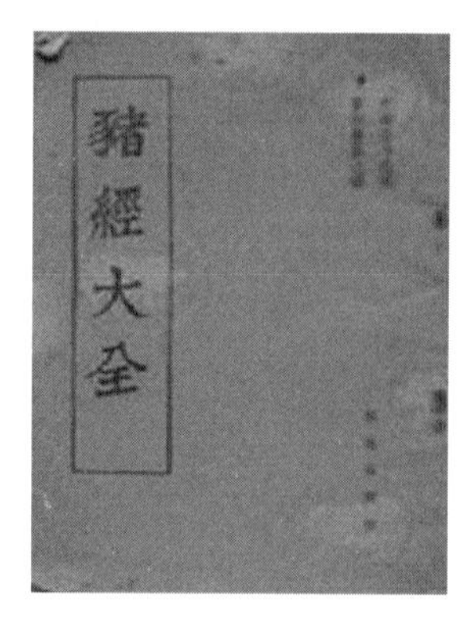

《猪经大全》

中国《猪经大全》刊行，书中介绍了50种猪病及其治疗方法　1891年，《猪经大全》刊行，书中介绍了50种猪病及其治疗方法。《猪经大全》为一小册子，原列50症，每症之下有一至二个处方，是古人对猪病诊断治疗的一份总结；是一本专用中医中药治猪病的书，是研究中兽医遗产、探讨猪病治疗的珍贵资料。

1892年

华侨张弼士［中］在烟台创办张裕酿酒公司　张弼士（1840—1916），客家人，生于广东潮州府大埔县（现广东省梅州市大埔县），张裕葡萄酒创始人。张弼士16岁渡海到印尼的雅加达（原称荷属东印度巴达维亚），曾当过帮工，开过商行，采过锡矿，成为当时海外华侨中首屈一指的巨富。他亦商亦官，先后任清廷驻槟榔屿领事、新加坡总领事等职。为了振兴祖国工业，他先后投资兴办粤汉铁路、广三铁路等，并在山东烟台创办张裕酿酒公司。

1871年，张弼士在南洋一次酒会上接触了葡萄酒和白兰地，甚感兴趣，听说中国北方的港城烟台有葡萄种植，便产生了在烟台创办葡萄酒厂的念

张弼士

张裕酿酒公司

头。1891年，张弼士应盛宣怀之邀至烟台，发现烟台拥有种植葡萄的优越条件，遂买下东西两座山，栽植从德、法、意等国引进的120多个优质葡萄品种。1892年，张裕酿酒公司在烟台建立，后将贮酒容器缸瓮改为西方常用的橡木桶；引进欧洲优良酿酒葡萄品种，开辟纯种葡萄园；采用欧洲现代酿酒技术生产优质葡萄酒。应当说，张裕酿酒公司的建立，开创了我国葡萄酒工业化生产的先河，它是我国最早采用现代科学技术酿造葡萄酒的大企业。

1893年

上海安福奶棚使用杂交技术改良黄牛获得成功　鸦片战争后，由于自给式农业解体，中国逐渐成为西方列强农产品的倾销市场和工业原料供应地。中外农业产品与技术比较，高低互见。19世纪后期，农业技术兼采西法已是不可阻遏的潮流。

畜禽优良品种引进以乳牛引进为最早。1842年《南京条约》签订后，外国官员商贾等纷纷带着家眷拥至上海，急需大量牛奶。乡民以水牛挤奶挑担零售，是牛奶业的雏形。同治九年（1870年），外侨引入爱尔夏牛，乳牛业得到一定发展。不久，法国人引入一批供自己需用的红白花牛。光绪五年（1879年），肖神父在浦东设奶棚饲牛40头；光绪七年（1881年），当地人开设太和奶栅，用黄牛挤奶；光绪十二年（1886年），外侨引进黄白花奶牛并逐渐传到中国人手中，成为上海乳牛业发展的基础；光绪十九年（1893年），安福奶棚使用杂交技术改良当地黄牛获得成功；光绪二十七年（1901年），徐家汇天主堂修道院引入黑白花奶牛6头（其中公牛1头），由于其较黄白花牛产奶量高，在上海很快得到传播。

多代改良后的荷斯坦奶牛

美国采用蒸汽拖拉机集材　1893年，蒸汽拖拉机进入北美林区，开始了机械化集材作业。20世纪以后，各种林业专用机械增多且结构不断完善，

50年代末期，一些林业发达的国家已基本实现机械化。中华人民共和国成立后，从1950年开始在黑龙江伊春林区进行机械化集材和运材作业试点，1953年在吉林省开通县建立了第一个机械化造林试验站。1956年，黑龙江和四川省先后试用架空索道集材。50年代末至60年代初，国家确定了“林业生产机械化，机械设备国产化、标准化”的方针，同时设立林业机械科研机构，扩建和新建了一批林业机械制造厂和修理厂，并在主要高等林业院校设置了林业机械专业。自此，中国走上了自己设计、自己制造林业机械产品的道路。

拖拉机在集材

1895年

美国公布第一个植树机专利　营林机械即森林培育过程中使用的各类动力机械和作业机械的总称，主要包括拖拉机、内燃机、电动机等动力机械，以及林木种子采集机械、种子处理机械、育苗机械、林地清理机械、整地机械、造林机械、幼林抚育机械、森林抚育采伐机械、护林防火机械、病虫害防治机械等。

19世纪末期，德国、俄国曾模仿农业机械制造了马拉林业犁、播种机和中耕机。1895年，美国公布了第一个植树机专利。1931年，苏联试验了第一批植树机，设计了林业犁、种子去翅机等；1957年制造了营林拖拉机。20世纪50年代以来，随着木材需求量的增长和森林采伐机械化程度的提高，各国在农业机械和木材采运机械的基础上制造了一些营林机械，并逐渐形成了独立的体系。美国、加拿大等国因地形平坦，实行大规模经营，较多使用自走式联合机械。日本从20世纪60年代以来，用拖拉机悬挂式营林机械代替手提式机械，以减少由振动造成的职业病。苏联在1981—1990年间的营林机械体系包括203种营林机械和附属设备，其中多功能作业机和多工序联合机占有重要比重与地位。中国曾于1953年引进植树机和幼林松土除草机，1960年开始设计制造半自动式投苗植树机、沙丘植树机、苗圃播种机、起苗机、挖坑机和割灌机等营林机械。

丹麦植物学家约翰内斯·尤金纽斯·布洛·瓦尔明［丹］发表《植物生态学》，奠定现代生态学基础 19世纪后期，生态学的研究内容基本上是动植物的生活方式以及它们对温度、光、水分等气候条件的适应。丹麦植物学家瓦尔明（Johannes Eugenius Bülow Warming）发扬了冯·洪堡的生态学思想，在所著的《植物生态学》（1895年）中，系统整理了20世纪以前可以归在生态学名下的知识，生态学成为一门现代科学肇始于此。到19世纪末，瓦尔明超卓的科学成就已经使他跻身于欧洲一流的科学家之列。

植物生态园种植活动

1896年

福州引进制茶机器，创办了中国最早的机械制茶企业 我国的种茶、制茶有着悠久的历史。长期以来，我国都是靠人力根据经验炒制各种茶叶。清代引进外国机械设备，成立制茶公司，是为我国最早的机械制茶。

茶叶生产机械化

自唐宋以来，我国手工制茶技术发展很快，新品不断涌现。北宋年间，做成团片状的龙凤团茶盛行。由宋至元，饼茶、龙凤团茶和散茶同时并存，到了明代，朱元璋下诏，废龙凤团茶兴散茶，使得蒸

青散茶大为盛行。

经唐、宋、元代的进一步发展，炒青茶逐渐增多，到了明代，炒青制法日趋完善，《茶录》《茶疏》《茶解》中均有详细记载。清代末期，中国首次组织茶叶考察团赴印度、锡兰（今斯里兰卡）考察茶叶产制，并购得部分制茶机械，宣传茶叶机械制作技术和方法。1896年福州成立机械制茶公司，是中国最早的机械制茶企业。

东北黑蜂

俄国黑蜂及新法养蜂技术由西伯利亚传入中国东北北部，后发展为今日的东北黑蜂 东北黑蜂原是由西伯利亚引进的苏联远东黑蜂，是中俄罗斯蜂和卡尼鄂拉蜂的过渡类型，在一定程度上混有高加索蜂和意大利蜂的血统。它是在闭锁的自然环境里，通过自然选择与人工培育的中国唯一的地方优良蜂种，具有强壮有力、采集力强、抗病抗逆性强、耐低温等特点。 2006年，东北黑蜂被列入农业部《国家级畜禽遗传资源保护名录》。1997年12月8日，国务院正式批准饶河县为东北黑蜂国家自然保护区。

1912年，中国驻美使臣龚怀西从美国带回五群意大利蜂，置安徽合肥饲养，是为中国大陆引进意蜂之始。

匈牙利人迈奇瓦尔特创制了旋转犁 19世纪40年代，英国人创制了由蒸汽拖拉机驱动的掘土叉（即动力锹）和螺旋松土器等。以后欧美各国相继制成了各种类型的驱动型土壤耕作机械。1896年，匈牙利的迈奇瓦尔特（Michiwalter，A.）创制了旋转犁。1930年以后，这类机械的应用日益普遍，初期都是小型的，所需动力一般在10千瓦以下，用于种植花草的庭院耕作。后来，日本从20世纪40年代末开始使用旋耕机耕翻水稻田，才将之扩大到大田作业。20世纪60年代，欧洲创制的驱动型钉齿耙（往复驱动耙

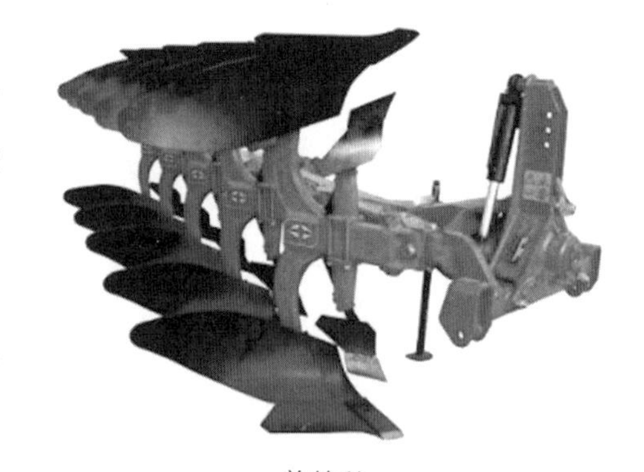
旋转犁

和立式转齿耙）也逐渐得到推广。中国自20世纪50年代末开始研制和生产旋耕机，70年代制成水田驱动耙和动力水田中耕机。驱动型土壤耕作机械的使用标志着土壤耕作机械技术发展进入新阶段。

1897年

陈启源［中］撰成《蚕桑谱》（又名《广东蚕桑谱》） 陈启源是我国近代的爱国华侨、著名的民族企业家，创办了我国第一家民族资本经营的机器缫丝厂——继昌隆缫丝厂。继昌隆缫丝厂的创办和发展，标志着缫丝工业进入了新的历史时期，促进了珠江三角洲乃至全国缫丝工业的发展，增强了我国丝的出口在国际市场上的竞争力。

陈启源

《蚕桑谱》

陈启源对机器缫丝和手工缫丝方法都进行了改良，推广以后产生了很大的社会经济效应，但他并不满足，于1897年撰成《蚕桑谱》。《蚕桑谱》是广东第一本关于蚕桑生产方面的农书，该书力图总结本地蚕农的实践经验加以改良和推广，以促进蚕桑业的发展。

1899年

俄国人在中国黑龙江地区发现大豆孢囊线虫病 1899年，俄国人在中国黑龙江地区发现大豆孢囊线虫病。大豆孢囊线虫病又叫黄萎病，俗称“火龙秧子”，是世界性大豆病害，主要大豆生产国——美国、巴西、中国和日本都有大面积发生。我国主要发生在东北、华北、河南、山东和安

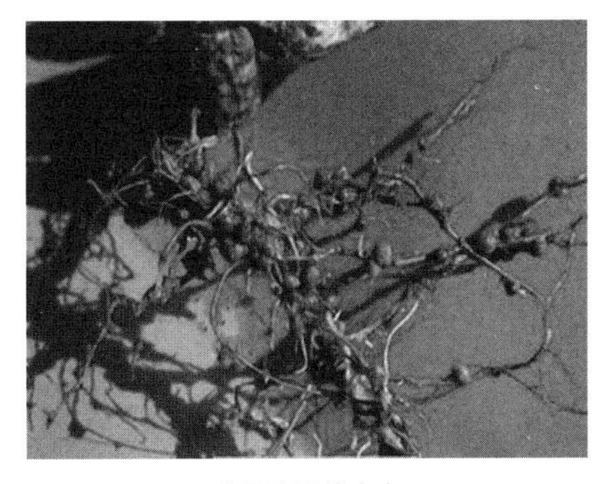

大豆孢囊线虫病

徽等地，尤以东北三省西部干旱地区如辽宁省康平，吉林省白城，黑龙江省的肇东、安达、大庆、齐齐哈尔等地区发生严重。大豆孢囊线虫主要危害根部，被害植株发育不良、矮小。苗期感病后子叶和真叶变黄，发育迟缓；成株感病的上部矮化和黄萎，结荚少或不结荚，严重者全株枯死。一般使大豆减产10%～20%，严重的减产70%～90%，甚至绝产。

猕猴桃被威尔逊［英］从中国引种到西方，后发展为著名的新西兰奇异果 猕猴桃，原产于中国湖北宜昌市夷陵区雾渡河镇，也称猕猴梨、藤梨、羊桃、阳桃、毛木果等，因猕猴喜食，故名猕猴桃；亦有说是因为果皮覆毛，貌似猕猴而得名。一般为椭圆形，深褐色并带毛的表皮一般不食用，内则是呈亮绿色的果肉和一排黑色的种子。猕猴桃质地柔软，味道有时被描述为草莓、香蕉、凤梨三者的混合。

1899年，英国园艺学家威尔逊（Wilson，E.H.）在湖北西部引种植物时，因猕猴桃花丛美丽、果实味美而将它作为花卉引种到英国和美国。英国引种的猕猴桃曾于1911年结果。威尔逊在把猕猴桃引进西方的同时，还把这种野果介绍给在宜昌的西方领事人员、海关人员、商人和传教士。1904年，新西兰北岛西海岸汪加努女子学校教师伊莎贝尔女士把中国湖北宜昌的猕猴桃种子带回新西兰，后转送给当地的果树专家。种子之后辗转到了新西兰知名园艺专家亚历山大的手中，他培植出新西兰第一株猕猴桃果树。迄今为止，新西兰出产的猕猴桃（奇异果）已经风行全世界，其在猕猴桃营销、研发和价格方面的影响力，也是世界第一。

猕猴桃

20世纪初

化学家哈柏［德］首先合成氨，促进了化肥工业的发展 哈柏（Fritz Haber）是德国著名的化学家和化学工程学家。他从小受到良好教育，曾在柏林大学和海德堡大学学习，受过著名化学家霍夫曼、本生等名师指导，1891年获化学博士学位。后来他改读化学工程，又获化学工程博士学位，1910—

1911年间任德国卡尔斯鲁厄工业大学教授。

1902年，哈柏为了研究合成氨理论，专门去美国进行科学考察。1904年，维也纳的两位化工企业家——马古利斯兄弟，意识到这项工作的伟大意义，慕名来到卡尔斯鲁厄工程学院，正式与哈柏签订了研究氮氢元素合成氨的合同。从此，哈柏与其学生和助手全力以赴地投入到了氨合成的试验研究。

从1904年4月至1905年7月，这一年多时间里，虽然哈柏他们夜以继日地坚持在实验室里做着各种枯燥的试验，但几乎每次试验的结果都令人失望。马古利斯兄弟见无利可图，便取消了对这个项目的资金支持。哈柏就是在这样的困境下，冒着高温、高压的危险继续试验。正当哈柏的试验研究屡遭失败而一筹莫展的关键时候，法国科学院院刊上报道了法国化学家采用高温、高压合成氨导致反应器发生爆炸事故的消息。哈柏深受启发，他果断地改变试验条件，终于取得了令人振奋的进展——合成氨的产量显著增加了。

1907年，哈柏等人选择锇或铀为催化剂，在约550℃和150～250个大气压的不寻常高压条件下，成功地得到了8.25%的氨，第一次成功地制取了0.1千克的合成氨，从而使合成氨有可能迈出实验室阶段。大规模人工固氮的成功获得，使大规模生产化肥成为现实，大大地促进了农业现代化。哈柏的科研成果极大地震动了欧洲化学界，化工实业界人士纷纷购买他的合成氨专利。独具慧眼的德国巴登苯胺纯碱公司捷足先登，抢先付给哈柏2500美元预订费，并答应购买以后的全部研究成果。

化肥工厂

哈柏

1909年，哈柏又提出了“循环”的新概念。这一概念的提出，可以说是合成氨迈向工业化进程中具有决定性意义的重大突破。德国政府极为重视，立即接受和采用了这个新设想。 当年7月2日，哈柏在实验室制成了世界上第一座小型的合成氨装置模型。

1919年，瑞典科学院考虑到哈柏发明的合成氨已在经济中显示出巨大的作用，经过慎重考虑，正式决定为哈柏颁发1918年度的世界科学最高荣誉和奖励——诺贝尔化学奖，以表彰他在合成氨研究方面的卓越贡献，从此，哈柏跻身于世界著名化学家的行列。

1902年

河北保定成立中国最早的农业技术实验机构——直隶农事试验场 鸦片战争之后，中国受到帝国主义者侵略，海禁被迫大开，国外农林书籍传入，农林技术开始被清政府重视。光绪二十八年（1902年）五月，直隶省农务总局附设直隶保定农事试验场，是中国最早的农业技术实验机构。直隶农事试验场分为森林、蚕桑、园艺三科，试验研究植树造林、栽桑养蚕、培育果树等技术。

同年，中国山西省农工总局附设的农林学堂（1906年更名为山西高等农林学堂）首次设立林科，为中国林业教育之始，开创了中国近现代林业教育的先河。

1904年

中国云南省盈江县从新加坡引入橡胶树 橡胶一词，来源于印第安语“cau-uchu”，意为“流泪的树”。制作橡胶的主要原料是天然橡胶，天然橡胶就是由胶乳经凝固及干燥而制得的。橡胶树原产于巴西亚马孙河流域马拉岳西部地区，主产巴西，其次是秘鲁、哥伦比亚、厄瓜多尔、圭亚那、委内瑞拉和玻利维亚。现已布及亚洲、非洲、大洋洲、拉丁美洲40多个国家和地区。

采集橡胶

橡胶树林

1904年，被孙中山先生誉为“边寨伟男”的民主革命志士、云南省干崖（今盈江县）傣族土司刀安仁先生从新加坡购回巴西三叶橡胶树苗8000余株，并于当年8月底至9月中旬种植在盈江县凤凰山海拔960米、北纬24° 50′ 的北坡上，成为我国成功引种的第一批天然橡胶树。后因战乱和管理不善，此批天然橡胶树至1950年只剩2株，现仅存1株。1952年至1955年，著名植物学家蔡希陶、秦仁昌等专家3次对这株古橡胶树的生长情况进行实地考察研究和割胶测产试验，3年共割胶200余刀，最高一年产干胶5.14千克；期间，又从这株橡胶树上采得种子658粒在滇南进行试种，发芽率高达93%以上。科研人员经过对这株橡胶树的生长、产胶情况进行考察，结合大量的其他调查研究，证实被外国专家称为橡胶种植“禁区”的云南西南部北纬18° ~ 24° 地区可以大面积植胶，这为此后国家决策在云南西南部大力发展橡胶业提供了科学依据。云南天然橡胶大面积种植由此起步。

中国山东崂山县从德国引进萨能奶山羊　萨能奶山羊原产于瑞士，是世界上最优秀的奶山羊品种之一，是奶山羊的代表型。分布最广，除气候十分炎热或非常寒冷的地区外，世界各国几乎都有，现有的奶山羊品种几乎半数以上都不同程度含有萨能奶山羊的血缘。具有典型的乳用家畜体型特征，后躯发达，被毛白色，偶有毛尖呈淡黄色，有“四长”的外形特点，即头长、颈长、躯干长、四肢长。公、母羊均有须，大多无角。

萨能奶山羊

萨能奶山羊输入我国历史悠久。1904年，中国山东崂山县从德国引进萨能奶山羊，正式批量引入是1932年；20世纪80年代以来，我国又陆续从英国、德国引进小批量萨能奶山羊。

1904年前后

板栗疫病传入北美，摧毁了北美300余万公顷的板栗纯林　板栗疫病是由外来病原真菌导致病害大流行的最经典的植物病害。美洲板栗树曾是美国东部硬叶森林的主要组成部分，是一种非常重要的木材和坚果资源。19世纪后叶，美国从亚洲引入板栗种质的同时，也引入了寄生于亚洲板栗树的板栗疫病菌。首次关于板栗疫病的报道是在1905年，纽约动物园里板栗树的树干上发现溃疡斑。随后，疫情以平均每年约37千米的速度蔓延，在短短的 50 年里，从美国东北角的缅因州扩展到南部的亚拉巴马州，再到西部的密西西比河，几乎席卷了整个北美自然林区的板栗树林，毁灭了数十亿棵的成熟板栗树。当地政府曾多次拨款制订长期防治计划包括清理病树、培育抗病品种、用化学药剂处理等，但均未达到重建栗树林的目的。1938年，板栗疫病传入了意大利北部，继而传到法国、瑞士、希腊和土耳其，引起了大面积板栗疫病的流行。

板栗果实

板栗炭疽病

1905年

中国油桐种子被运往美国试种　世界上种植的油桐有6种，以原产我国的三年桐和千年桐最为普遍。大戟科油桐属，落叶乔木，是我国特有经济林木，它与油茶、核桃、乌桕并称我国四大木本油料植物。油桐至少有千年以

油桐

油桐花

上的栽培历史，直到1880年后，才陆续传到国外。由于可以生产珍贵的桐油，油桐因此很贵重。1905年，中国油桐种子被运往美国试种。20世纪30年代，我国著名林学家马大浦留美期间，对油桐进行了研究，撰写了《美国油桐事业最先之发展》一文，并把改良后的油桐种子寄回祖国，在长江以南12个省份进行试种。四川、贵州、湖南、湖北为我国生产桐油的四大省份，四川的桐油产量占全国首位。重庆秀山县的“秀油”、湖南洪江的“洪油”，都是我国桐油中的上品。

1905—1917年

杂交玉米繁育种子试验取得突破，每公顷产量达到了7340千克，增产30%以上 达尔文创立的生物进化论和孟德尔的遗传学说，为近代生物科学发展奠定了理论基础。这些理论在农业上应用最早、受益最大的，要算杂交玉米。许多遗传学家和育种学家为培育杂交玉米做出了贡献。其中著名的有伊斯特（Edward M.East）、沙尔（George Harrison Shull）、琼斯（Donald F.Jones）等等，被后人尊称为“杂交玉米之父”。

伊斯特和沙尔于1900年同时开展玉米杂交优势的研究工作。伊斯特对孟德尔揭示的生物遗传规律无限神往，他系统地学习遗传学课程，大量阅读生物学和遗传学书籍，写出了系统的文献综述。达尔文关于植物“自交是有害的，杂交是有益的”观点，长期地占据着伊斯特的脑海。他经常思考这样一个问题：高度自交对玉米某些性状到底会产生什么影响呢？1905年春季，他在伊利诺伊州试验站种下了一个叫“利民”（Leaming）的玉米品种，严格隔离、自交。第二年，他发现自交后代植株的生长势和产量都明显地下降了。1907年，伊斯特把自交的种子种下去，第一次选用另一些自交植株与之进行了杂交，从杂交株上收获了一些其貌不扬、籽粒干瘪的小穗和种子。

杂交玉米

殊途同归，事有巧合。当伊斯特埋头进行玉米试验时，另一位植物学家沙尔也在纽约州试验站进行玉米杂交试验，几乎是同时取得了相似的进展。沙尔于1906年和1907年将玉米植株进行自交，同时也将其中一些植株做了杂交。沙尔发现，自交授粉降低了玉米的生长势和产量；而自交系的杂交后代产生了意想不到的生长优势和产量。

这是玉米育种史上杂交种诞生的雏形。从达尔文时代起，有不少科学家热心于进行玉米自交试验，但只是停留在自交系的获得上，从没有想过用两个自交系再次进行杂交。伊斯特和沙尔几乎同时想到了这一点。科学史上常常有许多传为奇迹或巧合的故事，杂交玉米可以算是最典型的一例。

1917年春季，琼斯（Jones，D.F.）在二人的研究成果上，收获可供生产上采用的双杂交种子，每公顷产量达到了7340千克，比农家品种增产30%以上，成功地解决了杂交玉米繁育种子的难题。20世纪30年代中期，美国在玉米生产中培育并普遍采用杂交品种，同时改进生产方法，使用精密机器进行栽培，并大量增施化肥取得高产。

1907年

陈国圻［中］在黑龙江创办兴东公司，引进“火犁”（拖拉机）进行开垦 鸦片战争后，西方农业机械、装备、化肥、农药等开始被引进中国。不少地方的农业家开始添置、创制新的农业器械。光绪二十四年（1898年），《农学报》第54期《秣稜兴农》文中提到江苏上元张是保“在江宁讲求农学”，“购买美犁，导农深耕”。光绪二十六年（1900年）前后，清政府提倡振兴实业，鼓励官商投股或利用华侨资本购置机器，兴办垦殖企业，并给予优惠政策，曾在全国范围出现兴办垦殖公司的高潮。光绪三十三年（1907年），久居海外的华侨、祖籍广东新会的陈国圻在黑龙江创办兴东公司，引进外国“火犁”（拖拉机）进行开垦。至1912年，各类型农业垦殖公司达170家，申报的资本逾600万银元。

“火犁”深耕

1909年

上海求新制造机器轮船厂仿造内燃机获得成功，在此基础上又研制出汲水机（水泵） 鸦片战争之后，随着社会性质的改变，中国的政治、经济、文化既具有残余的封建主义成分，又不同程度地渗透了资本主义的成分。那个时代，早已格局完备、结构定型、完全能够满足传统农艺要求的中国传统农具，仍是广大农村从事农业耕作的主力军。但是，受近代科学技术及国外资本主义因素的影响，农业上出现局部变革的同时，农具也发生了一定变化。除了引进从事耕垦的大田作业农具外，还引进和试制排灌农机具以及农副产品加工机械等。

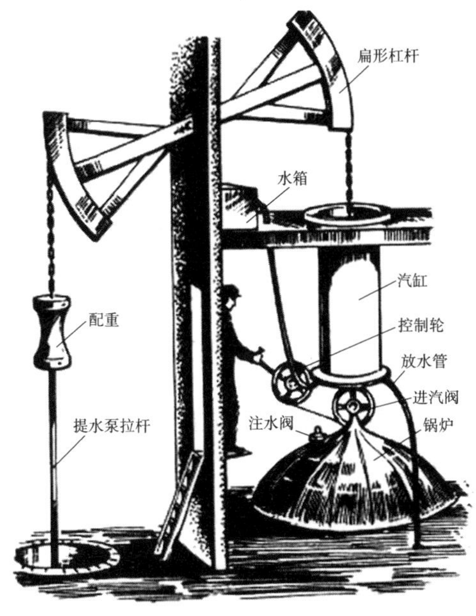

四冲程内燃机

据1898年《农学报》17期载，“浙江之镇海绅董，设自来水灌田公司，镇邑七乡每乡设大机器两

座，小机器十余具，以资汲引”。1898年湖南梁肇荣等开设湘中水利公司，购置蒸汽机，用机器抽水。1904年江南制造局生产抽水机75台。1909年上海求新制造机器轮船公司仿制内燃机成功，又研制了汲水机。1911年江苏常州奚九如试验成功引擎戽水，并创办了厚生机器厂，制造车水机。1919年无锡工艺机器厂制成大口径离心泵。1922年江苏裕华垦殖公司购进157千瓦的大功率扬水机及全套灌溉设备，从事稻田排灌。1925年前后，江浙连年大旱，美国慎昌洋行趁机推销3马力引擎（发动机）和帮浦（水泵），一时甚为畅销，于是新中工程公司、大隆铁工厂等相继仿制。随之，上海中华职业教育社农村服务部与大隆铁工厂联合制造了“机船”（就是在船上装上柴油机和水泵，在水网地区开展流动服务），对江浙地区承包灌田。这个方法很受欢迎，到1931年，无锡一带约发展这种“机船”二三百条，此地区的畜力和人力抽水农具的使用量出现了下降趋势。1933年无锡的庄前、孙巷两村，机械抽水、畜力和人力抽水之比分别为76%、4%与20%。此外，太湖流域出现的小型柴油机带动龙骨车灌田的中西结合形式，受到欢迎。

1910年

吴宗濂

中国出使意国大臣吴宗濂撰《桉谱》，是我国第一部有关引种外来树种的专著　吴宗濂（1856—1933），字挹清，号景周，江苏嘉定人。清监生。1876年入上海广方言馆，次年入北京同文馆学法语和俄语。毕业后任京汉铁路局法文翻译。后经总理各国事务衙门保奏，候选中书科中书，擢同知府候补道，旋调入外务部。

吴宗濂在出使意大利期间，了解到桉树生长迅速，易于在温湿之地种植，不仅能起到驱疟避疫的作用，且“大者可备栋梁之选，小者堪应器具之需……与国脉民生大有裨益”，故而上书朝廷，奏请移植桉树。为在国内引种推广桉树，吴宗濂乘公务之余，参照法国植物学家白兰姆和恭斯丹二人的《植物丛编》，并经门生徐球荟萃欧洲植物学各种著作，详加校订，完成了《桉谱》一书。该书内容丰富，分名义、形体、产地、生长、历史、功用、特质、种法、购种地址和附图等，比较全面地介绍了有关桉树各方面的科学知识。它不仅是我国第一部有关引种外来树种的专著，而且在现代植物学著作中也是较早的一部专类著作，现已成为我国珍贵的科技史料。

1913年

烤烟

英美烟草公司在山东潍坊试种烤烟获得成功 19世纪末到20世纪初，随着外国资本主义对华由商品输出转向资本输出，一些跨国公司开始进驻中国，英美烟草公司就是其中之一。1902—1919年，是英美烟草公司在华企业创建和垄断地位逐步形成的时期。随着卷烟生产的发展，英美烟草公司一方面在中国各地调查和寻找适合制造卷烟的烟叶原料，另一方面在一些地方努力发展烤烟生产，建立收购网点和复烤厂，逐渐形成对中国烤烟市场的垄断局面。

大约在1913年，英美烟草公司在山东威海卫的孟家庄试种烤烟35英亩，但未获成功。几乎与此同时，他们在潍坊市的坊子和二十里堡之间租地60.8亩，向农民发放生产和建造烤房需用的实物，派外籍人员和翻译向农民传教种植、烘烤和分级技术，对其产品不论质量好坏均以高于粮食数倍的价格收买。这样，烤烟生产先后发展到安丘、昌乐、临朐、益都（今青州）等县。英美烟草公司以同样的方法在河南许昌的襄城及安徽的凤阳等地鼓励农民种烟，建立烤烟生产基地。这些地方之后都成为中国重要的烤烟产区。

白来航鸡

华绎之［中］在江苏无锡创办荡口鸡场，引入白色来航鸡 来航鸡，蛋用型鸡品种，体型小，轻巧活泼。有单冠和玫瑰冠两种，其变种共有12种，其中以单冠白色最为普遍，属蛋用型鸡品种。原产于意大利中部里窝那港，自1840年经美国引进改良而成。1913年，华绎之在江苏无锡创办荡口鸡场，

首次引入白色来航鸡。1935年，无锡省立教育学院农场又有引入。1937年，无锡惠康农场引进白来航鸡 1000多只。1947年，南京中央畜牧实验所又从美国引进白来航鸡饲养、繁育。现白来航鸡已遍布全国各地。

1914年

芮思娄［美］育成小麦良种“金大26号”，是我国用近代育种方法育成的第一个小麦良种 中国最早学习美国运用近代科学方法进行选育良种的作物是小麦，早期工作由金陵大学等农业院校进行。20世纪30年代，中央农业实验所成立，使小麦育种工作在更大规模上开展起来。最先开展小麦近代育种研究的是金陵大学。1914年夏，该校美籍教授芮思娄（Reisner，J.H.）在南京附近农田中取得小麦单穗，经过7年选育成功，于1923年定名为“金大26号”，1924年开始推广，这是近代科学育种方法在中国的最早应用。“金大26号”是中国作物改良史上首先获得成功的小麦品种，产量超过农家品种7%，具有早熟、不易染病、分蘖力强的优点。

德国制成世界上第一台油锯 油锯是以汽油机为动力、锯链为切削部件的手持式木材切削机械，在林业生产中广泛应用于伐木、打枝、造材等作业。1914年德国制成了世界上第一台油锯，功率约3千瓦，重80千克，由两人抬着操作。20世纪50年代初期，随着小型内燃机的普遍使用，苏联、美国、联邦德国、瑞典、日本等国开始批量生产单人操作的油锯，至60年代，由于轻合金压铸技术的发展，油锯制造业有了更大的发展。中国在1956年引进，于1957年开始生产。

我国生产的油锯

中国颁布《森林法》 森林是国家重要的自然资源。它不仅提供木材和各种林产品，而且具有调节气候、涵养水源、保持水土、防风固沙、美化环境、净化空气等多种功能。

在15—16世纪，欧洲一些国家已开始制定法规，重视林业保护。欧洲最古老的森林立法要算德国巴登州1448年发布的《林业条例》和巴伐利亚州1568年制定的《森林和林业普通法规》。其后，随着人类的繁衍和对自然资源的索取，森林逐渐被农、牧业所吞噬。18世纪以来，西方各国工业迅速发展，对木材的需求量急剧增加，森林破坏愈加严重。此后，各国相继开展森林立法。至19世纪20年代，一些发达国家相继制定了全国性的森林法规。早期颁布森林法的国家有法国（1827年）、奥地利（1852年）、比利时（1854年）、芬兰（1886年）、日本（1897年）、瑞典（1903年）、苏联（1918年）、英国（1919年）和德国（1920年）。近代中国最早的森林法始于1912年，当时北洋政府拟定了《林政纲领》11条。1914年，中国正式颁布了《森林法》。

1916年

王季茝［中］等在美国芝加哥大学发表文章介绍中国皮蛋，使皮蛋走向西方餐桌 王季茝（？—1979 年），江苏吴县（今江苏省苏州市）人，1918 年获得博士学位，其论文是芝加哥大学第一篇以中国内容为主题的博士论文。同时，她也是已知中国最早的留学女博士。

关于皮蛋，王季茝研究最早。1915年，王季茝获得芝加哥大学硕士学位，论文题目是《皮蛋》（*Chinese Preserved Eggs——Pi-dan*），她在文中总结：新鲜制成的皮蛋可能是由碱、细菌和酶的作用引起的，共发生5种变化，从这些变化中看出蛋白质和磷脂发生了分解。《皮蛋》于1916年被刊登在美国的《生物化学杂志》上。1918年，王季茝在芝加哥大学获得博士学位，博士论文题目为《中国皮蛋和可食用燕窝的化学研究》（*The Chemistry of Chinese Preserved Eggs and Chinese Birds' Nests*）。1921 年，该博士论文被分为两部分发表在美国的《生物化学杂志》上。由于王季茝等在美国对皮蛋作生物化学分析，并发表文章介绍其生化成分与营养价值，皮蛋从此被西方人视为中国的传奇食品。

皮蛋又称“松花蛋”

1918年

牛献周［中］著《蜂学》一书，为中国近代第一部养蜂专著　牛献周是河北保定人，曾留学日本，回国后任北京大学教授，以养蜂为副业，1918年10月编著《蜂学》专著一书。该书内容极广，为中国近代第一部养蜂专著，也是我国开始新法养蜂之后的第一部启蒙作品。此专著的出版发行，对发展我国养蜂事业起到了很大的作用。

养蜂

美国首次用飞机喷药杀灭棉铃虫　农业航空是指将装有各种专用设备的航空器，直接用于农业生产和农业科学实验的作业飞行。所用航空器主要是飞机，也曾少量使用热气球、飞艇等。农业航空能极大地提高劳动生产率，在防御自然灾害和防治有害生物、改善人类生活环境和生态平衡方面发挥重要作用，并为农业生产、建设提供运输手段。

1911年，德国人最早提出用飞机喷洒化学药剂，以控制森林害虫的计划。1918年，美国首次用飞机喷药杀灭棉铃虫，用飞机喷药防治牧草害虫亦取得成功。随后，加拿大、苏联等国相继将飞机应用于农业。第二次世界大战后，各种杀虫剂、杀菌剂和除草剂大量问世，要求用高效能的喷洒机具满足植物保护工作的需要；与此同时，大量军用飞机和驾驶员转向农业，遂使农业航空迅速发展。20世纪50年代末，直升机也加入农业航空行列。至1983年，全世界拥有农用飞机约32000架，作业总面积56.25亿亩，约占世界总播种面积的25%。

农业航空

1919—1924年

水稻良种—N118S

原颂周［中］等在南京用近代育种技术育成中国第一代水稻良种 我国近代稻作育种孕育于19世纪末20世纪初。19世纪末，我国的传统农业逐步向近代农业转化，农业科技工作者学习外国的先进育种技术从事水稻育种工作，书写了中国稻作育种的新篇章。1919年，南京高等师范学校农科在南京成贤街设农场，由原颂周主持，周拾禄、金善宝分别司理田间实际工作，置稻田十余亩，用从各省征集而来的水稻数十个良种进行品种比较试验，经5年试验，率先采用近代作物育种技术开展稻作育种，培育出了“改良东莞白”和“改良江宁洋籼”两个优良品种，这是我国近代有目的、有计划地进行水稻良种选育的开端，是用纯系育种法育成的第一代水稻良种。1925—1926年，东南大学、中山大学先后将穗行纯系育种和杂交育种方法应用于稻作育种，取得了显著的成就。1933年，中央农业实验所统筹各地力量开展大规模稻作育种，我国稻作育种初步走上统一组织、协调发展的道路。

此后，全国形成了两个稻作育种中心，一为中央大学农学院，系长江流域稻作育种中心，与江苏、浙江、江西、湖南、四川等省建立起技术上的联系；一为中山大学农学院，系珠江流域稻作育种中心，与华南诸省有业务上的联系。两个中心互相交流，使育种工作南北并进，育种方法渐趋统一，为水稻育种工作的进一步开展奠定了基础。

1920年

路德·伯班克［美］著《如何培育植物为人类服务》，引导人们培育植物新品种 路德·伯班克（Luther Burbank 1849—1926）是美国卓越的植物育种家，也是世界上最著名的植物育种家之一。他培育的蔬菜、水果、花卉和草超过了800个品种，包括伯班克土豆、李杏以及大滨菊。伯班克的主要兴趣

观赏花卉

在于做植物品种实验，培育新的品种。与其说他是位科学家，不如说他是位实践种植家。在半个多世纪的育种实践中，他培育了大量的果树、蔬菜、花卉、林木等新品种，被人们称为奇异的“植物魔术师”。伯班克的著作包括《人类植物的培训》（*The Training of the Human Plant*）、《路德·伯班克，他的方法和发现》（*Luther Burbank, His Methods and Discoveries*）和《如何培育植物为人类服务》（*How Plants Are Trained to Work for Man*）。

夏洛莱牛被驯化为专门化肉用牛品种　夏洛莱牛原产于法国，本为当地役用牛，1920年成为专门化肉用牛品种。其头短小，角细圆、向前方伸展，被毛白色或乳白色，是举世闻名的大型肉牛品种，自育成以来就以生长快、肉量多、体型大、耐粗放而受到国际市场的广泛欢迎，早已输往世界许多国家。现在世界主要养牛国家的牛群中，该品种所占的比重日益增大。我国在1964年和1974年，先后两次直接由法国引进夏洛莱牛（分布在东北、西北和南方部分地区），用该品种与我国本地牛杂交来改良黄牛，取得了明显效果，表现为后代体格明显加大，增长速度加快，杂种优势明显。

夏洛莱牛

20世纪20年代

德国首先开始航空绘制森林地图和进行森林调查　由于森林资源随时间变化而消长，宜定期进行资源调查和地图绘制。以林地、林木以及林区范围内生长的动、植物及其环境条件为对象的林业调查，简称森林调查。森林调查作为一种专门技术，始于买卖青山时的树木材积量测，相当于现代的三类调查。19世纪初，德国有较精确的森林地图和用形数法编制的立木材积表，但面积和材积都是采取全面实测，效率很低。后来用标准地调查，工作效率有了提高。这时森林调查的目的已转为为编制森林经营方案提供数据，属于二类调查，名为森林经理调查。

到了20世纪20年代，德国首先开始用航空相片绘制森林地图和进行森林调查，调查效率大为提高。随后电子计算技术的兴起，又使调查数据处理和图面材料的编制趋于高速度、自动化，发展成为应用遥感手段获取林区地面物体信息的一整套技术。遥感仪器从高空或远处接收物体反射或发射的电磁波信息，经过处理后，成为能识别的影像或磁带记录，可被用于观察和认识森林生长发育的环境、调查森林资源、监测森林自然灾害和进行林业生产管理以及科学研究工作。航空遥感和航天遥感均可应用于林业。

苏联重新研究家畜人工授精技术获得成功　人工授精是指用特定的器械采集公畜的精液，通过检查、稀释、保存等适当处理后，再用器械把精液输入到发情母畜的生殖道内，以代替公母畜自然交配而繁殖后代的一种繁殖技术。

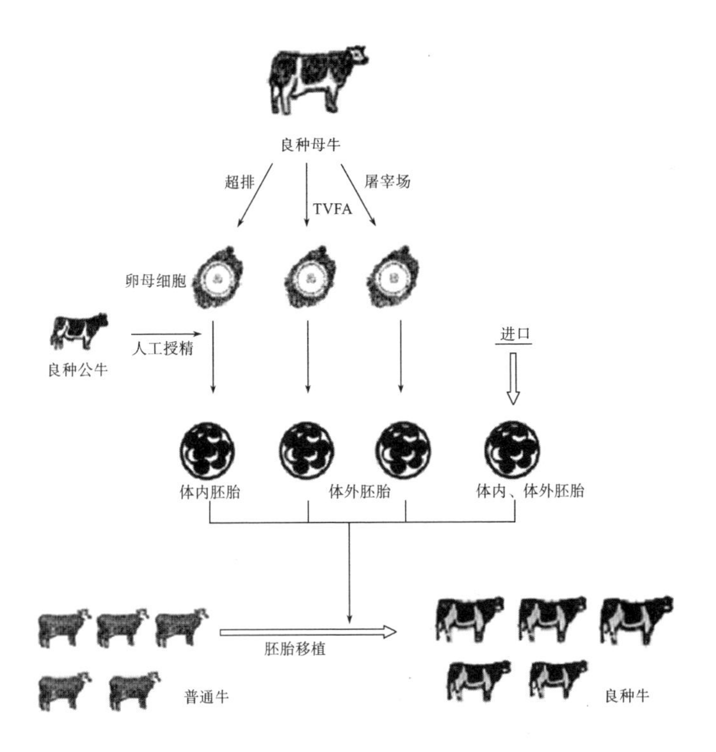

人工授精良种牛图示

1780年，意大利生物学者斯帕兰兹尼将公犬的精子注入母犬生殖道，获得了3只小犬，这是人类第一次进行的人工授精尝试。1899年，俄国科学家开始研究家畜的人工授精技术，起初的研究对象是马；20世纪20年代，苏联重新研究家畜人工授精技术获得成功，即首次成功进行了牛和绵羊的人工授精。

我国家畜的人工授精技术研究始于1935年的句容种马场。1951年以后，随着我国畜牧业的迅速发展，人工授精技术得到推广，主要在东北推广马的人工授精。奶牛的人工授精工作始于20世纪50年代中期，到70年代已经普及冷冻精液进行人工授精。目前，我国各省、区、市都建有冷冻精液站，城郊和大型乳牛场采用冻精配种的奶牛几乎为100%。其他家畜冻精人工授精工作也在一定的范围内得到应用。

1922年

苏联研制出自动旋转喷头和远射程喷灌装置 喷灌设备，是指将有压水流通过喷头喷射到空中，使之呈雨滴状散落在田间及作物上的农田灌溉设备。喷灌技术创始于19世纪末，美国和俄国首先使用了固定式的自压管道喷灌系统。1913—1920年间出现了简易的喷灌车，用于草地、菜园、苗圃和果园等。苏联于1922年研制出自动旋转喷头和远射程喷灌装置，20世纪30年代制成了双悬臂式喷灌机和塑料管道。至40年代，摇臂式喷头、快速接头以及铝合金管开始出现，端拖式和滚移式喷灌机在美国得到应用。20世纪50年代，美国又研制和生产了水力驱动型圆形喷灌机；60年代研制成电力驱动型圆形喷灌机，同时出现了聚乙烯半软管和钢索绞盘式喷灌机；60年代末研制成平移式喷灌机；70年代初研制成同步脉冲固定式喷灌系统；70年代末已生产电力驱动的全自动化平移式喷灌机，并发展耗能少的低压喷灌机。

喷灌

中国于20世纪50年代初开始，在一些大城市郊区的蔬菜地发展固定式喷灌系统。70年代初研制了小型喷灌机（人工降雨机）和旋转式喷头。1978年完成了摇臂式喷头和喷灌泵两个系列产品的研制和生产，还先后研制成轻型、小型、中型和大型喷灌机。此后，全射流喷头和时针式（圆形）、平移式、绞盘式和滚移式喷灌机又被研制成功，低压喷头和微型喷头也相继出现。

喷管设备

英国制成第一台悬挂铧式犁，改变了由拖拉机牵引畜力犁的作业方式　铧式犁是以犁铧和犁壁为主要工作部件进行耕翻和碎土作业的一种犁。1730年，装有木制犁壁的荷兰犁传入英国，经改进后成为欧洲有名的若泽罕犁。1785年英国开始生产铁制犁铧。1788年美国杰弗逊（Jefferson，T.）提出双曲抛物面犁体曲面的数学模型。1851年英国制成了用蒸汽机带动钢丝绳牵引的天平式双向铧式犁。1922年，英国制成了第一台悬挂铧式犁，使犁与拖拉机形成一体，最终改变了由拖拉机牵引畜力犁的作业方式。

悬挂水田六铧犁

1923年

原颂周［中］著《中国作物论》出版　原颂周（1886—1975），男，广东番禺县人，中国近代运用遗传学原理开展水稻育种的首创者之一，1911年毕业于美国爱荷华农业大学，1923年所著《中国作物论》出版。《中国作物论》是我国较早的一部关于作物栽培生长发育的理论基础书籍，奠定了我国作物学研究的基础。1951年，原颂周调任西南农学院教授，讲授

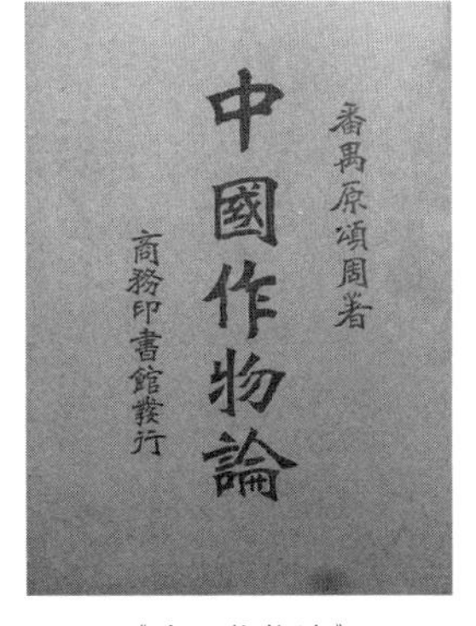

《中国作物论》

作物栽培学课程，从事红苕、玉米、豆类等研究。

1926年

丁颖［中］在广州发现野生稻，并将其与农家品种“竹粘”杂交，育成“中山一号”　丁颖（1888—1964），广东高州人，1924年在日本东京帝国大学（今东京大学）农学部毕业，回国后任国立广东大学（后改为国立中山大学）农学院教授、院长。

丁颖

丁颖教授毕生从事水稻研究工作。1926年在广州郊区发现野生稻，1933年发表了《广东野生稻及由野生稻育成的新种》，论证了我国是栽培稻种的原产地，否定了“中国栽培稻起源于印度”之说。

他长期运用生态学观点对稻种起源演变、稻种分类、稻作区域划分、农家品种系统选育以及栽培技术等方面进行系统研究，取得了重要成果，为稻种分类奠定了理论基础，为我国稻作区域划分提供了科学依据。

早在20世纪30年代初，丁颖教授就进行水稻杂交育种研究。1933年选育出的“中山一号”，是世界上第一次用野生稻种质与栽培稻育种工作的成功尝试。1936年用野生稻与栽培稻杂交，获得世界上第一个水稻“千粒穗”品系，曾引起东亚稻作学界极大关注。他从农业生产实际出发，选育出60多个优良品种用于生产，对提高水稻产量和品质做出了贡献。他还创立了水稻品种多型性理论，为开展品种选育和繁种工作提供了重要理论依据。

杂交水稻

丁颖晚年主持水稻品种对光、温条件反应特性研究，其成果为我国水稻品种的气候生态型、品种熟期性分类、地区间引种及选种育种、栽培生态学等，提供了可贵的理论依据。丁颖教授一生撰写了140多篇研究水稻的论文，主编了《中国水稻栽培学》等著作。周恩来总理誉其为“中国人民优秀的农业科学家”。

1928年

赖特［加］利用相对湿度进行森林火险预报 森林火险预报是对林区森林火灾的危险性所做的预报。森林火灾的发生、发展除与森林可燃物的种类、森林特性、森林类型等有关外，与气象因子的关系也很密切。气象因子不仅影响森林可燃物的含水量和干湿程度的变化，还影响火的蔓延及林火的行为特点等。与森林关系密切的气象因子主要有空气湿度、温度、风速、降水和连旱天数等。

森林火险预报的技术发展和实际应用已有近百年的历史。20世纪初，北美开始用飞机对森林进行巡护。1928年，加拿大的赖特（Wright，J.G.）利用相对湿度进行森林火险预报，之后加拿大学者开始火烧试验和森林火险预报方法的研究，于1987年形成了“加拿大森林火险等级系统”。美国于1978年形成了“国家森林火险预报系统”，并在经历了10年的实际应用后，于1988年进行了修订。该系统是全美日常森林防火指挥的一项重要依据。

中国从20世纪50年代起，在全国各林区逐步建立护林防火组织，制定各种规章制度。东北林区于1956年开始进行火险天气预报和林区防火规划。我国林火预报方法主要有三种——综合指标法、实效湿度法、着火指标和蔓延指标法。全国森林火险天气等级从1993年开始实施，主要根据每天气温、湿度、风力、雨后天数等因子测算，共分为五级。近年来，随着林业遥感、电子计算机、无人气象站和卫星火情监测等新技术逐渐应用于森林火灾预防，森林火灾预报正变得更加及时、准确。

1929年

杰里克［美］将无土栽培法用于蔬菜生产，使番茄等获得高产 美国是最早在蔬菜生产上应用无土栽培的国家。栽培的蔬菜种类主要有番茄、黄瓜和生菜。无土栽培是指不用天然土壤栽培作物，而将作物栽培在可以代替天然土壤向作物提供水分、养分、氧气、温度的营养液中，使作物能够正常生长并完成其整个生命周期。

无土栽培的番茄

1929年，美国加利福尼亚大学的杰里克（Gericke，W.F.）教授利用营养液成功地培育出一株高7.5米的番茄，采收果实14千克，引起人们极大的关注，被认为是无土栽培技术由试验转向实用化的开端。作物栽培终于摆脱自然土壤的束缚，进入工厂化生产的诱人发展阶段。

之后，砂培、砾培技术又试验成功。从19世纪50年代起，包括意大利、西班牙、法国、英国、瑞典、以色列、荷兰、日本等国广泛开展了相关研究并实际应用。从20世纪60年代起，无土栽培出现了蓬勃发展的局面，深液流技术、营养膜技术和岩棉培技术在生产上得以应用，种植作物亦从番茄、黄瓜等蔬菜种类扩展到花卉等种类。此外，自动化控制营养液和环境技术等新技术也越来越广泛地被应用在无土栽培上。

美国开设世界最早的种子公司——先锋种子公司 1929年，美国开设世界上最早的种子公司——先锋种子公司。随后，各国各种专业种子公司相继成立，一直发展到成为一门新兴的种子工业，推动农业生产的现代化。美国先锋种子公司是世界上建立最早、规模最大的私人种子公司。它的创办人亨利·华莱士富于开发精神，二次大战初期当上了美国副总统。自成立以来，先锋公司不仅推动了美国国内杂交玉米、杂交高粱的生产，在经营杂交玉米种子方面占据了美国1/3的市场，而且还在海外90多个国家设有研究站、测试点和

先锋306辣椒

经营处，为世界各国的农业发展服务。

1930—1935年

泾惠渠遗址

李仪祉［中］主持兴建我国首个大型现代化灌渠工程——泾惠渠 1922年，著名水利专家李仪祉开始筹划泾惠渠工程，组织测量队勘测渭北地形，并写出《引泾论》《再引泾论》《陕西渭北水利工程局引泾第一期报告书》等论著，为泾惠渠工程的实施提供了理论依据。1930—1935年，李仪祉主持兴建泾惠渠，使泾阳、三原、高陵、临潼等县受益，灌溉面积为59万亩。1949年后，经过扩建，改善排水系统，灌溉面积增加到135万亩。1966年，渠首大坝被冲毁，后在原基础上修建了新坝。现在，灌溉面积达145.3万亩，灌区辖咸阳、西安和渭南三市的泾阳、三原、高陵、临潼、阎良、富平6个县（区）120万人口，是陕西省重要的粮食生产基地之一。

1930年

中央地质调查所成立土壤研究所 中央地质调查所成立土壤研究所，是为我国建立土壤研究机构之始。调查所自1930年起调查全国土壤，1936年由梭颇（James Thorp）撰写成《中国之土壤》，并制成《中国土壤概图》。

现在的中国科学院南京土壤研究所前身就是1930年创立的中央地质调查所土壤研究室，肩负着为中国农业发展和生态环境建设服务的重任，凝聚和培养了一大批优秀人才，面向全国的土壤资源，开展了一系列卓有成效的研究工作，先后荣获国家级科技奖励40余项，省部级科技奖励200余项，逐步发展成为在土壤科学领域研究实力雄厚、分支学科齐全并在国际上享有较高声誉的国家级研究中心和高级人才培养基地，为我国乃至世界土壤科学的发展做出了重要贡献。

1931年

青岛水族馆旧貌

中国第一所水族馆在青岛莱阳路海滨公园诞生 中国第一座水族馆——青岛水族馆，始建于1931年。1930年秋，当时学术界知名人士蔡元培、杨杏佛、李石曾等在青岛聚会，大家认为青岛海产资源丰富，风景优美，气候宜人，是开展海洋水产科学研究的理想场所，于是提出了筹建青岛水族馆的建议。经他们历时1年的多方奔波集资，中国第一所水族馆——青岛水族馆在青岛莱阳路海滨公园于1931年动工，翌年2月竣工，5月8日正式对外开放。它采用民族式建筑，青砖绿瓦，古朴优雅，整个建筑面积近800平方米，设壁式池37个，俯瞰式池2个，放养水族达1000余种，另有标本400余种。青岛水族馆是中国也是亚洲的第一座水族馆，是中国现代水族馆事业的摇篮。它在我国水族馆的建设和发展史上，具有重要的意义。

1932年

程绍迥

中国设立上海血清制造所，研制兽医生物药品。 程绍迥（1901—1993），四川黔江青冈乡人，程昌祺之子。1906年，程昌祺举家迁至江津白沙，从此，程绍迥随父受到良好教育，其后在重庆、成都等地读书。1912年赴美留学，1926年荣获兽医学博士学位，1929年获公共卫生免疫科学博士学位。程学成回国，1930年任国民政府实业部上海商业检验局兽医技正，兼上海兽医专科学校教授，1940—1943年任国民政府中央农林部渔牧司司长、中央畜牧实验所所长、东南兽疫防

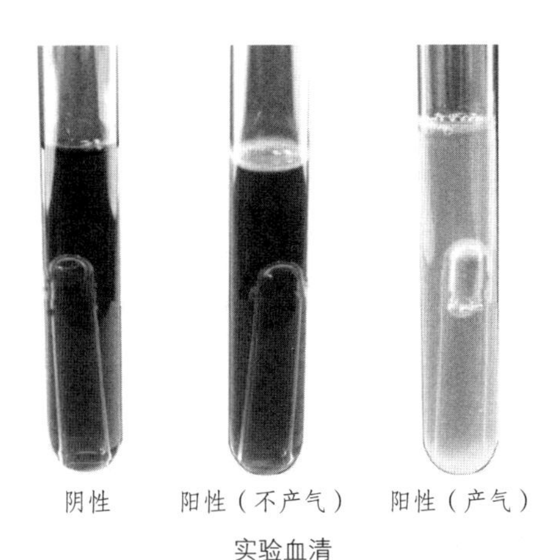

实验血清

治处处长等职。他一生为祖国畜牧兽医事业做出了卓越贡献，奠定了中国畜牧兽医学的基础。

我国兽用生物制品研究和生产，始于1918年青岛商品检验局血清所和1919年的北平中央防疫处。1932年，程绍迥在上海筹建了中国第一座血清制造所，研制兽医生物药品。抗战期间，程绍迥又到秀山、荣昌等地建立血清厂，生产各种药品，防治牛瘟。1938年，他在黔江设置国营第一耕牛繁殖改良场。同年，黔江、秀山、咸丰牛瘟流行严重，他组织兽医工作队，带队抢救，历时5个月，控制了疫情。

1940年，国民政府农业部在重庆成立，任命程绍迥为渔牧司司长。他任职3年，建立中国第一个畜牧兽医研究机构——中央畜牧实验所，在全国组建了十几个相应的机构。抗战胜利后，他很快研制出一种鸡胚化牛瘟弱毒冻干苗，达到国际水平；又研制出兔化牛瘟弱毒疫苗，安全、效好。1948年11月，程绍迥代表中国出席联合国粮农组织召开的防治牛瘟国际大会，他的研究成果对亚非地区防治牛瘟起到重要作用。

1934年

江西省农业院与北平静生生物调查所合作，在江西庐山建立大规模森林植物园　庐山植物园位于庐山之东南含鄱口山谷中。这里四周环山，地形起伏，土壤为黄棕壤，腐殖质层较厚，pH值在5.0～6.5，属亚热带东部湿润型季风山地气候。该区年平均气温12.3℃，年平均雾日193天，年均降雨量1800～2000毫米，平均相对湿度79.7%。庐山植物园

庐山植物园

是我国进行引种驯化、保护保存、开发利用野生植物资源、开展科普教育的重要基地。园内设有松柏区、杜鹃园、蕨园、温室区、岩石园、猕猴桃园等17个专类园区，著名的庐山特产云雾茶及众多的观赏植物均产于此。庐山植物园现已汇集国内外植物3400多种，储藏名植物标本10万多号，与世界上60多个国家近300个单位，建立了种交换等方面的关系。植物园不仅是科研基地，且为风景胜地，按照植物自然群落与不同生态，分展区供游客鉴赏。

1935年

斯坦利［美］、鲍登［英］首次提纯烟草花叶病毒，确认病毒能在细胞中再生　生物学是研究生命现象的本质并探索其规律的科学。近代生物学的理论成就为自然科学的发展做出了巨大的贡献。1900年，奥地利的兰斯坦纳（Landsteiner）发现人类的A、B、O血型，建立了血液分类学的基础。1925年，英国的凯林（Kerin）发现细胞色素，并指出其在活组织生物氧化过程中起电子传递作用。1926年，日本的黑泽发现赤霉素。1928年，英国的亚・弗来明（Flemming，A.）发现有杀菌作用的青霉素——作为最知名的抗生素，它挽救了无数的生命。1935年，美国的斯坦利（Stanley，W.M.）和英国的鲍登（Bowdoin）首次提纯烟草花叶病毒，并获得病毒体的结晶体，确认病毒能在细胞中再生。1953年，沃森（Watson，J.）和克里克（Crick，F.）在《自然》杂志上发表了题为《核酸的分子结构》的论文，揭示了遗传物质DNA是由四种核苷酸排列的双链螺旋结构，从此开创了分子生物学的研究领域，使生物学的发展从此进入了一个崭新的、迅猛发展的分子生物学阶段。

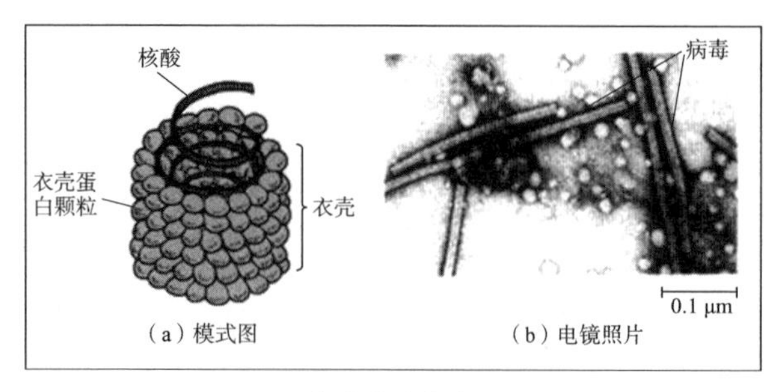

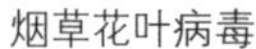
烟草花叶病毒

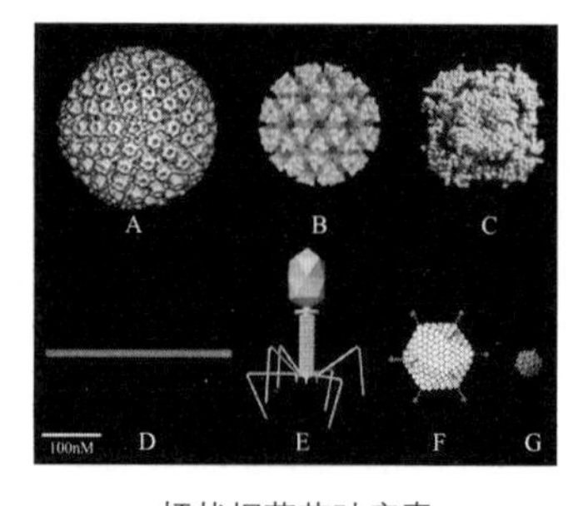

杆状烟草花叶病毒

1975年，科勒（Köhler）和米尔斯坦（Milstein）成功开创了淋巴细胞杂交瘤技术，在生物医学领域树起了一座新的里程碑。此后，以基因工程为核心的生物技术显现出强大的生命力，成为当今世界最令人瞩目的高新技术之一，是许多国家产业结构调整的战略重点。1997年，多利羊的诞生再一次震撼了人类社会。1990年启动的“人类基因组计划”，于2000年宣告人类基因组工作框架已经测序完成，这部“生命天书”的破译及其随后的各种“组学”研究，使人类首次在分子水平上全面认识自我，无疑对生命科学的发展产生了巨大的推动作用。按着人类的意愿有计划地改造生物已成为可能，人们因而把世界上日益严重的人口、环境、粮食、资源、健康等与人类生存和发展密切相关的诸多重大社会问题的解决，寄希望于生命科学与生物技术的进步。

20世纪30年代中期

弗格森［英］创制成功三点悬挂系统，使拖拉机和农机具连成有机的整体　20世纪30年代中期，英国工业家和农机具设计者弗格森（Ferguson，H.G. 1884—1960），创制成功三点悬挂系统（被称为弗格森系统），使拖拉机和农机具有机地联成一个整体，大大提高了拖拉机的使用和操作性能。由液压系统操纵的农具悬挂系统也使农具的操纵和控制更为轻便、灵活；与拖拉机配套的农机具由牵引式逐步转向悬挂式和半悬挂式，使农机具的重量减轻，结构简化。这不仅简化了农机具的升降操纵，而且大大提高了作业质量。

现代农用拖拉机的基本结构仍和30年代大体相同，但在性能和结构上有很大改进，表现在具有较高的生产率和经济性，从输出动力到各种操纵机构广泛采用液压技术，可靠性、耐久性好，在不同位置具有悬挂机构和动力输出装置，便于和各种农机具配套，操作方便，使用安全。

贝内特［美］创立以耕作土壤为中心的土壤保持学　水土保持是指对自然因素和人为活动造成水土流失所采取的预防和治理措施。世界上各个国家水土保持工作的开展特点与各国自然条件及社会经济密切相关。欧洲文艺复兴以后，滥伐森林而引起山地荒废。为此，阿尔卑斯山区各国实施了森林恢复工程，取得了一定的成效。明治维新以后，日本针对关东山洪及泥石流灾害，在原有“治水在于治山”的传统思想基础上，创立了具有日本特色的

防沙工程学，相当于水土保持工程学。可以说，欧洲阿尔卑斯山区各国及日本，主要针对山洪及泥石流灾害开展水土保持工作。另外，随着土壤科学及山地农业开发利用技术的发展，土壤侵蚀及其防治学开始形成。20世纪30年代，美国农学教授贝内特（Bennet，H.H.）创立了以保护、改良与合理利用耕作土壤为中心的土壤保持学。美国水土保持事业的发展与大面积开垦天然草原和原始森林而引起严重水土流失有密切的关系。1935年美国国会通过《水土保持法案》。

1936年

梭颇［美］著成《中国之土壤》一书 农业是国民经济的基础，土壤是农业的基础。

土壤分类是土壤调查的关键所在。1936年，梭颇（James Thorp）在研究已有资料及自己两年半考察基础上，引入马布特的分类体系，对中国土壤进行了系统详细的分类，并分选出中国34种代表土壤类型。这是中国近代土壤第一个科学系统的分类。同年梭颇出版《中国之土壤》，又系统阐述了中国土壤的形成背景、发生分类及特性等，并就中国各地土壤的肥力与生产力，以及中国农民的施肥实践进行了论述。

1937年

陈嵘［中］著《中国树木分类学》出版 陈嵘（1888—1971），浙江安吉梅溪镇石龙村人。著名林学家、林业教育家、树木分类学家，中国近代林业的开拓者之一。1906年东渡日本，进东京弘文书院日语速成班学习。1909—1913年在日本北海道帝国大学林科学习，1913—1915年任浙江省甲种农业学校校长，1923年获美国阿诺德树木园硕士学位，1925年任金陵大学教授。著有《中国树木分类学》《造林学本论》《造林学各论》《中国森林地理学》等。

《中国树木分类学》于1937年9月出版，1953年增补再版，1957年12月又再版。这本巨著分前编、正编、附录及补编等部分。所记载的中国树木有2550种（包括亚种14种，变种591种，其中不少是中国的特有种，有的就是陈嵘所发现的），分列为550属111科。为便于查阅，对每一树种，除列举学名外，还列有汉名、别名、梵名、英文名等。对树种的形态生态如根、茎、枝、树皮、芽、叶、花序、花、果实、种子等都详加描述，并介绍其产地、地理分布及用途，便于林业工作者了解，书内还附有插图1165幅。这本巨著在20世纪30年代是全国大学林学系主要教材，是林业科研生产中的重要参考文献，直到80年代仍发挥着重要作用，国内外林业名著都争相参考引用。

陈嵘

谢利亚尼诺夫［俄］等首次提出世界农业气候区划　谢利亚尼诺夫（Selyaninov，Г.Т. 1887—1966），苏联农业气象学家，现代农业气候学创始人。1913年在彼得堡大学数理系毕业，同年开始在农业气象局工作。从事农业气象工作50余年，发表学术论文80多篇。他第一个根据作物有机体与环境统一的原理，按作物对气候条件的要求研究作物分类和农业气候区划的方法，据此制定了一系列农业气候方针，并论证了其应用价值。代表作有《世界农业气候手册》（1937年）、《苏联亚热带作物的发展前景》（1961年）等。

农业气候区划是从农业生产的需要出发，根据农业气候条件的地区差异进行的区域划分。一般是在分析地区农业气候条件的基础上，采用对农业生产有重要意义的气候指标，遵循农业气候相似原则，将一个地区划分为若干个农业气候区域；各区都有自身的农业气候特点、农业发展方向和利用改造途径。中国现代农业气候区划研究始于竺可桢，他在1929年发表了《中国气候区划论》一文，紧密联系中国的农业和气候特点，提出东部以冬季温度、西北地区以雨量为分区标准，将全国划分为八大区。1978年以来，全国各地根据农业发展规划的需要，在普遍开展农业气候资源调查的基础上，先后完成了全国的、各省区市的以及大部分地级和县级的综合农业气候区划、各种作物和畜牧业的气候区划以及主要农业气象灾害区划（如干热风）等。

1938年

陆大京［中］等进行首次高空孢子调查 陆大京，原名京生，字君房。植物病理学家，真菌学家。中国橡胶和热带作物病害研究的开拓者。1907年3月29日生于北京。1919年夏，考入清华学校。1927年毕业赴美进康奈尔大学农学院，1929年毕业，获学士学位，同年转路易斯安那州立大学攻读硕士学位。1930年转入美国明尼苏达大学植物病理系进修博士学位，1933年博士毕业，同年回国，应聘于岭南大学任助教。

1937年全面抗日战争爆发，陆大京集结了农学院的几名教授南迁到广西桂林，受到广西大学校长马君武的收留和照顾。同行者有程世抚、柳支英、周明牂和黄瑞纶等，他们均被安排在柳州沙塘广西农事试验场。在此期间，他们借助广西大学的试验条件从事了一些科研工作。陆大京有项突出的工作，即柳州上空真菌孢子采集试验。关于高空真菌孢子调查，当时世界上很少有人研究。在这一研究中，他发现了从未见过的柠檬形黄色的真菌孢子。

陆大京早年积极开展油桐枯萎病和烟草青枯病的防治研究工作，后期对橡胶苗根腐病、白粉病、油棕果腐烂病、胡椒瘟病等病害开展防治研究，取得重要成果。

米勒［瑞］研制成滴滴涕（DDT），农药发展进入新阶段——人工合成有机化合物时代 滴滴涕是人类合成得到的第一种有机农药。它除了具有优异的广谱杀虫作用外，对温血动物和植物基本无毒害，且价格低廉能大量生产。早在1874年，人们已发现，用氯苯和三氯乙醛反应生成的一种物质，具有杀虫效力。1939年，瑞士化学家米勒（Muller，P.H.）发现这种物质能迅速杀死蚊子、虱子和庄稼地里的害虫，称之滴滴涕。滴滴涕是双对氯苯基三氯乙烷的简称，有“二二三”之俗称，是一种有机氯杀虫剂，也是第一个被发现的杀虫谱广而效力强的合成有机化合物，在农药发展史上是一个里程碑。米勒因为这个发现，得到1948年诺贝尔生理学或医学奖，并为

米勒

之申请了专利。滴滴涕于1943年正式投入生产，在20世纪40年代广为人们使用，在之后的30年里，一直是最重要的杀虫剂。

滴滴涕具有触杀作用，能破坏昆虫神经生理活动而致其死亡。在20世纪40～60年代，滴滴涕曾在全世界被大量生产和广泛使用，在农业增产和防治传病昆虫、控制疟疾保障人体健康等方面发挥重要作用。正当人们为滴滴涕的神效而欢欣鼓舞的时候，其明显的副作用暴露了出来。人们发现它相当稳定，能在自然界滞留很长时间，并可以通过食物链富集在动物体内，形成累积性残留，给人体健康和生态环境造成不利影响，于是纷纷禁用滴滴涕。自1971年之后，许多国家对之实行禁用。

1940年

马闻天［中］制成简易干牛瘟疫苗 马闻天，又名九皋，童年时名增函，1911年1月15日出生于河北省唐县。先在本乡私塾读书，1925年考入北京温泉中学。1928年改名马闻天，提前一年考取中法大学预科，后升入中法大学理学院生物系学习。1935年6月毕业，并因成绩优异被保送到法国里昂中法大学深造。出国后，马闻天感到国内经济建设的落后。他想到当时祖国畜牧兽医事业不被重视，牲畜数量不多，品质不高，疾病蔓延，几乎仍处于原始的自生自灭状态，急需科学技术，所以选择了兽医学专业。1939年于该校毕业后，他又到法国阿尔夫尔兽医学校及兽医研究室实习并准备博士论文，1940年4月获博士学位。

20世纪40年代，中国的畜牧业很落后，兽医生物制品事业尤为落后。马闻天回国后在中畜所任职，在条件差、经费不足的情况下，亲自参加或指导血清制剂和生物制品的研究与制造。当时南亚一带牛瘟流行，我国西南、西北地区也很严重。他和同事们一起进行了牛瘟病理诊断，通过猪化牛瘟弱毒苗的研究，改进了抗牛瘟血清的制造方法，研制出牛瘟脏器干粉苗，对牛瘟的紧急预防和控制起了一定作用。同时，对猪瘟、猪丹毒和猪、牛巴氏分枝杆菌病进行了病原菌和毒素的分离和鉴定，研制了灭活苗。这些工作的开展，不仅是当时畜牧业发展的需要，而且还培训了人才，为后继研究提供了基础，也为在全国迅速消灭牛瘟做出了贡献。

1941年

胡经甫

胡经甫［中］撰《中国昆虫名录》问世，是中国昆虫学的奠基性著作　胡经甫（1896—1972），昆虫学家。原籍广东三水，出生于上海市。1917年毕业于东吴大学生物系，获理学学士学位，1919年获硕士学位，1922年获美国康奈尔大学哲学博士学位，从事生物学和昆虫教学科研工作50余年，做出了重要贡献。

《中国昆虫名录》于1933年完成初稿，1941年全部出版，共6卷，4286页。胡经甫自1929年起着手编写，历时12个寒暑。此书首次以现代生物科学分类学的理论对中国昆虫作了系统、全面整理，记载了见于中国的昆虫25目392科4968属共20069种。

1942年

迪皮尔［法］和拉库尔［法］、斯莱德［英］研制成“六六六”杀虫剂　“六六六”是在1825年由英国化学家法拉第首次合成的，直到20世纪40年代初才由英国的斯莱德（Slade，R.E.）和法国的拉库尔（Lacour，M.）、迪皮尔（De Pere，A.）等同时发现其杀虫性质，1945年由英国卜内门化学工业公司开始投产，1946年开始被大规模生产和应用。1948年，邱式邦、郭守桂等在安徽滁县做“六六六” 治蝗试验。

飞机喷洒农药进行飞蝗防治

“六六六”用于防治蝗虫、稻螟虫、小麦吸浆虫等农业害虫，蚊、蝇、臭虫，果树和蔬菜害虫，草原害虫以及家畜体外寄生虫等。它是作用于昆虫神经的广谱杀虫剂，兼有胃毒、触杀、熏蒸作用，通常被加工成粉剂、可湿性剂、乳剂和烟剂等。由于用途广、制造容易、价格便宜，20世纪50～60年代在全世界被广泛生产和应用，在中国也曾是产量最大的杀虫剂，对于消除蝗灾、防治农林害虫和家庭卫生害虫起过积极作用。

有机氯杀虫剂的大量生产，对提高棉花、水稻产量起了很大作用，特别是在消灭自古以来灾害严重的飞蝗方面做出很大的贡献。但是“六六六”因长期大量使用后使害虫产生抗药性，药效日减；又因其不易降解，在环境和生物体内造成残留积累，20世纪70年代已被许多国家停止使用。中国从1983年起停止生产。

1943年

干铎、王战等在四川万县磨刀溪附件发现新生代孑遗植物水杉 1943年，植物学家干铎、王战等在四川万县磨刀溪路旁发现了新生代孑遗植物水杉。这是三棵奇异树木，最大的一棵高达33米，胸围2米。当时谁也不认识它们，甚至不知道它们应该属于哪一属、哪一科。直到1946年，我国著名植物分类学家胡先骕和树木学家郑万钧共同研究，才证实它就是亿万年前在地球大陆生存过的水杉。1948年，胡先骕、郑万钧联名在静生生物调查所发文，正式将在我国四川万县发现的新生代孑遗植物命名为“水杉”。从此，植物分类学中就单独添进了一个水杉属、水杉种。

一亿多年前，地球的气候十分温暖，水杉已在北极地带生长，后来逐渐南移到欧、亚和北美洲，到第四纪冰川之后，各洲的水杉相继灭绝，只有我国华中一小块地方的水杉幸存下来。1943年以前，科学家只是在中生代白垩纪的地层中发现过它的化石。我国发现仍然生存的水杉以后，引起世界的震动，它们被誉为植物界的“活化石”。目前已有50多个国家先后从我国引种栽培，水杉已几乎遍及全球。

水杉

1944年

喷打除草剂

米切尔和哈姆纳使用2,4–二氯苯氧乙酸（2，4–D）作为除莠剂，开创了除莠剂生产史　2，4–二氯苯氧乙酸（2，4–D）在农业上被用作除草剂和植物生长刺激剂。除莠剂又称除草剂，是用以消除杂草的药剂，用在农林、牧场、交通线路、公园、广场以及其他方面以消除有害植物。它能破坏植物的生理和生化活动，导致植物死亡。根据其对植物的作用可分成两大类，即灭生性除莠剂和选择性除莠剂。灭生性除草剂（或非选择性除草剂），能杀死一切植物，仅用于非农田的除草，如消灭公路、铁路、仓库附近、森林防火道的灌木或杂草等，例如亚砷酸钠、氯酸钠等。选择性除草剂又包括两类：（1）单子叶除草剂，能灭除单子叶杂草（如狗尾草），而对双子叶作物（棉花等）则无害，例如苯胺除草剂等；（2）双子叶除草剂，能灭除双子叶杂草（如蒲公英），而对单子叶作物（如稻、麦等）则无害，例如2，4-D等，常被加工成粉剂、乳剂和颗粒剂等。

2，4–二氯苯氧乙酸（2，4–D）有机除莠剂是用以消灭或抑制杂草的有机化合物，具有高效、低毒和相对安全的特点，自20世纪40年代被米切尔（Mitchell，J）和哈姆纳（Hamner，C.）发现以来常兴不衰。

1945年

联合国粮食及农业组织（FAO）成立，总部设在意大利罗马　联合国粮食及农业组织（Food and Agriculture Organization of the United Nations，简称FAO），是联合国系统内最早的常设专门机构。其宗旨是提高人民的营养水平和生活标准，提高所有粮农产品的生产和分配效率；改善农村人口的生活状况，促进世界经济的发展，并最终消除饥饿和贫困。1943年5月，根据美国总统罗斯福的倡议，在美国召开有44个国家参加的粮农会议，决定成立粮农组织筹委会，拟订粮农组织章程。1945年10月16日，粮农组织在加拿大魁北克正式成立，1946年12月14日成为联合国专门机构，总部设在意大利罗马。现共有194个成员国、1个成员组织和2个准成员。中国是该组织的创始成员国之一。1973年，中华人民共和国在该组织的合法席位得到恢复，并从同年召开的第17届大会起一直为理事国。

1947年

赵洪璋［中］选育出小麦良种“碧蚂一号” 赵洪璋（1918—1994），西北农学院教授，中国著名的小麦育种专家。他重视性状形成与生态环境和栽培条件的相互关系，在育种实践中形成了独特的以精取胜的选择技术，先后育成以“碧蚂一号”“丰产三号”和“矮丰三号”为代表的几批优良小麦品种，其中“碧蚂一号”年最大种植面积达9000万亩，“矮丰三号”的育成推动了矮化育种的发展，为中国小麦生产做出了重大贡献。

赵洪璋

1948年

菲利普［美］著、汤逸人［中］译《中国之畜牧》出版，是首部全面介绍我国畜牧生产的专著 汤逸人（1910—1978），畜牧学家，教育家。我国家畜生态学科的创始人。他指导内蒙古率先育成我国的细毛羊品种，并在新疆指导新疆绵羊的改良和提高。1948年，菲利普（Philip，R.W.）著、汤逸人译《中国之畜牧》一书出版，是全面介绍我国畜牧生产的专著。1965年，汤建议在新疆伊犁-博尔塔拉地区建立百万头细毛羊基地，并在生产上取得了成果。他编写和翻译了大量畜牧科技文献资料，对我国畜牧科学技术的提高，起到了促进作用。

汤逸人

20世纪50年代

无籽西瓜

木原均［日］育成了品质优良的三倍体无籽西瓜 木原均，1893年生于东京。1918 年在北海道帝国大学农学系毕业后留校，1920年到京都大学任教，1924—1927年留学德国、英国和美国，1944年任日本遗传学会会长。一生发表的论著甚多，著有《小麦的研究》《细胞遗传学》《小麦的合成》《小麦遗传学的研究》等。木原均通过小麦属的种间杂交和对小麦与其近缘的山羊草属杂交的研究，发现它们的杂种花粉母细胞减数分裂时染色体配对的表现不同，最先提出染色体组分析，并创用同源多倍体和异源多倍体两个术语区分多倍体中染色体组的不同来源。1947年，木原均关于三倍体无籽西瓜的研究在美国园艺学会年刊发表，宣布三倍体无籽西瓜成功育成。当时是用一定浓度的秋水仙素（一种化学药品）处理西瓜的幼苗或者是种子，使得种子的染色体由二倍体加倍成四倍体，然后把创造出的四倍体西瓜植株作为母本，与作父本的普通二倍体西瓜植株进行杂交，这样在四倍体西瓜植株上结出了三倍体无籽西瓜。到了1957年，无籽西瓜在日本的种植面积已经达到100多万平方米。

无籽三倍体西瓜的出现意味着人类已经迈入多倍体西瓜的新时代。印度、美国、意大利、智利、匈牙利、罗马尼亚、泰国等国家纷纷开展了多倍体西瓜的研究工作。我国从20世纪50年代到60年代初，也开始了无籽西瓜的大面积试种，到1965年，湖南生产的无籽西瓜就销往港澳地区了。

1953年

英国建造了世界上第一艘尾滑道拖网渔船 中国早在明代就有了“牵风”等船型的风帆拖网渔船。19世纪末，西欧首先研制了机动拖网渔船，随后世界各地逐步开始制造。20世纪50年代，英国又研制成尾滑道拖网渔船，成为世界上拖网渔船的主要船型。

双船道拖网作业

1957年

苏联制造营林用拖拉机 营林拖拉机是营林作业的主要动力机械。它的主要特点是：机动灵活，外形尺寸小，在林中行驶不会损伤树木；装有前、后和侧方动力输出轴，以带动悬挂在不同位置上的工作装置；拖拉机重量在前轴的分布为2/3，后轴为1/3，以便在悬挂后置式营林机械时保持机组的纵向稳定性；驾驶室向前移，空出驾驶室后壁到后桥的空间，以安装种子箱和药粉箱等工作装备；增设低速挡，以适应低速作业的要求。

营林、集材拖拉机（354LJ型）

瑞典试验用气球集材 气球集材是利用充氦气球的升力把木材起吊到空中，用绞盘机的钢索牵引气球和木材运送到集材场，实际上是与绞盘机或索道相结合的集材方式，集材的能力及距离视气球的容积、绞盘机的牵引力和容绳量而定。空中集材不需整修集材道，不损坏环境，但耗资巨大，且气球集材还难以转移设备。

17世纪以来，气球被有些国家用在飞行、气象、军事、科研等方面。1950年，瑞典林业科学研究所才把气球用于林业生产，进行了首次集材试验，但因控制失灵和漏气等故障而没有成功。1955年，瑞典又一次进行了气球集材试验，获得成功。20世纪60年代以后，加拿大、美国等也分别进行了气球集材试验，先后都获得成功。我国1979年在黑龙江带岭林业实验局碧水林场进行试验，通过试验对气球集材的技术性能、工艺、适宜条件等进行了初步的探索。

1958年

挪威研制成第一台离心式播种机 播种机是以作物种子为播种对象，并能控制播种浓度和特定播种量的种植机械。一般可分为撒播机、条播机和穴播机。

离心式播种机

机械工具的出现不仅减轻了人类的劳动强度，还提高了效率。欧洲第一台播种机于1636年在希腊制成。1830年，俄国人在畜力多铧犁上加装播种装置制成犁播机。英、美等国在1860年以后开始大量生产畜力谷物条播机。20世纪以后相继出现了牵引和悬挂式谷物条播机，以及气力排种式播种机。1958年，挪威出现第一台离心式播种机。中国在20世纪50年代从国外引进谷物条播机、棉花播种机等，60年代先后研制成功悬挂式谷物播种机、离心式播种机、通用机架播种机和气吸式播种机等多种机型。到70年代，已形成播种中耕通用机和谷物联合播种机两个系列并投入生产，供谷物、中耕作物、牧草、蔬菜用的各种条播机和穴播机都已得到推广使用。与此同时，还研制成功了多种精密播种机。

中国水产业孵化出第一批在池塘繁殖的鲢、鳙鱼苗 1958年6月2日，我国传统的淡水养殖鱼类——鲢鱼、鳙鱼人工孵化养殖首获成功，其养殖技术的推广应用为我国淡水养殖业的发展做出了历史性贡献。

我国淡水养殖历史悠久，是世界上吃塘养鱼最早的国家。鲢鱼、鳙鱼、草鱼、青鱼是我国传统的养殖鱼类，被誉为我国的“四大家鱼”。但千百年来，这“四大家鱼”人工养殖所需的苗种都依赖捕捞长江、西江的天然鱼苗，因为它们都不能在池塘中繁殖。随着人工养殖业的发展，天然鱼苗远不能满足养殖的需要。1958年，水产部组织家鱼人工繁殖领导小组，领导全国水产科技工作者加速人工繁殖的研究。就在这一年的6月2日，南海水产研究所钟麟等科技工作人员以外界环境与内在催情相结合的刺激孵化法孵化出第一批鲢、鳙鱼苗，书写了人工养殖的新篇章。随后在1960年和1961年，广东、湖南的科技人员应用催情技术，又成功突破了草鱼和青鱼的人工孵化技术。

“四大家鱼”人工繁殖技术的成功，不仅是中国也是世界水产科学技术的重大发明，大大促进了我国淡水养殖业和水产科学技术的发展，对世界水产养殖业也是很大的贡献，还促进了与人工养殖相关的细胞学、细胞化学、组织学、生物化学、内分泌等学科的发展。

中国提出农业“八字宪法” 农业“八字宪法”，是毛泽东根据农民群众的实践经验和科学技术成果，于1958年提出来的农业八项增产技术措施，即土、肥、水、种、密、保、管、工。其中，“土”指深耕、改良土壤，土壤普查和土地规划；“肥”指合理施肥；“水”指兴修水利和合理用水；“种”指培育和推广良种；“密”指合理密植；“保”指植物保护、防治病虫害；“管”指田间管理；“工”指工具改革。因地制宜地采取这些措施，对农作物稳产高产很有效。

“八字宪法”宣传画

“八字宪法”是根据我国农作物的单位面积产量低，受水、肥、土、种等自然因素的影响很大提出的。按照“八字宪法”的要求，通过改良土壤、合理施肥、兴修水利、推广良种、改良工具和精细的田间管理等，促进了农业增产，这些措施对于实现农作物高产至今仍然具有重要意义。

1960年

国际水稻研究所（IRRI）在菲律宾设立 国际水稻研究所（International

Rice Research Institute，简称IRRI）位于菲律宾，是亚洲历史最长也是最大的国际农业科研机构。它是一个自治的、非盈利的水稻研究与教育组织，隶属于国际农业研究磋商组织，员工来自亚洲和非洲的14个国家。

1960年，洛克菲勒基金会和福特基金会出资，菲律宾大学提供土地，租用300公顷土地，在菲律宾首都马尼拉建立了国际水稻研究所总部。国际水稻研究所的使命是减轻人类的贫困和饥饿，提高水稻种植者和消费者的健康水平，保证水稻生产环境的可持续性发展。国际水稻研究所与大多数水稻生产和消费国，国际性、地区性和地方性组织以及各国农业科研推广系统紧密合作，其主要宗旨是：调集各国科学家到发展中国家帮助解决水稻生产中的问题；开展教育培训；搜索和保存全世界水稻品种资源、知识和信息，并且无偿地向全世界传播。

20世纪60年代

欧洲培育成功了品质优良的三倍体甜菜，其后在世界范围内取代了全部二倍体甜菜 甜菜是我国的主要糖料作物之一，也是二年生草本植物——第一年主要是营养生长，在肥大的根中积累丰富的营养物质；第二年以生殖生长为主，抽出花枝经异花受粉形成种子。甜菜起源于地中海沿岸，野生种滨海甜菜是栽培甜菜的祖先。甜菜块根是制糖工业的原料，也可做饲料。甜菜糖既可食用，还可做食品、医药和工业原料，所以培育出高产高糖且耐病的品种，一直是甜菜育种工作者追求的目标。

甜菜

以四倍体甜菜作母本，与二倍体品种相间种植，从四倍体植株上收获的种子约有75%是三倍体。1953年，日本首先推广三倍体甜菜。到20世纪60年代初，在西欧，三倍体甜菜几乎完全代替了原来的二倍体品种。三倍体甜菜耐寒，含糖量和产量都高，成熟也较早，抗病力强，且根部含有害氮素及灰分少，是世界主要甜菜生产国采用的栽培品种类型。

菲律宾培养出“国际稻”系列良种 20世纪中期，饥饿仍然在世界大部分地区存在，稻米是全球近25亿人口赖以生存的主要粮食。为了借助现代科学技术增加农作物产量，进而消除饥饿，一些发达国家和墨西哥、菲律宾、印度、巴基斯坦等许多发展中国家，开展以利用“矮化基因”培育和推广矮秆、耐肥、抗倒伏的高产水稻、小麦、玉米等新品种为主要内容的生产技术活动，目标是解决发展中国家的粮食问题。国际水稻研究所1960年在菲律宾应运而生，它的一个主要目的就是根据亚洲热带条件繁育出新的高产品种。

国际稻8号

该所成功地将我国台湾省的“低脚乌尖”品种所具有的矮秆基因导入高产的印度尼西亚品种“皮泰”中，培养出第一个半矮秆、高产、耐肥、抗倒伏、穗大、粒多的奇迹稻“国际稻8号”品种。此后，又相继培育出在抗病害、适应性等方面有了改进的“国际稻”系列良种。上述品种在发展中国家迅速推广开来，并产生了巨大效益。20世纪80年代末，水稻单产比70年代初提高了63%。在某些国家推广后，水稻的高秆变矮秆，加上农药和农业机械的辅助，解决了19个发展中国家的粮食自给问题。

以勃劳格为首的农学家在国际玉米和小麦改良中心，育成多个优良品种，为绿色革命做出巨大贡献　1914年3月25日，勃劳格（Borlaug，N.E.）生于美国艾奥瓦州的一个农场。20世纪40至50年代，勃劳格在墨西哥成功培育出了丰产、抗锈小麦品种，使墨西哥小麦生产稳定发展，自给有余。同时，这种麦种还比传统的种子有更高的产量。随后，他在全世界范围内推广了这一技术，并且开发出类似的谷种，广泛应用于亚洲、中东和非洲。20世纪60年代，勃劳格利用具有日本“农林10号”矮化基因的品系，与抗

高产矮秆小麦

锈病的墨西哥小麦进行杂交，育成了“皮蒂克”“盘加莫”“索诺拉64”等30多个矮秆、半矮秆品种，其中有些品种的株高只有40~50厘米，同时具有抗倒伏、抗锈病、高产的突出优点。由于在农业生产领域贡献卓越，勃劳格被世人誉为“绿色革命之父”，是世界知名的农业科学家、诺贝尔和平奖获得者。

发展中国家兴起以采用作物高产良种为中心的“绿色革命” 绿色革命的目标是解决发展中国家的粮食问题。当时有人认为这场改革活动对世界农业生产所产生的深远影响，犹如18世纪蒸汽机在欧洲所引起的产业革命一样，故称之为“绿色革命”。其主要内容是大规模推广矮秆、半矮秆、抗倒伏、产量高、适应性广的小麦和水稻等作物优良品种，并配合灌溉、施肥等技术的改进。

在“绿色革命”中，有两个国际研究机构做出了突出贡献。一个是国际玉米和小麦改良中心，其中以诺贝尔和平奖获得者勃劳格为首的小麦育种家，育成了“皮蒂克”“盘加莫”“索诺拉64”等30多个矮秆、半矮秆品种。另一个是国际水稻研究所，其成功地将我国台湾省“低脚乌尖”品种所具有的矮秆基因导入高产的印度尼西亚品种“皮泰”中，培育出第一个半矮秆、高产、耐肥、抗倒伏、穗大、粒多的“国际稻8号”品种。

但之后这场改革活动暴露出许多缺陷：技术和经济上要求高，耗资大而不易推广；污染严重，能源浪费；导致化肥、农药的大量使用和土壤退化。20世纪90年代初，人们又发现高产谷物中矿物质和维生素含量很低，用作粮食常因维生素和矿物质营养不良而削弱人们抵御传染病和从事体力劳动的能力，最终使一个国家的劳动生产率降低，经济的持续发展受阻。

“生态农业”作为“石油农业”的对立面被提出，世界农业发展进入新阶段 “生态农业”是相对于“石油农业”的概念，是一个原则性的模式而不是严格的标准。生态农业是在保护、改善农业生态环境的前提下，遵循生态学、生态经济学规律，运用系统工程方法和现代科学技术，以及传统农业的有效经验建立起来，能获得较高的经济效益、生态效益和社会效益的现代化农业。

生态农业是一个农业生态经济复合系统，将农业生态系统同农业经济系统综合统一起来，以取得最大的生态经济整体效益。它也是农、林、牧、副、渔各业综合起来的大农业，又是农业生产、加工、销售综合起来适应市场经济发展的现代农业。

生态温室大棚

生态农业是以生态学理论为主导，运用系统工程方法，以合理利用农业自然资源和保护良好的生态环境为前提，因地制宜地规划、组织和进行农业生产的一种农业。主要是通过提高太阳能的固定率和利用率、生物能的转化率、废弃物的再循环利用率等，促进物质在农业生态系统内部的循环利用和多次重复利用，以尽可能少的投入求得尽可能多的产出，并获得生产发展、能源再利用、生态环境保护、经济效益等相统一的综合性效果，使农业生产处于良性循环中，是一种知识密集型的现代农业体系，是农业发展的新型模式。

1962年

蕾切尔·卡逊［美］著《寂静的春天》出版，列举滥用各种杀虫剂和除草剂等引起对环境的污染和对人、畜的毒害 蕾切尔·卡逊（Rachel Carson）1907年生于匹兹堡，1932年获约翰斯·霍普金斯大学生物学硕士学位，1936～1952年在美国鱼类与野生生物调查署工作。著作有《海风之下》《我们周围的海》《海之边缘》《寂静的春天》。1964年4月14日因患癌症病逝。

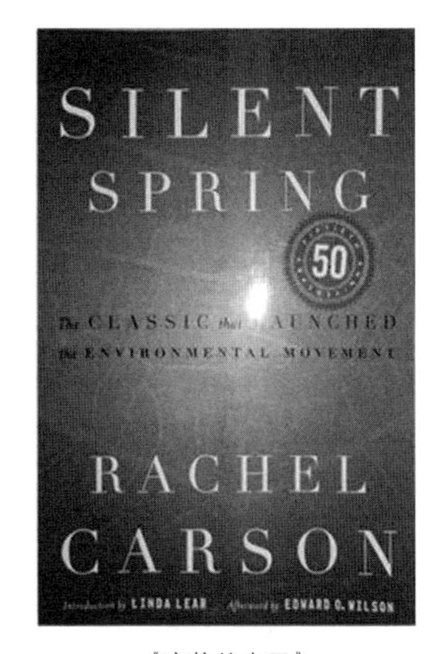

《寂静的春天》

《寂静的春天》1962年在美国问世时，是一本很有争议的书。它那惊世骇俗的关于农药危害人类环境的预言，不仅受到与之利害攸关的生产与经济部门的猛烈抨击，而且也强烈震撼了社会广大民众。作者详尽细致地讲述了以滴滴涕为代表的杀虫剂的广泛使用，给环境所造成的巨大的、难以逆转的危害。正是这个最终指向人类自身的潜在而又深远的威胁，让公众突然意识到环境问题十分严重，从而开启了群众性的现代环境保护运动。不仅如此，雷切尔·卡逊还尖锐地指出，环境问题的深层根源在于人类对于自然的傲慢和无知，因此，她呼吁人们要重新端正对自然的态度，重新思考人类社会的发展道路问题。

除草剂和杀虫剂因毒性、高残留性，在生物圈中循环破坏生态平衡，破坏人的神经系统，导致癌症，诱发多种病变， 成为危害生态系统和人类健康的重大隐患。雷切尔·卡逊和她的著作是当今人类广泛认同的可持续发展理论的发起人和前奏，她一生的追求给我们的最大启示，就是教导我们用一个新的方法对待地球——人类永远是与之相联系的一部分，而不是她的统治者。

1967年

日本研制成工厂化水稻育秧设备，促进了水稻插秧机械化的发展 工厂化水稻育秧设备是在发展水稻插秧机的基础上发展起来，采用工厂化生产方式培育水稻秧苗的机械和设备。与秧田育秧相比，工厂化水稻育秧具有省秧田、省种、省工、育秧周期短、秧苗生长整齐、不烂秧、易于实现机械化等优点，并可免去拔秧工序，避免在拔秧过程中造成秧苗损伤。主要有下述三种类型：（1）盘式育秧：将稻种播在带土的规格化育秧

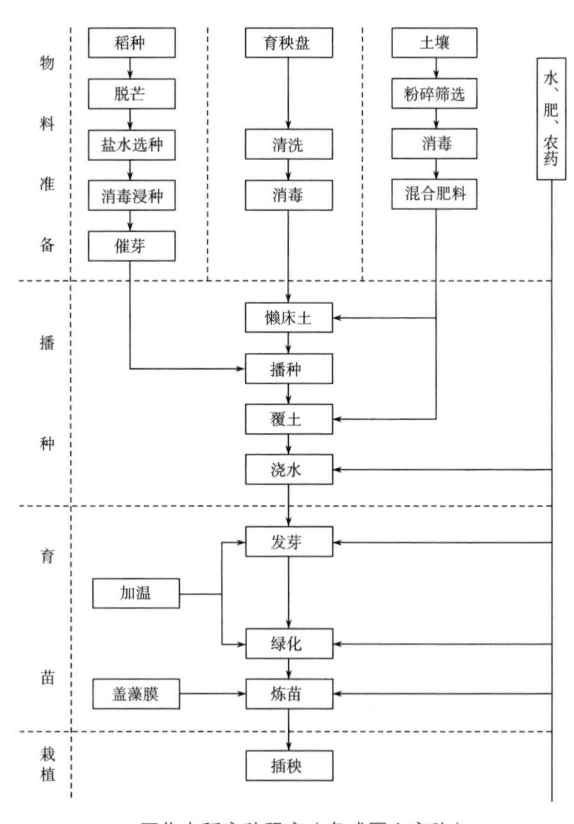

工厂化水稻育秧程序（盘式厚土育秧）

盘内，发芽、出苗和育苗过程全部在育秧盘内进行。（2）框式条状育秧：采用具有成排条状通孔的栅格状秧盘，填土后置放在平整的土床上，用塑料薄膜覆盖育秧。（3）无土育秧：在无土的育秧盘内播种浇水，出苗后用肥水育秧，秧苗靠根系结盘成块。

中国第一台自走式机动插秧机东风-2S型通过鉴定定型并投入生产 1956年，我国农业工程科技人员在莳扶分秧方式的启发下，首次提出群体逐次分格取秧、直接栽插的秧苗分插原理，从而在水稻插秧机的研制上取得了突破，研制出水稻拔取苗移栽的第一代样机。到1960年，各地推荐生产使用的人力、畜力插秧机已达21种。1967年，第一台自走式机动插秧机东风-2S型通过鉴定定型并投产，每天可插秧15～20亩。此后，随着工厂化水稻育秧设备研制成功和栽植农艺技术的发展，通过对送秧、分秧和插秧等工作机器的不断改进与创新，工作装置自动化程度提高，进一步提高了插秧质量和对各种秧苗的适应性。同时，对杂交水稻秧苗每穴一株的新型插秧机的研制也取得了新进展，水稻栽植机械性能上的完善提高，对水稻栽植机械化的发展以及推广使用起到了重要的促进作用。

20世纪70年代

1970年左右，第三代农药（昆虫激素类农药）问世 昆虫激素类农药由昆虫激素和对昆虫生长发育有调节作用的植物性物质制成，或为人工合成的仿昆虫激素。主要包括保幼激素和蜕皮激素等，不污染环境，可以人工合成，但也存在稳定性差、残效期短及成本高等缺点，目前还不能取代合成有机农药。

昆虫激素是一种由昆虫自身分泌并影响其变态、发育、繁殖或互相传递信息的微量化学物质。当它的分泌受到抑制或增加时，昆虫的发育或正常活动即受阻碍、干扰。在多种昆虫激素中，只有一部分可用作农药，其特点是活性高、用量少（一般在1微克以下的剂量即发生作用）、专一性强、无公害。由于这类药剂与传统杀虫剂毒杀害虫的致死作用不同，故也称作“软杀虫剂”或第3代杀虫剂。主要可分内激素和外激素两大类。内激素分为：保幼激素——昆虫在幼虫期咽侧体内（与脑连接）分泌的一种激素；抗保幼激

素，即存在于熊耳草、胜红蓟等植物体内的早熟素，能抑制昆虫咽侧体分泌保幼激素，从而使幼虫早熟、死亡；蜕皮激素——昆虫生长发育过程中控制蜕皮的一种激素，缺乏或过多时会使昆虫发育不正常而死亡；抗蜕皮激素，主要指灭幼脲类物质。外激素或称昆虫信息素，是昆虫向体外释放，用于相互传递信息的物质。

1972年

美国首先禁止使用滴滴涕　20世纪上半叶，滴滴涕在防治农业病虫害，减轻疟疾伤寒等蚊蝇传播的疾病危害方面起到了不小的作用。根据世界卫生组织估计，滴滴涕问世后大概拯救了大约2500万人的生命。但是滴滴涕由于具有较低的急毒性和较强的持久性，故能在自然界及生物体内较长时间滞留，并通过食物链富集，在动物体内特别是脂肪组织内积累，还可通过胚胎传给胎儿，或通过母乳毒害婴儿，形成典型的累积性残留，对人体健康和生态环境都有不利影响。

食鱼性鸟类大量死亡

早在1960年，美国加利福尼亚的图利湖和下克拉马斯保护区发生食鱼性鸟类大量死亡，检查发现小鹈鹕体内脂肪中滴滴涕的含量比湖水中其含量高77万倍。现代检测仪器检测显示，大量使用过滴滴涕的区域，在生物体、自然环境及没有直接接触过农药的野生动物上，都能检测到滴滴涕的残留。这些问题的出现给人们敲响了警钟。科学家和生态学家得出结论，滴滴涕弊多利少。20世纪60年代末70年代初，美国及西欧等许多发达国家开始宣布限制和禁止使用滴滴涕，中国大陆于1983年宣布停止生产和使用。

1973年

袁隆平［中］水稻育种取得重大突破　水稻是世界上2/3人口的主粮。在全球人口不断增长的巨大压力下，世界各国对水稻的需求量也不断增加。据统计资料显示，2000年全世界的稻米消费量为5.8亿多吨，2012年全球对水稻的需求增加到6.6亿多吨。

我国是世界上利用和开发野生稻资源最早、最成功的国家，具有悠久的水稻栽培历史，水稻育种也走在了世界前列。其中利用水稻基因资源、特别是野生稻遗传基因资源改良水稻品种，是我国水稻育种取得巨大成功的秘密武器之一。1930年前后，丁颖教授将亚洲栽培稻与广东一普通野生稻杂交，培育成功世界上第一个含有普通野生稻血缘的栽培稻“中山一号”，在育种与生产上被广泛利用了长达半个多世纪，为粮食增产做出了巨大贡献，在世界水稻育种史上也十分罕见。1972年，农业部把杂交稻列为全国重点科研项目，组成了全国范围的攻关协作网。1973年，袁隆平发表了题为《利用野稗选育三系的进展》的论文，正式宣告中国籼型杂交水稻“三系”配套成功。这是我国水稻育种的一个重大突破。紧接着，他和同事们又相继攻克了杂种“优势关”和“制种关”，育成世界上第一批具有强优势的籼型杂交水稻，为水稻杂种优势利用铺平了道路，掀起了一场“绿色革命”。1973年，广大科技人员在突破“不育系”和“保持系”的基础上，选用1000多个品种进行测交筛选，找到了1000多个具有恢复能力的品种。张先程、袁隆平等率先找到了一批以“IR24”为代表的优势强、花粉量大、恢复度在90%以上的“恢复系”。这一系列的成功使中国水稻育种和生产走向了世界科技舞台，其科技和成就达到了世界领先水平。中国工程院院士董玉琛说，野生稻不育种质资源的成功利用，对解决当时10多亿人口的吃饭问题贡献巨大。2006年4月，袁隆平当选美国科学院外籍院士，被誉为“世界杂交水稻之父”。

袁隆平（右）和同事李必湖在观察杂交水稻生长情况

埃利奥特［英］等合成第一个光稳定拟除虫菊酯——二氯苯醚菊酯，展示了田间农业害虫防治的广阔前景　拟除虫菊酯是仿生合成的杀虫剂，

喷洒杀虫剂

是改变天然除虫菊酯的化学结构衍生的合成酯类。1949年，美国的谢克特（Schaecher，M.S.）等合成了第一个商品化的类似物丙烯菊酯。20世纪50～60年代，又有一些类似化合物陆续研制成功，被统称为合成拟除虫菊酯。

英国洛桑试验站的埃利奥特（Elliott，M.）在他人和自己研究工作的基础上，于1973年合成了第一个光稳定型拟除虫菊酯（在阳光照射下不易分解仍保持杀虫活性）——氯菊酯，为拟除虫菊酯杀虫剂用于田间做出了突破性贡献。20世纪80年代以来，这类拟除虫菊酯的研究和开发已形成热潮，商品化品种近百个，成为防治农业害虫和卫生害虫的主要杀虫剂类型。

二氯苯醚菊酯为低毒杀虫剂，具有触杀和胃毒作用，无内吸和熏蒸作用，杀虫谱广。可以用于蔬菜、果树、茶、烟草、小麦、水稻、棉花等作物，尤其适用于卫生害虫的防治，但是对眼睛有轻度刺激作用（而对皮肤无刺激作用）。若误服，会引起头痛、头晕、恶心、呕吐、流涎和血尿等，严重者出现抽搐和意识障碍。

20世纪70年代中期

美国开始采用卫星遥感监测作物布局、生长、灾害发生等情况　20世纪70年代以来，世界粮食危机时起时伏，客观上提出了在全球范围内对作物生产进行定量与定时监测的要求。为此，美国三个政府部门——国家航空与宇宙航行局、国家海洋大气局与农业部于1974年联合承担了研制一种从全球天气站网和

卫星

陆地地球观测卫星上获取有关作物生产情况的技术方法，开展了相应的协作试验，并做了大量的准业务应用努力。这个计划取名为“大面积作物调查试验”，简称LACIE计划。其主要研究内容是：利用以遥感技术为主的空间信息技术对作物的种植面积、作物布局、作物长势、农业灾害发生与发展、作物产量等农情基本状况进行系统监测。

该计划分三个阶段进行：第一阶段（1974—1975），给出美国大平原9个小麦生产州的面积估产值，检验作物的单产模型，给出作物产量的估算；第二阶段（1975—1977），主要对美国、加拿大和苏联部分地区的小麦面积、单产及总产量估算；第三阶段是对世界其他地区小麦种植面积、总产量进行估算。由于在此计划中充分地利用了农业、气象、数学、计算机、地面调查及遥感方面的科学技术手段与成果，经过几年的努力，估产精度达到90%以上。

美国加州大学研究成功用高压给树木注射药物及营养的技术 树干注射，在美国大多被称为“trunk inject”，在欧洲被称为“tree inject”。树干注射是一个总的称谓，根据其主要技术特征可以分为高压注射（injection）、灌注（infusion）和植入（implantation）三类。

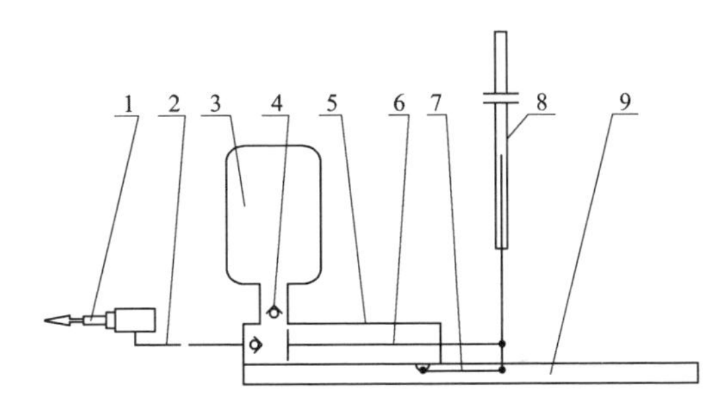

1. 针头；2. 药管；3. 药瓶；4. 进、出药阀；5. 机体；6. 活塞；7. 连杆；8. 手把；9. 机架

高压大容量注干机图示

其中，高压注射的方法为：药液在人们施于的强制力的作用下快速进入并贮存在木质部中，之后随蒸腾流传输到树体各个部位。树干注射这一观念起源于人们从内部治疗植物病虫的想法。由于环境恶化，树木大面积生虫的现象时有发生，造成树木成活率偏低。随着蛀干害虫、吉丁虫类、黄斑星天牛、杨干透翅蛾、具蜡壳体壁保护壳的吸汁害虫等林业害虫的迅速蔓延，用常规喷洒方法已难以高效防治，病虫带来的损失日趋增大。因此，在木本植物体内施药控制病虫害的技术日益受到人们的广泛关注，自20世纪70年代以来，受到发达国家的广泛重视。

1975年

国际食物政策研究所（IFPRI）在华盛顿成立 国际食物政策研究所（International Food Policy Research Institute，简称IFPRI）又译国际粮食政策研究所。于1975年创立，是由国际农业研究磋商组织倡议赞助的非政府国际组织，总部设在华盛顿。

该研究所的宗旨和任务是：客观地分析世界粮食问题，制定可以被有关国家、地区或国际机构接受的粮食政策，以帮助各国特别是发展中国家提高粮食产量与质量；开拓粮食贸易的机会，促进粮食分配更加公平和富有效率；鼓励并发起有关粮食生产和加工技术的研究活动及信息交流，努力改善人民的消费和营养结构等。

国际食物政策研究所的研究重点是在发展中国家和发达国家的主要利益方共同磋商后形成的。研究优先关注那些能够对穷人产生最大积极影响、紧迫的食品政策问题。国际食物政策研究所得到了来自50多个发达国家和发展中国家、私人基金会、双边及多边援助机构的资助和支持，在约50个发展中国家中有着越来越多的分散合作研究，在中国、哥斯达黎加、埃塞俄比亚和印度等发展中国家设有办事处，并派驻研究人员。

1976年

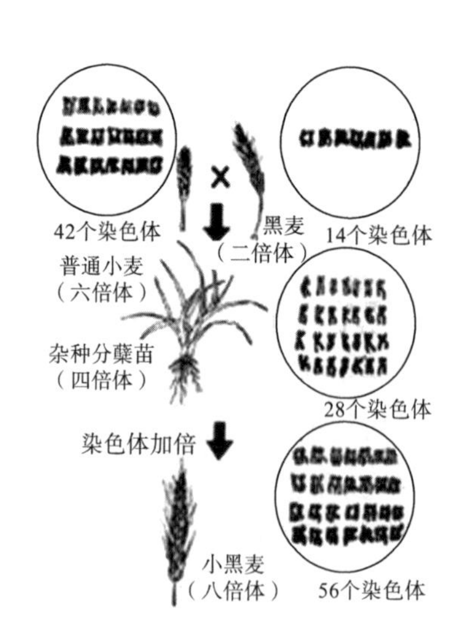

普通小麦与黑麦的杂交育种（图解）

中国西南山区等地推广异源八倍体小黑麦，为高寒干旱瘠薄山区发展细粮生产开辟了新途径 普通小麦是异源六倍体（AABBDD），其配子中有3个染色体组（ABD），共21个染色体；二倍体黑麦（RR）配子中有1个染色体组（R），7个染色体。普通小麦与黑麦杂交后，子代含4个染色体组（ABDR），由于是异源的，易造成联会紊乱、高度不育。若子代染色体加倍为异源八倍体（AABBDDRR），就能形成正常的雌雄配子，具有可育性了。

鲍文奎

鲍文奎（1916—1995），中国八倍体小黑麦的创始人，创造了4700多个八倍体小黑麦原始品系，培育出抗逆性强、蛋白质含量高的品种95个。其中，八倍体小黑麦育种研究，基本上解决了结实率和种子饱满度问题。

中国首创的人造麦类新作物八倍体小黑麦，由于具有品质佳、抗逆性强和抗病害等特点，比起世界上种植面积最大的主体粮食作物小麦来，是优越性更强的麦类细粮作物。随着第三代矮秆小黑麦的育成，小黑麦从高寒山区、丘陵旱地扩展到平原小麦主产区，在生产上应用的前景越加广阔。

1978年

中国开始营造被称为“绿色长城”的西北、华北、东北“三北”防护林体系 “三北”防护林体系工程是一项改造大自然、造福子孙后代的宏伟而艰巨的工程，它东起黑龙江，西至新疆，横贯黑龙江、吉林、辽宁、北京、河北、山西、内蒙古、陕西、甘肃、青海、新疆等省区市的396个县旗，东西长7000千米。

这项工程治理的是我国北方受风沙危害和黄河中游水土流失严重的地区，是带有战略意义的一项工程。整个规划按照因地制宜、因害设防的原则，紧密结合基本农田和基本牧场建设，大力营造防护林、固沙林、水土保持林等。目的是在较大范围内形成带、片、网相结合，乔、灌、草相结合，人工造林与保护现有森林植被相结合，主体工程与区域性防线相结合的大型防护林体系，从而形成一个农、林、牧比例协调的农业生态体系。

“三北”防护林带

20世纪70年代末—80年代初

美苏等一些国家将航天遥感技术用于森林资源调查和森林灾害监测 自1960年美国成功地发射了第一颗气象卫星——电视和红外辐射观测卫星以后，人类实现了用人造卫星对地球进行观测。到了20世纪70年代初，载有可见光与近红外传感器的地球资源卫星及海洋卫星陆续进入轨道以后，将地球之陆地和海洋也纳入民用航天遥感领域。从大量的卫星遥感资料中，人们开始从一个新的高度来重新认识人类赖以生存的地球，并将这些资料广泛应用于自然资源的调查和自然环境的分析评价，为人类快速而准确地提供了大量所需的信息。目前，航天遥感技术已经发展成为多系列、多高度、多站位、多光谱、多波段、多时相、多主题成像、多学科分析、多部门应用的综合性系统，在资源开发、环境监测以及国民经济建设等方面不断发挥着重要的作用。综观而论，对航天遥感技术及其应用研究的概况可简述为：发达国家的航天遥感技术各具特色；发展中国家的遥感技术应用已初见成效；航天遥感技术将在全球性研究中发挥重要的作用。

地球资源卫星

今天，地球资源卫星的数据除用于传统的地质、矿产、地面及地表水资源勘探，农作物、森林、牧场，土质调查，资源考察，作物估产，病虫害监测，地球制图，环境污染监测等外，还广泛用于航运、救援、城镇建设、考古、危机监测、难民安置、不动产税收和非法药物进口监视。

1980年

中国种子公司向美国西方石油公司转让杂交水稻技术，是中国现代首次出口农业技术 杂交水稻指选用两个在遗传上有一定差异，同时其优良性状又能互补的水稻品种进行杂交，生产具有杂种优势的第一代杂交种。杂种优势是生物界的普遍现象，利用杂种优势提高农作物产量和品质是现代农业科学的主要成就之一。

籼型杂交水稻

新中国成立以来，中国在农业科技上一项举世瞩目的成就是籼型杂交水稻的育成。这项技术自1976年在全国大面积推广以后，仅至1994年，就已使中国的稻谷累计增产达2400亿千克。此外，该技术还被出口到美国等国家和地区。

1981年

中国生物防治农作物病虫害的面积达1.3亿亩。其中，以虫、菌治虫，以菌治病的面积各占一半　生物防治是指利用生物和非生物制剂抑制和消灭有害生物的方法，它是降低杂草和害虫等有害生物种群密度的一种方法。生物防治利用了生物物种间的相互关系，以一种或一类生物抑制另一种或另一类生物，它的最大优点是不污染环境。

我国是应用生物防治历史悠久的国家，早在一千多年前，果农就懂得利用黄猄蚁防治柑橘害虫，开创了生物防治的先例。随着生物防治的研究和应用日益广泛和深入，其已成为综合防治的重要组成部分。生物防治的内容包括以虫治虫、以病原微生物治虫和以其他有益生物（如益鸟、青蛙、鸭等）治虫。其中，以虫治虫应用最为广泛，是生物防治最主要的内容。随着现代科学技术的发展，利用合成激素和化学不育剂、放射能处理昆虫的技术和用遗传手段引起不育的防治技术也有了很大进展，从广义上来说，也可将不育防治方法放在生物防治的范围内。

中国橡胶树北移种植成功，建成以海南岛、西双版纳为主的生产基地　橡胶为四大工业物资（钢铁、煤炭、石油、橡胶）之一，有着极为广泛的用途，在国民经济和国防建设中有着不可代替的地位。目前，世界上所用橡胶大约一半是天然橡胶。

中国引种橡胶树最早开始于1904年，由云南土司刀安仁（1872—1913）从新加坡引进种苗约8000株，种在云南西南部盈江县凤凰山（约北纬24.5°，海拔980米），至90年代初期尚存活1株。到1949年止，全国植胶面积不足3000公顷，主要集中在海南岛，年产干胶不过200吨。

曾经有国外学者认为在北纬17°（也有说10°）以北不宜种植橡胶树。实际上，中国橡胶树生产性种植最北是云南省保山地区的潞江坝农场和新城农场，已经到北纬25°。另外，福建漳州市天宝的福建省亚热带作物研究所的某些橡胶林段也到达了北纬24.5°。中国所有的橡胶农场都是处在北纬18°以北的地区，可以说是远远打破了北纬17°以北不能种橡胶树的假说。

此外，之前在世界各植胶国种植橡胶树最高的高度没有超过500米者，但是中国云南省南部（西双版纳）的许多橡胶园海拔高度却超过1000米，这在世界上是绝无仅有的。

为了配合和推动中国橡胶树和其他热带作物开发事业的发展，20世纪50年代，国家在海南岛成立华南热带作物学院（1996年改为华南热带农业大学，2007年与原海南大学合并组建新的海南大学），多年来，该高校提出多项重大科研成果，培养了大批热带农业科技人才，为中国以至世界的热带农业做出重大贡献。

1982年

中国对虾工厂化育苗成功，育苗研究与技术进入世界先进行列　中国对虾养殖业，1985年以前稳定发展，养虾技术有了很大的进步，1985年后进入高速增长期，到1991年产量达到21.9万吨。由于数量级的扩展、生态环境恶化和白斑病的危害，1993年滑坡，1994年产量降至6.3万吨，1995年后逐步复苏，到2000年产量恢复到21.79万吨，2001年又迅猛增产到30.4万吨。

集约化养殖通称为工业化养殖、工厂化养殖等，即集现代设施于一体的养殖方式，是养虾业的必由之路。

赵法箴（1935—），中国工程院院士，海水养殖专家。1958年毕业于山东大学，现任中国水产科学研究院黄海水产研究所名誉所长、研究员。被誉为“中国对虾之父”。20世纪80年代主持国家攻关项目“对虾工厂化全人工育苗技术”，创立了高效、稳定，可以有计划大批量生产苗种的对虾工厂化全人工育苗技术体系，使我国一跃成为对虾人工育苗和养殖产量最高的养虾大国。

中国成为利用赤眼蜂治虫面积最大的国家，赤眼蜂的体外培育研究居世界前列 赤眼蜂为卵寄生蜂，在玉米田可寄生玉米螟、黏虫、条螟、棉铃虫、斜纹夜蛾和地老虎等鳞翅目害虫的卵。能寄生玉米螟卵的赤眼蜂有玉米螟赤眼蜂、松毛虫赤眼蜂、螟黄赤眼蜂、铁岭赤眼蜂等，但以玉米螟赤眼蜂和松毛虫赤眼蜂最重要。害虫在产卵时会释放一种信息素，赤眼蜂能通过这些信息素很快找到害虫的卵。它们在害虫卵的表面爬行，并不停地敲击卵壳，快速准确地找出最新鲜的害虫卵，然后在那里产卵、繁殖。赤眼蜂由卵到幼虫，由幼虫变成蛹，由蛹羽化成蜂，甚至连交配怀孕都是在卵壳里完成的。一旦成熟，它们们就破壳而出，然后再通过破坏害虫的卵繁衍后代。

赤眼蜂的利用价值在于：可以大批量人工饲养繁殖，大面积用于防治；防虫效果好且稳定。

1983年

第一株转基因植物——含有抗生素药类抗体的烟草在美国培植成功 转基因植物是拥有来自其他物种基因的植物，该基因变化过程可以来自不同物种之间的杂交，目前，转基因植物更多的特指那些在实验室里通过重组DNA

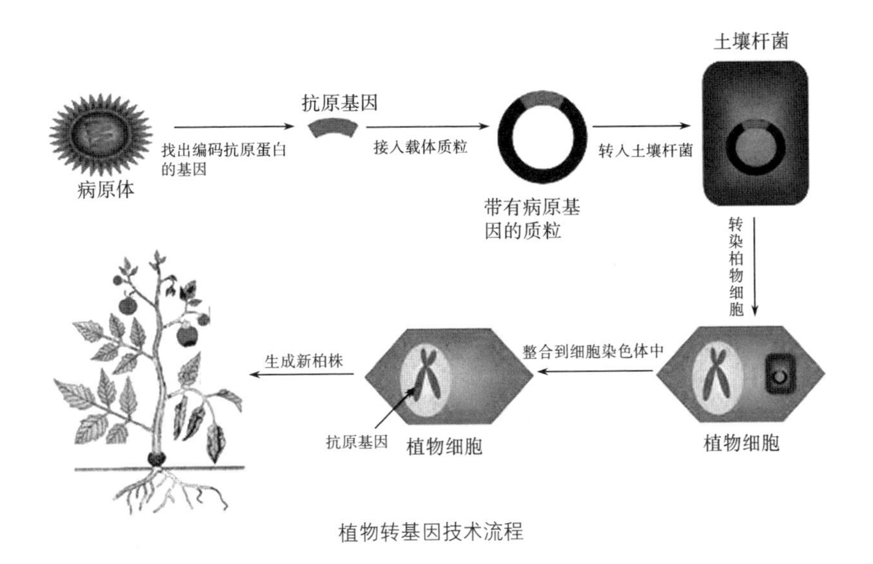

植物转基因技术流程

技术人工插入其他物种基因以创造出拥有新特性（如抗虫、抗病、抗逆、高产、优质等）的植物。随着现代生物技术的迅速发展，植物转基因技术方兴未艾。自从1983年首次获得转基因植物后，至今已有35科120多种植物转基因获得成功。1986年首批转基因植物被批准进入田间试验，至今国际上已有30个国家批准数千例转基因植物进入田间试验，涉及的植物种类有40多种。

1984年

中国利用花粉或将花药培育成作物新品种50多个，居于世界领先地位 花药和花粉的离体培养简称花培，开始于20世纪50年代，美国学者（Tulecke）用银杏花粉首次成功地诱导出单倍体愈伤组织，并发现一些花粉可以通过不正常的发育途径形成愈伤组织。1964年，又有研究者（Guha和Maheshwari）成功用毛叶曼陀罗花药培养获得许多胚状体，并证明胚状体直接起源于花粉粒，最终从胚状体进一步发育得到单倍体植株。目前至少有34个科88个属300多种植物的花药培养成功。我国的研究始于20世纪70年代，

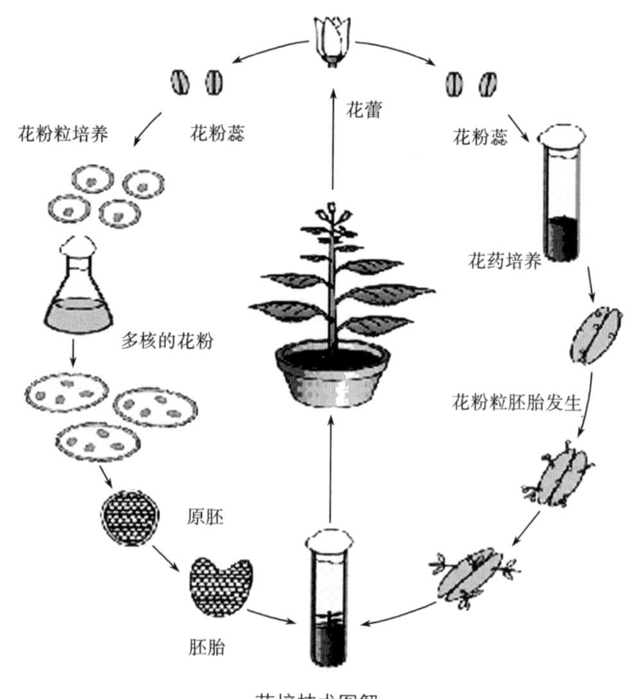

花培技术图解

将花培和传统育种手段相结合，先后培育出大批具研究和应用价值的品种。1974年，中科院植物所与山东烟草研究所合作，成功培育成烟草新品种并大面积推广，这是世界上第一个用单倍体育种方法培养出来的新品种。我国花培及单倍体育种应用在世界上处于领先地位。

美国发射陆地5号（Landsat-5）卫星，推动了森林遥感图像计算机处理的进展 美国陆地卫星（Landsat）是用于探测地球资源与环境的系列地球观测卫星系统，曾被称作地球资源技术卫星。陆地卫星的主要任务是调查地下矿藏、海洋资源和地下水资源，监视和协助管理农、林、畜牧业和水利资源的合理使用，预报和鉴别农作物的收成，研究自然植物的生长和地貌并考察和预报各种严重的自然灾害和环境污染，拍摄各种目标的图像，借以绘制各种专题图等。

美国自1972年7月23日发射陆地1号卫星以来，到1984年 3月1日已发射到陆地5号卫星，这个卫星系列是在“雨云”号卫星的基础上研制的。陆地卫星用以收集地球信息的装置有多谱段扫描仪和返束光导管摄像机，它的信息以电信号形式记录。卫星飞经地面接收站上空时把电信号发送给接收站，经处理后供用户使用。陆地卫星还装有数据收集系统，为分布在世界各地的150个地面数据自动收集平台中继传输数据。这些平台收集当地的河水流量、雨量、积雪深度、土地含水量以及火山活动情况等数据，经卫星中继以后集中送给用户。陆地卫星系列是20世纪70～80年代为世界各国提供航天遥感数据的主要遥感系统，对航天遥感的发展及其应用具有划时代的意义。

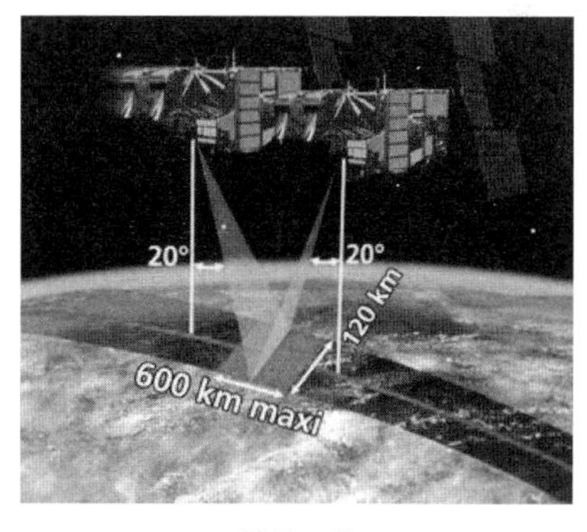

陆地卫星

1985年

英国研制成功无土栽培法种草机，每天能生产一吨鲜草饲料 无土栽培是以草炭或森林腐叶土、蛭石等轻质材料做育苗基质固定植株，让植物根系直接接触营养液，采用机械化精量播种一次成苗的现代化育苗技术。选用的

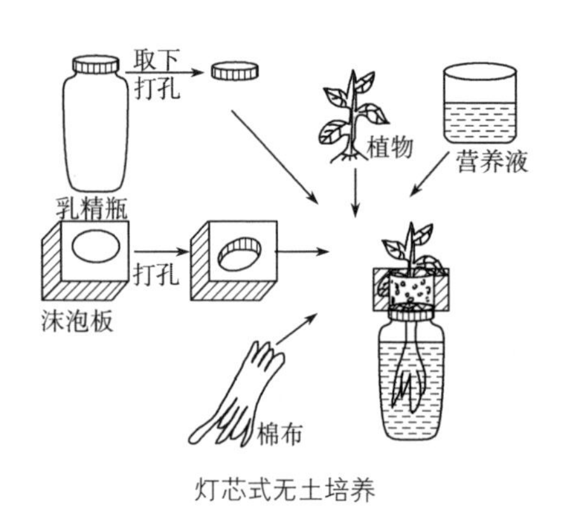

灯芯式无土培养

苗盘是分格室的，播种一格一粒，成苗一室一株，成苗的根系与基质互相缠绕在一起，根坨呈上大下小的塞子形，一般叫穴盘无土育苗。英国研制的Landsaver1000型无土栽培法种草机，每天能生产1吨鲜草饲料。该机器利用荧光灯提供光照，每隔6小时在696个种植饲草的浅盘内喷入营养液。

从历史上来看，农业文明的标志，就是人类对作物生长发育的干预和控制程度。实践证明，对作物地上部分的环境条件的控制，比较容易做到，但对地下部分（根系）的控制，在常规土培条件下很困难。无土栽培技术的出现，使人类获得了包括无机营养条件在内的，对作物生长全部环境条件进行精密控制的能力，从而使得农业生产有可能彻底摆脱自然条件的制约，完全按照人的愿望，向着自动化、机械化和工厂化的生产方式发展。这将会使农作物的产量得以几倍、几十倍甚至成百倍地增长。

从资源的角度看，耕地是一种极为宝贵的、不可再生的资源。由于无土栽培可以将许多不可耕地加以开发利用，所以使得不能再生的耕地资源得到了扩展和补充，这对于缓和及解决地球上日益严重的耕地问题，有着深远的意义。

1986年

赵乃刚

赵乃刚［中］等合作研究的河蟹繁殖人工半咸水配方及其工业化育苗工艺，在第14届日内瓦国际发明与新技术博览会上获金奖　赵乃刚（1938—2009），男，汉族，浙江绍兴人，曾任农业部科学技术委员会委员，是我国内陆水域河蟹人工育苗创始人。从1973年至1984年，赵乃刚克服种种困难，以严谨的科学精神，在滁州城西水库的荒岛上坚持试验研究11年，发明了“河蟹繁殖的人工半咸水配方及其工业化育苗工艺”。该工艺符合河蟹繁殖的生态学特性，便于人工操作，管理方便，育苗成本远低于采用天然海水，居世界领先地位。20世纪80年代至90年代，该工艺在内陆水域被广泛推广应用，对我国河蟹产业发展起到重要的推动作用。1984年，赵乃刚继续主持河蟹人工配合饵料研究，从事河蟹人工增养殖的系列开发研究，成果得到广泛应用。至1994年，安徽省湖泊、池塘养蟹100多万亩，产量超7000吨，产值达10亿元。赵乃刚的科研成果“河蟹繁殖的人工半咸水配方及其工业化育苗工艺”获日内瓦第14届国际发明与新技术展览会金牌奖、布鲁塞尔第35届尤里卡世界发明博览会金牌奖、全国科学大会奖、农牧渔业部技术进步一等奖、国家发明一等奖；主持完成的河蟹人工配合饵料，获安徽省科技进步二等奖。

中国培育成功达到国际先进水平的细毛羊新品种——中国美利奴羊 中国美利奴羊简称中美羊，体重40.9 ~ 48.8千克，是我国在引入澳美羊的基础上，于1985年培育成的第一个毛用细毛羊品种。该品种的羊毛产量和质量已达到国际同类细毛羊的先进水平，也是我国目前最为优良的细毛羊品种。按育种场所在地区，分为新疆型、军垦型、科尔沁型和吉林型4类。

中国美利奴羊体质结实，体型呈长方形。公羊有螺旋形角，母羊无角，公羊颈部有1 ~ 2个皱褶或发达的纵皱褶。鬐甲宽平，胸宽深，背长直，尻宽而平，后躯丰满，髻部皮肤宽松。四肢结实，肢势端正。毛被呈毛丛结构，闭合性良好，密度大，全身被毛有明显大、中弯曲；头毛密长，着生至眼线；毛被前肢着生至腕关节，后肢至飞节；腹部毛着生良好，呈毛丛结构。

中国美利奴羊

中国美利奴羊成年公羊平均体高、体长、胸围和体重分别为72.5 ± 2.3厘米、77.5 ± 4.7厘米、105.9 ± 4.3厘米和91.8千克，成年母羊分别为66.1 ± 2.5厘米、71.7 ± 1.8厘米、88.2 ± 5.2厘米和43.1千克。中国美利奴羊公羊与各地细毛羊杂交，对体型、毛长、净毛率、净毛量、羊毛弯曲、油汗、腹毛的提高和改进均有显著效果，表明其遗传性较稳定，对提高我国现有细毛羊的毛被品质和羊毛产量具有重要的影响。

1988年

美国哈佛大学获得遗传工程学上第一个动物专利权　专利权指国家专利主管机关依法授予专利申请人及其继受人在一定期间内实施利用其发明创造的独占权利。专利权的限制是指专利法规定的，允许第三人在某些特殊情况下可以不经专利权人许可而实施其专利，且实施行为并不构成侵权的一种法律制度。

1988年，哈佛大学把一种致癌物质基因重组到哺乳动物小鼠体内，得到了一种对致癌物质极为敏感的，对检测致癌物质十分有用的实验动物模型，并于当年获得专利。该专利的授予是美国在生物技术专利保护中的里程碑事件。尽管该专利权的授予在欧洲引起了轰动和不少抗议，但有一点是值得肯定的，即“正是这个举世瞩目的专利，为生物技术商品化树立了里程碑，此项专利的颁发，在深入发展遗传工程的道路上迈出了关键的一步”。其后，又有多种遗传工程动物相继获得了专利。

从理论上讲，保护动物品种对于调动广大科技人员进行发明创造的积极性，保护其正当利益不受侵害具有十分重要的意义。当我们在决定某一对象应否被纳入专利法保护范围时，一方面要考虑到对这一对象进行保护的必要性，另一方面要考虑现行法规定是否与之相适应，如不适应，则只能通过对现行法的修订进行保护。

1996年

疯牛病在英国暴发，影响波及全球　疯牛病，即牛海绵状脑病，首次在英国被报道。这种病波及世界很多国家，如法国、爱尔兰、加拿大、丹麦、葡萄牙、瑞士、阿曼和德国。据考察发现，这些国家有的是因为进口英国牛肉引起的。医学家们发现该病的病程一般为14～90天，潜伏期长达4～6年，多发生在4岁左右的成年牛身上。其症状不尽相同，多数病牛中枢神经系统出现变化，行为反常，烦躁不安，对声音和触摸，尤其是对头部触摸过分敏感，步态不稳，经常乱踢以致摔倒、抽搐。发病初期无上述症状，后期出现强直性痉挛，粪便坚硬，两耳对称性活动困难，心搏缓慢（平均50次/分），呼吸频率增快，体重下降，极度消瘦，以致死亡。经解剖发现，病牛中枢神经系统的脑灰质部分形成海绵状空泡，脑干灰质两侧呈对称性病变，神经纤维网有中等数量的不连续的卵形和球形空洞，神经细胞肿胀成气球状，细胞质变窄。另外，还有明显的神经细胞变性及坏死。医学家研究证实，牛患疯牛病，是痒病传到身上所致。痒病是绵羊所患的一种致命的慢性神经性机能病。不过，医学界至今未能找到导致痒病的根源，因此，疯牛病的病原也就难以确定。

食用被疯牛病污染了的牛肉、牛脊髓的人，有可能染上致命的克–雅氏病。克–雅氏病简称CJD，是一种罕见的致命性海绵状脑病，据专家们统计，每年在100万人中只有一个会得CJD。其典型临床症状为出现痴呆或神经错乱，视觉模糊，平衡障碍，肌肉收缩等。病人最终因精神错乱而死亡。

美国开始种植转基因大豆 转基因即运用科学手段从某种生物中提取所需要的基因，将其转入另一种生物中，使之与另一种生物的基因进行重组，从而产生特定的具有优良遗传形状的物质。利用转基因技术可以改变动植物性状，培育新品种；也可以利用其他生物体培育出人类所需要的生物制品，用于医药、食品等方面。人们常说的“遗传工程”“基因工程”“遗传转化”均为“转基因”的同义词。

转基因大豆

经转基因技术修饰的生物体在媒体上常被称为“遗传修饰过的生物体”，即转基因生物，是为了达到特定的目的而将DNA进行人为改造的生物。通常的做法是提取某生物具有特殊功能（如抗病虫害、增加营养成分）的基因片断，通过基因技术加入到目标生物当中。1996年春，美国伊利诺伊西部许多农场主种植了一种大豆新品种，这种大豆移植了矮牵牛花的一种基因，可以抵抗杀草剂——草甘膦（毒滴混剂，会把普通大豆植株与杂草一起杀死）。

据了解，2000年，美国转基因大豆的种植面积大约在81%左右，巴西大约在50%左右，阿根廷则为100%。2002年，美洲转基因大豆的种植面积达到了 3650 万公顷，占全球转基因种植总面积的 62%。

1997年

第一只体细胞克隆动物（绵羊）多利在英国诞生 多利诞生于1996年7月5日，1997年被首次向公众披露。它被美国《科学》杂志评为1997年世界十大科技进步的第一项，也是当年最引人注目的国际新闻之一。科学家认为，多利的诞生标志着生物技术新时代的来临，因为它是世界上首列没有经过精、卵结合，而由人工胚胎放入绵羊子宫内直接发育成的动物个体。

克隆羊多利

多利是人类首次利用成年动物体细胞克隆成功的第一个生命。它的诞生揭开了分子生物学领域崭新的一页，使科学家不得不重新审视现有的胚胎发育理论，并预感到人类有一天也可能克隆自己。同时，体细胞克隆技术也为将来从培育细胞的角度治愈不治之症提供了可行的思路。

1998年

美、日、中、英、韩五国代表制订“国际水稻基因组测序计划” 1998年，国际水稻基因组测序计划正式启动，中国与日本、美国、法国、韩国、印度等一道，成为这一国际组织的成员。除日本承担6条染色体的测序外，其他国家大都根据自身的经济实力只承担一条染色体的测序。根据国际水稻基因组织的协议，其成员必须将测序的所得数据提供给公共基因库，同时，也可以分享他人的数据和有关这一领域的先进技术与成果。这就意味着，中国水稻基因的测序研究，奉献了10%的工作量，却拥有了分享另外90%成果的资格。

水稻基因组研究八大发现

2002年12月18日，国际水稻基因组测序工程结束纪念仪式在东京举行，200多位来自10个国家和地区的科学家及日本各界代表出席了会议，宣布国际水稻基因组测序结束。水稻（籼稻）基因工作框架图是继人类基因组之后完成测定的最大的基因组，也是迄今测定的最大植物基因组。该框架图已基本覆盖了水稻的整个基因组、92%以上的水稻基因，人类第一次对水稻有了全基因组层次的了解。

参考文献

［1］闵宗殿. 中国农史系年要录［M］. 北京：农业出版社，1989.

［2］梁家勉. 中国农业科学技术史稿［M］. 北京：农业出版社，1989.

［3］中国大百科全书总编辑委员会《农业》编辑委员会，中国大百科全书出版社编辑部. 中国大百科全书 · 农业卷［M］. 北京：中国大百科全书出版社，1992.

［4］中国农业百科全书总编辑委员会农业历史卷编辑委员会，中国农业百科全书编辑部. 中国农业百科全书 · 农业历史卷［M］. 北京：农业出版社，1995.

［5］邹德秀. 世界农业科技史［M］. 北京：中国农业出版社，1995.

［6］《农业大词典》编辑委员会. 农业大词典［M］. 北京：中国农业出版社，1998.

［7］卢嘉锡. 中国科学技术史 · 年表卷［M］. 北京：科学出版社，2006.

事项索引

E

F

G

H

J

K

L

M

N

W

X

Y

Z

人名索引

编后记

书稿从词条选择、写作到修改完成，历时多年。多位教授和研究生参与了课题研究，对书稿的撰写和完成付出了诸多心血，在此深表感谢并说明其各自的贡献。

主编王思明教授于百忙之中抽出大量时间指导书稿的撰写；人文学院及科技史学科点的多位老师从书稿写作、修改完善到付梓出版，也一直予以支持和帮助；古代部分主要由沈志忠教授撰写完成，近现代部分主要由卢勇教授撰写完成。

此外，冯培等硕士研究生也参与了部分书稿撰写工作，包括近现代部分的概述、事项索引和人名索引等。在此谨向各位师友亲朋表示由衷感谢！

建　筑

概述

（远古—1900年）

1. 早期建筑

人类在以采集、狩猎为主要经济活动的时期，为了躲避水灾和防止野兽，多居住在山地、山洞。用岩石垒起的小屋以及用树枝茅草搭起的窝棚是人类最早的住宅。为了越冬，自旧石器时代出现了坑洞式的地下半地下建筑，其上放置木梁、茅草、树叶，再用碎石、土覆盖。这类建筑遗迹在欧洲、俄罗斯均有发现。中东及埃及早期王朝时期已采用梁柱结构，主要是用木柱支撑植物编织物的类似遮蔽棚的建筑，其中有半卧地下的炉灶。埃及前王朝中期出现了设有木框架门的抹灰篱笆墙或泥墙的房屋，还有一种用芦苇编成的小屋，为增加强度在其外部抹了灰泥。

农耕时代人类进入平原开始了定居生活，固定的房舍成为必不可少的生活设施。B.C.4000年前，古埃及人、苏美尔人的建筑一般用土坯垒成，呈长方形或圆形，平屋顶。B.C.4000年后出现了岩石结构及木结构房屋。

建筑技术因时期不同、民族不同、自然条件不同，在材料、形式、结构、技法上各具特色。但从整体上看，一般的房舍建筑材料不外乎是土坯、石块、砖瓦、木材乃至各种植物茎叶，在房顶结构上则有平顶、人字顶、尖顶（圆形房屋）之分。

古代各历史时期的宫殿建筑及宗教建筑代表了该时期建筑的最高成就。

B.C.3500年前，在两河流域（现伊拉克境内）即大量使用了黏土坯。黏土坯一般是将和好的黏性土壤用简单的木模成型后，靠晾晒使之干燥，多用于修建神庙，神庙外墙用颜料画成一定的装饰图案。后来将土坯烧制成砖。在苏美尔时期，神庙建筑外墙开始普遍采用碎石块拼成的马赛克，或涂上颜料，并学会了用石膏制作各种建筑装饰件和构件。用窑烧制的砖在这一时期得到普及，砖除了作为墙用外，为了防潮和装饰还用于铺装地面。这一时期，建筑装饰也更为精细，不但采用各种颜色石料制作马赛克，还大量使用铜制作建筑浮雕。在城市中，用砖砌圆拱、下铺石板建造成城市下水道。

到乌尔第三王朝时期，美索不达米亚出现了许多大型砖石建筑。乌尔的南姆神塔高25米、长72米、宽54米，外立面砖墙厚达2.5米，砖间用沥青作为黏合剂。砖是经高温烧制成的，质地坚硬，而且砖的尺寸似乎已经标准化。大型建筑采用了大跨度的拱，拱是由尺寸精确的扇形砖拼装而成的。由于美索不达米亚林木缺乏，建筑中木材用的很少。

在古埃及，到前王朝后期开始用晒干的土坯作为建筑材料，墙的厚度在1米左右。美索不达米亚的砖建筑不特意开设窗户，而古埃及建筑开有较大的窗，而且使用大量的木材为支柱和框架。

第三王朝时期，由于采石业的发展和石匠手艺的进步，石材成为永久性建筑（主要是公用建筑、墓室、王宫）的主要材料。各王朝时期作为长老坟墓的金字塔都是用整齐的石块建造的，石材的开采并未使用金属工具，而是用大量的玄武岩石锤、石镐，在切割岩石时还使用了磨料。埃及人的巨石建筑不太注重地基的建设，许多仅是用半米左右厚的沙土铺成。金字塔有较为规则的结构，一般为直立至顶的梯形核心岩，其外是沿梯形斜面阶梯状的不断降低的5～7层内饰，各阶层上角处用碎石填充，外饰以抛光的石灰石拼成。

在B.C.3000—B.C.2000年间，地中海东部地区以及爱琴岛的建筑则简单得多，一般为平屋顶长方形建筑。B.C.2000年后，出现了带彩釉的二三层建筑，墙体多下部用碎石，上部用晒制的土坯砌成，有纵立的木柱和木制横梁，长方形窗户嵌有玻璃以助房屋的采光。

在中国古代，南方地区因潮湿而多“巢居”，北方土质厚重且干旱而多“穴居”。河姆渡遗址中发现有木构件房屋的遗存，木结构建筑后来成为中国建筑的主要形式，卯榫结构、梁柱结构均在河姆渡文化时期就出现了。半坡遗址出土了石斧、石铲、石凿、石楔等建筑工具，其建筑形式可能是木架构与石洞、地穴、木骨泥墙相结合，形态因地势而异。

2. 古希腊罗马时期

古希腊 早期的希腊神殿是砖木结构的，其主体为长方形，前面或四周设有圆柱形的立柱，屋顶为人字形。到B.C.6世纪，开始用石灰石和大理石作为建筑材料。古希腊由于地理环境所限，在城市布局上较为随意，大都依靠自然地貌而建，许多建筑的门是朝东的，城市周围一般不设城墙而是开放的。建于B.C.1700年左右作为克里斯特文明标志的米诺斯宫是古希腊早期建筑的典型。

古希腊的建筑在不断吸收爱琴海米诺斯（Minos）文化的基础上，逐渐发展成独具特色的古希腊建筑式样。古希腊的建筑在外形上有统一的形式，各部分的形状与相互间比例均有一定的标准，圆柱成为重要的建筑结构元素。B.C.6世纪前，圆柱多为木柱，之后采用了更为耐久的石柱。古希腊的许多大型建筑外围都建有柱廊，即由立柱支撑的庭廊，柱廊既可以支撑屋檐，也可以分担内墙对山墙屋顶的支持力。这些廊柱形式逐渐演化为典型的古希腊柱式（Crder）结构。柱式由圆柱及柱上楣组成，圆柱由柱头、柱身和柱基组成。典型的柱式有三种，其中盛行于希腊本土的多立克式和盛行于小亚细亚爱琴海的爱奥尼克式，是最早的基本形式。希腊化时期后派生出科林斯式。这些柱式都有严格的比例，爱奥尼克式和科林斯式柱头分别由向下卷曲涡卷和莨菪叶纹饰装饰。

B.C.5世纪，代表古希腊建筑特色的艺术与技术完美结合的帕特农神庙。古希腊城市非常注重公共设施的修建，为表演著名的希腊喜剧和悲剧，许多城市修建有巨大的具有梯形看台的露天剧场。城市中集市广场要建造U形或L形的双层或三层的回廊，这些回廊由排列整齐的立柱支撑。随着希腊化时期亚历山大大帝对东方各国的征服，小亚细亚殖民地城邦采用了统一的城市规划。城市都建有中心广场，中心广场周围设有神庙、宫殿、剧场、柱廊等，四周围以城墙，民居多为二三层建筑。

古希腊人将建筑与艺术完美结合，所创造的中央庭院、不对称的空间布局，恰当地利用丘陵、山地等直接影响到罗马城市的规划和建筑，成为后来欧洲建筑的源头。

罗马　罗马人发明了用火山灰、石灰、砂石混合而成的混凝土，由于这种建筑材料容易获得，因此在罗马境内开始出现了一些大型的建筑工程。特别到罗马帝国时代，用砖瓦、石块、混凝土建造拱顶、圆屋顶的建筑技术已经达到相当高的水平，在建筑物外墙上还使用大理石板进行表面装饰。在一些城市中建有许多多层的集体住宅，并有宽敞的凉台，其建筑外观与现代的建筑已很类似。B.C.1世纪左右，罗马人开始使用窗玻璃，窗框则用青铜或木材制成。

罗马城市规划受古希腊的影响，将严峻而优美的形式与实用目的巧妙地结合，罗马城内到处是神庙、祭坛以及公共设施。几乎所有的城市都模仿罗马城，两条交通干线汇合于市中心广场，广场附近一般设有商业建筑群、柱廊、神殿、长方形大会堂、行政机关、纪念柱、图书馆等。竞技场是四周设有阶梯座席的大型建筑，最具代表性的是椭圆竞技场以及凯旋门等，均以其宏伟和奢华达到古代建筑技术的顶峰。

罗马时期主要的建筑材料是砖和混凝土，教堂、皇宫、城堡则多用大理石和花岗岩等石料。木结构建筑在欧洲一直延续了几千年，但与东亚、俄罗斯特别是中国不同，木结构始终未成为建筑的主流。

由于罗马城供水的需要，罗马人跨越山河修建了从山泉开始，全长1300英里（2092千米）的14个经过精心设计并有一定坡度的输水渠，日供水量达3亿加仑。这些输水渠要通过大量输水隧道、横跨两山间的高架水渠，在罗马城则采用铅制输水管向用户供水。到罗马帝国时期这一渠道已成为包括贮水池、导水道、公共浴池、喷泉和排水道在内的完整的城市供排水体系。

1世纪，著名的建筑师维特鲁威参与了罗马城的引水、供水工程和军用机械的设计。他设计了一种螺旋抽水机，这种抽水装置在公元前后广泛为罗马帝国所采用。维特鲁威的《建筑十书》（*De architectura*）是对罗马时期建筑技术的全面总结。

3. 欧洲中世纪与文艺复兴时期

中世纪的建筑主要是罗马式建筑的复兴，之后则是哥特式建筑的兴起和发展，东罗马则发展出独特的拜占庭式建筑。但是一直到中世纪末，一般民宅几乎没有什么大的变化，多是木框架和涂泥的篱笆墙，或用石块叠筑的墙，屋顶多用茅草或稻草铺盖。

罗马式建筑 最早的罗马基督教教堂建筑，是一种长方形廊柱大厅，被称作巴西利卡（basilican）。罗马建筑师维特鲁威对这种建筑的设计做出说明：长度为宽度的1.5倍，用两排柱子将大厅分隔成中厅和两个侧廊，每个侧廊的宽度都是中厅宽度的1/3。后来罗马许多城市的这类大厅式教堂，延续了罗马的建筑形式，一般由中厅和侧廊组成，入口处（西端）建有前厅，另一端（东端）建有后殿。

罗马帝国灭亡后的近500年中，欧洲建筑无论在设计还是建造方面，都远比不上罗马时期。穷人的房子是一些破烂的木屋或半地下的石屋，城市中大部分豪宅被破坏。

675年，法兰西工匠利用在高卢地区生产的玻璃，为芒克维尔莫斯教堂安装了窗玻璃，英格兰人由此学会了玻璃的制作和使用。7世纪末，约克大教堂也安装了窗玻璃。

1000年前后，由于欧洲封建社会日趋稳定，建筑业又活跃起来，圆拱的罗马式建筑成为建筑业的主流，各地建造了许多罗马式的教堂、礼拜堂和修道院，甚至在城堡建筑中也大量采用罗马建筑式样。

哥特式建筑 拜占庭时期叙利亚特有的尖拱建筑已存续了几个世纪，这种尖拱建筑被十字军传入欧洲后发展成哥特式建筑。哥特式建筑大约在1200—1540年流行于欧洲。法兰西的第一个哥特式建筑是1140年建造的位于巴黎附近的圣但尼修道院。在英格兰，从罗马式建筑向哥特式建筑的转换始于1174年，法兰西建筑师威廉设计的坎特伯雷大教堂，在穹顶上开始采用尖拱。到1200年后，尖拱与圆顶窗和圆顶门廊在一些建筑上混杂并存，之后开始向纯哥特式建筑过渡。

哥特式建筑结构比罗马式的建筑结构显得轻巧，墙壁、拱柱和拱顶也

比罗马式的轻薄很多，建筑技术更加精湛。罗马式的厚重的石屋顶变为石肋材，屋顶及上部向下的重力由排列有序的立柱或扶墙承载，不再像罗马式那样压在厚厚的石墙上。12世纪末，法兰西建筑家们发明了飞拱，可以将中厅或侧廊的拱顶产生的巨大侧向推力转移到地面，这种飞拱在法兰西的教堂建筑中得到大量应用。

不少哥特式建筑采用了木框架结构的屋顶，屋顶架在用石料或砖砌的墙上，许多哥特式建筑采用结构复杂、造型艺术的窗框，其上装有彩色玻璃。铅制的檐槽也开始大量应用。

拜占庭建筑　在同一时期，东罗马的拜占庭建筑师们继承了罗马穹顶式的建筑风格，运用了砖石结构框架，他们不仅用砖石建造巨大的墙体和半圆顶，连中心的穹顶也用砖石砌的肋材建造。拜占庭建筑普遍使用体量既高又大的圆穹顶，并把穹顶支承在独立方柱上。此外，还用砖作为建筑的表面装饰材料，用砖石砌成各种几何图形和飞檐。

拜占庭最为辉煌的建筑成果是圣索非亚教堂。圣索非亚教堂始建于532年，动用了1万多劳工，耗资32万磅黄金，从各地进口十几种不同种类的精美的大理石及大批金、银、珠宝用于装饰，历时5年，于537年完工。厅内装饰金碧辉煌，成为当时最负盛名的宗教建筑。此后查士丁尼大帝又在君士坦丁堡建了26座教堂。这些教堂是拜占庭建筑的典范，一直影响到近代俄罗斯及东欧许多国家的建筑式样。

文艺复兴建筑　是欧洲建筑史上继哥特式建筑之后出现的一种建筑风格。15世纪佛罗伦萨大教堂的建成，标志着文艺复兴建筑的开端。由于古代希腊和罗马的建筑是非宗教性的，在文艺复兴时期其建筑形式得到恢复。建筑师们认为这种古典建筑，特别是古典柱式构图体现着和谐与理性。

文艺复兴之后则出现了反古典主义的、追求柔媚造作的洛可可风格和追求富丽堂皇、注重世俗化的巴洛克建筑风格。

伊斯兰建筑　伊斯兰教创始人穆罕默德于630年统一了阿拉伯半岛。到8世纪，版图横跨亚非欧的阿拉伯帝国形成。巴格达、开罗和科尔多瓦曾是世界上重要的经济与文化中心，先后建起了城堡、礼拜寺、王宫、经学院、图书馆、澡堂等许多规模宏大的建筑。伊斯兰建筑的风格是在立方体房屋上覆盖穹隆、叠涩拱券、镶嵌彩色琉璃砖与建造高耸的邦克楼等，其来源可追溯到古代西亚，并受到古波斯王朝建筑的影响。在阿拉伯帝国时期，又吸收了拜占庭建筑的庞大规模、印度的弓形尖券和精工细镂的雕刻，使伊斯兰建筑形成建筑历史中综合有东西方文化的独特体系。

4. 欧美近代建筑

18世纪后，一些新的建筑风格开始出现。浪漫主义建筑是18世纪下半叶到19世纪下半叶，欧美一些国家在文学艺术中的浪漫主义思潮影响下流行的一种建筑风格。浪漫主义在艺术上强调个性，提倡自然主义，主张用中世纪的艺术风格与学院派的古典主义艺术相抗衡。

古典复兴建筑又称新古典主义建筑，是18世纪60年代到19世纪流行于欧美一些国家的，采用严谨的古希腊、罗马形式的建筑。罗马的广场、凯旋门和记功柱等纪念性建筑成为效法的榜样，美国国会大厦就是一个典型例子。

折中主义建筑是19世纪上半叶至20世纪初在欧美一些国家流行的一种建筑风格。折中主义建筑不讲求固定的法式，只讲求比例均衡，注重纯形式美。折中主义建筑在19世纪中叶以法国最为典型，巴黎高等艺术学院是当时传播折中主义建筑艺术的中心。

在建筑结构方面，由于19世纪钢材的大量生产，钢结构的建筑开始出现，其典型的是埃菲尔铁塔，钢结构与平板玻璃结合的例子是英国为第一届万国博览会建造的“水晶宫”展厅。到19世纪末，奥的斯电梯的发明使高层建筑开始出现。

5. 中国及其周边各国的建筑

河姆渡遗址出土的六七千年前的木结构建筑，已有简单的卯榫结构。仰韶文化遗址中出土了木结构和夯土墙相结合的建筑。商代已有城市，出现了宫殿和宗庙建筑，这些宫殿和宗庙采用人字形屋顶和木框架结构，对宫殿的布局也有了一定的要求。

周朝所占的中原地区东面临海，西北为高山沙漠，阻断了与其他民族和地域的交往，文化具有很强的独创性，也因此强调的是祖上的继承性，即对前朝的继承。周朝的许多建筑在形式上与商朝有许多相似性，在城市规划上，有明确的城郭之分，且以四方形为多见，符合中国古代“天圆地方”的宇宙结构观念。无论是区域规划、院落规划还是宫廷规划，特别讲究以中轴线为标的左右对称的规划格局，大门、后门、中堂均布局在中轴线上，这种结构方式在《周礼》中有详细说明。这种结构布局方式成为而后中国建筑设计的传统，一直流传到清末民初，许多民宅、四合院及陵园也都沿用了这种方式布局。

周朝在城郭建筑乃至民宅设计上，一个最大的特点是城郭有城墙围绕以防外敌侵入，庭院有高墙围绕以防盗贼。西周之初曾进行过三次大型的都城建设，到春秋战国时期，各国均建了不少都邑，遍布各诸侯国的宫室宗庙建造技术精湛，而城墙也越加高大牢固。这种用城墙防入侵的方式在战国时期逐渐演变成为预防北方游牧部落的入侵而建成的非封闭性的沿边界的“长城”。

西周的王宫分为三朝：前为“外朝”，左右为宗庙、社稷，外朝是举行重大庆典之处，相当于宫前广场；其内是“治朝”，为办公区；再后的“燕朝”是帝王的宫内生活区。这一宫殿布局沿用了近2000年。

周朝的建筑方式主要是土基础和木结构的结合，建造房屋首先要以木柱、横梁、侧梁构成房屋的基本结构，在两立柱间夯土筑墙。在东周晚期战国时代出现了砖拱券，主要用于体量不大的墓室建筑，还出现了用土坯和砖进行墙体构筑的建筑。

周朝建筑的重要工种是木工，由于青铜、铁制工具的进步，板材、方材均可以锯制，更重要的是卯榫结构方法的广泛采用，由此可以不用任何金属钉子，使木梁、支架等结合紧密而牢固。

瓦是建筑顶层的主要铺装材料，还出现了许多形状各异、带纹饰的装饰性瓦当。制瓦技术在战国时期已相当成熟。砖是在土坯基础上烧制而成的，品种已有详细区分，地砖一般为方形，较厚，砌墙用长条形砖，战国时期还出现了空心砖，更有装饰墙面用的模压花纹的壁面砖。这一时期的黏合剂主要是白灰（用砺灰、土中的料礓石烧制），更多用的是以稻、麦秸等植物纤维与泥调和而成的泥浆。石材则在建筑基础、建筑装饰和墓碑方面得到应用。

中国历代王朝都十分注重都城建设，隋朝统一中国后的第二年七月（582年），隋文帝杨坚（541—604）即下令在被历年战乱毁坏的汉代长安城东南龙首山，兴建隋朝都城大兴城。次年正月大兴城建成，用时仅9个月，四月正式启用。该城从规划、设计到组织施工均是由建筑家、营新都副监鲜卑人宇文恺（555—612）主持的。

大兴城规模宏大，东西9550米，南北8470米，面积达83平方公里，是中国历史上最大的都城。城区规划大体沿用旧制，分宫城、皇城和郭城三部分，宫城、皇城以南北向的中轴线为对称，宫城为皇家生活区，皇城为行政办公区，郭城则是官员与百姓的生活区。四周有高大的城墙环绕，城内东西向大街14条，南北向大街11条，街道宽达百米，中轴街宽150米，街道两旁有排水沟和行道树。隋炀帝登基的第二年（605年）宇文恺领旨又模仿大兴城兴建东都洛阳城，用工200余万人，一年内即建成。这两座都城设计合理、施工组织严密，成为后来都城建筑的典范。

唐朝时将大兴城改名为长安城，在宫殿群及景园区又有不少翻新和增建。由于唐朝经济文化的繁荣，长安城很快成为一个举世闻名的国际大都市。可惜这一古代世界历史名城，在唐末的农民起义中被彻底焚毁。

在建筑著作方面，对后世有重要影响的是1100年北宋建筑学家李诫（1035—1110）编写的《营造法式》。该书共34卷，357篇，3555条，对土木工程、建筑设计及规范、用料、估工等建筑知识作了全面的总结，是中国古代建筑的重要技术著作。李诫在书中特别指出，建筑要“有定式而无定法”，要尊重工匠的创造发明，注重条件与环境的适应。

明清时期建筑又有了进一步发展，15世纪建成中国现存最完整的古代祭坛建筑——天坛，同时北京紫禁城也开始动工修建。紫禁城是中国和世界现存最大的古代宫殿建筑群，建成于明永乐十八年（1420年），全部建筑面积近15万平方米，为明清两代皇宫，后均有局部改建或重建。建筑群严格按传统的中轴线对称布局，前部为外朝，以太和殿、中和殿、保和殿三大殿为中心，西侧有文华殿、武英殿；后部建有乾清宫、坤宁宫和东西六宫及御花园等。紫禁城建筑庄严宏伟，金碧辉煌，设计十分严谨规则。

雷氏家族是中国清代著名建筑设计世家，康熙时期雷氏家族的首代任工部营造所长班，其子孙六代皆承祖业，先后负责修建和设计北京皇宫、圆明园、清漪园（颐和园）、玉泉山和香山离宫、承德避暑山庄、清东陵和西陵、北海和中南海等。1744年，圆明园基本建成（始建于康熙四十八年，即1709年），园中殿、堂、轩、馆、廊、榭、楼、阁、桥、亭应有尽有。有建筑物145处，景区40处，造园手法既继承了北方园林的传统，又吸取了江南园林的精华。还兴建了一组具有巴洛克风格的欧式宫苑建筑“西洋楼”。咸丰十年（1860年）圆明园被英法联军劫掠焚毁。

中国特别是唐朝的建筑式样以及以木结构为主的建筑结构形式，直接影响了周边国家如朝鲜、日本、泰国、蒙古、越南的建筑。

马来亚半岛的巢居

旧石器时代

旧石器时代的建筑 旧石器时代的原始先民以狩猎和采集为生，他们或追逐着兽群，或随着季节的变化，从一地迁徙到另一地。在这居无定所的状态下，他们要么在大自然形成的洞穴中度过漫长的黑夜，要么钻进用树枝、兽骨搭起的窝棚里避风躲雨。在法国南部和西班牙北部一带，有200多个史前洞穴，其中最著名的是拉斯科洞穴和阿尔塔米拉洞穴。

新石器时代

新石器时代的建筑 B.C.1万年前后的新石器时代，人类社会在西亚地区发生了一个重大转变，即从狩猎采集经济向食物生产经济过渡。人类开始依山傍水而居，于是原始聚居点或村落出现了。到B.C.6000年左右，农业成了西亚地区人们的主要生存方式。

新石器时代瑞士纳沙泰尔湖的湖居复原图

B.C.9000年

西亚出现人类最早的定居点 约旦河谷西侧的杰里科是人类早期的定居点之一，它的历史可以追溯到早期新石器时代。早在B.C.9000年前后，狩猎者便到达那里，大约在一两千年之后，发展起了最早的农业。村落中一些最古老的建筑，平面是圆形的。石头在当地不多，只是用来做地基，房屋用烧

制砖砌建，地坪以灰泥铺成，平整光洁。这个早期村落还建有圆形的碉楼和环绕的防御墙。

B.C.7000年

西亚出现砖木结构建筑 位于今天土耳其科尼亚省的加泰土丘，是另一处重要的新石器遗址。在那里发现了B.C.7000—B.C.6000年的原始人类聚居地，用泥砖和木头砌建而成的房屋密集地簇拥着连成一片，高低错落的平屋顶以木梯相互连通。房屋没有前门，人们用木梯从屋顶的孔洞进出。在加泰土丘聚落的房屋中，考古学家发现了人类最古老的神庙，室内装饰着祭祀用的动物头骨，墙上画有表现狩猎场景和这座城镇的房屋外景及两座正在喷发的圆锥形火山的壁画。

B.C.5000年

西亚出现埃利都古城 B.C.5000年左右，在伊拉克南部濒临波斯湾的冲积平原上，兴起了埃利都城。最初来此定居的人们建起简易农舍，用芦苇、蒲草捆扎成立柱以加强房屋的稳定性，以灌溉农业和捕鱼为生。在埃利都，可以看出这是人类建筑领域中迈出的重要一步，那就是神庙从居家建筑中分离出来，并且初步有了自己的特定形式。专门择地而建，室内有供桌，这后来成为苏美尔神庙中最重要的因素。这座小神庙是用泥砖建造的，泥砖建筑在西亚地区延续了很长时间，而在地中海及欧洲大西洋沿岸地区，在史前时期则发展起另一种石造建筑。

B.C.4500年

地中海与西欧出现了史前巨石建筑 巨石建筑由巨石或大型卵石垒叠而成，年代在B.C.4500—B.C.1500年之间。可以将这些建筑视为欧洲原始先民走向定居生活所迈出的重要一步的标志。巨石建筑主要有两类：一类是有内部空间的陵墓及神庙；另一类为独立巨石或由巨石排列成的石列或石圈。在以巨石修筑的陵墓建筑中，数量最多的是巨石冢，墙壁是直立的石块，其上架起大石板作为屋顶或横梁，以此构成了一个墓室。像这样的巨石坟墓广泛分布于西欧，总数达5万之多。在宗教性质的巨石建筑中，地中海岛国马耳他的新石器时代的巨石神庙特别有名，它们建造于B.C.3000年之前。在马耳他群岛第二大岛戈佐岛上，有一座最大的詹蒂亚神庙，它的立面的基础是用十分规整的石灰石板垒建起来的，每一块有3.5米高，其上以较小的粗石层层叠建。没有内部空间的巨石建筑主要有独立巨石、石列与石圈三种形式。独立巨石建筑主要分布于从法国到苏格兰的大西洋地区，尤其以法国西部的布列塔尼最为集中，也最为有名。那里既有高达10米的独立巨石，又有由巨石组成的石列与石圈。石列由少则三四块，多则二三十块的巨石以直线形式排列而成，石块之间的间隔短的一公里多，长的达十几公里；而石圈的排列很少有正圆形的，多为半圆形和椭圆形。石列和石圈常常结合在一起组成了巨石建筑群。

巨石建筑

B.C.4000年

英格兰出现巨石阵　从石圈发展到石阵只有一步之遥。石阵一般为圆形，有沟堑与堤坝环绕，规模最大、最典型的实例是英格兰威尔特郡那座举世闻名的巨石阵。巨石阵始建于新石器时代，大约在B.C.4000年—B.C.2000年之间，一般认为它是史前的一个重要祭祀中心。就建筑技术而言，巨石阵也达到了极高的水平：巨石块以石锤进行修整，内

英格兰巨石阵

侧表面比外侧光滑一些；上面的横梁加工成水平的弧形线，在立柱顶部拼合起来正好是一个正圆；横梁上凿出的孔洞在安装时要正好对准直立石块顶部的凸榫。

苏美尔建筑白庙 在美索不达米亚，早在B.C.4000年中期就开始了神庙的建造，经过了许多代的发展，到苏美尔时期神庙建筑具有了较为确定的形制，原先神庙下面的平台发展成为阶梯式的正方形金字塔，即塔庙，其典型实例是乌鲁克白庙。乌鲁克是苏美尔人的一座大城市，三分之一的地区用于修建神庙与公共建筑。在市中心，有一块献给苍天神安努的圣区，是一块高出地面达12米的台地，白庙即建在这台地上。台地由泥土夯筑而成，它的外墙以条状的泥砖砌成倾斜状，壁面砌有凸起的扁平状扶垛，台下有大型坡道和阶梯通向台顶。

乌鲁克白庙遗址

B.C.3000年

印度河流域出现城市群 大约一万年前，在印度河流域的西面就出现了最早的村落，并不断向东推进。到B.C.3500年，农业文明已遍布印度河谷地，并于B.C.3000年达到了巅峰，出现了发达的城市文明。在B.C.2300—B.C.2000年之间，这一地区与美索不达米亚地区存在着十分活跃的贸易活动。在已经发掘的70个中心城市遗址中，摩亨佐达罗和哈拉帕最为重要，是当时城市文明的突出代表。摩亨佐达罗由上城和下城组成，市区周长5公里左右，下城地势较低，重要建筑物集中于上城，而上城其实就是建在高出下城十来米

印度河流域古城遗址

的土丘上的一个砖结构城堡，长365米左右，宽约182米，十分坚固，市区街道均为南北与东西走向，纵横交错，南北向的主要街道宽达10米左右，城市地下建有排水网。该城区的房屋以住宅为主，用烧制砖建造，有单层和多层的住宅，几乎每家都有下水道和浴室。在城堡内还发现有大型谷仓、浴池、集会厅等公共建筑。特别引人注目的是大浴池，修建在一个带柱廊的庭院中间，长11米，宽7米，深2.4米。哈拉帕城的情形与摩亨佐达罗城大致相仿，两地出土的金银饰物和青铜制品，工艺水平极高。这一处于繁荣时期的青铜时代的文明，可与埃及和两河流域文明相媲美。而这一文明在B.C.20世纪前半期因雅利安人的入侵而突然消失。

B.C.2680年

古埃及开始建筑金字塔 古埃及的艺术和建筑与古埃及人关于死后生活的观念紧密联系在一起，他们相信，将尸体完整地保存下来是确保死后生活的第一要务。国王死后，要将他的遗体制成木乃伊，另外还要制作雕像、石碑等图像铭文，建造金字塔与陵墓，以寄寓法老的身躯与精神。位于开罗以南的塞加拉的葬庙建筑群是古埃及第三王朝的创建者左塞于B.C.2680年前后兴建的。正是在这里，古埃及人第一次将金字塔、葬庙以及礼仪性图像综合起来，以孟菲斯皇家宫殿的规格，建成了大规模皇家陵墓综合体。塞加拉葬庙建筑群的兴建开启了古埃及的建筑大发展时期，继承者们简化了陵墓布局，而将建筑的重点放在了金字塔上，同时金字塔的数量猛增，甚至一个国王要兴建数座金字塔。尤其是在第四王朝（约B.C.2613—约B.C.2494）第一代国王斯奈夫鲁时期，进入了所谓的“金字塔时代”。

B.C.2585年

古埃及开始建胡夫金字塔 齐阿普斯又称胡夫，他将自己的金字塔建在吉萨坚实的岩石地基之上，并在其东面建造了王宫。齐阿普斯金字塔，亦称胡夫金字塔，约建于B.C.2585年，146米高，边长230米，占地49.2公顷，是世界七大奇迹之一，至今仍然是世界上最庞大的人造建筑。它的外部覆盖着光洁的石灰石板，内部有三个墓室，最上部的一个是法老的花岗岩墓室，内置石棺，其南北墙壁上开有通道，向上导向外部的天空。在这墓室的上方，有一个“减压室”，由几块重40吨的花岗岩架叠而成，用来降低金字塔上部对墓室的巨大压力。中墓室称作“王后墓室”，而下墓室是一处石室，向地下挖入30米深。三个墓室由通道相连，其中的大走廊是一项建筑工程奇迹，它斜着向上穿过金字塔的中心，以叠涩拱挑起石灰石顶板。

胡夫金字塔

B.C.2125年

苏美尔人建塔庙　在B.C.22世纪—B.C.21世纪的乌尔第三王朝时期，这一地区出现了文化上的复兴。乌尔城筑有城墙，形同要塞，就连停泊幼发拉底河往来船只的两个港口也建有围墙，而内城的主要建筑是神庙与宫殿。著名的乌尔纳姆国王塔庙建于B.C.2125年前后，是这一时期及后来大多数苏美尔城市中最壮观、保存最好的一座塔庙。塔庙的平面为长方形，四个角对着东南西北的正方位，它高达18米，建在平坦的台地之上，由三层向上渐小的方形平台构建，自下而上建有多重台阶系统，可方便从地上达各层平台。

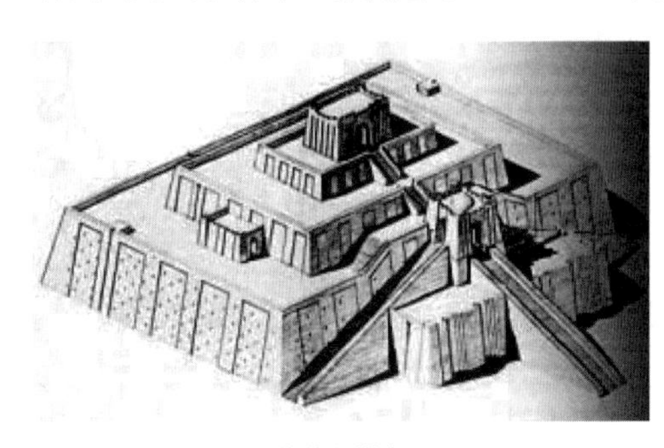
苏美尔塔庙

B.C.2020年

门图荷太普二世葬庙建成　门图荷太普在底比斯河对岸的代尔拜赫里为自己建造了规模宏大的陵墓，称作门图荷太普二世葬庙。这里三面环山，只有朝东的一面敞开，且山势险峻，峭壁林立。一条宽阔的大道从冲积平原通向山前的大型露天场院，那里种植着无花果树和柳树，树下置有一排排国王坐像。在这平台之上修建起高台式的神庙，底层朝东的立面建有圆柱门廊，居中的坡道可上达上层平台，有3排圆柱的柱廊环绕于神庙四周。

B.C.2000年

古埃及开始建凯尔奈克神庙 凯尔奈克的建设发端于B.C.2000年左右的中王国初期，那时建造了献给阿蒙的神龛，规模不大。后来连续不断地增建，高高的入口塔门一重接着一重竖立起来，沿着中轴线作纵向或横向扩展。持续了2000年之久的不断扩建，使凯尔奈克神庙成为世界建筑史上最奇特的建筑迷宫之一。整个神庙区域分为三大部分：中央部分祭祀主神阿蒙，形成了东西向的长长的主轴线；南面是主神配偶穆特的神庙群，构成了南北向的次轴线；北面也有一些神庙，可能是供奉战神蒙图的。整个神庙区从西到东共有六个塔门依次排列。进入第一重塔门是一个巨大的露天庭院，两侧为列柱。庭院通向整个建筑群的中心——“多柱式大厅”，该大厅长104米，宽52米，高24米，始建于第十九王朝的第二任国王塞提一世，完成于其继任者拉美西斯二世，是埃及建筑中最大的封闭空间。大厅中共有134个圆柱，分为16排，左右各7排，中央2排。其圆柱高22.4米，模仿了纸莎草伞形花序的形状，两侧圆柱高13米，柱头为闭合状。

凯尔奈克神庙

克里特岛建米诺斯王宫 米诺斯王宫位于克里特岛一座面积为1800米×1500米的城市克诺索斯上，1900年由英国考古学家埃文斯爵士（Evans，Sir Arthur John 1851—1941）发现，里面有黄金珠宝、装饰品及纹饰精美的陶器和塑像。希腊神话传说这是克诺索斯一位最伟大的雅典艺术家、雕塑家及建筑师代达罗斯，为国王米诺斯修建的一座禁闭妻子帕西法伊的迷宫。

米诺斯王宫

约B.C.1350年

卢克索神庙扩建 凯尔奈克神庙南面的卢克索神庙始建于中王国时期，后来阿蒙霍特普三世在先前一处圣所的基础上进行了扩建。从凯尔奈克有一条长2.5公里的神道通向卢克索，两旁竖立着365尊斯芬克斯雕像。其上的铭文表明这是第三十王朝的作品。卢克索神庙中央入口的塔门是由埃及历史上最伟大的建造者拉美西斯二世于B.C.1250年左右竖立起来的，塔门两侧安放着他的巨型雕像及一对红色花岗石方尖碑，其中一座方尖碑今天仍然在原址上，另一座于1836年送给了法国，如今竖立在巴黎协和广场的中央。进入塔门，是拉美西斯二世庭院，三面以高大柱廊环绕，圆柱之间置巨型圆雕。通过两排共14个高21.2米的纸莎草式巨柱廊，可进入第二进大院，即阿蒙霍特普三世庭院，其三面有双排的纸莎草式圆柱环绕，再向南进入一个多柱大厅。庭院与大厅里的柱子数量为96根。

B.C.14世纪

埃及建阿蒙神庙 卢克索的阿蒙神庙建于新王国时期，总长约260米。卡纳克的庙，轴线和8公里外河西的哈特什帕苏墓的轴线相合，两者是同时起造的，而且有共同的庆典仪式。至新王国第十八王朝时期大加扩建，第十九、二十王朝又续有增修。到新王国末期，它已拥有10座门楼（古埃及一般庙宇

阿蒙神庙

仅有1座门楼），各座门楼又有相应的柱厅或庭院。全庙平面略呈梯形，主殿按东西轴向布置，先后重叠门楼6座，又从中心向南分支，另列门楼4座。除主殿供奉阿蒙神外，还另建供奉阿蒙之子柯恩斯神和阿蒙之妻穆特神的庙宇。在众多柱厅中，最大的一座由十九王朝拉美西斯一世、谢提一世和拉美西斯二世三代法老鼎力修造，面积达103米×51.8米，共有134根圆形巨柱，中央12根最大，高23米，直径5米，柱顶呈莲花状，是古代建筑中最高大的石柱。在门楼和柱厅圆柱上有丰富的浮雕和彩画，既表现宗教内容，又歌颂国王功绩，并附有铭文。这座神庙是研究中王国和新王国历史、文化的重要考古遗迹。遗址从19世纪以后经过不断发掘，现存有部分门楼、方尖碑、雕像和柱厅圆柱。

B.C.1250年

拉美西斯二世［埃］建拉美西斯神庙 拉美西斯二世于B.C.1250年在底比斯建起自己的巨型丧葬神庙，现在也被称作拉美西姆庙。在塔门朝庭院的一面上，装饰着记载拉美西斯二世早年一场著名战役的浮雕。庭院中还曾竖立着高19米的雕像，在西河岸皇陵中它是最高的法老像，现在破碎于第二进塔门的通道处。

拉美西斯二世雕像

拉美西斯神庙

B.C.1000年

亚述人开始建筑塔庙和王宫　亚述人接受了苏美尔人的神灵崇拜，同时也将苏美尔的建筑原理继承下来。建于亚述城的塔庙不同于美索不达米亚南部地区的塔庙，没有壮观的外部大台阶，要攀上塔庙的上层平台，需通过邻近神庙的屋顶或一座专门的阶梯建筑。自B.C.10世纪之初之后，亚述帝国每一代重要的国王都大规模重建或新建他们的王宫，帝国都城先后从古老的亚述城迁往新建的城市尼姆鲁德和尼尼微。这些城市建在先前村庄或小城的基础之上，长时期积累起来的建筑废墟形成了高出地面的台地，在这些台地的四周砌起防卫墙，将首都的主要空间包围起来，并建起新的宫殿和宗教建筑。亚述人的建筑并没有大的革新，只是规模更大也更奢华，外表装饰着釉面砖和浮雕。城区明显缺乏精心的规划，鳞次栉比的单层泥砖房环绕着中央庭院而建，外墙没有窗户。位于伊拉克北部豪尔萨巴德的皇城，是亚述最伟大的建筑成就之一。该城由萨尔贡二世所建，占地面积约2.6平方公里，是一座建在古老村庄台地上的城堡，周围建有一圈带塔楼的城墙。

B.C.781年

中国修建褒斜道　褒斜道是古代穿越秦岭的山间大道。南起褒谷口（今汉中市大钟寺附近），北至斜谷口（今眉县斜峪关口），沿褒斜二水行，贯穿褒斜二谷，全长249公里。也称斜谷路，为古代巴蜀通秦川之主干道路。该道周幽王伐褒以前粗通，秦国攻楚国经汉中时畅通。B.C.316年，修建了南栈道，全长247.5公里。西汉初年，开通了陈仓栈道，全长275公里。B.C.263年修通了阴平道，全长350余公里。B.C.129年，修建了长为1000余公里的五尺道。B.C.118年，修筑了贯通秦岭南北的250多公里褒斜道。褒斜

褒斜道

道在中国历史上开凿早、规模大、沿用时间长。上述各种类型栈道，有助于恶劣条件下的交通运输。

约B.C.717年

科沙萨艮王宫建成 科沙萨艮王宫于B.C.717—B.C.701年建于尼尼微东北的都尔·沙鲁金城内（今伊拉克北部的科沙巴），是亚述帝国遗留的规模宏大、富丽堂皇的宫殿建筑群。共有200余间房屋，30多个庭院。房间多为长条形，运用了砖拱券技术，土坯砌成的墙厚为3～8米。正门的四座方形碉楼间隔着三个拱券门洞，中间的大门洞约宽4.3米，是两河流域的典型式样。碉楼表面贴彩色琉璃砖，墙裙约为4米高的浮雕石板，顶部有雉堞装饰，门洞两边与塔楼转角处有人首翼牛雕像，具有独特的亚述雕刻风格。

约B.C.8世纪

中国修筑烽火台设邮驿 烽火台又称烽燧，俗称烽堠、烟墩、墩台，古时用于点燃烟火传递消息的高台。遇有敌情发生，则白天施烟，夜间点火，台台相连，传递消息。是最古老的行之有效的消息传递方式。烽火台的建筑早于长城，但自长城出现后，长城沿线的烽火台便与长城结为一体，成为长城防御体系的一个重要组成部分，有的甚至就建在长城上。汉代朝廷非常重视烽火台的建筑，在某些地段，连线的烽火台建筑甚至取代了长城城墙建筑。中国周朝设烽火台传递军情，设邮驿传递军令和政令。春秋战国时期，各诸侯国都有邮驿，还有作为传令、调兵、通信凭证用的铜马节、虎符等。秦朝筑驰道，统一法度，车同轨，书同文，开河渠，兴漕运，为邮驿的发展创造了条件。汉朝继承秦制，每15公里置驿，每驿设官掌管，邮驿得到进一步发展。唐代邮驿分为陆驿、水驿、水陆兼办三种邮驿。

烽火台

古希腊罗马发现和利用天然水泥 古希腊人和罗马人发现，把某些火山灰沉积物磨细与石灰和砂混合，做成的砂浆强度较高，并有抗水性，这种火山灰就是一种天然水泥。这种火山灰与石灰的混合物，曾长期被用作水下工程材料。1756年，英国工程师斯密顿在研究某些石灰在水中硬化的特性时发现：要获得水硬性石灰，必须采用含有黏土的石灰石来烧制；用于水下建筑的砌筑砂浆，最理想的成分是由水硬性石灰和火山灰配成。这个重要的发现为近代水泥的研制和发展奠定了理论基础。1796年，英国人帕克用泥灰岩烧制出了一种水泥，外观呈棕色，很像罗马时代的石灰和火山灰混合物，命名为罗马水泥。因为它是采用天然泥灰岩做原料，不经配料直接烧制而成的，故又名天然水泥。具有良好的水硬性和快凝特性，特别适用于与水接触的工程。

中国发明建筑彩画 建筑彩画是绘在古代建筑的梁、柱、天花板及其他木构件上的图案装饰，同时还起保护木构件的作用，至迟在春秋时期就出现了建筑彩画。考古上能确切证明建筑上有彩画的是陕西咸阳三号秦宫，曾发掘出车马壁画。

中国出现台榭建筑 中国古代将地面上的夯土高墩称为台，台上的木构房屋称为榭，两者合称为台榭。春秋至汉代的六七百年间，台榭是宫室、宗庙中常用的一种建筑形式，具有防潮和防御的功能。最初的台榭是在夯土台上建造的有柱无壁、规模不大的敞厅，供眺望、宴饮、行射之用。春秋时期各国修建的宫室、宗庙竞相追求雄伟的建筑效果，但当时的木构水平尚不能解决高大建筑的稳定性问题，故将房舍建于夯土高台上。著名的台榭遗址有春秋晋都新田遗址、战国燕下都遗址、邯郸赵国故城遗址、秦咸阳宫遗址等，有的夯土台高十余米，长达百余米。

台榭建筑

约B.C.700年

巴比伦人用沥青修筑公路 用沥青材料胶结矿质集料铺成的路面。

B.C.3000年，巴比伦人就把胶泥状的天然沥青用于建筑物。B.C.700年左右，用天然沥青胶结石块修筑路面。但这种用沥青修筑路面的技术不久即绝迹。直到19世纪初，西班牙人才开始使用特里尼达湖地区的天然沥青修筑路面。19世纪后期，发现石油炼制和煤焦油的加工残渣可以代替天然沥青，沥青遂被广泛应用于路面的修筑。

B.C.7世纪

古希腊柱式建筑兴起 古希腊的庙宇除屋架外全部用石材建造。柱子、额枋、檐部的艺术处理基本上确定了庙宇的外貌。古希腊建筑在长期的推敲改进后形成了不同的柱式。盛期的两大柱式，各有自己的特色。多立克（Doric）柱式起源于意大利、西西里一带，后在希腊各地庙宇中使用。特点是其比较粗壮，开间较小，柱头为简洁的倒圆锥台，柱身有尖棱角的凹槽，柱身收分、卷杀较明显，没有柱础，直接立在台基上，檐部较厚重，线脚较少，多为直面。总体上力求刚劲、质朴有力、和谐，被称为男性柱。爱奥尼克（Ionic）柱式产生于小亚细亚地区，特点是比较细长，开间较宽，柱头有精巧如圆形涡卷、柱身带有小圆面的凹槽，柱础为复杂组合，柱身收分不明显，檐部较薄，使用多种复合线脚。总体上风格秀美、华丽，具有女性的体态，被称为女性柱。晚期成熟的科林斯（Corinthian）柱式柱头由茛苕叶组成，宛如一个花篮，其柱身、柱础与其整体比例与爱奥尼克柱式相似。

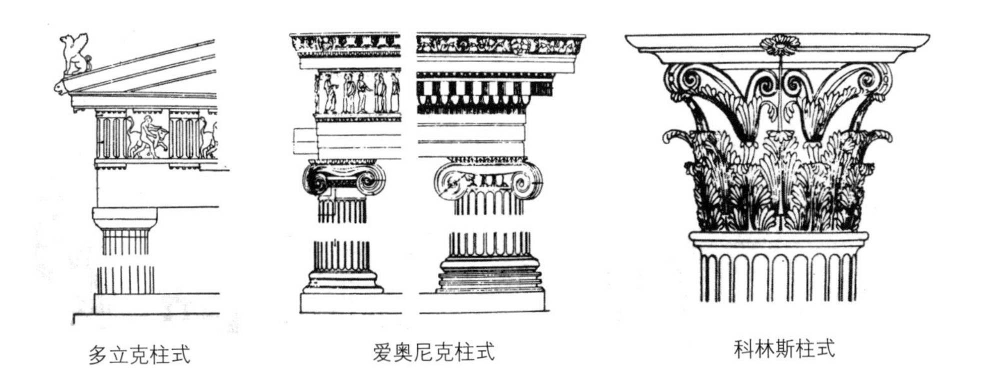

多立克柱式　　爱奥尼克柱式　　科林斯柱式

B.C.598年

孙叔敖［中］主持修建芍陂工程　春秋时期楚庄王十六年至二十三年（B.C.598—B.C.591）由孙叔敖（B.C.630—B.C.593）创建。孙叔敖当上了楚国的令尹后继续推进楚国的水利建设，发动人民“于楚之境内，下膏泽，兴水利”。芍陂因水流经过芍亭而得名。工程在安丰城（今安徽省寿县境内）附近，位于大别山的北麓余脉，东、南、西三面地势较高，北面地势低洼。这一工程使寿春一带大片农田获得灌溉，大大促进了淮南农业的发展。堤坝建筑坚固，多年无须大修。《芍陂纪事》载：“秦汉之间，应有修培，史不具载，必其初制堤厚而坚，无俟加损，功未著焉。”这是中国最早的大型蓄水灌溉工程。

B.C.585 年

缅甸仰光大金塔始建　仰光大金塔（又称瑞大光塔）位于缅甸仰光市北因亚湖畔一个山冈上，为一个砖砌实心的菱形窣堵波。相传始建于B.C.585年，塔原高约8.3米，经历代整修，至18世纪建成，现存113米。全身贴有金箔，立在一个周长约413米的凸角形基座上。顶上金制华盖（建于19世纪）重约1.25吨，上悬金银铃一千余，宝顶镶有金刚石、红宝石与翡翠等6000余颗。基座内有佛殿，殿内有玉石雕的坐卧佛像，塔外围有各式小塔数十座。

仰光大金塔

希腊月神殿

B.C.550年

希腊建月神殿 在小亚细亚沿岸的埃菲索斯，有一座用120年时间建造的祭祀月神的大神殿，其豪华程度和巨大的规模被称为世界七大奇迹之一。B.C.356年烧毁后，由各城邦合作又重新建造。月神庙供奉的是希腊神话中的月亮女神阿尔忒弥斯，相当于罗马神话中的狄安娜，是太阳神阿波罗的双生妹妹。月神殿前的大理石巨柱，直径约2米，高度达20米，是由三截巨石磨成圆柱然后叠起来的。

B.C.522年

波斯兴建波利斯宫 位于伊朗西南部的波利斯宫，是古波斯王大流士及其子克塞克斯的宫殿。建筑群依山建造在高15米、南北约450米、东西约300米的大平台上，包括门楼、大厅、后宫等，布局不对称但规整。入口朝西，由一宽6～7米的石砌大台阶分两侧引入门楼，台阶壁面上有朝贡行列的浮雕。宫内建筑大多为石梁柱结构，尺寸大且加工精细。克塞克斯接待厅为边长62.5米的方厅，内立36根石柱，外设柱廊，柱高18.6米，柱径为柱高的十二分之一。其王宫建筑受到了巴比伦、亚述、埃及和希腊等地各种建筑传统的影响。波利斯宫的空间安排的不规则、不对称，整个建筑群是为展示波斯帝国的强大而兴建的，作为举行盛大典礼的一个舞台背景。高低错落的建筑群建在一个由低矮山坡推平的台地之上，面积13.8万平方米，台地立面用平整的大石块砌成防护墙，高达12米。宫殿区域内有两座正方形的多柱式大殿，一座为觐见大殿，面积达5000平方米，18米高，是国王接见波斯与米底贵族的场所，它的四角建有塔楼，西面向远处的原野敞开，具有极开阔的视野。另一座多柱式大殿位于觐见大殿的东

波利斯宫

面，规模更大，称为百柱大殿或宝座大殿，国王在那里接见附属国的使者。开槽的圆柱和爱奥尼克式涡卷来自于希腊，植物叶装饰来自于埃及，公牛和狮子来自于美索不达米亚，这些要素与波利斯的皇家宫殿建筑融为一体。建筑、雕刻吸收和运用了埃及与小亚细亚的手法，反映了波斯帝国的统一所带来的各地区文化的交融。

B.C.521年

大流士（波斯）建设苏萨城 大流士在B.C.521年前后定苏萨为波斯帝国都城。它位于伊朗西南部的卡尔黑河畔。苏萨有完善的驿道通往美索不达米亚至小亚细亚爱琴海沿岸，大流士在那里建立起对全帝国的有效统治，并兴建了巨大的王宫。可能是受到巴比伦宫殿形制的启发，宫殿建筑群围绕中央大院布置，墙壁上装饰着釉砖制作的巴比伦式的狮子公牛和鹫头飞狮。宫中的觐见大厅竖立有72根圆柱，高达20米。与埃及多柱式大殿相比，这里的大殿更高，修长的巨型圆柱上支承着用黎巴嫩雪松制作的横梁。这些大殿中的圆柱造型十分独特，柱身带槽，柱础为钟形，向下稍稍张开；柱头很复杂，由向下翻转的涡卷和上面的双牛头或双狮头构成。苏萨的宫殿于B.C.5世纪中叶被焚毁。

B.C.6世纪

伊什塔尔门

巴比伦修建新巴比伦城和伊什塔尔门 迦勒底人与米底人联合起来，在B.C.612年夷平了尼尼微。他们定都巴比伦，建立了新巴比伦王国，最有名的统治者是尼布甲尼撒二世，他对巴比伦城进行了重建。新巴比伦城规模宏大，经过整体规划，该城的布局呈网格状。整个城市有双城墙环绕，幼发拉底河自北向南穿城而过，将城区一分为二。城内建有民房、神庙、宫殿、要塞，墙外掘有宽阔的护城河。内城的入口就是著名的伊什塔

传说中的巴别塔

尔门，有南、北两重，中央为拱券门洞，两侧有凸出的方形碉楼，高14米。门楼表面用彩色琉璃砖拼砌成狮、牛、仙兽等动物浮雕，共有13行，约500只；城门两侧墙壁有近1000米长的狮子浮雕，构成了罕见的独特景观。巴比伦城的城墙上装饰着黄色的龙与公牛的浮雕图样。在大门的西边，是尼布甲尼撒的宫殿，环绕着5个庭院进行布局，立面都贴有瓷砖。著名的“空中花园”可能就位于这宫殿的一角，还建有传说中的巴别塔。

中国出现阙　B.C.6世纪的《诗经》有云：“挑兮达兮，在城阙兮”，阙是一种体现封建礼制的高规格建筑，是一种用于标志建筑群入口的建筑物，常建于城池、宫殿、宅第、寺庙和陵墓之前。双阙对峙，中间空缺，留出通向建筑群的中轴线大道。有的阙上还建有楼观或门楼，供瞭望守备之用。后来阙与门逐渐结合，在双阙之间用单层或多层门楼相连，形成庄严宏伟的大门。现存最早的实物遗存为四川梓潼李业阙，建于东汉建武十二年（36年）。《左传・定公二年》记载：“夏五月壬辰，雉门及两观灾。”杜预注解道：“雉门，公宫之南门。两观，阙也。”阙最初指的是宫室殿宇大门外两侧的高大建筑物，通常是两座夯土墩台，也有在夯土台基上架木立屋，登临可以远观，所以阙也称为观。

汉代四川梓潼李业阙

B.C.475年

中国建筑开始用砖　战国时首先出现了空心砖，长1.3～1.5米，宽30～40厘米，用于砌筑墓室。秦汉时期出现了用于铺室内地面的方砖。条砖出现于西汉，但早期也仅用于砌筑墓室。西汉时发展的筒拱结构墓室，以条砖砌顶，其中有楔形、扇面形等异型砖，还采用了榫卯砖。汉时小条砖逐渐趋向模式化，长、宽、厚比例约为4：2：1。

中国出现早期陵寝建筑 “陵”指帝王的坟墓，“寝”指帝王“灵魂”生活起居的处所。一般认为，中国的陵寝创始于战国中期，成熟于秦汉时代。中国古人崇尚厚葬，王公贵族更追求以可能的最高技术营造地下墓室和陵寝建筑。早期的地宫为木构墓室，以粗壮的木料纵横交叉。战国时出现砖砌墓室，以长度13～15米的空心砖搭成断面紧密排列而成为折线形的墓室空间。西汉时出现筒拱结构墓室，筒拱断面为半圆形，以楔形、扇面形等异型砖砌顶，还采用了榫卯砖。

B.C.470年

奥林匹斯宙斯神庙

雅典兴建奥林匹斯宙斯神庙 宙斯神庙位于奥林匹亚，是为了祭祀宙斯而建的，也是古希腊最大的神庙之一。宙斯神庙建于B.C.470年，于B.C.456年完工，由建筑师里班设计，宙斯神像则由雕刻家菲狄亚斯负责。神庙为双重圆柱式建筑，修建在443米×1105米的石阶基座上，正面立科林斯式柱8根，侧面立柱17根。柱子底径19米，高17米，柱头较高，其雕刻既保留古希腊的特点又有罗马的风格。宙斯神庙是当时建造的规模最大的建筑物，也是科林斯柱式在希腊建筑中第一次作为独立构图要素用于外部柱廊的大型公共建筑。

B.C.449年

雅典建胜利神庙 雅典娜是代表着智慧、技艺与胜利的女神，胜利神庙（Temple of Athena Nike）也称为雅典娜胜利女神庙，建于雅典与斯巴达争雄时期（约B.C.449—B.C.421）。神庙位于雅典城卫城山门左翼，台基长8.2

米，宽5.4米，其前后柱廊雕饰精美，在其前与后的门廊上各有四根高4.7米底直径0.53米的爱奥尼克立柱。1687年，土耳其人在同威尼斯人争夺雅典卫城的战争中拆毁了这座建筑。1835年，考古学家在这里收集起了大量大理石碎片，在幸存的完整地基上拼凑起了神庙遗址。

胜利神庙

B.C.447年

雅典修建帕特农神庙 帕特农神庙建于B.C.447—B.C.432年，是雅典卫城的主体建筑。为歌颂雅典战胜波斯侵略者的胜利而建。由伊克梯诺（lctinus）和卡里克拉（Callicrates）设计。该神庙用白色大理石砌筑，建在6954米×3089米的三级台基上，东西两端入口处各列8根柱子。神庙外部呈长方形，长228英尺（69米），宽101英尺（31米），有46根多立克式环列圆柱构成柱廊。其额枋、檐口、屋檐多处饰有镀金青铜盾牌、各种文饰和珍禽异卉等装饰性雕塑，由92块白色大理石饰板装饰而成的中楣饰带，有描述希腊神话内容的连环浮雕，东西庙顶的人字墙上，雕刻着乘4马金车在天空奔驰的太阳神赫利俄斯、侧身躺卧的酒神狄俄尼索斯和驾银车遨游太空的月神塞勒涅的浮雕以及描写万神之王宙斯请火神赫淮斯托斯劈开他的脑袋，雅典娜全身披甲从中跃出的一组浮雕。神庙主体建筑为两个大厅，两旁各倚一座有6根多立克圆柱的门厅，东边门厅通向内殿，殿内供奉着巨大的雅典娜女神像，神像设计灵巧。神庙正殿朝东，殿堂中有雕刻家菲狄亚斯用黄金、象牙雕刻的守护神雅典娜像。帕特农神庙的建筑和雕刻体现了古希腊全盛时期建筑与雕刻的最高成就，是世界艺术

帕特农神庙

宝库的珍品，古典艺术风格的代表。

B.C.421年

雅典建伊瑞克先神庙 伊瑞克先神庙（Erechtheion）建于B.C.421—B.C.405年，位于帕特农神庙之北，是雅典卫城的另一个著名建筑，是传说中的雅典人始祖伊瑞克先的神庙。建筑设计是根据地形，采用非对称的构思，将三个小神殿、两个门廊和一个女像柱廊巧妙地组合在一起。东面门廊是爱奥尼克柱式，柱高6.5米，底直径为0.68米；南面西端突出一个宽3间、进深2间的小型柱廊，有6个高2.1米的小巧精美的女像柱，衬以白色大理石墙面。整座建筑用白色云石建成，比例和谐，构图独特，柱头花饰、线脚雕饰精细，表现了古希腊高超的建筑艺术。

伊瑞克先神庙

B.C.5世纪

雅典卫城建成 卫城建于雅典城中心偏南，高70～80米的小山岗上，东西长约280米，南北宽约130米。卫城由山门、胜利神庙、雅典娜雕像、帕特农神庙、伊瑞克先神庙等组成。雅典卫城的山门（Propylea，Athen）建于B.C.437—B.C.432年，位于卫城西端陡坡上，是卫城的入口，呈不对称形式，正面高18米，侧面高13米。主体建筑为多立克柱式，当中跨度约3.85米。屋顶由于地面倾斜分为两段处理，以使前后两个立面造型一致。内部采用爱奥尼克柱式。山门左侧的画廊内收藏着许多精

雅典卫城

美的绘画。多利亚式的帕特农神庙、大理石造的楼门普罗彼拉伊阿、埃莱库台伊神庙、雅典娜神庙等均建造于B.C.5世纪的雅典黄金时代。雕刻家菲狄亚斯主持，集中了大批最优秀的工匠进行建设。它在总体布局、神庙建筑和雕刻等方面，代表了古希腊鼎盛时期建筑艺术的高峰，是世界建筑文化的瑰宝。

B.C.350年

希腊建埃庇道鲁斯剧场 埃庇道鲁斯是供奉阿波罗之子阿斯克勒庇俄斯的著名的圣地。埃庇道鲁斯剧场（Ancient Theatre of Epidaurus）是希腊古典晚期最著名的露天剧场之一，由古希腊著名建筑师阿特戈斯和雕刻家波利克里道斯设计督建。坐落在一座山坡上，中心的圆形歌坛直径20.4米，歌坛前面是建在自然山坡上的扇形看台，直径约为118米，以过道相连，后面是后台。歌坛前的34排大理石座位依地势建在环形山坡上，逐渐升高，像一把展开的巨大折扇，全场能容纳1.5万余名观众，舞台上的声音能传到剧场的每个角落。

埃庇道鲁斯剧场

B.C.334年

希腊建成列雪格拉德音乐纪念亭 列雪格拉德音乐纪念亭（Choragic Monument of Lysicrates）是早期科林斯柱式的代表。建于B.C.335—B.C.334年，建筑由高3.86米的白色大理石圆柱亭和高4.77米、2.9米见方的青灰磨光大理石座基组成。亭子为实心体，周围有六根3.5米高的科林斯式倚柱。檐壁上镌刻有神话故事的浮雕。圆锥形屋顶用整块大理石雕成，刻有鱼形瓦和三个带卷涡的托架，其上放置青铜奖杯。简洁厚重的基座，新颖精美的圆亭，衬托着顶部高举的奖杯，成为后来纪念性建筑的一种传统的造型手法。列雪格拉德音乐纪念亭是为陈列富翁列雪格拉德的合唱队在雅典音乐狂欢节祭祀酒神的赛会中赢得的奖杯而建造的。

列雪格拉德音乐纪念亭

B.C.4世纪

中国绘制建筑工程图　在中国河北平山县建于B.C.4世纪末的中山王墓中，出土的一块铜质建筑规划设计平面图，是迄今发现的世界上最早的建筑工程图。铜板长94厘米，宽48厘米，厚约1厘米，绘有“中宫垣”“丘足”“宫”“门”等图形及文字说明，线条之间的距离及面积均注有数据，并依一定比例绘制而成。按该图复原的建筑形体，与战国时陵寝建筑的标准形式相符。

罗马兴建庞贝城　庞贝城是罗马时期的商业兼休养的重要城市之一，始建于B.C.4世纪，位于意大利南部那不勒斯。城市建在面积约63公顷的台地上，东西长1200米，南北约为700米，四周围绕长约3014米的城墙，有城门8座。城内路面均用巨石铺筑，南北向与东西向各有二或三条干道贯穿全城，最宽处达10米。城市活动中心为设在城西端的广场，长122米、宽36米，周围环绕法庭和商贸场所、神庙、剧场、浴场等公共建筑。城内装饰华丽并有回廊、水池、喷泉、雕塑等贵族商贾府邸，独占一个街坊。街道两旁还修有突出路面的人行道，并敷设

庞贝城

排水沟渠，上面盖有石板。79年整个城市被火山岩浆埋没，直到1748年被发现，成为世界著名的天然历史博物馆。

希腊罗马出现城市广场 古希腊和罗马已出现了颇具规模的城市广场，早在B.C.6世纪罗马人开始建罗马城旧广场。B.C.4世纪希腊建成普南城的中心广场。B.C.1世纪至2世纪，罗马建成帝国广场。城市广场是一种由建筑、绿地或道路围绕的开阔空间，是市民进行宗教、商贸和政治活动的场所，后来还用于发布公告、进行审判、欢度节庆等。

B.C.300年

罗马人铺设大道 罗马人铺设了从罗马城到加普亚的阿皮亚大道（Via Appia）。阿皮亚大道的修建最初是为了战争的需要，以便与别国开战时各军团能迅速地调集到首都，该道长198公里，宽8米。

阿皮亚大道

B.C.273年

印度开始建佛教建筑窣堵波 阿育王是孔雀王朝时期最有作为的统治者，他在位长达四十余年，征讨杀伐，是一个杀人不眨眼的魔头，但在征服了羯陵伽国之后，他却奇迹般皈依了佛教，此后便弘扬非暴力，使佛教教义发扬光大。窣堵波是印度早期主要佛塔形式，它是一种没有内部空间的半球形建筑物，其形态类似于我们常见的坟堆，主要功能是保存佛陀的圣骨与遗物。窣堵波外部造型饱满，象征着宇宙的秩序和佛陀的无所不在。相传虔诚的阿育王曾敕建“八万四千塔”，以分散保存佛陀舍利和佛教圣物。

印度建桑奇大塔 桑奇大塔位于今印度博帕尔附近40公里处，始建于阿育王时代。当时，阿育王在一座早期寺院遗址上建了一座窣堵波，直径约18米，高约7.6米。在后来的岁月里，该塔规模逐渐扩大，到B.C.2世纪中叶时，石围栏替代了原先的木围栏。桑奇大塔的建筑主体是一个象征着宇宙的硕大圆丘，高12.8米，直径32米，立于高4.3米的圆形台座之上。它是一个实心的半球体，其上部建有一个粗石平台，平台中央竖立着一个三层圆盘的伞盖，分别象征着佛教三宝：佛、法、僧。在伞盖正下方半球体的中央深处，放置着圣骨盒。建筑主体之外由一圈石造围栏环绕，划定了这种神圣区域的范围，并在象征宇宙四个方位的方向上各建一个由立柱与横梁构成的围栏大门，叫作“陀兰那”，高10.3米左右。

印度阿育王时代出现佛教石窟　佛教石窟建筑也源于阿育王时代，即生活派修建的静修石窟。生活派是一个几乎与佛教与耆那教同时产生的苦行教派，这些早期的出家人在天然岩石中仿照木结构的建筑形式开凿出石窟，以供修行之用，同时也开启了印度延续了一千多年的凿岩石窟的传统。石窟建筑主要包括支提堂与毗诃罗。支提的意思是“圣丘”，指神圣的崇拜场所，可以大到一座建筑或窣堵波，小到一个祭坛。在支提堂中，作为佛教徒崇拜中心的窣堵波占有重要位置。毗诃罗的意思是寺院，是僧人的居住修行之所。

B.C.270年

埃及修建亚历山大港外的灯塔　灯塔起源于古埃及的信号烽火。最著名的灯塔是埃及亚历山大港外的法洛斯岛灯塔（The Lighthouse of Alexandria）。灯塔高135米，是当时世界上最高的建筑物。塔楼由白色大理石砌成，上层开有天窗，夜间光亮照射海上达数十公里。日夜燃烧木材，以火焰和烟柱作为助航的标志。从B.C.281年建成点燃起，直到641年阿拉伯伊斯兰大军征服埃及，火焰才熄灭。它日夜不熄地燃烧了近千年。该塔曾被誉为世界七大奇迹之一，15世纪毁于地震。

法洛斯岛灯塔

B.C.250年

桑吉1号

印度修建桑吉1号　桑吉位于印度中部的赖森，从B.C.3世纪开始直到11世纪，先后建了三个用以供奉和安放舍利、经文及各种佛教法物的窣堵波。其中1号窣堵波最有名，约建于B.C.250年。几经扩建，现高约16.5米，基座直径36.5米，用砖石砌筑，表面贴红色砂石板。主体为半球状，直径32米，如覆钵，顶上有方形祭坛，冠以三重华盖。周围有石栏杆，四面各有一个石雕门，建于B.C.1世纪。门高10米，两旁各立一个方柱，柱上满布动植物雕刻，三层横杆为仿木结构穿榫形状，其端头用卷涡图案装饰，中间是描绘佛祖生平故事的浮雕，是印度早期佛教雕刻的珍品，反映了木结构传统构造的特点。

B.C.215年

中国修建万里长城　长城始建于春秋时的楚国，战国时齐、魏、燕、赵、秦等国也在各自边境修筑了自卫长城。秦统一六国后，于秦始皇三十二年（B.C.215年）在秦、燕、赵、魏各国旧城的基础上，修筑一条防御北方匈奴的长城。它“起临洮、至辽东，延袤万余里”。汉武帝时重建了秦长城，又兴建了朔方长城和凉州西段长城，从内蒙古、甘肃直达新疆。长城“五里一燧，十里一墩，卅里一堡，百里一城”，分布于中国北部和中部的广大土地上，总计长度达50000

万里长城

多千米，被称之为“上下两千多年，纵横十万余里”。城墙用夯土筑成，使长城成为世界上最长的军事设施。长城是中国也是世界上修建时间最长、工程量最大的一项古代防御工程。

B.C.212年

中国修建阿房宫 阿房宫是秦代最宏大的宫殿建筑群，阿房宫遗址位于秦都咸阳上林苑内，距离陕西省西安市西郊约15公里处，始建于秦惠文王，秦始皇（B.C.259—B.C.210）三十五年（B.C.212年）在渭河南岸上林苑增建朝宫，筑前殿，名曰阿房。阿房宫施工的时间前后是2年7个月。秦始皇死后，秦二世胡亥继续营建，未完工而秦亡。项羽军入关中，阿房宫被焚毁。据《史记》载：阿房前殿“东西五百步，南北五十丈，上可以坐万人，下可以建五丈旗”。整个建筑群“规恢三百余里，离宫别馆，弥山跨谷。辇道相属，阁道通骊山八十余里。表南山之颠以为阙，络樊川以为池”。

B.C.208年

兵马俑

中国建成秦始皇陵 中国第一位皇帝秦始皇的陵墓，位于今陕西省西安市临潼区东约5公里，自B.C.247年秦始皇即位时始建，至B.C.208年，动用70万人，历时39年建成。现冢高76米，由三层方形夯土台堆成，底长515米，宽485米。土台上建有椁堂，土台四周有内外两重长方形墙垣，内墙周长2.5公里，外墙周长63公里。据《史记·秦始皇本纪》载，其陵“穿三泉，下铜而致椁，宫观百官奇器珍怪徙臧满之。令匠作机弩矢，有所穿近者辄射之。以水银为百川江河大海，机相灌输。上具天文，下具地理”。1974年，在陵墓东侧1225米处，发现3座陪葬的兵马俑坑，已发掘6000多具兵马俑，蔚为奇观，轰动世界。

中国首创地形模型 据《史记·秦始皇本纪》载：秦始皇墓室中，曾塑造大地模型，并以水银墓拟百川、江海。

B.C.200年

中国汉朝建未央宫　汉未央宫是汉朝君臣朝会的地方，在长安城内西南部。总体布局呈长方形，四面筑有围墙。东西两墙均长2150米，南北两墙均长2250米，全宫面积约5平方千米，约占全城总面积的七分之一，较长乐宫略小。未央宫的规模壮丽宏伟堪称汉代第一宫。汉九年（B.C.198年）基本建成，开始成为主要宫殿。其周回二十八里。前殿五十丈，深十五丈，高三十五丈，共分八个区。四面建宫门各一，东门和北门有阙。东阙在东司马门外，正对长乐宫西阙。宫内有宣室、麒麟、金华、承明、武台、钩弋殿等，另外还有寿成、万岁、广明、椒房、清凉、永延、玉堂、寿安、平就、宣德、东明、岁羽、凤凰、通光、曲台、白虎、猗兰、无缘等殿阁四十余，还有六座小山和多处水池。宣室殿在前殿之北。未央宫前殿居全宫的正中，其基坛是利用龙首山的丘陵造成的，高于长安城。

汉长安城未央宫遗址

B.C.197年

希腊建帕加蒙宙斯神坛　帕加蒙宙斯神坛（Altar of Zeus, Per-gamon）建于B.C.197—B.C.159年，平面凹形，主体为一圈高3米的爱奥尼克式柱廊，祭坛在中央。柱廊下的基座高5.34米，柱廊上刻有一圈长达120米的精致人物雕刻。

帕加蒙宙斯神坛

B.C.3世纪

中国出现假山构筑技术 中国在园林中造假山始于秦汉。秦汉时的假山从“筑土为山”到“构石为山”。由于魏晋南北朝山水诗和山水画对园林创作的影响，唐宋时园林中建造假山之风大盛，出现了专门堆筑假山的能工巧匠。假山在园林中有重要的造景功能，可与建筑、林木、道路、水流等组成富有变化的景致，并增添自然意趣。

希腊建阿索斯广场 阿索斯广场（Agora，Assos）在今土耳其境内，是一个梯形广场，两边有敞廊，空间较封闭，在广场较宽的一端有庙宇，在面对广场的立面上建有柱廊。

B.C.185年

罗马出现巴西利卡公共建筑形式 巴西利卡是罗马的一种公共建筑形式，其特点是平面呈长方形，外侧有一圈柱廊，主入口在长边，短边有耳室，采用条形拱券作屋顶。后来的教堂建筑即源于巴西利卡，但是主入口改在了短边。

罗马巴西利卡公共建筑

罗马的巴西利卡用作法庭、商业贸易场所会议厅的大厅，平面长方形，一端或两端有半圆形龛。主体大厅被两排柱子分成三个空间，或被四排柱子分成五个空间。强调中厅，中央较宽的为中厅，侧廊窄，中厅比两侧高，入口通常在长边。这种建筑容量大，结构简单，拱券、穹顶结构。代表有图拉真广场的乌尔比亚巴西利卡。罗马市里最古老的巴西利卡是B.C.185年老加图在罗马市场上造的。在罗马市场上及其周围还有一些其他后来造的巴西利卡。罗马最庞大的巴西利卡是由马克森提乌斯开建，君士坦丁一世完工的马克森提乌斯和君士坦丁巴西利卡，它的一个侧壁的残墟今天依然竖立在罗马市场上。在罗马的其他城市里也有巴西利卡。庞培城的废墟里有三座中等大小的巴西利卡并列于中心广场的窄边上。维特鲁威在《建筑十书》中曾描述过一座他在法诺造的巴西利卡。后来的巴西利卡保持了加图巴西利卡的内厅结构，但是在其周围添加了许多附加物。比如朱里亚巴西利卡的外面由一道立柱长廊围绕。而庞贝城和维特鲁威建造的巴西利卡正面则是在宽边，而且没有加图巴西利卡的半圆形龛。最出格的是马克森提乌斯的巴西利卡，它有一个拱顶，在窄边和宽边各有一个半圆形龛。

约B.C.170年

希腊米利都建元老院议事厅 元老院议事厅（Bouleuter ion）是一个长方形大厅，内有逐排升起的半圆形座位1200个。外形二层，内部是一个有夹层的大空间，厅前有回廊内院。是元老院举行议事活动的场所。

B.C.141年

罗马人掌握拱形结构技术 罗马人在桥梁建筑中开始采用拱形结构技术。

B.C.140年

中国扩建上林苑 汉武帝在位时（B.C.141—B.C.87）在秦朝旧苑址上扩建而成上林苑，为秦汉时典型的皇帝园林。上林苑纵横300里，有泾、渭等8条水道流经，其中，有昆明池、镐池等众多池沼，自然景色优美。有离宫70所，各种华美的宫室群分布其中。苑内天然植被丰富，并植有名果异树2000余种，还饲有大量飞禽走兽，供天子春秋射猎。今已不存。

B.C.104年

中国修建建章宫 建章宫是为汉武帝刘彻建造的宫苑，在未央宫西，位于汉长安城西郊。四周二十余里，千门万户，宫城平面呈东西宽、南北窄的长方形，东西长2130米，南北宽1240米。据《史记·孝武本纪》载："其北治大池，渐台高二十余丈，名曰太液池，中有蓬莱、方丈、瀛洲，壶梁象海中神山、龟鱼之属。"这种"一池三山"的布局，对后世园林有深远影响，成为创作池山的一种模式。

约B.C.48年

希腊建雅典风塔 雅典风塔建在雅典中心广场，是一个观测气象的建筑物。顶上有风标，平面八边形，檐壁刻有风神、日晷。由于墙面石块雕刻过大，使建筑比例失调。

B.C.24年

维特鲁威［罗马］著《建筑十书》 该书是一部古代技术的综合书籍，内容包括建筑技术及材料，寺院、圆柱、塔、祭坛、水通及导管、时钟（水钟、日晷）、起重机、水车、风琴、里程计、弓及其他武器建造技术。在中世纪中曾被人们遗忘，到文艺复兴时期才被发现，对当时技术发展产生很大的影响。作者维特鲁威（Vitruvius，Marcus Pollio 约B.C.70—约B.C.25）系罗马的建筑学家和工程师，生于富有家庭，学识广博，通晓古希腊及当时的建筑理论，具有几何学、物理学、气象学、哲学、美学、音乐等方面的知识。在奥古斯都统治期间，任过建筑师和军事工程师。在恺撒的军队中作技师，曾经建造过罗马城的供水工程和法诺城的一所巴西利卡，还为罗马帝国第一个皇帝奥古斯都监造过军械。约B.C.46年居留非洲，在法奴姆修建一座庙宇。奥古斯都（屋大维）时代任军用器械检查官，晚年用了10年的时间撰写了《建筑十书》（*De architectura*）。

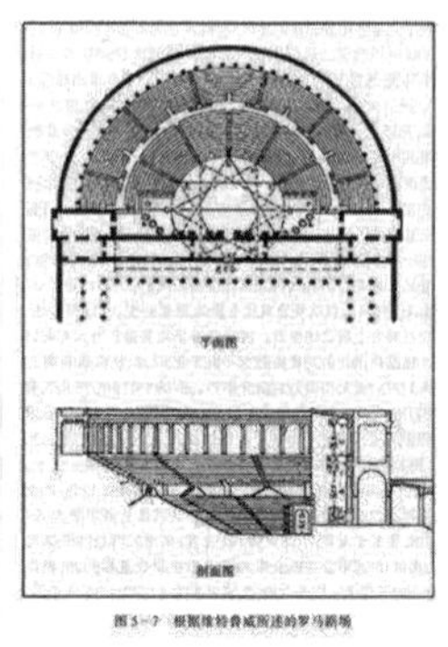

《建筑十书》

B.C.1世纪

罗马开始使用窗玻璃 罗马用于建筑上的窗玻璃不是压铸就是滚轧出来的，有时还需打磨。中世纪哥特式建筑的发展导致了教堂建筑中窗户面积的大量增加，刺激了窗玻璃工业的发展。英国最早出现的窗玻璃是由镶嵌在教堂窗户上的彩色玻璃小片构成的。

B.C.1世纪后

印度出现阿旃陀石窟 阿旃陀是德干高原西北部马哈拉施特拉邦奥兰加巴德县的一个村庄。在村北面的河谷中约20米高的花岗岩峭壁上，从B.C.1世纪起至7世纪，开凿了29座支提堂和毗诃罗石窟，它们环绕着岩壁呈半圆形展开。这些从坚硬岩石上开凿出来的石窟建筑及室内外丰富多彩的壁画与雕刻，构成了丰富多彩的佛家艺术世界，是一座真正意义上的印度古代艺术博物馆，在世界上享有盛誉。

印度阿旃陀石窟

25年

中国出现坞堡 坞堡又称坞壁，为东汉（25—220）时期庄园经济下产生的一种建筑形式。坞堡四周筑高墙，深沟围绕，堡内建有二至四层警楼，由家兵守卫。广州汉墓出土的坞堡，其平面为正方形，四周有厚重围墙，四角筑警楼，上部朝堡外的两面开小窗，可瞭望或放箭，南墙和北墙正中开门，上建门楼与警楼同高，堡内有前后两栋建筑，前为堂，三开间，后楼二层，为主人居室。河北安平县逯家庄汉墓壁画所绘坞堡为一组庞大建筑群，有围墙两重，堡内有数个庭院，巡廊相连，院院相通，最后的庭院中有一座高于其他建筑数倍的望楼。

32年

罗马建浮动教堂 意大利建成在湖面上浮动的基督教堂。该教堂设有排水泵，用曲柄加以操纵，还设有旋转的木制步廊，一个步廊镶嵌在8个铜球上，每个铜球都有一个凸出部位作为轴，是已知最早的圆轴承模型；另一个

步廊镶嵌在类似的装置上，用的是圆筒。

58年

中国建兰津桥　据清代的《小方壶斋舆地丛钞·云南考略》记载，东汉明帝（58—75）时，在云南景东地区的澜沧江上修建了兰津桥，该桥是“以铁索南北”而成。在云南景东县西南澜沧江上。后汉永平中建，明永乐初修，两岸峭壁，飞泉急峡，熔铁为柱，以铁索系南北为桥，古称巨险，据记载这是世界上最早的铁索桥。

68年

中国兴建洛阳白马寺　河南洛阳白马寺位于河南省洛阳老城以东12公里处，始建于东汉永平十一年（68年），为佛教传入中原后修建的第一座寺院，有中国佛教的“祖庭”和“释源”之称。据传东汉永平七年（64年），汉明帝刘庄因夜梦金人，遣使西域拜求佛法。汉使赴西域取经，途遇天竺（印度）高僧迦叶摩腾和竺法兰东来，乃同以白马驮载佛经、佛像返回洛阳。汉明帝躬亲迎奉，次年汉明帝敕令在洛阳雍门外建寺，为铭记白马驮经之功，故以白马为名。今寺内尚有迦叶摩腾和竺法兰墓。原寺建筑规模宏大雄伟，现仅存天王殿、大佛殿、大雄殿、接引殿、毗卢阁等。另有金大定十五年（1175年）建造的齐云塔，还存有唐代经幢、元代碑刻等文物。现存的遗址古迹为元、明、清时所留。寺内保存了大量元代夹纻干漆造像如三世佛、二天将、十八罗汉等。

洛阳白马寺

80年

罗马大斗兽场

罗马建成大斗兽场 斗兽场（Colosseum）又称圆形剧场（Amphitheatre），是古代罗马人为观看斗兽而建造的平面似椭圆形的建筑物，已知最早的斗兽场在庞贝城，建于B.C.80年。后来罗马很多城市都建了斗兽场，其中罗马大斗兽场建于72—80年，平面长轴为188米，短轴为156米，周边长527米，可容纳9万人，座位按观众等级分四个区，约60排，有80个出入口；供奴隶表演，角斗或斗兽的场地设在中央，平面长轴为86米，短轴54米。分为四层，用券柱式作装饰，底下三层各80间券柱式拱廊，由下而上各层依次采用多立克柱式、爱奥尼克柱式和科林斯柱式，顶层为实体，装饰科林斯壁柱。斗兽场建筑体现了结构、功能和形式三者的统一，一直影响到现代大型体育场结构设计，是罗马建筑的代表作之一。

98年

罗马修建大型石拱阿尔坎塔拉桥 石拱桥起源于模仿石灰岩溶洞形成的自然桥。罗马时代石拱桥建造已达较高水平，其拱圈呈半圆形，拱石经过细凿，砌缝不用砂浆。由于不能修建深水基础，桥墩宽度对拱的跨度之比大多为1∶3或1∶2，阻水面积过大，故易冲毁。现存西班牙境内的阿尔坎塔拉桥，建成于98年，桥墩建在岩石上，共6孔，中间两孔跨度各约28米，桥面高出谷底52米。

阿尔坎塔拉桥

约100年

特奥蒂瓦坎城

印第安人建特奥蒂瓦坎城 100年前后，墨西哥中央谷地的一个祭祀中心发展成为一座真正的城市——特奥蒂瓦坎，它位于现在墨西哥城东北约40公里处，当时的面积约20平方公里，人口20万左右，其文化在500年前后达到了顶峰。特奥蒂瓦坎的居住区规划为网格形状，市区以一条笔直的通衢大道作为中轴线，建筑布置在两边，十分规整，甚至穿过市区的河流也被改造成直角形状的运河。城内约有2000套住宅，都是单层建筑，以石块或土砖砌成，外抹灰泥。在住宅的内部，院落将房屋连接起来，家中有神位供奉；外部，小街或胡同将各建筑群相互分割开来。城市的中央大道被称为“黄泉大道”，是一条宽40米，长约2.5公里的仪仗大道，南北走向，两边排列着众多庙塔和宫殿建筑。大道连接着两座最重要的建筑，太阳金字塔和月亮金字塔，前者位于大道的东侧，后者位于大道北面尽头处。太阳金字塔比月亮金字塔大得多，高66米，它是墨西哥最早的也是最大的一座庙塔。金字塔以层层黏土堆起，外部砌起粗石块。

1世纪

印第安人修建特奥蒂瓦坎宗教中心 中心位于今墨西哥城东北约40公里的特奥蒂瓦坎，是印第安人于1—2世纪建造的包括太阳金字塔、月亮金字塔、城堡金字塔和羽毛蛇金字塔等金字塔群为主体的巨大的宗教中心。其中太阳金字塔位于城市东部，用火山岩砌筑的方锥实体，用料近百万立方，塔高66米，底部面积222米×265米，分五个台阶逐渐收缩，表面用粗糙的红石铺饰，正面有直通塔顶的阶梯，顶上有供太阳神的坛。羽毛蛇金字塔位于城南，塔身分四层，石砌台阶的侧墙面整齐地排列着336个羽毛蛇头的雕像。蛇头雕刻生动，体现了古代墨西哥印第安雕刻技艺。

罗马首创十字拱结构 十字拱于1世纪中叶首创于罗马，是拱券技术的发展。它把拱顶的重量集中到四角的墩子上，无需连续的承重墙，用以覆盖方形的建筑，可使空间更为开阔。十字拱、筒形拱、穹隆组合运用，可覆盖更复杂的内部空间。建于罗马中心广场东侧的君士坦丁巴西利卡，中间是三个十字拱，跨度达253米，高达40米。

中国佛塔

中国出现佛塔 佛塔源于印度，1世纪随佛教传入中国。起源于印度的窣堵波是一种为供奉和收藏佛舍利、佛像、佛经而建造的，由台基、覆钵、宝匣、相轮组成的实心建筑。传入中国后，结合中国的建筑技术和传统文化，其功能、结构和形式都发生了很多变化。中国佛塔一般由地宫、塔基、塔身、塔顶和塔刹组成，重点在于塔身，而将窣堵波的诸要素转化为塔刹，置于塔顶。中国早期著名的塔都是楼阁式塔，如东汉永平十一年（68年）和北魏熙平元年（516年）在洛阳建造的白马寺及永宁寺塔（均已毁），就是7层和9层的楼阁式塔。后来逐渐发展为多种类型和结构，遍布全国各地。

113年

罗马建成图拉真广场 图拉真广场是为纪念罗马帝国图拉真皇帝的战功，于98—113年修建，由大马士革的建筑师阿波罗多拉斯（Apollodorus, D.）设计。广场采用对称、中轴线、多层次布局，场地面积10800平方米，用彩色大理石铺设，入口处建凯旋门，广场两侧为列柱柱廊，中央矗立着图拉真皇帝骑马的镀金铜像。广场尽端为巴西利卡大厅，厅后

图拉真广场

有24米×16米的庭院，中央矗立着高达43米的图拉真纪念柱，有白色大理石刻带形浮雕共23匝，表现了图拉真两次远征的史实，出现约2500个人物，柱头上立着皇帝雕像。广场设计体现了庄严雄伟的艺术魅力，是罗马建筑的代表作之一。

120年

罗马重建万神庙 万神庙（Pantheon）位于意大利首都罗马圆形广场的北部，是罗马最古老的建筑之一，也是罗马建筑的代表作，是罗马穹顶技术的最高代表。由奥古斯都大帝的女婿、罗马总督阿格里帕（Agrippa，Marcus Vipsanius B.C.63—B.C.12）于B.C.27年主持，在罗马城内建造了一座庙，献给“所有的神”，因而叫“万神庙”。80年被焚毁，阿德良皇帝（117—188）下令于120—124年重建。该庙由一个矩形柱廊和一个圆形神殿组成。矩形宽34米的柱廊建在神庙外部正面，有16根科林斯式石柱分三行排列，暗红色花岗岩的柱身高14.18米，柱底径为1.45米，柱头和柱基用白大理石制作，立柱用整块埃及灰色花岗岩加工而成。门两侧设深壁龛，放置皇帝雕像。圆形神殿穹顶直径为43.5米，穹顶高43.5米，穹顶中央开有直径为8.9米的采光圆洞；穹顶内部有五排凹格，每排为28个；墙体内除大门外有七个壁龛安放神像和一圈科林斯式圆柱。神庙全部用火山灰混凝土浇筑，内墙下层贴大理石板，地面用大理石拼成图案，穹顶为镀金铜皮。万神庙代表了罗马建筑艺术和技术的高度成就，是世界建筑史上重要的里程碑。

万神庙

万神庙穹顶圆洞

166年

罗马图拉真浴场遗址

罗马出现公共浴场建筑 公共浴场是罗马集功能、空间组合和建筑技术为一体的一种重要公共建筑类型。罗马共和国时期（约B.C.5—1世纪）的公共浴场主要包括热水厅、温水厅、冷水厅三部分，较大的浴场还有休息厅、娱乐厅和运动场等；西罗马帝国时期（约1—5世纪）的大型皇家浴场又增设了图书馆、讲演厅和商店等。著名的图拉真浴场（2世纪初）最先确定了皇家浴场的基本形制，其平面为长方形，完全对称，温水厅居中，上覆三个十字拱，内部空间贯通而富于变化，对近代欧洲大型公共建筑的内部空间组织有很大影响。

203年

罗马建成塞弗拉斯凯旋门 凯旋门是罗马为纪念战争胜利或其他历史事件而建造的门式建筑物，起源于罗马共和国后期。早期的凯旋门多为单开间或三开间券柱式。塞弗拉斯凯旋门位于罗马市中心罗曼努姆广场，是203年为纪念塞弗拉斯皇帝凯旋而修建。为三开间凯旋门，中央一间券洞高大，两侧的两间较低狭，券洞两侧立混合柱式，刻有女神像，女儿墙上刻记功铭文。凯旋门顶上矗立着皇帝驾驶八匹马战车的青铜像，象征着胜利而归的雄姿。

塞弗拉斯凯旋门

282年

中国建成最早的石拱桥 东晋时建于今河南洛阳七里涧的石拱桥，是

中国迄今所知最早的石拱桥。据《河南府志》记载：洛阳七里涧桥也称旅人桥，在晋代京师建春门东七里的七里涧上。始建于晋太康三年（282年）冬十一月，至次年四月建成，日用工7.5万人。后毁于洪水。

3世纪

克孜尔千佛洞

中国开始修建石窟寺　石窟寺系佛寺建筑的一种，起源于印度，随佛教传入中国，约于东汉末或西晋时期（3世纪）开始兴修。中国新疆拜城的克孜尔千佛洞，是开凿最早的石窟寺，共有236窟，现74窟存有彩绘壁画。中国著名的石窟寺有敦煌石窟、云冈石窟、龙门石窟等。石窟形制有三种：一是供奉佛像、供信徒礼拜的“中心柱”式，敦煌、云冈石窟为中心柱演变成中心塔，呈中国建筑式样；二是供僧徒讲学、修行的“毗诃罗”窟，在一较大方形窟室的左右后壁开凿小支洞，作为僧徒坐禅、起居处；三是佛殿式窟，平面为方形，窟内后部中间塑佛像。

330年

罗马建圣科斯坦沙教堂　圣科斯坦沙教堂原为君士坦丁大帝（Flavius Valerius Aurelius Constantinus，272—337）女儿之墓，建于330年，1254年被改为教堂。格局属集中式，中央直径约12.2米，穹隆由12对双柱支承，周围是一圈筒形拱顶回廊。室内饰有彩色云石。

333年

梵蒂冈建圣彼得老教堂　梵蒂冈圣彼得老教堂（Basilican Church of St. Peter）是基督教早期的重要教堂，为巴西利卡式。入口面东，前有内院。内部进深60余米，四行柱子将空间纵分为五部分，中厅高而宽，两侧侧廊低而窄。

366年

敦煌石窟

中国开凿敦煌石窟 一般指莫高窟，始建于前秦建元二年（366年），后北魏、西魏、北周、隋、唐、五代、宋、西夏和元各代均有扩建，其南北长1610米，上下5层，现存洞窟492个，以唐代开凿居多。窟内共存彩色塑像2100余尊，壁画4.5万余平方米，图书文物近6万件。窟最大高40余米，30米见方；佛像最大高33米，小则10余厘米，窟外原有殿宇，并有木构走廊和栈道相连通。窟内造像、壁画，形象生动，绚丽夺目。为中国现存规模最大、内容最丰富的艺术宝库。

420年

罗马在意大利建加拉·普拉西第亚墓 加拉·普拉西第亚墓于420年建于意大利北部拉文纳城，是一座纵向深度为12米，左右宽约10米呈十字形平面的陵墓。在十字形交叉的上面有一个穹隆，外部加盖四面坡的瓦顶，周围有四个筒形拱顶，外部加盖两面坡的瓦顶。墓室内墙做大理石墙裙，墙面上用小块彩色玻璃和大理石碎片拼镶而成的马赛克壁画，拱顶上绘着深蓝色的星空，石棺放在墓室中。该墓是欧洲现存最古老的十字形建筑。

中国始建悬臂梁式木桥 中国汉代以来在修筑木桥中，当桥的跨度大于木材长度时，已开始采用悬臂梁式结构。据南朝宋代（420—479）《沙州记》记载，在安西到吐

悬臂梁式木桥

鲁番之间，羌人曾建单跨悬臂梁桥，称“河厉”。对于多跨桥，则在各桥墩上用大木纵横相叠，各向跨中伸出，再在伸出端之间用纵梁相连。为保持稳定，一般须在桥墩处纵横大木之上修建楼阁，以其重量压住悬臂梁的固端，属首创悬臂梁式木桥。

453年

中国开凿云冈石窟 云冈石窟位于山西省大同市西16公里的武周山南麓，凿于北魏兴安二年（453年）至太和十九年（495年）。石窟东西绵延约1千米，现存主要洞窟53处，造像51万余尊，最高者17米，最小者仅几厘米。其雕刻技艺继承并发展了秦汉时的传统，又吸收融合了外来艺术精华，为中国石刻艺术宝库之一。

云冈石窟

491年

中国建成悬空寺 位于中国山西浑源县南恒山金龙峡的崖壁间，始建于北魏后期（约5世纪末6世纪初），后又经历代重修。全寺由30余处殿堂楼阁组成，其中40多间殿阁或以岩石暗托，或以半插的飞梁为基，悬挂于峭壁之间。全寺最高处的三教殿插入崖石的各层木梁之上，木梁又与柱子及嵌固在峭壁上的斜撑连接成稳固的整体结构，虽历经强烈地震，仍完好无损。悬空寺是中国古代建筑的杰作，对研究木构体系具有重大价值。

悬空寺

494年

龙门石窟

中国开凿龙门石窟 龙门石窟位于河南洛阳市南伊水两岸龙门山（伊阙）上，始建于北魏孝文帝太和十八年（494年）前后，历经东魏、西魏、北齐、隋、唐、北宋400余年营建，现存大小窟龛2000余个，造像10万余尊，佛塔40多座。其精美、风格多样的石刻，是中国文化艺术的珍品。

约500年

玛雅人建提卡尔2号金字塔庙 提卡尔 2号金字塔庙（Temple Ⅱ，Tikal）是玛雅人在该城建造的六座金字塔庙之一。它与1号金字塔庙面对面地立在城中心广场的两端。塔高约70米，下部三层金字塔高45米。其特点是级数多，倾斜小，细长比大。塔顶有庙宇，里面有叠涩拱筑成的小殿堂。

提卡尔2号金字塔庙

5世纪

中国开始应用琉璃瓦 中国古建筑琉璃瓦的应用始于北魏平城宫殿（5世纪初）。早期琉璃瓦仅绿、黄两种，后陆续增加蓝、褐、翡翠、紫、红、黑、白各色。清代以黄色琉璃瓦为最高等级，离宫别馆和皇家园林可用黑、蓝、紫、翡翠等色及剪边做法，即中心部分和周边用两种不同颜色铺设。琉璃瓦件有多种品种和规格，主要有筒瓦、板瓦、瓦当、滴水、脊瓦等，还有既具结构作用又作装饰的瓦件。正脊两端的瓦件，唐宋用鸱尾造型，清代用龙头；脊端的小瓦兽，宋代称蹲兽，清代称走兽。清代走兽有龙、凤、狮、麒麟、天马、海马、鱼、獬、犼、猴等10种，走兽前还有一个仙人，仅最高规格的建筑才能用全套走兽，其余按等级高低的规定安排走兽的数目和种类。

清狮兽琉璃瓦

516年

中国建成淮河拦河大坝浮山堰　南朝梁天监十三年（514年）梁武帝为壅淮水淹灌北魏寿阳城（今安徽寿县）于淮河上修建的拦河大坝，又名“淮堰”，位于安徽省五河、嘉山及江苏省泗洪三县交界的淮河三家峡内。它是淮河历史上第一座用于军事水政的大型拦河坝，也是当时世界上最高的土石坝工程。其主体为土坝，高20丈，顶宽45丈，底宽140丈，长9里，坝旁开有两条溢洪道。投入军民20万人，由两岸同时填土施工，历时两年建成。在上游形成了巨大的水库，使200公里外为北魏占领的寿阳被水围困。但当年8月涨水时，大坝溃决，下游受灾居民达10余万人。

浮山堰

523年

中国出现密檐式塔　这种塔第一层塔身很高，而以上各层塔檐紧密相连，层高极小。现存早期的著名密檐式塔有北魏的登封嵩岳寺塔（523年）和唐代的西安小雁塔（707年）、大理崇圣寺千寻塔（836年）等。

中国嵩岳寺塔建成　河南登封市嵩山南麓嵩岳寺塔，北魏孝明帝正光元年（520年）建，为中国现存最早的砖砌佛塔。塔高40余米，平面十二边形，为中国现存塔中所仅见。东西南北四面砌圆券门，内室二层以上为正八边形，共10层。塔身以上出叠涩檐15层，顶上安砖刹，塔檐为叠涩式，内部为

10层，塔身各隅立柱一根。木质楼板，木扶梯上下。塔的首层很高，辟有四门，其余各面皆雕有“阿育王塔”形象，自二层以上，塔身逐层缩短，并向内收缩。整个宝塔外形呈抛物线形，顶部塔刹高耸，构成挺拔秀丽的轮廓。嵩岳寺塔在结构、造型、装饰等各方面都富有开创性，对后世砖塔特别是密檐式砖塔的建造，具有较大的影响。

嵩岳寺塔

532—537年

君士坦丁堡建圣索非亚教堂 圣索非亚教堂建于拜占庭帝国首都君士坦丁堡（今土耳其伊斯坦布尔），325年由君士坦丁大帝首建，刚竣工时的圣索非亚大教堂是正教会牧首巴西利卡形制的大教堂。532年拜占庭皇帝查士丁尼一世下令续建，在拜占庭雄厚的国力支持之下，由小亚细亚人数学家安提莫斯（Anthemius，Tralles 约474—558）和米利都的物理学家伊索多拉斯（Isidorus）设计，537年完成其建造，成为拜占庭帝国的宫廷教堂。占地面积近8000平方米，前厅600多平方米，中央大厅5000多平方米。教堂主体呈长方形，为穹隆覆盖的巴西利卡式。中央穹隆突出，四面体量相仿但有侧重，穹顶下部共有40个圆券窗洞，可以采光。前面有一个大院，正面入口有两道门廊，末端有半圆神龛。结构系统复杂而条理分明。中央大穹隆，直径32.6米，穹顶离地54.8米，通过帆拱支承在四个大柱墩上，其横推力由东西两个半穹顶及南北各两个大

圣索非亚教堂

柱墩来平衡，这种结构能在各种多边形平面上使用穹顶，成为后来欧洲纪念性建筑的先导。奥斯曼土耳其人在1453年征服君士坦丁堡，苏丹穆罕默德二世下令将大教堂转变为清真寺，并将钟铃、祭坛、圣幛、祭典用的器皿移走，用灰泥覆盖基督教镶嵌画。日后又逐渐加上了一些伊斯兰建筑，如外面的四座宣礼塔。

549年

克拉斯圣阿伯里奈瑞教堂建成 克拉斯圣阿伯里奈瑞教堂建于意大利北部的拉文纳，是早期拜占庭教堂格局之一的巴西利卡式教堂。教堂是大厅按纵向布置，圣坛在东端，大门朝西。圣坛前依次为祭坛和唱诗班的“歌坛”。用柱子将大厅分隔成几个狭长空间，中间为“中厅”较宽且高，两边为侧廊。教堂的马赛克壁画十分精美生动，祭坛上方半圆形穹隆内的描绘基督拯救人类的故事的壁画，形成了吸引基督徒视线的中心。中厅两侧排列着历届拉文纳主教的画像。

克拉斯圣阿伯里奈瑞教堂

550年

玛雅建筑达极盛时期 550—900年，玛雅建筑经历了辉煌的古典晚期阶段，普克风格达到极盛。大量建筑开始兴建，最重要的是酋长宫，是兼王宫与政府机构功能为一体的巨型建筑。它坐落于高15米的三层金字塔形平台之上，向着水平方向延伸，立面用三角拱的走道划分为3个单元，中央单元长55米，两边各15米，总共有24个房间。酋长宫的立面处理让人印象深刻，上部宽大的檐部装饰十分繁复，而下部则相当简洁。现代美国建筑师赖特曾称赞它是全美洲大陆最杰出的建筑作品。

583年

宇文恺［中］主持设计建设大兴城　隋朝建立后，隋文帝命宇文恺（555—612）主持勘察、选址、规划、设计新都。因隋文帝杨坚在北周时曾封大兴公，故名大兴城，唐代改名长安。建于开皇二年六月至开皇三年三月（582—583），分宫城、皇城和外廓城，总面积83平方公里，比明清时的北京城还大。宫城中的太极宫有16座大型殿宇，居中有太极殿、两仪殿、甘露殿、延嘉殿和承香殿5座大殿。唐代在东北和西南又兴修了大明宫和兴庆宫两组建筑群，与太极宫合称“三大内”。皇城外北面为禁苑，东、南、西三面为居民区，由东西11条、南北14条街道划分为110个里（坊），通过各城门的大街十分宽阔，其中朱雀大街宽达150米。宏大壮观的长安城展示了隋唐建筑技术和经济文化的高度发展，其传统一直影响到后世乃至国外。日本的京都和奈良就是仿长安城建设的。

隋大兴城图

600年

普克风格出现　普克风格可以创造更大的建筑跨度和室内空间。同时，它也给建筑外部装饰带来了革命性的变化。人们在三角拱和墙壁上用轻薄的石片来镶贴表面，使建筑外表显得更为平整光洁。这就形成了华丽的普克风格。

6世纪

中国出现古亭建筑　古亭是一种周围开敞，不设门窗的小型点式建筑，多建于园林中用于休息、观赏和造景，其平面可造成多种形状，配以各种样式的屋顶，使造型丰富多彩，变化无穷，对创造赏心悦目的景观起着重要作用。此外，视其用途还有碑亭、钟亭、井亭、旗亭、宰牲亭等。

古 亭

拜占庭式建筑风格形成 拜占庭式建筑风格形成于6世纪，它继承了东方建筑传统，改造和发展了罗马建筑中的要素，形成了独特风格，对东西方建筑，尤其对东正教国家的建筑有很大的影响。早期的拜占庭教堂有三种格局：巴西利卡式、十字式、集中式。代表作有意大利拉文纳的圣维达尔教堂、克拉斯圣阿伯里奈瑞教堂等。

中国始建地下粮仓 隋文帝时在洛阳兴建洛口仓、含嘉仓等大型地下粮食仓窖，民间也自置义仓（社仓）积谷，以备荒年。

7世纪初

日本建法隆寺金堂和五重塔 奈良时代的法隆寺金堂和五重塔（Horyuji）原建于7世纪初，现存的重建于8世纪初，是保留最完整的日本古代木结构建筑群，以堂、塔为主共20余幢。焚毁后重建的金堂的大殿、五重塔虽在奈良时代，但还是继承了飞鸟时代的布局和形式。以金堂和塔为中心，绕以回廊，以区分佛和俗的世界。形式以至细部纹样均受中国南北朝建筑的影响。建筑用料粗壮，金堂的圆柱卷明显，柱上置有皿板大斗，用整木刻成云头状的云形斗拱支承檐口，采用了变形十字格子的勾栏和人字拱等。塔高31.9米，塔刹部分约占总高的1/3，塔中心有一根自下而上的中心柱支承着塔顶的重量。

五重塔

601年

中国苍岩山桥楼殿建成 桥楼殿位于中国河北井陉县东北，石桥长15米，宽9米，单券飞跨于两岸峭壁之间。桥上楼殿面阔5间，深3间，为重檐九脊楼阁式，黄、绿各三垄相间琉璃瓦顶，檐椽、檐檩与额枋等饰苏式采绘。桥殿结合自然，布局合理，结构精巧。在桥上建造楼殿，是中国古代建筑的独特形式。

苍岩山桥楼殿

605年

李春［中］设计建造安济桥 安济桥又称赵州桥，595—605年由工匠李春设计监造。桥全长50.82米，两端宽9.6米，中部宽9米，主拱券跨度37.4米，是当时世界上跨度最大的单孔石拱桥。其设计突破了半圆拱多孔桥的形式，而采用了平拱单孔长跨的桥型，降低了桥高和坡度。在设计时，李春把以往拱桥中采用的实肩拱改为敞肩拱，在桥的两端各设两个小拱作为拱肩，这是世界“敞肩拱”型桥的肇始。它节省石料约260立方米，减轻了桥身自重，减小了对桥台与桥基的垂直压力与水平推力，也减少了主拱圈的变形，提高了桥的承载能力和稳定性，同时还增加了过水面积约16.5%，更有利于汛期洪水的宣泄，而桥形也较实肩拱新颖美观，使安济桥成为建筑科学与艺术完美结合的典范。

安济桥

618年

中国开始以须弥座作建筑台基 须弥座又称金刚座，中国南北朝南朝

(420—589)时已出现，原为佛像底座，后发展为建筑台基。从唐代(618—907)起，宫殿、寺庙等重要建筑都采用须弥座台基，其造型与雕饰也愈益精美复杂。宋代须弥座以束腰部分为主体，而清代的束腰则与上下枭高度比较接近。北京天坛祈年殿的蓝色屋顶三重檐圆形大殿，建于3层洁白的圆形汉白玉须弥座台基上，宛如白玉盘中托起一颗蓝色的宝珠，造型十分完美。

622年

麦地那大清真寺先知寺建成 先知清真寺是伊斯兰教第二大圣寺，地位仅次于麦加圣寺，位于沙特阿拉伯麦地那城又名麦地那圣寺。622年9月穆罕默德由麦加迁徙至麦地那时始建，初以椰树干为梁，用泥巴、干草和树枝搭建而成，围墙高不足2米。经不断扩建，至穆罕默德逝世时面积已达2475平方米。经千年改造扩建，已发展成为一个规模宏大、气势磅礴的伊斯兰建筑群。先知清真寺布局严谨，外观壮丽，内装修精致华美，主体空间和外围广场可容百万人同时做礼拜。现有建筑为1848年奥斯曼帝国苏丹阿布土勒·麦基德费时12年扩建奠定的。1955年沙特政府再次扩大规模扩建，使圣寺面积达16326平方米。寺内有宣礼塔5座，其中两座高70米，5道大门。大殿和走廊由232根圆柱、474根方柱及689道拱门连成一体，殿内宣讲台有12层台阶，全由大理石砌成。东南角有穆罕默德陵墓，其北为艾布·伯克尔和欧麦尔的坟墓。该寺是穆斯林瞻仰的圣地。

652年

大雁塔

玄奘［中］主持修建大雁塔 大雁塔最初由中国唐代高僧玄奘(602—664)主持修建于长安，于701—704年重建成现状。塔为砖砌仿木构单筒体结构，四角七层，高64米，为中国楼阁式砖塔的代表。大雁塔造于唐高宗永徽三年(652

年），应三藏法师玄奘请求而作，依印度版式设计，放置佛经与佛像。初作五层，砖表土心。长安雨沛，往往渗土砖表，使草木萌发其中，导致塔被撑破。至武则天长安元年（701年）重建此塔为十层，唐末因兵火残为七层，后约930—933年，后唐京兆尹留守，对此塔修缮并维持为七层。

669年

兴教寺玄奘塔

中国建成兴教寺玄奘塔 兴教寺玄奘塔位于陕西省西安市长安区少陵原畔兴教寺西慈恩塔院内，是中国现存最早的楼阁型方形砖塔，原为仿木构形式，经后世重修，砖砌斗拱、柱、阑额等仿木构件已不复存在。唐高宗麟德元年（664年），玄奘法师圆寂后，葬于白鹿原。669年，迁葬现址，并建塔修寺。塔为砖结构，平面方形，五层，高约23米，以腰檐划分为5层，第一层最高，逐层收减高宽。塔各层表面都用砖砌出斗、柱、阑额等，采用一种自内弯曲的轮廓线，砖的层数也较其他唐塔为多，塔檐挑出较远、较厚。第一层塔身南面辟砖砌拱门，内有方室，供奉玄奘坐像。北面镶嵌有唐文宗开成四年（839年）篆刻《唐三藏大遍觉法师塔铭》，铭文记述了玄奘的生平事迹。

684年

中国唐乾陵建成 位于中国陕西咸阳市乾县梁山，在唐代首都长安（今西安）西北方向约85公里处。该陵为唐高宗李治（628—683）与武则天（624—705）的合葬墓，建成于唐光宅元年（684年），神龙二年（706年）加盖，采用

唐乾陵

依山为陵的建造方式，成为利用天然山势的成功范例，对后世陵寝建筑有较大影响。除主墓外，乾陵还有17个小型陪葬墓，葬有其他皇室成员与功臣。乾陵是唐十八陵中主墓保存最完好的一个，截至2013年仅开掘了5个陪葬墓，出土了大量的文物。

690年

伊势神宫

日本修建伊势神宫 日本神社的主要代表，是日本宗教建筑中最古老的类型。神社自7世纪起实行“造替”制度，即每隔几十年要重建一次。伊势神宫内保存着712年成书的《古事记》，记载天皇的家谱。根据《古事记》，伊势神宫建于B.C.4年，但据历史学家考证，伊势神宫的建造不会早于690年，《古事记》所记载的前几代天皇只是传说。伊势神宫还保存着象征日本皇权三神器之一的八咫镜，据说天照大神曾说见到此镜如同见到她。伊势神宫每隔20年要把建筑焚毁再重建，叫作式年迁宫。2013年，举行了第62次式年迁宫。神宫占地达5500公顷，其中内宫90公顷和外宫90公顷严禁采伐，其余森林为式年迁宫建筑用木材。

691年

耶路撒冷奥马尔礼拜寺建成 奥马尔礼拜寺位于耶路撒冷的圣石山，是大马士革哈里发时期两座最大的礼拜寺之一，也是最古老的一座伊斯兰建筑。礼拜寺为八角形平面建筑，四周由柱子组成两重回廊，圆形穹隆直径20.6米、高35.3米，支架在八根柱子上，将侧压力

奥马尔礼拜寺

传递到周围墙体上。它是拜占庭与叙利亚建筑影响的产物。

7世纪

中国出现建筑五金类制品 中国唐代已有了制钉的作坊，手工打制钉、门闩、锁、门环等，是中国早期的建筑五金类制品。

印度阿旃陀石窟凿成 阿旃陀石窟约B.C.1世纪始建，到7世纪完成，位于印度西南部奥兰加巴德东北106千米处。在文达雅山的悬崖上开凿洞窟30所，其中支提窟5个，其余为精舍（亦称僧房，为僧侣参禅的场所）。石窟的门廊、柱子、石壁和龛内布满佛像、动物形象、几何图案的雕饰和壁画。壁画取材于佛祖史迹和宫廷生活，反映了印度古代的社会经济状况，雕饰融合了印度、波斯、希腊的手法和风格。

中国出现经幢 经幢又称石幢，是中国特色佛教建筑，从唐代初年（7世纪前期）开始，在佛教寺院中建立镌刻陀罗尼经文的石幢。经幢一般为八角形，高度3～6米，通常由基座、幢身、幢顶三部分组成，幢身刻陀罗尼经文。后来经幢逐渐发展为多层形式，中部以盘盖将幢身分隔为数层。现存最早的经幢为广州光孝寺石幢，建于826年。

经 幢

中国园林假山构筑技法取得巨大进展 中国古典园林创作深受山水画的影响，故构筑假山在园林建筑中占有重要地位。唐宋时建造假山之风大盛，出现了专门堆筑假山的工匠——“山匠”，还出现了多种不同的构筑方式和假山类型，包括筑山（用版筑技术构建）、掇山（用山石掇合成山）、凿山（开凿自然岩山成山）、塑山（用灰浆石料堆塑）等。

中国建神川铁索桥 此铁索桥为金沙江上最早的古桥梁之一，或谓吐蕃建造，或谓阁罗凤结盟吐蕃时建筑，桥在今丽江市巨甸以北之塔城关。

701年

中国重建慈恩寺大雁塔 大雁塔在今西安城南，经历代重修现呈平面正方形。共7层，高约60米，第一层大约25米，台基高约4米。塔身壁面为砖砌；下四层为7间，上三层为5间，各层以木构成楼板。

西安大雁塔

706年

阿拉伯倭马亚王朝建大马士革大礼拜寺 大马士革大礼拜寺（The Great Mosque of Damascus）又称倭马亚礼拜寺和五麦叶清真寺，始建于706年，位于王宫旁，兼是哈里发的接见场所。布局为巴西利卡式，但比例宽而浅。礼拜殿面积136米×37米，圣龛位于南墙正中，前面上有穹隆。内院面积122.5米×50米，周围有列券回廊。

大马士革大礼拜寺

711年

日本重建奈良法隆寺 法隆寺为日本现存最古老的寺院。全寺包括西院、东院及西园院三部分。西院建于607年，670年被火烧毁后于711年重建，建筑有金堂、五重塔、大讲堂、上御堂、钟楼、鼓楼、僧院、圣灵院、三经院

奈良法隆寺

等，为法隆寺的主要建筑群。金堂平面为长方形，面阔5间，进深4间，重檐歇山顶，是日本现存最早的木结构建筑。五重塔平面正方形，10.9米见方，高31.9米，亦为日本现存最早的佛塔。东院建于739年，建筑有梦殿、绘殿、礼堂、舍利殿、传法堂、钟楼等。西园院建于1288年，建筑有客殿、新堂、地藏院、大浴堂等。

713年

乐山大佛

乐山大佛开始雕凿 乐山大佛又名凌云大佛，位于四川乐山市东凌云山临江的岩壁上。唐开元元年（713年）名僧海通创建，历时90年始成。原佛像上有十三重楼的大佛阁，明末被毁。大佛通高71米，头高14.7米，眼长3.3米，鼻长6米余，耳长7米，肩宽28米，每一脚背可围坐百余人，堪称世界最大之石雕佛像。大佛发际雕有相互连通的螺髻千余条，巧妙地组成排水系统。雕像神态肃穆，体型匀称，技法纯朴，气势雄伟。

8世纪中

唐招提寺金堂

日本奈良时代建唐招提寺金堂 奈良时代从中国东渡日本的唐代僧人鉴真和尚（688—763）于759年始参与规划和建造了唐招提寺。当时完成了唐招提寺金堂、讲堂、东塔等建筑物。金堂风格酷似中国唐代的佛光寺，只是具体处理不同，规模也较小。其面阔7间，进深4间，斗拱用出三跳，位置规则整齐，出檐深远，上置庑殿顶。堂内藻井扩及全面并形成天花。堂前有宽敞的庭院，可供宗教仪式之用。

764年

德国洛尔克什修道院门楼建成 修道院门楼约于760—764年建于德国黑森地方的洛尔克什村。建筑全用砖砌筑，底层是平排三个拱门，门洞两侧的半圆倚柱及柱头为混合柱式，布局和细部装饰受古代凯旋门的影响；二层为连续盲券拱廊，用红白二色砖相间砌成仿石结构的壁柱和盲券；用杂色夹镶瓦片铺筑成仿石质屋顶。建筑形式反映了7—8世纪加洛林文化模仿古典艺术的特点，是欧洲中世纪早期保存下来的建筑物之一。

771年

中国建同光禅师塔 同光禅师塔位于河南登封市少林寺，建于唐大历六年（771年），属砖塔建筑。平面呈正方形，唯正南开门。塔身上叠涩出檐，顶上须弥座有两层，下层正方，上层八角菱形，以支撑平面圆形之石仰覆莲及宝珠顶。

同光禅师塔

786年

西班牙科尔多瓦大礼拜寺建成 科尔多瓦大礼拜寺（The Great Mosque, Cordora）建于786年，为世界最大的礼拜寺之一。到987年，曾陆续扩建三次。扩建后的礼拜寺殿南北宽126米，东西为112米，大殿高度不到10米，内有18排罗马式大理石圆柱，每排为36根，一直伸向纵深处的圣龛。柱子高3米，柱头上有用红砖和白云石交替砌成的两层叠放的马蹄形券，圣龛前柱顶上的发券为重叠的花瓣形和扇形复合券，表面用琉璃镶嵌。科尔多

科尔多瓦大礼拜寺

瓦大礼拜寺是多柱式礼拜寺的典型。13世纪被改为基督教堂，15世纪时中央部分又被划为圣母升天教堂，迄今只有室内局部尚存原样。

824年

日惹婆罗浮屠

印尼日惹婆罗浮屠建成 浮屠即佛塔。婆罗浮屠（Borobudur）又称千佛坛，建于824年，是世界著名佛教建筑古迹，被称为东方古代四大奇迹之一。建筑为外方内圆、台阶形、四面对称的实心塔，高31.5米，共有十层。底下二层是基础，边长为1115米的近似方形，四边筑有直通塔顶的石级；中间五层是逐层收缩的方阶，每层的外侧有封闭廊道，廊壁镌刻浮雕和佛龛，共有石壁佛像432个，释迦牟尼故事题材的浮雕有2000多幅。上面三层是圆阶，建有石刻镂空的窣堵波三圈72个，中央为直径99米的实心大堵波。整个建筑构图严谨，犹如一个巨大的曼陀罗（佛教修法的坛场）。建成后不久因火山爆发而被废弃，至19世纪才被发现。

848年

阿拉伯人建萨马拉大礼拜寺 萨马拉大礼拜寺（The Great Mosque，Samarra）建于848年，位于今伊拉克巴格达，为现存的巴格达哈里发时期最早的建筑遗迹。平面238米 × 155米，中有内院，基地上共有柱子464 根。寺北有螺旋形邦克楼，高50米。

萨马拉大礼拜寺

857年

中国五台山佛光寺进行重建 佛光寺创建于中国北魏孝文帝时期，唐会昌五年（845年）被毁，大中十一年（857年）重建。现寺中大殿为唐代遗存，是中国现存最早的木构建筑之一。大殿平面七开间，采用“金箱斗底槽”的平面布局，以斗拱、梁、枋将两圈构架连成整体，形成大小不同的内外两个空间。屋顶采用庑殿顶，坡度平缓，出檐深远，挑出墙身近4米，比例雄浑优美，斗拱梁架处理简洁。

五台山佛光寺

879年

伊本·土伦礼拜寺

埃及开罗伊本·土伦礼拜寺建成　伊本·土伦礼拜寺（Ibn Tulan Mosque）建于876—879年，是伊斯兰内院回廊式礼拜寺的典型。寺院外围尺寸为140米×122米，内院为90米见方。院内三面是柱廊。正殿面北向内院开敞。建筑高约20米，立面扁平而宽阔，檐口用雉堞装饰。廊和殿用横向砖墩承重，柱墩间用尖券连接。内院中央有供穆斯林礼拜前净身用的泉亭，为立方体上覆盖穹隆顶。寺院外面有一个方底的螺旋形尖塔，又称宣礼塔、光塔，是伊斯兰建筑的一种标志，造型显示受古西亚观象台的影响。

9世纪

中国出现东阳木雕　中国唐代年间（874—879），东阳冯高楼村冯宿、冯定兄弟，其家宅建筑采用木雕，规模宏大，装饰华丽。东阳胡仓村的王氏亲族以雕刻著名，世代相传，直到宋代，仍负盛名。宋代，东阳木雕已有较高的艺术水平，雕刻精细，并髹以彩漆。建筑木雕成为中国传统建筑的一大特色。

东阳木雕

约900年

托尔特克神庙

托尔特克风格建筑出现 大约在900年前后，一个善武的民族托尔特克人占据了墨西哥谷地，将当时的特奥蒂瓦坎洗劫一空，并兼并了许多小邦，建都于墨西哥城北面70余公里处的图拉。托尔特克建筑融合了早期中美洲的传统，这些传统包括环绕着开阔的露天广场建造宗教建筑和公共建筑；构筑坚实的多层平台，作为神庙和其他建筑台基；经常在老建筑上增建新的结构以扩大建筑规模；在建筑的室内、室外画上彩色的装饰，等等。但托尔特克人也给中美洲建筑注入了新的活力，即广泛使用柱子作为屋顶的支撑构件，多柱的大厅成为一种新的建筑类型，中楣或横梁雕刻精美。另外还有一种恐怖的建筑物骷髅架，是用来盛放活人祭人头的架子或平台。这样，托尔特克人便在后古典时代余下的岁月中建立了风格独特的建筑传统。

约906年

玛雅人建“蜗牛”观象台 玛雅艺术家与工匠建造了一座观象台，称作“蜗牛”，被认为代表了从奇琴-玛雅风格向托尔特克-玛雅风格的过渡。它的主体是一座两层的加拱顶的圆塔，立于高高的平台上，内部建有螺旋形楼梯可上达一间长方形的观测室，其窗户正对着金星的位置。20世纪20年代美国专家对它做了科学调查，据铭文确定其年代是在906年前后。

“蜗牛”观象台

960年

牛王庙戏台

中国出现戏台建筑 中国唐宋时戏剧逐步发展为正式演出形式，开始出现戏场。唐代（618—907）大多将戏场建在寺庙旁，进行“演戏酬神”。北宋（960—1127）已有了较规范的戏台“勾栏”，它把乐棚和舞台综合在一起，观众围坐在舞台的三面看戏，只留一面与后台相接，戏台上部有屋顶。这种戏台建筑的基本形式一直流传下来。中国现存的最早的戏台在山西临汾魏村的牛王庙，建于元朝至元二十年（1283年），是一座歇山顶带斗拱单开间戏台。

974年

繁塔 河南开封的名塔，建于北宋开宝七年（974年）。平面为六角形，现只存三层，原为九层。塔身各层以双杪斗拱承檐，排列密集，除泥道拱外，无横拱，除第二层塔身之外，其他均有平坐，南北两面作圆券门，塔中心为六角形小室。室顶叠涩，中间留有小孔，在下面可望见二层以上。后来，三层以上已改建为六形塔尖。

开封繁塔

982年

中国建罗汉院双塔 罗汉院双塔位于江苏省苏州市定慧寺巷。寺院创建于唐咸通二年（861年），初名般若院，五代改称罗汉院。北宋太平兴国七年（982年）王文罕兄弟捐资重修殿宇，并在殿前建砖塔两座，一称舍利塔，一称功德舍利塔，习称双塔。寺院毁于清咸丰十年（1860年），仅存双塔及正殿石雕柱础，是北宋石刻艺术的精品。双塔为形制相同的两座七层八角仿木桐楼阁式建筑，中间相距14.8米，均高33.3米，底层对边5.4米。腰檐微曲，翼角反翘。座上原有栏槛，今已无存。每层四面辟壶门，另四面隐出槏柱和直棂窗，塔内为方形小室，仅第五层为八角形。每层铺木楼板，上墁地砖，沿扶梯可以登览。小室位置逐层转换45度，各层门窗方位也随之上下错闪，不但外观参差错落，富有变化，而且荷重分布均匀，避免纵向开裂。塔体自下而上逐层收缩，顶端置锥形刹轮，高8.7米，整体造型玲珑秀丽。双塔共有7层，双塔平面均呈八角形。四正面各建有一门直达中央方室。方室四层，每层方向以45度角相错，各层门窗位置富于变化。

罗汉院双塔

独乐寺

984年

中国重建独乐寺 该寺在今天津蓟州区。寺中观音阁面宽20.23米，进深14.20米，外观二层，内有一暗层，共三层，重檐九脊顶，为中国现存最古老的木构楼阁。其构造特点因梁柱接榫部位受力功能不同而各异，共有斗拱二十四种，力学原理运用达到高度水平。

开元寺塔

995年

中国兴建开元寺塔 开元寺塔位于河北省定州城内，北宋至道元年（995年）

动工，至和二年（1055年）建成，为八角11层楼阁型，双层套筒，梯级设于塔心高84米，是中国现存最高的砖塔。其外观挺拔秀丽，比例适当，结构严谨，细部手法富于变化，是宋代砖塔中的佳作。

10世纪

罗马建筑开始流行 罗马建筑又称罗马式建筑、似罗马建筑、伪罗马建筑等，10—12世纪流行于欧洲基督教地区，以11—12世纪为极盛。其结构源于罗马建筑结构方式，多采用半圆拱、十字拱等做法，但对罗马拱券技术有所发展，如采用扶壁以平衡拱顶的横推力，用骨架券代替厚拱顶等。罗马建筑多见于教堂和修道院，教堂平面仍为拉丁十字式，但最早成功地把高塔运用于建筑的造型之中。其代表作有意大利比萨主教堂建筑群等。

印度建成康达立耶–马哈迪瓦庙 康达立耶–马哈迪瓦庙是印度中央邦卡杰拉霍镇现存20余座印度教神庙中最大最有名的一座。寺庙建于砖砌的高台，沿大台阶而上，可进入门厅、内殿和神殿；四周环绕侧廊，供采光通风和教徒遮阴避雨。每个空间上方都有一个金字塔形屋顶，由低到高，层层叠叠，前后连成一片，神殿上方的尖塔高35米多。它是印度教北部风格寺庙的典型。

康达立耶–马哈迪瓦庙

安斯巴登教堂的钟楼

英国建安斯巴登教堂的钟楼 安斯巴登教堂的钟楼位于北安普敦郡，建于10世纪末，英吉利罗马风建筑的主要代表之一。塔角上丁顺交替砌成的石条和塔身上受木结构形式影响的斜石条是它的特色。

1008年

中国建永寿寺雨华宫 永寿寺雨华宫位于山西晋中市榆次区源涡村，建于宋大中祥符元年（1008年）。平面呈正方形，其内柱仅有前两柱，内柱以前面积作为殿的前廊，结构简洁合理。此殿屋脊用瓦叠砌而成。

永寿寺雨华宫

基辅圣索菲亚教堂

1017年

俄罗斯基辅建圣索菲亚教堂 基辅圣索菲亚教堂（S. Sophia，Kiev）建于1017—1037年，是早期俄罗斯建筑的典型。教堂平面紧凑，似长方形，东面有五个半圆形神坛。外形墙厚窗小，有13个立于高鼓座上、高低参差的穹隆。整个建筑具有浓厚的后期拜占庭建筑风格。

1020年

中国采用减柱法建造殿宇 北宋时建于今辽宁义县的奉国寺，前排金柱中减去正中五间柱，是中国最早采用减柱法建造的殿宇。

1021年

中国建奉国寺大殿 奉国寺大殿位于辽宁义县，建于辽太平元年（1021年）。外檐斗拱双杪双下昂，隔跳偷心重拱造。内部梁架尚保存原画彩画，卷草、飞仙等。

奉国寺大殿

晋祠圣母殿

1023年

中国兴建太原晋祠圣母殿 晋祠圣母殿于1032年建成，面阔七间，进深六间，重檐歇山顶。结构为单槽形式，殿四周有深一间的回廊，构成下檐，即“副阶周匝”做法。柱身侧脚，升起显著，屋顶及檐口曲线圆和，是典型的宋代风格，为宋代建筑的代表作。

1031年

中国出现十字形桥梁 北宋时建于太原晋祠内的鱼沼飞梁桥，呈十字形桥面，为中国现存此种桥型的唯一实例，系石柱木梁桥，交叉处用斗拱。

鱼沼飞梁桥

1032年

中国首创独特的虹桥木拱结构 据《渑水燕谈录》记载，虹桥型始建于1032—1033年。宋代名画《清明上河图》中绘有汴京（今河南开封）的虹桥。其承重结构由两套多铰木拱各若干片，相间排列，配以横木，以篾索扎成。其中一套多铰拱拱胄为长木3根，作梯形布置；另一套木拱拱胄为长木2根、短木2根，作尖拱状布置。各木以端头彼此抵紧，形成铰接；一套拱胄的铰恰好在另一套拱胄长木中点之上。用篾索将两套木拱夹以横木扎紧，便形成了稳定的超静定结构。根据《清明上河图》画面推算，估计汴京虹桥实际跨度约18.5米，桥上大车荷载约3吨。

印度建阿部山维马拉寺 阿部山维马拉寺（Vimala Temple，Mount Abu）为现存最早、最完整的耆那教寺，约建于1032年。直径7.62米，格口离地3.65米，穹隆顶高约9米，全部用白色大理石建成，亭内饰满雕刻。

1049年

中国建成佑国寺塔 佑国寺塔位于河南开封东北角，塔平面八角形，13层，高54.66米，为中国现存最早的镶琉璃面砖塔，是反映早期琉璃制作工艺的实例。因面砖近于铁色，故俗称“铁塔”。

佑国寺塔

1052年

中国采用移柱法建造殿宇 中国北宋时建于今河北正定的隆兴寺轮藏殿，将前后四根金柱向外移动，是中国最早采用移柱法建造的殿宇。

1053年

日本凤凰堂

日本凤凰堂建成 凤凰堂位于日本东京都附近的宇治，原是一贵族的庄园，1053年在园中修建了阿弥陀佛堂，由于平面形如凤凰飞翔之状，故称凤凰堂。建筑物三面环水，正殿面阔三间，飞檐翼角，高低起伏，生动优美。正殿中央设有阿弥陀佛像，佛像上方悬挂团花状的木质透雕华盖，周围的板障、两侧墙壁和门扉上刻绘百佛像和彩画。凤凰堂汇集雕刻、绘画和手工艺术之精华，代表了平安时期日本建筑和工艺美术成就。

中国首创种蛎固基法 中国宋皇祐五年至嘉祐四年（1053—1059）在修建福建泉州洛阳桥的工程中，工匠们创造了种蛎固基法，利用繁养牡蛎，使它的石灰质贝壳把桥基和桥墩联结成坚固的整体，有效地提高了大桥的牢固性和稳定性。

中国首创浮运架桥法 在中国泉州洛阳桥的施工中，工匠们成功地采用了浮运架桥法，利用潮汐的涨落，巧妙地控制运石船的高低位置，把300余块重达二三十吨的大石梁平衡地架设在桥墩上。

泉州洛阳桥

中国建桥采用筏形基础 在中国泉州洛阳桥施工中，工匠们先在江底沿桥位纵轴线方向抛掷了数万立方米的大石块，筑成了一条宽20多米，长500米的石堤，提升江底标高3米以上，然后在这条石堤上建筑桥墩，这是现代桥梁工程中“筏形基础”的先声。

1056年

中国释迦塔建成 中国辽道宗清宁二年（1056年），在山西应县佛宫寺内建释迦塔，该塔是中国和世界现存最早、最高、最精美的木结构塔式建筑。下为阶基，上立铁刹，塔高67.3米，底层塔径30.27米，平面为八角形，外观5层，内部9层。立面比例严谨，造型优美而壮观。塔结构为内外两槽双层套筒式结构，由立柱层、斗拱层、暗层相叠而成；上下立柱之间、内外槽之间用各种构件连成刚性良好的整体；暗层的内外槽柱间用斜撑等组成复梁式木架，对塔身结构起着圈梁作用。木塔在元顺帝时代的一次历时七日的大地震中安然无恙。

山西应县释迦塔

1061年

中国铸玉泉寺铁塔 玉泉寺铁塔位于今湖北当阳玉泉寺，塔铸于宋仁宗嘉祐六年（1061 年）。塔高17.9米，塔平面呈八角形，13层，仿木构楼阁式，是中国现存最高的铁塔。第一层之下为须弥座阶基，以上各层皆有平坐腰檐，均以斗拱承托，各层之间以45度与其上下层相错其方向。

玉泉寺铁塔

1066年

在欧洲教堂建筑中，罗马诺曼风格开始与盎格鲁撒克逊风格相结合（正堂和侧堂交叉处建尖顶）

1068年

法兰西卡昂圣埃提安教堂 卡昂圣埃提安教堂（St.Etienne，Abbaye aux-Hommes）是法兰西北部罗马风教堂之一。始建于1068年，1077年建成。西面入口（罗马风时期起，教堂入口改为面西）两旁有一对90米高的钟楼，正面的墩柱使立面有明显的垂直线条，室内的中厅很高，上面采用半圆形的肋骨六分拱，这种使承重与间隔部分分工的结构，既减轻了拱顶重量，也缩小了墩柱断面，这些形式和结构的特点为后来的哥特式建筑奠定了基础。

卡昂圣埃提安教堂

1071年

圣马可教堂建成 意大利北部威尼斯圣马可教堂（S.Marco）是典型的

圣马可教堂

拜占庭建筑风格，始建于829年，重建于1043—1071年。平面为正十字形，共有五个穹隆顶覆盖于交叉点和四臂，通过帆拱支架在柱墩上。中央和前面的穹隆较大，直径12.8米，其余较小，中央穹隆由柱墩通过帆拱支承，穹隆底部开有一圈拱形小窗。穹隆之间用筒形拱连接，相互穿插，融成一体。内墙彩色云石贴面，拱顶及穹隆均饰有金底彩色镶嵌画。教堂西立面有五个深凹的拱形门廊，中间正门上立着四匹马并拉战车的青铜雕塑，屋顶有哥特式的尖顶、角楼，均为12—15世纪所加。教堂内部表面饰有金色马赛克，屏风有象牙雕刻和宝石镶嵌，具有浓厚的东方艺术气息。

1082年

彼得·保罗教堂建成　维滕堡·伊尔松的彼得·保罗教堂始建于1082年，是伊尔松建筑学派的罗马风格建筑的典型。

11世纪

中国出现独特的建筑物牌坊　牌坊又称牌楼，中国古代常以坊门表彰人或事，北宋中期（约11世纪）里坊废弛，改用牌坊代替坊门。牌坊系在单排主柱上加额枋、斗拱等构件，上施屋顶而成。这种屋顶俗称“楼”，常用楼的数目表示牌楼的规模，如一间二柱三楼，三间四柱七楼，三间四柱九楼等。立柱上端高出屋顶的称冲天牌楼。牌坊常建于离宫、苑囿、寺观、陵墓等的入口处，成为一种具有纪念、表彰、导向或标志作用的建筑物。可用木、石、琉璃等建造，各

牌　坊

具特色。北京现存的三间四柱七楼木牌坊有颐和园东门外和排云殿前及雍和宫内等处；建于北京明十三陵神道入口处的石牌坊，为五间六柱十一楼，典雅庄重，气势宏伟；山西五台山龙泉寺山门前的石牌坊，雕饰精美，为中国石刻艺术之珍品。

法国出现哥特式建筑 哥特式建筑主要见于天主教堂，也影响到世俗建筑。广泛运用线条轻快的尖拱券，造型挺秀的尖塔，轻盈通透的飞扶壁，修长的主柱或束柱，彩色玻璃镶嵌的花窗等，形成向上升华的动感。其结构技术尤为突出，如用骨架券作为拱顶的承重构件，使各种形状的平面皆可以拱顶覆盖。尖券和尖拱的采用降低了侧推力，减轻了结构自重等。高超的技术和艺术成就，使哥特式建筑在建筑史上占有重要地位。11世纪末在法国出现后，到13—15世纪已广泛流行于欧洲。

博让西碉堡

约1100年

法兰西在博让西建碉堡 博让西碉堡（Tower of Beaugency）是法国现存最早的方形塔楼之一，高约35米，面积约23米×20米。虽为石建但造型上留有木结构的痕迹。

印第安托尔特克人建晨星金字塔庙 晨星金字塔庙（Temple of Tlahuiz Calpantecuhtli）位于托尔特克人首府图拉市中心广场的一端，建在一个低平的四级金字塔上。塔前与广场边柱子林立，可能原是一个规模不小的回廊。庙宇入口有三个门洞，由两根羽毛蛇象柱所支承。殿堂结构梁柱式，由四根木雕人像柱和四根方形石柱所支承。

昂古来姆主教堂

1105年

法兰西始建昂古来姆主教堂 昂古来姆主教堂（Angouleme Cathedral）建于1105—1128

年，法兰西南部原为罗马殖民地，建筑保留了不少有罗马遗风的室内装饰、券与柱上的细部处理等。教堂内部是一个单跨的大厅，进深15.2米，上覆有由帆拱支承着的穹隆。

1117年

中国开始营建寿山艮岳　寿山艮岳始建于1117年，1122年竣工，初名万岁山，后改艮岳，为宋代著名宫苑。1127年金人攻陷汴京后被毁。艮岳突破了秦汉以来宫苑“一池三山”的规范，把诗情画意移入园林，以典型山水创作为主题，在中国园林史上是一大转折。

寿山艮岳

1120年

法国圣赛尔南教堂建成　圣赛尔南教堂位于法国南部图卢兹城，是中世纪有名的朝圣教堂，也是欧洲最重要的罗马式教堂之一。建筑平面大致呈十字形，纵向中厅长115米，内设两层通廊，外有回廊，顶部覆盖筒状拱顶，这种内外统一和谐是罗马式建筑的特色。十字交叉处耸立着中央塔楼，建于1080—1120年，塔楼分五层，向上逐层收缩，于1478年在塔楼顶上加盖了具有哥特风格的尖顶。建筑的各部结构既组成整体，又互相独立，这也是罗马建筑的重要特征。

圣赛尔南教堂

1151年

晋江安平桥

中国建成晋江安平桥 中国福建省晋江市的安平桥，始建于南宋绍兴八年（1138年），竣工于绍兴二十一年（1151年）。桥长811丈（约2500米），是中国古代最长的海湾石梁桥。直到20世纪初，它始终保持着中国桥长的最高纪录。桥面用4～7根巨大石梁拼成，石梁长7～11米，厚约0.4～0.8米。桥上不设栏杆，涨潮时潮水可漫桥而过，是别具一格的漫潮桥。

1152年

吴哥寺

柬埔寨吴哥寺建成 吴哥寺位于柬埔寨暹拉省吴哥城南部，建于1112—1152年，是高棉国王苏利耶跋摩二世的寝陵。寺庙占地面积为1550米×1400米，周围有宽190米的壕沟，内有数重回廊。主殿建在一座三层台基上，各层台基边沿有石砌回廊，底层台基高4米，回廊东西长215米，南北187米，石砌的廊壁满布浮雕；二层台基高8米，回廊东西长115米，南北100米，四角有塔；上层台阶高13米，回廊每边长60米，上有塔5座，中央塔高42米（距地面65米），神殿设在塔内，金刚宝座式，塔身呈曲线形收缩，表面是莲花蓓蕾式的雕刻。吴哥寺庙的建筑全部用石块砌筑，不用灰浆黏合，有的石块重8吨，是柬埔寨古代石构建筑和石刻艺术的杰出代表。15世纪，吴哥首都被废弃，寺亦荒芜，19世纪中叶重被发现。

1156年

俄罗斯开始修建克里姆林宫 克里姆林宫始建于1156年，16世纪中叶起

克里姆林宫

成为沙皇的宫堡，17世纪逐渐失去城堡作用，变成莫斯科的市中心建筑群。克里姆林宫平面接近于三角形，外有高大的带雉堞的红砖围墙和19处塔楼，其中1491年建造的斯巴斯基钟塔，是克里姆林宫的标志，1624年又加了大钟和帐篷顶。红墙内为教堂广场，有三座教堂绕广场布置，最古老的是1475—1479年建的乌斯宾斯基教堂，19世纪建造了大克里姆林宫和平面为八角形的伊凡大帝钟塔，与广场西部不同时期建造的宫殿形成了克里姆林宫建筑群，是俄罗斯建筑艺术的结晶。

1170年

广济桥

中国出现设市桥　广济桥始建于南宋乾道六年（1170年），位于中国广东潮州市，是一座独特的设市桥。全长515米，宽约5米；中间一段长约百米，系用18只梭船搭成浮桥，能开能合，是早期开启桥的先例。广济桥桥墩之大为古桥中少见，由于它特别宽长坚固，使桥面得以“广三丈”，除满足过往交通外，还有条件在桥墩处兴建亭台楼阁，在桥上造屋。据明代宣德年间记载，当时桥上已立有亭屋126间。这些楼屋形成了繁荣的商市和商贾豪绅寻欢作乐的场所。在桥上建庙设市，中国在隋唐时已有先例，但像广济桥这样的“一里长桥一里市”的盛况，在中外桥梁史上都是罕见的。

1174年

比萨教堂建成　比萨教堂（Pisa Cathedral）是意大利罗马风建筑的主要

代表，位于意大利中部比萨城的西北角，由主教堂（1063—1118，1261—1272）、洗礼堂（1153—1265）和钟塔（1174—1271）组成。洗礼堂位于教堂前面，与教堂处于同一条中轴线上；钟塔在教堂的东南侧，形状与洗礼堂不同，但体量正好与它平衡。三座建筑的外墙都是用白色与红色相间的云石砌成，墙面饰有同样的层叠的半圆形连列券，形式统一。主教堂朝西，十字式布置，长方形大厅全长95米，纵向设四排柱子，半圆形祭台设在东端。教堂十字交叉处上方是椭圆形穹隆，正立面装饰四层连续券廊。洗礼堂位于主教堂中轴前60米处，是圆形平面，直径约40米，也是穹隆顶，13世纪时，又加上了哥特式三角形山花与尖形装饰。钟塔即比萨斜塔，位于主教堂东南侧。三座建筑风格统一，富有罗马式建筑的装饰特点。

比萨教堂

1176年

伦敦建老桥 伦敦老桥建于1176—1200年，桥墩筑有“刹水桩”，上有房屋，1832年拆除后建新桥。

1192年

中国建成卢沟桥 卢沟桥是闻名中外的古桥，它横跨中国北京西南约15公里处的永定河，因永定河原名卢沟河，所以此桥因而得名。清康熙时曾被洪水冲毁，于1698年

卢沟桥

重修。桥长265米，桥面宽7.5米，为11孔石拱桥。桥旁有石雕护栏，共有望柱281根，柱头上雕有石狮485只，千姿百态，生动传神。此桥除桥面、桥栏与石雕经历代修补外，大部分为金代遗物。

1194年

法国重建夏尔特尔教堂　夏尔特尔教堂位于法国西北部夏尔特尔城，是法国最早的哥特式教堂。原建筑毁于火灾，1194年重建。教堂中厅长130.2米，宽16.4米，圣坛设在东端，窗户采用镶嵌彩色玻璃，通过阳光照射，使室内霞光灿烂；教堂的雕像具有向现实主义演变的特色。西立面的入口处，是在原罗马式教堂的基础上改建。两侧各有一尖塔，南边的塔建于13世纪，塔高107米，简洁挺拔；北边的塔于16世纪完成，塔身略低，有繁多的雕饰。形成各异的二塔并存，显示了建筑风格的几百年演变和中世纪匠人的创新。

夏尔特尔教堂

塞维利亚风标塔

1195年

塞维利亚建风标塔　塞维利亚风标塔原是一个大礼拜寺的邦克楼。16世纪西班牙人添建亭台并装有风标，故此得名。下面部分为科尔多瓦哈里发时期所建，在简洁粗壮的墙身上砌有精致的阿拉伯图案，手法精练。

中国建曲阜孔庙碑亭　曲阜孔庙大成门外有13个碑亭，其中第二碑亭建于金明昌六年（1195年），为孔庙最古老的建筑物。碑亭平面呈正方形，重檐九脊顶；檐柱为石制的八角形，下檐斗拱单杪单昂重拱计心造，昂尾交在上檐柱的间枋上。上檐斗拱单杪双下昂，第二层昂尾挑起，两檐椽及顶部梁架在清代有改动。

曲阜孔庙碑亭

1200年

德国出现晚期罗马式建筑 德国晚期的罗马式建筑，始于1150年，持续100余年。其特点是教堂建筑增建塔楼，殿堂分内外墙，教堂的浮雕门饰增多，并有装饰柱脚和柱头。

英国出现早期哥特风格建筑 英国威斯敏斯特修道院出现最早的哥特早期风格建筑部分。

威斯敏斯特修道院

太阳门

12世纪

印第安人建太阳门 太阳门（Tiahuanaco）建在秘鲁的提亚华纳科，建于12—13世纪。门高约3米，宽约3.8米，用整块大石块建成，刻有狮子头，周围是几何形图案。

中东伊斯兰建筑中出现蒙古风格 这类建筑采用圆顶，一直持续到约1500年。

1202年

比利时始建伊普雷布交易所 伊普雷布交易所（Cloth Hall，Ypres）建于1202—1304年，是比利时也是欧洲中世纪最杰出的商业建筑之一。第一次世界大战时被毁，后重建。

重建的伊普雷布交易所

兰斯教堂

1211年

法国兴建兰斯教堂 兰斯教堂位于法国巴黎东北部马恩省省会兰斯，1211年始建，1290年完工，是法国最漂亮的哥特式教堂，又称最高贵的皇家教堂，是法兰西国王的加冕教堂。教堂的平面呈十字形，中厅高38米，宽14.6米，深138.5米。西立面比较细长，表面有大量装饰，底层并排着三个透视门和壁龛。教堂的墩柱、塔楼、券柱柱廊、门窗等细部都采用尖券式样装饰，飞扶壁是轻巧的实体挖空的扶壁，顶部冠以锋利的小尖顶。大门两侧的雕像比较瘦长，与整个教堂的垂直线条形象统一和谐。这种成熟的装饰风格达到法国哥特建筑的顶峰。

1220年

英国始建索尔兹伯里主教堂 索尔兹伯里主教堂（Salisbury Cathedral）建于1220—1258年，为英吉利哥特教堂的代表作，是英国著名的天主教堂。

索尔兹伯里主教堂

1220年，主教勒波尔（Poore，Bishop Richard）和建筑师伊莱亚斯（Elias，de Derham）选址圣玛丽米德（St. Mary's Mead）决定建造一座崭新的哥特式（Gothic）教堂，以代替老塞勒姆（Old Sarum）的诺曼教堂（Norman Cathedral），历时38年建造而成。大教堂尖顶在大教堂完工50年后加建，是英国最高的塔楼，并拥有四份“大宪章”中保存最完好的一份和欧洲最古老的机械塔钟。平面有双重翼部，两面一对塔楼不显著，中央塔楼突出。索尔兹伯里大教堂占地面积80英亩，拥有英国最大的大教堂回廊。

1237年

中国建成泉州开元寺之仁寿塔　开元寺双塔之一仁寿塔，始建于916年，1228—1237年重建，为八角五层楼阁型石塔，细部具有鲜明宋代福建地区风格，是中国现存同类型石塔中做工最精细、最高的一对之一。

1241年

严岛神社

日本重建严岛神社　严岛神社位于日本广岛县境内，约建于593年，主要建筑于1168年建成，后毁于火灾，现存的建筑建于1241—1571年间。建筑群分散在山岩、丛林和海湾之间，由小桥、曲廊相连通。主体由本殿、拜殿和舞台等组成。多为歇山屋顶，矗立在海水中，形似牌楼的大鸟居与主体建筑遥遥相对，用整株樟木做成，两端柱高16米，柱径约3.6米，横梁长22米，是神社的入口。神社是日本的民族宗教神道教祭神的场所，至今遍布全国的神社有8万余座。

1248年

德国建科隆大教堂 科隆大教堂（Cologne Cathedral）是欧洲北部最大的哥特式教堂，面积143米×84米。西面的一对八角形塔楼建于1842—1880年，高达150余米，体态硕大。中厅宽12.6米，高46米。教堂内外布满雕刻与小尖塔等装饰。

科隆大教堂

1250年

巴黎圣母院

巴黎圣母院建成 巴黎圣母院位于法国巴黎市塞纳河中的岛上，是中世纪欧洲最著名的教堂，也是法国最古老的哥特式教堂之一。1163年始建，1250年大部建成。教堂平面宽48米，长130米，可容纳近万人。四排纵向柱子将内部空间分为中厅和两侧通廊，中厅高约35米。屋顶采用尖券六分肋骨，中部矗立一高90米的纤细华美尖塔。外墙建有一圈轻巧的飞扶壁。西立面用粗壮柱墩垂直分为三段，由上下两排水平装饰将其连成整体；下面一层并列三座逐渐内缩的尖券门洞，门洞上水平装饰着26个大尺寸人物雕像；上层正中有一个用石料镂空镌雕成的直径13米的玫瑰窗，两侧各有一对尖券窗，上面的水平装饰为一排连续拱廊；顶上有两座左右对称的耸立塔楼，高68米，这种立面形象是法国早期哥特式教堂的典型。

欧洲建造具有特色的石拱桥 11—12世纪，中亚和埃及的石拱桥被引入欧洲，按当时习俗，往往在桥上设置教堂、神龛、神像，或设置关卡、碉堡及商店、住房等。如法国1177—1187年建成的阿维尼翁跨越罗纳河的20孔石拱桥，跨度约30米，现仍存靠岸的4孔和上面的小教堂。1308—1355年建成的瓦朗特尔桥，6孔跨度16.5米，上有设防严密的高耸箭楼3座，至今完好无损。

泉州开元寺双塔

中国建成泉州开元寺之镇国塔 开元寺双塔之一镇国塔始建于865年，1238—1250年重建，为八角五层楼阁型石塔，细部具有鲜明宋代福建地区建筑风格，是中国现存同类型石塔中做工最精细、最高的一对之一。

约1250年

大足石刻

中国北山和宝顶山石窟凿成 北山和宝顶山位于中国重庆大足区。北山石刻始建于晚唐（9世纪），迄至南宋，有龛窟290座，佛像3664尊，以刻工精巧、造型生动优美著称，其中136号星辰车窟、125号媚态观音、245号观无量寿经变图等，均为罕见的艺术珍品。宝顶山石刻始凿于南宋淳熙六年（1179年），历时70余年，有各类造像万余，以佛教密宗为主要题材，但以现实主义手法，突出了世俗生活内容，具有浓郁的乡土气息与时代特征。两处石窟代表了中国石窟艺术晚期的最高水平。

印度建科纳拉克太阳寺 科纳拉克太阳寺（Temple of the Sun，Konarak）又称黑塔，是印度北部最大、最杰出的奥里萨式印度教寺庙。由一座内有神殿的高塔（高约68米）和一座边长约30米、高约30米，上有方锥形屋顶的前厅组成。基座旁刻有象征太阳神神车的马匹和车轮。建筑形体匀称，雕刻精致，构图上垂直与水平、繁复与简单巧妙组合。

1268年

印度卡撒伐寺建成 卡撒伐寺（Kesava Temple，Somnathpur）建于印度松纳特普尔，是印度教中部风格寺庙的典型。主殿的平面大体为十字形，东西向约26.5米，南北向约25米，修建在平台上。东面是长方形柱厅，柱厅的南北西三面各有一封闭的星形神堂，神堂的屋顶为塔形，高9.3米，檐口不高，平合和檐口将几个互相独立的屋顶连成一个整体，主殿的四周是一圈带柱廊的僧房，共64间，寺庙表面布满雕饰，图案生动精美。

卡撒伐寺

1269年

亚眠教堂

法国亚眠教堂建成 亚眠教堂（Amiens，Cathedral）位于法国北部索姆省省会亚眠，是法国最杰出的哥特式教堂之一，1220年始建，1269年竣工。其中厅高43米，宽约15米，总面积为25665平方米，规模之大居法国哥特教堂首位。厅内采用束状支柱，直接承受六分肋骨拱顶的力，构成完整的骨架结构体系。柱间的墙面开着镶彩色玻璃的大窗户。峻峭挺拔的束柱，闪耀着炫目光辉的玻璃窗，加强向上动势的拱肋，使得高狭的空间产生一种迷人的美。因此法国流传着一种古老的说法：要建一个完美的教堂，必须取巴黎圣母院的立面、兰斯主教堂的雕塑、夏尔特尔主教堂的塔楼和亚眠教堂的中厅。

1271年

中国出现大额式木结构 大额式木构建筑的结构形式出现于中国元代（1271—1368），它采用移柱和减柱的方法，以达到扩大殿堂内部空间的效果。移柱是将殿堂内柱网中的柱子移向边角部位，减柱是将柱网中柱子减掉2根、4根或6根。为弥补移柱或减柱带来的结构上的弱点，顺面阔方向在柱头上架设一根粗大的圆木，即大额。在额上安放斗拱，额下就可以移柱和减柱。

北京建妙应寺白塔 妙应寺白塔是中国现存著名喇嘛塔之一，这种塔形原为西藏形制，元代开始大量在内地兴建，因喇嘛教建塔多采用此种塔形，故称喇嘛塔。塔由顶部相轮、中部瓶形塔身和下部基台组成。妙应寺白塔，建于元朝至元八年（1271年），由尼泊尔匠师阿尼哥设计。

妙应寺白塔

比利时安特卫普港建成 安特卫普港位于比利时埃斯考河下游，至今仍为比利时的最大海港。

1283年

德国马尔堡的伊丽莎白教堂建成 德国马尔堡的伊丽莎白教堂属于早期哥特风格建筑，始建于1235年，完成于1283年。塔楼建于1360年，1240年建圣女伊丽莎白墓碑，并为她制成遗骨盒。这座建筑被认为是德国第一个全哥特式风格建筑。

13世纪

基督教开始使用有两扇侧翼的祭台

在德国北部和东部城市中出现砖砌山墙住房

晚期哥特风格在英国建筑中流行

拜占庭艺术出现“复古”倾向

俄国教堂建筑中采用高山墙拱顶式，五圆顶建筑形式开始流行

法国建筑行会传入德国

1307年

帕多瓦的圣安东尼教堂建成 帕多瓦的圣安东尼教堂是哥特风格的三殿堂巴西利卡式建筑，是1232年为帕多瓦的圣安东尼修建的墓地教堂，其中的部分建筑于1424年方完工。

圣安东尼教堂

1345年

居庸关云台

中国建成居庸关云台 居庸关位于今中国北京昌平区居庸关城中心，元代至正五年（1345年）建成。为一过街塔的白色大理石基座，座中南北向开一券门，宽6.32米，高7.27米，可通马车，券洞为折线形拱券，为中国砖石拱中之特殊做法。台上原有三座喇嘛塔，后圮毁；明代又建安泰寺，亦毁。券门雕有交叉金刚杆、象、怪狮、卷叶花、大龙神及金翅鸟王等，券洞内壁和洞顶刻有四大天王、曼荼罗、佛像及花草图案等。为元代石刻艺术之精品。

1350年

比萨斜塔建成 比萨斜塔位于意大利中部比萨城的西北角，是比萨教堂的组成部分，意大利罗马建筑的著名杰作。塔身为圆形，直径约16米，高56米，共有8层，底层的墙上作有浮雕式连列券柱，第二层至第七层为空廊，顶层为钟亭，向上逐层收缩，在厚墙中建有螺旋形楼梯直通顶层，外墙全部用白色大理石贴面。1174年始建，在建好三层后发现塔身开始倾斜而一度停工。至1350年最后完成时，塔顶中心点已向南偏离了2.1米。1918年倾斜开始加速，现钟塔顶向南倾5.3米，斜度为5度6分，成为世界驰名的“斜塔”。

比萨斜塔

1351年

贾鲁［中］发明石船拦水坝 中国元至正十一年（1351年），贾鲁（1297—1353）主持黄河堵口工程时，创造了石船拦水坝，他将27条大船分三排，每排9条固定在一起，装满大石块后在堵口处同时把船凿沉，这种拦水坝大大减轻了合龙时的压力，保证了堵口的成功。

1354年

阿兰布拉宫

西班牙格拉那达建阿兰布拉宫 阿兰布拉宫即阿尔汗布拉宫，又称“红宫”，是中世纪摩尔人统治者在西班牙建立的格拉那达王国的宫殿。建于1354—1391年，位于地势险要的山头上，四周围墙用红色石块砌筑。沿墙筑有或高或低方塔，墙内有许多院落，其中狮子院以其轻巧的券廊和雕有12只狮子簇拥着的喷泉著称。整座宫殿的建筑风格富丽精致。

1357年

布拉格始建查理大桥 布拉格是欧洲历史名城。城堡始建于9世纪。1345—1378年，在查理四世统治时期，布拉格成为神圣罗马帝国兼波希米亚王国的京城，而达鼎盛时期。查理大桥又称查理四世桥，连接布拉格老城区和布拉格城堡，是伏尔塔瓦河流经布拉格市区河段十几座桥梁中最著名的一座，桥长520 米，宽约10米，16孔，桥左右立有30座圣徒雕像，两座哥特风格塔楼及浮雕于1503年竣工。

布拉格查理大桥

1363年

埃及苏丹·哈桑礼拜寺建成 苏丹·哈桑礼拜寺（Madrassa and Tomb of Sultan Hassan）建于 1356—1363 年土耳其苏丹统治埃及时期。礼拜寺为十字形平面，十字形交点处为院落，十字形的四翼处有四个向院落开敞的大厅。东端朝街道建有一座28米见方的墓堂，上面有尖顶穹隆，顶高55米，两旁有邦克楼，高81.6米，中间有多边形鼓座衔接。墓堂临街立面的檐口窗户装饰有浮雕和各种尖券、马蹄券、复叶形券等，塔身分不等的若干段，逐渐向上收缩，最后冠为小小的尖顶。苏丹·哈桑礼拜寺是埃及伊斯兰建筑的代表作。

苏丹·哈桑礼拜寺

1365年

中国正定转轮藏建成 转轮藏是佛寺中一种按建筑样式制作的可转动的藏经柱。中国河北正定隆兴寺转轮藏阁的转轮藏，制作年代不晚于元至正二十五年（1365年），是一座有良好转动设备的大型转轮藏。它安置于一个直径约7米的圆池内，中心有粗壮的转轴，下有生铁铸成的轴托。转轮藏平面为八角形，由8根内柱与8根外柱构成一重檐八角亭，上檐屋顶为圆形，下檐为八角形。整个装置造型优美，制作精致，如一座完美的建筑模型。

转轮藏

1372年

大同城楼 山西大同东南西三门城楼与城同为洪武五年（1372年）大将军徐达（1332—1385）所建，是现存明代最古老的木结构建筑。城楼平面均为凸字形，后部有五间，前突出部分三间，四周为回廊。楼的外部分上中下三层，檐三层。屋顶前后两券相连，均为九脊顶，各层梁之间承以极低的驼峰。

大同城楼

1376年

中国始建蓬莱水城与蓬莱阁 蓬莱水城建于今山东蓬莱市北一公里处的丹崖山山坡上。北宋曾在此建刀鱼寨，明洪武九年（1376年）为防御倭寇侵扰，在刀鱼寨旧址筑水城，后又经明清两代修葺增筑。现存水城为土、砖、石混合构筑，周长2200米，顶宽3.6米，平均高度约7米。城正中有狭形小海长655米，将城分隔为二，为水师操练与战船停

蓬莱阁

泊处。城有南北二门，南门有陆路通县城，北门为水门，为船舰的出海口，门外设防波堤、平波台和码头等，以防巨浪冲刷、泥沙淤积和保持城内小海水面的平稳。水城以其优良的选址和工程设计，在中国港湾建设史上占有重要地位。蓬莱阁建于丹崖山顶，成为水城之制高点，为重檐八角清式建筑，殿阁凌空，隐掩于烟雾之间，下临沧海，故有仙境之称。

1380年

法国根特钟楼建成 根特钟楼是一种编钟钟楼，始建于1313年，是尼德兰市的标志性建筑。根特钟楼高91米，是比利时根特俯瞰老城区中心的三座中世纪塔楼之一，它不仅用于报时和警报，也曾用作瞭望塔，另外两座属于圣巴夫主教座堂和圣尼阁老教堂。

根特钟楼

1397年

鹿苑寺金阁

日本京都建鹿苑寺金阁 鹿苑寺金阁原为室町幕府时代一将军府邸，是主殿造式府邸的代表。后舍宅为寺，成为京都北山殿的舍利殿。金阁是一面临湖池的方攒尖顶楼阁建筑，共三层，底层用于会客和游赏，中层和顶层供奉佛像。屋顶采用木片瓦，内外墙上贴金箔，故此得名。

14世纪

中国建造吐虎鲁克玛扎 14世纪中叶建成，是成吉思汗孛尔只斤·铁木真（1162—1227）七世孙吐虎鲁克·铁木尔的墓，是中国现存最早的伊斯兰建筑。平面呈正方形，宽10.8米，进深15.8米，总高约9.7米，全部用砖砌筑。正中为一穹隆顶，入口为尖拱式。建筑造型简洁雄伟，壁面以紫、白、蓝琉璃镶砌，组成各种精美图案花纹，具有浓厚的新疆伊斯兰教艺术风格。

吐虎鲁克玛扎

中国始建无梁殿 中国明代初期（14世纪后期）开始运用筒拱技术建造无梁殿，这是一种外观仿木结构而实际用砖石砌筑的筒拱房屋。其结构方法有二：一是平行于殿身的横向拱筒，以前后檐墙为拱脚，故墙身很厚，门窗洞很深；二是平行于进深方向连续做多个并列的拱筒，以左右山墙为拱脚，各拱筒形成的各间之间可以拱门相联系。著名的无梁殿有南京灵谷寺大殿、苏州开元寺、山西五台山显通寺、太原永祚寺正殿及配殿、北京天坛斋宫、颐和园智慧海等。

中国建成阶级窑 中国明代在福建德化出现阶级窑，故又称德化窑。采用自然通风方式，以木柴为烧料，用于烧制瓷器。现福建、湖南、江西等地区的乡间窑场仍有采用。

1412年

意大利建筑家、雕塑家布鲁内莱斯基（Brunelleschi，Filippo 1377—1446）发明中心透视画法

1413年

美因河畔的法兰克福建成晚期哥特风格的市政厅

维也纳多瑙河畔哥特风格的马利亚教堂建成

1415年

中国建成明长陵大殿 长陵大殿为明十三陵中规模最大的一座，位于北京昌平区天寿山南麓。长陵于明成祖永乐十三年（1415年）完成，大殿平面9间，深5间，为国内最大的木结构建筑。其外观重檐四阿顶，立于三层白石陛上。下檐斗拱单杪双下昂，上檐双杪双下昂。其下檐斗拱自第二层以上，引伸斜上者六层，实拍相联，缀以三福云伏莲销，已形成明清通行之溜金科。

明长陵

武当山金殿

1416年

中国建武当山金殿 金殿位于武当山主峰天柱峰巅，建于明永乐十四年（1416年），为现存最大的铜建筑物，重檐庑殿式仿木结构，高5.5米、宽5.8米，进深4.2米，全部用铜构件由榫卯装配而成，除正面门扇外，构件表面均为鎏金。

维特鲁威［罗马］的《建筑十书》（*De Architectura*）被重新发现

1417年

中国始建天安门 天安门始建于中国明永乐十五年（1417年），原名承天门，由著名匠师蒯祥（1398—1481）等设计。清顺治八年（1651年）重修，改称天安门。为明清两代皇城的正门。建筑通高33.7米，城楼面宽9间，进深5间，重檐歇山式屋顶，城墙开有拱门5个，红墙、朱柱、黄色琉璃瓦顶，构成鲜明的色彩和雄伟的造型。天安门前金水河上5座精美的汉白玉桥，桥南两对雄健的石狮和挺秀的华表，与天安门城楼配合成具有完美艺术风格的建筑。

天安门

1418年

米兰教堂

意大利米兰教堂建成主体建筑　米兰教堂（Milan Cathedral）是意大利哥特式建筑，于1385年奠基，1418年主体建筑立起，到20世纪初才全部完工。是一座可容纳4万人的大教堂，平面是拉丁十字形。中厅宽59米，长100米，高45米，两侧通廊亦高37.5米，形成“三重中厅”。厅内有柱52根，高24米，柱径约3米，顶部有雕壁龛或安放雕像的柱帽。东端有三个高大剔透的花格窗户，为哥特风格的精品。教堂外墙以白大理石镂空雕饰，强调垂直线条，壁柱林立，顶部竖起数以千计的小尖塔，塔顶端立有镀金的人像雕塑，多达三千余个。这些哥特式的精美华丽装饰，至今仍令人赞叹不已。

1420年

天坛祈年殿

中国北京天坛建成　天坛是中国现存最完整的古代祭坛建筑，也是现存艺术水平最高、最具特色的古建筑之一。主要建筑有圜丘坛、皇穹宇和祈年殿等，布置在南北轴线两端，中间以359米砖砌高甬道相连。圜丘为祭天的地方，三层露坛环以雕栏，十分壮美。皇穹宇外有环形围墙内壁光滑平整，它和圜丘的石栏都具有奇妙的声音反射效果，为建筑声学的奇迹。

中国北京紫禁城建成　紫禁城是中国和世界现存最大的古代宫殿建筑群，建成于明永乐十八年（1420年），后明清两代均有局部改建或重建，全部建筑面积近15万平方米，为明清两代皇宫，1925年改为故宫博物院。建筑群严格按传统的中轴线对称布局，前部为外朝，以太和殿、中和殿、保和殿三大殿为中心，西侧有文华殿、武美殿两组建筑；后部为内廷，包括乾清宫、坤宁宫和东西六宫及御花园等。太和殿是建筑群中最高大的木结构建筑，高达26.92米，面宽63.96米，进深37.20米，以72根高14.4米、直径1.66米的木柱承梁架构成四大坡的屋面。紫禁城建筑庄严宏伟，金碧辉煌，设计十分严谨规则，形体组合既体现严格等级，又形成主次分明、和谐而有变化的群体。

故宫博物院

1421年

佛罗伦萨始建育婴院　佛罗伦萨育婴院（Foundling Hospital）建于1421—1445年，意大利文艺复兴早期代表之一。建筑师是布鲁内莱斯基，立面采用了科林斯式券柱式敞廊等古典手法，前面是长方形的封闭式广场。

佛罗伦萨育婴院

1424年

威尼斯总督府建成　位于意大利威尼斯海湾，是欧洲中世纪最美丽的建筑物之一。平面是四合院式，卓越的立面设计使建筑独具特色。立面高约

威尼斯总督府

25米，分三层，底层白色大理石的半圆连续拱廊，圆形粗壮的圆柱墩支承着第二层白大理石的尖券游廊，二层廊柱数量比底层多出一倍，券廊上方是一排雕刻精致的圆形小窗，第三层高度为整个立面的二分之一，大部分为实墙，只开了少量的尖拱窗和小圆窗。墙面用白色和玫瑰色大理石拼镶成斜纹织物图案。内部装饰华丽，雕塑壁画均出自威尼斯名艺术家。总督府以其典雅、秀丽的造型丰富了世界建筑艺术宝库。

1426年

西班牙瓦伦西亚主教座堂建成　西班牙瓦伦西亚主教座堂全称瓦伦西亚圣母升天圣殿都主教座堂（西班牙语：Iglesia Catedral-Basílica Metropolitana de la Asunción de Nuestra Se ora de Valencia），是天主教瓦伦西亚总教区的主教座堂，始建于1262年，是一座哥特风格的三堂建筑。

1429年

布鲁内莱斯基［意］建巴齐礼拜堂　位于佛罗伦萨的巴齐礼拜堂（Pazzi Chapel）建于1429—1446年，是建筑师布鲁内莱斯基的另一杰作，该礼拜堂是一个矩形平面的集中式教堂，规模不大，中央穹隆直径10.9米，左右各有一段筒形拱。正面是一个进深5.3米的科林斯柱式门廊，正中跨度较宽，做成券状，上面有一个小穹顶。

巴齐礼拜堂

1431年

伦敦市政厅建成（始建于1411年）

圣玛利亚大教堂

1434年

意大利圣玛利亚大教堂穹隆建成　圣玛利亚大教堂（The Dome of S. Maria del Fiore）1296年始建于意大利佛罗伦萨城，虽经多次增建，但正殿的顶盖始终是个悬而难决的问题。1420—1434年由建筑师布鲁内莱斯基设计，建造成八角形平面的大穹隆顶。其外形呈半椭圆状，表面露出八根肋骨拱，底部有一圈高为12米的八角形鼓座，穹隆和鼓座共高60米。穹隆内径为42.5米，高30余米，表面绘有壁画。穹顶上筑有一个精致的八角小亭，亭顶距地面107米。穹隆的设计综合了罗马的拱券、哥特的肋骨拱和拜占庭的建筑技术和手法，冲破了中世纪天主教堂不允许建造穹隆的禁忌，开创了建筑史上的文艺复兴建筑新时代。

1438年

威尼斯的元首宫建成　威尼斯的元首宫原建于814年，改建于1309年，采用了拜占庭、哥特风格，于1438年建成。

里卡第府邸

1444年

佛罗伦萨的里卡第府邸始建　佛罗伦萨的里卡第府邸建于1444—1460年，属于早期文艺复兴的典型建筑，原是市长美第奇（Medici）家的府邸，建筑师为米开罗佐（Michelozzo, Di Bartolommeo 1396—1472）。

布局分为两部分，左面环绕一券柱式回廊内院的是起居部分，主要活动在二楼，后面有一个服务性后院；右面环绕天井为随从居所与对外商务联系之用。立面构图为了追求稳定感，底层以粗石砌筑，二层用平整的石块但留较宽与较深的缝，第三层是磨石对缝。檐口较厚，出挑约2.5米，厚度为立面总高度的八分之一，与柱式的比例相同。

1445年

罗马始建西斯廷教堂 西斯廷教堂始建于1445年，由教皇西斯都四世发起创建，教堂的名字“西斯廷”来源于当时的教皇之名“西斯都”。教堂长40.25米，宽13.41米，高18米，是依照《列王纪》第6章中所描述的所罗门王神殿，按照比例（60∶20∶30）所建。西斯廷教堂是罗马教皇的私用经堂，也是教皇的选出仪式的举行之处。教堂内的天顶画《创世纪》（1508—1512）及另一幅壁画《最后的审判》，是米开朗琪罗所绘，为米开朗琪罗一生最有代表性的两大巨制。西斯廷教堂因为米开朗琪罗创造了《创世纪》和《最后的审判》而名扬天下。教堂于1481年完工后，波提切利（Botticelli，Sandro 1446—1510）等文艺复兴初期的画家以耶稣基督为主题创作了一批壁画。1483年，在此举行过西克斯图斯四世的圣体告别仪式。

西斯廷教堂

西斯廷教堂壁画1

西斯廷教堂壁画2

1446年

布鲁内莱斯基

意大利建筑家布鲁内莱斯基去世 布鲁内莱斯基是意大利文艺复兴时期著名建筑学家、雕塑家，发明了在建筑学以及近代绘画中极为重要的中心透视法，作品有圣玛利亚大教堂穹隆、佛罗伦萨的巴齐礼拜堂、佛罗伦萨育婴院等。

北京古观象台

北京古观象台初具规模 中国明正统七年（1442年）在北京城东南建观星台，仿制宋元浑仪、简仪等进行天文观测。正统十一年（1446年）又增建了晷影堂，至此，观星台初具规模。清代改名为观象台，后由西方传教士设计制造了赤道经纬仪、黄道经纬仪、天体仪、地平经仪、地平纬仪、纪限仪、象限仪和玑衡抚辰仪等八大铜仪，取代了原来的天文仪器。北京古观象台连续从事天文观测500余年，是世界现存的观测历史最久的天文台。

1449年

四川报恩寺

中国四川报恩寺建成 报恩寺位于中国四川绵阳市平武县，是中国唯一的一座全部殿宇均用楠木建造的建筑。寺院规模宏大，布局严谨，金碧辉煌，俨如宫殿，是罕见的兼具寺庙与宫殿建筑特色的建筑群。各殿的泥塑、壁画，大悲殿的楠木千手观音，华严藏的星辰车和雕刻的天宫楼阁，精工绝伦，俱为艺术佳作。

1452年

阿尔伯蒂［意］发表《论建筑》 出生于佛罗伦萨的意大利建筑师阿尔伯蒂（Alberti，leon Battista 1404—1472），基于维特鲁威的建筑理论发表《论建筑》（*De Re Aedificatoria*），创立了透视理论。

英国重建坎特伯雷座堂 坎特伯雷座堂（Canterbury Cathedral），位于英国肯特郡郡治坎特伯雷市，建于324年，是英国最古老、最著名的基督教建筑之一，是英国圣公会首席主教坎特伯雷大主教的主教座堂，全称“坎特伯雷基督座堂和大主教教堂”。1452年，尼古拉五世下令重建，1506年由意大利建筑师布拉曼特（Bramante，Donato 1444—1514）、米开朗琪罗（Michelangelo 1475—1564）、波尔塔（Porta，Giacomo Della 1541—1604）和马泰尔（Maderno，Carlo）相继主持设计和施工，1626年建成。教堂长约156米，最宽处有50米左右。高大而狭长的中厅和高达78米的中塔楼及西立面的南北楼表现了哥特建筑向上飞拔升腾的气势，而东立面则表现出雄浑淳厚的诺曼风格。亨利四世、爱德华三世之子以及百年战争中的名人安葬在教堂里。

坎特伯雷座堂

卢万市政厅

1463年

比利时卢万市政厅建成 比利时卢万市政厅为晚期哥特式建筑风格的典范，1463年建成。建筑平面为矩形，立面根据楼层作明显的水平划分。门、窗、檐部及屋顶采用了尖券、壁柱、尖顶等哥特风格装饰，楼房的四角做成凸出体，形似塔楼贯通上下，顶为尖顶，形成参差有致的山墙轮廓。整个建筑物雕饰十分精美，宛如美丽的象牙雕刻工艺品。市政厅在第一次世界大战时遭破坏，后照原样修复。

1475年

莫斯科始建圣母安息大教堂 圣母安息大教堂（Assumption Cathedral），又名乌斯宾斯基教堂、圣母升天大教堂，位于俄罗斯莫斯科克里姆林宫内，1475年伊凡一世下令建造，由意大利建筑家费奥拉凡蒂按照弗拉基米尔（莫斯科以东大约210公里处）同名教堂的样子设计建造，正面墙上腰部有连列的盲券，顶上有五个俄罗斯的葱形穹隆，1479年基本建成，也称乌斯宾斯基主教座堂。在1157年俄罗斯首都从基辅迁到弗拉基米尔以后，俄罗斯东正教大主教驻节地也由基辅的圣索菲亚大教堂迁到了弗拉基米尔的圣母升天大教堂。教堂白石上装饰着《亚历山大·马其顿升天》等石刻画面以及狮头和妇女头像浮雕，象征着基督永生，也表明教堂用于圣母崇拜。教堂里面安葬着12—13世纪弗拉基米尔的大公和主教等。

圣母安息大教堂

1487年

中国建成霁虹桥 霁虹桥始建于中国明成化年间（1465—1487），是中国现存最早的铁索桥。修建在云南永平澜沧江上的江面最狭、河床最稳固处。桥长113.4米，净跨径57.3米，桥宽3.7米。全桥共有18根铁索，底索16根，承重部分为4根1组共3组，上覆纵横木板，铁索由直径2.5～2.8厘米、长30～40厘米、宽8～12厘米的扣环组成；扶栏索每边一根，由长8～9厘米，宽7厘米左右的短扣环组成。铁索锚固定在两岸桥台的尾部，桥台长约23米。桥两端建有飞阁桥屋。

1489年

莫斯科圣母领报大教堂建成 圣母领报大教堂（Annunciation Cathedral）是在大公伊凡三世和俄罗斯正教的领袖菲力普主教的支持下，于15世纪70年代初期开始重建。结果发现本地的建筑商无能力担负如此庞大并且复杂的工程，后来因一部分的墙壁倒塌，伊凡便延请另外一位意大利建筑师及工程师菲奥拉凡提，在1475年抵达莫斯科。这位建筑师的任务是模仿弗拉基米尔的安息大教堂。他的设计纳入了俄罗斯拜占庭风格的某些特色，它原本是只有三个穹顶，到16世纪60年代，由意大利的工匠添加了四座带穹顶的礼拜堂，还造成了两个假穹顶，这样就成为一座有九个穹顶，显得格外辉煌壮观的大教堂。

圣母领报大教堂

15世纪

哥特风格的砖结构建筑在德国发展起来 在德国北部，哥特风格的砖结构建筑得到发展，梅斯大教堂和科隆大教堂中装饰有哥特风格的玻璃彩画。

英国出现都铎风格 都铎风格是15世纪末—17世纪初英国都铎王朝时期

流行的一种建筑和艺术风格。建筑体形多是凹凸起伏，墙体喜用红砖砌筑，灰缝很厚，腰线、窗台、过梁等用白石，对比强烈。门、火炉等装修物上爱用四圆心的扁宽尖券。屋顶装有许多塔楼、雉堞、烟囱，为中世纪堡寨的遗风。室内护墙板很高而呈暗色，屋顶结构裸露，屋架下有弧形撑托和雕刻精细的垂悬装饰物，称“锤式屋架”。

中国发明金砖及其墁地工艺 金砖是15世纪以来在中国江苏苏州一带，用特别细腻均匀的黏土材料烧制的一种精致的铺地砖，最大尺寸有2.2尺见方，用于宫殿和坛庙的室内地面。铺地时须将砖面打磨平整，四肋互成直角，砖侧砍磨成小斜坡，使朝下一面留出“包灰”，而地面几乎看不到灰缝，砖下不用泥土，而用干砂或白灰，铺好后，泼热黑矾水二次，再以生桐油浸泡（攒生泼墨）；或在泼热黑矾水后，施以四川白蜡（烫蜡），使地面平滑如镜，光亮照人。

缅甸仰光大金塔基本建成 金塔位于缅甸仰光，始建于B.C.585年，经多次改建，至15世纪时已加高至约100米，底部周长430米。它吸收和发展了印度窣堵波的形式，成为缅甸佛塔的代表作。塔为砖砌，表面抹灰后满贴金箔，并镶以红、蓝、绿各色宝石。塔身轮廓为钟形，由宽大基座向上收缩攒尖，形成柔和的曲线。塔虽为多层，但水平划分并不明显。塔基四角各有一半人半狮雕像，塔脚下簇拥着64个同样形式的小塔，使大金塔更显雄伟挺拔。

仰光大金塔

约1500年

美洲印加人建马丘比丘城 安第斯山山脊上的马丘比丘是一座建于15世纪的要塞城市，坐落于两座险峻山峰之间的一个马鞍形山上，约900米长，500米宽。它的海拔2450米，三面由五六百米的陡峭斜坡下降到山间谷底。马丘比丘只有一条小路与外界相通。1983年，马丘比丘被联合国教科文组织列

马丘比丘遗址

入《世界遗产名录》。在山间开阔的台地上，分布着三个主要建筑群：上城区（宫殿区）、下城区和祭祀区，共有200座建筑。在宫殿区中建有一座著名的半圆形塔楼，它的附近是酋长与贵族的宅邸，其后面是祭祀区，带有一个凿岩式的太阳观测所，它的东面有一座“三窗神庙”。上城区的对面是下城区，除了民宅以外，还有监狱和仓库。建筑多用巨石砌成，依地形而建，山坡上有梯田式的花园，多条台阶将城内各个部分连接起来。

1501年

葡萄牙兴起埃马努埃尔建筑风格 在葡萄牙兴起的埃马努埃尔风格，把哥特风格和文艺复兴早期风格结合起来，并兼有印度和美洲风格的某些特征。

1504年

曲阜孔庙进行重建 曲阜孔庙是中国最大的孔子（B.C.551—B.C.479）祠庙，也是中国古代大型祠庙建筑的典型。孔子去世后第二年（B.C.478年），鲁哀公将其故居三间改建为庙。汉朝后历代多有增建。明弘治十二年（1499年）毁于火灾，弘治十七年（1504年）重建。孔庙占地近10公顷，有八进庭院、殿、堂、廊、庑等建筑620余间。在中轴线上的建筑群，有奎文阁、大成门、大成殿、寝殿、圣迹殿和大成殿两侧的东庑与西庑等。奎文阁为两层藏书楼，与大成门之间有历代帝王所立石碑与碑亭13座。大成殿为供奉孔子的大殿，正中供孔子像，两侧有颜回、曾参、孟轲等十二哲配祀。殿前有10根精雕蟠龙石柱，是建筑与石刻相辅相成

孔 庙

的范例。圣迹殿中有孔子周游列国的石刻画120幅。曲阜孔庙建筑宏伟精致，收藏文物丰富，为研究中国古代建筑、历史、文化的宝库。

1506年

罗马圣彼得大教堂

罗马始建圣彼得大教堂

罗马圣彼得大教堂建于1506—1626年。意大利文艺复兴盛期的杰出代表，是世界上最大的天主教堂。许多著名建筑师与艺术家曾参与设计与施工，历时120年建成。平面拉丁十字形，外部长213.4米，翼部端长137米。大穹隆内径41.9 米，从采光塔顶上十字架顶端到地面为137.7米，是原罗马城的最高点。内部墙面用各色大理石，壁画、雕刻等装饰。穹隆为夹层，内层上有藻井形的天花，下面是神亭。外墙面是花岗石的，以大柱式的壁柱作装饰。教堂前面是广场，由伯尼尼（Bernini，Giovanni Lorenzo 1598—1680）设计，建于1655—1667年，由一个梯形与一个长圆形广场复合而成，是巴洛克式广场的代表。

1508年

俄罗斯修建伊凡大帝钟塔　伊凡大帝钟塔，平面八角形，外形像一座巨大的白色石柱，上有金色穹顶，是俄罗斯建筑艺术的结晶。它位于俄罗斯首都莫斯科克里姆林宫，它的右侧放置的大钟，曾被认为是世界上最重的钟，人称“钟王”，铸于18世纪30年代，重量超过203吨。钟楼全高81米，是克里姆林宫中的最高建筑物。钟楼建于16世纪初叶，原为三层，1600年增至五层，冠以金顶。从第三层往上逐渐变小，外貌呈八面

伊凡大帝钟塔

棱体层叠状。每一棱面的拱形窗口，置有自鸣钟。1624年夏，用白石修建了菲拉特列特钟塔楼。现在将其下层用作克里姆林宫博物馆，展出金、银器皿和其他物品。所有钟塔楼共有21座大钟、30多座小钟。

1519年

法国始建尚博尔宫堡　尚博尔宫堡（法语：Chateau de Chambord）始建于1519年，位于法国风景秀丽的卢亚尔河谷，是规模最大也是最著名的宫堡，为法国式城堡和意大利庄园府邸结合的作品。原为法国国王法兰西斯一世的猎庄和离宫，法国早期文艺复兴风格的典型，由内普（Nepveu，Pierre）设计。平面布局及造型保持着中世纪传统的特点，有角楼、护壕和吊桥，屋顶高低参差复杂。宫堡平面为长方形，院落由三面平房围成，四周是壕沟。主体筑在院落中央，是一座三层集中方块状的建筑，立面长150米，作水平划分，饰以意大利式壁柱，四周角为圆形碉楼，碉楼上立着锥形屋顶。楼梯顶部灯笼形的采光亭、数以百计的屋顶窗、装饰漂亮的烟囱、高低相错的小尖塔，使宫堡轮廓更加玲珑多姿。

尚博尔宫堡

1520年

德国马格德堡大教堂落成　马格德堡大教堂的主教座堂于1209年动工，建于圣莫里斯的大修道院，是德国第一座哥特风格教堂，西塔楼建成于1520年。马格德堡主教座堂（德语：Magdeburger Dom），正式名称为圣莫里斯圣凯瑟琳主教座堂（德语：Dom zu Magdeburg St. Mauritius und Katharina），是德国最为古老的哥特式天主教主教座堂之一。教堂其中一

马格德堡大教堂

个尖塔高99.25米，而另外一个则为100.98米。主教座堂位于德国萨克森·安哈尔特联邦州的首府马格德堡，这里安葬了东法兰克国王、罗马帝国皇帝奥托一世。

1532年

俄国建伏兹尼谢尼亚教堂 为纪念伊凡雷帝诞生，1532年在莫斯科郊外建伏兹尼谢尼亚教堂。该教堂是一座高塔式建筑，具有俄罗斯独特民族风格木结构“帐篷顶”的造型，建造在用白色石砌的基座上，塔高约62米，主体有二层，底层为十字形平面，第二层是八角形尖塔，用三重花瓣形的尖券装饰连接上下两部分，顶部冠以“帐顶”式的八角形尖峭。整个建筑物自下而上逐层缩小，加上壁柱及窗户等竖向线条，显示出强烈的俄罗斯民族民间建筑的风格。

伏兹尼谢尼亚教堂

1534年

中国修建皇史宬 1534年始建，至1536年建成，是中国现存最完整的皇家档案库，也是北京地区最古老的无梁殿。系明嘉靖时按古代“石室金匮”制度建造，占地2000多平方米，为防火、防潮、防虫，全部建筑皆用砖石建造。室内筑有高1.42米的石台，上置雕云龙文的镏金铜皮樟木档案柜152个。

1537年

塞里奥［意］完成《建筑全书》 意大利建筑师塞里奥（Serlio, Sebastian 1475—1554）完成了多卷本的《建筑全书》。

1543年

罗马开始修建卡比多广场 广场雄踞于罗马城内的卡比多山上，由米开朗琪罗设计，为罗马城的象征。其平面为梯形，进深79米，两端分别为60米和40米，地面用彩色大理石铺成图案，中间有罗马皇帝奥里欧斯的骑马铜像。广场南边是档案馆，建于1546—1568年，广场北边是雕塑博物馆，1536年设计，1603年建成；广场正面元老院是主体建筑，中央有高耸的塔楼，底层有一露天大阶梯，从两边上去可直至二层入口。各建筑立面为柱式构图，柱子通贯二层直抵檐部，是第一次出现的巨型柱式，成为巴洛克建筑的特色之一。米开朗琪罗的不拘一格的手法，使他获得了“巴洛克之父”的称号。

卡比多广场

1546年

巴黎始建卢浮宫 巴黎卢浮宫（The Louvre）建于1546—1878 年，是法国历史最悠久的王宫，法国文艺复兴盛期的代表作。原为90米见方的四合院，自16世纪起屡经改建与扩建，至18世纪形成现存的规模。东面四合院外的西立面始建于1546—1559年，设计人莱斯科（Lescot，Pierre 1510—1578），扩建于1624—1654年，设计人埃默尔谢（Jacques Lmercier 1585—1654）。其立面有明显的水平向划分，每隔数开间便有一竖向构图，上部有半圆形山花，正中部分特宽，三角形山花上还有方穹隆，风格属巴洛克建筑。院外的东立面又称卢佛尔宫，东廊是法国古典主义建筑的代表，由彼洛（Perrault，Claude 1613—1688）、勒伏（Le Vau，Louis 1612—1670）、勒勃亨（Le Brun，Charles 1619—1690）设计。东廊长183米，高28米，构图采用横三段与纵三段的手法。横向底层结实沉重，中层是虚实相映的柱廊，顶部是水

卢浮宫

平向厚檐，各部分比例依次为2∶3∶1。纵向实际上分五段，以柱廊为主但两端及中央采用了凯旋门式的构图，中央部分则上有山花。柱廊采用双柱以增加其刚强感，造型轮廓整齐，庄重雄伟，是理性美的代表。

1550年

罗马始建教皇尤利亚三世别墅 罗马的教皇尤利亚三世别墅（Villa of Pope Julius）建于1550—1555年，是罗马文艺复兴盛期的花园别墅。建筑师是维诺拉（Vignola，Giacomo Barozzi da 1507—1573），高墙深院，内部的半圆形庭院通向花园，花园沿120米长的纵轴线依着地势高低错落，层次分明地布置了廊、台阶、喷泉。

1555年

瓦西里·柏拉仁诺教堂

莫斯科建瓦西里·柏拉仁诺教堂 瓦西里·柏拉仁诺教堂位于克里姆林宫外红场南端，建于1555—1560年，是俄罗斯中后期建筑的主要代表。建筑师是巴尔马（Barma，I.）和波斯尼克（Postnik，Y.）。内部空间狭小，中央主塔是帐篷顶，高47米，周围是8个形状色彩与装饰各不相同的葱头式穹隆。建筑用红砖砌成，以白色石构件装饰，大小穹隆高低错落。

1559年

西班牙建埃斯科里亚尔王宫 埃斯科里亚尔王宫（The Escurial）建于1559—1584年，建在马德里西北48公里的旷野中，建筑师是鲍蒂斯达（Juan Bautista，de Toledo 1515—1567）和埃瑞拉（Herrera，Juan de

埃斯科里亚尔王宫

1530—1597)，意大利建筑师维诺拉曾参与设计。皇宫长206米，宽161米，内有16个大小庭院，86座楼梯，89个水池。主要由六大部分组成：处于西面正入口的王室大院之东是一个希腊十字式的教堂。教堂中央是大穹隆，四角有塔楼。地底下是皇族的陵墓。整个布局条理分明，分区明确，表现了文艺复兴风格的特点，但还保存有西班牙哥特的传统。

1560年

中国青海塔尔寺开始修建 塔尔寺为喇嘛教格鲁派的著名寺院之一，始建于中国明嘉靖三十九年（1560年），位于青海省湟中县，是由大金瓦寺、小金瓦寺、小花寺、大经堂、大厨房、九间殿、大拉浪、如意宝塔、太平塔、菩提塔、过门塔等大小建筑和塔组成的汉藏结合建筑群。主殿为宗喀巴纪念塔殿，称大金瓦殿，三层歇山镏金铜瓦顶，殿内有高11米的银塔。塔尔寺的酥油花、壁画和堆绣号称三绝，这些文物和艺术珍品遍布于寺内的各殿中。

塔尔寺

1561年

中国修建天一阁 建于明嘉靖四十年（1561年）的浙江宁波天一阁藏书楼，是现存最早、规模最大的一座民间藏书楼。其上层为藏书室，书柜前后都有门，便于取书和透气；下层收藏石刻和供阅览用。楼南北向都有窗户，采光和通风良好；西端用封火硬山墙与邻院隔开，利于防火。天一阁设计中解决了图书的保存取用、通风防火、防虫防霉等问题，为后世所效法。

西班牙建安特卫普市政厅 安特卫普市政厅由建筑师弗里恩特（Vriendt，Cornelis Floris De 1514—1575）设计，安特卫普市政厅（Antwerp City Hall）坐落在大广场之西，是1561—1564年建造的文艺复兴时期的建筑。古雅庄重，北面有古博物馆和美术馆等。在大厅里可以欣赏

安特卫普市政厅

到描述安特卫普历史事件的壁画。市政厅前面的广场中央，有一个布拉沃塑像。一个魁梧的青年，手中高举一截残掌，做抛掷状；在他脚下，则挣扎着一个断手的巨人。

1562年

维诺拉［意］著《五种柱式规范》 意大利建筑学家维诺拉（Vignola，Giacomo Barozzi da 1507—1573）是1546年后罗马的重要建筑家，所著《五种柱式规范》曾是当时广为流行的建筑学教科书。

维诺拉

1567年

帕拉第奥［意］代表作圆厅别墅建成 意大利建筑师帕拉第奥（Pal-ladio，Andrea 1508—1580）设计的圆厅别墅（Villa Rotonda，或称卡普拉别墅）建于意大利北部维琴察城，平面为希腊十字形，四个立面有门廊，廊中有爱奥尼克式柱子六根，前有大台阶，正中是一个上有穹隆的圆形大厅，四面房间呈对称布置，每面底层有宽大台阶通向二层，二层四面均有古典神庙式圆柱柱廊，柱廊采用了爱奥尼六柱式式样，檐

帕拉第奥

圆厅别墅

部上方以山花结顶。圆厅别墅以严谨的构图手法成为古典主义建筑的范例。

1569年

意大利圣特里尼塔桥建成 欧洲文艺复兴时期，为适应日益发展的交通要求，城市拱桥设计出现了较大的变化。拱桥矢高与跨度之比明显降低，使桥面纵坡平缓，拱弧曲线也相应改变，石料加工亦趋精细。意大利佛罗伦萨1569年建成的圣特里尼塔桥，共3孔，中跨29.3米，矢跨比为1∶7，拱轴为多心圆弧，拱弧半径在拱趾处小于拱顶处，左右两弧在拱顶相交，交角处被镶嵌于拱顶的浮雕所掩盖。

1570年

帕拉第奥［意］的《建筑四书》出版 书中比前人更准确地描绘了五种柱式，该理论著作对18世纪的古典建筑形式影响很大。是古典建筑学派的基本教科书。

1576年

北京始建慈寿寺塔 慈寿寺塔位于北京阜成门外八里庄。慈寿寺为明慈圣太后所建，明万历四年（1576年）兴工，至明万历六年（1578年）完成，今寺已毁，仅塔屹立。塔平面呈八角形，建于高基之上，塔身上有密檐十三层。基在土衬之上有须弥座，塔身用圆券，斗拱纤小。

慈寿寺塔

五台山塔院寺

1577年

中国重建五台山塔院寺塔 塔院寺为五台山的中心建筑，遗留至今的塔是明万历五年（1577年）重建的。塔呈巨大的瓶形。下为双层须弥座，平面为每面“出轩”两层的亚字形，上面覆莲及宝瓶。最上为金属宝盖。

1592年

松本城天守阁

日本松本城天守阁建成　天守是日本独特的一种用多重壕沟石墙围筑，多层城楼状的防卫军事设施，一般多建在城堡中央。天守位于日本中部地区的松本城。建筑在大块毛石砌筑的梯形高台上，主体部分为五层，其余部分为二层或三层；歇山式屋顶，房檐阔大，局部房檐伸出平台，逐层缩小。组成建筑群的各局部形体不同，重檐飞角与山花穿插交错，使群体轮廓多变而又统一均衡。为防御需要，墙面留有炮眼和箭孔，城堡外建有护城壕沟。

1594年

文德尔·迪特尔林著《建筑艺术》

16世纪

威尼斯圣马可广场基本建成　意大利威尼斯圣马可广场（意大利语：Piazza San Marco）是由三个梯形平面的空间组成的复合广场，是威尼斯的中心广场，占地约1.28公顷。广场中心是1071年建的圣马可教堂，有五个穹隆，具有拜占庭风格，附近还有一座赭红色圣马可钟塔，与教堂相邻的是总督府；北面是三层楼的旧市政大厦；南面为三层的新市政大厦；西端为连接新旧市政大厦

圣马可广场

的两层建筑物。与主广场相垂直有一个小广场，它在总督府和圣马可图书馆之间，也是梯形。小广场和主广场相交的拐角处有一个方形高塔，上为方锥顶，高近100米，是广场的标志。广场的周边以环绕的券廊将建筑物连接起来，券廊长约400米。建筑群空间变化丰富，尺寸宜人；广场风格优雅，布局完美，被誉为“欧洲的客厅”。

1602年

牛津博德莱安图书馆

牛津博德莱安图书馆建成 该图书馆始建于1597年，重点收藏东方手抄本书籍。

德国哈默尔恩建成“捕鼠人的房子” 这是一种文艺复兴时期德国的市民住宅，传说有位市民用笛声诱出了全城的老鼠，此人住的房子就被称为“捕鼠人的房子”。

1611年

福克斯［法］建灯塔 法国建筑家福克斯在吉任特海口附近的海上7公里处设计建造该灯塔。他首先建造了一个直径41米、高2.4米的圆形基应对波浪的冲击。其中有一个1.86平方米的空间用于储存水和其他物体。在上面修建了四层大小递减的圆形塔，中间是一个面积为2平方米、高6.1米的装饰华丽的门厅，第二层是国王公寓，第三层是一个半圆形屋顶的小教室，在这之上的是灯塔。建成海拔49米，可以看到4～5海里外的海面，是典型的文艺复兴式的建筑。

福克斯灯塔

意大利建成砌石拱坝 16世纪以来，在西班牙和意大利出现了早期的砌石拱坝。这是一种平面上呈拱形并在结构上起拱的作用的坝。1611年意大利的逢塔尔多坝建成时坝高仅5米，经多次改建，到1883年已增至38米。19世纪，随着混凝土应用的逐渐广泛，欧洲和美国兴修了一些不高的混凝土拱坝。到20世纪，拱坝才有了较大的发展。

1612年

勒梅西耶［法］设计的索邦学院教堂始建 法国建筑家勒梅西耶（Lemercier，Jacques 1585—1654）受法王路易十三的首相利塞留（Richelieu，Cardinal）的委托，设计了法国第一座意大利式圆顶建筑——巴黎索邦学院教堂。该教堂始建于1612年。

索邦学院教堂

1614年

卢森堡宫

布罗斯［法］设计卢森堡宫 法国建筑师布罗斯（Bross，Salomon de 1571—1626）在巴黎为摄政女王玛利亚·德·美第奇（1573—1642）设计卢森堡宫，约1620年建成，为法国文艺复兴晚期的宫殿建筑。

1616年

奥斯曼土耳其建成阿赫默德一世礼拜寺 阿赫默德一世礼拜寺（Mosque of Ahmed Ⅰ）建于1610—1616年，是奥斯曼土耳其入主君士坦丁堡后以圣索菲亚大教堂为蓝本而建造的。是土耳其伊斯兰建筑的杰出代表。建筑为内院围廊式，大殿

阿赫默德一世礼拜寺

中央大穹隆高43米，直径22米，由四根巨大圆柱支承，四面各有一个半圆穹隆，其外侧又有三个更小的半圆穹隆将侧力传递到外墙的柱墩上，拱券围廊上覆盖着连续拱顶。整个形式是以中央大穹隆为主体，周围矗立着六座高耸的尖塔（邦克楼）。礼拜寺四周有260个采光窗户，从中投入外部蓝色玻璃瓦的反射光线，使殿内充满蓝色，故又称“蓝色礼拜寺”。

席力图召寺

1619年

中国建成席力图召寺 汉名延寿寺，建于1567—1619年，位于内蒙古归绥（现呼和浩特），其布局采用汉式佛教寺院的院落式，而主建筑为藏式，是明清以来呼和浩特著名的喇嘛寺之一。

1625年

俄罗斯建斯巴斯基钟塔 斯巴斯基钟塔是莫斯科克里姆林宫围墙上的塔楼之一，初建于15世纪，平面正方形，系石砌，原作防御之用，17世纪加建尖塔，1937年又在上面置红星，现成为莫斯科城的标志。

斯巴斯基钟塔

1626年

罗马圣彼得大教堂建成 这是世界上最大的天主教堂，为意大利文艺复兴建筑的杰出代表。著名建筑师、画家、雕塑家布拉曼特（Bramante，Donato 1444—1514）、拉斐尔（Raffaello，Sanzio 1483—1520）、米开朗琪罗等人先后参加设计和建造。教堂为拉丁十字形平面，中殿宽25.6米。十字交叉处有一内径为41.75米的半圆穹隆，由四根18.3米见方的石柱支撑。穹隆内部分16格，每格都有米开朗琪罗绘制的人物像。穹顶顶点离地面为137.7米，是罗马城的最高点。教堂内部装饰和安置有许多著名艺术家的壁画和雕刻。教堂前面有一由梯形和椭圆形平面组成的广场，建于1655—1667年，由意大利建筑师伯尼尼设计。广场周围由284根塔司干柱子组成的柱廊环绕，中央屹立着一根用整块花岗岩制作的世界上最大的方尖柱，柱高33.5米，重504吨，是巴洛克式广场的代表作。

罗马圣彼得大教堂

1634年

计成［中］撰《园治》 中国明末著名园林艺术家计成（1582—1642）相继建成“寤园”“百巢园”“影园”等。1634年写成《园治》一书，内容包括兴造论、园说、相地、立基、墙垣、铺地、栏杆、掇山、选石、借景等，详细阐述了造园的理论和技术，是中国第一部系统阐述造园的专著，也是世界上最早的造园学名著。

1638年

伊斯法罕皇家礼拜寺建成 皇家礼拜寺始建于1612—1638年，位于伊斯法罕市中心皇家广场南面，其正轴线朝向麦加，与广场轴线形成一个侧角，由方形礼拜殿、内院和半穹隆形门殿组成。方形礼拜殿在正中，上面有两层连续尖券鼓座支承高为54米的穹隆。门殿穹隆表面砌着钟乳体图案，中央穹隆及墙面镶嵌着各色玻璃。高墙两端有一对高41米的修长尖塔（邦克楼），连接着两翼的尖券回廊，尖塔上冠戴着小穹顶。半穹隆处砌有钟乳拱。它和礼拜殿上的尖顶穹隆均饰有各色的琉璃镶嵌。这种中央穹隆的造型和凹廊穹顶门殿，是伊斯兰纪念性建筑的重要特征。皇家礼拜寺以其卓越的造型和华美的装饰，

伊斯法罕皇家礼拜寺

在波斯伊斯兰建筑中极负盛名。

圣卡罗教堂

罗马建圣卡罗教堂 圣卡罗教堂（San Carlo alle Quattro Fontane）建于1638—1667年，巴洛克风格，意大利建筑师波洛米尼（Borromini，Francesco 1599—1667）设计督建。教堂基地狭小，主殿平面是一个变形的希腊十字，内部空间凹凸分明并富于动态感，顶部天花是几何形的藻井形，来自夹层穹隆的光源使室内光影变化强烈。这座规模不大的教堂，由于波洛米尼采用了流动的凹凸曲面和曲线构图级以及复杂烦琐的雕饰，使建筑形象极为丰富。

1644年

中国明十三陵建成 中国明代十三位皇帝的陵墓位于今北京昌平区天寺山下，始建于明永乐七年（1409年），迄于清顺治元年（1644年），是中国现存具有代表性的巨大陵墓群之一。陵区方圆40平方公里，背山而建，面对盆地。正门正对长陵（朱棣墓），南端建汉白玉石牌坊，北有长陵碑亭和6公里的神道，两侧设18对用整石雕成的巨大石兽群。神道后段分若干支线，通往其他各陵。各陵建筑布局、规格基本相似。墓室分前殿、中殿、后殿、左右配殿，相互贯通，宛如一座庄严的地下宫殿。

中国江南园林造园艺术趋于成熟 江南园林是中国古典园林中有别于北方皇家园林的邸宅园林。园林面积较小，多数是在平地上开池堆山，种植花木，运用园林建筑、山石、水池、花木等，构成精巧幽邃的景致。其造园艺术至明代（1368—1644）已趋成熟，形成了鲜明的特色：以水景擅长，水石相映；花木葱茏，珍品荟萃；建筑风格朴素淡雅。如苏州的沧浪亭（始建于北宋中叶）、拙政园（建于明代）、留园（建于明代），无锡的寄畅园（始建于

沧浪亭

明正德年间），南京的瞻园（始建于明初）等，皆为江南园林的代表作。

中国大规模整修和增筑长城 中国万里长城自秦汉始建以来，北魏、北齐、隋、宋、金各代又不断修筑，明代（1368—1644）更进行了大规模修缮和增筑，现保留下来的长城，大部分是明代修建。明长城东起鸭绿江，西至嘉峪关，全长14700里，由城墙、敌台、烽堠、关隘组成。建筑材料一般就地取材，故墙因各地材质不同而不同。墙高3～8米，顶宽4～6米。城墙上每隔30～100米建敌台（哨楼）一座，有方有圆，供瞭望和射击。明中叶始建空心敌台，下层供士兵居住。烽堠建在山岭最高处，相距1500米左右，贮有柴薪供遇敌情时举火或焚烟。重要地带均设关隘，一般有多重城墙，重要关隘如居庸关、山海关、嘉峪关等，建有坚固城堡，重兵把守。

1645年

布达拉宫

中国重建布达拉宫 布达拉宫位于西藏拉萨的北玛布日山上，始建于7世纪的松赞干布时期，9世纪时曾毁于兵火，1645年五世达赖兴工重建，后历经整修扩建，成今天规模。布达拉宫包括山上的宫堡群、山前的方城和山后的龙王潭花园三部分，共占地40余公顷。主建筑高117米，墙壁均用花岗石砌筑，最厚部分达5米，建筑依山就势，高低错落有致，既突出了主体红宫和白宫，又协调了各建筑群。上山磴道的层层阶梯形线条，烘托出建筑的高耸和雄伟。大片白色石墙上的黑色梯形窗套，檐部深红色的女儿墙与高原的蓝天形成强烈的色彩对比。布达拉宫是西藏最大、最完整的古代高层建筑，也是中国高层古建筑的重要实例。宫内丰富的壁画和文物，是研究西藏历史和文化的宝贵资料。

1650年

印度泰姬·玛哈尔陵建成 印度泰姬·玛哈尔陵（Taj Mahal，Agra）

泰姬陵

始建于1630年，位于印度北部亚格拉古城，是莫卧儿帝国皇帝沙・贾汗为其宠妃蒙泰姬建造的，历时20余年。陵园为576米×293米的长方形，四周是红砂石围墙，陵墓用洁白的大理石砌筑，建在96米见方，高5.5米的基座上，前有花园和水池。陵墓四面立面对称，每面中间各有一座33米高的波斯式半穹隆形门殿，两侧有双重小穹隆凹洞。陵墓的中央大穹隆顶为弓形尖券式，直径为17.7米，顶端离地61米，其周围拱托着四个土耳其式小穹隆，陵墓基座四角各有一座高约41米的纤长尖塔，使陵墓整体造型错落有致。中央墓室为八角形大厅，大理石透雕的窗棂和屏风，镶嵌着珠宝，十分精美华丽。石棺存放在地下室。泰姬陵是建筑、雕刻和园林艺术完美结合的典范，是印度和世界建筑的瑰宝。

1651年

中国建北海白塔 白塔建在北京北海琼华岛山巅，为清代最早佛塔之一。塔为瓶形，下面是高大的方须弥座，上面为金刚圈三重，上安塔肚（亦称宝瓶）。此佛塔在元代年间只见于中国，到清代在形制上就发生了显著的变化。

北海白塔

1656年

意大利圣玛利亚・莎留特教堂建成 1631—1656年建于意大利威尼斯大运河畔。教堂为八边形平面，集中式布置。正面是半圆券式门洞与通贯上下两层的柱子，上面有三角形山花；中央屋顶是一个大的半圆穹隆坐落在鼓座上，与墙体衔接，穹顶上有一个小亭；八角形墙体的每个转角处都装饰着一个自由曲线式的券涡，是巴洛克建筑特有的装饰构件，券涡将穹隆、鼓座的

圣玛利亚·莎留特教堂

侧推力传到墙身。券涡顶上和壁龛上都饰有雕像。教堂的设计既保留帕拉第奥古典建筑特点又带有巴洛克风格的装饰特点，是一座建筑艺术珍品。

罗马建和平圣玛利亚教堂 和平圣玛利亚教堂（S. Maria della Pace）属巴洛克建筑，由建筑师科尔托纳（Cortona，Pietro Da 1596—1669）设计督建。教堂入口处于回廊内院中。立面向两旁展开，分两层处理，底层与两旁的回廊平接，上层则退后凹入呈弧形，使中央部分显得探伸向前。但底层并不平淡，而是向前舒展形成一个半圆形的门廊。立面上的柱子，壁柱与倚柱的间距疏密不等，使其加强前后凹凸的效果。

法国建维康府邸 维康府邸（Chateau Vaux-Ie-Vicomte）始建于1656年。是路易十四的财政大臣福克（Fouquet）的府邸，设计人是法国建筑师勒诺特（Le Notre，Andr 1613—1700）和勒伏。法国早期古典主义建筑的代表，房屋与前面的花园严谨地依着同一轴线对称地布局。前者以一个椭圆形的沙龙为中心，两旁是连列厅；外形与内部空间呼应。中央是一个椭圆形穹隆，两端是法国独创的方穹隆。花园的道路分布、绿化配置与水池亭台等，均是几何形。

维康府邸

1660年

西班牙建圣地亚哥·德·孔波斯代拉教堂 圣地亚哥·德·孔波斯代拉教堂（Santiago de Compostela）建于1660—1749年，是西班牙巴洛克教堂的代表作，基本保持哥特传统，但在券涡、断山花、断檐、曲线、曲面的处理上过多地装饰与追求光影效果则完全为巴洛克式。

1661年

法国开始建造凡尔赛宫 凡尔赛宫始建于1661年，是欧洲最大的王宫，位于巴黎西南凡尔赛城。原为法王的猎庄，1661年路易十四下令进行扩建，到路易十五时才完成。主要建筑师为孟莎（Mansart，Jules Hardouin 1646—1708）。王宫包括宫殿、花园与放射形大道三部分。宫殿南北总长约400米。建筑风格属古典主义。立面为纵、横三段处理，上面点缀着许多装饰与雕像。内部装修极尽奢侈豪华，居中是著名的镜廊，长73米，宽10米，上面的角形拱顶高13米。厅内侧墙上镶有17 面大镜子。宫前大花园自1667年起由勒诺特设计建造，面积6.7平方公里，纵轴长3公里。园内道路、树木、水池、亭台、花圃、喷泉等均呈几何形，有统一的主轴、次轴、对景等，并点缀有各色雕像，成为勒诺特式花园，是法国古典园林的杰出代表。

凡尔赛宫

1662年

日本京都桂离宫建成 桂离宫占地数公顷，整个布置以水面为中心，采用“一池三山”的传统手法，精心设置了山水林木和建筑。庭园中央有湖水一片，湖心建三岛以石桥相通。湖池周围铺设石径，通向庭轩院屋，并在池岸穿插布置了庭石、水钵、石灯等小品。建筑有古书院、中书院和新书院，月波楼、笑意轩和佛堂等，还按四季景色的不同，设置了不同格调的茶室。桂离宫是皇家离宫，但又富有田园风味，是日本古代园林及建筑艺术的精华，对日本近代园林及民居风格的形成有很大影响。

日本京都桂离宫

1667年

法国建巴黎天文台 巴黎天文台于1667年开始建立，是世界著名天文台之一。天文台拥有当时世界第一流的望远镜和摆钟等，具有高大窗户和平坦屋顶的建筑物，它不仅用于天文观测还可以进行各种物理实验。天文学家卡西尼（Cassini，Giovanni Domenico 1625—1712）曾用这里的先进设备发现了土星的4颗新卫星和土星光环中的一条被称为“卡西尼环缝”的暗缝。

巴黎天文台

1675年

格林尼治天文台开始创建 格林尼治天文台又称皇家天文台，是英国的国家天文台，也是世界著名的先进天文台之一。天文观测家弗兰斯提德曾在这里进行了长达45年的天文观测，完成了有2935颗星的《不列颠星表》，成为现代精密天文学发展的一个里程碑。1884年在华盛顿召开的国际子午线会议决定，采用格林尼治天文台埃里中星仪所在的子午线，作为计量时间和地理经度的标准参考子午线，称“本初子午线”或“零子午线”。天文台原址在伦敦东南郊的皇家格林尼治花园，1957年全部迁往苏塞克斯郡的赫斯特蒙苏城堡。

格林尼治天文台

伦敦圣保罗主教堂

伦敦始建圣保罗主教堂 伦敦圣保罗主教堂（St.Paul’s Cathedral）建于1675—1710 年，是英国最大的教堂，由英国建筑师雷恩（Wren，Sir Christopher 1632—1723）设计督建，教堂平面为十字形，内部进深141米，翼部宽30.8米，中央穹隆底部直径34米，顶端离地111.5米，是古典主义建筑的代表作。

1691年

巴黎建成残废军人新教堂 残废军人新教堂（Church of the Invalides，音译恩瓦立德教堂）建于1680—1691年，是法国古典主义教堂的代表。建筑师孟莎把教堂接在原有的巴西利卡式教堂南端。平面呈正方形，60.3米见方，上覆盖着内外有三层的穹隆。内部大厅十字形，四角上各有一个圆形祈祷室。立面分为两大段，上部穹隆（顶离地106米）为构图的中心，下部方正，本身构图完整，但又如前者的基座。现为军事博物馆，拿破仑的石棺也停放在此。

残废军人新教堂

1697年

中国重建太和殿 太和殿在明初称奉天殿，后改称皇极殿。明末被李自成焚毁。清康熙三十六年（1697年）重建。平面有11间，深5间，柱子为东西12柱，南北共6行，共72柱。殿阶基为白石须弥座，建于三层崇厚白石阶上，斗拱在建筑物主体上，横梁断面近乎正方形。该殿一直留存至今，成为故宫主要建筑。

1699年

巴黎建旺多姆广场 巴黎的旺多姆广场（Place de Vendome）又译凡杜姆广场，建于1699—1701年，位于巴黎老歌剧院与卢浮宫之间，因旺多姆公爵（1594—1665）的府邸坐落于此而得此名。建筑师是孟莎。广场长224米，宽

213米，由两座U型大楼合围，一条大道通过。19世纪初在广场中心立有44米高的旺多姆青铜柱，大批珠宝商、高档酒店云集，成为世界的珠宝中心。

旺多姆广场

17世纪

雷氏家族［中］设计北京皇宫、圆明园等建筑 雷氏家族是中国清代著名建筑设计世家，首代雷发达康熙时任工部营造所长班，有“上有鲁班，下有长班”之称。其子孙六代皆承祖业，先后负责设计的建筑工程有：北京故宫、圆明园、清漪园（颐和园）、玉泉山和香山离宫、承德避暑山庄、清东陵和西陵、北海和中南海等。其建筑设计图样独具风格，包括平面图、透视图、局部放大图、花饰大样图等，形体准确，表达清楚。并创造烫样模型，即按百分之一或二百分之一的比例，用草纸经热压工艺制作模型，故名烫样，其制作精致，并涂有颜色，不仅能表现建筑外形，还可拆开，显示内部结构及家具布置。

太和殿

印度马都拉大寺建成 马都拉大寺（Great Temple，Madurai）位于印度马都拉，是南部风格印度教寺庙的代表。内有寺庙30余座。主庙在当中，寺院兼作堡垒用，外面围墙重重。寺庙以外重围墙围起长260米、宽222米的院子，寺内各神殿外围另有围墙和方锥形哥普兰门塔（Gopura），塔身精雕了无数人物雕像。寺庙的东北角有一千柱厅，厅内实有柱940根，皆用整块花岗岩雕成。另有千余根柱子分布于院内各处，形成条条长廊。寺庙共有10座哥普兰门塔，四个最大的门塔建于外重围墙，高约45米，其余门塔的尺寸随神殿等级不同而减小。塔呈方锥形，密檐式塔身布满人物雕像，顶上屋脊为券棚形，系由早期南方婆罗门庙宇发展而成。

1703年

俄国沙皇彼得一世下令建造圣彼得堡 1703年5月27日俄国沙皇彼得一世下令建造圣彼得堡，由该城的第一座建筑物——扼守涅瓦河河口的圣彼得保罗要塞命名。该城坐落在波罗的海芬兰湾东岸，涅瓦河河口。整个城市由100多个岛屿组成，由700多座桥梁连接起来，由于河渠纵横、岛屿错落，素有“北方威尼斯”之称。彼得大帝创建了这座城市，伊丽莎白女皇从意大利请来了一流的建筑师和工匠，创建了埃尔米塔日博物馆、斯莫尔尼教堂和皇村的宏伟宫殿。叶卡捷琳娜大帝、亚历山大一世请法国人设计了艺术学院，请英国人设计了巴弗洛夫斯克宫，请意大利人设计了俄罗斯博物馆和剧院，俄罗斯名匠则为亚历山大设计了喀山教堂和海军部。因此，圣彼得堡的建筑是举世闻名的。

1710年

英国建成圣保罗教堂 1675始建于英国伦敦泰晤士河畔，占地面积5946平方米，十字形平面，建筑全长157米。西立面采用古典柱式构图，正门为双柱双层柱廊，两侧有一对哥特式尖塔，有巴洛克风格；中心大厅上覆盖一个直径为34米的高大穹隆，坐落在两层圆形廊构成的高鼓座上，穹顶上承托着一个灯塔形顶窗。圣保罗教堂规模仅次于罗马的圣彼得教堂，是英国古典主义建筑的代表。

圣保罗教堂

1721年

罗马建西班牙大阶梯 位于罗马城的西班牙大阶梯（Scala di Spagna），

建于1721—1725年，意大利建筑师斯帕奇（Spechi，Alessandro 1668—1729）设计并督建。大阶梯的西面（下面）是西班牙广场，东面（上面）是天主圣三教堂前的广场。阶梯平面呈花瓶形，巧妙地把两个不同标高、轴线不一的广场统一起来，表现出巴洛克灵活自由的设计手法。

西班牙大阶梯

1722年

德国建成茨温格庭院 该庭院1711—1722年建于德国东南部的德累斯顿，是一座四周有围廊的方形庭院，边长约106米，其四角有宽敞的大厅，建筑表面装饰丰富，采用了多种风格。最出色的是庭院入口的“皇冠门”，门的第一层与第二层用壁柱装饰，柱头作浮雕，山花、檐部断折，用十字架和花瓶等装饰，再上面是一个扁平的多边形穹隆，穹顶为一个金属制的皇冠，具有德意志民间特色。整个门楼造型独特，高贵而华丽，像一顶精致的皇冠。德累斯顿素有“世界上最美丽的城市”之称，而茨温格庭院则是该市最美的建筑之一。

中国重建沧浪亭 沧浪亭位于中国苏州城南三元坊附近，北宋诗人苏舜钦所建，为苏州园林中历史最悠久者。清康熙年间（1662—1722）重建时，始奠定现在的格局。园内以造山为主，土石山丘呈东西走向，沧浪亭位于山丘高处。回廊环山，林木森郁，曲径蜿蜒，小亭、水榭点缀其间，颇具自然山林意境。沧浪亭借地形之利，使园内外在空间上相互渗透，是苏州园林中内外景结合的典范。

1735年

法国出现洛可可风格建筑 洛可可源于法语rocaille，意为用岩石、贝壳装点的人工岩窟，为18世纪初产生于法国的一种建筑风格，后传至德、奥等国。它一反巴洛克建筑的庄重、崇高、力感，而代以轻快、优美、典雅。其装饰特点是，比例关系高耸纤细，常用不对称手法，多用C形涡旋线和S形线及贝壳、山石等装饰题材，室内天花与墙面有时以弧面相连，构件也做成不对称形状，以水晶吊灯和大量镶嵌壁镜形成闪烁光泽效果，代表作品有巴黎苏必斯府邸公主沙龙。

巴黎建苏必斯府邸 位于巴黎的苏必斯府邸（Hotel de Soubise 1735年）的椭圆形沙龙是洛可可（ROCO）装饰风格的代表，由建筑师勃夫杭（Boffrand，Gabriel Germain 1667—1745）设计。洛可可装饰追求柔媚细腻的情调，题材常为蚌壳、水草及其他植物等曲线形花纹，局部点缀人物。色彩常为白色、金色、粉红、粉绿、淡黄等娇嫩的颜色。府邸外观简洁，除了阳台上的铁花栏杆外与一般古典主义城市住宅相同。

苏必斯府邸

1736年

奥地利建成迈尔克教堂 教堂于1702—1736年建造，位于奥地利东北部迈尔克城多瑙河畔的陡峭岩脊上，水光山色十分秀丽。教堂全长约320米，立面朝向城市，左右两座尖塔仿佛从多瑙河岩石上升起，塔前伸出一片曲线形状的平台，墙面波浪起伏，壁柱成双排列，尖塔装饰复杂，是德奥国家巴洛克建筑的典型特色。

1743年

德国建十四圣徒朝圣教堂 位于弗兰克尼亚的十四圣徒朝圣教堂（Pilgrim.age church of Vierzehn-heiligen，Fran-conia），始建于1743年，是德国巴洛克教堂的代表作。德国建筑师纽曼（Neumann，Johann Balthasar 1687—1753）设计并督建。教堂设计手法纤巧细腻，

十四圣徒朝圣教堂

内部地面、墙面、天花全部为卵形的曲线与曲面，上下左右连绵不断，流动感甚强。

1744年

中国圆明园基本建成　圆明园为中国清代北京西北郊各离宫别苑中最大的一座，占地3.5平方千米。始建于康熙四十六年（1707年），园中建筑类型复杂多样，殿、堂、轩、馆、廊、榭、楼、阁、桥、亭应有尽有。有建筑物145处，景区40处，其中包括一些模拟江南的景点和仿西湖小景和仿兰亭的“坐石临流”等。造园手法既继承了北方园林的传统，又吸取了江南园林的精华。随后还兴建了一组具有巴洛克风格的欧式宫苑建筑“西洋楼”。圆明园以其建筑和园林艺术的高度成就，被誉为“造园艺术的典范”“万园之园”。咸丰十年（1860年）圆明园被英法联军劫掠焚毁。

1745年

齐默尔曼［德］在上巴伐利亚主持修建维斯教堂　维斯教堂又称圣地教堂（Wieskirche），意为“维斯受鞭打的救世主朝圣教堂”，位于德国巴伐利亚州施泰因加登（Steingaden）镇维斯区，于1745—1754年由德国洛可可风格的画家和建筑师约翰·巴普蒂斯特·齐默尔曼（Zimmermann，Johann Baptist 1680—1758）和多米尼库斯·齐默尔曼（Zimmermann，Dominikus 1685—1766）设计建造。维斯教堂采用了当时流行的洛可可设计，被认为是巴伐利亚洛可可风格的顶峰之作。维斯教堂中供奉的是一尊受鞭打的救世主雕像，因相传教堂内的救世主像曾落泪而成为圣地，是一座雄伟的朝圣教堂。圣坛上的画作由慕尼黑的宫廷画师阿尔布雷希特（Albrecht，Balthasar August）创作。

碧云寺金刚宝座塔

1748年

中国建碧云寺金刚宝座塔　碧云寺是北京西山风景区中最雄伟壮丽的

古老寺院之一，建于元至顺二年（1331年），碧云寺金刚宝座塔建于清代乾隆十三年（1748年），此塔所用石料为西山汉白玉石，是中国同类的十余座塔中年代较早者，样式秀美，是建筑和石雕艺术的代表作。

1749年

西班牙建成圣地亚哥·德·孔波斯代拉教堂 该教堂建于西班牙比利牛斯半岛西北角的圣地亚哥·德·孔波斯代拉城，保留有罗马风格，拉丁十字平面。西立面建于1738—1749年，是巴洛克风格与西班牙讲究精巧繁密装饰的“银匠式”传统相结合的“超级巴洛克”式建筑的典型。其两侧有一对高耸尖塔，表面装饰烦琐而复杂，缺乏节奏感，堆砌着巴洛克式的倚柱，壁龛、券涡、山花和断折的檐部，雕饰的壁柱凹凸起伏剧烈，变化奇谲，体积破碎不完整，造成一种不稳定的动势。教堂内《最后的审判》是罗马风格与哥特风格的糅合。

圣地亚哥·德·孔波斯代拉教堂

1750年

法国兴建南锡中心广场 南锡中心广场（Place Louis XV，Nancy）又名南锡路易十五广场，建于1750—1755年，为18世纪法国城市广场着重丰富空间造型设计的最成功的实例。它由一组布置在450米长的南北轴线上的广场群组成，建筑师为高尼（Corny，Emmanuel Here dg 1705—1763）。北端的政府大厦前是长圆形政府广场，两侧有伸出的半圆透空柱廊，透过柱廊可以看到场外的大片绿地；中间是狭长的跑马广场，两侧建有约长200米的二层楼房，房前植树数排，形成绿色长廊。跑马广场的尽头是凯旋门，经过跨越60米宽城壕的桥面，最后进入斯丹尼斯拉广场，它是一个抹去四角的矩形广场，宽105米，长120米，四角敞开处分别建有喷泉和镀金的铁栅门，广场中央有路易十五的雕像。三个广场按同一轴线对称排列，全长约450米。整个中心广场

既和谐统一又富于变化，既开敞又封闭，是世界著名的广场之一。

1752年

范维特里［意］主持修建那不勒斯豪华的卡塞塔王宫　卡塞塔王宫是意大利著名建筑师范维特里（Vanvitelli，Luigi 1700—1773）为法国波旁王朝的查理王子建造的。于1752 年开始动工，到1774年建成。皇宫长247米，宽184米，高41米；共有五层，分为1200个房间，平面成“田”字形。除楼房外，皇宫还包括四个72米长、52米宽的庭院，宫门前是种满冬青树的大广场。厅室装潢布置豪华，摆设许多艺术品。宫中除宝座厅、寝宫、御书房等著名厅室外，还建有礼拜厅和宫廷剧院。王宫后面的御花园占地120公顷。

1753年

协和广场

法国巴黎建协和广场　协和广场位于巴黎市中心，塞纳河北岸，是法国最著名的广场，18世纪由国王路易十五下令营建，1770年建成。建造之初是为了向世人展示他至高无上的皇权，取名“路易十五广场”。大革命时期，它被称为“革命广场”，被法国人民当作展示王权毁灭的舞台。1795年改称“协和广场”，1840年重新整修，形成了现今的规模。广场呈八角形，中央矗立着埃及方尖碑，是由埃及总督赠送给查理五世的。方尖碑是由整块的粉红色花岗岩雕出来的，上面刻满了埃及象形文字，赞颂埃及法老的丰功伟绩。广场的四周有8座雕像，象征着法国的8大城市。

1756年

法国建成凡尔赛宫　凡尔赛宫于1661—1756年建于法国巴黎西南，是古典主义建筑的代表。建筑总长约400米，全部用石材砌筑，立面饰以古典柱式。中央为王宫，其主要大厅由孟萨设计，即著名的“镜廊”，长73米，宽10米，绿色大理石柱身、镀金柱头和柱基的科林斯式壁柱，配以白色和淡紫色大理石贴面的墙壁；厅内东侧墙上装有17面拱形大镜子，与西侧的17扇落地窗和窗外的花园景色相辉映。宫前大花园面积约6.7平方公里，为著名造园家勒诺特尔设计，是欧洲规则式园林的典范。宫殿正东有三条放射形林荫大道，通向爱丽舍大道和另外两座离宫。凡尔赛宫是欧洲最宏伟的宫殿，其规划、建筑和园林具有广泛影响。

1762年

彼得堡冬宫建成 冬宫是俄罗斯巴洛克式建筑的典范。意大利建筑师拉斯特雷利（Rastrelli，Francesco Bartolommeo 1700—1771）于1753年设计，1762年建成。其规模十分宏大，有房屋上千间，平面为长方形，中心有庭院。建筑物立面采用混合柱式，分上下两部分。细部处理采用巴洛克手法，用壁柱、断折的檐部、窗框和各式山花、雕像、花瓶等装饰，效果丰富而强烈。

冬 宫

法国建小特里阿农宫 1762—1768年，路易十五在法国亭前建造了一处宁静的住所，称为“小特里阿农”（Petit Trianon，路易十四的大理石宫为“大特里阿农”），建筑师是加布里埃尔（Gabriel，Jacquer Ange 1698—1782）。造型为典型古典主义的纵横三段处理，基座很高，门廊有四根科林斯式柱子，整幢建筑在虚实、纵横中比例得当，手法严谨简洁。周围有小型的法国式花园，一直延伸到特里阿农大理石宫。路易十六登基后，为王后在此建造了小城堡。不久王后就对花园进行了全面改造，形成英中式花园风格。

小特里阿农宫

1764年

巴黎修建古典主义风格的万神庙 按照苏夫洛（Soufflot, Jacques-Germain 1713—1780）的设计，巴黎开始修建古典主义风格的万神庙（1790年完工）。它的重要成就之一是结构空前得轻。墙薄、柱子细。穹顶是泥的，内径20米，中央有圆洞，可以见到第二层上的粉彩画。穹顶顶端采光亭的最高点83米。万神庙西面柱廊有六根19米高的柱子，上面顶戴着山花，下面没有基座层，只有十一级台阶。它采用的是罗马庙宇正面的构图。其形体简洁，几何性明确，力求把哥特式建筑结构的轻快同希腊建筑的明净和庄严结合起来。

1771年

英国出现“土木工程师”称号 1771年，英国的一群从事建筑的人自发组成了一个工程师协会并自称为土木工程师。他们常应召筹划测量工作，或是在议会的各委员会讨论运河、船坞、港口等项目的建筑方案时提出证据。斯密顿（Smeaton, John 1724—1792）是这个行业公认的领导人。土木工程师协会成立于1818年。特尔福德（Telford, Thomas 1757—1834）是土木工程师协会的创始人和主席。

1774年

斯密顿［英］首创“四合土” 英国土木技师约翰·斯密顿用石灰、黏土、砂子和矿渣混合成“四合土”，用它砌筑海上灯塔取得了良好效果。

1778年

蒙塔朗贝尔［法］发表《垂直防御工事》 蒙塔朗贝尔（Montalembert, Marc René, Marquis de 1714—1800）是法国著名的军事工程师和骑兵少将，他在《垂直防御工事》中提出了构筑凹角形要塞堡垒的要点，即要塞堡垒线的弯曲部成直角以保障交叉火力。这一设计思想在设计瑟堡港筑城中得到应用。勃兰登堡门高26米，宽65.5米，深11米，是一座新古典主义风格的砂岩建筑，以雅典卫城的城门作为蓝本，设计者是普鲁士建筑师朗汉斯。

1779年

英国首次建成铸铁肋拱桥 英国在科尔布鲁克首次建成了一座主跨约30.5米的铸铁肋拱桥，曾使用170年，现已作为文物保存。

1788年

德国修建柏林的勃兰登堡门 德国建筑家朗汉斯（Langhans, Carl Gotthard 1732—1808）主持修建柏林勃兰登堡门，勃兰登堡门位于柏林市中心菩提树大街和六月十七大街交汇处，是柏林的标志建筑。1753年，普鲁士国王威廉一世定都柏林，修筑此门，并以国王家族的发祥地勃兰登命名，当时仅为一座两根石柱支撑的简陋石门。1788年，威廉二世统一德国，为表庆祝，重新建此门。建筑师以古希腊柱廊式城门为蓝本，设计了凯旋门式的城门。雕塑家又为其设计了青铜装饰雕像和大理石浮雕画。勃兰登堡门顶端是一位背插双翅的胜利女神，勃兰登堡门由12根15米高、底部直径1.75米的多立克柱式立柱支撑着平顶，东西两侧各有6根，依照爱奥尼克柱式雕刻，前后立柱之间为墙，将门楼分隔成5个大门，正中间的通道略宽，是为王室成员通行设计的，直至德意志帝国末代皇帝威廉二世1918年退位前，只有王室

勃兰登堡门

成员和国王邀请的客人才被允许从勃兰登堡门正中间的通道出入。

1792年

中国承德避暑山庄建成 避暑山庄位于中国河北承德市东北，是中国现存占地面积最大的古代离宫别苑。山庄占地560公顷，分宫殿区、湖泊区、平原区、山峦区等，有各类建筑110余处，建筑布局和建筑风格集中了南北各地的艺术特色和风格。主要景点有康熙以四字命名的三十六景和乾隆以三字命名的三十六景。山庄以山林为胜，山峦占总面积8/10，湖泊占1/10。“山容水意，皆出天然，树色泉声，都非尘境，阴晴朝暮，千态万状”。此外，还有具有蒙古草原风光的万树园，藏有《四库全书》《古今图书集成》的藏书楼文津阁等。

1796年

帕克［英］发明罗马水泥 这种用泥灰岩烧制出的水泥，外观呈棕色，很像罗马时代的石灰和火山灰混合物，故被称为罗马水泥。又因它是采用天然泥灰岩做原料，经配料直接烧制而成，所以又叫天然水泥。这种水泥具有良好的水硬性和快凝性，除用于一般建筑，尤适于与水接触的工程。

1799年

柏林成立建筑学会

1800年

中国新疆建成阿巴伙加玛扎 玛扎是伊斯兰教的陵墓。阿巴伙加玛扎在中国新疆喀什，建于1800年，是一组大型墓葬区和宗教建筑群，包括主墓室、4座礼拜寺、1所经堂和其他墓葬等。陵墓建筑和礼拜寺大多用土坯砌墙，内部用4个大尖拱支撑一个穹隆顶。土坯外贴彩色带花纹的琉璃砖。圆形的穹隆、高耸的塔楼和尖拱形的门窗，构成高低起伏的轮廓，使建筑造型稳重而不呆板，五彩琉璃饰面墙体更显色调明快而鲜艳。

1804年

柯塔［德］发表立木材积表 柯塔（Cotta，Heinrich 1763—1844）提出“树木材积取决于胸径、树高和形状”的理论，并依此理论发表了第一个立木材积表。

1806年

戈裕良［中］设计建造环秀山庄 戈裕良（1764—1830）设计建造的环秀山庄位于中国苏州，以湖石构成峭壁危崖、水谷等，组合巧妙，浑然天成，叠砌注重石质纹理，其技艺水平为苏州诸园筑山之冠。

法国巴黎建雄师凯旋门 雄师凯旋门位于巴黎市中心戴高乐广场（又名明星广场）中央，是世界上最大的一座凯旋门。它是拿破仑为纪念1805年打败俄奥联军，于1806年下令修建的。拿破仑被推翻后，工程终止，波旁王朝被推翻后又重新复工，至1836年全部竣工。设计人为查尔格林（Chalgrin，J.F. 1739—1811）。凯旋门高49.54米，宽44.82米，厚22.21米，四面有券门。中央券门高36.6米，宽14.6米。

雄师凯旋门

1816年

德国修建慕尼黑古代雕塑展览馆 古代雕塑展览馆是德国慕尼黑的一座博物馆，展出巴伐利亚国王路德维希一世收藏的西方古典文化时期的雕塑作品。是由克伦泽（Klenze，Leo von 1784—1864）设计的新古典主义建筑，建于1816—1830年。目前，该博物馆是慕尼黑艺术区的一部分。古代雕塑展览馆及其周围的一批工程，即慕尼黑国王广场所在建筑，都是巴伐利亚王储（后来成为国王）路德维希一世所建的模仿古希腊的纪念建筑。他想象了一个“德国雅典”，以留下古希腊文化的记忆，在慕尼黑的大门前建造了这座建筑。

古代雕塑展览馆

1819年

麦克亚当［英］发表公路建设法 早在1750年马车同业公会即试行由公路技师对路面进行各种修整。这时期最流行的公路建设一般是把大块的铺石并排铺开，在上面堆积小石块，使路面呈凸形。但这种路面曲率过大，两侧垃圾堆积如山，使排水沟的水不能流动，在路面半圆形截面中心处又常有大洞。为此，麦克亚当（McAdam，John Loudon 1756—1836）不铺设碎石块，而仅在路面上铺一层小碎石子。这样能较好地耐受重量从而起到固定路面的作用。1818—1829年，在英格兰和威尔士建造了法定路宽60英尺（18.29米）的沙石路1000英里（1609.3千米），几乎所有的街道都按麦克亚当的方式重加修整。

1821年

德国修建柏林宫廷剧院 柏林宫廷剧院是由德国杰出的建筑设计大师申克尔（Schinkel，Karl Friedrich 1781—1841）设计的，代表了德国古典复兴建筑的高峰。入口前宽大的柱廊由六根爱奥尼克柱子和巨大的山花组成，突起的观众厅剧院主入口前有一座白色大理石雕塑，是德国伟大的戏剧家、诗人席勒的雕像。剧院的南、北两侧各有一座穹顶教堂，三栋建筑把剧院东侧围出一片广场。

1822年

申克尔主持修建柏林老博物馆 柏林老博物馆由申克尔设计。它是普鲁士第一座公众博物馆。博物馆周围耸立着古老的教堂建筑。踏入馆内，各种罗马立像装饰着圆形的殿堂，庄严肃穆。老博物馆是一座建筑在高地基上的两层规则长方体建筑。内部是一圈围绕中央圆厅的展室。建筑风格主要参考了古希腊、罗马的建筑式样。博物馆岛上有

柏林老博物馆

五个博物馆，岛的最南端，紧邻宫殿大桥和柏林大教堂的是老博物馆（Altes Museum），柏德博物馆位于博物馆岛蒙必友桥上，以埃及古物和早期基督教-拜占庭艺术收藏世界闻名。柏德博物馆同时位于佩尔加蒙博物馆的旁边，巴洛克风格的教堂建筑十分惹眼。内部陈列有雕刻、绘画作品、埃及美术、安期基督教美术等等。

1824年

阿斯普丁［英］发明水泥　阿斯普丁（Aspdin，Joseph 1778—1855）用石灰石和黏土的人工混合物烧成一种水硬性的胶凝材料，它在凝结硬固后的颜色、外观和当时英国用于建筑的优质波特兰石头相当。他为此取得了专利，1825年在英国建厂生产，从此开始了波特兰水泥工业。

1826年

德国修建慕尼黑音乐厅　1826—1828年间，在巴伐利亚王储路德维希一世（Ludwig I. 1786—1868）的动议下，建筑师克伦泽设计和督造了音乐厅，是慕尼黑改建计划中一座重要的文化建筑。音乐厅属于新古典主义建筑。在建筑初步设计阶段出于城市规划的考虑，决定音乐厅的外观参照当时已经建成的洛伊希滕

慕尼黑音乐厅

贝格宫设计，为的是让这两座音乐厅广场上位置相对的建筑风格保持一致，从而形成堪为路德维希大街起点的标志景观。因此，音乐厅在外观上缺乏演出建筑应有的元素，如大尺度的高窗、巨柱，明显拔高的层高等；反而与慕尼黑其他的宫殿近似，如文艺复兴样式的开窗，突出水平划分的线脚。因为这种外形与功能要求不符，使得平面组织存在不足。

德国修建慕尼黑绘画陈列馆 巴伐利亚王国的路德维希一世（Ludwig I. 1786—1868）出于大众教育的理念，觉得有义务让公众接触王室藏画，因此责令建筑师克伦泽在慕尼黑北郊设计一座美术馆，为分散在不同的宫殿里而远离大众的艺术珍品提供一个集中展览的场所。陈列馆于1826年4月7日奠基，1836年秋建成，10月16日正式开放。路德维希一世从王储时期便收购了大量意大利画作，即位后开始系统收藏。他偏爱德国和意大利文艺复兴画作，现存314幅意大利画作中的97幅是他搜集的，几乎全是精品。老绘画陈列馆建成时是世界上最大的博物馆建筑。不同于19世纪初流行的宫殿式博物馆，它平面组织清晰，外部形式表明内部功能，顶部天窗和增设北侧反射采光的设计使它在理念和技术上领先，影响了罗马和卡塞尔的同类美术馆以及圣彼得堡的艾尔米塔什博物馆新馆，后者也由克伦泽设计。

慕尼黑绘画陈列馆

1829年

英国伦敦首次试用慢滤池 这是一种净化城市给水的构筑物，它采用石英砂作滤料，以除去水中的胶体杂质。

1833年

美国轻型框架房屋结构开始推行 轻型框架结构是在芝加哥的一个小镇上发展起来的。用作支撑护墙板的直立板墙筋也可以用来支撑房顶，只要把木板钉在它们的上下两端，有很多的板墙筋，大约每隔18英寸就是一根，这样就可以省去沉重的框架栋木。由于所有其他的栋木都是用钉子连接的，所以所有的榫接合、对缺接合以及其他切割适配的连接件均可省去。1833年，这种建造法被试用于建造一个小教堂，并获得成功。

1837年

德国建筑家和画家申克尔著《建筑设计绘图集》（28册，始于1820年）

1840年

英国修建伦敦议会大厦 1045—1050年国王圣爱德华建立了威斯敏斯特宫，1530年该建筑被英国国会作为法庭使用。1834年10月16日因一个炉子点燃了上院的镶板，发生火灾。1835年皇家委员会在研究了97个竞争方案后，选择了巴里爵士（Barry，Sir Charles 1795—1860）的哥特式方案，巴里爵士的方案运用了垂直哥特风格。在大火中幸免、始建于11世纪的威斯敏斯特厅也被纳入了巴里的设计之中。巴里爵士的威斯敏斯特宫设计包括了数座塔楼。最高的当属西南广场的维多利亚塔，高达98.5米。以重修时期的女王维多利亚命名，今天成为国会档案馆。其顶部有金属旗杆，王室列席时悬挂皇家旗或在平时悬挂英国国旗。塔基部分是皇家专属通道，用于保障国会开幕大典或是其他官方庆典时皇室成员的进出。穿过宫殿中部，很快就能抵达中央厅，它是中部一座高91.4米的八角形塔楼，也是威斯敏斯特宫三座主要塔楼中最矮的一座。不同于另外两座，中央塔楼有一座尖顶，被设计成高层进气口。宫殿东北角是著名的威

伦敦议会大厦

斯敏斯特宫钟塔，高96.3米。普金为钟楼绘图是他为巴里所做的最后一项工作。钟楼顶部的钟房是一座巨大的矩形四面时钟，同样也由普金设计。钟楼拥有5座时钟，每过一刻都会报时。最有名的一座为大本钟，每过一小时击打一次。它也是英格兰第三重量的钟表，重达13.8吨。

1850年

铸铁结构建造出现　在英格兰，一开始将铸铁应用在建筑结构上是为了增强厂房的防火性，用铸铁做立柱、横梁、窗框，而外墙用砖或石头砌成，石板楼板支撑在横跨铁梁的砖拱上。1850年左右，很多商场和办公楼的内部建造方法与这些厂房很相似，只是外表面全部采用铁和玻璃。纽约的博加德斯（Bogardus，James 1800—1874）建造了许多这样的建筑。

1851年

英国为第一届万国博览会建筑水晶宫展厅　英国维多利亚女王和她的丈夫阿尔伯特公爵，决定在伦敦海德公园举办一次国际性博览会。英国展厅是由英国园艺师帕克斯顿（Paxton，Joseph 1803—1865）按照当时建造的植物园温室和铁路站棚的方式设计的钢结构装配式建筑。建筑面积约7.4万平方米，宽124.4米，长563米，高三层，共用铁柱3300根，铁梁2300根，玻璃9.3万平方米，外墙和屋面均为玻璃，整个建筑通体透明，宽敞明亮，故被誉为“水晶宫”。伦敦水晶宫是英国工业革命时期的代表性建筑，从1850年8月开工到1851年5月建成，总共不到九个月时间。1852—1854年，水晶宫被移至肯特郡的塞登哈姆，重新组装。1936年11月30日晚毁于一场大火。这幢建筑的几何形状，建筑尺度的模数化、定型化、标准化以及坚硬晶莹的玻璃墙壁和工厂化生产，使之成为世界上第一个体现初期功能主义风格的作品。

水晶宫

1854年

奥的斯［美］发明电梯 在1850年之前，波士顿和纽约就有了液压驱动运送货物的升降机。这种装置工作时安全可靠，噪音小，但速度慢。奥的斯（Otis，Elisha Graves 1811—1861）在升降机井两边安装棘轮，在升降机厢上安装棘爪，绳子有张力时棘爪与棘轮不接触，一旦绳子失去张力，弹簧就会把棘爪弹出，挂住棘轮。1854年，他在伦敦世博会上展示了这种装置，并于1857年将其实际安装于纽约的一家五层楼商店。第一部成功的电梯于1889年前后问世。

1856年

英国开始修建伦敦地下铁道 世界上最早修建的地下铁道。1856年动工修建。第一段长约7.6公里的线路于1863年1月10日正式投入运营，采用蒸汽机车牵引。区间隧道为矩形双线断面并用明挖法施工，采用混合轨距，即在1435毫米的标准轨距之外，再铺设第三根钢轨而与第一轨组成宽为 2134毫米的宽轨轨距，因而区间隧道断面的宽度为8.69米，高度为5.18米，1869年将第三轨拆除不用。以后用明挖法继续修建，到1884年构成了现在的环行线。

1858年

美国修建纽约中央公园 中央公园号称纽约“后花园”，以第59大街（59th St.）、第110大街（110th St.）、5路（5th Ave.）、中央公园西部路（Central Park West）围绕着，中央公园名副其实地坐落在纽约曼哈顿岛的中央，是一处完全人造的自然景观，里面设有浅绿色的草地、树木郁郁的小森林、庭院、溜冰场、回转木马、露天剧场、两座小动物园，可以泛舟的湖，网球场、运动场、美术馆等等。

纽约中央公园

1859年

英格兰议会大厦大钟（大本钟）开始运转 伊丽莎白塔（Elizabeth Tower，旧称大本钟，Big Ben），即威斯敏斯特宫钟塔，是世界上著名的哥特式建筑之一，英国国会会议厅附属钟楼（Clock Tower）的大报时钟，坐落在英国伦敦泰晤士河畔，是伦敦的标志性建筑之一。钟楼高95米，钟直径7米，重13.5吨，每15分钟响一次。大本钟用人工发条，国会开会期间，钟面会发出光芒，每隔一小时报时一次。每年的夏季与冬季时间转换时会把钟停止，进行零件的修补、交换，钟的调音等。

大本钟

1861年

法国修建巴黎歌剧院 巴黎歌剧院，又称加尼叶歌剧院，是一座位于法国巴黎，拥有2200个座位的歌剧院。歌剧院是由加尼叶（Garnier，Jean-Louis Charles 1825—1898）于1861年设计，其建筑将古希腊罗马式柱廊、巴洛克等几种建筑形式完美地结合在一起，规模宏大，精美细致，金碧辉煌，被誉为是一座绘画、大理石和金饰交相辉映的剧院，给人以极大的享受。是拿破仑三世典型的建筑之一。巴黎歌剧院长173米，宽125米，建筑总面积11237平方米。剧院有着全世界最大的舞台，可同时容纳450名演员。剧院里有2200个座位。演出大厅的悬挂式分枝吊灯重约8吨。其富丽堂皇的休息大厅堪与凡尔赛宫大镜廊相媲美，里面装潢豪华，四

巴黎歌剧院

壁和廊柱布满巴洛克式的雕塑、挂灯、绘画。巴黎歌剧院具有十分复杂的建筑结构，剧院有2531个门，7593把钥匙，6英里（9.6千米）长的地下暗道。歌剧院的地下层，有一个容量极大的暗湖，湖深6米，每隔10年就要把那里的水全部抽出，换上清洁的水。

1866年

约瑟夫·波拉尔特主持修建布鲁塞尔正义宫（1883年完工）

1872年

约翰逊［英］取得了“隧道式水泥窑”专利　1872年约翰逊（Johnson，I.C. 1811—1911）取得了“隧道式水泥窑”的专利，在这种水泥窑中，混合物浆是在一个70～80英尺（21～24米）长的水平腔室中得到干燥。将从窑顶释放到大气中去的热气体引导通过水平腔室，再去烟囱。从磨碎机泵上进入水平腔室的炉料，就这样被煅烧前一批炉料的余热所干燥。

1880年

德国科隆大教堂竣工　科隆大教堂是位于德国科隆的一座天主教主教座堂，是科隆市的标志性建筑物。在所有教堂中，它的高度居德国第二，世界第三。它是欧洲北部规模最大的教堂。始建于1248年，工程时断时续，至1880年才由德皇威廉一世宣告完工，耗时超过600年，至今仍修缮工程不断。大教堂是欧洲基督教权威的象征，是哥特式宗教建筑艺术的典范。占地8000平方米，建筑面积约6000平方米，东西长144.55米，南北宽86.25米，面积相当于一个足球场。它是由两座以最高塔为主门、内部以十字形平面为主体的建筑组成的建筑群。除两座高塔外，教堂外部还有多座小尖塔烘托。教堂四壁装有描绘圣经人物的彩色玻

科隆大教堂

璃；钟楼上装有5座响钟，最重的达24吨，响钟齐鸣，声音洪亮。一般教堂的长廊，多为东西向三进，与南北向的横廊交会于圣坛形成十字架；科隆大教堂为罕见的五进建筑，内部空间挑高又加宽，高塔将人的视线引向天空，直向苍穹象征着人与上帝沟通的渴望。

1882年

西班牙修建圣家族大教堂 圣家族大教堂始建于1882年，高迪（Gaudi, Antonio I Cornet 1852—1926）从1883年起负责建圣家族大教堂。圣家族大教堂是一座宏伟的天主教教堂，整体设计以自然界的洞穴、山脉、花草、动物为灵感。圣家族大教堂的设计完全没有直线和平面，而是以螺旋、锥形、双曲线、抛物线等各种变化组合成充满韵律动感的神圣建筑。该教堂是一座象征主义建筑，分为三组，描绘了耶稣基督的诞生、受难及复活。北面的一座后塔将近140米高，代表着圣母玛利亚。其余塔分别置于各立面，共12座塔代表耶稣的十二门徒，分别有100米或110米高，共18座高塔。教堂墙面主要以当地的动植物形象作为装饰，正面的三道门以彩色的陶瓷装点而成。

圣家族大教堂

1884年

德国修建柏林国会大厦 德国的柏林国会大厦建于1884年，由德国建筑师保罗·瓦洛特设计，采用古典主义风格，最初为德意志帝国的议会所在地。国会大厦位于柏林市中心，体现了古典式、哥特式、文艺复兴式和巴洛克式的多种建筑风格，是德国统一的象征。柏林国会大厦现在不仅是联邦议会的所在地，其屋顶的穹形圆顶也是最受欢迎的游览圣地。

柏林国会大厦

它不断更新的历史映射着自十九世纪以来德国历史的各个侧面。1961—1971年间，大厦按保罗·鲍姆加藤的设计方案重建。重建的国会大厦对建筑进行了简化，省去了1945年被炸掉的大厦圆顶部分。1994—1999年，诺曼·弗斯特爵士以大厦最初的规模为蓝本设计，对国会大厦进行了重新修建。

1889年

埃菲尔铁塔建成　1884年，为了迎接世界博览会在巴黎举行和纪念法国大革命100周年，法国政府决定在巴黎市中心的塞纳河畔修建一座永久性纪念建筑。经过反复评选，埃菲尔（Eiffel，Gustave 1832—1923）设计的铁塔被选中，建成后以埃菲尔的名字命名。埃菲尔铁塔从1887年始建，建成后高320多米，全塔分为三层，离地面分别为57.6米、115.7米和276.1米，其中一、二层设有餐厅，第三层建有观景台，从塔座到塔顶共有1711级阶梯。建造该塔共用钢材7000吨，12000个金属部件，259万只铆钉。埃菲尔的设计非常精确，在两年多的施工过程和部件组装中，尺寸都十分准确。埃菲尔铁塔是世界上第一座钢铁结构的高塔。

埃菲尔铁塔

1890年

美国高层建筑普利策大楼完工　1882年，美国的芝加哥、纽约的许多建筑物的层数远远超过五层。依靠承重墙建起的最后一栋高层建筑是纽约的普利策大楼，它于1890年完工，高14层，外墙基部厚达9英尺（2.7米）。伦敦的安妮王后大厦于1873年开始兴建，也有大约同样的高度，其外墙、交叉墙、内墙都是砖砌的，然而其最厚的墙基底部仅为2英尺（0.6米）多。

1892年

埃纳比克取得了一种钢筋混凝土梁的专利　埃纳比克（Hennebique，

Francois 1842—1921）于1892年取得了一种钢筋混凝土梁的专利，其主筋端部为鱼尾形，剪切力由铁箍的垂直箍筋承担。大约到1898年他已开发出一个关于立柱、梁、楼板、墙壁的完整的建筑结构系统。

1900年

哈尔滨圣·尼古拉教堂建成 1899年，沙皇俄国在哈尔滨秦家岗建立中东铁路局的管理机构，并决定修建一座俄罗斯东正教堂。修建教堂的决定得到了沙皇尼古拉二世（1868—1918）的支持，并在圣彼得堡发布了哈尔滨东正教堂设计竞赛的通知，最终选定了俄国教会著名建筑师鲍达雷夫斯基的设计方案，教堂的名称以沙皇尼古拉二世的名字命名。圣·尼古拉教堂在1899年10月13日俄国圣母节这一天举行了奠基仪式，但教堂在1900年3月才正式开工建设。教堂建设工程由著名工程师雷特维夫主持。著名画家古尔希奇文克则完成了圣母像及教堂内部的大量壁画。教堂内部的圣物、圣像及大钟都是从莫斯科运来的，耗资巨大。1900年12月顺利完工，耗时仅一年。圣·尼古拉教堂建成后成为哈尔滨的标志建筑，哈尔滨建市后的市区规划就是以此为中心的。1966年被红卫兵全部烧毁。

圣·尼古拉教堂1

圣·尼古拉教堂2

19世纪末

钢筋混凝土理论开始创立 建筑结构越来越大、越复杂，设计者必须更确切地知道钢和混凝土结合在一起后性能怎样。温度波动时钢和混凝土的体积变化较为接近，以致在实际应用中对差动引起的应力变化可忽略，这两种材料之间黏结力适于传递内力。纽曼指出当考虑到钢和混凝土的弹性模量时，中性轴位置将因内部拉力和压力的平衡而变化。恩佩格（Emperger，Fritz von 1862—1942）、鲍申格尔（Bauschinger，J. 1834—1893）和其他人对钢筋混凝土杆件在载荷下的弹性形变做了许多试验。1902年默施（Morsch，E.）写出《钢筋混凝土》一书，公布了全部的试验数据。孔西代尔（Considere，A.G. 1841—1914）通过实验表明，如果在单加筋立柱的纵主钢筋周围安装间距小的箍筋或一种结实的螺旋铁丝，以保护混凝土型芯，则立柱的强度将会大大提高。19世纪末到20世纪初，一个主要是建立在试验结果基础上的理论，为建筑界所接受。

概述

（1901—2000年）

现代建筑赖以发展的基础之一是新的建筑科学技术的成熟。建筑技术内容发端于工程理论方面的突破，比如与结构力学有关的一系列理论都是现代建筑能够形成的技术基础。材料科学是构成建筑技术的另一个主要方面，19世纪建筑材料领域中的多项重大发明，为建筑技术的发展奠定了基础。新材料的出现和其后的大量使用，以及工程理论方面的渐趋成熟，促成了新结构形式的产生。随之而来的新的施工技术、设备技术的发展等大大改变了建筑的面貌，使建筑业日新月异，以前所未有的速度向前发展。将20世纪建筑历史按照现代建筑设计发展脉络进行划分，分为现代主义建筑、后现代主义建筑、解构主义建筑、个性化的建筑走向——“主义”的衰落四个阶段。在每一时期的建筑设计思潮部分，分别对流派产生的背景、发展历程、设计思想、主要技术革新、主要设计师及其代表作品进行概述。

1. 现代主义建筑（20世纪初期至20世纪70年代）

现代主义建筑（Modern Architecture），是指20世纪20年代在西方建筑领域产生的一种建筑思潮。这一派建筑的代表人物主张：建筑师应以顺应时代的发展为己任，摆脱复古思潮的创作理念，大胆创造适应工业社会发展要求的新建筑。因此，现代主义建筑具有鲜明的理性主义和激进主义色彩。

现代主义建筑思潮的产生可以追溯到工业革命和由此而引起的社会生产和生活的大变革，例如机器产品的进步，简约精神的体现，技术美学的凸显等。伴随着这些巨大的社会变革，建筑领域也出现了影响建筑发展的新因素。首先是工业革命带来了建筑技术的革新，新型建筑材料与结构形式应运而生。伴随着玻璃、钢、铁和钢筋混凝土的出现，“框架”作为新的结构形式也由此产生。随后的钢框架、剪力墙、筒体等结构形式为高层建筑的崛起奠定了技术的基础。钢框架与玻璃幕墙是密斯一生的追求，他所开创的玻璃摩天楼一经出现就风靡世界，在20世纪50～60年代曾“主宰”了世界上1/3大城市的天际线。其次是资本主义社会的建立使主导建筑的因素发生了巨大的变化。火车站、银行、博览会展馆、综合医院等新型建筑取代了国王的宫殿、陵墓，贵族的庄园府邸等建筑。这些新建筑有全新的功能要求，需要全新的技术保障。再次是新建筑的功能与形式之间的矛盾日益突出，建筑形式的革新势在必行。总之，时代的发展要求建筑师突破传统的束缚，探索适应新时代生活需要的新建筑，这一时代潮流无疑为20世纪现代主义建筑的产生奠定了坚实的基础。

经过工业革命的“催生”，在新建筑运动的“浇灌”下，真正以体现工业化社会机械化大生产为时代特色的现代主义建筑在20世纪20年代产生了。这一时期建筑技术发展迅速，大跨度结构形式的产生在建筑技术的历史上是一项重大突破。大空间建筑的结构形式主要包括壳体结构、悬索结构、网架结构和充气薄膜结构等。它们各自有着不同的历史。壳体结构是从穹隆结构演变过来的，一般认为罗马的万神庙是成功的早期壳体结构。20世纪30年代以后，出现了许多热衷于薄壳结构的工程师，创作了许多结构技术先进、建筑形式精美的成功作品。20世纪五六十年代以后，更是壳体结构发展的黄金时代，由于壳体结构可以充分发挥钢筋混凝土的材料特性，所以发展很快，跨度不断增加，厚度不断减薄，壳体结构技术先进，形式繁多，分布面广，不断涌现出很多著名的实例。比如丹麦建筑师伍重设计的澳大利亚悉尼歌剧院。而悬索的概念自古就有，早期多用于桥梁，19世纪末才应用于建筑。20世纪50年代下半期后，很多建筑师对悬索结构的新颖造型和巨大的技术潜力发生了浓厚的兴趣，开始利用悬索结构在艺术表现方面的潜力，来表达某种隐喻的含义或体现某种建筑精神。1958年，美国建筑师埃罗·沙里宁在设计美国耶鲁大学冰球馆时采用了悬索结构。网架结构在19世纪曾经有过个别实例，但它主要是在20世纪发展起来的。它在20世纪60年代以后崛起于结构舞台并很快取代了钢筋混凝土壳体结构，成为当时主要的大跨度空间结构形式。1967年，富勒采用三角形和多边形的网架组成多面体穹隆设计了加拿大蒙特利尔世界博览会的美国馆。充气薄膜结构则完全是20世纪的产物，第一批充气薄膜结构建筑建于20世纪40年代的美国。

现代建筑的巨大成就与施工技术的发展密不可分。20世纪上半叶，建筑工地上机械装置和其他相关辅助设备不断得到改进，最重要的一项变革是柴油机取代了蒸汽机，小范围内汽油发动机和电动机又代替了蒸汽机。新设备中值得一提的是可移动的混凝土搅拌机，它能够在施工现场供应搅拌好的混凝土，还有塔式升降架。前者于二战前由美国研制出来，战后才迅速推广应用，后者于1937年由法国研制出来，直到战争结束才开始使用，在1952年以前也只限于在欧洲大陆使用。在施工技术方面，其他重要的技术革新还包括：1920年采用的钢管脚手架代替了早期的绳索捆绑的木制脚手架；混凝土模板的各种改进；液压千斤顶的应用改善了施工过程中结构的内力分布状况。

以格罗皮乌斯、柯布西耶、密斯等人为代表的建筑师设计和建造了一系列体现新时代特色的建筑。其中最具代表性的有巴塞罗那博览会德国馆，主馆由8根十字形断面的镀镍钢柱支撑，钢筋混凝土薄板覆盖其上，墙体和室内隔断由一些互不牵制、可以独立布置的构件组成，在结构技术和空间布局的处理上均体现了密斯新颖的设计理念。除此之外，芝加哥C.P.S.百货公司大厦、德国斯图加特市威森霍夫住宅区、包豪斯校舍、朗香教堂和纽约古根海姆博物馆等建筑也成为现代主义的经典作品。这些作品的共性特征是：与传统建筑样式分离，重视建筑的时代性、功能性与经济性，重视新材料、新结构的应用。形式上多表现为平屋顶，非对称式布局，光洁的白墙面，简单的檐部处理，带形玻璃窗，很少用或完全不用装饰线脚等。现代主义建筑思潮在20世纪50～60年代达到高潮，并在世界建筑潮流中占据主导地位。到20世纪70年代为止，现代主义建筑在欧美各国得以全面开花结果。

2. 后现代主义建筑（20世纪60年代至20世纪90年代）

后现代主义建筑（Post-Modernism Architecture）是一种特定的建筑思潮。一般认为这一思潮的流行时间是从20世纪60年代到20世纪90年代，随后便逐渐衰退。以文丘里（Venturi，Robert 1925—2018）为代表的后现代主义建筑师与理论家主张：首先，建筑要具有反映历史传统的文脉主义，包含有符号象征的隐喻主义和广泛使用装饰的装饰主义的基本思想；其次，建筑师要学习美国的市井文化，以戏谑、轻松的手法来表现建筑的娱乐性和交流性，强调建筑艺术应具有既能与大众沟通又能与建筑师对话的“双重译码”的标识特征；再次，试图创立以非理性的不和谐、不完整、不统一为美的后现代主义建筑美学；最后，运用建筑形式与功能相脱离的设计手法，以体现建筑立面上“功能构件”与“非功能构件”之间的差异。因此，后现代主义建筑思潮被认为是在形式上对现代主义建筑一次比较系统的充实与发展。

第二次世界大战以后，由于科学技术、工业经济的高速发展，西方国家发生了巨大的变化，一系列的异化问题也随之而来。例如资本主义价值体系的失效，科技的异化，人口问题、粮食问题、能源问题和环境生态问题的日益恶化等，导致产生了社会信仰和文化危机。这些异化现象，是后现代主义思潮产生的社会根源。20世纪60年代，人们开始反思追求现代主义对建筑领域带来的影响。由于现代主义建筑极其强调理性，奉行“少就是多”的设计思想，同时又割断了建筑、城市的历史延续性，全世界的建筑越来越相似，越来越单调和刻板，造成地方特色和民族特色的迅速消退。20世纪70年代初，在建筑材料、建筑结构没有发生较大变化的前提下，后现代主义建筑思潮主要在形式和美学方面对现代主义建筑的设计思想与方法提出质疑、批判和挑战。1966年，美国建筑师文丘里发表著作《建筑的复杂性和矛盾性》，书中明确地提出了一套与现代主义建筑针锋相对的建筑理论和主张，拉开了后现代主义建筑运动的序幕。

1972年，文丘里在其发表的另一本著作《向拉斯维加斯学习》中，进一步发展了自己的后现代主义思想。1977年，布莱克（Blake，Peter）出版了《形式随从惨败——现代建筑何以行不通》，无情地批判了现代主义建筑，向美国现代主义建筑大师沙利文的“形式随从功能”的设计原则提出挑战。后现代主义建筑经过20世纪60～70年代的论战和实践，在80年代达到高潮。在此过程中，著名的建筑大师如文丘里、摩尔、格雷夫斯、斯特恩等人的经典理论和作品均对后现代主义建筑的发展起到了重要的促进作用。1984年建成的美国电话电报公司大楼，被认为是第一座后现代主义的摩天大楼，对后现代主义建筑的发展有着极为深远的影响。大楼采用现代的钢结构体系，外立面的石头贴面做工十分精致，为了防止脱落，花岗岩石板都单独固定在钢架上。这座大楼由于采用了传统的石材饰面和带有古典主义意象的构图元素，在形式上与曼哈顿中心区众多采用玻璃和钢材建造的玻璃盒子式大楼形成了鲜明的对比。其他具有代表性的后现代主义作品有文丘里母亲住宅、美国新奥尔良市意大利喷泉广场、波特兰大厦、德国斯图加特美术馆新馆等。这些作品的共性特征是建筑又一次走向“复杂”。多重含义、过度丰富和多种建筑要素的混杂等特征在这一时期表现得淋漓尽致。

3. 解构主义建筑（20世纪80年代末期）

20世纪80年代末，一股新的建筑思潮，即解构主义建筑进入建筑领域。解构主义建筑源于法国哲学家德里达（Derrida，Jacques 1930—2004）的解构主义哲学，是20世纪受哲学思想影响最为明显的建筑思潮。解构主义建筑没有一个统一的概念，建筑师的设计思想、设计手法和作品特征也因人而异。解构（Deconstruction）一词有消解、颠覆固有原则之后重新构筑之意，这一思潮值得关注的一些现象包括：首先，消费者与生产者的转换。解构主义建筑作品往往都有很深层的含义，需要观赏者在解读的过程中积极思考，去补充建筑师没有完成的部分。从而达到参与创作的目的，从作品的消费者转换为作品的生产者。其次，无中心与多义性。解构主义建筑大都表现得比较含混，没有一个明确的意义和中心。强调不同读者的不同解读，为读者留下更多的想象空间，使作品形成多种含义。最后，在场与不在场。在解构主义建筑作品中，有些元素是明确的，有些元素又是不在作品里出现的。它们相互交织，相互印证。因此，在观赏这类作品时，需要发现那些不在场的元素，并与在场的元素相比较才能够理解作品的真实含义。总的来说，解构主义建筑作品比较难以理解。这一派的建筑师们热衷于通过消解、破碎等手法来表现建筑上的“无”“不在场”“非功能”与“非建筑”等信息。

解构主义建筑的重要代表人物有盖里、哈迪德、李伯斯金、蓝天组、屈米、埃森曼等，他们为解构主义实验建筑的探索做出了杰出的贡献。其中影响最大的是盖里，他被认为是世界上第一个解构主义的建筑设计家，他在1978年设计的位于洛杉矶的自己的寓所，使用了金属瓦楞板、铁丝网等色彩鲜艳的工业材料，是最早的解构作品之一。除了上述代表作品外，解构主义的经典之作还包括巴黎拉维莱特公园、毕尔巴鄂古根海姆博物馆、德国维特拉消防站、柏林犹太人博物馆等。这些作品的共性特征是：建筑技术主导形态。这一时期的建筑结构复杂，工程技术难度较大，强大的技术支撑使各种稀奇古怪的建筑得以顺利地建造起来。盖里的“破碎后的整合”、哈迪德的“动态构成”、卡拉特拉瓦的“结构式建筑”等，都是在技术的保障下得以实现的。

4. 个性化的建筑走向——“主义”的衰落（20世纪末期）

随着后工业化社会的深入发展，20世纪60年代西方社会那种动荡、冲突等混乱现象逐渐趋于缓和。表现在建筑上，就是各种标新立异的“主义”与“思潮”的衰落。建筑师愈来愈淡化流派，而更加注重追求建筑的本质意义。同时，由于社会财富的不断积累，物质产品的极大丰富，人们对于产品的多样性提出了更高的要求。建筑技术的发展以及生态意识的兴起也在这一时期的建筑设计中有所体现，这是以往任何时代所不具有的新动向。因此，在建筑领域，设计师的共生思维和生态智慧日益增长，个性化的艺术走向更加突出，没有主要流派，不是非此即彼，成为当代西方建筑发展的一大主要特征。

每一个文明的产生都离不开科学，科学的进步促进了新技术、新观念的产生，也促进了建筑审美的变化。当代西方建筑的一个变化是新型结构的出现，包括高层建筑的悬挂体系结构和大空间建筑的张拉膜结构。悬挂体系结构是指采用吊杆将整个建筑悬挂在大型支架或芯筒上所构成的结构体系。主要代表作品是香港汇丰银行大楼。张拉膜结构历史悠久，原始社会中游牧部落使用的帐篷就是张拉膜结构的原型，但这种结构在现代建筑中的应用却比较迟缓，进入20世纪90年代后张拉膜结构体系才得到迅速发展与广泛应用。1996年亚特兰大奥运会主体育馆的屋顶——佐治亚穹顶，运用索网与膜相结合构成穹顶结构。该工程完工后，很多结构专家都预言21世纪大型体育场馆的屋盖将由这类结构体系垄断。当代西方建筑的另一个变化是建筑技术由原生态形态上升为艺术技术形态。一榀钢架或一组管道作为原生态技术，它就是一个结构支撑构件或设备系统，可是当把它应用到巴黎的蓬皮杜文化艺术中心、大阪关西机场等作品中时，它就上升为艺术技术，体现出高科技所带来的艺术魅力，表达出高科技与美学的终极目标的高度一致性。在信息化社会，这种一致性引领了建筑作为高科技产品的新的美学走向。

在这个过程中，著名建筑大师福斯特、罗杰斯、皮亚诺等人直接将原生态技术升华为艺术技术，他们站在时代大潮的前面去探索与时代发展更为密切的创作理念与创作原则，为人类社会留下更加新潮的建筑作品。福斯特设计的香港汇丰银行总部大楼是新技术和新设计理念相结合的产物，是这一时期最具代表性的作品之一。汇丰银行总部大楼的结构形式采用的是悬挂钢结构，整个建筑的重量由3组垂直组合的4对方形钢架承担，水平向再由上下5组两层高的桁架与钢架连接，各楼层地面再悬挂在桁架上，从而形成了一个形式新颖、受力清晰、坚固稳定的结构体系。汇丰银行总部大楼的设计是表达新时代技术美学的典型实例，也是信息社会建筑作为高科技产品的一个经典名作而被载入史册。除此之外，这一时期具有代表性的作品还包括阿拉伯世界文化中心、旧金山现代艺术博物馆、伦敦劳埃德大厦、法兰克福商业银行总部大楼等。这些作品的共性特征是：受当代共生思维与生态智慧的影响，建筑设计超越了现代主义建筑的纯粹技术主义。技术不再是挑战自然的手段，而成为人与自然、人与社会以及现实与未来之间的建设性手段。

1901年

德国建成路德维希展览馆 该馆由奥别列夫设计，是新艺术和建筑设计紧密结合的代表作。展览馆建筑物外观简洁，装饰采用天然植物图案，显示了新艺术运动的特征。

路德维希展览馆

赖特［美］提出"草原住宅"的设计思想 这种住宅的特点是不设阁楼和地下室，低层高，小卧室，屋顶缓坡，大出檐。底层除了辅助房间外，形成一个大空间，用屏隔成若干空间，供读书、就餐、会客等用。外部造型突出，水平起伏，与草原韵律相呼应，尽量采用当地的建筑材料。代表作有罗比住宅（1908年）和威利茨住宅（1902年）。在赖特（Wright，Frank Lloyd 1867—1959）的影响下，美国中西部出现了不少类似住宅，形成了草原学派。这种设计思想创造了新的建筑构图手法，为美国现代建筑发展起了积极的探索作用。

美国哈佛大学创建风景建筑学系 这是世界上第一次建立风景建筑学系，此后一些国家陆续设立同类专业，并于1948年成立了国际风景建筑师联合会。

霍华德［英］提出"田园城市"理论 霍华德（Howard，Ebenezer 1850—1928）所著《明日的田园城市》中提出建造"田园城市"的理论。他设想的"田园城市"外围为农田，居民3.2万，其中2000人从事农业；城市中有市中心区、居住区、工业区并穿插大量绿地，市民生活自给自足。这一设想对后来城市的分布和布局、卫星城镇的建设和发展有很大的影响。

美国建成新威斯巴登饭店 由建筑师奥布莱特设计。饭店的罗马式中厅上方覆盖着一个高130英尺（39.6米），直径200英尺（61米）的无支撑圆形穹顶，为钢结构的玻璃板屋顶。24根钢梁从圆形穹顶中央的轮轴向外辐射，与外边环立的柱子连接，钢梁的一端固定在轮轴上，随气温的变化，可沿着滑

轮上下移动。轮轴装置固定在6层楼高的钢筋混凝土爱奥尼克式的柱子上端，柱子直径5英尺（1.5米），围绕圆形外缘排成一圈。20世纪60年代前它是世界上跨度最大的圆顶建筑。中厅周围客房高6层，分内外两圈，内圈的房间朝向中厅，外圈的房间则可观赏周围的乡村景色。

加尼埃［法］提出工业城市理论 工业城市理论是法国青年建筑师加尼埃（Garnier，Tony 1869—1948）从大工业的发展需求出发而提出的，他对发展大工业所引发的功能分区、城市交通、住宅组群都作了精辟的分析，提出住宅街坊应配备相应的绿化，形成各种设在小学和服务设施旁的邻里单位。加尼埃重视规划的灵活性，给城市各功能要素留有发展余地。他运用当时世界上最先进的钢筋混凝土结构来完成市政和交通工程设计。市内所有房屋如火车站、疗养院等也均为钢筋混凝土建造，技术十分先进。

轧制出宽翼缘的梁 热轧软钢搁栅和其他型材在19世纪末首次使用，并且在20世纪的整个时期继续使用。然而，型材的规格并不适用于所有的建筑。特别是熟工字钢，有着比较厚而窄的有锥度的翼缘，作为横梁是很有效的。但是，它在沿翼缘弯曲时的刚度比沿腹板弯曲时要小得多。这使其很不适合用作立柱，因为立柱可能沿任何一个方向弯曲和屈曲。起初，这一缺陷和由于型钢尺寸规格的限制而产生的缺陷，是通过拼装组合型钢的办法来克服的：在工字钢的边缘铆上平板，或者把一组槽钢、角钢或丁字钢组合或缀合在一起。例如，著名的瑞莱斯大厦的所有柱子都由4对角钢缀合而成，角钢两两相接形成内转向的组合丁字钢。这种形式当时被称为格雷柱。当然，制作这样的组合件需要大量的现场铆接工作。后来格雷柱又采用了宽翼缘的梁，虽然这需要复杂且昂贵的轧制方法，但好处是用厚度均匀的翼缘代替了过去的锥度翼缘。卢森堡的一个轧钢厂首先轧制出宽翼缘的梁。

1902年

圣言会青岛会馆建成 位于中国青岛，建造于1899—1902年，设计者是建筑师贝尔纳茨。会馆朝向教堂立面外墙饰有一个独特的八角窗，位于道路交汇处建有两个造型各异的塔楼，风格流畅的外墙还融合了中国传统建筑的思路，一层的清水墙采用了中式的灰砖砌筑，但二层的风格却是纯欧式的。

主入口设在建筑的南侧，内有小型的祷告室和一个用来印制圣经教义的印刷所。二层是白神甫的住所和其他房间，内院则是一个精巧的小花园。

圣言会青岛会馆

圣胡斯塔升降机

圣胡斯塔升降机建成　又名卡尔穆升降机（葡萄牙语：Elevador do Carmo），是葡萄牙首都里斯本的一台升降机，位于圣胡斯塔街（葡萄牙语：Rua de Santa Justa）末端，连接庞巴尔下城较低的街道与较高的卡尔穆广场（Largo do Carmo）。设计者是工程师拉德庞萨德（De Ponsard，Raul Mesnier 1849—1914）。升降机始建于1900年，完成于1902年，原本使用蒸汽动力，1907年改为使用电力。这台钢铁升降机高45米，新哥特式装饰，每层为不同的样式。通过螺旋楼梯可达顶层，有一个阳台，可供观赏圣若热城堡、罗西乌广场（Rossio）和庞巴尔下城的景色。它设有两个升降机笼，均为木质内饰。在里斯本的城市升降机中，圣胡斯塔是唯一垂直的一台。

1903年

巴黎富兰克林路25号公寓　位于法国巴黎，建于1903年，由20世纪初著名的法国建筑师贝瑞（Perret，Auguste 1874—1954）设计。贝瑞善于运用钢筋混凝土结构并发掘这种材料与结构的表现力。这是一座8层钢筋混凝土框架结构的建筑，框架间添以褐色墙板，组成了朴素大方的外表。

1904年

美国兴建钢筋混凝土框架结构厂房 由卡恩（Kahn，Albert 1869—1942）设计的帕卡德汽车工厂厂房，最早采用钢筋混凝土框架结构，突破了传统的砖石结构，对现代建筑结构技术的发展起到了推动作用。

美国建成拉津邮购公司大楼 由建筑师赖特设计。由于大楼紧靠铁路线，因而对建筑物采取了封闭、防火、空气过滤调节、机械通风、吸声等一系列技术措施，避免火车运行产生的环境污染，是20世纪初期美国建筑文化的代表作。

美国建成C.P.S.百货公司 位于美国芝加哥，设计者是著名建筑师沙利文（Sullivan，Louis 1856—1924）。此建筑是早期现代建筑最重要的作品之一，它体现了沙利文所创造的高层办公建筑的典型特征。它的立面采用了典型的由“芝加哥窗”组成的网格形构图，只有入口有少量装饰。沙利文在这座建筑的设计上，主要强调以功能为设计的出发点。充分反映了芝加哥学派所倡导的“形式随从功能”理论，在当时所具有的革命性意义十分重大。

C.P.S.百货公司

维也纳邮政储蓄银行大楼始建 受新艺术运动和麦金托什等人的影响，维也纳分离派的建筑师们在净化建筑和简化装饰方面有着突出的贡献。代表人物瓦格纳尝试运用新的材料与新的结构，适应新的建筑功能，探索新的建筑形式。维也纳邮政储蓄银行大楼是瓦格纳最重要的建筑作品，也是维也纳分离派的代表作品。它设计于1903年，分两期建设。第一期为1904—1906年，第二期为1910—1912年。维也纳邮政储蓄银行大楼是早期使用玻璃和钢材等现代材料来适应银行的功能和结构的建筑。建筑高6层，立面对称，墙面划

维也纳邮政储蓄银行

分严整，仍然带有文艺复兴式建筑的敦实风貌，但细部处理新颖，表面的大理石贴面板用铝制螺栓固定，螺帽坦率地露在外面，产生奇特的装饰效果。银行内部营业大厅做成满堂玻璃天花，由细窄的金属框格与大块玻璃组成。两行钢铁内柱上粗下细，柱上铆钉也袒露出来。大厅白净、简洁、新颖。这座建筑在总体上以简洁为设计原则，堪称现代主义建筑风格的初始萌芽。

1906年

美国建成斯科特百货公司　位于美国芝加哥，由建筑师沙利文设计。这座建筑运用了沙利文对于高层建筑的理论。建筑分三段，有两层高浮雕式铁基部分，墙上嵌有芝加哥式窗。是芝加哥学派的代表作。

1907年

美国建成泛美联合大厦　由克雷特（Cret，Paul Philippe 1876—1945）和凯尔西合作设计，位于华盛顿。建筑体现了南北美洲风格的综合，同时又运用了折中的古典主义，是20世纪早期的优秀建筑作品之一。

德意志制造联盟成立　1907年出现于德国，由企业家、艺术家、技术人员组成，它认为建筑是工业产品，现代结构应当在建筑中表现出来，并主张把工业和艺术设计结合，提高工业制品的质量以求达到国际水平，是现代主义建筑的先行者。1909年，贝伦斯（Behrens，Peter）设计了通用电气公司的透平机车间，该建筑被称为世界上第一座真正的现代建筑，他也因此被称为现代工业设计的先驱。

美国建成罗伯茨住宅　1907年设计建造的罗伯茨住宅，是美国本土建筑师赖特（Wright，Frank Lloyd 1867—1959）所设计的“草原住宅”中最具代表性的作品。它坐落在伊利诺伊州的河谷森林区内，四周环境优美，景色宜人。建筑为砖木结构，平面采用十字形，舒展开阔。独特的平面形式创造了它与众不同的外部造型。建筑墙体高低

罗伯茨住宅

错落，挑檐深远，屋顶平缓。其竖向的烟囱打破了水平线条的单调性，从而形成一组内容丰富、对比强烈的建筑构图。该建筑开辟了20世纪美国小住宅建筑设计的先河。

1908年

中国建成上海电话公司大楼 位于中国上海。该建筑是中国最早采用钢筋混凝土框架结构的建筑，为钢筋混凝土结构在中国建筑工程中的广泛应用开创了先例。

1909年

德国建通用电气公司透平机车间 位于德国柏林，建于1909年，由贝伦斯设计。作品中既有现代的设计手法，如大玻璃、反映结构的屋顶、简洁的造型，也保留了传统的要素，如结构上不需要的隅石。这座透平机车间为探求新建筑起了一定的示范作用，被认为是第一座真正的现代建筑。贝伦斯设计的透平机车间创造了现代工业建筑的新模式，在建筑史上具有里程碑式的意义。尽管建筑的立面造型在设计时被指出过多地保留了传统建筑特征，但与古典建筑的柱廊、三角形山花和装饰相比，还是十分新颖的。贝伦斯对建筑形式所做的突破性探索对后来的现代主义建筑有重要影响。

德国通用电气公司透平机车间

英国建成格拉斯哥艺术学校 位于苏格兰最大的城市格拉斯哥市的中心，是英国为数不多的一所独立的艺术类学校，由建筑师麦金托什（Mackintosh，Charles Rennie 1868—1928）设计。建筑平面呈E形布局，地下1层，地上3层，局部4层。建筑的立面十分简洁，底层办公室的横向窗和二层工作室的竖向高窗，以及建筑细部的栏杆、遮阳板都采用竖线条，强调统一的竖向构图。这也是“格拉斯哥四人”团体的常用手法，即所谓的“直线风格”。建筑上的一些细部使用了典型的新艺术运动装饰图案。是新艺术运动的代表作之一。从格拉斯哥艺术学校的设计中可以看出，此时的建筑师已不再反对机器产品，大量运用直线丰富了新艺术运动以曲线为主的装饰手法，形成自己的独特风格。同时，建筑师简洁的立面处理方式使其成为新建筑运动向现代主义运动过渡的关键人物。

美国马萨诸塞州将热轧型钢用于建筑 热轧型钢是用加热钢坯轧成的各种几何断面形状的钢材。根据型钢断面形状不同，分为简单断面、复杂断面或异型断面和周期断面等型钢。美国马萨诸塞州于1909年首度在建筑结构中运用热轧型钢。

1910年

瑞士建成无梁楼盖仓库 该仓库建于苏黎世，由瑞士著名工程师马亚尔（Maillart，Robert 1872—1940）设计，是世界上第一座无梁楼盖的钢筋混凝土仓库。

维也纳建造斯坦纳住宅 维也纳建筑师路斯（Loos，Adolf 1870—1933）是维也纳分离派的理论家，他极力反对建筑上有任何装饰，他的名言是“装饰就是罪恶”。他的代表作是1910年在维也纳设计的斯坦纳住宅。该建筑外部完全没有装饰。设计师强调建筑物作为立方体的组合同墙面和窗子的比例关系，是一种完全不同于折中主义并预告了功能主义的建筑形式。路斯用简洁的建筑形式证明：建筑上外加的装饰是不经济和不实用的，装饰是不必要的。路斯的这种思想表达了他对工业化社会建筑发展的一种理性化思索。路斯也因此成为新建筑运动中一位杰出的代表人物。

斯坦纳住宅

美国建成罗比住宅 位于美国芝加哥市南部芝加哥大学校园内，由美国建筑师赖特设计。住宅的水平层次明显，外墙高低错落，加之坡度平缓的屋面，深远的挑檐，使得立面的整体造型横向舒展。在细部处理上，赖特在建筑的一层安装了174扇艺术玻璃窗和门。罗比住宅是赖特在“草原住宅”设计理念的基础上设计的城市住宅的代表，同时也是第一个使用钢结构的别墅建筑，改变了美国20世纪住宅设计的风貌。

1911年

德国建法古斯工厂 1911年设计建造的德国法古斯工厂，是现代主义建筑的第一代建筑大师格罗皮乌斯（Gropius，Walter 1883—1969）及其助手迈耶（Meyer，Adolf 1881—1929）合作设计的一座体现新时代精神的现代建筑。该建筑以其简洁、毫无装饰以及经济实用的建筑特色，成为引领20世纪早期现代建筑发展的代表性作品。

法古斯工厂

德国法古斯工厂（Fagus Factory）是一座由10座建筑物组成的建筑群，位于下萨克森州莱纳河畔的阿尔费尔德。工厂为三层，建筑外部造型新颖，体现了全新的美学观念与先进的建筑技术的完美结合。采用钢框架结构，框架结构使外墙与承重体系完全脱开，并做成连续的与结构体系分离的玻璃幕墙。该建筑运用新技术，其室内拐角处的楼梯间内不设角柱，并形成一个转角玻璃幕墙，以此来体现钢筋混凝土楼板的悬挑性能。是现代建筑与工业设计发展中的一个里程碑。

法古斯工厂是格罗皮乌斯早期的代表作品。他将建筑的艺术性与工厂功能有机地融为一体，并以其轻盈的外部造型诠释了机器美学的内在本质，体现了建筑师讲究功能、技术和经济效益的设计思想和努力将设计与工艺、艺术与技术相结合的设计理念。

英国建成柯达大楼 该楼是第一座直白表露钢结构的英国城市建筑。

美国建成基督教科学派第一教堂 位于美国加利福尼亚州伯克利市，由梅贝克设计，教堂底层平面为方形，其上的楼座为希腊十字形平面。教堂运用暗铁拉杆加固的木构架，从四个空心混凝土柱墩上的木挑层以对角线安放，形成弧形X状的中央大厅屋顶，实现了室内的大跨度。它是早期结合民间手工艺，将历史与现代工业技术相结合的典范。

1912年

巴塞罗那建成米拉公寓 坐落在巴塞罗那帕塞奥·德格拉西亚大街上，形状怪异，造型奇特，属于新艺术风格，是由西班牙建筑设计师高迪（Gaudi，Antonio i Cornet 1852—1926）设计，建于1906—1912年。建筑呈海浪状，充满动感，地面以上共6层（含屋顶层），墙面凹凸不平，屋檐和屋脊有高有低，呈蛇形曲线。米拉公寓的阳台栏杆由扭曲回绕的铁条和铁板构成，其平面布置也不同一般，墙线曲折弯扭，房间的平面形状没有一处是方正的矩形。该建筑物的重量完全由柱子来承受，不论是内墙外墙都没有承受建筑本身的重量，所以内部可以随意隔间改建及重组。米拉公寓将伊斯兰建筑风格与哥特式建筑结构相结合，采取自然的形式，是现代建筑中最具代表性、独创性的建筑。

米拉公寓

1913年

日本建成东京赤坂离宫 位于东京都的中心区，建成于1913年，是日本当时最大的西洋式建筑，在美学和技术上都效仿了不同风格的西方建筑。这座百年建筑包括地上两层、地下一层，总面积达1.5万平方米。它有青绿色的屋顶，灰白色岩石构成的外墙，拱形的窗框，精雕的廊柱。它的立面受到凡尔赛宫的启发；使用了美国造的钢结构、挪威的大理石；吸收了18世纪法国室内设计的古典风格，加以日本传统的装饰主体，多种元素在这个建筑中合为一体。

东京赤坂离宫

美国建成伍尔沃斯大厦 位于美国纽约，建于1911—1913年。该建筑共

伍尔沃斯大厦

55层，高达230米，外形采用哥特复兴式，高耸入云，被称为“摩天大楼”。从此，形容超高层建筑的“摩天楼”一词广为传播。它建成后，纽约市政当局鉴于日照与通风的原因，制定了法规，要求高层建筑随着高度的上升要渐渐后退，这对20世纪二三十年代纽约摩天楼的造型有深刻的影响。

法国建成巴黎香榭丽舍剧院 剧院位于巴黎第八区蒙田大街15号，于1913年建成，是一座新艺术运动风格的建筑，建筑师为佩雷。建筑由拱顶的观众厅、梁柱结构大厅以及多立克柱式比例的混凝土立面构成。

中国上海建亚细亚大楼 位于上海中山东一路延安东路口，建于1913年，现为中国太平洋保险公司总部。原为7层，后加了1层。外观为折中主义风格，正立面为巴洛克式，柱式以爱奥尼克式为主，底层拱圈用镇石，外墙用石面砖。总体为钢筋混凝土框架结构，是当时的“外滩第一楼”。

亚细亚大楼

上海杨树浦电厂1号锅炉间 位于中国上海杨浦区杨树路，是近代中国最早的钢框架结构多层厂房。

波兰布雷斯劳（现名：弗罗茨瓦夫）建成钢筋混凝土肋料穹隆的百年大厅 位于波兰布雷斯劳（现名：弗罗茨瓦夫），由贝格设计。该穹顶直径65米，采用钢筋混凝土肋穹顶结构。是当时历史上空间跨度最为巨大的建筑，是波兰第一个带肋的钢筋混凝土穹顶，是近代较早的大跨度建筑。

1914年

中国南京建立河海工程专门学校 由张謇（1853—1926）创办。1924年与东南大学工科合并，改名河海工科大学。1949年成为中央大学（现南京大学）水利系。1952年后，与交通大学水利系等合并成立华东水利学院，校址设在江苏省南京市。1985年9月改名为河海大学，是一所以培养水资源开发利用专门人才为主的多科性理工科大学。

德意志制造联盟科隆展览会办公楼 德意志制造联盟于1914年在科隆举行展览会，除展出工业产品外，也把展览会建筑本身作为新工业产品展出。这座建筑是由格罗皮乌斯设计的展览会办公楼。该建筑全部采用平屋顶，由于经过技术处理，可以防水和上人，这是一种对于建筑技术的新探索。在造型上，除了底层入口处采用一片砖墙外，其余部分全为玻璃窗，两侧的楼梯间也做成圆柱形的玻璃塔。这种结构构件的外露、材料质感的对比、内外空间的沟通等设计在当时是最新式的。格罗皮乌斯设计的科隆展览会办公楼体现了在工业化社会中现代建筑设计的一些新特点。他讲究使用新材料、新结构来创造新的建筑形式；他注重建筑的经济性、功能性和技术性；他也强调建筑功能对形式的决定作用等。科隆展览会办公楼的设计是成功的，它以其标新立异的美学观念与全新的创作思维，推动了现代主义建筑的发展进程。

拉卓拉妇女俱乐部 由吉尔设计，是世界上第一座用倾斜混凝土墙建成的非工业建筑。

1915年

美国华盛顿市始建林肯纪念堂 林肯纪念堂是为纪念美国第16任总统林肯（Lincoln，Abraham 1809—1865，1861—1865在位）而设立的纪念堂。在林肯遇刺两年后的1867年3月，美国国会通过了兴建林肯纪念堂的法案。1913年由建筑师培根（Bacon，Henry 1866—1924）提出设计方案，1915年2月12日，于林肯的生日那天破土动工，1922年5月30日竣工。设计师培根为此于1923年获得了全美建筑协会颁发的设计金奖。

林肯纪念堂

美国独立之后，在建筑上也力图摆脱“殖民时期风格”，借助希腊和罗马的古典建筑来表现民主、独立和自由。林肯纪念堂即采用古希腊建筑形式，极力表现庄重雄伟的风貌，是美国在纪念建筑和公共建筑中采用古典建筑形式的范例。

林肯纪念堂色彩纯净，构图简洁。柱廊的使用为整座建筑增加了层次，也体现了这座建筑的折中主义风格。

1916年

芬兰建成赫尔辛基火车站 位于芬兰，建于1906—1916年，设计者是著名建筑师艾里尔·沙里宁（Saarinen，Eliel 1873—1950），建筑基本上是折中主义风格。它轮廓清晰，体形明快，细部简练，空间组合灵活多变，既表现了砖石建筑的特征，又反映了向现代派建筑发展的趋势。是20世纪初车站建筑中的珍品，也是北欧早期现代派范畴的重要建筑实例，为芬兰现代建筑的发展开辟了道路。

赫尔辛基火车站

中国上海建成天祥洋行 位于中国上海，是近代中国民用建筑采用钢框架结构的最早先例之一。

1917年

荷兰出现“风格派”建筑学派 创始人陶斯柏格（Doesberg，Theo. Van 1883—1931）。1917—1928年，因出版《风格》期刊，故学派取名“风格派”。该派提倡艺术要从个人情感上解放出来，寻找一种普遍的、客观的、建立在“对时代一般感受”的形式上的建筑风格。在建筑中讲求对构成建筑形体的基本要素做精确的构图组合。立面部分，强调使用红、黄、蓝三种原色，打破室内的封闭和静止感。代表作是1924年里特维尔德（Rietveld，Gerrit Thomas 1888—1964）设计的荷兰乌特勒德的斯劳德住宅。风格派在

20世纪20年代流传到欧洲，对德国包豪斯学派有一定影响。1931年陶斯柏格逝世，该组织随之停止活动。虽然学派存在的时间不长，但对现代建筑的发展产生过一定的影响。

俄国出现构成主义派 兴起于俄国的艺术运动。构成主义是指由一块块金属、玻璃、木块、纸板或塑料组构结合成的雕塑，在作品经常用到梁、柱、板、门等构件，很像工程结构物。构成主义强调的是空间中的势，而不是传统雕塑着重的体积量感。构成主义接受了立体派的拼裱和浮雕技法，由传统雕塑的加和减，变成组构和结合；同时也吸收了绝对主义的几何抽象理念，甚至运用到悬挂物和浮雕构成物，对现代雕塑有决定性影响。代表作：第三国际纪念碑。

预应力混凝土结构体系创立 1917年法国人弗雷西内（Freyssinet，Eugene 1879—1962）创造了预应力混凝土结构体系。19世纪90年代，混凝土已广泛应用于各种工程项目，如码头、桥梁、河岸等。弗雷西内被称为预应力混凝土之父，他的预应力混凝土概念让建筑拥有跨度更大更薄的构件。代表作：奥利机场的飞艇库。

1918年

建筑师瓦格纳［奥］逝世 瓦格纳（Wagner，Otto Koloman 1841—1918）生于1841年，是维也纳学派的领袖人物，欧洲现代建筑运动的创始人和领导人。他早期是学院派建筑师，作品风格属新文艺复兴式。1894年后，他主张放弃传统形式，强调功能、材料和结构是建筑的基础。1899年他参加了主张与过去的传统决裂的“分离派”。代表作品有维也纳地铁站（1896—1897）和被誉为现代建筑史上的里程碑的维也纳邮政储蓄银行大楼（1904—1906）。

1919年

德国魏玛市建立包豪斯 包豪斯是德国魏玛市的“公立包豪斯学校”（Staatliches Bauhaus）的简称，后改称“设计学院”（Hochschule für Gestaltung），习惯上仍沿称“包豪斯”，校长格罗皮乌斯。在两德统一后位于魏玛的设计学院更名为魏玛包豪斯大学（Bauhaus-Universität Weimar）。

包豪斯是世界上第一所完全为发展现代设计教育而建立的学院，它的成立标志着现代设计的诞生，对世界现代设计的发展产生了深远的影响。

圣心教堂

法国圣心教堂建成 位于法国巴黎市北部第18区的蒙玛特山顶，由著名建筑师阿巴蒂（Abadie，Paul 1812—1884）设计，1876年动工兴建，1919年建成。圣心教堂呈白色，其风格奇特，既像罗马式，又像拜占庭式，兼取罗曼建筑的表现手法。它洁白的大圆顶具有罗马式与拜占庭式相结合的别致风格，颇具东方情调。教堂内有许多浮雕、壁画和镶嵌画。教堂内部采用了拜占庭式建筑风格，教堂顶部托伸出一个55米高、直径16米的大穹顶。圣心教堂主体建筑中的钟楼高84米，钟楼中有一只全法国最大的钟。这里是埃菲尔铁塔之后巴黎的第二个制高点。

1920年

德国建爱因斯坦天文台 位于德国波茨坦，建于1920年，由德国建筑师门德尔松（Mendelsohn，Erich 1887—1953）设计，是为了研究爱因斯坦提出的相对论而建。为了塑造流线型的建筑形体，天文台的施工本应采用具有可塑性的混凝土材料。但是，战后的德国物资紧缺，门德尔松不得不以砖石材料为主，只使用混凝土来装饰外墙表面以取得不规则的流线造型。建筑造型奇特，立面上开出一些形状不规则的象征运动感的窗洞，是表现主义的代表作。建筑建成后受到爱因斯坦的好评，称它是20世纪最伟大的建筑和艺术造型史上的纪念碑。

爱因斯坦天文台

俄国建成第三国际纪念碑 十月革命取得胜利后的俄国，广大群众对新生活的热切向往激励着无产阶级艺术家们的想象力，他们试图通过创作饱含激情的艺术作品来表达对苏维埃政权的忠诚。以讲究运用抽象的几何形体作为表现手段的构成主义成为这一时期一个著名的流派。代表作品是构成主义的核心人物塔特林（Tatlin，Vladimir 1885—1953）设计的第三国际纪念碑。该建筑由两个圆筒组成一个金字塔，采用铁和玻璃两种材料筑成。圆筒的部分以各自不同周围和各自不同速度的回转，组成一个螺旋状高塔。是当年代表时代精神的技术和艺术完美结合的纪念塔，也是构成主义的代表作。

第三国际纪念碑模型

以焊接代替铆接（或螺栓接）及冷轧轻型钢材 这两项革新的起始日期不能精确地确定（因为它们最初并不需要像建立新工厂那样大的投资，而是逐渐被采用），尽管两者在20世纪30年代逐渐普及，但焊接至少10年前就在建筑行业中崭露头角。工地上，这两种技术使构件的连接更简洁、坚固。车间里，同样可以提供更简洁有效的方式来制作组合型钢，以满足标准规格的轧制钢材所不能满足的要求。冷轧型钢是把平板带钢纵向折弯而制成的，因此厚度总是均匀的。更大、更复杂的型钢可以用点焊的方法把两件以上的基本轧制钢材拼装起来，而不是直接轧制。例如，高效的箱型材就可以用这种办法制作出来。一战后，焊接愈来愈多地用于构件的连接，同时也缓慢地使结构设计重又采用管材（19世纪人们最喜欢的铸铁柱形式）。

1921年

建筑师埃纳比克［法］逝世 埃纳比克是钢筋混凝土技术领域的先驱。1879年，他从制造钢筋混凝土楼板开始，进而发展为建筑整套建筑物。他制造的结构梁采用了钢筋箍和纵向杆以加固混凝土来承受压力。

美国莱克赫斯特市建成一号飞船库 位于美国新泽西州莱克赫斯特市，由美国海军航空处设计，为了飞船停放、保管和维修而建。该飞船库拱顶为

巨型钢架抛物线结构，其抛物线形式以金属桁架肋形成，在桁架腹部可以透过光，增强了飞船室内的采光度。飞船库是工业文化中的代表作。

美国钢结构学会AISC成立 其总部设于美国芝加哥，是一家非盈利的技术学会和贸易协会。该学会的宗旨为钢结构设计、制造、施工服务。AISC的任务是通过其在与钢结构有关的技术服务和市场开发活动中的领导地位，使钢结构成为人们设计、制造、施工中的首选结构。

1922年

日本建成东京帝国饭店 由美国建筑师赖特设计。平面大体为H形，有许多内部庭院。建筑的墙面是砖砌的，但是用了大量的石刻装饰，使建筑显得复杂。特别使帝国饭店和赖特本人获得声誉的是这座建筑在结构上的成功。日本是多地震的地区，赖特和参与设计的工程师采取了一些新的抗震措施，连庭园中的水池也考虑到可以兼作消防水源之用。帝国饭店在1922年建成，1923年东京发生了大地震，周围的大批房屋震倒了，帝国饭店经住了考验并在火海中成为一个安全岛。东京帝国饭店于1967年开始拆除，1968年拆毁。

美国迪尔伯恩市建成福特汽车公司玻璃厂房 位于美国迪尔伯恩市，由卡恩设计。该厂房是一系列长方形单层建筑物，它透过顶部高窗采光，同时采用可以挡风的蝴蝶形屋顶。玻璃厂房是欧洲先锋派功能主义的代表作。

1923年

瑞典建成斯德哥尔摩市政厅 由建筑师奥斯柏格（Ostberg，Ragnar 1866—1945）设计，建筑吸收了希腊、罗马、拜占庭、威尼斯、哥特以及文艺复兴等不同地区和不同时代的建筑式样和特点，是一座著名的折中主义和浪漫主义作品，但设计思想缺乏时代气息。

斯德哥尔摩市政厅

柯布西耶［法］文集《走向新建筑》出版 《走向新建筑》是一本宣言式的小册子。1923年由柯布西耶（Corbusier，Le 1887—1966）所著，狂热的言语观点比较复杂，甚至互相矛盾，但是中心思想是明确的，就是激烈否定19世纪以来因循守旧的复古主义，折中主义的建筑观点与建筑风格，极力主张创造表现新时代的新建筑。主张建筑走工业化道路，甚至把住宅比作机器，并且要求建筑师学习工程师的理性，是现代建筑的经典之作。

第一版钢结构设计规范AISC-ASD（容许应力法）发行 由美国钢协会AISC发行，AISC总部设于美国芝加哥，是一家非盈利的技术学会和贸易协会。AISC的任务是通过其在与钢结构有关的技术服务和市场开发活动中的领导地位，使钢结构成为人们设计、制造、施工中的首选结构。该规范是为在钢结构设计中贯彻执行国家的技术经济政策，做到技术先进、经济合理、安全适用、确保质量而特别制定的规范。

1924年

沙利文［美］逝世 沙利文生于1856年，是美国现代建筑的奠基人，又是建筑革新的代言人和折中主义的反对者。建筑大师赖特曾当过其6年弟子。在高层建筑造型上他提出了将建筑物分成基座、标准层和出檐阁楼的三段法，流传广泛而持久；在设计中他重视功能作用，提出“形式服从功能”的主张；他提倡装饰，认为装饰是建筑物很重要的不可分割的部分，以几何形式和自然形式为主。

德国建成蔡司公司圆顶 位于德国，建于1923年，由耶拿设计，是德国蔡司公司天文台的圆顶。该圆顶采用混凝土薄壳结构，屋盖直径40米，壳面厚度仅6厘米。混凝土薄壳是由拱形屋顶和圆屋顶发展而来的建构体系。它具有很好的空间传力性能，能以较小的构件厚度形成承载能力高、刚度大的承重结构，能覆盖或围护大跨度的空间而不需中间支柱，能兼具承重和围护的双重作用，从而节约结构材料。壳体结构可做成各种形状，以适应工程造型的需要，因而广泛应用于工程结构中。蔡司公司圆顶是首次采用混凝土薄壳结构的建筑。

荷兰建成施罗德住宅 又名乌德勒支住宅，由荷兰家具设计师兼建筑

施罗德住宅

师里特维尔德（Rietveld，Gerrit Thomas 1888—1964）设计。施罗德住宅是荷兰风格派建筑的代表作品，其形式具有明显的抽象式几何构图特征。该建筑简洁的体块，大片的玻璃，明快的颜色，错落的线条，与荷兰风格派画家蒙特里安的绘画有极为相似的意趣。施罗德住宅对许多现代建筑师的建筑艺术观念有深远影响，是风格派在建筑领域最典型的代表，同时也是现代建筑非常重要的开端。施罗德住宅与这一时期出现的许多风格派作品一样，在造型和构图的视觉效果方面进行了许多丰富而有益的探索，其成果对现代主义建筑及日用工业品的造型设计具有一定的启发意义。

1925年

威斯特卡德［美］发明路面设计法　美国人威斯特卡德根据稠密液体地基上薄板理论，假定板是均质、弹性等，导出了刚性路面在板中、板边和板角三种位置荷载作用下所产生的最大应力和挠度计算公式，用于设计混凝土板厚度。后考虑到温度应力作用使板翘起等情况，对原来的公式进行了多次修正。这些修正公式日后被许多国家所采用。

意大利都灵建成菲亚特工厂　位于意大利都灵林戈托，由特鲁科设计。这个工厂由两个500米长的钢筋混凝土体块构成，是制造机构的一个缩影。工厂的屋顶是经由一对钢筋混凝土坡道上去的试车道。

菲亚特工厂

德国慕尼黑建成世界上第一座天文馆　建于德国慕尼黑，是德意志博物馆的一部分。馆内有50个科学技术领域的大约28000件展品，每年吸引大约

150万游客。顶层的天文馆是世界最早的天文馆，也是世界上第一个投影天文馆，所用的投影仪是当时技术的杰作，可显示南北半球可以看到的星座、银河和星云。天文馆详细介绍了以地心说为代表的古希腊天文学到哥白尼（Kopernik，Nikolaj 1473—1543）、伽利略时代的以日心说为代表的新天文学的发展过程。安放有孔径为30厘米、焦距5米的蔡司望远镜。是世界上第一座天文馆。

1926年

西班牙建成坦佩尔渡槽 该渡槽主跨60.3米，是世界上最早采用钢筋混凝土斜拉输水的结构。

建筑师高迪［西］逝世 1852年出生，曾就读巴塞罗那省立建筑学校。早期的作品类似维多利亚式，后来采用历史风格，属于哥特复兴主义。1902年后，他的设计改为以表现结构和材料为主的平衡式的结构，他的主要作品有圣家族大教堂、巴塞罗那米拉公寓等。

柯布西耶［法］提出“新建筑五点” 1926年由现代主义建筑大师柯布西耶提出新建筑的5个特点：（1）底层设计独立支柱。房屋的主要使用部分放在二层以上，下面全部或部分腾空，留出独立的支柱。（2）屋顶花园。把屋顶利用起来，处理成带有花园的平顶。（3）自由平面。采用骨架结构，上、下层墙无须承重，内部空间按要求自由划分。（4）横向长窗。采用柱子承重，墙不承重，承重结构与围护结构可以一定程度上脱离。（5）自由立面。承重柱退到外墙后面，外墙可以自由处理。代表建筑：萨伏伊别墅。

包豪斯校舍建成 1926年在德国德绍建成的一座建筑工艺学校新校舍。设计者为包豪斯校校长、德国建筑师格罗皮乌斯。这座建筑由于全面地体现了现代主义建筑的理论原则，被建筑史学家们称为现代主义建筑的经典作品，在世界建筑史上具有里程碑式的意义。校舍总建筑面积近万平方米，主要由教学楼、生活用房和学生宿舍三部分组成。设计者创造性地运用现代建筑设计手法，从建筑物的实用功能出发，按各部分的实用要求及其相互关系定出各自的位置和体型。利用钢筋、钢筋混凝土和玻璃等新材料突出材料的本色美。在建筑结构上充分运用窗与墙、混凝土与玻璃、竖向与横向、光与影的对比手法，使空间形象显得清新活泼、生动多样。尤其通过简洁的平屋顶、大片的玻璃窗和长而连续的白色墙面产生的不同的视觉效果，更给人以独特的印象。该校舍以崭新的形式，与复古主义设计思想划清了界限，彰显着现代主义建筑的无限魅力，是格罗皮乌斯最著名的建筑作品。

包豪斯校舍

英国建成塞尔福里奇商场 位于英国伦敦的牛津街上，建于1909—1926年，由美国建筑师波纳姆（Burnham，Daniel 1846—1927）设计，比兰德为工程师。该建筑受芝加哥学派启发，运用了一种新的美国技术体系，即包在钢框架之外的石饰面柱墩其间排列着被金属嵌板分割的窗户。该商场是其所处时期伦敦最有影响力的古典式建筑。

1927年

中国在上海成立中国建筑师学会 是中国建筑师的职业团体，第一任会长是庄俊。学会的主要活动是交流学术经验，举办建筑展览，仲裁建筑纠纷，推广应用国产建筑材料等，还出版《中国建筑》刊物，并于1933—1946年与上海沪江大学商学院合办建筑系。学会于1950年初结束。

瑞士建成圣安东尼教堂 建于1925到1927年，设计师是著名建筑学教授莫泽（Moser，Karl 1860—1936）。教堂的地板由混凝土预制件铺成，形状是一个长60米、宽22米的长方形，高度有22米。教堂的窗户是彩色的。这是瑞士第一座由混凝土建成的教堂，别具一格的设计使圣安东尼教堂脱颖而出，成为教堂结构设计界的先驱，是第一座现代主义教堂塔楼。

圣安东尼教堂

安全玻璃制造 安全玻璃指的是一种夹层玻璃，其较低的张力可以通过热量或化学的钢化处理来改善，当有热量的钢化玻璃破碎成许多小片，可以降低在玻璃打破时的风险。这种玻璃称为安全玻璃，于1927年首次应用。

美国第一座全部焊接的钢结构房屋建成

德国Jane天文馆 该天文馆的跨度和厚度的比值为420：1，馆内运用一种新型结构建造的没有内部支撑的大跨度屋顶，这种屋顶是建立在张拉膜理论上的钢筋混凝土薄壳，是当时建筑技术上的创举。

1928年

国际现代建筑协会（CIAM）成立 由12个国家的42名革新派建筑师在瑞士发起成立，为现代派建筑师的国际组织。协会主张，建筑师必须认识建筑同经济的关系，在建筑设计和建造中实行合理化和标准化，房屋的使用者也要使自己的生活方式适应新的社会生活要求。1933年在雅典召开了第4次会议，会上提出关于“功能城市”的《雅典宪章》，1959年在荷兰奥特洛召开第11次会议之后，协会停止活动。

密斯［美］提出“少就是多”（Less is more） “少就是多”是密斯（Mies，Vander Rohe 1886—1969）1928年提出的一种建筑处理原则。少，是指在艺术造型上净化建筑，不附有任何多余、不具有结构和功能依据的东西，尽量简化结构体系，主张采用钢框架，在实体上采用玻璃和钢来体现工业时代大机器生产的简洁精神。多，即在工业生产条件下，用新材料和新的施工方法可能创造出来的建筑上的简洁精神的一种丰富效果。代表建筑：巴塞罗那博览会德国馆。

密斯［美］提出全面空间理论 全面空间理论是密斯在20世纪50年代转去美国后发展起来的一种空间理论，也叫通用空间。他认为建筑物的用途是经常变化的，但因此把它推倒重建划不来。所以把沙利文的口号“形式服从功能”颠倒过来，从而创造大的、没有阻碍的、可以供自由划分的、实用经济的空间，再使功能适应它的承重结构、非承重结构，明白它的结构逻辑关系。这是20世纪普遍采用的形式之一，标志着现代建筑中起决定作用的功能意义的终结。代表作品：范斯沃斯住宅、伊利诺工学院系馆。

预应力混凝土 预应力混凝土被认为具有重大的结构意义，且是在20世纪出现的一项革新，虽然预应力的原理早在1811年甚至更早时就被明确提出来了。预应力混凝土的早期发展大部分应归功于弗雷西内，1928年他在法国成功地应用了预应力原理。二战前，这种思想传播到欧洲其他国家和美国；二战后得到迅速发展——由于得到较多的理论指导，远比同时期的普通钢筋混凝土发展得更迅猛，目标更明确。这一发展大部分集中于创造出有效的装置来锚固受力状况下的钢筋。然而，桥梁和其他土木工程却不同，1950年以前很少用预应力混凝土梁来取代普通钢筋混凝土梁或钢梁。相比之下，在工厂预制预应力梁具有特殊的优点：其重量相对较轻，降低了运输及随后的建筑安装过程中的损坏率。

苏联莫斯科建成高尔基中央文化休息公园 是苏联早期兴建的一所新型公园，它将文化教育、娱乐、体育、儿童游戏活动场地和安静的休息环境有机地安排在优美的园林之中。

高尔基中央文化休息公园

1929年

西班牙建成巴塞罗那博览会德国馆 建于1929年的巴塞罗那博览会德国馆是密斯（Mies，Vander Rohe，1886—1969）早期最重要的设计作品，是集中体现他设计思想的第一个里程碑式的建筑，是现代主义建筑的主要代表作品。德国馆平面为长方形，长约50米，宽约25米，由一个主厅、两间附属房、两片水池和几道围墙组成。采用开放又连绵不断的空间划分方式。主厅用8根十字形断面的镀镍钢柱支承长约25米、宽约14米的轻薄平板屋顶，墙壁可自由式布置，创造出一种半闭半敞、界限模糊的新型空间，成为现代建筑中常用的流动空间典范。在建筑形式上，主要用钢铁、玻璃等材料，显示出光洁平直的精确美以及材料本身的纹理和质感的美；玻璃墙从地面直通顶棚，给人以简洁明快的印象。

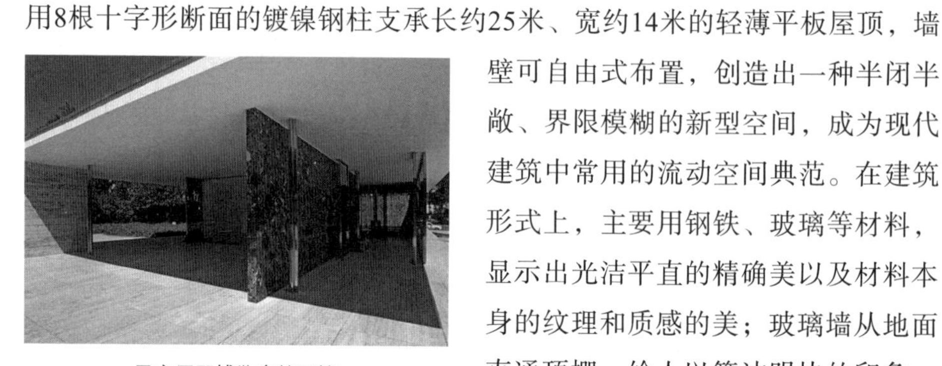

巴塞罗那博览会德国馆

充分体现了密斯的“少就是多”的理念。巴塞罗那博览会德国馆完美地演绎了密斯的设计思想，呈现了一种全新的建筑艺术品质。虽然这座展馆在博览会结束后随即拆除，但因影响很大，故1986年在原址重建。巴塞罗那博览会德国馆作为一个里程碑，标志着现代主义建筑的诞生，推动了现代主义建筑的发展，启发了现代建筑师的设计灵感。

功能主义在西欧流行 该思潮萌芽于19世纪晚期，20世纪20年代在西欧十分活跃。功能主义主张建筑形式应服从于它的功能，设计中要把建筑的功能放在首位。19世纪80～90年代美国的沙利文（Sullivan，Louis）首先提出了“形式服从功能”的口号。20世纪20年代法国的柯布西耶提出“住宅是居住的机器”，要有机器一样的“功能”。甚至有人把注重功能作为绝对的信条，被称为功能主义者。20世纪50年代以后，功能主义逐渐销声匿迹。

上海建沙逊大厦 于1929年建于上海，由英商沙逊（Sassoon，Elias Victor 1881—1961）经营的沙逊洋行房产设计。建筑为钢结构的10层大楼，局部高12层，平面呈A字形。是当时标准很高的一幢大厦。

上海沙逊大厦

美国洛杉矶建成洛弗尔“健康住宅” 位于美国加利福尼亚州洛杉矶市，由纽特拉（Neutra，Richard 1892—1970）设计。住宅为平屋顶，屋顶上有宽敞的平台。墙面上没有多余装饰，仅有带形钢窗。整个建筑位于一处陡峭的沟壑上，为钢框架结构，最底层是带有游泳池的平台，由柱墩支撑，起居室则由袒露的钢柱支撑。楼梯间为全玻璃材料。“健康住宅”是美国第一座钢架住宅，也是第一个使用钢网上喷涂混凝土来做隔墙的建筑。

克洛斯提出解超静定结构的渐进法

中国出现新民族形式建筑 当时一些建筑师看到传统建筑形式与现代技术、现代功能的矛盾，同时鉴于宫殿式建筑造价昂贵，于是进行了“新民族形式建筑”的探索。这类建筑一般采用现代建筑的平面组合与体形构图，多用钢筋混凝土平屋顶或现代屋架的两坡屋顶，但在堂口、墙面、门窗及入口部分则以中国传统构件和花纹图案装饰。这是对现代化与民族化综合的有益探索，对后来的中国建筑设计有深远影响。代表建筑有南京前国民政府外交部大楼、原中央医院主楼，上海的江湾体育场、中国银行大厦，北京的交通银行大楼等。

美国建成第一座完全无窗的工厂

1930年

美国建成克莱斯勒大厦　克莱斯勒大厦是纽约摩天楼群中的标志性建筑，也是美国早期超高层建筑的代表。由美国建筑师爱伦（Allen，William Van 1883—1954）设计，建成于1930年，是美国克莱斯勒汽车公司的办公大楼。大厦由石头、钢架与电镀金属构成，其中奥的斯（Otis）电梯公司设计了4组8台电梯。大厦高度超过320米，是世界上第一座摩天大楼，第一座超过1000英尺（305米）的人造建筑。克莱斯勒大厦耸立在纽约繁华的街区中，它的造型美观，装饰精美，充分显示出装饰艺术的风格特征。大厦也因此跻身于世界著名超高层建筑的行列。

克莱斯勒大厦

法国巴黎建成萨伏伊别墅　萨伏伊别墅位于巴黎近郊的普瓦西，由柯布西耶于1928年设计，1930年建成，是柯布西耶理性主义思想的代表作，也是他“纯净建筑”的重要实例。柯布西耶还用这座别墅为代表来诠释他的“新建筑五点”。由于全面体现了现代主义建筑的理论、设计手法和机器美学观念，这座建筑被誉为现代主义建筑的里程碑。萨伏伊别墅采用钢筋混凝土

萨伏伊别墅

框架结构为空间布局提供了很大的灵活性。宅基为矩形，长约21.5米，宽为19米，共三层。底层三面透空，由支柱架起。该建筑外形简单，内部空间复杂，平面和空间布局自由，空间相互穿插，内外彼此贯通，外观轻巧，空间通透，装修简洁，与造型沉重、空间封闭、装修烦琐的古典豪宅形成了强烈对比。萨伏伊别墅深刻地体现了现代主义建筑所提倡的新建筑美学原则。

1931年

中国广州市建成中山纪念堂 由吕彦直设计，位于广州市越秀山南麓，建筑面积8300多平方米，为八角形平面、高49米的宫殿式建筑。前为重檐歇山顶，后是八角攒尖顶。屋顶采用宝蓝色琉璃瓦，基础和石阶为花岗岩，护墙材料是青色大理石板，圆柱用紫红色人造石覆盖。内部装修华丽。采用钢筋混凝土结构，藏在墙内的八根柱子上置有八角形的跨距为30米的钢桁架，是中国近代跨度最大的建筑。

中山纪念堂

美国建成大跨径钢拱桥 该桥自培虹至斯塔腾岛，跨基尔万卡尔，跨径503.6米，双铰式，是当时世界上跨径最大的钢拱桥。

美国建成乔治·华盛顿大桥 由桥梁工程师安曼（Ammann，O.H. 1879—1965）设计。跨越纽约市哈德逊河，连接新泽西和上曼哈顿。主跨1066.8米的长跨悬索桥，首次打破千米桥梁跨度记录。该桥按双层车道设计，1931年建成单层桥面，有8条通车车道，以“柔式”悬索桥的形式承载各种力，包括抵抗风力的袭击。1962年按原计划加建了桁架式加紧梁及下层6条通

乔治·华盛顿大桥

车道桥。

赖特［美］提出有机建筑理论 由美国建筑师赖特提出：有机，主要指形式的创造，是内在的、自然的、本质的；有机建筑指自然的，属于自然的，为自然而创作的建筑。有机建筑包括：（1）建筑与自然环境的有机；（2）整体与局部的有机；（3）实体与空间的有机；（4）材料与建筑的有机；（5）装饰与建筑的有机。代表作品为流水别墅。

1932年

英商汇丰银行大楼

中国上海建成英商汇丰银行大楼 位于上海中山东路，总建筑面积2.5万平方米，主体高5层，中间凸出部分2层，为圆穹顶。立面竖分3段，横分5段。底层大门为3个罗马式石拱，一对铜狮设在两旁。进门为八角亭，亭的上部拼嵌着大幅马赛克壁画，入内为大厅，南北各设2根装饰性的整体大理石圆柱，显得庄严而宏伟。它是上海外滩建筑群的主体建筑，是近代建筑的典范之一。

中国哈尔滨建成圣·索菲亚教堂 坐落在哈尔滨市道里区兆麟街与透笼街交汇处东北角的地段上。始建于1907年，1923年9月27日重建，1932年11月25日竣工。由俄国建筑师克西亚科夫设计。原为东正教教堂，曾作为哈尔滨第一百货商店的仓库；1997年进行修复和对周边环境综合整治后改为哈尔滨建筑艺术馆。教堂采用拉丁十字式平面形式，东西向长、南北向短，南北对称，主入口为西向，上部为高耸的钟楼。采用砖石结构，清水红砖墙面，砌工精细无比，砖饰精美绝伦。十字交叉点上的屋顶是洋葱头式巨大穹顶，

圣·索菲亚教堂

设置在各面开窗的双层高鼓座上，下层鼓座为八边形，上层鼓座为十六边形；四翼各设一个小帐篷顶。整体构成主从式组合，主次分明，错落有致，既对比又统一。圣·索菲亚教堂是国务院批准的全国重点保护文物、哈尔滨市一类保护建筑，“是一座形制严谨、风貌地道的东正教大教堂”，被赞誉为“哈尔滨建筑艺术中最杰出的优秀作品之一”，“是建筑艺术、技术与功能完美统一的典范”，“是建筑艺术创作的精品，是珍贵的历史文化遗产”。

赖特［美］提出“广亩城市”纲要 1932年赖特在《正在消失的城市》一书中，提出了“广亩城市”的纲要。广亩城市是带有田园风味的城市。

美国建成纽约帝国大厦 位于美国纽约曼哈顿岛第五大街350号，它始建于1931年，竣工于1932年，仅一年多就建造完成。大厦由史莱夫（Shreve）、兰布（Lamb）和哈蒙（Harmon）建筑事务所设计，是装饰运动的杰出作品。纽约世界贸易中心双塔兴建之前，它一直是纽约、也是全世界最高的建筑。是纽约乃至美国建造史上的一座里程碑。帝国大厦共102层，是一座超高层办公楼，主体高度达443米，其外形轮廓一度成为摩天大楼的象征和纽约市的标志。大厦为钢框架结构，采用门洞式的连接系统，即在大梁与柱的接头处，把梁两端的厚度加大，呈1/4圆形，以增加梁和柱的铆接面。全部钢结构得以在6个月内安装完毕，是当时使用材料最轻的建筑，它的建设开创了人类高层建筑史的先河。

帝国大厦

法国建成巴黎瑞士学生公寓 是建造在法国巴黎大学区内的一座学生宿舍。主体是长条形的5层楼，底层敞开，只有6对柱墩。建筑第1层为钢筋混凝土结构，2层以上为钢结构和轻质材料的墙体。楼梯和电梯间突出

巴黎瑞士学生公寓

在北面，平面为不规则L形，有一片无窗的凹曲墙面。建筑的立面处理上采用了种种对比手法，使得这座建筑的轮廓富有变化。这座建筑是现代主义的代表作。

1933年

芬兰建成帕伊米奥结核病疗养院

帕伊米奥结核病疗养院是奠定北欧现代建筑基础的典型作品，也是阿尔托（Aalto，Alvar 1898—1976）的成名作。它全面展示了设计者的思想：建筑与自然和谐的关系、对患者的人文关怀以及功能主义的设计原则。设计的建筑外形简洁，多呈白色，有时在阳台的栏板上涂强烈色彩，有时外部用当地木材装饰，内部则采用自由形式。建筑技术与形式的密切结合体现了阿尔托作为现代主义建筑大师的设计理念。七层病房楼采用钢筋混凝土框架结构，并将结构体系暴露在外，以强调建筑技术对建筑形式的主导作用。而平屋顶、白墙面以及屋顶花园，更具备了早期现代主义建筑的主要特色。

帕伊米奥结核病疗养院

中国上海建成国际饭店　位于南京西路，由匈牙利建筑师邬达克设计，建筑地上22层，地下2层，总高86米。造型仿美国早期摩天楼形式，外观高耸，逐渐向上收缩。建筑结构为工字钢骨架外混凝土，基础梅花桩深达36.6米。楼内装修精美，立面造型简洁，基座部分用黑色花岗石贴面磨光，上部墙身用褐色泰山面砖贴面。它是20世纪50年代前中国的最高建筑，是上海的标志性建筑之一。

上海国际饭店

维也纳分离派代表人物路斯逝世　路斯

（Loos，Adolf 1870—1933）是维也纳建筑师，是一位在建筑理论上有着独到见解的人。他反对装饰，并针对当时城市生活环境的日益恶化，指出“城市离不开技术”，“维护文明的关键莫过于足够的城市供水”。他主张建筑以实用与舒适为主，认为建筑“不是依靠装饰而是以形体自身之美为美”，甚至把装饰同罪恶等同起来。

雅典宪章制定 于1933年8月在雅典会议上制定的一份关于城市规划的纲领性文件——“城市规划大纲”。它集中反映了当时“新建筑”学派，特别是柯布西耶的观点。他提出，城市要与其周围影响地区成为一个整体来研究。

美国建成辛辛那提联合车站 位于美国俄亥俄州辛辛那提，由菲尔海默（Fellheimer，Alfred T. 1875—1959）和S·瓦格纳事务所设计。该车站放弃了古典样式而采用有表现力的现代主义样式。车站采用了钢框架结构、巨型的排热采光窗以及将室内升高到106英尺（32.3米）的阶梯状半穹顶。突破了以往传统的结构和样式。

辛辛那提联合车站

美国芝加哥博览会机车展览馆建成 建于1933年美国芝加哥博览会。该机车展览馆采用先进的圆形悬索屋盖结构。

1934年

梁思成［中］著《清式营造则例》出版 梁思成（1901—1972）所著的《清式营造则例》对清代“宫式”建筑的平面布局及各部分做法等做了详细的阐释，并收入了工匠世代相传的秘本。

帝国游泳池建成 位于英国，由威廉斯爵士（Willianms，Owen）设计，是具有独特承重塔体的悬臂结构建筑。

1935年

俄罗斯建成维堡市立图书馆 维堡市立图书馆是阿尔托设计的另外一座功

能主义建筑。该建筑设计于1933年，1935年建成。它坐落在维堡市中心公园的东北角，并与一座建于19世纪末的哥特式教堂毗邻，两者共同组成了该城的文化活动中心。

维堡市立图书馆

建筑平面由两个大小不一的矩形体块沿长边平行衔接而成。平面由阅览室、讲堂与办公、借书处与门厅三部分共同组成。建筑共三层，分别为一层半的地下室空间和两层的地上空间。阿尔托将空间按照不同的使用功能布置在若干个不同的标高上，从而营造出一种灵活多变的建筑内部空间。底层北侧是储藏书籍的半地下书库，其后面设有儿童阅览室、阅报室等空间。儿童阅览室入口位于建筑南侧，与公园游乐场临近。东侧设有一个次要入口，直通阅报室。主入口位于地上一层北侧，入口大厅直通图书馆主体空间，右侧是一个大型讲堂，左侧连有楼梯，楼梯外墙由玻璃幕墙围合而成。阅览室置于地上二层，朝南，光线充足。北向为办公室、研究室等。建筑平面布局紧凑、功能合理。

阿尔托在设计中应用了一系列功能主义的设计手法，以体现现代主义建筑的时代气息。建筑采用钢筋混凝土框架结构，以保证阅览室空间的完整性。主体部分的外部以白色墙面衬托着大片的玻璃窗，造型简洁，雕塑感强。在建筑光学与声学的处理上更加体现了建筑师的独具匠心。阿尔托在主体建筑的平屋顶上设计了57个预制的漏斗形天窗，上大下小，以保证光线的均匀慢射。考虑到建筑室内的声学质量，在讲堂内设置了波浪形的天花板，既保证了良好的声学效果，又加强了建筑空间的流动感和浪漫气息，从而避免了封闭、沉闷的空间感受。

维堡市立图书馆是阿尔托设计生涯早期的名作。他对建筑光线的处理，代表着他对光与建筑空间关系的深刻理解，也表明他对建筑技术、建筑功能与建筑艺术三者关系有着极强的把握能力以及对人性的热切关注。

1936年

美国诺里斯建成诺里斯坝 位于美国田纳西州诺里斯市，由旺克设计。大坝为混凝土坝，在细部处理上去除了装饰。在进行混凝土施工时，由混凝土木模板而留下了交替出现的水平纹和垂直纹，使得大坝极具特色。

1937年

美国建成金门大桥 大桥位于美国加利福尼亚州宽1900多米的金门海峡之上，横跨南北，将旧金山与马林（Marin）县连接起来。由斯特劳斯（Struss，Joseph 1870—1938）设计，1933年始建，1937年5月首次建成通车，历时4年，使用10万多吨钢材，耗资达3550万美元。金门大桥的桥塔高227米，每根钢索重6412吨，由27000根钢丝绞成。是当时世界上最长的悬索桥。

金门大桥

1938年

美国建成西塔里埃森 位于美国威斯康星州斯普林格林，建于1938年，由美国建筑师赖特设计，是赖特在冬季使用的办公室总部。这是一组不拘形式、充满野趣的建筑群。西塔里埃森呈45° 倾斜的混凝土结构则是以当地的巨大圆石头为骨料，并大量使用了当地产的红木作房屋的上部结构，同时大量运用清水砖墙。它同当地的自然景物很匹配，给人的印象是建筑物本身好像沙漠里的植物。

西塔里埃森

1939年

法国建成老维勒纳沃—圣乔治梁桥 主跨78米，是当时跨度最大的钢筋混凝土箱形梁桥。

美国匹兹堡市建成流水别墅 流水别墅是赖特的经典作品，它完美地表达了赖特“有机建筑”的哲学思想，并以一种抽象的建筑语言诠释了他对建筑与自然相协调的理解。流水别墅位于美国匹兹堡市郊区的熊溪河畔，由赖特设计。别墅的室内空间处理堪称典范，室内空间自由延伸，相互穿插；内外空间互相交融，浑然一体。流水别墅在空间的处理、体量的组合及与环境的结合上均取得了极大的成功。在现代建筑历史上占有重要地位。流水别墅打破了传统住宅的构图模式，创造了全新的建筑理念。建筑师创造性地将建筑立于流水之上，溪水在挑台下奔泻而出，从建筑下面蜿蜒流过，人们在房间里可听到潺潺的流水声，怡然自得。建筑、自然与人实现了悠然共存，为有机建筑理论做出了最恰当的诠释，表达了赖特一生对建筑与环境相协调的最真挚的追求。

流水别墅

美国纽约建成洛克菲勒中心 位于纽约市中心。由胡德（Hood，Raymond Mathewson 1881—1934）和哈里森（Harrison，W.K. 1895—1981）设计。中心是洛克菲勒财团的以办公楼为主的建筑群，占地4.8万平方米，由高低不等的十余幢高层建筑组成，其中70层的奇异电器大楼（原名：R.C.A.大厦），高258米，建筑形体东西向狭长，竖立如板块，被认为是第二次世界大战后流行的板式建

洛克菲勒中心

筑的先驱。建筑群还包括41层的国际大厦及36层的时代与生活大厦等，中心有一个下沉式小广场，建有雕像、喷水池，还设有街心花园。整组建筑群布局紧凑、密集而有秩序，在市区巨厦间闹中有静，空间构图又富有变化。但是楼厦重叠，遮挡阳光，影响了艺术效果。洛克菲勒中心对于综合商业环境的设计以及公共空间的利用也开启了城市设计的新篇章。

克利希人民宫（Maison du Peuple，Clichy） 法国工程师普鲁威（Prouve，Jean 1901—1984）出身于法国的一个艺术世家。他对钢结构住宅情有独钟，他的设计往往在钢材运用、构件形式和造型上花费很多心思，因此被称为“欧洲的巴克敏斯特·富勒”。普鲁威率先采用工业化生产钢构件的方法，他一贯的风格就是“根据现有材料来制订设计方案”。1930年左右普鲁威发明一套可移动墙体系统，为建筑内部带来灵活性。后来在巴黎市郊建设的克利希人民宫即采用了该系统。人民宫的整个设计构思充满了构造和技术创新，创造了一个人们前所未闻的多功能的开放式建筑。

1940年

建筑师贝伦斯［德］逝世 贝伦斯1868年出生，早期学习美术，1900年到达姆施塔特艺术家新村后转为从事建筑，他是德国著名建筑师和工业产品设计的先驱，对德国现代建筑的发展有深刻的影响。现代主义建筑大师格罗皮乌斯、密斯和柯布西耶先后在他的设计室工作过。他当过艺术学校的校长，还被聘任为德国通用电气公司的建筑师和设计协调者，1912年建造的该公司厂房的透平机车间是当时在德国影响最大的建筑物。

建筑师阿斯普伦德［典］逝世 阿斯普伦德（Asplund，Erik Gunnar 1885—1940）1885年出生，毕业于斯德哥尔摩皇家工学院。他的设计风格显示了瑞典建筑从古典复兴到现代派建筑的过渡。1924—1927年修建的斯德哥尔摩市立图书馆是他的早期作品，属于简化古典主义建筑风格；1935—1940年修建的伍德兰火葬场是他的后期作品，完全属于现代派建筑风格，为了符合任务性质，略带有古典气息。由于他的作品，提高了瑞典现代建筑在国际上的声誉。

著名工程师马亚尔［瑞］逝世 马亚尔（Maillart，Robert 1872—1940）

是瑞士工程师。他突破了传统的砖石技术，成为第一个依据“平板”技术建造房屋的欧洲人。在此技术下，大跨度连续的混凝土楼板和屋顶不需要梁的支撑。他所设计的联邦谷仓是这种“平板”技术的先驱。

伦敦滑铁卢大桥重建完成 大桥位于伦敦闹市区中心地带，横跨泰晤士河南北两侧，由斯科特（Scott，Giles Gilbert 1880—1960）设计。新的滑铁卢桥为钢筋混凝土结构，外形简单却不失典雅。该桥长近400米，宽约25米。桥下五孔犹如五道彩虹首尾相连。

伦敦滑铁卢大桥

网架结构体系出现 网架结构体系于1940年出现在德国，最早的网架结构体系为著名的Mero体系。20世纪60年代之后，随着有限元分析软件的普及，网架结构获得了迅速的发展。这种结构的优点是在中小尺度范围内建造成本较低，施工快捷、方便。同梁式桥类似，网架结构的空间经济跨越能力受到一定程度的限制。网壳结构继承了薄壳结构空间受力合理的优点，其构件的布置相当灵活，可以进行各种优美的空间造型设计。

1941年

意大利建成机场大厅 位于意大利，由奈尔维（Nervi，Pier Luigi 1891—1979）设计。大厅面积100米×40米，顶部由预制的钢筋混凝土构件组装。这是早期使用预制钢筋混凝土的例子。

1942年

埃伯利斯［英］首创预应力薄板叠合楼板 它是在预制的预应力薄板上现浇一层混凝土，叠合而成整体楼板。20世纪50年代各国陆续开始采用。

美国建成哈文斯住宅 位于美国加利福尼亚州伯克利市，由哈文斯设计。该建筑将典型坡顶的三角桁架倒转过来进行结构处理。建筑内作为起居用餐的空间为全玻璃设计。这座建筑代表着加州对于现代主义进行地方性处理的高峰。

1943年

维格兰德雕塑公园建成 位于奥斯陆东北角弗洛格纳公园中，占地近50公顷，始建于1924年，1943年基本建成。公园分布着用花岗岩石和铜为主雕刻的192座浮雕和大量群雕，是挪威雕塑家维格兰德（Geland，Gustar v.）的作品，故以他的名字命名。该园是世界独有的雕塑公园。

美国建成纳维飞机库 该库建于俄勒冈州的提拉木克，采用全木结构，库房长304.8米，宽90.22米，高51.82米，是当时世界上最大的木结构飞机库。

梁思成［中］著《中国建筑史》 该书第一次系统地阐述了中国建筑特征及其发展历程，为中国建筑史的研究提供了大量宝贵资料。

1944年

美国建成约翰逊蜡烛公司总部 约翰逊蜡烛公司总部是赖特早期主持设计的为数不多的公共建筑之一。它新颖的构筑方法和建筑材料，独特的内部空间和外部形象，再一次表达了赖特对大自然的热爱以及他努力将自然因素融入建筑环境的热切追求。

约翰逊蜡烛公司总部

约翰逊蜡烛公司总部由两部分组成，分别是建造于1936年并于1939年竣工的公司管理大楼，以及在1944年建造的研究大楼。两座建筑采用相同的设计手法和建筑材料，保持了风格上的一致性与协调性。

管理大楼共分为3层，由各层办公空间、一个剧场、一个圆形楼梯和电梯以及一道筒形拱玻璃桥组成。根据交通流线的需求，赖特将该幢建筑的主入口设置在大楼的背面，靠近停车场。根据功能需求，赖特在建筑的底层设计了一个长约63米、宽约39米的开放式大工作间，以供200余名普通职员使用。

该工作间层高为6米，内部采用钢筋混凝土无梁楼盖结构形式，由一系列上粗下细、蘑菇状的钢筋混凝土柱子与叶片组成，各叶片边缘相互连接，在空隙上面覆以玻璃顶，形成天窗采光。建筑的二层平面是供中层管理人员使用的办公空间，而高层管理人员则安置在建筑的顶层。

1944年建造的研究大楼，共14层。建筑平面为方形，在四角做抹圆处理，平面中央设有一个钢筋混凝土的核心筒，作为垂直交通核。各层楼板均由核心筒挑出，一层为方，一层为圆，形成了方圆交替的内部空间形式。

两幢建筑的外部造型都在建筑的转角处做了圆弧处理。为了做出所需要的弧线和角度，赖特特别定做了200种不同形状、不同尺寸的内外墙砖。此外，赖特还采用了半透明的玻璃管构成的玻璃幕墙，与每层之间的金属裙板一起构成通透轻巧的建筑外墙面。

赖特设计的这座约翰逊蜡烛公司总部，不但满足了建筑的使用功能，还为使用者提供了一个愉悦、自然的工作环境。该建筑突破了传统的建筑形式，尤其是那造型独特的蘑菇柱赋予了约翰逊蜡烛公司全新的企业形象。约翰逊蜡烛公司总部是赖特所设计的高层建筑中最具代表性的一座，影响深远。

1945年

美国建范斯沃斯住宅　范斯沃斯住宅是密斯在美国所设计的一件主要的代表作品，也是最能诠释他所提出的“少就是多”这一建筑理论的典型实例。

范斯沃斯住宅

范斯沃斯住宅坐落在美国伊利诺伊州帕拉廷南部的福克斯河右岸，是密斯为美国单身女医生范斯沃斯而设计的。建筑设计于1945年，于1950年建成。该住宅深藏于树林深处，密斯将它的墙体设计为大片的玻璃，使之成为一座看得见风景的“玻璃盒子”。

这个建筑体量不大，面积约200平方米，平面为长方形，长23.47米，宽

8.53米，长边沿东西向布置，共有三个开间。右侧两间是建筑的主要空间，左侧一间作为开敞的门厅，与其前方的矩形平台相连接。在房屋右侧的开敞的空间中，起居室面南，餐厅厨房在北面。中央长约为7.5米、宽约为3.7米的封闭空间是住宅的服务中心。它的中间是管道井，旁边有一个壁炉，两边各有一个卫生间。在住宅的最右端是卧室，作为空间的划分，在卧室的南侧设置了一个1.83米高的橱柜，除此之外，再无空间的固定划分。

住宅的结构也十分简单，由8根H形截面的钢柱夹持一片地板和一片屋面板而成。钢柱柱高6.7米，室内净高2.9米。地板离地1.52米，是建筑师考虑到防洪问题而特殊设计的。此外，地板与屋面板均向外悬挑出1.83米，使得建筑犹如一个悬浮在空气中的水晶体，晶莹剔透。

矗立在水边的范斯沃斯住宅与周围的树木草坪相映成趣。单纯的平面形式与精简的立面造型迎合了建筑师“少就是多”的设计理念，营造出一种高雅别致的空间感受。但是建筑的简洁开敞却给使用者带来了极大的不便，这也表明密斯有重形式的设计倾向。

范斯沃斯住宅是密斯最后一个住宅作品，它也是密斯“少就是多”“流动空间”等设计理论的集大成之作。这栋别墅存在于空旷的大自然之中，与周围环境相映生辉，为现代建筑史上的经典名作。

建筑部件标准化　由于标准部件可使用性的提高，建筑师可以简单地按产品目录来订购部件，这使建筑师的工作强度有幸得到一定程度的降低。很长时间以来，建筑师能用这种方式订购铸铁部件和卫生间器具之类的部件。在两次世界大战期间，特别是1945年以后，逐渐地有可能去订购标准型式的成品门窗乃至整套的隔板和包层。体现了建筑过程工业化程度日益提高的总趋势。

1946年

柯布西耶［法］倡导“粗野主义”建筑风格　柯布西耶是法国现代建筑大师，他设计的建筑物外墙混凝土表面粗糙，脱模后不进行修饰，因此造型粗野沉重，被称为“粗野主义”建筑风格。1952年建成的马赛公寓大楼是他的代表作。

多普勒雷达穹顶建成 位于美国，设计者为美国的勃德（Bird，Walter）。这是一座直径为15米、矢高为18.3米的球形充气膜结构穹顶，该膜结构穹顶采用以玻璃纤维为基布，氯丁二烯橡胶为涂层的膜材。充气膜结构是一个相对密闭的空间结构，与传统空间结构建筑不一样的是，它通过风机向结构内部鼓风送气，使膜结构内外保持一定的压力差，以保证膜结构体系的刚度，维持所设计的形状。同时压力控制系统可使结构维持一定的内外压，保证结构稳定性。多普勒雷达穹顶为世界上第一座现代充气膜结构。

1947年

建筑师霍塔［比］逝世 霍塔（Horta，Victor 1861—1947）生于1861年，1881年入布鲁塞尔皇家美术学院学习建筑。1892年他设计了一幢住宅，外墙由冷暖两色调带形光滑石面组成，内装饰采用流畅曲线形的构件，该住宅以具有新艺术建筑风格而闻名。

高强度螺栓规范出版 该规范适用于工业与民用房屋和构筑物钢结构工程中，高强度螺栓连接的设计、施工与质量验收。

1948年

国际建筑师协会（UIA）成立 是由世界各国建筑师协会、学会组成的国际性组织。成立于瑞士洛桑，会址设在巴黎，现有81个会员国，按地理位置分5个区。会员代表会议是最高权力机构，每三年召开一次代表会。理事会由主席、上届主席、5名副主席、1名秘书和1名司库组成的执行局同每区的4个理事国代表组成。协会设8个工作组。1955年中国建筑学会参加国际建筑师协会，杨廷宝（1901—1982）和吴良锦教授曾先后担任过协会的副主席职务。

1949年

意大利建成都灵展览馆 位于意大利都灵市，是意大利著名结构师奈尔维（Nervi，Pier Luigi 1891—1979）的作品。展览馆为平面，其上由12榀巨型拱架组成的屋面覆盖。拱架距地高18.4米，跨度约71.1米，在腹壁开洞，以减轻自重并用作采光。整个建筑在8个月间完成，被誉为是伦敦水晶宫之后欧洲最重要的大跨度建筑之一。展览馆还是个早期的仿生建筑，它巨型的拱架仿照植物叶脉的肌理而设计，由混凝土骨架和玻璃隔窗组成，剖面呈现规则的波浪形。展览馆的结构采用薄壳式大跨度技术，自重轻、材料省，造型新颖美观。屋顶的壳体用钢丝网水泥制成，由奈尔维自己发明。展览馆的屋顶采用预制的V形构件，在现场进行拼装，构件利用横隔板增强刚度。展览馆结构设计合理，标志着奈尔维的创作进入了成熟时期。

法国勒阿弗尔（Le Havre）建成世界上第一个工业化的钢筋混凝土的大型墙板房屋

1950年

鲍登［英］提出粘附理论 粘附理论认为，摩擦表面局部接触区产生的高压引起局部焊合，由此形成的粘附结点随表面的相对滑动而被剪断。此外，在滑动中较硬表面的微凸体犁削较软材料的基体而产生摩擦力。这个理论能够解释各种金属的摩擦物理现象，得到比较普遍的认可。

美国建成高架仓库 高架仓库是利用高货架储存货物的仓库，又称立体仓库。这种仓库利用多种物料搬运机械进行搬运、堆垛和存取。仓库货架是多层的，而且很高，所以空间利用率较好，适用于多品种货物的储存。1950年美国建成的高架仓库，使用装有堆垛属具的桥式起重机在地面上操纵作业。

艾里尔·沙里宁［美］逝世 沙里宁（Saarinen，Eliel 1873—1950）生于芬兰，后移民美国，是20世纪中叶美国最有创造性的建筑师之一。他创办的美国著名设计学院——克兰布鲁克艺术学院（Cranbrook Academy Of Art），把欧洲的现代主义设计思想和体系有计划地引入美国高等教育体系。

日本建成广岛和平中心纪念馆与纪念券门 位于日本广岛，设计师丹下健三（1913—2005），是为了纪念广岛原子弹死难者和制止战争而设计的纪念馆。纪念馆上层陈列模型图片阐明战争惨象，下层是空廊，建筑造型完全是西方现代建筑面貌。

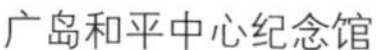

广岛和平中心纪念馆

广岛和平中心纪念券门

1951年

美国建成芝加哥湖滨公寓 湖滨公寓位于美国芝加哥市湖滨大道860～880号，是密斯所设计的第一座真正意义上的高层建筑。它以几乎完全外露的建筑结构与精简的玻璃幕墙，体现了钢结构与玻璃的独特魅力，显示了一种高贵、典雅的建筑品质。建筑物采用钢框架结构和大片玻璃幕墙，映照出周围建筑和天空，显得明快而高雅。对美国现代高层建筑设计有着显著影响。1976年获美国建筑师协会“25年奖”。芝加哥湖滨公寓的建成将密斯的钢铁玻璃摩天楼的梦想变为现实。那笔直的钢框架和大面积玻璃幕墙成为全世界大都市的建筑效仿的对象，玻璃摩天楼从此风靡世界。

美国建成联合国总部大楼 联合国总部建筑群位于纽约曼哈顿岛的东河岸边，占地面积约为7.2万平方米，总耗资6500万美元。设计方案是由11位国际著名建筑师（包括中国的梁思成教授）组成的设计委员会联合完成的，总负责人为美国建筑师哈里森。联合国总部大楼是1949年10月至1951年6月建成的，包括秘书处大楼、会议厅大楼、大会厅和哈马舍尔德图书馆4栋建筑。其中秘书处大楼位于中心，是联合国总部的核心建筑。联合国秘书处大楼为39

联合国总部大楼

层，其前后立面都采用铝合金框格的暗绿色吸热玻璃幕墙，同时钢框架挑出90厘米。这座秘书处大楼是早期板式高层建筑之一，也是最早采用玻璃幕墙的建筑。联合国总部建筑群表明现代主义建筑全面进入美国，它们均以功能合理、造型简洁、技术先进、联系紧密为特征，是一座庞大壮观的现代办公建筑群。

1952年

荷兰建成林巴恩商场 是鹿特丹市中心的商业步行街。街的两侧为二三层楼商店，橱窗前建有走廊，街面宽12～18米，街心种有花草并设置喷泉雕塑，并有休息椅等。从20世纪50年代开始，许多旧城改造时均用来作参考。

荷兰海牙市郊建成马杜罗“模型城” 该城占地1.8万平方米，只有足球场大，是世界上最小的“城市”。全城集全荷兰120多座著名建筑和名胜古迹，被誉为“荷兰的缩形”。“模型城”的尺度比例为1：25，“生活”其中的数以千计“市民”高不盈寸。城中各种市政设施和园林绿化一应俱全。

芬兰建成里希迈基水塔 由布吕格曼（Bryggman，Erik）设计。它采用地方材料和传统形式，显示出浪漫主义的情调，是芬兰现代主义建筑的重要作品。

美国纽约建成利华大厦 利华大厦位于纽约曼哈顿岛的花园大道390号，1951—1952年在纽约建立，由SOM（Skidmore，Owing & Merrill）建筑设计事务所设计，是世界上第一座玻璃幕墙高层建筑，也是二战后纽约最早的国际式建筑之一，并于1980年获得美国建筑师协会“25年奖”。利华大厦为一座板式高层办公楼，共24层，上部22层为板式建筑，其四周底层架空，二层为环廊，下部2层呈正方形基座形式。利华大厦利用了铝、平板玻璃等新建筑材料和空调等技术，并首

利华大厦

次采用全玻璃幕墙的形式，开创了全玻璃幕墙“板式”高层建筑的新手法，成为当代风行一时的样板。

马赛公寓

法国建成马赛公寓 1952年一座备受争议的公寓式住宅——马赛公寓大楼，正式落户于法国的马赛城内。它是二战后欧美粗野主义倾向的开山之作，是柯布西耶现代“居住单位”设想的一次大胆尝试，也是在当时特殊的社会背景下，他对集约式住宅所面临的建筑与城市双重尺度问题探索的结晶。该建筑长165米，宽24米，高56米。地面层是敞开的柱墩，上面有17层，其中1～6层和9～17层是居住层。建筑主体采用现浇钢筋混凝土框架结构，外墙板使用预制混凝土构件装配组合，整体被四根巨大的未经加工的混凝土支柱支撑着，这种粗面混凝土是柯布西耶在那个时代所使用的最主要的技术手段。设计师将带有模板痕迹的混凝土暴露在外，而构件之间又不做过度处理，显示了预制混凝土墙板的经济价值和美学效果。马赛公寓建成后在建筑界引起强烈的反响。它那小城镇似的丰富内容、大规模跃层式布局以及粗糙沉重的形体，都与柯布西耶二战前的设计理念大相径庭，完全体现了一种新的美学观念，并成为柯布西耶二战后的主要风格，在欧洲、美国、日本均有很大影响。

美国建成雷里体育馆 位于美国北卡罗来纳州。该建筑的屋盖为圆形，其平面直径91.5米，采用以两个斜放的抛物线拱为边缘构件的马鞍形正交索网。它被认为是世界上第一座优秀的现代大跨度悬索屋盖结构，对传统建筑结构的设计理念产生了深远影响。

1953年

建筑师门德尔松［德］逝世 门德尔松（Mendelsohn，Eric 1887—1953）1887年生于德国，曾就读于慕尼黑技术学院建筑专业，期间与德国表现主义画派有密切联系。他的第一项建筑设计是爱因斯坦天文台，是一座表现主义的建筑，曾引起轰动。20世纪20年代设计了许多建筑，并成为柏林圈成员。1933年他离开德国去伦敦，1941年到美国，定居于旧金山，代表作品有1927年的斯图加特朔肯商店，1933年英国伯克斯丘的德拉华馆，1946年旧金山的美摩尼医院等。

中国土木工程学会成立 它是中国土木工程界科学技术人员的学术性群众团体，前身是1912年成立的“中华工程师学会”。学会按专业分支设5个分科学会，并设水港工程专业委员会。学会及所属分科学会参加相应的国际学术组织。它的机关刊物是《土木工程学报》。

中国建筑学会成立 1953年10月23日～27日在北京召开的第一次会员代表大会上宣告成立中国建筑学会，它是中国建筑科学技术工作者的学术性群众团体。第一届理事长为周荣鑫（1917—1976），副理事长梁思成、杨廷宝，秘书长汪季琦（1909—1984）。学会设有学术、普及与教育、组织、咨询四个工作委员会；还设有建筑创作、城市规划等19个专业学术委员会（分科学会和研究会）。主办《建筑学报》《建筑结构学报》和《建筑知识》三种刊物。1955年加入国际建筑师协会。

法国建成朗香教堂 1950—1953年由法国建筑大师柯布西耶设计的朗香教堂是20世纪著名的一座天主教堂。它以其怪诞复杂、神秘多义的建筑形象和充满象征主义的设计手法给人以强烈的震撼，受到建筑界的广泛关注。又译为洪尚教堂，位于法国东部索恩地区距瑞士边界几英里的浮日山区，坐落于一座小山顶上，教堂造型奇异，平面不规则；墙体几乎全是弯曲的，有的还倾斜；塔楼式祈祷室的外形像座粮仓；沉重的屋顶向上翻卷着，与墙体之间留有一条40厘米高的带形空隙；粗糙的白色墙面上开着大大小小的方形或矩形的窗洞，上面嵌着彩色玻璃；入口在卷曲墙面与塔楼交接的夹缝处；室内主要空间也不规则，墙面呈弧线形，光线透过屋顶与墙面之间的缝隙和镶着彩色玻璃的大大小小的窗洞投射下来，使室

朗香教堂

内产生了一种特殊的气氛。柯布西耶设计的朗香教堂，摒弃了天主教堂传统的模式，创造了一座由混凝土浇筑而成的艺术品。该教堂不但体现了建筑师对建筑艺术独特而又深刻的理解，更表达了他那充满浪漫主义情怀的艺术想象力和非凡卓越的创造力。

底特律福特工厂屋顶建成 位于底特律。该建筑直径为28米，支条互相连接成三角形和八面体。其屋顶运用网架穹顶，这种结构由美国发明家理查德布克敏斯特福勒研制，是一种无一定尺寸限制的圆顶结构，相对压力较小，只有纯粹的拉张力，网架穹顶即球面上的钢条是网格状的。该建筑为首次运用网架穹顶的建筑之一。

1954年

英国出现“粗野建筑”理论 由史密森夫妇提出，认为建筑的美应根据“结构和材料的真实表现为原则”，主张从钢筋混凝土的毛糙沉重、粗犷的特点中去找形式美。建筑风格是采用的混凝土不做装饰，将粗糙的表面暴露在外面，并留有清晰的木模板纹理。这类建筑经常夸大沉重的建筑构件，而且碰撞在一起。在欧洲比较流行，日本也比较活跃，到20世纪60年代逐渐销声匿迹。代表作品有柯布西耶的法国马赛公寓大楼，1959—1963年鲁道夫的美国耶鲁大学建筑与艺术系大楼等。

建筑师佩雷［法］逝世 佩雷1874年生于比利时布鲁塞尔。他擅长运用钢筋混凝土结构，在建筑中致力研究建筑形式如何反映材料和结构特性，特别是探讨混凝土结构的力学问题。1915—1919年，他在卡萨布兰卡建造了最早采用薄壳结构的一座仓库建筑，1923年在勒·雷尼的圣母教堂建造中证实了钢筋混凝土不仅是建筑材料，同时也是良好的装饰材料。1948—1949年间分别获得英国、丹麦、瑞典、捷克斯洛伐克和卢森堡等国家建筑方面的最高奖章和名誉学位。

中国颁布《钢结构设计规范》（结规4-54）容许应力设计法 容许应力设计法是给出一个安全系数，并以此来度量对因材料达到屈服强度破坏或杆件进入屈曲状态而失效的抵抗能力。为钢结构设计规范提供重要依据。

1955年

芬兰建成珊纳特赛罗镇中心 珊纳特赛罗镇中心是阿尔托在二战后所设计的一个重要作品，他延续了自己在战前形成的现代建筑与地方特色密切结合的设计思想，也是他把现代功能与传统美学的结合发挥到极致和最引以为豪的作品。建于1950—1955年。中心由一幢主楼、几幢商店和宿舍、一座剧场及一座体育场组成，根据地形巧妙地进行布置。主楼位于基地的高坡上，四周为白桦树丛，环绕着一个内院，建筑采用红砖墙、单坡顶，通往内院的台阶上种植着草皮。中心的布局体现了阿尔托的“不要一目了然，要逐步发现”的设计思想。建筑物尺度与人体配合，并创造性地采用了传统材料砖和木。是现代建筑创作中的“人情化”和地方性倾向的代表作品之一。珊纳特赛罗镇中心以其纯净的几何形体组合，纯朴而又自由的风格造就了鲜明的建筑形象，表达了阿尔托善于将现代主义的设计理念与地域文化相结合的设计思想，从而避免了战后国际式建筑千篇一律的弊端。

珊纳特赛罗镇中心

美国建驻印度大使馆 新德里美国驻印度大使馆是二战后多元化建筑思潮中，讲究与西方传统文化有一定传承关系的典雅主义倾向的代表作品。这种倾向采用了继承西方“软传统”的模式，即在构图法则上表现传统，而在建筑材料与结构技术上则表现出很强的时代性，集现代美与古典美于一体。这一倾向对现代主义建筑的发展做出了重要贡献。美国著名建筑师斯通（Stone，Edward Durell 1902—1978）为典雅主义的代表人物。他于1955年设计了这座大使馆，于1959年建成。位于印度新德里，建筑群包括主楼、大使及随员宿舍及服务用房等。主楼为长方形，建在一个平台上，前面为一个圆形水池。办公部分高2层，四周是一圈两层高的柱廊，柱子为镀金钢柱；柱廊后面是白色漏窗式蒂墙，以预制陶土块拼制，节点处饰以金色圆钉，建筑物中间有一个内院，中设水池、树木，水池上用铝制网片遮阳。可以看出，斯通设计的大使馆表现了鲜明的典雅主义精神。除了可以感受古希腊以及古印度的传统外，斯通还考察过印度的泰姬陵。大使馆沉静的格调，白色的花格墙和水池，都含有泰姬陵的影子。大使馆的设计在印度乃至全世界都受到了好评，被认为是二战后现代主义建筑中最杰出的作品之一。

1956年

印度建成旁遮普邦省昌迪加尔高等法院 昌迪加尔高等法院是印度旁遮普邦省首府昌迪加尔市最著名的建筑，是柯布西耶在法国以外地区设计的最大项目——昌迪加尔城市规划实施工程的一座重点建筑。楼高4层，其巨大的顶篷由11个连续拱壳组成，长100多米，断面是V形，前后两端翘起，遮阳但不挡穿堂风。入口处是一个开敞的门廊，有3个直通到顶的大柱墩。门廊内有坡道，墙壁上点缀着涂有不同颜色、不同形状的孔洞。建筑物的怪异形状、超长的尺寸，粗糙的混凝土表面等，让建筑物产生一种怪诞粗野的情调，是现代建筑流派中的粗野主义作品。印度昌迪加尔高等法院带给人们的不仅仅是硕大的建筑构件、色彩鲜艳的色块对比、未加粉饰的粗糙混凝土饰面、怪诞粗野的建筑格调等美学层面上的冲击，它更是一个时代精神的体现，表达了柯布西耶在二战后对混凝土这种建筑材料的独特情感和艺术造诣以及他对建筑技术与艺术相结合的不懈追求。

昌迪加尔高等法院

美国建成普赖斯大厦 1952年设计建造的普赖斯大厦，位于美国俄克拉荷马州，由赖特设计。这座高层建筑是获得美国建筑协会特别认定的、赖特对美国文化做出贡献的17座代表建筑之一。该建筑是一座19层的综合大楼，高约67米。建筑平面形式奇特，棱角分明，富有凹凸变化。建筑的核心部分笔直挺阔，像一根大树的树干。而向外挑出的各个楼层犹如树枝伸向不同的方向。此外，建筑外墙表面还采用金属百叶、绿色铜板和金色玻璃等色彩丰富的建筑材料作为装饰，强化了普赖斯大厦的性格特征。该建筑以其独特的建筑形式成为“草原式摩天楼”的典型实例。

普赖斯大厦

美国建成通用汽车技术中心款式中心大楼 位于美国密歇根沃伦，由芬兰著名建筑师埃罗·沙里宁事务所设计。该建筑为钢框架结构，整体借用了密斯钢框架幕墙结构的手法。墙面用釉面砖处理成颜色鲜明的平面，窗下墙由新颖的瓷砖和绝缘层合成。窗户上装有密条，就像汽车上用的一样。这在技术上是一项创新。小沙里宁是密斯的追随者，从这座中心不难看出有密斯规划的伊利诺工学院的影子。在采用规整的建筑形体、理性化处理建筑功能与形式的关系、突出新技术的应用和净化建筑装饰等方面刻意践行现代主义的设计理念。同时，他还引入人工湖，用水塔、圆穹顶和圆形楼梯等特殊形体，来活泼建筑组群，创造宜人的环境。对现代主义建筑发展做出了重要贡献。

美国建成圣路易斯机场航站楼 位于美国密苏里州的圣路易斯市，由雅马萨奇（Yamasaki，Minoru 1912—1986）设计。候机楼的平面由3个相邻的正方形组成，共3层，其屋顶设计极具特色。建筑师设计了3个相连的十字交叉拱壳组合作为航站楼的屋面，每个交叉拱的跨度是36米，并在相邻两个拱壳之间的楔形缝隙内布置采光天窗，为室内提供足够的光线。候机楼的十字交叉拱由钢筋混凝土材料制造，壳片极薄，表层覆以铜皮。该建筑的十字交叉拱设计极具特色，是二战后美国兴起的典雅主义倾向的早期代表作品。圣路易斯机场候机楼是美国战后兴建的著名航空港建筑之一，它功能合理，空间完美，造型新颖，形体简洁。它既体现了现代主义建筑的设计理念，又有所突破，尤其是十字交叉拱壳结构的运用获得了建筑界的一致好评。

1957年

意大利建成罗马小体育宫 罗马小体育宫是为1960年第十七届意大利罗马奥运会而修建的比赛场馆，可以举行篮球和拳击比赛，建于1956—1957年。这座结构新颖的体育馆是奈尔维的又一个优秀作品，其以精巧的圆顶结构和独特的支撑柱闻名于世，在现代建筑史中占有重要的地位。建筑平面为直径60米的圆形，屋顶为钢筋混凝土组成的球形穹顶，由1620个厚25毫米的用钢丝网水泥预制的菱形槽板拼装而成，形状像一张反扣的荷叶；下面用36根Y形斜撑承托，把荷载传到埋在地下的一圈地梁上；斜撑中部有一圈白色的钢筋混凝土“腰带”，是附属用房的屋顶。室内的球顶天花，由条条交错的拱筋组成精美图案。Y形支撑上部逐渐收缩，颜色浅淡，再加上对应球顶各支点间垂挂着深色吊灯，色彩对比鲜明，使球顶好像悬浮在空中。该体育宫是建筑设计、结构设计和施工技术巧妙地结合在一起的优秀艺术作品，在现代建筑史上占有重要地位。罗马小体育宫的外形比例优美，尺度相宜，视觉效果丰富，充分体现简约、和谐的设计理念以及新技术美学倾向，是二战后欧洲大跨度建筑中的杰出代表。

罗马小体育宫

中国建成北京天文馆 位于北京西郊。由张济舟等共同设计。其天象厅屋顶采用半球形面壳的壳体结构，跨度23.5米，厚度仅6厘米，可容纳600人观赏人造星空，是中国早期的钢筋混凝土薄壳建筑。馆的左右翼设有演讲厅和展览厅。

北京天文馆

中国建成武汉长江大桥 1957年10月15日正式通车，它是中国在长江干流上修建的第一座大桥，其正桥为铁路公路两用双层钢桁架桥，由三联九孔跨径各为128米的连续梁组成，共长1155.5米，连同公路引桥总长1670米，上

武汉长江大桥

层公路车道宽18米，两侧人行道各宽2.25米，下层为双线铁道。

混凝土塑性性能的破坏阶段设计法提出 由苏联混凝土结构专家格沃捷夫提出，该设计法奠定了现代钢筋混凝土结构的基本计算理论，得到推广应用。

美国建成麦基诺吊桥 它是连接密歇根州上下两个半岛的麦基诺大桥的一部分。麦基诺桥全长为26444英尺（8086米），吊桥部分长8614英尺（2626米），是当时世界上第二长的吊桥。

麦基诺吊桥

1958年

比利时布鲁塞尔世界博览会建成美国馆 由斯通设计。馆的平面为直径104米的圆形，周围有一圈高大的柱廊，钢柱高22米，屋顶是悬索结构，在当时是最先进的结构形式。柱廊内侧的墙面上布满花格。该馆综合运用了新材料、新结构和新技术，是现代建筑流派中典雅主义的代表作品。

香川县厅舍

日本建成香川县厅舍 香川县厅舍位于日本香川县面向濑户内海的高松市。县、市厅舍是二战后日本建筑中出现的一种新建筑类型，一般由办公、市民活动和议会厅三部分组成。香川县厅舍为此类建筑中的代表之一。由日本现代建筑大师丹下健三设计，于1958年建成。厅舍外廊露明的钢筋混凝土梁头，采用了日本的传统手法，富有日本传统木结构的朴素美，体现了日本民族特点，是日本现代建筑中探求民族风格，创造新型厅舍的一次尝试。香川县厅舍体现了丹下健三将日本传统文化与现代建筑技术相结合的探索精神，整座建筑光影效果强烈，粗糙的表面体现了强烈的现代色彩。

法国巴黎建成联合国教科文组织总部会议厅 由奈尔维设计。建筑为折板结构，根据应力变化的规律，将折板截面由两端向跨中逐渐增大，前后墙面和屋顶构成一个连续的整体。在屋顶部分附加了一块波浪状的连续板，其断面轮廓近似于弯矩曲线，加强了屋顶的刚度和载荷能力，增强了朝主席台的导向性，有利于声音的传播，并使屋顶的外形富有韵律感。

耶鲁大学冰球馆

美国建成耶鲁大学冰球馆 冰球馆位于美国康涅狄克州纽黑文市的耶鲁大学校园内，由埃罗·沙里宁设计。这是他大胆地尝试应用新的建筑技术推动建筑形式取得突破性成果的又一优秀范例。建筑造型似一条鲸鱼。屋顶为悬索结构，沿纵轴线布置一根跨度85米如弓背的钢筋混凝土拱梁，悬索分别从两侧悬下，固定在观众席上，跨度57米，最大净高23米。该馆面积5000平方米，可容纳3000名观众。造型自然、朴实而独特，给人们留下难忘的印象。它的中心是比赛场地，四周布置观众座席。比赛时场馆内可容纳2800名观众，而当作其他功能使用时，最多可容纳5000人。冰球馆的主要出入口朝南，在两侧还有6个次要出入口。

冰球馆的外墙是由混凝土浇筑的，沿着椭圆的长轴方向呈曲线状延伸，拉住上部的钢索。主入口位于南向，通高的大玻璃窗展示着现代主义建筑的简洁与开敞。

冰球馆的设计手法新颖独特，曲线的外部形体简洁而大方，创造了一个全新的体育馆建筑形象，被戏称为“耶鲁的鲸鱼”。作为埃罗·沙里宁的代表作，它充分体现了沙里宁对现代材料和技术的熟练运用以及对现代主义建筑发展的卓越贡献。

美国纽约建成西格拉姆大厦 位于纽约曼哈顿区花园大道375号的西格

拉姆大厦是一座豪华的高层办公大楼，是密斯重视建筑技术，讲求技术精美理念的典型实例。该建筑完美地诠释了密斯“少就是多”的建筑设计哲学以及他的技术美学观，是当年世界各国建筑师所崇拜和效仿的对象。西格拉姆大厦建于1954—1958年，共38层，高158米，设计者是德国建筑师密斯和美国建筑师约翰逊（Johnson，Philip 1906—2005）。建筑外形极其简单，为正六面体的方正大楼。大厦的设计风格体现了密斯对框架结构的深刻解读，体现了一种强有力的建筑美学。建筑师采用了当时刚刚发明的染色隔热玻璃作幕墙，这些占外墙面积75%的琥珀色玻璃，配以镶包青铜的铜窗格。整个建筑的细部处理都经过慎重的推敲，其简化的结构体系，精简的结构构件，讲究的结构逻辑表现以及其内部没有屏障可供自由划分的大空间，完美演绎了“少就是多”的建筑原理。西格拉姆大厦为世界上第一栋高层的玻璃帷幕大楼。

西格拉姆大厦

中国北京建成人民英雄纪念碑　由梁思成、刘开渠（1904—1993）设计。位于北京天安门广场中部，高37.94米，碑身是浮山花岗石，碑顶部是庑殿顶，周围有8幅汉白玉浮雕，描写近百年中国革命史，总长40.68米；碑基面积约3000平方米，四周围绕两层汉白玉栏杆。碑型庄严雄伟，具有民族风格。

人民英雄纪念碑

日本建成东京晴海公寓　位于日本东京，建于1958年，由日本现代建筑的先行者前川国男（Maekawa Kunio 1905—1986）设计。这是一座试验性住宅，共10层。该建筑着眼于抗震结构，造型稍感沉重，是日本住宅公团主办的东京港湾工业区住宅建筑的著名实例。

1959年

建筑大师赖特［美］逝世 赖特1869年6月8日生于威斯康星州里奇兰森特。曾就读于威斯康星大学。他是美国草原学派的主要倡导者之一，又称自己的建筑为有机建筑，认为房屋应当像种在地上的植物一样，是“地面上一个基本的和谐的要素，从属于自然环境”。主张一个建筑设计，应根据特定的条件形成一个理念，并贯穿到整个建筑。代表作为1939年的流水别墅。他设计了800余所建筑物，约有四分之三为住宅建筑。赖特又是一名建筑教育家。主要著作有《消失的城市》《有机建筑》等。

姚承祖［中］著《营造法源》出版 姚承祖（1866—1938）根据祖传建筑做法及本人的实践经验编写而成，是中国一部较完整的江南地区传统建筑技术专著。

中国建成全国政协礼堂 位于北京阜成门的太平桥大街路面。建筑面积1.6万平方米，南门为主要入口，有三个二层高拱形门廊，廊内有三樘大门。是一幢具有中国建筑风格的米黄色建筑。

中国建成军事博物馆 位于北京海淀区复兴路北侧。占地80419平方米，总建筑面积60557平方米。立体建筑的平面布置呈“山”字形，东西长214.4米，南北深144.4米；中央部分连同塔尖共高94.7米，共7层，中部两翼4层，东西两翼3层。博物馆外墙为花岗石色调，勒脚用磨茹石砌筑，层檐用金黄色琉璃材料装饰。

中国军事博物馆

中国历史博物馆和革命博物馆

中国历史博物馆和革命博物馆建成 位于北京市天安门广场东侧，建筑总面积65152平方米。中部为宽约110米，高32.7米的门廊，设有1.5米见方的石柱24根。主体建筑为三层，局部四层。建筑外墙面材料为米黄色斩假石，基座为花岗岩，赭黄色嵌绿花饰琉璃砖作檐口。整个建筑与广场对面的人民大会堂协调辉映。

皮瑞里大厦

意大利建成皮瑞里大厦 皮瑞里大厦是一家橡胶联合企业的总部大楼，位于意大利米兰市，建于1955—1959年，由结构大师奈尔维（Nervi, Pier Luigi 1891—1979）和建筑师蓬迪（Ponti, Gio 1891—1979）等人联合设计。皮瑞里大厦共32层，高127米，它的平面形状像一艘开口的“小船”，其主立面处理为折线形。该建筑采用了极为特殊的钢筋混凝土结构体系。与当时钢筋混凝土结构的普遍做法不同的是在大厦两端设计了4个三角形的钢筋混凝土井筒，又在主立面中部设计了4个超大跨度的巨柱，与混凝土井筒共同承受荷载。这是一座典型的国际式风格的高层建筑，也是世界上第一座采用大跨度支撑结构的高层建筑。皮瑞里大厦是有着“钢筋混凝土的诗人”之称的奈尔维与意大利“现代设计之父”吉奥·蓬迪精心合作的结晶。设计者把建筑设计与结构构思极其巧妙地融合在一起，是20世纪最优雅的高层建筑之一。

法国巴黎建成国家工业和技术中心陈列大厅 位于巴黎西郊。由卡麦洛特（Camelot, Robert）等建筑师设计，于1958年修建，1959年建成，为壳体结构。其双曲双层薄壳厚度只有12厘米，壳体平面呈三角形，每边跨度为218米，高出地面48米。是当时世界上跨度和空间最大的壳体结构建筑。

古根海姆美术馆

美国纽约建成古根海姆美术馆 由赖特建筑师设计，建筑包括6层高的陈列厅、阅览厅、地下报告厅和4层高的办公楼。陈列厅是一座6层贯通的高约30米的圆形大厅，底层直径28米，厅层下直径38.5米。展览廊长约410米，盘旋而上的坡道，道宽由下而上逐渐从5米加宽到10米，坡道层高也逐渐增高；大厅的顶部覆盖着一个巨大的玻璃穹顶，形成了连续而有变化的整体和局部统一的空间。上大下小的螺旋式形体，厚重的雕塑式的外观，使得美术馆造型新颖别致。古根海姆博物馆是建筑史上的一座纪念碑，它打破了博物馆建筑的传统布局模式，向世人呈现出一个三向度的螺旋形建筑空间，展现出赖特卓绝的建筑技艺与非凡的想象力。该馆于1986年获得了美国建筑师协会“25年”建筑奖，这也是赖特最后的佳作。

中国北京建成民族文化宫　由张镈（1911—1999）、孙培尧设计。位于西单西侧，总建筑面积30770平方米。中央塔楼地上13层，高60米，屋顶为翠绿色琉璃瓦双重方形攒尖顶；东西两翼近端部处，各设一小型绿色琉璃瓦重檐四角攒尖顶的阁楼。建筑物在国内首次采用了预制装配钢筋混凝土框架剪力墙结构，墙面用白色瓷砖贴面，使整体色彩明快，造型挺拔秀逸。民族文化宫是将中国民族形式运用于高层建筑的成功尝试。

中国北京建成北京火车站　由杨廷宝、陈登鳌、张致中设计。车站建筑总面积87833平方米，有12股线路，6座站台。中央大厅和高架候车厅采用钢筋混凝土扁壳结构。大厅的顶为35米×35米双曲扁壳，厚8厘米，当时在国内是首例。车站立面有两座高43.37米的钟塔，总体效果富有民族形式，为新型结构与民族形式的结合做出了成功的探索。

中国北京建成人民大会堂　由张镈、赵冬日（1914—2005）设计。位于天安门广场西侧。1958年10月兴建，1959年8月竣工。建筑由万人大礼堂、五千人国宴大厅和全国人民代表大会常务委员会会址三部分组成，占地15公顷，总建筑面积17.18万平方米。大会堂正门朝东，面向广场，立场长336米，中部高40米，两翼各高31.2米。从广场沿三组石台阶共37级，总高5米，全宽83米，通向门

人民大会堂

廊。门廊门框高23米，由12根巨柱构成，廊深9米。经过门厅、过厅、中央大厅到大礼堂，共深79米。大礼堂宽76米，深60米，高32米，有三层席位容纳万人。人民大会堂庄严雄伟、装饰典雅，其规模之大，功能要求之多，在中国建筑史上实属罕见，也是目前世界上规模最大的会堂式建筑。

中国北京建成民族饭店 大楼为12层，高48.4米，是中国第一座装配式高层框架结构建筑。

1960年

日本出现新陈代谢建筑学派 主要代表人物是丹下健三。1960年，丹下健三事务所的菊竹清训、大高正人、桢文彦（1928— ）、黑川纪章（Kisho Kurokawa 1934—2007）等人提出，建筑和城市是在不断地运动、改造和发展，存在成长、变化和衰朽的周期。所以在城市规划中要提出能不断生产和适应的“插入式”巨型结构。代表作品有丹下健三1960年东京湾规划方案、1958年菊竹清训的海上城市方案和天宅及1971年黑川纪章的东京中银舱体楼。

丹下健三［日］提出“都市轴”概念 丹下健三是日本著名现代建筑师，1960年在主持东京规划时，提出了“都市轴”的概念。这是一种结构上的改革，它把城市的形式从封闭的放射形结构改变为开放、舒展的带形结构，对以后的城市设计有很大的影响。

巴西首都建成议会大厦 巴西议会大厦位于巴西的新首都巴西利亚。由巴西著名的本土建筑师尼迈耶（Niemeyer，Oscar 1907—2012）设计。大厦充分体现了他所遵循的现代主义建筑的理性原则以及所使用的象征主义手法。位于巴西利亚市的三权广场上，是巴西众参两院的会议大厅和办公楼。会议大厅是扁平体，长240米、宽80米。参议院的会议厅是下扣的半球体，而众议院的会议厅是向上的半球

巴西议会大厦

体。办公楼位于会议厅后面，高27层，平面和立面均呈H形。议会大厦构图独特，在造型和布局方面，令人耳目一新，是巴西现代建筑的代表之一。尼迈耶设计的巴西议会大厦外形十分简洁，体现了现代主义建筑的设计原则。而大厦的横与直、高与低、方与圆、正与反之间的强烈对比，和极富雕塑感的建筑造型给人留下了极为深刻的印象。1987年，联合国教科文组织将巴西利亚这座建都不到30年的城市列为世界文化遗产。作为巴西利亚最重要的公共建筑，巴西议会大厦也随之名扬天下。1988年，尼迈耶获普利兹克建筑奖。

1961年

意大利建成都灵劳动宫大厅 由建筑师奈尔维设计。该厅由16根柱子支撑着16把结构各自独立的方形“巨伞”构成，钢悬臂梁在柱头向四面辐射，而屋面上没有设置采光带，是座结构独特、造型粗犷的建筑物。

中国北京建成工人体育馆 由熊明、郁彦、虞家锡设计。圆形比赛大厅直径110米，屋顶采用净跨94米的双层悬索结构，当时在国内是跨度最大的，也是中国现代悬索结构建筑的开始。

北京工人体育馆

海得高层公寓 海得高层公寓首次采用了价值较高的大型预制外墙板（最大的宽度达3.7米，高3.1米），这样不仅简化了装配和连接，并以其简洁、有效的接缝著称。墙板覆盖整个柱距，使墙板的垂直接缝紧贴柱面，而有效地抵御了室外冷空气侵入。这是战后英国在预制混凝土技术方面做出的突出贡献，并在一定范围内被推广应用。

美国西雅图建成太空针塔 太空针塔是美国西北太平洋地区的一座主要地标，位于华盛顿州西雅图市的市中心区，其兴建因于1962年世界博览会，由国际饭店总裁爱德华·卡尔森设计。太空针塔的主体是中空钢制网架结构，通体白色。塔高184米，最宽处宽度为42米，总重9550吨。它可以承受320公里/小时的风力和9.1级的地震，且有25支避雷针来抵挡电击。在工程期间，太空针塔是美国西部最高的建筑物，并是当时美国西部史上最大型的灌混凝土工程。

太空针塔

1962年

中国建成中国美术馆 位于北京东四西大街北侧。美术馆东西长约136米，南北深约80米，对称布置，中部高4层，建筑面积约1.6万平方米。共设17个展览厅，展览面积7000平方米。展厅照明采用顶部采光和侧窗采光，附加折光片的方式。馆的外墙采用浅米黄色陶质面砖，中央部分以及主要门廊、休息廊的屋顶采用黄琉璃瓦，具有鲜明的中国民族特色。

中国美术馆

马拉开波湖桥

委内瑞拉建成马拉开波湖桥 主跨5×235米，是世界第一座公路预应力混凝土斜拉桥。

意大利建成跨度最大悬挂式建筑 1962年建成的曼图亚布尔哥造纸厂厂房，采用了单层悬挂式结构，屋顶总长250米，中间跨度163米，宽30米，由4根纵向梁支承，并用4根钢缆挂在两座搭架顶端。搭架高50米，为混凝土A形支腿结构。该厂房是当时世界上同类结构中跨度最大的建筑。

美国密苏里州兴建杰弗逊国家纪念碑 由埃罗·沙里宁设计。位于圣路易斯市杰弗逊纪念馆前的草坪上。

美国建成纽约环球航空公司候机楼 由埃罗·沙里宁设计。位于纽约肯尼迪机场，建筑屋顶由四片巨大的现浇钢筋混凝土薄壳组成，壳体之间由带状采光玻璃连接，只有几个连接点。建筑内外到处是曲线和曲面，像一只展翅的大鹏。楼内空间穿插流动，富于变化，两侧全是玻璃窗户，候机楼利用现代技术，将建筑和雕塑相互结合，是现代建筑史上的一个杰作。纽约环球航空公司候机楼是小沙里宁最令人惊奇的作品，它的形象充满动感，室内外空间都富于变化，完全是一个凭借现代技术把建筑同雕塑有机结合的最好实例。候机楼不仅解决了自由曲线造型的难点，并且把结构与形式有机地融合到一起。在突破了国际式条框的同时，候机楼又保持了现代主义建筑的功能化、新技术和非装饰化的特征，是20世纪中期现代主义建筑的典范。

纽约环球航空公司候机楼

华盛顿杜勒斯机场候机楼

美国建成华盛顿杜勒斯机场候机楼 杜勒斯国际机场候机楼位于美国首都华盛顿以西43公里处的弗吉尼亚州的查提利。是由著名的芬兰裔美籍建筑师埃罗·沙里宁于1957年设计的，1958年开工建造，1962年落成使用。候机楼为悬索屋顶，跨度45.6米，长182.5米。由两排柱子支承，正面柱高19.8米，靠机场一面的柱高12.2米。整个屋顶前面高，后面翘起，中间低矮，呈曲线形，如一张巨大的吊床，内部空间宽敞。埃罗·沙里宁将建筑功能和结构形式巧妙地结合，轻巧的悬索屋顶象征飞翔，显得十分自然和谐。但在塔台顶上装了一个像佛教宝刹似的球状物，与建筑很不协调。杜勒斯国际机场候机楼是埃罗·沙里宁的代表作。这位真正追求将功能、技术与艺术相结合的建筑师，以他独特的艺术想象力和雕塑感极强的作品，对现代主义建筑的发展与提高做出了卓越的贡献。

美国建成刘易斯顿–昆斯顿钢拱桥 位于尼亚加拉瀑布上。跨度304.8米，是当时世界上跨度超过300米的钢拱桥中唯一的无铰箱形肋拱桥。

美国建成文丘里母亲住宅 位于美国费城栗树山，由被称为美国后现代主义理论家与旗手的文丘里（Venturi，Robert 1925—2018）设计。建筑两层高，坡屋顶，平面是规整的长方形，内部空间复杂扭曲。在建筑形式上，文丘里采用非传统的设计手法创造了一个全新的建筑形象。建筑的构图处于对称与非对称、简洁与复杂之间。该建筑全面地阐释了文丘里所推崇的“建筑的复杂性与矛盾性”的设计哲学，被认为是最具有完整后现代主义建筑特征的经典作品。文丘里母亲住宅是文丘里的成名之作。在这座建筑里，我们清楚地看到一系列脱离现代主义建筑设计原则的设计方法。1989年，文丘里母亲住宅获得了美国建筑师协会“25年奖”。

文丘里母亲住宅

斯德哥尔摩滑冰馆建成 位于瑞典斯德哥尔摩，由瑞典工程师贾维斯设计。建筑采用由一对承重索和稳定索组成被称为“索桁架”的专利体系，“索桁架”由一系列承重索和反向的稳定索组成的预应力双层索系，是解决悬索结构形状稳定性的另一种较有效的结构形式。其后这种平面双层索系在各国获得相当广泛的应用。该滑冰馆是世界上第一个采用“索桁架”结构的建筑。

1963年

美国费城始建老年公寓 美国费城老年公寓是文丘里设计的又一座影响较为深远的作品。该公寓由费城一个教友会资助建造，建于1963年，1966年竣工。因为它成功地诠释了后现代主义建筑的风格特征，成为20世纪最著名的建筑之一。这是一座突破常规建筑风格的建筑，它在主楼的立面上开了一扇尺寸特别大的扇形窗，使在特定环境中的建筑别具特色，为后来许多设计者所模仿。美国费城老年公寓是体现文丘里使用一些新的设计手法来“隐喻”传统建筑元素、强调立面装饰等设计思想的最初成果之一。该建筑以其标新立异的设计哲学、大胆新颖的设计手法成为20世纪最具影响力的建筑作品之一，为后来的建筑师所效仿。

美国建成科罗拉多州空军士官学院教堂 位于美国科罗拉多州空军士官学院校园内，设计者是美国著名的SOM事务所。教堂平面为长方形，共3层，高45.72米。在功能布局上，建筑师首创了将三个不同类型的宗教空间布置在一座建筑内的模式。教堂的结构由100个四面体单元组合而成，每个单元体都由钢管组成构架，外贴玻璃或铝皮。由三个单元体组成一个大的构架，两两相对构成教堂的墙面与屋面。设计者利用当时最新的技术成果创造出了最新颖的教堂建筑形象，并创造了一种新的结构形式，赋予建筑一种强烈的时代气息，体现了对技术的强烈崇拜之情，表现了二战后技术美学发展的一个新走向。因其成功的设计，该建筑于1996年获得美国建筑师协会“25年奖”。

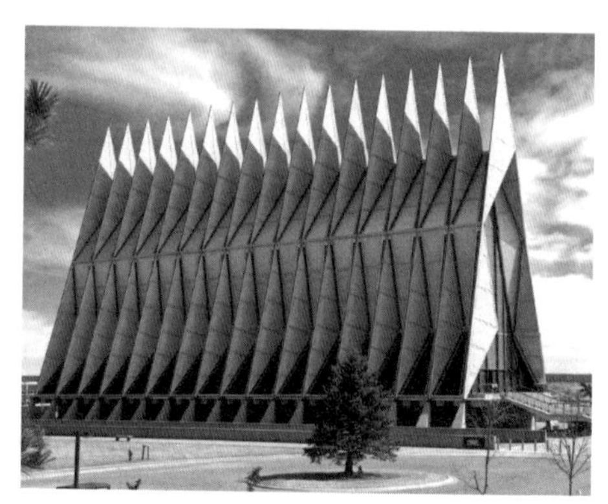

空军士官学院教堂

甘地纪念馆 位于印度西部城市艾哈迈达巴德的撒把马提·阿什拉姆地区，设计者是印度本土建筑师科里亚（Correa，Charles Mark 1930—2015）。纪念馆的形式借鉴了当地民居的建筑式样，平面由51个带有金字塔形屋顶的6米×6米的模数单元组成，房间的墙体上都不设玻璃窗，采光和通风都通过手动制百叶窗控制。建筑采用了当地建筑的构筑形式：坡屋顶、瓦屋面、红砖柱。改良之处是在砖柱之上采用了预制混凝土梁，并悬挑出屋面之外，还将界面转换成凹槽状，作排水之用。甘地纪念

甘地纪念馆

馆被认为是印度民族文化和现代建筑手法相结合的最成功的范例。纪念馆的外观呈现出由一座座小巧精致的单层瓦屋顶建筑构成的一组优美的聚落群。红砖柱、白墙面、木制门、百叶窗和红屋顶，表现出极强的地域性特色。同时，纪念馆朴实无华的特征也与甘地坚韧的精神相互呼应，体现了科里亚注重地域性深层内涵的设计理念。

1964年

日本东京建成代代木国立综合体育馆　该建筑位于日本东京，由亚洲第一位普利兹克建筑奖得主——日本建筑师丹下健三设计，是丹下健三结构表现主义时期的巅峰之作。体育馆是由奥林匹克运动会游泳比赛馆、室内球技馆及其他设施组成的大型综合体育设施。它的造型类似海螺，由两座馆组成，大的椭圆形为游泳馆，小的圆形为篮球馆。两座馆都用悬链形的钢屋面悬挂在混凝土梁构成的角上。这座建筑采用了悬索结构，用数根自然下垂的钢索牵引主体结构的各个部位，从而托起了这座总面积达两万多平方米的超大型建筑。代代木国立综合体育馆脱离了传统的结构和造型，是20世纪60年代的技术进步的象征，是当代仿生建筑的杰出代表，被誉为日本划时代的作品。代代木国立综合体育馆独特的结构技术与大胆新颖的设计理念为建筑带来了全新的形态，成为丹下健三设计生涯的巅峰之作。他创造性的想象力，以及将建筑技术、功能、艺术乃至对历史文化的继承高度统一起来的设计思想，为日本现代建筑进入世界建筑发展的前沿立下了不可磨灭的功勋。丹下健三也因此成为1987年普利兹克建筑奖的获得者。

代代木国立综合体育馆

高技派出现　即技术含量很高的建筑流派。二战后的工业化时代，以美学为特征，并在20世纪90年代逐渐走向成熟。不同于原来的冷酷，变得倾向于情感的融合，在自然、社会和人权道路上发展。代表人物是皮亚诺和福斯特。一方面表现为积极开创更复杂的技术手段来解决建筑甚至城市问题，另一方面表现为建筑形式上新技术带来的新美学语言的热情表达。

美国建成宾夕法尼亚大学理查德医学研究楼 理查德医学研究楼位于美国费城宾夕法尼亚大学校园内，包括医学研究实验室和植物微生物实验室两部分。设计者是美国著名建筑师康（Kahn，Louis I. 1901—1974）。大楼建造于1957—1960年，后来又扩建了植物微生物实验室部分，扩建部分设计于1961年，建成于1964年。研究楼的平面功能布置模式来自于康的思想中关于“主体空间”与“附属空间”的理念。该建筑有着独特的结构体系。建筑采用钢筋混凝土框架与井字梁楼盖承重体系。方形塔楼的每边设有两根柱子，由井字梁把这些柱子连在一起，形成有序的结构体系。塔楼的每一边有两根柱子，柱上连接着两根预制钢筋混凝土结构大梁，整个井字形楼盖承重体系，采用后张法预应力施工工艺。楼盖的角部，支承于转角悬臂折线梁上，梁的截面依悬臂长度分成两个不同的高度尺寸。理查德医学研究楼是康最著名的代表作品之一。他依据功能划分空间的理论、标准功能单元的确立、简洁的清水砖墙和丰富的形体组合，这些因素构成了他独特的设计风格。

1965年

加拿大建成多伦多市政府大厦 1956年，多伦多市政府举行国际竞赛，征集新市政厅方案。芬兰建筑师雷维尔（Revell，Viljo 1910—1964）带有现代主义建筑色彩的参赛方案从520位建筑师中脱颖而出获得头奖。市政厅从空中鸟瞰犹如一只巨大的眼睛，故有“政府之眼”的绰号。

多伦多市政府大厦

大厦由两座高层建筑围绕一座扁圆形建筑组成。两座高楼是平面呈新月形的曲面板式建筑，采用大面积玻璃窗，前面是一排透明的长廊，构成的建筑风貌明快而活泼。

墨西哥建成人类学博物馆 位于墨西哥城的夏波尔特佩克公园内。平面近似于矩形，中间是庭院。全馆25个陈列室有机地布置在庭院的三面，每次参观完两个陈列室后，必须回到中间庭院，才能再步入别的陈列室。这种流线布置，巧妙地使参观者忽而室内忽而室外，忽而悠古忽而现代，忽而展品忽而景观，相互交融，有情有景，给人以美好的心理感受。该馆是世界上最优秀的人类学博物馆。

美国休斯敦建成星际体育馆 采用钢管结构，圆顶直径196米，覆盖面积3.9公顷，为世界上最大的体育馆之一。

美国芝加哥建成马利纳城大厦 位于美国芝加哥市中心的芝加哥河南岸，由著名建筑师戈德伯格（Goldberg，Bertrand 1913—1997）负责设计。当年曾名列世界十大超高层建筑之一，也是一座集商住、娱乐于一体的大型综合性建筑。建于1965年，该建筑共60层，高177米，为两座并列的多瓣圆形平面的公寓，是塔式玻璃摩天楼的典型实例。马利纳城大厦是戈德伯格30年建筑生涯中的巅峰之作。大厦造价只有3600万美元，十分节省，体现了现代主义建筑注重经济效益的思想。如今，大厦已经成为芝加哥著名的地标，在芝加哥的天际线上留下了美丽的身影。

马利纳城大厦

美国建成国土扩展纪念碑 圣路易斯市杰斐逊国家纪念碑，又称圣路易斯大拱门，它位于美国中部密西西比河畔的圣路易斯市的中心区内，设计师为埃罗·沙里宁。纪念碑为抛物线造型，底部最宽处及高度均约192米。拱内设有电梯可以沿弧线线路上下，游人可以登至拱顶。拱门的结构形式为空心的钢筒结构，从底部一直到91米处，其材料为不锈钢外皮和碳素钢内皮中间夹着混凝土芯。从91米处开始一直到顶端为螺纹钢和碳素钢。其地下为博物馆部分，宽大的地下博物馆与地上拱券的雄伟造型构成了一个完美的组合。是美国最重要的文化景观之一。纪念碑视线开阔，成为城市中一个极好的视觉中心。而且由于其挺拔的造型，闪亮的质感，强烈地吸引了人们的注意力，使其具有一种现代意义上的纪念内涵——庄重、典雅、活泼并呈现出胜利开发西部的独特豪情。

柯布西耶［法］逝世 20世纪最著名的建筑大师、城市规划家和作家。是现代建筑运动的激进分子和主将，被称为“现代建筑的旗手”。他主张积极采用新材料、新结构，在建筑设计中发挥新材料、新结构的特性；主张坚决摆脱过时的建筑样式的束缚，放手创造新的建筑风格；他提出了建筑学新五点，并强调机械的美，提出“住宅是居住的机器”。他和格罗皮乌斯、密斯、赖特并称为“现代建筑派或国际形式建筑派的主要代表”。代表作：萨伏伊住宅、马赛公寓、朗香教堂等。

1966年

美国建成休斯敦杰西·琼斯大厅 该厅第一次采用由六角形小块组成的可升降顶棚，具有很好的中频混响音响效果。

日本建成皇居旁大楼 建于1966年，由日本建筑师林昌二（1928—2011）设计。为了适应基地的不规则形，两栋细长的办公楼通过夹在其间的中央大厅错接在一起。中央大厅两端有两个独立的圆筒形支撑体，内设楼梯与各种服务性设施，建筑造型明快有力，细部精致，被认为是“具有战后日本现代建筑最高水平的作品”。

美国建成阿斯托里亚桥 跨度376米，是当时世界上跨度最大的连续桁架桥。

法国建成奥莱龙桥 是著名的预应力钢筋混凝土连续T构桥。正桥的跨度79米，共有26孔，每4孔为一联，在反弯点处设置铰。

阿斯托里亚桥

中国建成渡口市金沙江桥 位于四川省渡口市（今攀枝花市）区，跨度180米，是中国当时跨度最大的钢箱形拱公路桥。

中国建成永定河7号桥 位于丰台至沙城铁路线，是单线中承式，拱跨150米，拱肋截面箱形，施工时采用钢拱架拼装，是中国当时跨度最大的钢筋混凝土铁路拱桥。

中国制造钢筋混凝土桁架拱桥 1966年在上海金山首次建成，此后又建成大量此类公路桥和农用桥，最大跨径达80米。该型桥综合了桁架和拱的优点，结构合理，充分发挥了钢筋和混凝土的作用，整体性好，构件轻巧，节约材料，便于工厂预制和施工装配化，并适合于软土地基，因而得到迅速推广，在此基础上还发展出圆洞拱片桥等。

1967年

结构专家斯特雷勒茨基［苏］逝世 斯特雷勒茨基（Streletski，Stanislavovich Nikolai 1885—1967）生于1885年，毕业于圣彼得堡交通工程学院。他对桥梁的动荷载作用，结构的强度和安全度，钢结构的受力、定型化和经济等方面都有独特的见解，是用统计分析法来分析结构受力和用极限状态法设计工程结构的首创人之一。著有《金属结构》等。

苏联莫斯科建成奥斯坦金诺电视塔 结构工程师是尼基金，建筑师是布尔金等。塔身的下半部是钢筋混凝土结构，上半部是钢结构，塔底固定在一个埋深仅为3米的环形基础上。塔高553米，在337米高处设有“七重天餐厅”，是观看莫斯科全景的最佳旅游点，发射莫斯科所有主要电视台和几个广播电台的节目信号，是当时全球第二高的构筑物。

苏联奥斯坦金诺电视塔

蒙特利尔世界博览会西德馆 1967年蒙特利尔世界博览会的西德馆，由古德伯罗（Gutbrod，Rolf）和奥托设计。该展馆采用当时十分先进的技术——钢索网状张力结构，这种结构是在悬索结构基础上进一步发展而来，轻巧自由，施工简易、跨度大。其屋面用特种柔性化学材料敷贴，呈半透明状。

蒙特利尔世界博览会美国馆 网架结构与短线穹隆顶能够用较少的材料建成大跨度的屋盖，理论上可以设计成任何尺寸。1951年起，美国工程师富勒（Fuller，Richard Buckminster 1895—1983）用三角形的金属部件设计短线穹隆顶取得成功，继之这种轻巧的金属穹隆结构与网架结构便得到了广泛的发展。它具有施工速度快和经济的优点。1967年，富勒采用他善用的三角形和多边形的网架组成多面体穹隆这种结构设计了加拿大蒙特利尔世界博览会的美国馆，该馆直径67米，高61米。外形为20层高的高圆顶建筑，被设计师称为“网球格顶”。它造价低廉、建造迅速。以较少的材料造成轻质高强的屋盖，轻巧地覆盖着很大的空间。在常规的墙顶设计中，往往是2500千克/平方米，但是“网球格顶”的设计却可以用约4千克/平方米来完成。人们亲切地称其为“富勒球”。也就是从那时起，球形建筑开始在全球流行开来，方兴未艾。

1968年

美国建成埃沃富特飞机厂　该厂位于华盛顿州的西雅图市市郊，是美国波音公司的组装车间，占地19平方公里，最宽处2400米，最大高度35米，容积为5.67亿立方米。厂房的三个主要大门，均为足球场那么大。厂房内可同时组装六架波音747SP型宽体客机。所有设备的全部工作均由电子计算机控制。

中国广州建成广州宾馆　采用剪刀墙结构，共有27层，高88米，是20世纪60年代国内最高的高层建筑。

中国建成南京长江大桥　1968年9月、12月铁路公路先后通车。该桥全长6772米，正桥长1577米，为10孔钢桁架梁，浦口岸第一孔为128米简支梁，其余9孔为三联跨距160米的连续梁。桥下净空宽120米，高30米。上层公路宽15米，两侧人行道各宽2.25米，下层为双线铁路。大桥施工时水深达60～76.5米，科技人员根据不同的水文地质条件，成功地采用了重型钢筋混凝土沉井基础、大型管柱基础、浮式钢筋混凝土沉井基础等，并掌握和发展了深水下基岩灌浆方法，使中国桥梁基础技术提高到新的水平。

南京长江大桥

中国建成首都体育馆　为迎接第一届新兴力量运动会而建，其屋盖净跨度为112.2米×99米。该建筑是国内第一次采用平板型双向空间网架的建筑，从此网架技术在国内推广。

1969年

苏联莫斯科建成经济互助委员会大楼 由波索欣（посохин，M.B.）设计。大楼共有31层，高110米，两翼呈弧形，楼梯及电梯厅相连，两翼的弧形由线和形象随着人们的视线转动而变化。是座较有影响力的公共建筑。

日本东京建成八重洲地下商业街 建筑面积约14万平方米，顶部距城市地面5米。商业街由南北两条相交成T形的长街和另4条街组成。南、北长街街面宽敞，并把“水的广场”“石的广场”“花的广场”“光的广场”四个风格各异堪称地下明珠的广场串联起来。地下商业街设有250多家商店，号称世界上最大的地下商业街。

中国建成大跨径双曲拱桥 建于河南省的前河大桥，单孔，跨径150米，矢跨比1∶10，主拱横断面各肋采用曲形布置，并设有双层拱波，是我国跨径最大的双曲拱桥之一。

格罗皮乌斯［德］逝世 1883年5月18日出生于德国柏林，格罗皮乌斯力主用机械化大量生产建筑构件和预制装配的建筑方法。早在包豪斯学校任教时期，他便致力研究使家具、器皿等日用品和建筑设计适应工业化大生产的要求，认为只有这样才能进行大规模建设并降低造价。他还提出一整套关于房屋设计标准化和预制装配的理论和办法。20世纪40年代初，他和瓦许曼合作研制了供装配用的大型预制构件和预制墙板。他是德国现代建筑师和建筑教育家，现代主义建筑学派的倡导人和奠基人之一，公立包豪斯（BAUHAUS）学校的创办人。

密斯［德］逝世 1886年生于德国亚琛，过世于美国芝加哥，原名为玛丽亚·路德维希·密夏埃尔·密斯（Mies，Maria Ludwig Michael），德国建筑师。密斯的建筑艺术依赖于结构，但不受结构限制，它从结构中产生，反过来又要求精心制作结构。他的设计作品中各个细部精简到不可精简的绝对境界。他的贡献在于通过对钢框架结构和玻璃在建筑中应用的探索，发展了一种具有古典式的均衡和极端简洁的风格，并提出“少就是多”、流通空间、全面空间等著名理论。其作品特点是整洁和骨架露明的外观，灵活多变的流动空间以及简练而制作精致的细部。代表作：巴塞罗那国际博览会德国馆、西格拉姆大厦等。密斯积极探索新型建筑技术，是最著名的现代主义建筑大师之一，与赖特、柯布西耶、格罗皮乌斯齐名，并称20世纪中期现代建筑四大师。

美国建成芝加哥汉考克大厦 位于美国伊利诺伊州芝加哥市北密西根大街875号的一幢摩天大楼，开工于1965年，完工于1969年，由SOM建筑事务所设计，是当时全世界最高的摩天大楼。汉考克大厦楼高343.5米，加上天线更高达457.2米，地上100层，总面积260万平方米。汉考克大厦的外观是一个由下而上逐渐收缩的锥形台体。大厦立面上的钢结构框架以X形斜撑完全暴露在玻璃幕墙之外，将结构构件作为重要的立面装饰元素，使原生态技术得以升华为艺术技术。这是二战后现代主义建筑师崇拜技术倾向的一个重要表现。1999年，汉考克大厦获得美国建筑师协会第30个“25年奖”。

汉考克大厦

1970年

建筑师诺伊特拉［美］逝世 诺伊特拉1892年生于奥地利维也纳，曾就读于维也纳工科大学与苏黎世大学，后曾在柏林门德尔松事务所工作，1923年移居美国后先后供职于荷勒伯-洛歇事务所和赖特事务所。他因把国际式建筑风格介绍到美国而著称。他在住宅设计中，注意把建筑与当地地区特点、人与自然和谐结合，并用大片玻璃使室内外空间相互渗透，以多种建筑材料的不同质感来丰富建筑的表现力。其代表作品有加利福尼亚考夫曼住宅（1946年）、梅列海滨的汽车旅馆（1948年）、洛杉矶的鹰石俱乐部（1953年）和塞尔鲁尼别墅（1956年）等。

充气体育馆建成 位于日本大阪，是1970年世界博览会中的美国馆，是一座充气结构的大型公建。平面呈椭圆形，其充气屋面用32根钢索张拉及涂以B粒子的玻璃纤维支撑，每平方米的重量为1.22千克，整个馆的覆盖面积为10000平方米，充气结构的屋顶用钢丝绳固定，是当时最经济的做法。

1971年

美国重建芝加哥麦考密克展览会议中心 它是一个没有固定隔墙的巨大万能空间，上面覆盖着一个22.9米挑檐的大顶盖。中心拥有5.57万平方米的陈列面积，9290平方米的大小会议室和3902平方米的餐馆、咖啡厅等辅助用房，还设有一个有4300个座位的剧院。在万能空间里，可用轻质隔断或组合家具进行灵活分隔，以满足各种陈列需要。

芝加哥麦考密克展览会议中心

美国建成波士顿人寿保险公司大厦 由贝聿铭（Leoh Ming Pei，1917—2019）和他的主要助手亨利·科布设计。大厦为63层，高241米，是波士顿最高的建筑。大厦平面为梯形，入口门厅高3层。整个大楼外墙均用浅蓝色镜面玻璃包镶。

美国建成旧金山海特摄政旅馆 由波特曼（Portman，John. C. Jr. 1924—2017）设计。建筑平面为三角形，为了避免遮挡附近建筑物的视线，建筑物往上逐层内缩，使主体建筑呈阶梯状。挂廊也逐层内收，屋顶倾斜，并有一条3米宽的采光带。中庭有树、水、抽象雕塑，并有透明的梯形通道，具有生动的生活情趣，是典型的波特曼设计风格的代表作品。

中国石拱桥创跨径新纪录 建于四川省丰都县的九溪沟大桥，用小石子砌块石和片石建造，跨径116米，拱圈为变截面悬链线形，厚度为1.60～2.15

米，矢跨比为1：8，当时创造了中国石拱桥跨度的最高纪录。

1972年

日本东京建成中银舱体楼 东京中银舱体楼是一幢装配式的公寓楼，位于东京市的银座区，建成于1972年，是新陈代谢派核心人物黑川纪章（KishoKurokawa 1934—2007）设计的。新陈代谢派兴起于20世纪60年代的日本，认为建筑像生物的新陈代谢那样，是个动态过程，追求建筑随时变化的可能性。该建筑地面上有13层，地下为1层。大楼的核心是交通空间，四周密集布置着一个个舱体式的居住单元。每个单元都是在工厂预制的标准构件，其内部所有的家具和设备也均提前预制好，这些居住单元可以随意组合及排列，各个单元也可随时拆分。大楼采用钢筋混凝土结构，整栋大楼均以核心筒为轴，为向四周挑出钢筋混凝土的密封舱体式的居住单元。东京中银舱体大楼是世界上第一座用于居住功能的舱体式建筑，它采用在工厂预制建筑部件并在现场进行组合的创新的施工方法来完成建造过程，这在预制及装配化生产建筑方面是一个巨大创新。

中银舱体楼

德国慕尼黑建成巴伐利亚发动机公司办公楼 由施万策尔（Schwanzer, Karl 1918—1975）设计。塔楼共22层，总高100米，平面如同4个圆形连在一起的花瓣。建筑是悬挂式结构，4个圆形办公楼的楼板分别悬挂在4根钢筋混凝土吊杆上，而吊杆悬挂在一个高16米、位于中央井筒的巨大十字形支架上，井筒将整座楼的荷载传递到地面。楼的周围为铸铝墙板，内层加隔热板，窗户也采用隔热玻璃。办公楼东部有一个碗状展览大厅，展厅的四周墙面为弧形，可放映全景电影。

德国慕尼黑建成奥林匹克运动场屋顶 屋顶面积为75000平方米，采用钢索和玻璃组成，是当时世界上最大的屋顶。该建筑首次采用大学教授弗雷·奥托关于大型帐篷式屋盖的理论设想，并且开启了用纯数学的计算机程序求解结构形状和性能的先河。

美国明尼阿波利斯市建成联邦储备银行大楼 由密执安建筑事务所古纳尔·布克斯特等设计。银行大楼高16层。各层楼板不是用墙柱支撑，而是悬挂在相隔100米，两个高8.5米，跨度长84米的桁架大梁上，用两条工字钢做成的悬链，将楼板吊在上空。从立面上看，有一条自由下悬的曲线。以该曲线为界，上部的玻璃装在悬链之后，下部的玻璃装在悬链之前，形象鲜明，结构清晰。联邦储备银行大楼有独特的结构，其形象在银行建筑史上是一项创新。

美国洛杉矶建成世界最大停车库 车库地下为6层，深30.4米，面积4.85公顷。

意大利建成法拉沙桥 该桥跨径376米，是世界上跨度最大的斜脚钢架桥。

法国建成马蒂格公路桥 该桥是世界上著名的斜腿钢架桥之一，脚铰跨度210米。

中国建成湖南长沙湘江大桥（现名橘子洲大桥） 是中国规模最大的公路双曲拱桥之一，主桥长1250米，宽20米，17孔，最大跨径76米，采用8根等截面⊥形钢筋混凝土拱肋，少筋混凝土波，腹拱为钢筋混凝土板拱。支桥长282米，宽8米，10孔，最大跨径30米，为等截面双铰双曲拱。采用缆索吊装施工，仅用一年建成。

湖南长沙湘江大桥

1973年

澳大利亚建成悉尼歌剧院 由丹麦建筑师伍重（Utzon，Jorn 1918—2008）设计。位于悉尼市的奔尼浪岛上，是一个大型综合文艺演出中心，建筑总面积88258平方米，拥有一个歌剧厅、一个剧场、一个大音乐厅和一个小音乐厅以及其他用房，共900多间。剧院的基础是现浇的钢筋混凝土，

悉尼歌剧院

南北长186米，东西最宽为97米。屋顶采用蚌形薄壳，外观为三组巨大的壳片，每一壳片假想半径为76米的圆球表面的一部分。建筑群入口处大平台占地面积1.82公顷，平台前阶宽97米，是世界上最宽的台阶。悉尼歌剧院以建筑形象独特优美而闻名于世界，是悉尼市的标志，为现代建筑的典范。歌剧院建在一座混凝土的台基上，三个单体分别是歌剧院、音乐厅和贝尼朗餐厅，其余的功能部分全部布置于基座内。歌剧院、音乐厅并排立在台基的北侧，二者的平面布局基本相同，都是由入口大厅、休息厅区、观众厅和舞台组成。只是在规模上歌剧院有1547个座席，要小于音乐厅的2690个座席。歌剧院的观众厅布置是楼座与池座相结合的惯用模式；音乐厅采用观众席围绕着中心乐池的布置模式，与柏林爱乐音乐厅相同。二者观众厅的装饰都十分华丽、讲究，顶棚上的反射板保证了演出时可以获得圆润的音响效果。贝尼朗餐厅是整个歌剧院建筑组团中最小的一部分，布置在台基的南侧。整个建筑群的入口在南端，有97米宽的大台阶，台阶下为停车场和车辆进出口。观众也可以由地面层两侧的入口直接进入观众厅。

悉尼歌剧院的外观是在一个现浇钢筋混凝土结构的台基上耸立着三组独立的壳体，音乐厅和歌剧院各由4块大壳体组成，是壳体结构的重要代表作。壳体结构就是用混凝土等刚性材料以各种曲面形式构成的薄壁曲面结构。它呈空间受力状态，主要承受曲面内的轴向力，而弯矩和扭矩很小，所以材料强度能得到充分的利用。壳体结构的形式很多，常用的有圆顶壳、筒壳、双曲扁壳、鞍形壳等。由于是空间结构，强度和刚度都非常好，薄壳的厚度仅为其跨度的几百分之一，而一般的平板结构厚度至少是跨度的几十分之一。所以壳体结构具有自重轻、省材料、跨度大、外形多样的特点，是大空间建筑常用的结构形式。悉尼歌剧院的壳体屋顶由2194块弯曲形混凝土预制件用钢缆拉紧拼接而成，外表覆盖着奶白色的瓷砖。远远望去，歌剧院与音乐厅就像两艘巨型白色帆船漂浮在海面上。贝尼朗餐厅的规模最小，由两对壳片组成。这些壳体不但成功地覆盖了三座规模不同的建筑，而且因屋顶所形成的建筑的第五立面而成为建筑史上的非凡之作。

悉尼歌剧院因其设备完善，使用效果优良，而成为一座著名的音乐、戏剧演出中心。那些濒临水面的巨大白色壳体，像是海上的船帆，在蓝天、碧海、绿树的衬映下，婀娜多姿，轻盈皎洁。同时，歌剧院作为二战后一座体形独特、个性鲜明的现代建筑，得到的好评与非议都是空前的。2003年，在悉尼歌剧院建成30周年之际，伍重因为设计了悉尼歌剧院而获得这一年的普利兹克建筑奖。这座建筑已被视为世界经典建筑而载入史册。

美国纽约建成世界贸易中心大厦 由雅马萨奇（Yamasaki，Minoru 1912—1986）（日本名：山崎实）建筑师设计。1966年动工，1973年建成。位于纽约曼哈顿岛西南端，面临哈德逊河。由两座并立的110层（另有地下7层）411米高的方形塔式大厦和4幢7层及1幢22层建筑组成。两座塔楼的外观为方柱体，边长63米×63米，建筑面积为120万平方米，采用钢框架套筒结构体系。设计顶部允许位移为900毫米，实测为280毫米。建筑外墙全部用铝板装饰，结构的明露部分喷涂有3厘米厚的防火石棉水泥层，曾经受住了1975年的火警考验。该大厦是钢结构体系塔式摩天楼的典型，在当时是世界上最高的建筑。由于世贸中心的高度过高，所以使用起来不太方便。同时，由于受到结构的限制，导致建筑的造型比较单调。然而作为当代物质技术的巨大成果，世贸中心仍不失为建筑史上的里程碑。世贸中心是国际式与典雅主义风格的结合体，曾为纽约市的标志性建筑之一。

纽约世界贸易中心大厦

中国江苏省建成鉴真纪念堂 由梁思成设计。位于扬州城北蜀岗中锋法净寺东北部，西临平山堂，俯瞰瘦西湖，是扬州的著名景点。整个建筑由纪念堂、碑亭及四周回廊构成一座庭院，又称“鉴真院”。纪念堂面阔5间、进深3间，通面宽18米，屋顶为四阿顶式。步廊围绕纪念堂两侧，并与前面碑亭相连。东西两廊之外种植竹木直至院墙，构成既有唐代佛寺气氛，又与扬州当地寺院风格相融的清幽院景。碑亭前至报本堂为一狭长庭院。鉴真纪念堂是仿古建筑，但不囿古法，引入了现代建筑设计手法，在中国当代建筑设计中占有重要地位。

鉴真纪念堂

英格兰建成全自给房屋 它利用风力发动机发电，利用废水和垃圾生产沼气；利用雨水供水并利用太阳能加热。

澳大利亚建成里普桥 该桥主跨182.9米，挂孔37米，是世界著名的预应力钢筋混凝土悬臂桁架梁公路桥。

美国建成弗里蒙特桥 系双层桥面，下层桥面为钢筋混凝土，上层桥面为正交异性板钢板面。为有推力连续钢梁柔拱体系桥。

荷兰建成中央贝赫尔保险公司大楼 位于荷兰阿波尔多伦，由赫兹伯格设计，它为办公楼创造了一种新的形式。

法国巴黎建成曼恩·蒙帕纳斯大厦 位于法国巴黎，是一座高层办公楼。建筑高229米，是欧洲20世纪70年代最高的建筑。

美国加利福尼亚的弗恩大学 位于美国加利福尼亚，是第一座薄膜屋顶的建筑。膜结构是一种建筑与结构完美结合的结构体系。它是用高强度柔性薄膜材料与支撑体系相结合形成具有一定刚度的稳定曲面，能承受一定外荷载的空间结构形式。其具有造型自由轻巧、阻燃、制作简易、安装快捷、节能、易于使用、安全等优点，因而在世界各地受到广泛应用。用于膜结构建筑中的膜材是一种具有强度且柔韧性好的薄膜材料，是由纤维编织成织物基材，在其基材两面以树脂为涂层材所加工固定而成的材料，中心的织物基材分为聚酯纤维及玻璃纤维，而作为涂层材使用的树脂有聚氯乙烯树脂（PVC），硅酮（silicon）及聚四氟乙烯树脂（PTFE）。

1974年

建筑师康［美］逝世 美国现代建筑师。康（Kahn，Louis I.）的设计作品重现了18、19世纪的某种风格，他以20世纪60年代的技术、材料、功能、精神为表现手段和目的，在建筑艺术风格上，构图的基本元素以简单几何形——正方形、矩形、圆形、规则三角形等为主，具有现代和古典共有的特征。他的作品体量雄浑、沉重，虽然不使用厚重的传统装饰符号，但是凭借着钢筋混凝土、石材、砖、木等材料的天然质感和人工肌理的展现，有一种从总体到细部统一的纵深感。这是康开创的新潮流，这一潮流被称为新历史主义，或新古典主义。

法国巴黎建成戴高乐机场 由建筑师安德鲁（Andreu，Pawl 1938—2018）设计。位于巴黎东北部，占地约30平方公里。有两座供国内外旅客使用的候机楼。其中国际候机楼是11层钢筋混凝土结构的圆形大楼，包括地下2层；首层为离港层，三层为进港层；在不同高度各设一条环形汽车道，通向第5层至第8层的停车场；第9层为瞭望平台。国内候机楼采用带状单元对置式布置，每个单元负责一个航班的旅客乘机的全部过程，每6个这样的单元组成一个弧形的单元组。候机楼内侧是车道，外侧是机坪，缩短了乘客进出港的距离。戴高乐机场是世界最大的机场之一，设计高峰容量每小时起降班机150架次，客运量每年5000万人次。

法国巴黎戴高乐机场

美国芝加哥建成西尔斯大厦 由SOM建筑设计事务所设计，是一幢总建筑面积约40万平方米的办公楼。大楼地上110层，地下3层，高443米，由9个22.9米见方的方管拼装成一个68.7米见方的大筒，在9个方管的范围内不设支柱，空间可按需要分隔，大厦平面随层数增加而

西尔斯大厦

分段收缩。大厦的设计中第一次提出并应用了束筒结构体系，将9个高低不齐的方形空心筒集中在一起，使得不同方向的立面形态各不相同。它不仅在高层建筑抗风结构设计方面取得了明显进展，而且将建筑艺术和结构创新相结合。是20世纪80年代前世界上最高的建筑。

波兰建成华尔扎那电视塔 位于普洛茨克附近，是世界上最高的钢塔。塔高646.38米，塔身由15根巨大的钢缆紧固而成。

巴西建成瓜纳巴拉湾桥 该桥主跨长300米，是世界上跨径最大的钢箱梁公路桥之一。桥全长13.6公里，其中8776米在海上，中间三跨连续钢箱梁分跨为200米+300米+200米。由于桥在主航道上，故桥下净空为300米×60米。

美国建成宾州切斯特桥 该桥悬孔250米，是当时世界上跨度最大的公路简支钢悬臂桁梁桥。

日本港大桥建成 是双层8车道公路桥，主跨510米，是世界上跨度最大的栓焊钢桁架梁桥之一。

法国建成博诺姆桥 该桥主跨186.25米，是当时世界上跨度最大的预应力混凝土钢架桥。

美国建成宇宙航行博物馆 位于华盛顿独立大街和杰弗逊街之间，1976年7月1日正式开放，是一座以浅色大理石为饰面的钢筋混凝土结构现代建筑，对外展出部分为两层，24个展区，面积1.8万平方米。进入“太空”大厅时，就像遨游于星光灿烂的苍穹之中。该馆收藏有各种类型的航空航天实物展品和美术作品，被称为航空航天科学技术的迷宫，人类宇航知识的宝库。

美国建成西雅图金郡体育馆 馆顶采用双向弯曲混凝土薄壳，壳体厚度125毫米，净跨度201米，覆盖面积4万平方米，是世界上覆盖面积最大的混凝土壳体建筑。

法国巴黎建成建筑作品展览室 面积90平方米，是世界上最早的一座全塑料自承重建筑。

美国修建爱达荷州立大学足球场 球场屋盖跨度122米，上、下翼缘采用45毫米厚度的密层胶合木，由16层单板胶合成。是世界上首例采用胶合木筒拱结构的建筑。

格鲁吉亚共和国建第比利斯汽车公路局办公楼 建于1974年，由恰哈哇设计。建筑坐落于一个落差达33米的陡峭山地上，位于两条城市干道之间。该办公楼由三座各距离28米，高度分别为7层、13层、17层的塔楼以及架在它们之间的水平向楼层组成。结构上采用了垂直向的塔楼加上水平向的悬挑体系，是一座在形式和技术上十分大胆的建筑。

日本建成新宿三井大厦 新宿三井大厦是东京都新宿区西新宿的一栋摩天大楼，完成时曾是日本第一高楼。

1975年

美国亚特兰大建成桃树广场旅馆 由美国建筑师波特曼设计。旅馆共70层，高220.3米，是一幢圆柱塔楼，直径35米。波特曼采用中庭的手法，将圆塔底部六层全部镂空，让环绕塔楼的裙房层层后退，形成一个上大下小的庭院空间。在层层悬出的挑台上设有咖啡座等。中庭的地面辟为一个2023.4平方米的弧形水池，在水池上空的圆柱之间设有一层圆形休息平台，由平台挑出的岛座，像漂浮于水面的小船。中庭的屋顶为曲面玻璃天窗，使不同视觉效果的圆形、矩形空间浑然一体。

美国建庞蒂亚克体育馆 位于美国密歇根州，建于1975年。其跨度达168米，可容纳观众8万人，薄膜气承屋面覆盖3.5万平方米。它备有电子报信系统，如遇漏气或损坏能自动报警，以便及时修理。是当时世界上最大的气承建筑。

中国上海建成上海体育馆 由汪定曾等设计。1973年动工，1975年10月竣工，总建筑面积约4.7万平方米。比赛馆为直径110米的圆形建筑，其圆形大屋顶直径125米，支承在36根环列柱上，周围有挑檐，宽7.5米。平面面积为12272平方米，采用圆形向二层钢管球节点网架结构，是中国有代表性的钢管网架结构建筑之一。

日本建成箕岛国际机场 箕岛原有面积0.9平方千米，为修建机场，移山填海把面积扩大到2.44平方千米。机场有一条长3000米、宽60米的全天候跑道，一条长3498米的滑行道和一个7.4万平方米的矩形停机坪，还建有一座指探塔和一座连接陆地的大桥。该机场是世界第一座海上机场。

加拿大建成多伦多塔 于1975年6月26日完工，高553.33米，是当时世界上最高的自立构造。位于加拿大安大略省的多伦多市，是该市的标志性建筑。塔基用500吨钢筋和18000吨混凝土建成，厚达7米，其平面呈Y形。塔身底部外缘由三片支柱翼组成巨腿，下宽上窄，簇拥而上，变成六角形。全塔由下而上，分成四个部分。地面层设有餐厅、商店，塔外有花园和水池环绕。在325～365米之间，高悬一个外形酷似横卧轮胎的高空楼阁，共分七层，第一层为微波传播仪器房；二、三层是能容纳600人的瞭望台；第四层是旋转餐厅；第五层是电视广播台；第六、七层为电源动力房。位于446米处是个专为游客观景而设置的塔楼，称“太空甲板”。该建筑既是当时世界上最高的电视发射塔，也是世界上最高的观景台。

多伦多塔

美国建成新奥尔良体育馆 建筑为圆形平面，直径207.3米，可以容纳9.5万名观众。体育馆结构整体性强，稳定性好，空间刚度大，是当时世界上最大的钢网架结构建筑。

美国建成西雅图“国王穹顶”（Kingdome）体育馆 该建筑穹顶直径为202米，其结构类型为混凝土加肋双曲抛物面壳。由于大跨混凝土屋盖通常需施加一定的预应力以减少拉裂并控制结构的变形，预制构件装配式拱壳有时也需要施加一定的预应力，目的是增强结构的整体性。故混凝土屋盖的整体浇筑通常需要使用大量的模板，施工成本较高。该建筑为混凝土穹顶的代表作。

英国建成法伯—杜马斯大厦 位于英国伊普斯威齐，由英国建筑师福斯特（Foster，Norman 1935—　）设计，其中的玻璃安全系统是与皮尔金顿共同设计的。该建筑是首次采用螺栓在角部固定方式的建筑之一，即只固定玻璃板的各角，用单一的固定设备把它们单独安装，或2～4个一起安装。

1976年

美国休斯敦市建成潘索尔大厦 由约翰逊（Johnson，Philip 1906—

2005）和伯奇（Burgee，John 1933— ）合作设计。大厦为两座36层、高151米的塔楼，相隔3米建在76米见方的地面上，塔楼平面均为梯形，在第29层处一侧外墙以45°转折延伸，做成玻璃斜顶。高塔旁剩下的两个三角形地面，也盖上45°倾斜的玻璃顶，作为内庭商场，大厦外墙是古铜色镜面玻璃和氧化铝窗框，镜面玻璃互相照射，结合大厦的斜面、尖角、底部和顶部的三角形玻璃顶组合在一起，从不同角度观望，变化万千，形象奇特。该大厦是约翰逊的精品，也是20世纪70年代美国建筑的代表作品。

英国伦敦建成国家剧院 由拉斯顿（Lasdun，Denny Louis 1914—2001）设计，位于伦敦泰晤士河畔。1969年开始兴建，1976年全部建成。共有三个大小不同的剧场，中部突起的两座高塔，是奥利弗剧场和利泰尔顿剧场的后台。剧场没有主立面和次立面，而是由表面粗糙的平台层层叠叠沿水平方向展开。该剧院是现代建筑流派中粗野主义的代表作品。

美国建成托马斯·E. 利维活动中心和哈罗德·J. 托索馆 建于圣克拉拉大学，由斯科特设计。建筑物的两个100米×70米和60米×60米大穹顶屋盖，用半透明的特氟隆玻璃纤维织物作外膜充气而成，由钢结构支撑。

美国建成水塔广场大厦 位于芝加哥。高260米，76层高，地下2层。是当时世界上最高的钢筋混凝土套筒式结构建筑物。

芬兰现代建筑师阿尔托逝世 芬兰建筑师，人情化建筑理论的倡导者。他的作品并不是旧形式的再现，而是应用当地材料，结合现代工业精神与波罗的海地区传统进行创新。他利用薄而坚硬但又能热弯成型的胶合板来生产轻巧、舒适、紧凑的现代家具，已成为国际驰名的芬兰产品。1947年，他提出的Y形和三条腿的坐凳，改变了四条腿的模式，是对传统家具的一个突破。在玻璃制品上，他同样采用了有机的形态造型，使其产品设计有一种温馨、人文的情调。对于现代设计上所谓的功能，他认为那主要是从技术角度来考虑的，他所强调的是侧重于生产的经济性。阿尔托在工业设计上的这种“软”处理揭示出20世纪50年代“有机现代主义”的基本特征。他抛弃传统风格的一切装饰，使现代主义建筑首次出现于芬兰，推动了芬兰现代建筑的发展。

中国建成白云宾馆 位于广州市，共33层，高120米，是20世纪70年代中国最高的剪刀墙结构的高层建筑。

加拿大西安大略大学进行风洞实验室研究 这一研究对MBMA、SBC和世界其他一些国家的规范中风荷载的规定做出贡献，广泛用于低层金属结构系统。

1977年

林同炎［美］设计成克拉巧起大桥 该桥位于美国美洲河上的克拉巧起峡谷。峡谷跨度三四百米，谷深140米，桥跨400米，是一座弧形吊桥，用钢索直接锚固在两岸的岩壁上。克拉巧起大桥是世界上第一座半面弧形吊桥，林同炎（Lin，Tung-yen 1912—2003）因此荣获美国建筑设计比赛的第一名。

法国建成布罗托纳桥 位于法国鲁昂附近塞纳河上。该桥总长1278.4米，其中正桥长697.5米，中跨320米，两边跨各长143.5米，并在两端各伸出悬臂42.5米和48米。左右引桥分别为464.4米和116.5米，桥面宽19.2米。采用独柱式塔、单面索和三向预应力混凝土箱形梁，梁高3.97米。塔柱总高达120米。混凝土箱形梁采用悬拼与悬浇混合施工。是著名的公路混凝土斜张桥。

中国北京建成毛主席纪念堂 位于北京天安门广场南侧。1977年建成。是一座地下一层、地上两层的正方形建筑物。地上首层为北大厅、瞻仰厅、南大厅和休息室等。二层为陈列厅。地下室为设备和办公用房等。北大厅内设置毛主席坐像，瞻仰厅正中安放水晶棺。建筑物边长105.5米、高33.6米，坐落在红色花岗岩基座上，基座两层有栏杆，正侧面均为11间柱廊，廊柱为白花岗岩1.5米四方抹角柱。上部是重檐，檐口镶贴黄琉璃砖。南部有一个小广场。

毛主席纪念堂

美国纽约市建成花旗联合中心 由休·斯塔宾斯事务所设计。位于纽约曼哈顿区的中心，由一座65层高278.6米的办公楼、一座教堂、一座商场和一座平台花园组成。办公楼每侧有一个7.3米见方的巨柱，共4根，承担办公楼的一半荷载，办公楼中心竖井承担另一半荷载；顶部是一个巨大的斜面，窗子为银灰色双层镜面玻璃，窗下为铝质材料的墙。多层商店设在一个带玻璃顶的内院，内院与下沉平台相连，平台又与地下道口相通，里面种植花草等，是良好的休息处。中心的结构体系和环境设计不同于早期的摩天楼，被认为是第二代摩天楼建筑作品。

美国建成洛杉矶好运饭店 约翰·波特曼设计。由5座圆形塔楼组成，总建筑面积11.6万平方米。中间一座塔楼高37层，四角有4座高30层的塔楼。游廊建在纤细的圆柱上，廊边悬挑出一个个圆形阳台，电梯间嵌满透明玻璃。五座塔楼全部用青铜色镜面玻璃镶嵌，白天映射出蓝天白云和四周景物，夜间灯火通明，形如一座水晶宫。

中国建成上海锅炉厂重型容器车间 钢结构，主跨36米，高40米，是当时中国最大的厂房建筑。

美国建成新河峡谷桥 位于西弗吉尼亚州的高速公路上，该桥全长921米，4车道桥面，拱跨518.2米，桥面距峡谷底267米，是当时世界上跨度最大的上承式双铰钢桁拱桥。它还采用了耐蚀钢A588，代表着桥梁钢技术的新进展。

新河峡谷桥

阿根廷建成两用斜拉桥 建于布宜诺斯艾利斯，同时建成两座，主跨皆为330米，采用梯形钢箱梁，是当时世界上跨度最大的公路铁路两用钢斜拉桥。

西班牙建成兰德公路桥 主跨400米，是当时世界上跨度最大的公路钢斜拉桥之一。

中国台湾建成圆山公路桥 为预应力钢筋混凝土结构，主跨150米，是中国最早的单铰连续T构桥。

法国建成蓬皮杜国家艺术与文化中心 举世闻名的巴黎蓬皮杜艺术与文化中心是一座具有前卫姿态的、划时代的、开创性的建筑，由意大利建筑大师皮亚诺（Piano，Renzo 1937— ）和英国建筑师罗杰斯（Rogers，Richard George 1933— ）共同完成，是探索自由空间概念和艺术技术表达的重要作品。该建筑坐落于法国首都巴黎拉丁区北侧、塞纳河右岸的博堡大街，是法国总统蓬皮杜（Pompidou，Georges 1911—1974）为纪念带领法国于第二次世界大战时击退希特勒的戴高乐（De Gaulle，Charles 1890—1970）总统，兴建的一座国家级的现代艺术博物馆。该建筑建于1971年，并于1977年2月开馆。中心大厦南北长168米，宽60米，高42米，分为6层。大厦的支架由两排间距为48米的钢管柱构成，楼板可上下移动，楼梯及所有设备完全暴露。东立面的管道和西立面的走廊均为有机玻璃圆形长罩所覆盖，突出强调现代科学技术同文化艺术的密切关系，是现代建筑中重技派的最典型的代表作。蓬皮杜艺术与文化中心以夸张、陌生、复杂、暴露、怪诞、滑稽、变化多端的建筑形象来达到突出建筑技术艺术性的目的。经时间验证，它的确实现了高科技是信息社会主导因素的思想，迎合了当代西方社会人们的审美期望和心境。

蓬皮杜国家艺术与文化中心

《后现代主义建筑语言》出版 美国建筑评论家詹克斯（Jencks，Charles）于1977年出版，是关于后现代主义建筑的重要著作。这本书宣告现代主义建筑已经死去，后现代主义建筑的潮流兴起，他把语言学和符号学的观念和方法引入建筑学，将建筑当作一种语言来对待。

1978年

菲律宾科罗—巴卜图瓦桥建成 位于美国托管的加罗林群岛处。是座连接科罗和巴卜图瓦两岛的预应力混凝土T形钢构桥。主孔跨海峡，长241米，边孔各长72.3米。桥面宽9.6米，设双车道和人行道，采用矩形单室箱形截面，主孔下缘为抛物线型，边孔为直线。横隔梁设在墩和铰处，铰采用钢筋混凝土。下部结构为预制混凝土桩基础。

美国帕斯科—坎纳威克桥建成 位于华盛顿州哥伦比亚河上，连接帕斯科和坎纳威克两座城市。全长763.1米，其中正桥为546.8米。为三跨连续梁斜张桥，桥面宽24.33米。门式双塔塔顶高出水面75.95米，塔柱截面为矩形。采用拉索为辐射式，在塔顶设置塔冠锚固拉索，重54.4吨。主梁高2.13米，高跨比为1∶143。截面两边为斜三角形箱梁，中间用无底板的板面相连接。是当时美国最大的公路预应力混凝土斜张桥。

美国国家美术馆东馆

美国华盛顿国家美术馆东馆落成 1978年建成并对外开放的美国国家美术馆东馆，是原国家美术馆（西馆）的扩建工程，位于美国首都华盛顿中心区轴线的北侧。设计者是著名的华裔美籍建筑师贝聿铭先生。这个设计得到了当时的美国总统卡特（Carter，Jimmy 1924— ）的高度评价，称它是公众生活和艺术间日益增加的联系的象征。总建筑面积5.6万平方米，建在3.64公顷的梯形地面上。西北部分是三角形的展览馆，三个角上各建一个平面为平行四边形的四棱柱体。东南部是视觉艺术研究中心和办公用房。在第四层将两部分连通。西面的一个长方形凹框是展览馆和研究中心的入口，用一个三棱柱体划分两个入口处。展览馆内的展览室高25米，顶上由25个三棱锥组成钢网架天窗，天窗架下挂着美国雕塑家考尔德（Calder，Alexander 1898—1976）的动态雕塑，隔墙位置和天花板高度可根据需要调整。贝聿铭由于在设计过程中妥善解决了复杂的难题而蜚声世界，并获得美国建筑师协会金质奖章。贝聿铭先生一贯坚持走现代主义建筑之路，又几十年如一日地坚持自己的设计原则。美国国家美术馆东馆是他设计生涯的巅峰之作，他娴熟地解决了建筑的功能问题，也投入了极大的精力来处理建筑空间和形式之间的关系问题，更完美地解决了建筑与周边环境的协调关系。他鲜明的设计思想和杰出的建筑作品为他确立了在第二代建筑师中的崇高地位。1983年，贝聿铭先生获得了举世瞩目的普利兹克建筑奖。

建筑师斯通［美］去世 斯通（Stone，Edward Durell 1902—1978）曾在阿肯色大学学习艺术，在哈佛大学和麻省理工学院学习建筑。30年代进入建筑事务所，后自己开业。他的设计在重视理性的同时，努力运用传统美学法则来使现代材料产生规整、端庄与典雅的感觉，是现代建筑中典雅主义的代表人物之一。代表作有纽约现代艺术馆（1959年）、华盛顿肯尼迪表演艺术中心（1971年）、芝加哥印第安纳美孚石油公司大楼（1974年）、新德里美国驻印度大使馆（1955年）、布鲁塞尔世界博览会美国馆等（1958年）。

中国建成声学效果优良的鹅岭会场 建于重庆市鹅岭公园，建筑面积2700平方米，可容纳1555人。观众厅为内截于矩形的六角形平面，截角部位作灯光室、楼梯间和地道风道，起到良好的隔热降温作用。声学体系设计采用偏低容积指标，不用吸声材料，而用了利于声音传播的几何形体，使声音能均匀分布。除充分利用直达声、前次反射声与侧向反射声的合理分布及适当的声扩散，还研究了前次反射声的方向、声谱等与音质密切相关的问题，使大厅在不用电声的情况下，无论进行何种演出，均能达到语言清晰、高频声明亮、低频声饱满，声音融合整体感好，各点无声畸变，被评价为中国西南地区声学效果最佳的厅堂之一。

中国建成自动化高架仓库 建于北京汽车制造厂。它利用电子计算机控制货物的入库、存取、出库等整个过程，是中国第一座自动化高架仓库。

联邦德国建成杜塞尔多夫—弗莱赫桥 主跨367.25米，采用边孔用预应力混凝土、主孔用钢的混合体结构，是世界上第一座公路独塔钢斜拉桥。

阿根廷建成巴拉圭河公路桥 最大跨度270米，是当时世界上跨度最大的预应力混凝土空腹梁桥。

日本建成太田川桥 采用箱型连续梁，跨径110米，是当时世界上跨度最大的铁路桥。

中国唐山建成滦河新桥 该桥总长979米，24孔，跨径40米。采用预应力混凝土梁，盆式橡胶支座，能抗10级强烈地震。

1979年

贝聿铭［美］获美国建筑师协会金奖 贝聿铭是世界著名的华裔美国建筑师。1935年赴美国就读麻省理工学院，获学士学位，后获哈佛大学硕士学位，并留校任教。他是美国设计科学院和国家艺术委员会成员，1983年获普利兹克建筑艺术奖。贝聿铭以设计大规模城市建筑和建筑群而闻名，还积极从事城市改建规划工作。他的设计思想认为应该从整个城市的规划结构出发，而不应孤立地对待个体建筑。他在设计中善于运用抽象的几何形体，雕塑感很强。代表作有科罗拉多州美国大气研究中心（1967年）、华盛顿国家美术馆东馆（1978年）以及80年代的巴黎卢浮宫新馆和北京香山饭店等，其中华盛顿国家美术馆东馆被认为是现代建筑的精品，在世界建筑界引起轰动。

日本建成东京池袋区副中心“阳光大楼”　建于1974年，高240米，地上60层，地下3层，为钢结构套筒体系。

美国建成新奥尔良市意大利喷泉广场　由摩尔（Moore，Charles 1925—1993）设计。由该市意大利居民兴建。广场呈圆形，约有三分之一是水池，池中用石头垒出亚平宁半岛的形状，半岛两侧的水池象征亚得里亚海和第勒尼安海，岛上的小瀑布象征意大利的3条大河。广场中心建有一个小岛，象征西西里岛。圆形广场的地面用浅色花岗石铺砌，并用深色条石砌出一圈圈同心圆的图案。叠石后面用不同种类、颜色和质地的材料建成6道弧形墙面，装饰着不同式样的柱子，分别为塔司干墙、陶立克墙、爱奥尼克柱式墙、科林斯柱式墙、复合柱式墙，水沿着柱身或墙面流淌出来。意大利喷泉广场并非是纯粹的艺术品，而是一个把古典传统和当代美国的市民生活融合在一起的混合建筑，是20世纪最有影响的后现代主义建筑之一。

新奥尔良市意大利喷泉广场

中国建成秦俑博物馆展览大厅　建于陕西省西安临潼区，大厅跨度72米，长204米，屋顶结构采用格构式箱形组合三铰钢拱，是当时国内跨度最大的钢桁架建筑。

日本建成赤谷川铁路桥　采用上承式刚梁柔拱体系，桥跨126米，拱跨116米，钢梁截面为预应力混凝土箱形，柔性拱为折线形板，采用悬臂现浇法施工。

日本凿成大清水双线铁路隧道　长约2.2万余米，是当时世界上最长的铁路隧道。

美国底特律韦恩县建成体育馆 位于美国底特律韦恩县，直径266米，是当时世界上跨度最大的钢空间网架结构建筑。

钢丝网水泥壳体发明者奈尔维［意］逝世 1891年生于意大利，是意大利著名工程师和建筑师。奈尔维毕生致力于探索钢筋混凝土的性能和结构潜力，凭借超群的结构直觉，运用他创造的钢丝网水泥和多种施工方法，创造出风格独特、形式优美、有强烈个性的建筑作品。奈尔维发明了性能类似钢材、抗拉强度远超过普通钢筋混凝土的钢丝网水泥壳体。在变革建筑结构和施工工艺中，为创新空间形象做出贡献。代表作：佛罗伦萨市体育场、意大利都灵展览馆B厅等。

中国北京建成环境气象塔 气象塔用钢管组成三边形格构式桅杆，高325米，桅身边宽2.7米，总重218.4吨，共有15层平台。杆身在工厂焊接成若干节段，然后在现场用螺栓拼装。是当时中国最高的构筑物。

加拿大建成世界上第一个空气支撑不锈钢屋顶 位于加拿大诺瓦苏科迪亚的哈利福克斯，由达荷西大学的新体育教育联合企业试制成功。该屋顶的不锈钢片事先在车间焊接成巨大的扇形片预制件，大小如网球场，后期将其焊接到预制的波浪形不锈钢簧板或伸缩缝部件上，并在屋顶圆周上锚固。该金属屋顶将300英尺（91米）长、240英尺（73米）宽的达荷西新运动场全部遮盖，完全摒弃了大跨度立柱的建筑习惯，使得空间被充分利用。是世界上第一个空气支撑不锈钢屋顶。

第一届普利兹克建筑奖获得者约翰逊 约翰逊（Johnson，Philip），美国建筑师，建筑理论家，1979年第一届普利兹克奖得主，埃森曼称他为美国建筑界的“教父”。1906年7月8日出生于美国俄亥俄州克利夫兰，2005年1月25日去世。约翰逊的早期作品明显受密斯作品影响；20世纪50年代中期开始由密斯风格转向新古典主义。这时期的代表作品有内布拉斯加大学的谢尔顿艺术纪念馆（1960—1963）、纽约林肯中心的纽约州剧院（1964年）等。20世纪70年代同伯吉合作开设事务所，合作设计了一系列建筑，较重要的有明尼苏达州明尼阿波利斯IDS中心（1973年）、休斯敦的潘索尔大厦（1976年）、加利福尼亚州加登格罗芙的“水晶教堂”等。这几幢建筑一扫他的折中风格，颇有清新气息。这是约翰逊富有成就的时期。但在1983年建成的位于纽约曼哈顿区的美国电话电报公司大楼设计中，约翰逊又把历史上古老的建筑构件进行变形，加到现代化的大楼上，有意造成暧昧的隐喻和不协调的尺度。这座建筑已成为后现代主义的代表作。同样的作品还有：匹兹堡平板玻璃公司大厦、耶鲁微生物教学楼、休斯敦银行大厦等。

1980年

中国建成最大的公路、油管两用桥 这座建于江苏省盱眙、洪泽、泗洪三县交界处的淮河大桥，全长1922.9米，桥面车道宽9米，两侧人行道各宽1.5米，在大桥一侧的桥面下，用轻型钢托架托起直径720毫米的油管，使鲁宁输油管跨过淮河。

美国建成水晶教堂 建于加利福尼亚州的加登格罗芙，由约翰逊设计。教堂平面呈菱形，长122米，宽61米，高36米。建筑采用空间钢架结构和镜面玻璃，射入室内的光线，在洁白的网架杆上形成闪烁的光影，使人有一种置身于水下的感觉，故称“水晶教堂”。它突破了以往封闭的石结构形式，使教堂晶莹明亮，斑驳陆离，呈现出一种迥然不同的风格。

美国水晶教堂

沙特阿拉伯建成吉达综合体育馆 建筑由8根30米高的桅柱和长4.8万米的钢索组成，面积9500平方米。是世界上最大的封闭钢索网状结构之一。

重庆长江大桥

中国建成重庆长江大桥 位于重庆市中心的渝中区与南岸区之间。是挂孔T构预应力混凝土桥。正桥长1121米，加南北引道总长3015米。桥面总宽21米。最大主孔径174米，其中挂孔为35米。是中国第一座大型城市公路桥。

英国建成亨伯桥 该桥位于赫斯尔和巴顿之间，横跨亨伯河。1973年3月开工，1980年底建成，1981年7月通车。主跨1410.8米，北岸边跨长280米，南岸边跨长530米，桥面宽28米。是世界上著名的大跨度公路悬索桥。该桥采用带翼箱型钢梁，倾斜吊杆和钢筋混凝土塔。吊桥的两座塔柱，均由以四根横梁连接起来的两根空心锥形柱构成，高155.5米。由塔柱支撑的两条巨型悬索，系由1.5万股镀锌钢丝拧结而成。悬索下以倾斜的吊杆挂着124节预制的箱型钢梁，每节钢梁宽22米，重140吨。

亨伯桥

南斯拉夫建成圣·马克I号桥 位于萨格勒布西南，是连接大陆和亚得里亚海上克尔克岛的公路和管道两用桥，全桥由两孔钢筋混凝土上承式拱桥组成，主跨由大陆至圣·马克岛，跨度390米；另一跨由圣·马克岛至克尔克岛，跨度244米。桥面为双车道，宽11.4米，并敷设油管、输水管道等共17条。该桥的特点是异常纤细，拱桥的宽度与跨度之比为1：30。是世界著名的大跨度钢筋混凝土拱桥。

南斯拉夫建成萨瓦河桥 该桥位于贝尔格莱德，主跨254米，索距达50米，是著名的大跨铁路钢斜拉桥。由于钢梁太轻，为了避免疲劳破坏的危险，用增加道砟来加重压力。

瑞士建成圣哥达公路隧道 1970年5月动工，1980年9月建成，全长16.32公里，最大覆盖层高度1000米，穿越瑞士苏黎世东南阿尔卑斯山脉圣哥达峰，是当时世界上最长的汽车专用隧道。

日本钢管公司NKK发展OLAC钢板工艺 （TMCP钢板）（2002年NKK被美国国家钢铁公司收购）

20世纪80年代初深圳蛇口工业区首次采用热轧钢材门式框架厂房

中国建成成都城北体育馆 该建筑的圆形直径为61米，采用车辐式双层悬索结构，但在过去的双层悬索结构上做了一些改进：所有的索在中央环处不切断，而是沿环的切线穿越过去，铺在圈梁的对侧位置上。这样不仅节省了一半悬索锚具，而且中央环不再承受环向拉力，而仅起上、下索之间撑杆的作用，从而节省了相当数量的钢材。该建筑的结构在技术上具有重大突破。

第二届普利兹克建筑奖获得者巴拉干 巴拉干（Barragan，Luis 1902—1988）是墨西哥20世纪有关庭园景观设计的著名建筑师，他于1902年出生在墨西哥瓜达拉哈纳（Guadalajara）附近的一处牧场。其作品包括充满诗情画意的花园、广场和喷泉等，美轮美奂的设计，引发人们的沉思，也是相聚联谊的好场所。斯多噶学派观点渗透在巴拉干的每一个作品中。最具有代表性的是他设计的花园和小礼拜堂。他的代表作品有巴拉干公寓、吉拉弟公寓、圣·克里斯特博马厩与别墅等。

1981年

建筑师布劳耶逝世 布劳耶（Breuer，Marcel 1902—1981）1902年5月21日生于匈牙利佩奇市，1920—1928年就读于包豪斯学校，并留校任教，后在柏林开设事务所，1937—1946年在美国哈佛大学设计研究生院任教。他是国际式建筑最有影响的建筑师和美国“现代建筑”学派的主要人物之一，其作品风格严谨，功能组织简洁。他设计的大型公共建筑有纽约萨拉·劳伦斯学院剧场（1952年）、巴黎的联合国教科文组织总部大厦（1958年，与他人合作）等。

美国建成美国艺术和科学学会大楼 位于美国马萨诸塞州剑桥。由米基奈（Mckinnell，Kallmann）和伍德建筑事务所设计。大楼坐落在一座山丘上，建筑轮廓呈金字塔状，由于基础处理得很灵活，建筑与山丘地势吻合成一体。工程体系为砖石–木材结构，立式咬口，金属屋顶，挑檐很深，下面有坚实的砖石墩支撑，表现出现代新理查森式建筑风格，但整个建筑又多处呈现传统建筑风格的余韵。

美国的威努士基城建成能遮盖全城的伞状壳顶 威努士基城是一座占地只有3.56平方千米的小城镇，该城上空建起的这个伞状壳顶，能自由张合，最高点距地面67米。壳体采用泡沫有机玻璃制成，伞架固定在地面的金属管架上，伞面串着60根粗壮的尼龙绳，绳的末端与电动机相连，以控制壳顶自由地张开和合拢。它是世界上最奇妙的壳体建筑物。

新加坡建成章仪国防机场飞机库 库顶长218米，宽92米，净高25米，覆

盖面积达2.024万平方米，为斜栅格立体构架结构，重2800吨，三面支承，一次提升和安装到位。该库是世界净跨最大的现代飞机库，它的建成是亚洲国家在营造技术上跨出的重要一步。

中国建成天津塘沽新火车站 该车站建筑面积4100多平方米，它首次采用了抗震性能好的圆锥体上弦起拱钢网架结构。1981年3月10日开始营业。

建筑师哈里森［美］逝世 哈里森1895年生于马萨诸塞州乌斯特，曾在巴黎美术学院学习。1945年他与人合组了设计事务所，是当时美国最大的建筑事务所之一。他有很强的组织工作能力，曾作为总负责人主持设计了联合国总部（1947年）和纽约林肯演出艺术中心（1962年），代表作品还有纽约洛克菲勒中心（与人合作）、新大都会歌剧院、匹兹堡奥尔科大厦（1953年）、纽约索科尼汽车公司大厦（1956年）等。

中国建成辽宁省长兴岛大桥 该桥全长355米，桥面宽10米，单孔最大跨径为176米。1977年9月动工，1981年9月30日建成通车。是中国当时最大跨径的斜张式跨海公路桥。

中国广西建成来宾红水河桥 该桥分跨为48米+96米+48米，采用跨连续预应力混凝土结构，塔高29米，主梁为三跨连续高度双室箱形梁，高3.2米，是中国第一座预应力混凝土铁路斜拉桥，也是当时亚洲跨度最大的混凝土斜拉桥。1981年9月1日通车。

中国建成浊漳河桥 建于河北省邯郸到山西长治的铁路线上，全长171.12米，桥的脚铰跨度82米，是世界著名的预应力混凝土斜腿钢构桥之一。

沙特阿拉伯吉达的哈吉机场集散大厅建成 位于沙特阿拉伯吉达的哈吉机场，由建筑师汗（Khan，Fazlur 1929—1982）设计。该建筑占地46万平方米，其屋顶结构为聚四氟乙烯玻璃纤维制的帐篷顶式系统，由210个帐篷组成，每个帐篷表面积有2000多平方米。该建筑是现今世界上最大的屋顶结构，同时也是世界上最重要的薄膜屋顶结构。

第三届普利兹克建筑奖获得者斯特林 斯特林（Stirling，James 1926—1992），著名英国建筑师。1981年第三届普利兹克奖得主。斯特林堪称那个时代的天才人物。在英国、德国和美国这三个国家，斯特林通过设计高质量的作品影响着建筑的发展。他是一位建筑奇才，是现代运动过渡到新建筑时代的领头人。斯特林与众不同的地方在于对传统的突破。代表作品有莱斯特大学、剑桥大学图书馆学术厅、德国斯图加特美术馆。

1982年

美国建成波特兰大厦 波特兰大厦是一座集办公、服务和展览于一体的综合性办公大楼。该建筑以其独特的建筑立面造型、丰富的文化内涵以及深邃的象征寓意，成为后现代主义建筑中最引人注目的一座时代精品。由格雷夫斯（Graves，Michael 1934—2015）设计，建于市区四周均有建筑围绕的200英尺（61米）见方的地段上。楼高15层，是三段式建筑，三层高的绿色台基，中段似盒子形，大部分为奶油色，顶部为浅蓝色。

波特兰大厦

中段的中央有一个7层高的反射玻璃方形区，用一个石制的十字形窄条将玻璃分割成相等的4个大方块，区内还有12条涂深红色油漆的混凝土壁柱。大厦顶部是个冠状立方体，由主体外墙略向里收缩，再向上有一个长方形阁楼。美国波特兰大厦是建筑师格雷夫斯的成名作，它是建筑师对新型建筑风格的一次大胆尝试，并因它体现了众多新的设计理念而成为后现代主义建筑思潮中的一座里程碑式的代表建筑。

美国建成穆斯孔会议中心地下展览厅 展厅建于旧金山市，面积为2.5万平方米，跨度83.8米，由16张预应力钢筋混凝土拱支撑，屋顶的承载力为9.07万吨，其上可覆盖两米多厚的土层并进行绿化。是当时世界上跨度最大的地下建筑。

日本东京建成大林组技术研究所本馆 建筑为钢筋混凝土四层楼房，地下一层、地面三层、层高3.2米，建筑面积3776平方米。由建筑师和设备工程师把所设想的一切建筑节能措施汇集于一体，采用了98项以利用太阳能为重点的节能措施，达到了创纪录的节能效果。每平方米的年耗能量控制在9.8万大卡之内，仅为普通办公楼的1/4左右。

中国北京建成香山饭店 由贝聿铭设计，位于北京西郊香山公园内。是中国的历史和文化传统同现代化建筑融合的成功尝试。

香山饭店

中国香港建成水上飞机展览馆 位于香港长滩丁码头。该馆由18.3米高的顶盖和21.3米高的底座组成。采用三角形钢架结构体系。顶盖骨架由6000多根长度不等的铝杆件和26万个螺栓组装而成，上面铺盖4000块三角形铝板，表面用乳白色氟聚合物涂饰，吊顶内敷设隔热和吸音的玻璃纤维板。铝穹顶直径净跨126.5米，覆盖面积近1.26万平方米。是当时世界上跨度最大的铝穹顶展览馆。

中国建成宝鼎金沙江公路桥 该桥建于四川省渡口市（现攀枝花市），拱跨170米，是当时中国跨度最大的钢筋混凝土箱形拱桥。

中国建成济南黄河斜张桥 该桥1978年12月开工，1982年建成。正桥为5孔预应力混凝土连续梁斜张桥，跨长40米+94米+220米+94米+40米。引桥共51孔，由跨度均为30米的预应力组合箱梁组成。全桥长2022.2米，是当时国内跨度最大的公路预应力混凝土斜张桥。

中国建成新型铁路桥 位于陕西省安康地区汉江上，是中国首座钢薄壁箱型斜腿钢构桥。桥身全长305.1米，跨度176米。1982年12月28日通车。

中国建成玻璃钢公路桥 玻璃钢又称玻璃纤维增强塑料，1982年9月底，中国交通部公路科学研究所，常州玻璃钢造厂和北京公路管理处联合研制，率先建成了世界首座玻璃钢公路桥。该桥位于北京市密云区，单跨跨越京密引水渠，净跨径20.24米，桥面车道宽7米，两旁人行通道总宽9.6米，可并行2辆20吨卡车或一辆80吨平板拖车。玻璃钢桥用料少、重量轻，有较大的纵向挠曲刚度和扭曲刚度，具有较好的稳定性和荷载分部。由于材料抗腐蚀，易于成型，故可适用于任何结构造型。

第四届普利兹克建筑奖获得者罗奇 罗奇（Roche，Kevin 1922—2019）1922年出生于爱尔兰都柏林；1948年移民到美国，1964年成为美国公民。他到美国的时刻，也就是其10年世界旅程的开始，每一年和一个不同的建筑师一起工作。第一站是在伊利诺伊州立工学院研究生学习，师从于密斯。埃罗·沙里宁和阿尔托都是他的偶像。当罗奇生活窘迫的时候，他加入沙里宁位于密歇根州的公司。他未来的合作者丁克路（Dinkeloo，John）也在1951年的同一时间进入该公司。从1954年直到1961年沙里宁去世，罗奇是其主要设计助手。沙里宁去世以后，罗奇和丁克路完成了10项重要工程，包括：圣路易斯拱门、纽约JFK国际机场TWA候机楼、杜勒斯国际机场、伊利诺伊州MOLINE DEERE公司总部、纽约CBS总部。

1983年

中国建成包头黄河公路大桥 该桥全长810米，主桥12孔，每孔跨径65米，是中国第一座跨径最大的用多点顶推法施工的预应力混凝土连续梁桥。

日本东京都建成筑波中心大厦 由矶崎新（Isozaki，Arata 1931— ）设计。位于筑波科学城中心，占地面积10642平方米，为长方形平面，总建筑面积32902平方米，由饭店、多功能服务楼和音乐堂等组成。主体建筑为反L形，其余为散步平台，平台中部为一个下沉式椭圆形广场，广场中心设喷泉。主体建筑入口采用正方形、三角形及半圆形等抽象的几何形式和粗犷的立体造型。建筑侧墙下部是花岗岩，上部的墙面模仿壁柱进行垂直划分。是后现代主义的作品。筑波中心大厦与广场的设计充分反映了矶崎新对于现代主义建筑的反叛，在设计思想上矶崎新处处与罗马的坎皮多利奥广场形成对比，同时在设计手法上又体现了日本景观所内含的禅宗思想。该设计带给日本建筑界以极大的视觉冲击与震撼，推动了日本建筑文化的多元发展趋势。

中国北京建成长城饭店 由贝克特国际公司设计，占地1.5万平方米，总建筑面积82930平方米。主楼平面呈Y形，地上22层，高83.85米，地下1层，另盖有3层的地下车库。采用现浇钢筋混凝土框架结构，外墙采用玻璃幕墙，在阳光的照耀下，产生多变的视觉效果，是中国第一幢全部采用大面积铝框真空反射玻璃幕墙的高层建筑。

中国建成广州白天鹅宾馆 位于广州沙面南侧，背靠沙面岛，面向白鹅潭，是一座具有国际一流标准的旅游宾馆。主楼加管道设备层共有34层，高低层结合，南临江面的立面，缀挂长72米、高7.2米的玻璃吊幕。室内设计采用了当时国际上流行的四季厅，在室内既可见到白鹅潭上百舸争流的全貌，又可观赏以“故乡水”为主题的室内水景。宾馆将岭南园林手法与现代建筑结合，充满了浓郁的中国传统气氛。

中国建成南京金陵饭店 位于南京市新街口广场西北角，主轴线与城市主干道成45°角，占地面积2.5万平方米，总建筑面积6.8万平方米。主楼坐北朝南，由高110.9米的37层塔楼和3层裙房组成，是20世纪80年代初期中国建成的主要超高层建筑之一。

中国建成上海宾馆 由汪定曾等设计。是上海首次采用国产材料自行投资、设计和施工的大型旅馆。总建筑面积为44507平方米，共26层，地上总高91.5米。主楼平面呈双矩形叠交状，在提高平面使用率方面做了成功的探索。

沙特阿拉伯兴建利雅得国际机场 由HOK事务所设计。机场占地7万英亩，已建成5个候机楼（其中2个国际候机楼，2个国内候机楼和1个皇家候机楼）、1个清真寺、1个控制塔和1个停车场。候机楼平面呈三角形，是一组融合了伊斯兰风格的现代建筑。国内外4个候机楼面积均为527778平方英尺（49032平方米），每个屋顶由72个8.5英尺（2.6米）高的三角形球壳组成，球壳边长80英尺（24.4米），三角形的三个顶点均由柱子支撑。球壳由边缘向中心层层升起，缝隙处为采光窗。皇家候机楼面积为316667平方英尺（29419平方米）。机场室内按照伊斯兰特色装饰，十分富丽堂皇。

美国建成亚特兰大高级美术馆 由迈耶（Meier，Richard 1934— ）设计。建筑物由四个立方体与四分之一的圆柱体组成，占地面积8094平方米。构思体现了立体主义的思想。

美国亚特兰大高级美术馆

美国建成木穹顶体育馆 该馆建于华盛顿州塔科马市，穹顶直径为161.6米，设有2.5万个座位，可兼作会议中心，是当时世界上最大的木穹顶体育馆。

联邦德国建成汉斯·马丁·施雷厄体育馆 由西格尔（Siegel，Carl Ludwig 1896—1981）和沃纳伯格设计。该建筑是钢筋混凝土框架结构，采用高网分隔成几个场地，外墙设计为铝饰面，屋顶采用钢桁架，是当时欧洲最现代化的体育馆之一。

摩洛哥建成体育中心体育馆 是中国援建的工程，屋盖采用方形钢网架，边长100.8米，是中国建造的大型网架结构建筑之一。

中国建成上海游泳馆 位于漕滨北路以东。建筑总面积15827平方米，建筑呈不等边六角形，屋盖采用三向空间变高度网架结构，向中心倾斜，室内净高从20.1米降到16.5米，比赛池宽21米，长50米，是一座可进行国际游泳、跳水比赛的大型温水游泳馆。

西班牙建成卢纳巴里奥斯桥 位于西班牙西北部的卢纳湖上，该桥共3跨，跨长107.7米+440.0米+106.9米。主跨440米，主梁高仅2.5米，跨高比176，桥宽22.5米。主梁断面为流线型单箱三室封闭式。是当时世界上跨度最大的公路预应力混凝土斜张桥。

伊拉克建成摩尔4号桥 是中国承建的工程。桥分跨为44米+10×56米+44米，共12孔1联，是著名的预应力混凝土V撑连续梁桥。

中国台湾建成关渡桥 该桥主跨165米，采用5孔连续中承式拱梁组合，施工用浮运法架设。

美国颁布第一本AISC-LRFD，极限设计法 由美国钢结构学会AISC颁布，概率极限设计法主要计算承载能力的极限状态，即结构或杆件发挥了允许的最大承载能力的状态；或虽然没有达到最大承载能力，但由于过大的变形已不具备使用条件，也属于极限状态。所谓“极限状态”，就是当结构的整体或某一部分，超过了设计规定的要求时，这个状态就叫作极限状态。极限状态又分为：承载能力极限状态与正常使用极限状态。

加拿大建成卡尔加里滑冰馆 位于加拿大卡尔加里。该建筑圆形平面直径135米，短轴为129.4米，采用双曲抛物面索网屋盖，索网结构是一种格构张拉结构，其合理造型为鞍形。该滑冰馆曾是世界上跨度最大的索网结构。

多面体穹隆之父富勒［美］逝世 富勒为美国著名建筑设计师、工程师、发明家、思想家和诗人。他提倡低碳环保，强调以最少量的材料建造最有力量的建筑。他将建筑的穹顶设计成圆形的，并将其命名为“网球格顶”。这种穹顶是一种结实的、轻质的圆形建筑。这种建筑可以用任何材料来覆盖，而且它能在室内没有任何支撑的情况下直立起来。富勒因此被称为多面体穹隆之父。

第五届普利兹克建筑奖获得者贝聿铭 贝聿铭，美籍华人建筑师，1983年普利兹克奖得主，被誉为“现代建筑的最后大师”。贝聿铭为苏州望族之后，民国初出生于广东省广州市，父亲贝祖贻曾任“中华民国”中央银行总裁，也是中国银行创始人之一。贝聿铭作品以公共建筑、文教建筑为主，被归类为现代主义建筑，善用钢材、混凝土、玻璃与石材，代表作品有美国华盛顿特区国家艺廊东厢、法国巴黎卢浮宫扩建工程、中国香港中国银行大厦、苏州博物馆，近期作品有卡达杜哈伊斯兰艺术博物馆。

1984年

中国建成大跨度柔性重荷载索道桥 建于河南省新安县境内，跨度320米，是当时中国国内跨度最大的重荷载柔性索道桥。

美国纽约建成美国电报电话公司总部新楼 纽约电报电话公司总部新楼位于美国纽约市曼哈顿中心区内，由美国著名建筑师约翰逊（Johnson，Philip 1906—2005）设计，于1984年建成。这座建筑被认为是第一座后现代主义的摩天大楼，对后现代主义建筑的发展产生了深远的影响。楼高201米，底部有高大的贴石柱廊，正中是一个33米高带拱券的大门洞，两侧各有3个18米高的方形小门洞，楼顶9米高，有圆形凹口的山墙，远看起来像一座老式木座钟。大楼采用钢结构，外墙用厚花岗岩板材装饰，大部分被石料覆盖，只有30%是玻璃窗，使大楼好似石头建筑。纽约电报电话公司总部新楼是后现代主义建筑的里程碑，它的问世，震动了当时的建筑界。它以其新颖的外貌和独特的设计手法为当代西方建筑的发展树立了形式标签，具有十分重要的意义。

德国建成斯图加特美术馆新馆 斯图加特美术馆新馆位于德国斯图加特市，是设计竞赛的获奖方案，设计者为英国著名建筑师斯特林（Stirling，James 1926—1992）。该美术馆设计于1977年，历时5年，1983年竣工，1984

年对外开放。这座建筑的设计立足于对历史和环境的尊重，是后现代主义建筑的重要代表作品之一。位于旧馆南侧的坡地上，包括新美术馆、剧场、音乐教室楼、图书馆及办公楼。新美术馆为U形平面，U形的开口部位是入口处，圆形陈列庭院设在U形中央。一条曲折的城市公共步行道沿着陈列庭院的院墙盘旋而下，将新馆同城市结合起来。建筑采用后现代主义的隐喻手法，在展室转角处隐藏灯具的构件，形似古典建筑式样，讲堂和临时展厅设有蘑菇状柱子。斯图加特美术馆新馆使用了众多的历史与现代建筑的符号，散发着丰富而又混杂的各类信息，使观赏者一时很难理清头绪。但是，斯特林在探索延续历史文脉、协调新老建筑和创造开放的城市空间等方面确实做出了卓越的贡献。

斯图加特美术馆新馆

法国巴黎建成黎贝西体育宫 由安德劳尔设计。体育馆为六面金字塔形，屋面为金属空间结构，用高30米、直径6米的混凝土筒体支撑。是一座造型新颖，具有特色的现代化体育馆。观众座席可以从3500座变至17000座。

日本建成秋叶台市民体育馆 位于日本藤泽市，由著名日本建筑师桢文彦设计，用地6.4万平方米。该建筑采用不对称处理，“甲壳虫”造型，新颖独特，它由三部分组成：北部主馆为2000座的比赛场所，南部为练习馆、武术馆以及餐厅等服务设施，中间是2层桥式连接体。其中，主馆的结构非常特殊，屋盖由2条弧形的钢网架拱肋支撑，在顶部形成两条明显的肋骨，两侧各构成一条采光带，对于采光、通风都较有利。体育馆的屋盖为不锈钢面层，墙体用混凝土与面砖饰面。

中国北京建成西苑饭店 位于北京西郊二里沟，由中国香港夏纳建筑师事务所设计。西苑饭店占地8万平方米，建筑面积6.25万平方米。主楼平面为L形，入口处设在L形的直角部位，地上27层，地下3层，总高93米。屋顶设有平面为正八边形的旋转餐厅，内切圆直径32米，当时在北京为首例。主楼正

面外墙为锯齿形，装有淡天蓝色双层玻璃的铝合金窗，外墙是花岗石细石子饰面。

中国北京建成中国画研究院 位于阜成门内白塔寺附近，占地1.2公顷，建筑面积7800平方米。陈列展览区有200米长的展览墙面，面积约400平方米。建筑群汲取了北方民居和中国园林建筑的特点，分前院、中庭和后院三大院落。中庭内建廊筑亭，后院叠石筑潭，并有小溪连接前后两池，溪上架桥，颇有“小桥流水”诗意。画院环境幽雅，建筑雅致，为画家从事中国画创作与研究和开展国内外学术交流提供了优良的场所。

中国北京建成三元立交桥 该桥占地总面积达26万平方米，桥总长5000多米，是当时中国规模最大的立交桥。

美国建成共和银行中心大厦 位于美国得克萨斯州休斯敦市中心，是美国著名建筑师约翰逊的作品。建筑基底为正方形，在方形平面内有一个十字形拱廊贯穿内外，地面全为红色磨光花岗石铺面。基地内的西北一半为高层建筑，东南一半是低层建筑，二者比邻。高层办公楼部分塔高234米，由于使用功能的需要，逐渐跌落至三段，每段山墙形成人字形的屋面，并带有哥特式风格的小尖塔。该建筑不仅样式新颖，也颇具文化性。

第六届普利兹克建筑奖获得者迈耶 迈耶（Meier，Richard），美国建筑师，现代建筑中白色派的重要代表。1934年，迈耶出生于美国新泽西东北部的城市纽华克，曾就读于纽约州伊萨卡城康奈尔大学。早年曾在纽约的SOM建筑事务所和布劳耶事务所任职，并兼任过许多大学的教职。1963年，迈耶在纽约组建了自己的工作室，其独创能力逐渐展现在家具、玻璃器皿、时钟、瓷器、框架以及烛台等方面。迈耶一心一意探求现代建筑的精华，他的贡献在于突破了建筑的形式，把建筑的目的升华为迅速满足时代的期望。他善于改变，以适应时代发展的期待。他追求清晰，专注于光线和空间的平衡，创造了很多私人的、活泼的、新鲜的作品。

1985年

中国香港汇丰银行大厦建成 位于香港中环，属于香港上海汇丰银行有限公司的总办事处。该建筑由著名建筑师福斯特（Foster，Norman

香港汇丰银行大厦

1935— ）设计，自1981年7月起重建，于1985年5月20日落成。大楼的总造价约10亿美元，成为当时世界上造价最高的超高层建筑。该建筑是新技术和新设计理念的产物，为福斯特最重要的代表作品之一。整座建筑物高180米，共有46层楼面及4层地库，使用了30000吨钢及4500吨铝建成。整个设计的特色在于内部并无任何支撑结构，可自由拆卸。所有支撑结构均设于建筑物外部，使楼面实用空间更大，整个地上建筑用四个构架支撑，每个构架包含两根桅杆，分别在五个楼层支撑悬吊式桁架。该大厦采用超高层建筑史上首次运用的最新结构技术，同时可以保证12级大风不倒，能抗7级地震。汇丰银行大厦的设计是表达新时代技术美学的典型实例，极具震撼力的原生态技术被福斯特完美地升华为艺术技术，充分体现了“凡是技术达到最充分发挥的地方，它必然达到艺术的境地”这句经典名言。汇丰银行大厦也作为信息社会建筑高科技产品的一个经典名作而被载入史册。

中国长东黄河大桥架通 建于河南省长恒县赵堤与山东省东明县东堡城之间，全长10.282公里，是中国已建成的最长的铁路桥。

中国塘沽海门桥建成 位于天津市塘沽区，跨越海河河口，总长550.1米，主跨为活动孔，长64米，提升高度24米，是国内跨度最大的升降式公路开启桥。

美国建成休曼那大厦 位于路易斯维尔市，由格雷夫斯设计，是座27层的办公楼。建筑造型试图把高层办公楼与周围原有低层住宅相协调，既表达了古典艺术的抽象精神，又体现了现代技术的形象，是后现代主义的文化性高层建筑代表作品之一。

马来西亚吉隆坡建成香格管理大楼 该楼于1985年年底落成，共38层。大楼外形呈环体状，两头大，中间小，有五根柱子环绕。该楼是世界上最高的伊斯兰教办公大楼。

中国建成深圳国际贸易中心大厦 位于深圳市罗湖商业区，占地2万平方米，总建筑面积99796平方米。塔楼截面为边长35.4米的正方形，地上部分50层、高160米，地下为3层。采用筒中筒结构，内筒为承受荷载的核心，通过楼层的楼板将内外两筒连成整体，使内外筒间不设柱子，空间分隔较灵活。顶部设有旋转餐厅和直径为26米的直升机停机场，立面用银色铝板装饰在西北区。设有裙房地上4层，商业区是6层的圆形建筑。

深圳国际贸易中心大厦

中国建成深圳南海酒店 位于深圳蛇口区，建筑面积1.2万平方米。主楼平面为弧形，环山面海展开，立面为递层退进。整个建筑顺应地形，背依青山，面迎沧海，利用自然环境，将建筑、园林、环境三者融为一体，形成了别致新颖、风格独特的建筑形象，再加上室内装饰高雅，设备齐全，因而获得“海南明珠”的美名。

深圳南海酒店

中国建成西藏拉萨饭店 由江苏省建筑设计院设计。北楼七层，为青藏公路创造了良好街景，东立面为方立面，高低错落，南部留有大片绿地，绿地中有二幢元首别墅。总体造型注重与西藏传统建筑的神韵协调，同时又着意体现现代感，使二者得到完美结合。

中国北京建成国际展览中心2号～5号馆 由柴裴义设计。展览馆四角檐下，凹处建有方形柱体，阴角部位，再凸出大尺度斜锥形玻璃角窗。底层正中凹处装有大片玻璃斜窗，其上对应带形高窗。两馆间的连接处为出入口大厅。馆内四周设有平台展廊，内部大的展览空间提供了陈列展品的良好条件。展馆外形是简单几何形体和明快的构图，具有现代建筑的简洁特色。

英国建成皇家植物园温室　位于伦敦附近，温室长130米，面积4290平方米，钢架结构，三角形屋顶，屋脊离地面11米。温室分为沙漠、红树沼泽、热带水域、高纬森林等10个气候带，中央有一座种满植物的小丘和一个供游人观赏、休憩的场地。用中央微处理机监控10个区的气候环境，并有自动调节湿度的装置，曾是世界上最大的温室。

英国皇家植物园温室

日本凿通青函海底隧道　1964年5月动工，1985年3月10日正洞凿通。隧道穿越津轻海峡，连接本州（青森）与北海道（函馆），全长53.85公里，是世界上最长的海底隧道。隧道横断面按双线设计，标准断面为马蹄形，高9米，宽11.9米。海底段长23.3公里，最大深度140米。

西班牙巴塞罗那帕劳圣乔迪建成庞大圆顶　由矶崎新与川口卫（Kawaguchi 1932—　）设计。该空间框架是事先装配好的，并在舞台的地面碗体内做成，然后用起重机和临时支承塔架吊起安装。总共有12000个这样的结构。

第七届普利兹克建筑奖获得者霍莱因　霍莱因（Hollein，Hans 1934—2014）1934年出生于奥地利维也纳，曾就读于维也纳艺术学院、芝加哥伊利诺理工学院、加利福尼亚大学伯克利分校。他既是建筑师也是艺术家，他设计的一座博物馆，里面展览了他自己创作的艺术品，包括图画、拼贴画和手稿。在设计博物馆、学校、商店和公共住宅时，他总是把形状和色彩巧妙地结合起来，而且从不怯于使用古老的大理石和现代的塑料。

1986年

中国建成当时国内最长最大的现代化公路隧道——福建鼓山隧道

中国建成玻璃钢斜拉桥　位于重庆市，由武汉工业大学和成都科技大学合作建造，是当时世界上规模最大的玻璃钢斜拉桥。

英国建成伦敦劳埃德大厦　伦敦劳埃德大厦是当代西方建筑中不可多得

的精品，在世界建筑发展的进程中占有重要的革命性地位。它的诞生将以表现新技术为目的的建筑创作潮流推向了高潮，同时也颠覆了既有的技术审美标准，引发了技术美学领域的变革。理查德·罗杰斯在这个设计上，更加夸张地使用高科技特征，不断暴露结构，大量使用不锈钢、铝材和其他合金材料构件，使整个建筑闪闪发光。这个像科学幻想一般的建筑，比他过去的蓬皮杜艺术中心更夸张、更突出，也使得“高技派”风格更为成熟。这些独特风格使劳埃德大厦成为伦敦城区甚至全球最引人注目的建筑。伦敦劳埃德大厦以其标新立异的设计理念、大胆创新的技艺手法成为20世纪最具影响力的建筑作品之一。它有力地推动了当代技术美学的历史进程，使建筑技术从幕后走向台前，从工具手段上升为审美目的，从原生态层面升华为艺术层面。

伦敦劳埃德大厦

法国建成巴黎奥尔塞艺术博物馆 由科洛克等设计，面积达4.5万平方米，由一座废弃的火车站改建而成。它既保留了原建筑物钢结构拱顶的形式，又具有卢浮宫的静态展示功能和蓬皮杜艺术中心的动态展示功能。被称为法国近年来文化建设的主要成就。

巴黎奥尔塞艺术博物馆

日本建成东京大和国际大厦 由原广司建筑研究所设计。大厦为9层，采用钢及钢筋混凝土结构，外墙用铝合金薄板装饰，建筑形体错落多变。是日本的建筑佳作之一。

新加坡建成韦斯廷·斯坦福德饭店 楼高230米，共73层，有2050个房间，17个餐厅和娱乐室，6个网球场以及一个保健俱乐部和其他设施。它的会议中心可同时容纳5000人。是当时世界上最高的饭店。

沙特阿拉伯利雅得建成帐篷式体育场 篷顶跨度288米，由缆索、桅杆和张力环撑拉，用半透明的聚四氯乙烯玻璃纤维膜组成花瓣形。体育场内明亮、凉爽，被称为沙漠里的森林。

中国建成首座长臂梁式立交桥

茅以升主编《中国古桥技术史》出版　该书对我国古代桥梁建设技术及发展过程进行了系统的总结，为研究和探讨中国古代桥梁工程提供了重要的史料。

日本建成风之塔　该建筑位于日本东京神奈川县横滨市西区，是一个21米高的透明椭圆体，由伊东丰雄设计。结构由一个轻量孔铝板支撑，将大型地下购物中心的通风塔隐藏在后。建筑的外表皮是一种塑料高分子材料，这种东西用类似加工钻石的工艺加工成有很多个面的颗粒，加强了光线的反射，创造出一种光影氛围。压克力镜子铺在通风塔上，和铝板之间设有上千个迷你灯泡和12个霓虹圈，底部则有30组地灯。灯光由计算机控制，根据周围的不同信息不停变换花样。风之塔以永不停歇、永在改变的风作为譬喻，代表东京视觉上的复杂性。它的夜间照明会依据噪音、风速等数据变化。白天平淡无奇，夜间如梦似幻，呈现出伊东丰雄想象中的都市，是一座在建筑的新结构探索上十分重要的建筑。

风之塔

韩国汉城奥运会体操馆和击剑馆建成　设计师为美国工程师盖格尔。在该建筑中，盖格尔将富勒关于张拉整体结构的思想加以改良，创造了索穹顶这一新的结构形式。体操馆和击剑馆的直径分别为119.8米和89.8米。这两处奥运馆是首次应用索穹顶结构的建筑。

吉林滑冰馆建成　位于中国吉林省长春市，是国内较早投入使用的冰上运动比赛及训练场馆。该滑冰馆结合具体工程条件，创造了一种新型的空间双层索系。它的承重索与稳定索不在同一竖平面内，而是错开半个柱距。在跨度中央部分，稳定索高出承重索，形成筒形屋面；上、下索之间设置纵向的桁架式擦条，将两层索撑开。在跨度的两个边缘部分，稳定索低于承重索，二者之间用波形模条拉紧，形成波形屋面。采用这种结构形式，不仅提供了新颖的建筑造型，而且很好地解决了矩形平面悬索屋盖通常遇到的屋面排水问题。这一新颖结构参加了1987年在美国举行的“国际先进结构展览”。

第八届普利兹克建筑奖获得者波姆 波姆（Bohm，Gottfried 1920— ）1920年1月23日诞生于德国奥芬巴赫（Offenbach）一个建筑世家。1946年，波姆自慕尼黑工业大学毕业后，在邻近的艺术协会研习雕塑。1947年，哥特佛莱德开始为父亲工作，并于1955年父亲去世后继承他的事务所。波姆早期的作品多使用已铸型的混凝土，后期由于科技进步，在他的建筑设计之中开始采用钢铁与玻璃。他的计划案明显注重都市规划，展现了他对于“连接”的注重。波姆曾获得多个建筑奖项，包括1986年的普利兹克奖。代表作品：菁寮天主堂（1966年）、科隆宗教大楼（1968年）、乌尔姆公共图书馆（2004年）。

1987年

德国建成柏林爱乐音乐厅 爱乐音乐厅位于德国柏林市蒂尔加藤区，由德国著名设计师夏隆（Scharoun，Hans 1893—1972）设计，是20世纪中期极具影响力的一座音乐厅。音乐厅外形轮廓起伏，像一顶巨大的帐篷，象征一个“音乐容器”。音乐厅的座位环绕乐坛分区分布，使观众与演奏者之间有一种亲切感。观众休息厅环绕演奏厅布置。建筑设计新颖，十分成功，体现了夏隆的以“音乐在其中”的设计思想，是德国战后新型的音乐厅建筑。爱乐音乐厅是夏隆晚年的一件作品，也是他设计生涯中最成功的作品，被称为是一件现代主义与表现主义完美结合的作品，与维也纳金色大厅、美国波士顿音乐厅和荷兰阿姆斯特丹音乐厅并称为世界四大音乐厅。

柏林爱乐音乐厅

中国北京中央广播电视塔建成 建成于1987年1月，电视塔高405米，造型具有中国民族风格，1994年起向公众开放。

中国建成首座公路板拉桥 建于湖南桃江县，全长134米，桥宽6米，行车负荷为10吨，1987年3月建成投入使用。

中国建成天津永和大桥 是当时中国最大的一座缆索桥，被列为世界博览桥。

印度建成新德里莲花形礼拜堂 由萨巴（Sahba，Fariborz）设计，礼拜堂的“莲花”造型由每层9片，共27个花瓣组成，钢筋混凝土薄壳结构。是一座风格独特的建筑。

北京中央广播电视塔

新德里的莲花形礼拜堂

日本建成熊本超硬耐磨工具制造场 由研和纮建筑研究所设计，制造场为环形钢结构建筑，围绕一个圆形中庭，像活火山口的形状。工场立面模仿阿苏山，别具一格，成为熊本县的象征。

中国建成北京图书馆新馆 由建筑部建筑设计院和中国建筑西北设计院共同设计。位于北京西郊紫竹院公园北侧，占地7.42公顷，建筑面积14万平方米。外形为古典式构图，对称严谨，总体布局高低错落，采用低层阅览室围绕高塔形书库的布置。整体色彩为白墙绿瓦，清新而简洁，建筑造型和装饰富有中国民族风格。内部设置为中国式庭院，园中有园，馆园结合。

中国建成殷墟博物苑 位于河南安阳小屯村殷王宫殿及陵墓遗址上，已建成陈列厅、多功能楼、妇好墓享堂及围墙大门等。建筑设计采用了复原与仿建的形

北京图书馆新馆

式，把建筑作为展品，再现殷墟当年宫殿规模。大门采用殷商衡门形式，妇好墓享堂采用屋盖祭坛形式。所有殿堂全部“茅茨土阶”，木柱及屋脊均雕有纹饰并遍涂朱黑二色，屋顶均为直坡人字形木屋架，擎檐柱承挑出檐，以混水砖墙代替了殷商宫殿的版筑墙。整个建筑古朴自然，起到了良好的宣传和保护殷墟的作用。

殷墟博物苑

洛阳古墓博物馆

中国建成洛阳古墓博物馆 位于洛阳北郊邙山乡冢头村，占地44亩，建筑面积7600平方米，是以中轴线对称的中国传统院落。这是一个仿古建筑群，又是一座科学性和艺术性很强的专题性博物馆，陈列着上自西汉，下迄北宋首批搬迁复原的22座历代典型古墓葬，不仅在中国为首例，在世界上也罕见。

中国建成海外交通史博物馆

美国华盛顿建成中国城友谊牌楼 由中国北京古建筑公司承建。牌楼跨径19米，宽23米，高14.5米，钢筋混凝土结构，是当时世界上最大的中国牌楼。

中国建成独塔单索面斜拉立交桥 位于上海市。1987年9月30日通车。桥全长630米，宽24.3米。主桥采用独塔单索面竖琴式结构，塔高50米，基础深86米。是中国第一座预应力钢筋混凝土独塔单索面斜拉立交桥。

第九届普利兹克建筑奖获得者丹下健三 丹下健三（Kenzo Tange 1913—2005）1913年生于大阪，1938年从东京大学建筑系毕业，1949年，在广岛原子弹爆炸地点原址建造和平中心的设计比赛中胜出，开始在国际上崭露头角。丹下健三强调建筑的人性，他说："虽然建筑的形态、空间及外观要符合必要的逻辑性，但建筑还应该蕴含直指人心的力量。这一时代所谓的创造力就是将科技与人性完美结合。"1987年他获得普利兹克建筑奖。1964年东京奥运会主会场——代代木国立综合体育馆，是丹下健三结构表现主义时期的巅峰之作，具有原始的想象力，达到了材料、功能、结构、比例，乃至历史观的高度统一，被称为20世纪世界最美的建筑之一。日本现代建筑甚至以此作品为界，划分为之前与之后两个历史时期。而他本人也被公认为"日本当代建筑界第一人"。

1988年

美国纽约曼哈顿五号街49号大厦建成 由SOM事务所设计。大厦共25层，上部向后倒退。外墙为砖墙，铝合金玻璃窗。设计美观、新颖，是日本企业在美国建筑的佳作。

法国巴黎卢浮宫中庭改造完成 卢浮宫扩建工程是巴黎现代建筑史上的一项重大事件，它引起了世界的广泛关注。它的落成是新旧建筑关系协调的成功典范，也为古老的卢浮宫注入新的活力。由美籍华裔工程师贝聿铭设计。设计为钢结构的玻璃金字塔，塔高22米，镶嵌666块玻璃，给卢浮宫增添了光彩，被评为20世纪80年代世界著名建筑。贝聿铭获法兰西共和国荣誉勋章。贝聿铭先生在巴黎卢浮宫扩建工程中巧妙地使新老建筑在对比之中达到共生，成功地解决了它们之间的协调关系。金字塔是古老文化的象征，作为一个形象上的符号，它最能与卢浮宫的形象相配合。同时，它由最为现代的钢网架与玻璃构成，与卢浮宫形成了过去与今天的完美对话，表达了历史的延续性。使整个建筑极具现代感又不乏古老的神韵，使传统建筑与现代建筑达到了完美的统一。卢浮宫扩建工程被认为是20世纪下半叶最重要的建筑之一。

巴黎卢浮宫

法国建成维勒班图书馆 由博塔（Botta，Mario 1943— ）博士设计，该馆地上7层，主体部分有一个圆柱形的中庭，与左右建筑的外观相连，形成了连续性和整体性。建筑物的正立面突出部分采用两种颜色的石材砌筑，构成密集的水平线条。这种手法被许多国家的建筑师仿效。

法国建成巴黎拉维莱特公园 巴黎拉维莱特公园是法国政府为了纪念法国大革命200周年而兴建的九大“总统工程”之一。在当年举办了国际设计竞赛，来自70个国家的参赛者提出了470多个方案，屈米（Tschumi，Bernard 1944— ）的方案获得头奖。

巴黎拉维莱特公园

该公园不但以庞大的建造规模、丰富的文化内涵成为巴黎最亮丽的一道城市景观，而且还以新颖的设计理念以及看似杂乱无章的设计手法，成为20世纪西方建筑界公认的解构主义建筑的重要作品。公园布局分点、线、面三个系统。“点”是指在120米×120米的方格网的各交点上，由钢材组成形象不同的建筑单元，并涂成红色；“线”是指两条互相垂直的长廊及一条弯曲盘旋的蛇形通道；“面”则是余下的小块空间，分别作休息、野餐等场所。各系统互不关联，但将其交叉、重叠、扭转，合成为公园的总体设计。巴黎拉维莱特公园创造了一个全新的城市公园设计模式，成为建筑史上最具特色的建筑作品之一。

澳大利亚堪培拉国会大厦

澳大利亚堪培拉建成国会大厦 由M.吉乌尔戈拉事务所设计。采用古典构图，是现代建筑手法和传统风格结合的佳作。

阿拉伯世界文化中心建成 阿拉伯世界文化中心位于法国巴黎老城的西提岛上，基地紧靠塞纳河南岸，是一块曲线的三角形。为增进法国人民对伊斯兰文化与文明的了解，由法国政府及阿尔及利亚、伊拉克等19个阿拉伯地区的国家合资共同建造了这座建

阿拉伯世界文化中心

筑。该建筑物蕴含了丰富的文化元素，是阿拉伯文化在法国的展示橱窗。建于1987年，是集博物馆、图书馆、文献中心，供表演、临时展出及举行会议等功能于一体的文化中心，设计师为法国著名建筑师努维尔（Nouvel，Jean 1945— ）。该建筑整体为曲线三角形，地下1层，地上11层，设计师成功将阿拉伯古老文化要素与现代技术相结合，在建筑的南立面使用了近百个类似相机光圈的传感装置和一系列阿拉伯传统文化中常用的几何图形，作为建筑的开窗和遮阳，这些光圈随着阳光的变化或收或放，控制着室内的透光率，是一个全自动的电子遮光幕墙。建筑北侧是带有格栅的大片玻璃幕墙。该建筑是将传统建筑语汇与现代技术相结合的典范。阿拉伯世界文化中心是巴黎最受欢迎的博物馆之一，努维尔由于出色的设计而获得了1987年度法国最佳建筑设计银角尺奖和1990年度阿卡汉建筑奖。由此，努维尔一举成名。

中国建成北京国际饭店 由建设部建筑设计院设计。总建筑面积约10.5万平方米，主楼共32层，地上29层，高104.4米，地下3层。客房主楼为三叉凹弧形高层建筑，三个凹弧形面的半径均为38.7米，客房平面呈内宽外窄梯形。主楼第28层建有直径为34米的旋转餐厅。

日本东京建成充气圆顶竞技馆 建筑面积45570平方米，可容纳观众5万多人。是日本第一个大规模充气圆顶结构建筑。

日本建成濑户大桥 大桥跨越13公里的濑户海峡，连接本州和四国，由6组相互独立的桥梁组成，其中3组是悬索桥，2组是斜拉桥，1组是桁架钢结构桥，是20世纪世界最长的公路铁路两用桥。

中国香港建成香港会议展览中心 位于香港湾仔的香港会议展览中心，是香港区海边最新建筑群中的代表者之一。除了作大型会议及展览用途之外，这里还有两间五星级酒店、办公大楼和豪华公寓各一幢。而它的新翼则由填海扩建而成，内附大礼堂及大展厅数个，分布于三层建筑之中。1997年7月1日香港回归中国大典亦在该处举行，成为国际瞩目的焦点，而它独特的飞鸟展翅式形态，也给美丽的维多利亚港增添了不少色彩。该建筑是世界最大的展览馆之一。

香港会议展览中心

中国颁布《钢结构设计规范》（GBJ 17-88）概率极限设计法 概率极限设计法主要计算承载能力的极限状态，即结构或杆件发挥了允许的最大承载能力的状态。或虽然没有达到最大承载能力，但由于过大的变形已不具备使用条件，也属于极限状态。所谓“极限状态”，就是当结构的整体或某一部分超过了设计规定的要求时，这个状态就叫作极限状态。极限状态又分为：承载能力极限状态与正常使用极限状态。这是中国首次颁布《钢结构设计规范》（GBJ 17-88）概率极限设计法。

第十届普利兹克建筑奖获得者邦夏 邦夏（Bunshaft，Gordon）1909年5月9日诞生于纽约州水牛城。1929—1935年就读于麻省理工学院，先后获得学士与硕士学位。自1949年与史基摩（Skidmore，Louis）、欧文士（Owings，Nathaniel）和梅里尔（Merrill，John）等建筑师们合伙工作。他是一位谦虚实干的建筑师。或许再不会有建筑师能像他一样，超越时间，使得后代从他的作品可以看到当时那个时代。在40年的建筑职业生涯中，他善于利用现代建筑技术和材料，创作了许多伟大的作品，如利华大厦、玻璃摩天楼、沙特阿拉伯国家商业银行大厦等。

第十届普利兹克建筑奖获得者尼迈耶 尼迈耶1907年12月15日生于里约热内卢，1934年毕业于里约热内卢国立美术学院建筑系。1932年起在巴西现代建筑先驱者L.科斯塔的事务所工作。他是拉丁美洲现代主义建筑的倡导者，他的作品多达数百个，遍布全球十几个国家。他曾在1946—1949年作为巴西代表与中国著名建筑师梁思成等共同组成负责设计纽约联合国总部大楼的十人规划小组，并曾在1956—1961年担任巴西新首都巴西利亚的总设计师。

1989年

法国建成塞纳河悬索桥 桥长2200米，跨度856米，承重主塔高240米，设计承受最大风速为120千米/小时。在全世界的缆索悬挂式桥梁中创造了新纪录。

中国建成鸦片战争博物馆 位于广东东莞市太平镇镇口，原林则徐虎门销烟池遗址。博物馆由陈列楼、门楼、纪念碑、林则徐铜像四部分组成。主体建筑陈列楼为四层方形，首层墙体利用石料的厚重坚韧质感以突出纪念性，保持海防工事之色调。建筑造型借鉴海防工事之特征，予以符号化变体，既利于表现博物馆主题，具有中国传统建筑文化的内涵，又融合了现代建筑的手法。

鸦片战争博物馆

沈阳桃仙机场候机楼

中国建成沈阳桃仙机场候机楼 建筑面积1.62万平方米。候机楼为弧形，南北轴线中心对称，环抱中心广场，立面是二层玻璃幕墙，幕墙外为弧形玻璃顶柱廊。建筑造型和谐、大方，银灰色的颜色和材料质感，显示出以机械加工为主的工业城市沈阳的特色。

瑞典建成斯德哥尔摩冰球馆 屋顶平面直径110米，球馆顶由长27.5米、重300吨的48根钢曲梁支承。馆内拥有16000个席位，是当时世界上最大的圆形建筑。

加拿大多伦多建成活动屋顶体育场 它拥有53000个座位，其圆顶屋盖开启、闭合一次需37～50分钟。当屋盖闭合时，体育场高度相当于31层楼。是世界上最大的活动屋顶建筑。

茅以升［中］逝世 茅以升（1896—1989）1896年1月9日生于江苏省镇江市，1989年11月12日在北京逝世。他1916年于唐山工业专门学校毕业，1919年获美国卡耐基理工学院博士学位。20世纪30年代，他主持设计和建造了钱塘江大桥，50年代又为武汉长江大桥的建设贡献了力量，1959年，他担任了北京人民大会堂结构审查组长，晚年，他主持编写了《中国桥梁史》《中国的古桥和新桥》，对我国古桥建筑从技术上做了总结。他主持中国铁道技术研究所和铁道科学研究院工作长达30年，为中国铁路建设和运输生产提供了大量科研成果，培养了大批科技人才。他的学术成就和业绩在国内外赢得盛誉，被选为中国科学院院士（学部委员）、美国工程院院士，并获中外多项荣誉奖章。

中国建成北京王府饭店 位于王府井附近，总建筑面积7.2万平方米，主楼地上15层，地下3层。建筑造型具有中国传统建筑风格，并以内部环境设计豪华精美著称。入口大厅贯穿5层空间，大理石柱高耸，白色拱桥下人造瀑布逐层跌落，各层回廊基部饰面光洁，色彩凝重，栏板透明轻盈，衬以中式盆栽和悬垂植物，色泽变换的照明设施使大厅富丽堂皇，富有民族气息；风格各异的餐厅配置在大厅四周。饭店设有商店、游泳池、健身房、桑拿浴及豪华夜总会等服务设施和电脑控制系统等先进技术设备。

日本建成大阪光之教堂 位于大阪闲静住宅街的一角，设计者为日本著名建筑师安藤忠雄（Tadao Ando 1941—　）。建筑只是简洁的混凝土箱型，没有传统教堂中标志性的尖塔，但它内部是极富宗教意义的空间，呈现出一种静谧的美，与日本枯山水庭园有着相同的气氛。建筑的布置是根据用地内原有木造教堂和牧师馆的位置以及与太阳的关系来决定的。礼拜堂正面的混凝土墙壁上，留出十字形切

大阪光之教堂

口，呈现出光的十字架。建筑内部尽可能减少开口，主体限定在对自然要素“光”的表现上。这是安藤忠雄所谓的对自然进行的抽象化作业。

第十一届普利兹克建筑奖获得者盖里 1929年，盖里（Gehry，Frank Owen 1929— ）出生于加拿大多伦多，后转入加利福尼亚州，并在南加利福尼亚州大学获得建筑学硕士学位，毕业后在哈佛大学从事城市规划工作。于1962年建立他自己的公司——弗兰克·盖里联合公司（Frank O.Gehry and Associates，Inc.）。盖里早期的建筑锐意探讨铁丝网、波形板、加工粗糙的金属板等廉价材料在建筑上的运用，并采取拼贴、混杂、并置、错位、模糊边界、去中心化、非等级化、无向度性等各种手段，挑战人们既定的建筑价值观和被捆缚的想象力。其作品在建筑界不断引发轩然大波，爱之者誉之为天才，恨之者毁之为垃圾，盖里则一如既往，创造力汹涌澎湃，势不可挡。终于，越来越多的人容忍了盖里，理解了盖里，并日益认识到盖里的创作对于这个世界的价值。他的代表作有华特·迪士尼音乐厅、古根海姆艺术博物馆、Chiat/Day/Mojo公司总部、维特拉公司总部、诺顿住宅等。

1990年

香港中国银行大厦建成 中银大厦是中银香港的总部，位于香港中西区金钟花园道1号，由华裔建筑师贝聿铭设计，于1990年完工。总建筑面积12.9万平方米，地上70层，楼高315米，加顶上两杆的高度共有367.4米。该建筑平面为正方形，沿对角划成4组三角形，且每组三角形的高度不同，节节高升，使得各个立面在严谨的几何规范内变化多端。大厦采用了一种独特的结构形式——“大型立体支撑体系”，即由空间网架和4根12层高的巨型钢混凝土柱墩组成，室内无一根柱子，这不仅为室内提供了宽敞的空间，更为建筑独特的形态提供了保障，是技术与艺术的完美结合。香港中国银行大厦曾一度是亚洲最高的建筑物，也是世界上最高的建筑物之一。它因设计出

香港中国银行大厦

色，曾获得许多荣誉奖项。

中国建成大跨度石拱桥 位于湖南省凤凰县，全长241米，主跨长120米，桥宽8米，是当时世界上跨度最大的石拱桥。

印度尼西亚建成达摩拉办公楼 位于雅加达，是美国建筑师罗道夫（Rudolph, Paul 1918—1997）设计的成功作品之一。大楼地面上高25层，采用传统的倾斜屋顶，楼层较高，每层都有装玻璃的悬挑式三角形阳台，交错布置，阳台内布置绿色藤蔓，使内部空间不受阳光直晒，并在大楼立面上形成虚实与明暗的光影变化，使人产生轻盈活泼的感受，使大楼显得生机盎然。大楼下部设有一个7层高的中庭，它与附近裙楼的交接处，楼板层层后退，形成一个漏斗状的开敞空间，从斜面直接获得自然光，使室内外相互贯通，改变了以往许多高层建筑内部大厅的封闭状态，在中庭内的每层露台上种植花草树木，还布置有流水和瀑布等，并有楼梯直通外面，与周围绿化环境有机结合。达摩拉办公楼把绿化引入楼内，并考虑了自然光照和通风等，适应生态要求，体现了设计师建筑重新回到大自然中去的构思。

达摩拉办公楼

中国建成北京国际会议中心主会议厅 建于亚运村国际会议中心大厦内，中心共有48个大中小型会议厅室，其中主厅可以容纳2500人，室内装饰典雅，设备先进，用无线电式同声译8种语言，在当今世界的会议厅中属于较高标准。中型会议厅亦设有8种语言同声传设备，并能达到放映立体声影片的标准，厅的平面为21米×27米的矩形，而声学体型是一个近似梯形的钟形，设23级600个固定座位，天花板和墙面设计及材料具有良好的声学效果。

北京建成国家奥林匹克体育中心游泳馆 由比赛馆、训练馆和室外游泳场三部分组成，比赛馆建筑面积37500平方米，可容纳观众6000人。屋盖38米×124米，采用双坡曲形金属屋面和塔筒斜拉索，结构形式新颖，外露曲面网壳极富动感，使建筑既具传统风格，又与现代技术融为一体。

中国建成北京体育学院体育馆 由比赛馆、练习馆、消除疲劳中心、艺术体操馆等组成，总建筑面积10633平方米。四馆既可独立使用，又有通廊互联。比赛馆设2800个席位，中有推拉看台，可增加到3500座。结构采用4具落地网架斜撑，支承52.2米×52.2米的由双向正交正放桁架组成的双层双曲扭网壳体的八角形屋面，馆壁周设带形高侧窗，使场地开敞明亮，节约能源。

美国建成华特·迪士尼总部大楼　位于美国加利福尼亚州南部伯班克市的迪士尼片场园区内，建成于1990年，设计师是美国著名建筑师格雷夫斯。在设计中，建筑师试图以一种通俗的建筑语言来阐释建筑本身的性格特质，从而体现建筑师对装饰主义、隐喻主义等后现代主义建筑手法的推崇。在该建筑中，设计师在建筑立面处理上出人意料地将卡通片《白雪公主》中七个小矮人的形象放在建筑主立面的显要位置上，使得建筑活泼、通俗。该建筑首次将卡通人物作为建筑立面的构图要素来传达信息，不但具有新颖的建筑形象，还向世人展示了一种新的建筑语言符号，体现了建筑师独特的设计理念。是通俗化设计倾向的代表作。

日本建成大阪海洋博物馆　位于日本大阪市，由法国建筑师安德鲁设计。大阪海洋博物馆为一幢玻璃半球形的透明建筑物，与南港的宇宙广场（Cosmo Square）相邻。在这座四层建筑的博物馆内，记录着大阪海运和航海史。其钢制半圆体屋顶的直径为70米，而其玻璃立面由重达1200吨的平板玻璃组成。该建筑的结构是用节点和预应力杆连接的管状薄膜斜肋构架，可防地震。是当时世界上最大的室内水族馆，同时也是已建成的最大的建筑之一。

大阪海洋博物馆

第十二届普利兹克建筑奖获得者罗西　罗西（Rossi，Aldo 1931—1997）是当代建筑界一位国际知名的建筑师。他出生于意大利米兰，大学毕业后曾从事设计工作。1966年出版著作《城市建筑》，将建筑与城市紧紧联系起来，提出城市是众多有意义的和被认同的事物的聚集体，它与不同时代不同地点的特定生活相关联。罗西将类型学方法用于建筑学，认为古往今来，建筑中也划分为种种具有典型性质的类型，它们各自有各自的特征。罗西还提

倡相似性的原则，由此扩大到城市范围，就出现了所谓“相似性城市”的主张。罗西将城市比作一个剧场，他非常重视城市中的场所、纪念物和建筑的类型。他的代表作有卡洛·菲利斯剧院、博戈里科市政厅、卡洛·卡塔尼奥大学、林奈机场等。

1991年

天津广播电视塔

中国上海南浦大桥建成 位于上海市区南码头轮渡口，跨越黄浦江，是一座双塔双索面斜拉桥，最大跨度423米，分跨为40.5米+76.5米+94.5米+423米+94.5米+76.5米+40.5米。主梁高2.1米，工字形截面，两主梁间距24.55米。沿主梁每9米有一个斜拉索。桥面板为预制混凝土面板。

中国天津广播电视塔建成 位于天津湖中心，高415.2米，称“天塔旋云”，是当时世界第三、亚洲第一的高塔。塔区占地总面积22公顷，周围湖边建有绿化带、观赏台、环廊、引桥等。

陕西历史博物馆

中国陕西省西安市建成陕西历史博物馆 馆区占地6.9公顷，建筑面积4.58万平方米。根据场地与现代博物馆功能要求，采用相对集中布置，将文物库、陈列厅及其他用房均集中在中央主馆。馆区平面为方形，文物库区在馆区的后部，面积7800平方米。陈列区在馆区的南部，面积1.09万平方米。馆区的建筑沿对称轴线排列，宫殿式的屋顶，出檐深邃，翼角柔和展开，具有唐代风格。门前广场与户外绿地有唐陵的石马和汉代昆明池石鲸点缀，具有浓厚的文化气息及民族传统和地方特点。陕西历史博物馆是中国古都西安的标志性建筑，它成功地体现了陕西的悠久历史与灿烂的文化。

美国建成费城自由之塔 由海尔默特·杨建筑设计，位于费城市自由广场上，1984年开始修建。自由之塔高251米，是自由广场建筑群中最高的一座塔楼，也是费城最高的建筑物，它采用核心筒结构，沿建筑周边布置8根巨柱，通过四层高的桁架和核心筒相连。塔楼平面转角部是内凹的，增加了每层转角办公空间，同时显得建筑体型比较轻巧。塔楼底部三层裙房用花岗岩贴面，上部为玻璃幕墙，并做成横条状。塔楼的顶部全部采用玻璃材料构成，成为这座建筑最有标志性的部位，给人以新颖的感觉。自由之塔是一座典型的标志性超高建筑。

意大利高勒建成室内网球场　位于意大利高勒，由莫里尼和那塔里尼共同设计。该建筑屋顶薄膜为涂有聚氯乙烯的聚酯纤维。

第十三届普利兹克建筑奖获得者文丘里　文丘里（Venturi，Robert 1925—2018），美国建筑师。1925年6月25日生于费城，就学于普林斯顿大学建筑学院，1950年获硕士学位。文丘里的作品和著作与20世纪美国建筑设计的功能主义主流分庭抗礼，成为建筑界中非正统分子的机智而又明晰的代言人。他的著作《建筑的复杂性和矛盾性》（1966年）和《向拉斯维加斯学习》（1972年）被认为是后现代主义建筑思潮的宣言。他反对密斯的名言“少就是多”，认为“少就是光秃秃”。他认为现代主义建筑语言群众不懂，而群众喜欢的建筑往往形式平凡、活泼、装饰性强，又具有隐喻性。他认为赌城拉斯维加斯的面貌，包括狭窄的街道、霓虹灯、广告牌、快餐馆等商标式的造型，正好反映了群众的喜好，建筑师要同群众对话，就要向拉斯维加斯学习。文丘里的代表作品有费城母亲之家、费城富兰克林故居、伦敦国家美术馆、俄亥俄州奥柏林大学。

1992年

中国天湖水电站建成　位于广西壮族自治区，一期工程1992年4月建成，水电站发电水头1074米，是当时亚洲发电水头最高的小水电站。

中国首创运用地质雷达探测技术进行大断面隧道施工　该技术由中国煤炭科学研究院重庆分院开发。1992年7月，他们首次将用于煤矿坑道作业的地质雷达探测技术应用于当时国内最长公路隧道——成渝高等级公路中梁山隧道施工过程中，成功地解决了在复杂地质条件下隧道施工的困难。其控测距离可达40米，每探测一次，仅需1小时左右，探测准确率84%，不仅节约了大量资金，而且缩短工期3个月以上。

中国安康汉江桥通车 位于陕西省安康市。全长542.08米，主跨176米，梁长305.10米。是当时跨度最大的斜腿钢构铁路桥。

中国深圳发展中心大厦建成 位于深圳市罗湖商业区，建筑面积7.6万平方米，主楼43层，建筑高度165.3米，是当时深圳市最高，也是国内最高的钢结构大厦。大厦主楼采用钢框架加钢筋混凝土剪力墙组成的联合受力体系，能抵抗上部每平方米160公斤的风荷载产生的扭力。

深圳发展中心大厦

中国建成富春江第一大桥 是富阳公路上的一座特大桥梁，位于富阳城区东部，是沟通大江南北的主要通道。桥梁全长872.2米，其中主桥为52米+3×80米+52米五孔连续箱梁，引桥为15米×35米预应力混凝土宽翼板T梁，桥宽13米，引道长384.778米。

中国建成北京城乡贸易中心 建筑由四幢不同层高、前后错位的塔楼、五层高的裙房和四层地下用房组成。最高塔楼为28层，高103.65米。总建筑面积14.2万平方米，占地面积2.65公顷。建筑平面呈弧线型，与西北角的公主坟环岛相互呼应。造型新颖。层次不同的四幢塔楼呈折线布置，轮廓清晰而多变。贸易中心是现代高层建筑技术和民族建筑形式相融合，清新优雅的民族风格和新时代的气质与古都风貌融为一体的优秀建筑。

马来西亚梅纳拉商厦

马来西亚建成梅纳拉商厦 由马来西亚建筑师杨经文（1948—　）先生设计。梅纳拉商厦是马来西亚一座15层高的大型写字楼，其间因引入了空气流动、太阳能利用、植物造氧环境及高层建筑遮荫等绿色摩天大楼的概念，使之具有与众不同的外观效果，创造了较为良好的室内人居空间，成为当今高层建筑追随的方向之一。杨经文被认为是“在热带摩天大楼的设计上最具有挑战性和革新精神的建筑天才之一”。

第十四届普利兹克建筑奖获得者西扎 西扎（Siza，Alvaro 1933— ），葡萄牙著名建筑师，被认为是当代最重要的建筑师之一。他的作品注重在现代设计与历史环境之间建立深刻的联系，并因其个性化的品质和对现代社会文化变迁的敏锐捕捉而受到普遍关注和承认。西扎的作品遍及欧洲各地，获得过欧洲建筑奖、普利兹克奖、哈佛城市设计奖等一系列建筑界重要奖项。20世纪90年代以来，西扎更是完成了西班牙圣地亚哥加里西亚当代艺术中心、波儿图大学建筑系馆、福尔诺斯教区中心教堂以及波儿图当代艺术中心等重要工程。他在加里西亚当代艺术博物馆获得普利兹克奖后说：“我有权利说它参照了城市的整个历史，而不仅仅是现在，这样的结果不是来源于历史参照的消除，而是尝试创造一种现代与历史的共存。”

亚特兰大奥运会主体育馆“佐治亚”穹顶建成 由美国工程师莱维（Levy，M.）设计。该建筑平面尺寸为240米×192米，采用了特殊的结构体系。建筑师将盖格（Geiger）设计的索穹顶中索网平面刚度不足、容易失稳等缺点进行了改进，采用了“张拉整体”大跨结构设计概念，以三角形和张拉菱形的平面稳定性为结构单元的形体基础，从而形成了索穹与膜杂交构成的屋盖结构体系。这是一种结构效率极高的全张力体系，整体索穹顶除少数几根压杆外都处于张力状态，它充分发挥了钢索与膜材的张拉强度，如能避免柔性结构有可能发生的结构松弛，索穹顶与膜构成的大跨度屋盖结构绝无失稳之虞。是当时世界上最大跨度的索穹顶结构。

亚特兰大奥运会主体育馆穹顶

1993年

中国建成当时世界第一斜拉桥 位于上海宁国路之东，跨越黄浦江的杨浦大桥，是一座双塔、空间索面钢与混凝土组合式斜拉桥。全长8354米，主桥长1178米，最大跨度602米，当时居同类桥的世界第一，分跨为40米+99米+144米+602米+144米+99米+40米。主梁为两根箱形钢架，梁高2.7米，沿主梁每4.5米铺设工字形截面的横梁，桥面板为混凝土面板。施工期仅28个月，为世界罕见。

德国建成首座太阳能住宅 位于德国南部弗赖堡市，它利用太阳能而实现能源完全自给。由弗赖堡劳恩霍夫太阳能研究所设计。为一座圆形住宅，面积100平方米，房屋的玻璃上装有透明的隔热材料，并装有反射卷帘。房顶上安装着36平方米的太阳能电池，用来烧饭、取暖和发电。还安装有14平方米的太阳能热水器，为容积1000升的贮水罐提供热水。住宅内备有许多蓄电池，贮存电能供家用电器消耗。缺点是该住宅造价太贵，达160万马克。

中国兴建当时亚洲最大飞机库 位于北京首都机场维修厂区内。占地面积近3.6万平方米，总建筑面积近5.4万平方米。于1993年5月正式开工，计划工期30个月。机库为单层，总宽300米，净高26米，面积35900平方米，可同时维修4架或同时停放6架波音747客机。采用钢筋混凝土及空间网结构。车间两层，总高12米，建筑面积8500多平方米。办公楼地下一层，地上5层，建筑面积9400多平方米。该机库曾是亚洲最大的飞机维修机库，是我国第一座技术先进、设备齐全，具有国际先进水平的大型飞机维修库。

德国建成DG银行总部大楼 位于法兰克福美茵茨街，由美国KPF建筑师事务所设计，1986年开始修建。建筑包括银行总部塔楼、副楼和两者之间的中央花园。主楼为47层，总高208米，东面为半圆形平面，楼外全部采用玻璃幕墙围护。主楼顶

DG银行总部大楼

部装饰了用放射形的肋架做成的巨大弧形悬挑檐口，既象征着皇冠，以表达银行的雄厚实力，又是KPF建筑事务所作品的标志。东面的公寓楼是方柱体造型，楼顶也装饰了一圈柱廊与挑檐，从而与主楼相协调。DG银行总部大楼已经成为近年来欧洲最重要、最有影响力的银行建筑之一。它打破了国际式高层建筑在造型与平面布局上的局限，尤其是它的1/4圆弧状的主塔以及顶部悬挑的檐部处理已成为大楼的显著标志，极大地丰富与开拓了现代主义建筑的设计手法。

日本建成大阪新梅田空中大厦 由日本建筑师原广司（Hiroshi Hara 1936— ）设计，1989年开始修建。大厦由两幢超高层办公楼和一幢高层旅馆组成，分设在长方形地段的三个角上。办公楼40层，总高170米，在顶部用空中花园相连，形成门形大厦。在横跨门形空间中部，布置着悬空的巨形桁架通廊，前后还建有两条斜置的钢构架作为电梯竖井，左边办公楼有两条斜置的钢构架直达顶部空中庭园的大圆洞上，使得空中交通系统既复杂又具有神秘感。原广司设计的这组建筑群在某种程度上类似于巴黎的凯旋门，但是他的主要构思在于建立空中城市，将来使高层建筑都在空中相互联系起来。新梅田大厦的公共空间充分考虑到了人性化的使用原则，室内与室外，空中与地面有机地结合，壮观而又不失细腻。其富于变化的形体与欧美各国的玻璃摩天楼有着明显的差异。

大阪新梅田空中大厦

无止境大厦方案 位于巴黎西郊的德方斯新区，设计人努维尔。该大厦于1993年开始设计，现仍处于方案阶段。大厦的标准层平面为圆形，直径43米，塔楼高460.6米。大厦的外形为圆柱体，在设计上采用了逐渐“消失”的处理手法。外墙面在基座部分是粗糙的花岗石，向上是磨光的花岗石。塔楼的支柱布置在圆形周边，这样可以使内部有灵活布置的大空间，同时建筑采用了一种“生长型”结构体系，越向上是越轻巧的金属结构。塔楼在顶部的附属设施全用环形玻璃板外墙遮挡，为了减少风的阻力，在环形玻璃板外墙上穿有一系列孔洞。无止境大厦如能实现，将取代埃菲尔铁塔成为巴黎最高的建筑。

德国建成维特拉消防站 位于德国维尔市维特拉家具厂内，由伊拉克建筑师哈迪德（Hadid，Zaha 1950—2016）设计。整座建筑仿佛是一只纸折的飞镖，充满了倾斜的几何线条，自由的节奏令人紧张得喘不过气来，墙面倾斜、屋顶跳动着晃动的曲线，或规则，或扭曲，而细部则呈现女性的柔美感。不稳定的变化动感和结构的分解势态贯穿了建筑的每一个角落。被夸张强调的水平线条和突出的尖角使这座消防站如“御风蓬叶，泛彼无垠”，向上的动感使建筑物和地面有了若即若离的关系。德国维特拉公司消防站是当时世界上最漂亮、最先进的消防站建筑，同时也是解构主义建筑的代表作。消防站的落成一方面标识出了厂区的边界，另一方面也为厂区主轴线增加了一个景观节点。从这座建筑的处理手法可以看出哈迪德不是把一个屈服于环境、谦逊的建筑放入基地之中，而是通过激烈的“异构”建筑使基地的某些潜在特性得到强调。

法国凯瑞得艺术馆 由英国建筑师福斯特设计。这项设计任务最具有挑战性的，是在艺术馆旁边需保留一座精美的古代罗马神殿。设计者的高明之处在于，他既没有简单地模仿古代罗马形式，又没有仅仅满足于在崇高的古代文物面前“甘当配角”，而是在体量和建筑尺度上，尽量与古建筑持平，并用“高技派”的手法，使建筑拥有同样精美的细部构造。在这里，历史与现在，石材与钢材，神庙与艺术馆，可以平等地对话，互相尊重，达成默契。

第十五届普利兹克建筑奖获得者桢文彦 桢文彦（Fumihiko Maki），1928年出生于日本东京，日本现代主义建筑大师。他一生致力于发展现代主义建筑风格，以精细的手法使建筑表现出理性的思维。桢文彦对建筑和城市都有着独特的见解，他采用散文式的构造方法，赋予建筑更多层次的内涵。他主张开放性的结构，以极强的适应性满足时代变迁的要求，同时他十分强调建筑与环境的协调，极力为建筑物赋予人性和文化的特征。桢文彦的作品植根于风土并具有文化品质，凝聚了东西方双重文化的精神。1989年9月，日本《新建筑》杂志的一份调查资料表明：在日本国内受人喜爱的建筑师行列里，槙文彦名列榜首。槙文彦代表作品有福冈大学学生中心、东京市体育馆、京都国立现代美术馆、华哥尔艺术中心、代官山集合住宅街区、岩崎美术馆等。

1994年

大阪关西国际机场航站楼 大阪关西国际机场航站楼位于日本大阪一个长4千米、宽1.25千米的矩形人工小岛上，由意大利设计师皮亚诺设计，于1988年开始设计，建成于1994年。航站楼整体呈“恐龙骨架状”的仿生形态，具有超环形曲面的屋顶造型，地下1层，地上3层，最高高度达36.54米。建筑内部形状特异的支柱，连同拱形巨型桁架一起形成了航站楼的结构形态。自然风可由航站楼一侧的陆地进入建筑，沿着棚顶进行曲线流动，并在此过程中完成与室内空气的交换。这是一个由引导自然风的流动系统决定建筑形态的典型实例。整座建筑的形态是在计算机的精密计算下完成的，具备了高科技的艺术特征。日本关西国际机场航站楼是皮亚诺在国际竞争中赢得的一项大型工程，它充分展示了皮亚诺对建筑技术的整体把握，也是最能体现其生态建筑创作思想的范例。它那超环形曲面的屋顶造型、动态流畅的内部空间以及巨型钢架所带来的非凡的艺术效果，至今仍令人赞叹不已。

大阪关西国际机场航站楼

中国建成地锚式钢筋混凝土斜拉桥 位于湖北省郧县山区，飞跨汉江，全长600米，主跨414米，是亚洲第一的地锚式钢筋混凝土斜拉桥。

中国高速建成灵武铁路黄河特大桥 该桥全长1576.3米，最大跨度48米。48米梁重700多吨，而当时架桥机只能架32米梁。承建的中国铁路十三工程局一处采用了87军自行组装成的简易架桥机——移动支架，成功地拼架了48米简支架。这一架梁工艺、技术及跨度当时均为国内第一，并创造了月综合造桥140米的世界先进水平。

中国实验成功非开挖定向钻进铺设地下管线　10月4日，中国地质矿产部勘探技术研究所结合河北省廊坊市内燃气管道输配工程，完成了这项新技术的生产性实验。它表明中国将结束开挖路面铺设地下管线的历史。

中国首创“桩柱法”施工方法　由铁道部第十六工程局四处与铁三院的专家联合研究，已应用到北京王府井地铁站施工中，解决了地下工程建设中保护地下水资源、保证周围建筑物安全的难题，使中国的地下工程技术向前迈进了一步。

中国开发出变形钢筋套筒挤压连接技术　由中国建筑科学研究院结构所研制开发，并推出了相应设备。该方法是将两根待接钢筋的端头插入一个优质钢套筒内，然后用压结器沿径向挤压钢套筒，使其产生塑性变形，变形后的钢套筒与被连接钢筋紧密咬合，达到连接效果。此种方法可保证挤压接头达到钢筋母材强度，连接接头时间短，并能节省钢材。

陆建衡［中］发明塑料混凝土　中国工程师陆建衡解决了使塑料和混凝土能很好结合在一起的难题，实现了以塑代钢。实验证明，高强度塑料混凝土的抗拉能力和抗折能力，均比钢筋混凝土有明显提高，在建筑上它完全可以替代钢筋混凝土。该发明已获中国国家专利。

中国研制出高强度竹胶合板系列产品　由青岛金源公司研制开发，主要用于建筑模板、集装箱底板及建筑装饰材料等。上海南浦大桥、地铁工程、北京亚运村国际会议中心、济青高速公路等重点工程，都用了竹胶合板模板。美、日、澳及东南亚10多个国家都采用。该系列产品中有9项获国家专利，并在新加坡举行的1994年世界贸易与科技博览会上荣获金奖。

中国建成可开启房顶的体育馆　建于北京什刹海体校，跨度37米，高13米。它采用弓式支架结构建成，施工过程中没有用一根脚手架和大型吊装设备。施工速度快，并节约费用。

刘志伟［中］发明弓式支架建筑结构　这种全新的空间结构比现有的网架结构节省材料近一半，建设速度提高几倍甚至几十倍，而且施工中不用脚手架和大型吊装设备，在铁路、石油、体育等领域，有广泛的应用价值。已获得中、美、澳、俄等国发明专利。

马来西亚建成MBF大厦　位于马来西亚槟榔屿，设计人为建筑师哈姆扎和杨经文。整座建筑共31层，为了考虑热带气候的特点，大楼中部设计成露天庭院，并在周围的屋顶平台上布置绿化。建筑的外表很像是混凝土框架的重复组合，其立面上每隔3层设有2层高的横向通风洞，使整座大厦的所有房间都能获得最佳的通风和采光条件，大大降低了闷热的程度。是适应地方环境特点的高层建筑，被称为生态大楼。

第十六届普利兹克建筑奖获得者波特赞姆巴克 波特赞姆巴克（PortzamParc，Christian de 1944— ），法国人，建筑设计师、城市规划设计师、艺术家。在建筑设计中，利用空间来构筑实体，而不是以实体的叠加组合来构筑空间；他以空间作为材料，运用消减的手法来处理建筑体量的构成。他设计的巴西里约热内卢的音乐城与纽约的LVMH大楼，显现了其精练的处理光线、体量与材料的能力。他的建筑以极强的雕塑感成为都市中的地标性建筑。其主要的设计作品包括格拉斯城法院、巴黎国际会议大厦、纽约路易威登大厦和柏林法国驻德大使馆等。

1995年

中国孙口黄河大桥建成 位于京九铁路线上，为下承式连续钢桁梁双线铁路桥，全长6829.6米。主桁梁与节点板先在预制厂焊接成整体，是国内首次使用的整体节点构造。

中国黄石公路桥合龙 位于湖北省黄石市。桥长2580米，宽20米，预应力混凝土连续钢构梁长1060米，当时居世界第一。

中国在喀斯特地形上建成特大桥 该桥建于江西省吉安市，跨越赣江。是京九铁路五大难点工程之一。全长2655.75米，墩台73个。大桥在地下大溶洞群上建成，在我国尚属首次，在世界建桥史上也属罕见，它解决了在大面积溶洞群上建造特大桥的世界性难题。

中国上海东方明珠广播电视塔建成 位于上海浦东新区陆家嘴内，于5月建成。占地

上海东方明珠广播电视塔

面积55000平方米，建筑总面积54000平方米。电视塔的主体是由三根与地面夹角为60度、直径7米的斜撑，支扶三根直径9米的擎天筒体大柱，自上而下串联了大小8只球体，犹如一串明珠，故称为“东方明珠”。上海东方明珠广播电视塔地下为二层钢筋混凝土结构，地面向上至286米为三个预应力混凝土筒体组成巨型框架结构；从286米至350米是锥形预应力混凝土单筒体；350米至468米是钢锥杆天线；塔身球体为球状钢结构。塔高468米，当时属亚洲第一，世界第三。用于发射电视和调频广播节目。

中国汕头海湾大桥建成 位于福建省。为预应力钢筋混凝土悬索桥。全桥长2420米，主跨长452米，桥宽23.8米，4车道，主塔为高95.1米的门式框架。该桥曾是世界上跨度最大的预应力钢筋混凝土悬索桥。

日本研制出SN滑板式防震地板 由住友橡胶工业研制并投放市场。它的特点是在双层地板下有一层由立柱连接的滑板，滑板底面涂层可吸收地震引起的摇动，再经过双层地板的缓冲作用，将地震产生的加速度减轻80%。这种结构地板可用于经受地震后现存楼房的修复、改建，尤其适用于医院等公共设施。

日本研制出高效防震垫块 由日本东京波座真建筑开发。它由特制橡胶和铁板重叠起来制成。将这种垫块加在建筑物的地基上，可将地震造成的剧烈摇晃减轻为左右平动，采用这种垫块建筑的楼房经受6级地震时，楼内只有1~2级的感觉。

中国武汉长江二桥建成通车 该桥为180米+400米+180米自锚式悬浮连续体钢筑混凝土斜拉桥，具有薄、轻、柔、美的特点。建筑面积22638平方米，当时在已建成的混凝土斜拉桥中居世界第二、亚洲第一。施工中采用平台复合型牵挂篮，使主梁施工速度大大加快，平均每个节段施工周期为9.8天，并创造了7天5小时45分的世界纪录。

日本商环境设计家协会1995年度设计奖大奖获得者隈研吾 日本著名建筑师隈研吾（Kengo Kuma 1954— ），享有极高的国际声誉，建筑融合古典与现代风格为一体。惯用竹子、木材、泥砖、石板、纸等自然建材，建筑风格散发日式和风与东方禅意，代表作：长崎县立美术馆、三多利美术馆。

Z58水/玻璃建成 位于上海，是一个老办公楼的改造方案，坐落于番禺路58号，毗邻孙中山家族的美丽花园，其前身是上海市手表五厂的厂房，建筑师为隈研吾。正立面的镜子般的花栏正是隈研吾最擅长的“使建筑消失”，建筑空间的高潮是建筑的顶层，一间立于水面上的房间。建筑与周围很协调，其门厅像是一个被分离的室外空间，空间很静谧。一侧是沿街的镜子立面，另一侧用条形绿玻璃条做成肌理效果，玻璃条截面是切角后的正方形。门厅的设计很简洁，一条小径通达办公区和电梯，周围是人工水面。

法国建成法国国立图书馆　它建成于1995年，建筑面积35万平方米，建筑师是佩罗（Perrault，Dominique 1953—　）。它的造型像四本翻开的巨型大书，又像是城墙围合的四个墙角，这就是法国国立图书馆——一个“没有‘墙’，没有围栏，没有界线，直接和巴黎接触的”知识的城。

旧金山现代艺术博物馆建成　旧金山现代艺术博物馆位于美国旧金山市区第三大街151号，是博塔（Botta，Mario 1943—　）的代表性作品。在建筑形象塑造过程中，博塔综合运用了多种设计手法，具有相当的典型性。美国旧金山现代艺术博物馆建成于1995年，博物馆处在一个三面被高层建筑包围的地段上，四周建筑较为繁杂。建筑中纯粹的几何特性以及原始砖石材料的运用，使其在完成后迅速成为周围环境中的建筑领袖。建筑师能熟练地运用现代的砌筑工艺，使建筑自然流露古典主义与现代主义的双重美学，与博物馆类建筑的精神十分吻合。博塔在对旧金山现代艺术博物馆的设计中反复使用对比手法来体现构图要素之间的差异性和变化，以创造建筑丰富的形态。同时，博塔也以对称式的形体布局来使建筑达到整体的统一。

旧金山现代艺术博物馆

第十七届普利兹克建筑奖获得者安藤忠雄　安藤忠雄（Tadao Ando 1941—　），1941年出生于日本大阪。1957年左右，开始练习职业拳击。1959—1961年，考察日本传统建筑。1962—1969年，游学于美国、欧洲和非洲。1969年在大阪成立安藤忠雄建筑研究所，设计了许多个人住宅，其中位于大阪的“住吉的长屋”获得很高的评价。其设计的大规模的公共建筑与小型的个人住宅作品，多次得到日本建筑学会的肯定。此后安藤确立了自己以清水混凝土和几何形状为主的个人风格，也得到世界建筑界的良好评价。安藤忠雄是一位难得的建筑师，他的作品结合了艺术和感性，无论大或小，都会让人产生灵感。他的代表作品有六甲山集合住宅、沃斯堡现代美术馆、光之教堂、普利策基金会美术馆等。

九江长江大桥

中国九江长江大桥建成通车　位于江西省九江市以东，白水湖旁，曾是我国跨度最大的双层公路铁路两用桥。铁路部分全长7675.4米，正桥为四联，最大跨度216米，前两联3×162米，第三联180米+216米+180米，第四联2×162米，桁梁高16米。上层4车道，宽18米，下层为双线铁路。桥下通航高度24米。1993年公路部分开通，1995年铁路部分投入使用。该桥是当时国内跨度最大的双层公路铁路两用桥。

1996年

德国建成法兰克福商业银行大厦　法兰克福商业银行总部大楼位于德国法兰克福市的商业中心区内，是一座综合性建筑群。该建筑是福斯特设计的世界上第一座高层生态建筑，同时也是福斯特设计风格发生转变后的一个典型实例。建筑共53层，高达298.74米，其结构体系是以三角形顶点的三个独立框筒为“巨型柱”，通过八层楼高的钢框架为“巨型梁”连接而围成的巨型筒体系。其

法兰克福商业银行大厦

平面呈三角形，位于三角形的三条办公空间中分别设置了多个4层高的空中花园，且三角形中部为直通建筑顶部的中庭。法兰克福商业银行总部大楼是世界上第一座高层生态建筑，还是当时欧洲最高的一栋超高层办公楼。福斯特设计的法兰克福商业银行总部大楼倡导绿色办公空间，体现生态建筑及其工作模式，是高层生态建筑和可持续建筑的一个成功实例，为后来高层建筑的绿色和节能设计树立了榜样。

意大利始建罗马千禧教堂 罗马千禧教堂位于意大利罗马城外6英里（9.6千米）的一个中低收入的居民区内。它秉承了迈耶一贯的设计风格，以其纯净的建筑色彩和雕塑感十足的外部造型成为新时代教堂建筑设计的典范。建筑外形独特，其三片白色弧墙，如船帆状。教堂高57～90英尺（17.4～27米）不等，层次井然地朝垂直与水平双向弯曲，似球状的白色弧墙曲面。建筑材料包括混凝土、石灰华和玻璃。三座大型的混凝土翘壳高度从56英尺（17.1米）逐步上升到88英尺（27米），看上去像白色的风帆。这座地标性的建筑将成为教堂设计的一个典范。罗马千禧教堂可以说是新时代、新技术、新理念的产物，它不但具有美轮美奂的外部造型，还具有清晰合理的结构逻辑关系。迈耶将结构技术与建筑造型完美地结合在一起，体现了他娴熟的设计技能与深厚的文化底蕴。

罗马千禧教堂

中国建成大跨径钢筋混凝土拱桥 重庆万县长江公路桥，是一座跨径达420米的钢筋混凝土拱桥，居于世界同类大桥的前列，受到国际桥梁界的瞩目。

中国深圳鸿昌广场封项 大厦建筑面积14万平方米，地上63层，高218米，1996年元月13日封顶，是中国当时已封顶的钢筋混凝土结构最高建筑，为国内钢筋混凝土结构超高层建筑的代表。施工时采用“平面分段、立面分层、混合交叉、循序推进”的流水作业法，被列为“全国建筑业新技术应用示范工程”。

中国建成特高V形支撑桥 位于广西、贵州交界处的高磐江上，全长530

米，建筑高度105米，桥墩高73米，跨度90米，是当时世界铁路桥中最高的V形支撑桥。目前占世界领先地位的德国格明登美茵河V撑桥跨度虽然达135米，但桥墩高不超过10米。

中国南昆路米花岭隧道建成 位于南昆铁路线中段，全长9392米，曾是中国单线铁路最长的隧道。隧洞采用全断面开挖一次成型的方法。于1996年4月贯通。

中国深圳建成地王大厦 地王大厦位于深圳市罗湖区的深南东路、解放路与宝安南路交汇的三角地带。地王大厦别名信兴广场，由商业大楼、商务公寓和购物中心三部分组成，是深圳的重要标志。大厦高81层，总高度383.95米，实高324.8米，为钢框架–RC核心筒结构。大楼建筑体形的设计灵感，来源于中世纪西方的教堂和中国古代文化中通、透、瘦的精髓，它的宽与高之比例为1∶9，创造了世界超高层建筑最“扁”最“瘦”的纪录。33层高的商务公寓最引人注目的设计是空中游泳池，空间跨距约25米，高20米，上下扩展由9层至16层。主题性观光项目“深港之窗”，就坐落在巍峨挺拔的地王大厦顶层，是亚洲第一个高层主题性观光游览项目。地王大厦建成时是亚洲第一高楼，现在是深圳第三高楼，也是全国第一个钢结构高层建筑。

深圳地王大厦

第十八届普利兹克建筑奖获得者莫内欧 莫内欧（Moneo，Rafael 1937— ），1937年出生于西班牙纳瓦拉的图德拉。1961年获马德里大学建筑学院建筑学学士学位。他不仅是一位建筑师，还是一位演说家、评论家和理论家，他本着对周围环境及环境平衡动力学的现实主义考虑，追求建筑与环境的融合与统一。其作品涉及领域广泛，涵盖了住宅、公寓、艺术博物馆、火车站、机场、工厂、酒店、银行、市政大厅和许多办公大厦。他的多项作品获得殊荣，1996年获得普利兹克建筑奖。

1997年

美国杜邦公司推出“可丽耐”墙壁材料　该材料由天然矿物、甲基丙烯酸甲酯等混合而成，无毛细孔，可防污垢和细菌，无涂层，表层不会脱落、磨损、破碎或烧黄等，耐用且易清洗，是厨房、化妆台、浴缸、洗澡间和地板的良好用料。

中国台湾研制出耐潮湿油漆　由台湾新美华造漆公司推出。产品系列分为底漆、中涂漆和面漆。底漆具有对水泥面的渗透和附着性；中涂漆具有防水性和弹性；面漆具有耐气候、耐阳光和良好的着色性。该油漆突破了一般涂料不易涂抹和不耐久的缺点，特别适用于多雨潮湿地区。

法国建成法兰西体育场　位于巴黎北部郊区圣丹尼斯，1997年11月完工。体育场的环形屋顶设计成土星环状，象征着宇宙中无所不在的运动。屋顶面积达6公顷，重1.3万吨，通过72对吊索吊挂在18根钢针状柱子上。看台共设8万个观众席，外形似花冠形组合的正旋曲线形，好像昂首翘立的船头，与屋顶的漂浮感相映成趣。法兰西体育馆是一座现代化的多功能大型建筑，远看像一个呈漂浮状的巨大白色“飞蝶”，是现代超大跨度体育建筑中的一个优秀典范。

中国开发出天然矿物内墙涂料　由吉林省非金属矿产及材料应用研究所和长春市智达科技开发公司联合研制。它选用天然矿物和天然纤维及特种黏结剂制成，特点是无毒无味、抗腐蚀、耐擦洗、阻燃安全、喷涂效果多彩多姿。产品有“彩丽壁”和“彩晶壁”两大系列数十种，适用范围广，可用于水泥砂浆墙、石膏板、木板及纤维板等基材的内墙装饰。

中国北京新东安市场建成　位于北京王府井大街北头，是一座大型商厦，总高45.8米，地上6层，地下一层，为商业楼，7层以上为写字楼。为长方形建筑群，四角各有一座塔楼，楼外用绿色面砖，下部面墙用磨光的花岗岩装饰。建筑造型新型，具有中国民族风格。

中国建成何香凝美术馆　位于深圳市，由龚书楷建筑师事务所有限公司设计，1997年4月建成。总建筑面积5000平方米，主展厅1200平方米，副展厅面积610平方米，建筑以中国传统的四合院作为平面的主要形态。建筑物分为三层，作管理、画室及展览使用，用一条简洁的行人天桥，将深南路人行道与建筑的中层贯通在一起，形成了大堂正门、中庭至主展览馆的一条中轴线。桥下设计成一个雕塑公园，将室外环境布置成露天展览空间，形成了一个内外兼宜的艺术天地。

何香凝美术馆

马来西亚双塔大厦

马来西亚建成双塔大厦 亦称云顶大厦，建于吉隆坡中心，由美国建筑师佩里（Pelli，César 1926— ）设计。双塔为88层，为多棱角的柱体逐渐向上，包括塔尖总高445米，两塔总面积218000平方米。底部四层为花岗岩砌筑的裙房，裙房以上的塔身为玻璃幕墙和不锈钢组成带状造型。立面向上大致分五段逐渐收缩，最上形成尖顶，近似古代佛塔。在第41层和42层之间有一座“空中天桥”连接两塔。“桥”长58.4米，高9米，宽5米。它不仅在结构上加强了建筑的刚度，还象征城市大门。双塔的外部色彩呈灰白色，造型和细部吸收了伊斯兰建筑的传统手法。双塔大厦的高度超过了芝加哥的西尔斯大厦，是当时世界上最高的建筑，成为吉隆坡市的主要标志。

美国建成莫比博物馆 建于洛杉矶市，由建筑师迈耶设计，又称“格蒂中心”。建筑由6个单元组成，布置在山脊上的几个广场和平台上，并加以巧妙的连接，建筑面积约9300平方米，占地290公顷。外部装修采用淡棕黄色铝板和粗犷又不失高雅的意大利石灰岩。展室比例适当，造型简洁，内部装潢古色古香。天花板比较高并设顶部采光。设计体现了迈耶“不应当把中心仅仅看作一座博物馆，它应当是一个艺术占主导地位的所在”的指导思想。中心的造价为10万美元/平方米，是当时美国历史上造价最高的建筑。

中国建成中天广场 位于广州天河北路，占地面积约2.3万平方米，总建筑面积34.36万平方米，是一座大型综合建筑群。由办公主楼、公寓楼和商业裙楼等组成。80层的办公楼，采用钢筋混凝土框筒结构，为增强整体结构的稳定性，塔楼的结构柱通过三层高的结构转换层将荷载传至建筑底部四角的四个L形巨型柱之上，L形柱和结构转换层组成了建筑主体的坚实底座。

中国建成虎门大桥 该桥横跨珠江主航道，位于广东东莞虎门与番禺南沙之间，1997年6月9日建成正式通车。大桥全长4688米，为中国首座加劲钢箱梁悬索桥，梁箱高3米，宽35.6米，主桥跨径888米，是当时国内已建成的跨径最大的悬索桥。主航道和辅道可分别通航10万吨级和万吨级海轮。

中国广州建成中信大厦 广州中信广场（Citic Plaza）位于中国广州天河区新城中心，主楼高达391米，共包括1幢80层摩天大楼中信大厦、2幢38层副楼、4层作为商场的裙楼以及地下2层的停车场，近邻广州火车东站。大厦为纯混凝土结构。中信大厦是当时中国最高的建筑物，也曾是世界上最高的纯混凝土结构写字楼。

广州中信大厦

中国钢结构专业论坛www.okok.org诞生 是提供钢结构入门及住宅、框架、门式、网架、索膜和桥梁等类钢结构知识论坛。是钢结构产业、钢结构企业、钢结构人才、钢结构生产线，彩钢板、阳光板、防火涂料、电焊机等焊接设备、焊接材料的专业信息交流平台。该论坛于2002年重建，改名中华钢结构论坛。是中国第一个钢结构商务信息平台。

第十九届普利兹克建筑奖获得者费恩 费恩（Fehn，Sverre 1924—2009），挪威人，1958年因设计布鲁塞尔世界博览会的挪威展馆而获得国际承认。20世纪60年代，他设计了其职业生涯中的两件精品：威尼斯双年展的北欧展厅和挪威哈玛尔市的黑德马克博物馆。该博物馆很可能是费恩最伟大的成就。这标志着他脱离纯现代主义转向独创的、更具个性的建筑风格。在1971—1977年之间，费恩目睹了他在设计斯卡达伦聋哑学校过程中产生的构思成为现实。近年来，费恩设计了一连串受到高度称赞的建筑物，如：位于

菲亚尔兰的挪威冰川博物馆（1991年）、位于阿尔弗达尔的奥克茹斯特中心（1996年）、位于鄂尔斯塔的伊瓦尔·奥森中心（2000年）和位于霍尔登的挪威摄影博物馆（2001年）。

1998年

日本建成明石海峡大桥　该桥位于日本的本州岛与四国岛之间、濑户大桥以东约80公里的海面上。于1988年开工，1998年4月建成。大桥全长3911米，两个主桥墩之间跨度1991米。两个主桥墩海拔297米，桥墩基础直径80米。两条主钢缆各长约4公里，重约5万吨，直径1.12米，由290根细钢缆组成，每根细钢缆又由127根直径约5毫米的镀锌高强度钢丝组成。大桥共用钢丝长度约30万公里。桥面为6条车道。桥身呈拱形，桥面中心比两端高40米，距海面约100米，桥身中央升降幅度为8米。

中国香港赤鱲角新机场建成　建于香港大屿山以北一隅填海形成的人工岛上。机场平台面积1248公顷。客运大楼呈Y字形，面积51万平方米，由霍士达设计。它仿效大教堂，光线通过玻璃幕墙及屋顶的天窗直接照进楼内，再反射到屋顶，然后扩散到整个大楼，地面采用5种花岗岩面料铺设。它是当时世界上最大的机场客运大楼和最大的室内公众场所。新机场还有当时世界上最大、最先进的货运中心和交通管制系统等。被美国“1999建筑博览会”评选为“20世纪全球十大建筑”之一，也是亚洲唯一的获奖建筑。

中国上海大剧院建成　位于上海市中心，人民广场西北侧，总建筑面积62803平方米，建筑高40米，由法国夏氏建筑设计事务所（ARTE）和中国华东建筑设计研究院合作设计。建筑风格融汇了东西方文化，白色弧形屋顶和有光感的透明玻璃墙，使建筑宛如一个水晶宫殿。入夜，在泛光的烘托下，犹如一盏硕大的灯笼。大剧院的室内装饰风格介于浪漫和现代之间。剧院的弧形屋顶框架长100.4米，宽

上海大剧院

91.29米，厚11.4米，计9000多平方米，结构总重量6075吨。施工中将如此重量和大体积的钢结构整体架设在38.83米的高度处，在世界建筑史上实属罕见。

吉巴欧文化中心建成 位于南太平洋中心的一个美丽的小岛——法属新喀里多尼亚的南端首府努美亚。建筑师是意大利的皮亚诺。它是按照比本土的棚屋形式大得多的尺度，选取原生材料，用现代技术建造的，极具当地土著文化的魅力。建筑设计达到了“不求形似，但求神似”的境界。它是高技术与本土文化、高情感的结合体。

吉巴欧文化中心

日本关西桥 位于日本，其长度为2022米，是当时世界上最大跨度的桥。

迪拜建成阿拉伯塔酒店 阿拉伯塔酒店，又称迪拜帆船酒店，位于阿拉伯联合酋长国迪拜酋长国的迪拜市，由英国设计师阿特金斯（Atkins，W.S.）设计，为全世界最豪华的酒店。该建筑建在离海岸线280米处的人工岛上，其外观如同一张鼓满了风的帆，一共有56层，315.9米高。酒店采用双层膜结构建筑形式，造型轻盈、飘逸，具有很强的膜结构特点及现代风格。阿拉伯塔酒店糅合了最新的建筑及工程科技，具有迷人的景致及造型，曾是世界上第一家7星级酒店，是当时世界上建筑高度最高的酒店。

阿拉伯塔酒店

第二十届普利兹克建筑奖获得者皮亚诺 皮亚诺（Piano，Renzo 1937— ）是意大利当代著名建筑师。1998年第二十届普利兹克奖得主。他注重建筑艺术、技术与建筑周围环境的结合。他的建筑思想严谨而抒情，在对传统的继承和改造方面，大胆创新勇于突破。在他的作品中，体现着各种技术、材料和思维方式的碰撞。他重视材料的运用，对材料有着特殊的敏

感，他更重视技术对材料性能的进一步发掘，经他手使用的材料都被发挥到了材料性能的极致，是20世纪当之无愧的建筑技术大师。代表作：巴黎蓬皮杜艺术中心。

1999年

千年穹顶大厦

英国建成千年穹顶大厦 于2000年1月1日启用的这座大厦，是当时世界上最大的穹顶建筑。穹顶采用半透明的防风雨材料，悬吊在由总长43英里（69.2千米）的高强度缆索固定的钢柱上。大厦能同时容纳5万名参观者，被用来举行新千年庆祝活动和技术展览。

西班牙建成毕尔巴鄂古根海姆博物馆 毕尔巴鄂市的古根海姆博物馆坐落在西班牙北部巴斯克地区不太景气的毕尔巴鄂市一处船坞的旧址上，纳文河南岸，梭飞桥的西侧，该市文化三角区的中心。该馆由地方政府投资兴建，想通过这座建筑发开旅游业，振兴毕尔巴鄂市的经济。美国设计师盖里（Gehry，Frank Owen 1929—　）设计的这座博物馆的确使毕尔巴鄂这个西班牙的边陲小城一夜成名。博物馆造型独特，其平面像一朵绽放的花朵自由舒展地布置在基地上。建筑在建材方面使用玻璃、钢和石灰岩，同时，其北侧外观由一系列外覆钛合金板的不规则双曲面体量组合而成。整个博物馆结构体由建筑师借助一套为空气动力学使用的电脑软件（从法国军用飞机制造商达索公司引进，名叫CATIA）逐步设计而成。它以奇美的造型、特异的结构和崭新的材料而举世瞩目，是振兴毕尔巴鄂市经济的地标性建筑。毕尔巴鄂古根海姆博物馆的成功既归结于它舒展优美、动感十足的建筑形态，又在于它与周边环

毕尔巴鄂古根海姆博物馆

境和整个城市关系之间的巧妙处理和转化。突出的地理位置使这座建筑在整个城市中具有举足轻重的地位。因为它造型张扬，又建在水边，与城市中的生铁桥有机组合，这种嵌入城市肌理的设计构思也为建筑的成功增加了砝码。因此，这座建筑已经成为激发城市活力的触媒，甚至有人声称正是这座建筑救活了这座衰落中的工业城市。

中国上海国际会议中心建成　位于上海市陆家嘴金融贸易开发区，1999年8月上旬落成。中心占地面积13000平方米，总建筑面积94750平方米。地上11层（不包括技术层和设备层），高40米，地下2层。建筑立面由直径50米的大球体、直径38米的小球体和半径120米的圆弧曲线结构组成。中心设有面积4500平方米，可容纳3000人的宴会厅。可容纳50～800人的各类会议厅30多个，还建有总统套房及各类客房259套，并配备餐饮、娱乐等辅助设施。

中国江阴长江大桥建成　位于江苏省江阴市北，是一座跨度1385米的单跨钢悬索桥。桥面宽33.8米，双向6车道，桥下通航高50米。是中国东部沿海公路国道主干线的跨江工程。是20世纪内跨度“中国第一，世界第四”的悬索桥。

中国上海浦东国际机场第一期工程建成　位于上海出海口的浦东新区滨海地带。1999年10月1日航班正式开通。机场航站楼采用法国巴黎机场建设工程设计部和索德尚公司提交的以海鸥展翅为母题的设计方案，为单元式布置。整个工程分四期建成，一期工程为一座航站楼，一座停车库，旅客年吞吐量2000万人次，高峰每小时为7000人次，是亚太地区的国际枢纽机场。

上海金茂大厦

中国上海建成金茂大厦　位于上海浦东陆家嘴金融贸易区。由美国SOM芝加哥设计事务所设计，工程占地2.3万平方米，建筑总面积约29万平方米，由一座塔楼和附属的低层裙楼组成。大厦总高420.5米，地下3层，地上88层。塔楼基础体系用高承载能力的深桩，上面再加钢筋混凝土厚承台。上部结构混合使用结构钢和混凝土钢筋混凝土。大厦塔楼主体结构为八角形的钢筋混凝土核心筒。4块460毫米厚的筒体连接墙贯穿办公楼层。所有旅馆层的筒体中央区为高度约200米的天井，直达塔尖。

中国上海春申城四季苑建成 位于上海市闵行区莘庄镇的南侧，1999年6月1日竣工。小区占地约5.4公顷，总建筑面积85340平方米。四季苑的外部环境体现江南水乡特色，建筑形式采用和当代材料、功能技术相应的上海现代海派风格，满足功能需要，达到动静分区、洁污分离及“三明”等目的。获建设部全国城市住宅小区奖。

中国广东省地方税务局综合楼竣工 位于广州市天河北路东段。1999年9月20日竣工并投入使用。是一座集办公、会议、娱乐、餐饮于一体的多功能智能型大厦。总建筑面积3.8万平方米，地下3层，地上30层。结构总高度99.98米。大楼建筑造型模仿钻石平面，通过切削、收缩等手法，使整栋大楼如同晶莹的水晶，挺拔高耸，不同角度放射出不同的光芒。特别是顶部像变化多端的钻石，在光的照耀下具有灿烂夺目的效果。

中国现代文学新馆竣工 位于北京亚运村东北角芍药居。一期工程于1999年9月28日竣工。新馆占地面积46亩，规划总建筑面积3万余平方米，一期工程1.4万平方米，包括图书馆、博物馆、文学档案馆等。总体布局采用中国传统的中轴对称和庭院式布局，自南而北由三进院落构成。

德国建成柏林犹太人博物馆 犹太人博物馆是20世纪最具影响力的一座代表建筑，设计者是美籍著名建筑师里伯斯金（Libeskind，Daniel 1946—　）。凭借着这座建筑奇特的平面布局与夸张的形体表现，里伯斯金被归入解构主义建筑师之列，犹太人博物馆也被纳入纽约现代艺术博物馆解构建筑七人展的十件作品之一。位于德国首都柏林第五大道和92街交界处，博物馆外墙以镀锌铁皮构成不规则的形状，带有棱角尖的透光缝，由表及里，所有的线条、面和空间都是破碎而不规则的，人一走进去，便不由自主地被卷入了一个扭曲的时

柏林犹太人博物馆

空，馆内几乎找不到任何水平和垂直的结构，所有通道、墙壁、窗户都带有一定的角度，可以说没有一处是平直的。设计者以此隐喻犹太人在德国不同寻常的历史和所遭受的苦难，是柏林的代表性建筑物，也是解构主义的代表作之一。柏林犹太人博物馆是里伯斯金所设计的作品中最引人瞩目的一座建筑，该设计不但以复杂的内部空间、奇异的建筑形象成为20世纪世界建筑的经典作品，而且这座建筑还唤醒了人类心灵深处最真挚的情感，能使参观者产生强烈的思想共鸣。

第二十一届普利兹克建筑奖获得者福斯特　福斯特（Foster，Norman 1935—　），英国建筑师，1935年生于英国曼彻斯特，是国际上最杰出的建筑大师之一，被誉为“高技派”的代表人物，并于1999年荣获第21届普利兹克建筑奖。福斯特特别强调人类与自然的共同存在，而不是互相抵触，强调要从过去的文化形态中吸取教训。代表作：香港汇丰总部大楼。

2000年

中国润扬长江公路大桥开工　位于中国江苏省，北起扬州市，跨江连接镇江市，全长23.56公里。于2000年10月20日上午开工建设。该桥是中国公路建桥史上工程规模最大、建设标准最高、技术最复杂的悬索、斜拉、预应力混凝土连续梁组合特大型桥之一。悬索桥主跨1490米，建成时为中国第一。2005年4月建成通车。

中国建成特高立交桥　建于内蒙古呼和浩特市繁华的新城区，是塞外第一座大型全互通式特高立交桥。桥体建筑面积26000平方米，最高桥墩22.4米，相当于8层楼高。桥上采用国内最新研制的XF大变形组合式伸缩缝，全桥共7条缝，总长为2740米。

中国沈阳科学宫钢结构完成　科学宫东西长81米，南北宽60米，是沈阳十大重点工程之一，建筑总面积3.9万平方米，钢结构总吨位297吨。采用钢管直接相贯连接技术，以先进的加工机具——等离子六面数控制切割机床，加工、制作、安装完成，是当时最新的施工工艺。

李子沟特大桥主体工程竣工　位于贵州省威宁县境内的乌蒙山区，横跨李子沟大峡谷，是内昆铁路头号难点工程，主体工程于2000年9月12日竣工。

全桥长1031.86米，共21个墩台。大桥集深基、群桩、高墩、大跨、长联为一体，主墩有50根40米深群桩，桥墩高度107米，建筑高度161.1米，一联五跨刚构连续组合梁，联长529.6米，最大单跨128米，当时为国内第一、亚洲之最、世界罕见。

中国制成JO600型箱梁迈步式架桥机 由中国铁路工程总公司武汉工程机械研究所和山海关桥梁厂联合开发，2000年8月26日研制成功。该机额定起重量600吨，采用变频调速，全遥控操作，机臂三个支柱自立行走，在不折机臂的情况下，可灵活架设20米、24米、32米等变跨箱梁。

中国建成首座穿越车站的隧道 位于湖北省宜昌市，2000年8月10日贯通。隧道全长1458米，穿越宜昌大车站的台阶、站前广场、候车室、铁路股道、体育馆路、运河等，埋深仅有14米，隧道跨度12.5米。

日本JR中央双塔竣工 又名新名古屋车站，是座大规模复合超高层建筑。由百货店、饭店、写字楼、餐饮街、多功能厅、瞭望台停车场、地区供暖制冷设施和车站设施组成。用地面积82191平方米，建筑总面积416565平方米，地下4层，地上53层，屋顶3层。设计的基本概念是在高密度的城市中，将作为交通枢纽的综合车站功能和附加值的先进都市功能融为一体，各种大容量设施垒设在车站之上，使JR中央双塔作为新的名古屋都市核心，成为一座“立体城市”。

中国建成安徽芜湖长江大桥 该桥主跨312米，是当时国内第一、世界第二的大跨度低塔公路铁路两用钢桁梁斜拉桥，是长江宜宾以下建成的第21座特大桥。1998年5月18日开工建设，2000年8月11日正式开通运营。

安藤广重博物馆

日本建成安藤广重博物馆 建于1998—2000年，这是为纪念浮世绘大师而建造的。建筑的屋顶、墙壁、隔断、家具等绝大部分都用基地后山产的杉木做的百叶来体现，最大可能地不用混凝土。利用百叶这种粒子使建筑与周围环境相融合，从而达到让建筑消失的目的。在设计中，建筑师新开发了不燃杉木的技术，即运用计算机以构造解析技术使构造体在尺度上与百叶的纤细形态相接近。

日本建成那须历史探访馆 位于日本栃木县那须郡那须町，由日本建筑师隈研吾设计。该建筑显示了建筑结构性的优势，它由坚固的钢柱撑的透明圆周形玻璃墙围合而成，体现了博物馆的通透及与外界融合的感觉。光滑墙壁内是轻型可移动的膨胀铝板，上面饰以茅草，以此控制光线和景观。这些铝板是与Akira Kusumi合作制造的。

那须历史探访馆

国际建筑师学会（IAA）学会奖获得者伊东丰雄 伊东丰雄（Toyo Ito 1941— ）是一位重要的日本当代建筑师，曾获得日本建筑学院奖和威尼斯建筑双年展的金狮奖。出生于日治时代的京城（今韩国首尔）。伊东丰雄企图融合物质世界与虚拟世界，把流动和变化无常作为设计基础。伊东是使用轻薄表皮的开拓者，使建筑具有渗透性——“消隐”。他的作品总是显示出女人味十足、失去重量后的轻盈。伊东喜欢用玻璃、铝等透明或半透明材料，因为天空或自然的风景可以映在其中，显示它们的变化。他认为建筑作品是一种瞬间的现象，建筑的形式应该是未完成的、无中心的，与自然和城市空间是同步的。

第二十二届普利兹克建筑奖获得者库哈斯 库哈斯（Koolhaas，Rem 1944— ），1944年出生于荷兰鹿特丹，早年曾从事剧本创作并当过记者，1968—1972年转行学建筑，就读于伦敦一所颇具前卫意识的建筑学院建筑协会学校（Architecture Association School）。1975年，库哈斯与其合作者共同创建了OMA事务所，试图通过理论及实践，探讨当今文化环境下现代建筑发展的新思路。在对城市的认识的过程中，库哈斯的思考路径不是顺着建筑学的既定理论框架进行思考，而是从社会学的角度入手。诸如网络对社会形态的影响，新时代生活方式的变革，建筑不得不进行革命的必要性，对城市发展速度的思考，资本财富在城市进程中作用的再认识，建筑师的收入与建筑作品及建设速度之间的关系——包罗万象、不一而足。库哈斯早期受荷兰风格派的影响，对穿插的墙面很感兴趣。而后又受超现实主义的影响，爱用体块的组合，并积极利用建筑的必然元素，创造出有时髦的感染力的空间。他的代表作品有西雅图中央图书馆、中国中央电视台新址大楼、广东美术馆时代分馆等。

参考文献

[1]［意］奈尔维. 建筑的艺术与技术［M］. 黄运升，译. 北京：中国建筑工业出版社，1981.

[2]［法］勒·柯布西耶. 走向新建筑［M］. 吴景祥，译. 北京：中国建筑工业出版社，1981.

[3]［意］布鲁诺·塞维. 建筑空间论——如何品评建筑［M］. 张似赞，译. 北京：中国建筑工业出版社，1985.

[4] 陈志华. 外国建筑史（十九世纪末叶以前）［M］. 北京：中国建筑工业出版社，1986.

[5]《中国古代技术史》编写组. 中国古代建筑技术史［M］. 台北：博远出版有限公司，1988.

[6] Eduardo De Oliveira Fernandes&SimosYannas. Energy And Buildings For Temperate Climates［M］. The International PLEA Organisation by Pergamon Press，1989.

[7] 李国豪，等. 建苑拾英——中国古代土木建筑科技史料选编［M］. 上海：同济大学出版社，1990.

[8] Catherine Gudis，Rizzoli，Kate Norment，Louis Kahn. In the Realm of Architecture［M］. New York：Rizzoli International Publications. Inc，1991.

[9]［意］曼弗雷多·塔夫里. 建筑学的理论和历史［M］. 郑时龄，译. 北京：中国建筑工业出版社，1991.

[10] Robert Mark. Architectural Technology–up to the Scientific Revolution［M］.

Cambridge：The MIT Press，1993.

[11] Michael J. Crosbie. Green Architecture：A Guide to Sustainable Design [M] . Rockport Publishers，1994.

[12] 余卓群. 建筑创作理论 [M] . 重庆：重庆大学出版社，1995.

[13] Kenneth Frampton. Studies in Tectonic Culture [M] . Cambridge：The MIT Press，1996.

[14] 刘大海，杨翠如. 高层建筑结构方案优选 [M] . 北京：中国建筑工业出版社，1996.

[15] 丁大钧，蒋永生. 土木工程总论 [M] . 北京：中国建筑工业出版社，1997.

[16] 吴焕加. 论现代西方建筑 [M] . 北京：中国建筑工业出版社，1997.

[17] 刘大椿，何立松. 现代科技导论 [M] . 北京：中国人民大学出版社，1998.

[18] 梁思成. 中国建筑史 [M] . 天津：百花文艺出版社，1998.

[19] 吴焕加. 20世纪西方建筑史 [M] . 郑州：河南科学技术出版社，1998.

[20] 刘先觉，阿尔瓦・阿尔托 [M] . 北京：中国建筑工业出版社，1998.

[21] 刘先觉. 现代建筑理论 [M] . 北京：中国建筑工业出版社，1999.

[22] 王受之. 世界现代建筑史 [M] . 北京：中国建筑工业出版社，1999.

[23] 吴良镛. 建筑学的未来 [M] . 北京：清华大学出版社，1999.

[24] [意] 曼弗雷多・塔夫里，弗朗切斯科・达尔科. 现代建筑 [M] . 刘先觉，等译. 北京：中国建筑工业出版社，1999.

[25] Philip Jodidio. Green Architecture Now! [M] . Taschen，2009.

[26] [美] 艾里克・普斯. 经历艺术 [M] . 朱畅，译. 北京：知识出版社，2000.

[27] 徐千里. 创造与评价的人文尺度 [M] . 北京：中国建筑工业出版社，2000.

[28] 胡邦定，金磊. 现代建筑技术 [M] . 北京：科学出版社，2000.

[29] 梁思成. 梁思成全集 [M] . 北京：中国建筑工业出版社，2001.

[30] 郑时龄. 建筑批评学 [M] . 北京：中国建筑工业出版社，2001.

[31] 陈志华. 中国古建筑二十讲 [M] . 北京：生活・读书・新知三联书店，2001.

[32] 卢嘉锡. 中国科学技术史 [M] . 北京：科学出版社，2001.

[33] Simon Cooper. Technoculture and Critical Theory: In the Service of the Machine [M] . London and New York：Routledge，2002.

[34] 贝思出版有限公司编. 建筑肌理系列2–砖建筑 [M] . 南昌：江西科学技术出版社，2002.

[35] [德] 海诺・恩格尔. 结构体系与建筑造型 [M] . 林昌明，罗时玮，译. 天津：天津大学出版社，2002.

［36］［日］安藤忠雄. 安藤忠雄论建筑［M］. 白林，译. 北京：中国建筑工业出版社，2003.

［37］［德］英格伯格·弗拉格，等. 建筑+技术［M］. 李保峰，译. 北京：中国建筑工业出版社，2003.

［38］李浈. 中国传统建筑木作工具［M］. 上海：同济大学出版社，2004.

［39］［英］尼古拉斯·佩夫斯纳. 现代设计的先驱者——从威廉·莫里斯到格罗皮乌斯［M］. 王申祜，译. 北京：中国建筑工业出版社，2004.

［40］刘松茯. 外国建筑历史图说［M］. 北京：中国建筑工业出版社，2008.

［41］张驭寰. 中国古塔集萃［M］. 天津：天津大学出版社，2010.

［42］崔卯昕. 走进全球经典建筑［M］. 北京：航空工业出版社，2011.

［43］［英］丹·克鲁克香克. 弗莱彻建筑史（中译本）［M］. 郑时玲，等译. 北京：知识产权出版社，2011.

［44］王志艳. 考古发现［M］. 天津：天津人民出版社，2012.

［45］茅以升. 桥梁史话［M］. 北京：北京出版社，2012.

［46］韩巍，等. 中国设计全集［M］. 北京：商务印书馆，2012.

［47］朱同芳. 江苏名塔［M］. 南京：南京出版社，2013.

［48］喻学才，等. 中国历代名建筑志［M］. 武汉：湖北教育出版社，2015.

事项索引

A

B

C

D

E

F

G

H

J

K

L

M

N

O

P

Q

R

S

T

W

X

Y

Z

人名索引

A

B

C

D

E

F

G

H

J

K

L

O

P

Q

S

T

W

X

Y

Z

水　利

概述

水是一切生命之源泉，对于人类来说，水就像空气和食物一样重要，更是人类生产和生活必不可少的物质。水利事业的发展与人类文明有着密切的关系，并随着社会生产力的发展而不断发展。在认识自然和改造自然的过程中，人类必须不断地适应、利用、改造和保护水资源，保护自己赖以生存的水环境。

1. 远古—1900年

从远古开始的很长一段时间里，人类由于认识和改造自然的能力水平低，长期处于原始水利阶段，主要解决生存问题，以适应水的自然状况为特征。很早以前，人类就利用河水发展，世界四大文明古国——古埃及、古巴比伦、古印度和古代中国，都借助于河流的慷慨赠予，首先在大河流域的冲积平原发展起来。在长期以农耕为生存方式的前提下，灌溉成为古代文明的基础。一般来说，早期的灌溉都是引洪淤灌，以后发展为引水灌溉或建造水库，调洪灌溉。

在传统水利阶段，人类积极开展水利工程建设，以改造和利用水资源、水环境为特征。水利在中国有着悠久的历史和重要地位，历代有为的统治者，都把兴修水利作为治国安邦之大计。我国的传统水利按照建设的规模和技术特点，大致分为三期：大禹治水至秦汉，是防洪治河、运河、各种类型的灌排水工程的建立和兴盛时期；三国至唐宋，是传统水利高度发展时期；

元明清，是水利建设普及和传统水利的总结时期。

水利的起源与水利工程的兴盛期。约B.C.22世纪，传说大禹采用疏导分流洪水的方法，获得了治理黄河洪水灾害的巨大成功。春秋战国时期，中国传统水利科学技术迅速发展，已先后建成一些具有相当规模的水利工程，如淮河的芍陂和期思陂等蓄水灌溉工程，华北的引漳十二渠灌溉工程，沟通江淮和黄淮的邗沟和鸿沟运河工程，以及赵、魏、齐等国修建的黄河堤防工程等，都是这一时期的代表性水利建设工程。战国末期，秦国统一中国，四川的都江堰、关中的郑国渠和沟通长江与珠江水系的灵渠，被誉为秦王朝三大杰出水利工程，其中都江堰是现存世界上历史最悠久并仍在使用，以无坝引水为特征的宏大水利工程，也是中国古代劳动人民勤劳和智慧的结晶。灵渠巧妙利用了湘漓上源接近的特点，修建铧嘴，将湘江一分为二，劈开分水岭，将南流的一支导入漓江，达到了跨流域引水通航的目的，对秦始皇统一岭南大业和促进岭南经济文化发展起到了重要作用。

秦汉水利工程建设为水利学科的形成创造了条件。“水利”一词最早见于战国末期问世的《吕氏春秋·孝行览·慎人》，其中所讲“取水利”指捕鱼之利。约B.C.104～B.C.91年，西汉史学家司马迁所著中国第一部水利通史《史记·河渠书》中记述了一系列治河防洪、开渠通航和引水灌溉的史实，感叹“甚哉！水之为利害也”，并指出“自是之后，用事者争言水利”。从此，水利一词被赋予防洪、灌溉、航运等除害兴利的含义。《管子·度地》对明渠水流水力坡降量的概念，有压管流、水跃等水流现象的正确阐述，在当时处于世界领先地位。

水利建设高速发展期。隋唐北宋五百余年间，全国政治局面基本稳定，为水利发展奠定了先决条件，是中国水利发展的鼎盛时期。长江中下游逐渐成为全国的经济中心，作为太湖以至长江中下游地区农田主要灌溉排水形式的圩田，至唐末有了大规模的发展。唐代除了大力维护运河的畅通，保证粮食的北运外，还在北方和南方大兴农田水利，如关中的三白渠、浙江的它山堰、广西的相思埭、福建的木兰陂堰闸工程等较大的工程共250多处。这一时期水利基础理论的进步主要反映在水利测量、河流泥沙运动理论及洪水特征和规律的认识等方面，如唐代已实际应用水准仪测量地形。与此同时，传统防洪技术趋于成熟，水利法规、技术规范相继出现，如唐《水部式》、宋《河防通议》等。《水部式》是现存最早的全国水利法规，也是由中央政府颁布的全国性法规。

传统水利技术总结期。黄河自南宋时期夺淮改道以来，河患频繁。以明代潘季驯为代表的"束水攻沙"治河思想的完善和系统堤防的实施，使传统治河堤防工程技术发展达到高峰。明代大力治黄，采用"束水攻沙"，固定黄河流路，修建高家堰，形成洪泽湖水库；潘季驯编著的《河防一览》，深化了"束水攻沙"思想，提出"蓄清御黄"和放淤固堤等策略，较系统地阐述了多沙河流的泥沙运动规律和治理方略。

在原始水利和传统水利时期，人类不断发挥聪明才智，发明了不少提水灌溉、深井取水的机械工具。如古埃及人用桔槔提水灌溉，古希腊数学家、科学家阿基米德发明了螺旋泵，中国人发明了辘轳、龙骨水车、斗式水车等。

2. 1901—2000年

1933年，中国水利工程学会第三届年会的决议中明确指出："水利范围应包括防洪、排水、灌溉、水力、水道、给水、污渠、港工八种工程在内。"其中的"水力"指水能利用，"污渠"指城镇排水。进入20世纪后半叶，水利中又增加了水土保持、水资源保护、环境水利和水利渔业等新内容，含义更加广泛。

水利事业的根本任务是除水害和兴水利。除水害主要是防止洪水泛滥和旱涝成灾；兴水利则是将水资源服务于人类。采取的措施主要有：兴建水库、加固堤防，整治河道，增设防洪道，利用洼地、湖泊蓄洪，修建提水泵站及配套的输水渠道和隧洞。当代水利事业发挥的经济及社会效益主要有防洪、农田水利、水力发电、工业及生活用水、排水、航运、水产、旅游等。

在工程建设中，20世纪的水利工程呈现出大型化、综合化、跨流域、多目标等特点，坝高和坝体规模都大大突破了过去的水平，通过水库、堤防、河道整治、分蓄洪水等综合措施，提高了许多江河的抗洪能力。1961年意大利建成262米高的瓦依昂双曲拱坝，次年瑞士建成285米高的大迪克桑斯重力坝。20世纪世界上最大的水电站是巴西和巴拉圭边界河流巴拉那河上的伊泰普水电站，总装机容量为1260万千瓦。据国际大坝委员会1986年登记，坝高15米以上的大坝约为3.6万座，其中坝高在200米以上的有26座。与此同时，许多国家对于水土保持、水资源保护以及结合水利工程发展渔业和旅游业等均较重视，并取得不同程度的效益。

清末民国时期，西方的科学技术传入中国，河海工程专门学校等水利院校成立，中国开始培养水利专业技术人才。这期间也修建了一些工程，如1912年在云南建成了石龙坝水电站，30年代修建了陕西的关中八惠灌溉工程等。

1949年中华人民共和国成立之后，水利建设事业高速发展，取得了远超前代的辉煌成就。水利建设，包括水资源的开发利用和洪涝灾害的防护治理，被纳入全国经济发展计划，用现代科学技术统一规划，综合治理，综合开发，综合利用，综合经营，为经济、社会发展服务。

整治大江大河，提高防洪能力。我国开始全面整治长江、黄河、淮河、海河、辽河等江河，修建大、中、小型水库，普遍提高了江河的防洪能力，初步解除了大部分江河的常遇水害。我国第一黄金水道——长江，自1921年来共发生大洪水多次。新中国成立后，整治加固荆江大堤等中下游江堤，修建荆江分洪、蓄洪工程，在长江中下游支流上修建了丹江口、东风、乌江渡、五强溪、凤滩、东江、江埡、隔河岩、高坝洲、二滩等大中型工程，干流上有葛洲坝、三峡工程等。三峡工程通过水库调蓄，将荆江大堤的防洪能力从十年一遇提高到百年一遇。黄河水患更甚于长江，新中国成立后，整治堤防，修建东平湖分洪工程，在干流上修建了龙羊峡、李家峡、刘家峡、青铜峡、盐锅峡、天桥、三门峡以及小浪底等工程，使干堤防洪标准提高到60年一遇。淮河流域修建了淮北大堤、三河闸等排洪闸和佛子岭、梅山等5000多座大中小型水库，使干流防洪标准提高到40～50年一遇。

修建大中型水电工程。新中国成立以来，水电建设事业迅猛发展，工程规模不断扩大。已建成的代表性工程有：20世纪50年代的四川狮子滩水电站、龙溪河梯级水电站等；60年代的河南三门峡水电站、浙江新安江水电站、江西上犹江水电站、广东新丰江水电站、宁夏青铜峡水电站等；70年代的甘肃刘家峡水电站、湖北丹江口水电站、甘肃盐锅峡水电站、云南以礼河水电站、甘肃碧口水电站等；80年代的湖南凤滩水电站、湖北葛洲坝水电站、贵州乌江渡水电站、浙江紧水滩水电站等；90年代的福建沙溪口水电站、吉林白山水电站、青海龙羊峡水电站、河北潘家口工程、云南漫湾水电站、湖南五强溪水电站、青海李家峡水电站、贵州东风水电站、广西天湖水电站、黑龙江莲花水电站等；世纪之交的湖北三峡水电站、河南小浪底水电站、福建棉花滩水电站、湖北高坝洲水电站、四川二滩水电站等。截至1999年底，全国已建、在建的大中型水电站有220座，100万千瓦以上的大型水电站20座。

修建农田水利工程。截至1998年底，全国共建成水库8.48万座，总库容4583亿立方米；塘坝600多万处，农用机井200多万眼；建成万亩以上灌区5579处，百万亩以上29处。灌溉面积从2.4亿亩增加到7.0亿亩，有效灌溉面积3.37亿亩；全国农业年供水量由1000亿立方米增加到3920亿立方米。著名的大型灌区有：四川都江堰灌区（1060万亩），内蒙古河套灌区（861万亩），安徽淠史杭灌区（1026万亩），宝鸡陕引渭灌区（293万亩），新疆（石河子）玛纳斯河灌区（300万亩），河南人民胜利渠灌区（55.09万亩），湖南韶山灌区（100万亩）。中国以占世界7%的耕地，基本解决了占世界22%人口的温饱问题。

水利工程设计及施工水平不断提高。半个多世纪以来，我国的水利坝工技术高度发展，设计、施工及工程质量不断提高。已建成的大型坝型有实体重力坝、宽缝重力坝、空腹重力坝、重力拱坝、拱坝、双曲拱坝、连拱坝、平板坝、大头坝、土石坝等，建成了大量100～150米高度的混凝土坝和土石坝，进行了200～300米量级高坝的研究、设计和建设工作。计算机CAD技术的引入，大大缩短了设计周期，使坝工建设更精确、更科学、更安全。

黄河小浪底、葛洲坝水利枢纽、长江三峡水利枢纽等大型水利工程的相继建成，极大地改善了黄河、长江下游的防洪能力，并在供水、发电、灌溉、航运、旅游、水产养殖等方面发挥了巨大的经济和社会效益。同时，高水平的中国水利建设，也标志着我国在修建高坝大库、大型灌区，整治多沙河流，农田旱涝盐碱综合治理和各级水电开发等方面已接近或达到世界先进水平。

B.C.23世纪

中国出现陶排水管道 1980年在中国河南省淮阳县平粮台发掘出土了我国最早的排水系统。龙山文化时期，古城南门门道下挖有一条北高南低、上宽下窄的沟渠，沟底铺设有一条陶排水管道，上面并列再铺两条陶排水管道，三条管道的断面呈倒“品”字形。管道每节长0.35～0.45米，直筒形，一端稍粗，一端稍细。每节管道的小口朝南，套入另一节的大口内，如此节节套扣。这种北端稍高于南端的管道布局方式，宜于向城外排水。由此可见，当时整个古城内可能已经有了排水系统。

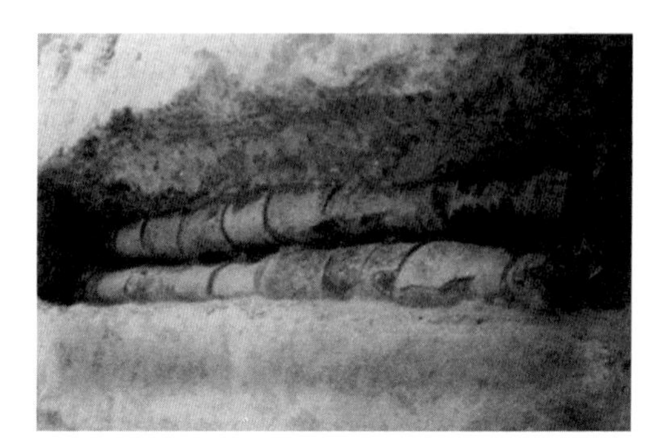

陶排水管道

约B.C.22世纪

相传大禹［中］采用疏导方法治理黄河取得成功 大禹治水是中国有文字记载历史的第一页。约B.C.22世纪，人类历史进入原始公社末期，农业进入锄耕阶段，人们逐渐由近山丘陵地区迁至土地肥沃、交通便利的大江大河的下游平原地带，同时也饱受洪水的危害。相传当时黄河流域发生了一场空前的大洪水灾害，淹没了广大平原、丘陵和山冈，人畜死亡，房屋被吞没。这时禹率领民众与洪水斗争，面对滔滔洪水，禹从其父鲧治水的失败中汲取教训，一改“堵”的办法，对洪水进行分流疏导，将黄河下游入海通道“分播为九”，经过10多年的艰苦努力，终于获得治水的巨大成功。

约B.C.1500年

古埃及人用桔槔提水灌溉 桔槔，古埃及人用于浇灌花园、树林、果园、小块土地等的简单机械。新王国时期（约B.C.1580年起），古埃及人的坟墓绘画上展示了一种桔槔提水灌溉的方法。两根约5英尺（1.524米）高、相距不到1码（0.9144米）远的柱子在地面上竖起来，柱子上端安装一根水平的横梁，一根细长杆子可以以横梁为轴转动，杆子的一端挂着水桶，另一端有保持平衡的大黏土块。使用者在河边把水桶拉低置于河水或水渠里装满水，保持平衡的黏土块协助把装满水的水桶提到齐腰的高度（它能把水提高约1.83米以上），在水桶上升到最高点时，水被倒进灌溉槽里并流向田地。

约B.C.1000年

中国出现人力汲取进水的工具——辘轳 辘轳，亦称椟轳，一种利用轮轴原理的人力汲取井水的工具。操作时空桶沉入井中带动卷筒在横轴上旋转，噜噜作响，故得名。辘轳的绳长视井深而定，能用于深井提水。

B.C.691年

辛那赫里布［亚述帝国］国王修建大沟渠 为了增加都城尼尼微的供水，亚述帝国的国王辛那赫里布（Sennacherib ?—B.C.681）带领民众修建沟渠，把大扎卜河支流的运河水引至约81千米（50英里）外的都城。这条沟渠用采自运河起点附近山脚下采石场的砖石铺就，水坝带有闸门，并通过与其他河流交汇点上建有的更多水闸，起到储存水和控制水流的作用。有一处的水通过91.44米（300码）长的石灰石导管被引导着从上方穿越峡谷，导管中央有5个支撑起来的拱。运河流进尼尼微之前，水坝使部分水流改变方向进入辅助的运河，或者进入城墙外灌溉果园和花园的水道。

约B.C.6世纪

尤里尼乌斯［古希腊］设计萨摩斯岛渡槽 萨摩斯岛（Samos Island）渡槽被古希腊历史学家希罗多德（Herodotus B.C.484—B.C.425）认为是希腊大陆上三项最伟大的工程之一。由第一个水利设计师——迈加拉的尤里尼乌斯（Eupalinus）设计，长度超过1000米。渡槽施工时，采用从两头同时开凿隧道的方法，但由于计算错误，导致两段错开大约5米，不能对接，所以源头的一端不得不急剧弯曲，从而保证了两段隧道的连通。隧道横截面大约1.75 平方米，水在隧道地面上一条凿出的运河中流动。运河的坡度比隧道更大，在入口处，运河比隧道底面低大约2.5米；在出口处，低约8.3米。把黏土管放入

运河，然后埋上土，隔一定的距离安上连接柱。

阿拉伯也门建成古代水坝 也门建成的古代水坝位于也门（古代赛伯伊人的都城）马里卡附近。水坝横截河谷，长度在600码左右，以精良的石工技术制成，并用铜加固；水坝的矩形水闸控制流出闸门的水，在流域内形成一个扇形的灌溉系统，以利于那里的耕地吸收水分。

B.C.6世纪

中国古代兴修圩垸工程 圩垸是一种在江、河、湖、海滨的近水地带修建堤防所构成的从事生产生活活动的封闭区域，四周以堤防包围，其中建有纵横交错的灌排渠道，圩内外水系相通，有闸门控制引水和排水，对天然降水的不均匀起到重要的调节补充作用。B.C.500余年，楚相孙叔敖（约B.C.630—B.C.593）已在长江中游修垸。圩在长江中游一带称垸，在珠江中下游称基围或统称圩垸，圩堤内围垦的农田称圩田。先秦时长江下游平原已出现圩田，到唐宋时有了很大发展。

中国古代修建芍陂 芍陂今称安丰塘，位于安徽省寿县南，是淮河流域著名的古陂塘灌溉工程。关于芍陂的记载最早见于《汉书·地理志》，春秋楚庄王十六年至二十三年（B.C.598—B.C.591年）由楚相孙叔敖（约B.C.630—B.C.593）创建（一说为战国时楚子思所建）。芍陂因引淠水经白芍亭东蓄水而得名。历史上灌溉面积从数千顷到四万顷不等。芍陂建成后，经三国魏、西晋、东晋、南朝、隋、唐、宋、元、清各代多次修治，虽淤塞日益严重，作用已经很小，但仍是至今保留最完整的在低洼地修建堤堰的灌溉工程。中华人民共和国成立后，经过大规模修治，芍陂现为淠史杭灌区的一个反调节水库，蓄水量达7300多万立方米，灌溉面积63万多亩。

B.C.770年—B.C.476年

中国古代用桔槔提水 桔槔是杠杆式人力提水机具，中国古代用来汲水或灌溉用的简单机械。其工作原理是：在水源岸边一根竖立的架子（古代称作植）上加一根细长的杠杆（古代称作桥），当中是支点，末端悬挂一个重物，前段悬挂水桶。当水桶放入水中打满水以后，由于杠杆末端的重力作用，改变用力方向，水便被轻易地提拉到所需处，从而节省体力。关于桔槔的文字记载最早见于《庄子·天地》；明代宋应星（1587—约1666）著《天工开物》中有桔槔图，用坠石作为平衡的重物。

桔槔图

中国出现最早描述地表水的著作《山海经》 《山海经》作者不详，书中以周朝都城洛阳为中心，分东、西、南、北、中五个方位，以山川为纲目进行地理描述，介绍了水资源等自然资源的分布状况。全书记录了300多条河流和湖泊，说明了各级河流的发源地、流向和汇注，粗略地勾画出了北自黄河和海河，南至长江中下游的水系分布。

B.C.480年—B.C.222年

中国出现记载水利区划的著作《尚书·禹贡》 《尚书·禹贡》是记述中国古代水利区划和水文地理、水象等知识的著作，成书于战国时代，作者姓名失传。作者根据大禹治水的传说和当时的地理知识，用自然分区方法把全国分为冀、兖、青、徐、扬、荆、豫、梁、雍九个州，分别叙述各区的山岭、河流、薮泽（湖泊）、土壤、物产、民族分布及贡赋等情况，全书共1194字。书中所记载的河流中，属于当时黄河水系的有22条，长江水系有19条，淮河水系有4条，海河等水系有4条，其他4条，并叙述其中9条河流的上源及尾闾，叙述薮泽有10处。《禹贡》对后世水利发展产生了深远影响。

水利著作《管子·度地》问世 《管子·度地》为中国战国时期水利科学的代表作。全篇2000余字，以管仲（约B.C.723—B.C.645）回答齐桓公（？—B.C.643）问题的形式讲述对于立国和地理、水利相互关系的认识。记载了明渠水流坡降的计算方法，有压管道输水的基本原理，水跃消能的直观描述等水力学知识；最佳施工季节和土壤含水量掌握等土力学知

识；堤防横断面设计和滞洪区设置；水利施工组织和工具配备等；对与农田水利有关的节气和物候知识也有系统归纳。其中的流体力学知识处于当时世界领先水平。

B.C.422年

西门豹［中］主持修建引漳灌邺工程 引漳灌邺工程为中国战国初期以漳河为水源的大型引水灌溉渠系，灌区位于漳河以南（今河南省安阳市北）。对于灌区创建的历史，古书记载有出入，《史记》等古籍记载，工程为战国魏文侯（B.C.472—B.C.396）时邺（治今临漳西南40里的邺镇）令西门豹（生卒年不详）创建（B.C.422年）。第一渠首在邺西18里，相延12里内有12道拦河低溢流堰，各堰在上游右岸开引水口，设引水闸，共成12条渠道。灌区不到10万亩。由于漳水浑浊多泥沙，有利于提高农田产量，邺地因而富庶起来。东汉末年，曹操以邺为根据地，按原形式整修，十二堰称为十二登，改名开井堰。《吕氏春秋·乐成》中记载该渠为魏襄王（？—B.C.296）时邺令史起（生卒年不详）创建，在西门豹后约100多年，并批评西门豹不知引漳灌田。1959年动工在漳河上修建岳城水库，两岸分引库水，灌溉数百万亩良田，替代了古灌渠。

约B.C.300年

克劳狄［罗马］主持建造阿庇渡槽 护民官克劳狄（Appius Claudius）主持建造了阿庇渡槽，他同时也是阿庇大道的设计师。阿庇渡槽是罗马最早的渡槽，用国家经费来建造，目的是把纯净水引入城市。

B.C.3世纪

中国出现渠道设计施工技术的理论总结 战国时期的水利科学著作《管子·度地》篇中，对春秋战国时的渠道、堤防设计施工技术进行了系统总结，认为渠首工程应抬高水位，便于引水；渠底坡度为0.11%；堤防断面应“大其下，小其上”；施工季节应在“春三月”，此时“天地干燥”“山川涸落”，“利以作土功之事，土乃益刚”。同时提出，在堤上“树以荆棘，以固其地，杂之以柏杨，以备决水”，这样做既可以加固堤身，防止滑坡，又可以为防洪抢险准备材料。

中国发明水工构件杩槎 杩槎又称闭水三脚、水马。中国B.C.3世纪的都江堰岁修工程中已用其截流。将三根长约6～7米的木杆，一头绑扎，另一头撑开，用横杆联系固定，形成锥形支架，架内铺板，压以卵石或石笼等重物，将其排列沉于河底，可筑成杩槎坝，用于截流、导流、分流等，至今在四川一带仍有应用。

杩槎

B.C.256年

李冰父子［中］主持兴修都江堰 都江堰在宋代以前称都安堰、湔堰或犍尾堰，宋代开始称都江堰，位于四川省都江堰市（原灌县）境内，是岷江上的大型引水枢纽工程，现存世界上历史最悠久的无坝引水工程。工程以灌溉为主，兼有防洪、水运、城市供水等多种效益。秦昭王（B.C.325—B.C.251）末年始建，由秦蜀郡守李冰（生卒年不详）主持兴建。工程除了由分水的“鱼嘴”，泄洪的“飞沙堰”和进水的“宝瓶口”三大主体工程组成的无坝引水枢纽外，还有内外金刚堤、人字堤及控制水量和泥沙的建筑物等。中华人民共和国成立后又增建了外江闸、沙黑河闸和工业取水口等工程，取得了防洪、灌溉、排沙的综合效益，成为古代大型水利工程的杰作。古代都江堰以竹笼、木桩和卵石为主要建筑材料，每年需更换一万多条竹笼。1974年修外江闸时改建成钢筋混凝土结构，从而减少了岁修工程量。

李冰［中］发明水则 B.C.256年李冰主持兴修都江堰工程时，将石人立于江中，以水淹至石人身体的某部位，来衡量水位高低和水量大小，作为观测水位的标识。要求水位“竭不至足，盛不没肩”，以此控制和调节内江的流量。水则是史籍记载的最早的水位观察设施。

约B.C.250年

阿基米德［古希腊］发明最早的水泵——阿基米德螺旋泵 B.C.1世纪，古希腊历史学家狄奥多罗斯（Diodorus Siculus）记载，古希腊科学家阿基米德（Archimedes B.C.287—B.C.212）在埃及时，发明的一种螺旋水泵，被埃及人广泛使用。阿基米德螺旋泵的工作原理是：当电动机带动泵轴转动时，螺杆一方面绕本身的轴线旋转，另一方面又沿衬套内表面滚动，于是形成泵的密封腔室；螺杆每转一周，密封腔内的液体向前推进一个螺距，随着螺杆的连续转动，液体螺旋形方式从一个密封腔压向另一个密封腔，最后挤出泵体。螺杆泵是一种新型的输送液体的机械，具有结构简单、压力稳定、工作安全可靠、使用维修方便、出液连续均匀等优点。该水泵原理仍被现代螺杆泵所利用。

B.C.246年

水工郑国［中］主持兴修郑国渠 郑国渠是古代关中地区的大型引泾灌区，秦代郑国渠和汉代白渠的合称，近代陕西泾惠渠的前身，秦始皇（B.C.259—B.C.210）元年（B.C.246年）由韩国水工郑国主持兴建。工程历时十余年，干渠西起泾阳，引泾水向东，下游入洛水，郑国渠旧道宽245米，渠堤高3米，全长300余里，灌溉面积4万顷。郑国渠建成后“关中为沃野，无凶年。秦以富强，卒并诸侯”，对秦国统一六国的战争起到了重要作用。

B.C.180年

帕加马（今土耳其）渡槽建设完成 帕加马渡槽首先依靠重力把山谷（海拔1174米）中的泉水引到位于城市东面的哈齐奥乔齐奥（海拔375米）的两个沉淀池中，然后用压力泵将水从沉淀池中压出，流经两个山谷（海拔分别为172米和195米），越过中间的山脊（海拔233米），到达城堡（海拔332米）。渡槽施工中由于使用了倒虹吸管水利设施，省去了打隧道的昂贵费用，也不用安装长距离重力引流管道。

B.C.132年

水工徐白［中］主持开凿漕渠竣工 西汉建都长安（今西安市西北），为了保证首都物资供应和避开渭水多沙迂曲的困难，汉武帝（B.C.156—B.C.87）时水工徐白受命主持开凿漕渠。徐白自行设计、勘定，率百万民工，从元光六年（B.C.129年）开始，历时3年，修建完工一条西自长安东至潼关长达300多里的漕渠。工程的竣工，既便利了漕运，又灌溉了沿渠的农田，对于维护政权稳定发挥了重要作用。

B.C.122年

中国首创井渠法 汉武帝（B.C.156—B.C.87）元狩至元鼎年间修建龙首渠，施工中为了避免沿山明渠塌方，开凿竖井，创造了"井下相通行水"的"井渠法"，使龙首渠从地下穿过七里宽的商颜山。由于井渠减少了渠水的蒸发，此开渠法很快流传于甘肃、新疆一带，并演变为至今仍发挥重要作用的水利设施"坎儿井"。

B.C.111年

中国诞生第一部灌溉管理制度 西汉元鼎六年（B.C.111年），倪宽（？—B.C.103）任左内史期间，开六辅渠，灌溉郑国渠旁高地，在领导兴修水利之际，首次制定了灌溉用水制度《水令》，为中国入史的第一部水利法规。《水令》的制定，促进了水资源的合理利用，保证了每块耕地都有水可用，扩大了浇地面积。

汉代建成龙首渠工程 龙首渠位于今陕西省澄城、大荔一带，是洛惠渠的前身，古代引北洛水的灌溉工程。创建于汉武帝（B.C.156—B.C.87）元朔至元狩年间。干渠自徽县（今澄城县）境向南至临晋境，再回注洛水，灌溉1万多顷盐碱地。工程在穿越商颜山时采用隧洞式渠道，隧洞全长10多里，为了增加施工工作面并满足出碴、进料、洞内通风和采光的需要，沿隧洞加开若干竖井。因施工时挖出了龙骨（化石），所以渠道被命名为龙首渠。龙首渠前后施工10多年，虽曾通水，但未能收到预期实效。1950年建成洛惠渠，引洛水灌溉50万亩农田。

约B.C.100年

司马迁［中］著中国第一部水利通史《史记·河渠书》问世　《史记·河渠书》是《史记》中的水利专篇，中国第一部水利通史。虽只有1600余字，但司马迁（B.C.145或B.C.135—？）明晰、全面地记述了上自大禹治水、下至西汉武帝时全国各地防洪治河、引水灌溉等水利活动，书中首次明确赋予“水利”一词以治河防洪、灌溉排水、城镇供水、运河开凿等专业内容，区别于先秦古籍中所谓“利在水”或“取水利”等泛指水产渔捕之利的一般范畴。该书系统介绍了古代中国水利及其对国计民生的影响，强调水利在社会经济发展中的重要地位，堪称后来历代史书撰述河渠水利专篇的典范。《史记·河渠书》的诞生，为水利史学科建立奠定了基础。

B.C.63年

罗马兴建大型渡槽　渡槽是为水道跨越河谷、山涧、洼地而设置的架空水槽，最早见于罗马人修建的输水渠中。B.C.19年，法国修建的蓬迪加尔渡槽，长274米，高49米，为块石砖砌拱形结构，显示了罗马人高超的拱券技术。

罗马渡槽

B.C.34年

召信臣［中］建引水闸门　西汉建昭五年（B.C.34年），南阳太守召信臣（生卒年不详）在今河南南阳地区邓州西建六门堰，设6个闸门引水灌溉，这是中国历史上最早的用于引水的水闸。

约B.C.6年

贾让［中］提出治河三策　西汉人贾让提出的治理黄河的方案，见于

《汉书·沟洫志》。西汉时期，黄河决口频繁，灾患十分严重。贾让在分析黄河演变历史的基础上，认为黄河洪水淹没房屋农田并非黄河的过错，而是由于人们过分侵占滩地，不给洪水以足够出路，阻挡黄河河道的缘故。在历史分析的基础上，他提出了治理黄河的上、中、下三个方案（完全靠堤防约束洪水的做法是下策；将防洪与灌溉、航运结合起来的综合治理是中策；治河上策是留足洪水需要的空间，有计划地避开洪水泛滥区去安置生活和生产），被后人称为“贾让治河三策”。“贾让治河三策”是历史上保留下来的最早全面阐述治河思想的重要文献。

4年

关并［中］提出水猥滞洪思想 汉平帝元始四年（公元4年），长水校尉关并针对黄河下游平原郡和东郡决溢的特点，指出这一带“地形下而土疏恶。闻禹治河时，本空此地，以为水猥，盛则放溢，少稍自索”。他建议空出河南滑县、濮阳一带“南北不过百八十里”的地方，作为水猥以滞洪。水猥即滞洪区，是存储过量洪水的场所。在此之前，贾让（生卒年不详）也曾提出，在黄河下游“陂障卑下，以为污泽。使秋水多得有所休息”的设想。这是早期滞洪思想的发端。

140年

马臻［中］主持修建鉴湖工程 鉴湖又名镜湖、长湖，位于今浙江省绍兴市会稽山北麓，是长江以南最早的大型塘堰工程。由东汉永和五年（140年）会稽太守马臻（88—141）主持修建，筑塘300里，灌溉农田9000顷。鉴湖工程是修长堤拦蓄山北诸小溪水以形成东西狭长的水库，堤长130里，东起曹娥江，西至西小江，中有南北隔堤，将湖分作东西两部分。据《水经注》记载，沿湖有放水水门69座，历代有所增减。多年来一直发挥蓄洪、泄洪、灌溉等综合效益。

168年

毕岚［中］发明龙骨水车 龙骨水车是一种以木制传动齿轮带动链条转动

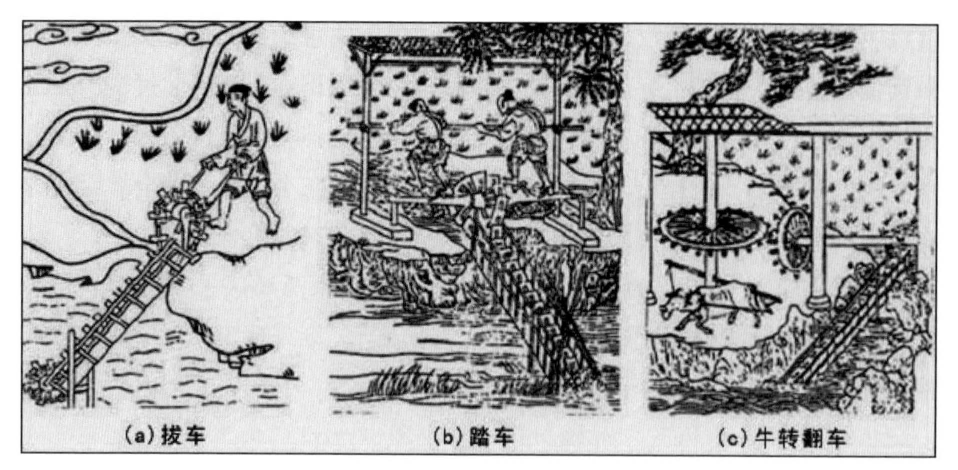

龙骨水车

的刮水式提水工具，由东汉灵帝（168—189）时的宦官毕岚（？—189）发明。当时龙骨水车被称为翻车，由车架、车头轮、车身、龙骨、叶片等部件组成。有人力和畜力两种驱动方式：人力操作又有手摇和脚蹬两种；畜力驱动时则配有齿轮传动机构，利用牛力转动水车，提水灌溉效率比人力脚踏大为提高。作业时，驱动力使车头轮旋转，带动装有叶片的形似龙骨的链条，再由叶片把水不断提上来。20世纪70年代，由于水泵的广泛应用，龙骨水车被取代。

250年

刘靖［中］建造戾陵堰工程　戾陵堰工程位于今北京石景山西麓，是三国时期在湿水（今永定河）上修筑的引水工程，灌溉农田百余万亩。三国曹魏嘉平二年（250年），镇北将军刘靖（？—254）镇守蓟城（今北京市），派军工造戾陵堰，并开挖水口和车箱渠。堰体用石笼砌成，高1丈、长30丈、宽70余步，取水口位于上游北岸。洪水时，堰顶可以溢流；平时可拦截河水入渠。设计合理，易于维修。

516年

康绚［中］主持建成浮山堰　浮山堰位于今安徽省五河县、明光市及江苏省泗洪县交界的淮河浮山峡内，是淮河干流史上第一座大型拦河坝，用于军事水攻的典型工程。梁天监十三年（514年），梁武帝（464—549）为夺回北魏所占的寿阳（今安徽省寿县），派康绚（464—520）主持在浮山峡筑坝拦截淮河，壅高水位，回水淹寿阳城逼魏军撤退。大坝主体为土坝，两岸同时填土进筑，中间用大量铁器垫底，并用巨石大木截流。公元516年4月完工，坝高20丈，顶宽45丈，底宽140丈，长9里。浮山堰今尚略存遗迹。

约524年

郦道元［中］撰《水经注》　《水经注》为公元6世纪以记述中国河道水系和水利为主的综合性地理著作，由北魏郦道元（470—527）撰，成书于孝昌三年（527年）前。《水经》是中国第一部记述全国河道水系的专著，约成书于三国初期（220—232），著者姓名失传，原书亦佚，借《水经注》流传后世。郦道元注全书共40卷，宋代已部分散失，现存40卷为后人割裂凑数，全书现存30余万字。郦注对《水经》从水道条数、字数、范围和内容方面都进行了大量扩充，并究其原委，系统分明，广征博引，着重记载水流动态和水流工程，保存了许多珍贵的原始文献，为6世纪前中国最全面系统的综合性水利著作。

670年前

中国出现斗式水车　斗式水车，中国北方俗称八卦水车，国外称波斯轮，是一种由齿轮和多个连成环状的水斗组成的汲取井水的工具。斗式水车全部为木结构，20世纪30年代后，逐渐改为铁制。适用的提水高度一般不超过10米。

692年

唐代兴建相思埭工程　相思埭又名桂柳运河，位于广西壮族自治区桂林市南，是古代沟通柳江和漓江的运河上的分水堰坝，联系漓江支流良丰江和柳江支流洛清江的二级支流相思江，沟通桂林同广西西北部和贵州东南部的水运交通，避免了迂远绕经梧州的航程。工程始建于唐长寿元年（692年），自分水塘起，东西两侧分别筑堰埭节制分水流量。清雍正九年（1731年）大修，建陡22座，又建泄洪建筑物，工程整体规划、建筑物形式都与灵渠相似，因此与之并称南北二陡河，或桂林府东西二陡河，兼有灌溉、平衡良丰江河和相思江水量的作用。中华人民共和国成立后，改造成以排涝为主的综合水利工程。

759年

李筌［中］最早记载水准仪的形制和构造　李筌在唐肃宗（711—762）乾元二年（759年）完成的军事著作《太白阴经》中最早记载水准仪的形制和构造。水准仪由木槽、准星、支架、垂球、水准尺和照板组成。测量方法是：将水准仪架设在一高程处，在木槽中注水，使三准星浮起，从三齐平的准星望去，即为一水平面。同时在被测高程点上立度竿，将水准仪对准度竿，观测时用照板在度竿前上下移动，待照板黑白二色交线与准星齐平时，则可知被测点高程。

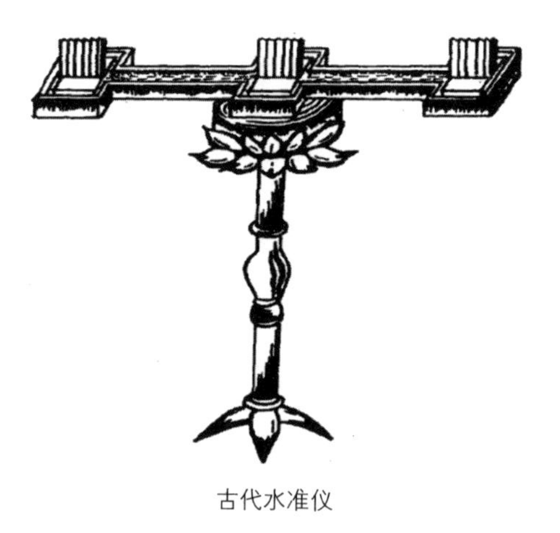

古代水准仪

772年

李泌［中］主持开凿六井　自隋建州以来，杭州城日益发展，但城区因为是由浅海湾演变成的陆地，地下水咸苦不堪饮用。唐李泌（722—789）任杭州刺史后，组织民工自涌金门至钱塘门分置水闸，挖地为沟，沟内砌石槽，槽内安装竹管，引西湖水至城内各地，为中国最早的给水管道；并置六个出水口，即西井、金牛池、方井、白龟池、小方井、相国井，俗称六井。李泌的这一壮举，解决了杭州人饮用咸苦水的问题，促进了城市的进一步发展。现六井仅相国井尚存，其余均湮没。

833年

王元玮［中］主持修建它山堰工程　它山堰工程位于今浙江省宁波市海曙

区鄞江镇西南，是古代甬江支流鄞江上修建的阻咸蓄淡引水灌溉枢纽工程，也是中国第一座以大石块砌筑的拦河滚水坝，集防洪、灌溉、城市供水等多功能为一体，代表了唐代水工技术的最高水平。因海水倒灌造成耕地卤化和城市用水困难，唐文宗（809—840）大和七年（833年），县令王元玮（生卒年不详）主持，在鄞江上游出山处的四明山与它山之间，用条石砌筑了这座上下各36级的拦河滚水坝。堰顶长42丈，用80块条石板砌筑而成，堰身中空，用大木梁为支架。据记载，坝的设计高度要求是："涝则七分水入于江（奉化江），三分入于溪（即引水渠南塘河），以泄暴流；旱则七分入溪，三分入江，以供灌溉。"该坝平时可以下挡咸潮，上蓄溪水，供鄞西平原七乡数千顷农田灌溉，并通过南塘河供宁波城使用。目前所见它山堰顶长134.4米，堰顶宽4.8米，堰身大部分埋在沙土下，已无引灌作用，1987年被确定为全国重点保护文物。

842年前

刘禹锡［中］著《汲水记》记载筒车　筒车又称水转筒车，国外称中国筒车，是一种利用水力提水的工具。主体为用竹木制作的大转轮，轮缘有多片用竹篾或木竹制的轮叶，叶片间斜装若干个小竹筒或木桶，使小筒处于水轮顶部或底部时呈水平，上升时筒口向上。筒车架于河边，像下击式水轮机一样，靠水流冲击轮叶转动，带动河水中灌满水的小筒上升，待小筒升至接近水轮顶部，将水徐徐倒入与水轮面平行的接水槽中，然后引入农田灌溉。20世纪60年代以前，中国西南部山丘和西北黄河中上游两岸多使用筒车。

1079年

北宋创建水源调蓄工程——水柜　北宋元丰二年（1079年）的清汴工程中，引洛河水为汴水水源。为防备水量不足，在引水渠南，今荥阳、汜水一带建36座小型水库，平日蓄水，当汴渠水量不足时供给其水量，这种调节运河供水的蓄水工程，叫作水柜。水柜之名虽始于宋代，但此种性质和应用的工程，已早见于汉代。东汉时的陈公塘、晋代的练湖等，都曾发挥蓄水济运的功能。

1083年

李宏［中］和冯智日［中］主持建成木兰陂堰闸工程 木兰陂堰闸工程位于福建莆田，是中国古代的大型水利工程之一。宋熙宁八年（1075年）由福建侯官人李宏（1042—1083）和僧人冯智日主持修建，元丰六年（1083年）完工。工程为堰闸式的滚水坝，长35丈、高2.5丈，把引水与蓄水、蓄水与泄洪统一起来。900多年来，工程在防洪、灌溉、航运、水产等各方面，一直发挥着巨大的效益。

木兰陂堰闸工程

1274年

赛典赤·赡思丁［中］和张立道［中］主持兴建松花坝 松花坝又名松花闸，是元代在昆明东北滇池上源盘龙江上修建的水利工程，兼具灌溉、城市供水和防洪等多种功能于元至元十一年（1274年）由云南首任平章政事赛典赤·赡思丁（1211—1279）和劝农使张立道（？—1298）主持兴建，工程始建时为木框填土堆筑而成的临时拦河坝。明万历四十八年（1620年）云南府水利道水利佥事朱芹重建渠首，在盘龙江中修建分水闸，闸口宽4.16米，高3.2米，闸身长9.6米。闸墩迎水端如牛舌状，下接侧向溢流堰，全长117米，高3.84米。工程完工后，改称“松花闸”。这种以闸门控制干渠配水、泄洪，闸堰结合，设施完备的工程枢纽，是古代无坝引水工程的又一类型。经历元、明、清三代的经营，盘龙江和金汁河沿岸陆续修建了多级松花坝水利工程引水涵洞和灌排渠系。

1351年

贾鲁［中］发明石船拦水坝 元至正十一年（1351年），工部尚书兼总治河防使贾鲁（1296—1353）主持黄河堵口工程时，创造了石船拦水坝，即将27条大船分3排，每排9条固定在一起，装满大石块后在堵口处同时把船凿沉。这种拦水坝大大减轻了合龙时的压力，保证了堵口的成功。

1537年

汤绍恩［中］主持修建三江闸　三江闸又名应宿闸，位于浙江省绍兴市东北的三江口，为古代大型挡潮排水闸，明代嘉靖十六年（1537年）由绍兴知府汤绍恩（1499—1595）主持修建。全闸28孔，长108米。闸墩和闸墙用大条石砌筑，墩侧凿有装闸板的前后两道闸槽，闸底有石槛，闸上有石桥。三江闸起到抵御咸潮和调蓄淡水的作用，保护了萧绍平原80多万亩农田。1979年，在三江闸外2500米处另建一座新闸以代替老闸，老闸作为文物保留。

老三江闸

约1573年

万恭［中］提出“束水攻沙”治理河道的方法　“束水攻沙”治理河道的方法见于明代万恭（1515—1592）所著《治水筌蹄》。该著作成书于万历初年（约1573年），现存本为上下2卷，共计148条。书中阐述了黄河、运河河道演变规律，汇集整理了治河及管理等方面的经验，首次提出了“束水攻沙”的理论和方法，以及滞洪拦沙、淤高滩地以稳定河槽的治理措施，还总结了一套因地制宜的运河航运管理和水量调节经验等。万恭认为黄河的根本问题在于泥沙，治理多沙的黄河，不宜分流。因为“水之为性也，专则急，分则缓。而河之为势也，急则通，缓则淤”，黄河只有合流，才能“势急如奔马”；必须因势而利导，用堤防约束就范，使之入海，这样才“淤不得停则河深，河深则永不溢”。他的这一治河思想，对于当时治河是一重大创新，对后来的黄河、运河整治和管理有很大影响。1677—1687年，靳辅等进一步

完善“束水攻沙”的方法，采取措施引洪泽湖水流入黄河，达到了“蓄清刷洪”的目的。

约1578年

布拉班特土著人维尔林撰写《筑堤论》 维尔林（Andries Vierlingh）关于筑堤概述的著作有3卷（原计划写5卷），1920年被标上《筑堤论》（*Tractaet van dyckagie*）予以发表。该书描绘了一幅在真正的水力学出现之前水力实践的场景图，是16世纪筑堤方法的汇编，这些方法也用于修建泄洪闸等。

1588年

荷兰议会通过莱斯特伯爵为西蒙·斯蒂文授予的“高效率排水机”专利 与通常所用的20或24叶片的扬水轮不同，西蒙·斯蒂文发明的高效率排水机的扬水轮只有6个叶片，每个叶片上都配有皮带，皮带沿轮槽的底面和两侧滑动。1590—1591年，西蒙·斯蒂文建造的这一类排水机在一系列测试中都有成功的表现，被誉为“一小时内提升水量相当于贝耶排水机三小时内提升水量”的新机器。

1590年

潘季驯［中］著《河防一览》问世 《河防一览》为明代治河专家潘季驯（1521—1595）的河工专著，成书于万历十八年（1590年）。全书共14卷，约28万字，记录了潘季驯治理黄河的基本思想和主要措施。书中系统地阐述了“以河治河，以水攻沙”的治河主张，提出了加强堤防修守的一整套制度和措施，是16世纪中国水利科学技术水平的重要标志，对后世治河产生了重要影响。

1682年

拉内坎［荷］建成抽水装置 工程师拉内坎所建抽水装置是为凡尔赛花园供水之用，所铺设的管线分为三段，在距离河岸600英尺和2000英尺处设置两个中转蓄水池，其高度分别比河面高160英尺和325英尺。该抽水装置是当时最精巧、最宏伟的供水系统。

1865年

约翰·布莱克公司开始制造水锤泵 水锤泵由蒙戈尔费埃（Joseph Michel Montgolfier 1740—1810）在18世纪末发明，用来从水源（例如小溪）向高处传送少量的水。优点是结构简单，不需要发动机，也不需要传动装置。来自水源的水通过进水管进入阀门箱，阀门箱里安装有一个向内开启的排水阀和一个向外开启的输送阀。用手压下排水阀之后，水便从阀门箱中溢出，进水管里的水开始流动。从进水管向下流动的水的流速逐渐加快，直至排水阀下面的动压力大到足以克服阀本身的重量而使之闭合。这时，进水柱的运动受到阻碍，阀门箱内的压力冲开输送阀，水通过阀门进入空气室压缩其中的空气，并进入输水主管中。当进水柱的动量耗尽之后，输送阀闭合，输送阀下面的水便产生逆向运动。阀门箱内压力的下降，加上输送阀回跳导致的水的回流，使排水阀重新打开，操作过程就这样不断地重复下去。

1883年

上海建成杨树浦水厂 杨树浦水厂为中国第一座正规自来水厂。1880年，上海英商在英国伦敦成立上海自来水股份有限公司，并于次年在黄浦江边始建自来水厂。水厂设址于杨树浦路830号，由英国设计师哈特（Hart，J.W.）设计。1883年6月29日，时任北洋通商大臣的李鸿章（1823—1901）拧开阀门开闸放水，标志着中国第一座现代化水厂（日供水量2270吨）正式建成。20世纪30年代，该水厂不断扩建，占地面积增加了三倍，成为远东第一大水厂。目前该厂是全国供水行业建厂最早，生产能力最大的地面水厂之一。

杨树浦水厂

1906年

美国最早采用多级阶梯沿程以消耗水流能 1906年美国建成新克罗顿坝（New Croton Dam），其溢流坝表面设置了阻流墩和多级阶梯等，用以逐步消耗、分散水流能量。由于阶梯沿程消耗了大部分水流能量，水流进入消力池的流速大大降低。

1912年

中国云南省建成石龙坝水电站一厂 石龙坝水电站位于云南省昆明市郊的螳螂川上，是中国最早兴建的水电站。电站以滇池为天然调节水库，一厂于1908年由昆明商人王筱斋为首招募商股，集资筹建，1910年7月开工，1912年4月发电，最初装机容量480千瓦。引水渠长1478米，利用落差15米。后进行扩建，至1939年先后建成二厂和三厂，装机容量分别为1000千瓦和480千瓦。中华人民共和国成立后，对水电站进行了彻底改造，1954年新厂房建成，改建后利用落差31米。

中国第一座水电站——石龙坝水电站

1913年

美国建成洛杉矶输水道工程 洛杉矶输水道工程是加利福尼亚州调水工程之一。第一条输水道从内华达山脉东侧的欧文斯河引水入洛杉矶市，20世纪30年代线路向上游延伸到莫诺湖。1970年建成第二条输水道，两条总长824千米，输水能力每秒22～24立方米，年调水能力5.8亿立方米。

1915年

中国南京建立河海工程专门学校 河海工程专门学校由张謇（1853—

1926）于1915年创办，1924年与东南大学工科合并，改名河海工科大学，1949年成为中央大学（现南京大学）水利系。1952年后，与交通大学水利系等合并成立华东水利学院，校址设在江苏省南京市。1985年9月改名为河海大学，是一所以培养水资源开发利用专门人才为主的理工科大学。

1918年

中国在天津成立顺直水利委员会　顺直水利委员会的任务是整治直隶省（今河北省、天津市、北京市）的河道。1928年改组成立华北水利委员会。

1922年

中国成立扬子江水道讨论会　扬子江水道讨论会，1928年改称为扬子江水道整理委员会，1935年与太湖流域水利委员会等单位合并为扬子江水利委员会，1947年改名为长江水利工程总局。

国际科学水文学协会成立　国际科学水文学协会1971年改为国际水文科学协会，是水文学和水资源科学领域的国际民间学术性团体，属于国际大地测量和地球物理联合会。协会宗旨是促进水文学的研究，设执行局及地表水、地下水、陆地侵蚀、水质、水雪、水资源系统6个专业委员会和遥感遥测资料传递委员会。协会有两个定期大会，即国际水文科学大会和协会代表大会。协会出版《水文科学杂志》季刊及学术论文集。1981年设立年度国际水文银质奖。1977年中华人民共和国成为该协会的成员国，同年成立了国际水文科学协会中国国家委员会。

1924年

中国江苏省武进县（今常州市武进区）建成电力排灌站　1924年武进县戚墅堰电厂建成发电，该县定西乡开始试办电力排灌，为中国建立的第一座电力排灌站。排灌站采用27马力的电动机及抽水机2套，当年排灌面积2000亩，第二年增加到9800亩。

1925年

中国四川省建成洞窝水电站 洞窝水电站位于四川省泸县附近长江支流龙溪下游，1922年开工，1925年2月建成发电。工程用条石砌筑圆拱形滚水坝，长82米，高2.5米，并从坝上修建长250米的引水渠，落差39米。机组额定功率140千瓦，供给泸州市照明用电。

洞窝水电站

1928年

国际大坝委员会在法国巴黎成立 国际大坝委员会是国际非政府间学术组织，宗旨是推动大坝及有关土木工程技术的发展，各国家委员会相互交换技术情报，共同研究试验，出版论文集，发布报告和文件，不以营利为目的。到1989年，参加该会的成员国有76个。中国于1973年秋成立大坝委员会，1974年成为国际大坝委员会成员。

中国西藏建成夺地水电站 夺地水电站位于雅鲁藏布江支流拉萨河上，由水电专家强俄巴・仁增多吉（？—1945）设计。1927年动工，1928年建成发电。水电站落差210米，输水管道长350米（其中木管段长330米、钢管段长20米），机组容量约92千瓦，是当时世界上海拔最高的水电站，水头落差在当时引水式水电站中也名列前茅。1944年，电站因机组失修，停止运行，1954年开始修复，并新建发电厂房，1955年春重新供电。

1930年

台湾嘉南大圳建成竣工 嘉南大圳是位于台湾省嘉义、台南两市境内的大型灌溉工程。1920年开工兴建，1930年竣工。主要包括浊水溪和乌山头水库（又名珊瑚潭）两灌区，浊水溪灌区在内北港溪以北，乌山头灌区在内北港溪以南，两灌区总灌溉面积为 210万亩。供水工程由浊水溪及曾文溪两水源引水，规模较大。曾文溪引水工程由乌山头水库和渠道工程组成，有效库容1.67亿立方米。拦河坝为土坝，坝高56米，坝长1273米，采用水力填筑法修筑。

1935年

中国成立中央水工试验所 中央水工试验所所址在江苏省南京市，1942年改名中央水利实验处，1949年改组为水利部南京水利实验处，1956年改为水利部南京水利科学研究所，1984年改归水利电力部。它是一所水利水电和水运科学技术的综合性科学研究机构。出版刊物有《岩土工程学报》《海洋工程》《水利水运科学研究》和英文版《中国海洋工程》（*CHINA OCEAN ENGINEERING*）等。

美国建成胡佛坝 胡佛坝（Hoover Dam）位于美国科罗拉多河流经内华达州和亚利桑那州交界的黑峡中，原称博尔德坝（Boulder Dam），1947年为了纪念美国胡佛总统，命名为胡佛坝。1931年开工，1935年建成。水库库容为348.5亿立方米，电站总装机容量1367兆瓦，年平均发电量40亿千瓦时。枢纽主要建筑物有混凝土重力拱坝，最大坝高221.6米，坝顶长379米，坝顶厚13.6米，坝底最大厚度201.3米。工程的主要目标是防洪、航运、灌溉、城市生活和工业用水以及发电，此外还有旅游、养殖等效益。胡佛坝的建成，是混凝土建坝史上一座重要的里程碑，其所使用的柱状浇筑法被称为混凝土传统施工方法，被世界多国采用。1995年，美国土木工程学会评定其为美国七大奇迹之一。

胡佛坝

1940年

美国建成科罗拉多河输水道工程 科罗拉多河输水道工程是加利福尼亚州调水工程之一。水道从科罗拉多河的帕克坝（Parker Dam）引水入洛杉矶，主干线长389千米，设有4座水泵站，总扬程550米，年调节水能力15亿立

方米，是加州南部的主要供水水源。现年调水能力已减少到6.8亿立方米。

1941年

美国大古力水电站开始发电 大古力水电站（Grand Coulee Project）位于美国西北部华盛顿州斯波坎市附近，是哥伦比亚河在美国境内最上游的一座枢纽水电站，兼有灌溉、防洪效益。电站于1933年开工，1941年第一台机组投入运行。水利枢纽包括拦河坝、4座发电厂和3个高压开关站。为纪念已故总统罗斯福，将建成的水库命名为罗斯福湖，总库容118亿立方米，有效库容64.5亿立方米。拦河坝为混凝土重力式，最大坝高168米，坝顶全长1272米。1964年扩建，对机组进行改造，1980年完工，机组总容量649.4万千瓦。电站初期建有第一厂房和第二厂房，各装9台10.8万千瓦机组。第一厂房内还装有3台1万千瓦厂用机组。扩建工程新建第三厂房，装有3台60万千瓦和3台70万千瓦机组。

大古力水电站

1942年

中国河北省赤岸水电站开始发电 赤岸水电站位于河北涉县，以漳南渠与漳河造成的水头作动力，自制木质上击式水斗水车作原动机，装机容量10千瓦，主要供司令部照明和通信用电。这是在解放区物资、器材供应非常困难的环境中，发扬艰苦奋斗精神所建成的一座水电站。

1943年

中国吉林省丰满水电站首台机组发电 丰满水电站位于吉林省境内第二松花江上，距吉林市24千米，枢纽具有发电、防洪、航运等综合效益。电站所在地区地质为花岗岩和变质岩，大坝基础为变质岩层。1937年9月开工，1943年3月第一台机组发电，工程由混凝土重力坝、左岸泄洪放空洞及坝后式厂房组成。最大坝高90.5米，坝顶长1080米，包括左侧200米长的溢流坝段，水库总容量108亿立方米，电站装机容量56.3万千瓦。坝高、水力落差、装机容量等在当时居世界前列，号称“东亚第一工程”。大坝按防御500年一遇洪水标准设计，防御10000年一遇洪水标准校核。中华人民共和国成立后对工程进行大规模加固、续建，1953年基本完成，1959年8台机组全部投产。

丰满水电站

中国辽宁省建成水丰水电站　水丰水电站位于中国与朝鲜的国界河流——鸭绿江干流中下游河段，中国侧为辽宁省宽甸满族自治县拉古哨，朝鲜侧为平安北道朔州郡水丰渠。电站是鸭绿江干流上修建的第一座水电站，为干流上已建的4座梯级电站中的第3级。电站以发电为主，兼有防洪、灌溉、养殖、旅游等综合效益。工程于1937年开工，1943年8月首台机组发电。水库正常蓄水位123.3米，总库容149亿立方米。电站总装机容量630兆瓦，设计年发电量41.3亿千瓦时。工程由混凝土重力坝、坝后式厂房、左岸开关站和拉古哨混凝土重力式副坝组成。坝顶全长900米，坝顶高程131.1米，最大坝高106 米。大坝按1000年一遇洪水设计，10000年一遇洪水校核。

1949年

中华人民共和国水利部成立 水利部是主管江河防洪、农田灌溉排水、水土保持和农村供水等的政府机构。1949年10月成立后，曾于1958和1982年，先后两次与电力工业部合并成水利电力部，1988年重新恢复为水利部。目前的工作职责为：负责保障水资源的合理开发利用，拟订水利战略规划和政策，起草有关法律法规草案，制定部门规章，组织编制国家确定的重要江河湖泊的流域综合规划、防洪规划等重大水利规划；负责生活、生产经营和生态环境用水的统筹兼顾和保障；负责水资源保护工作；负责防治水旱灾害，承担国家防汛抗旱总指挥部的具体工作；负责节约用水工作；指导水文工作；指导水利设施、水域及其岸线的管理与保护，指导大江、大河、大湖及河口、海岸滩涂的治理和开发，指导水利工程建设与运行管理，组织实施具有控制性的或跨省、自治区、直辖市及跨流域的重要水利工程建设与运行管理，承担水利工程移民管理工作；负责防治水土流失；指导农村水利工作；负责重大涉水违法事件的查处，协调、仲裁跨省、自治区、直辖市的水事纠纷，指导水政监察和水行政执法；开展水利科技和外事工作。

1950年

中国成立中央防汛总指挥部 中央防汛总指挥部的任务是对各江河防洪工程措施进行统一调度和运用，并对防汛工作进行统一指挥。水利部设有防汛指挥部办公室，各大江河流域和各级地方政府均设防讯指挥部。1971年，国务院、中央军委决定撤销中央防汛总指挥部，成立中央防汛抗旱总指挥部。1985年，重新恢复中央防汛总指挥部，1988年成立国家防汛总指挥部，1992年更名为国家防汛抗旱总指挥部。

国际灌溉排水委员会成立 国际灌溉排水委员会是一个在灌溉、排水、防洪、治河等科学技术领域进行交流合作的国际非政府间学术组织，1950年在印度新德里成立。宗旨是鼓励和促进工程、农业、经济、生态和社会科学各领域的科学技术在水土资源管理中的开发和应用，推动灌溉、排水、防洪和河道治理事业的发展和研究，采用最新的技术和更加综合的方法为世界农业可持续发展做出贡献。1981年中国成立灌溉排水国家委员会，1983年成为国际灌溉排水委员会的会员国。出版物为《国际灌溉排水委员会通报》（半年刊）。

中国成立水利部长江水利委员会 水利部长江水利委员会成立于1950年2月，前身为1947年成立的长江水利工程总局，是长江流域水资源综合规划、统一调度、协调开发的专职机构，属水利部的派出机构，驻地为湖北省武汉市。1956年4月，为协调各部门、地区的关系，集中力量进行流域综合规划工作，改为长江流域规划办公室。1989年5月改名为长江水利委员会，隶属中华人民共和国水利部。委员会成立后完成的主要任务有：长江流域综合利用规划要点，三峡水利枢纽初步设计等前期工作，长江主要支流的规划，丹江口、隔河岩、彭水等大型水库和葛洲坝水利枢纽工程的设计等。会刊为《人民长江》。目前，长江委由机关、事业单位、企业三部分组成，分别承担流域水行政管理职能、基础事业职能和以勘测设计为主体的技术服务职能。

中国成立治淮委员会 治淮委员会为淮河流域水资源综合规划、协调开发、统一调度和工程管理的专职机构，驻地为安徽省蚌埠市。1950年10月成立，1958年撤销，1971年8月成立治淮规划小组办公室，1977年调整后改称水利电力部治淮委员会。1982年国务院批准成立治淮领导小组，治淮委员会兼作治淮领导小组的办事机构。委员会成立后编制和修正了淮河流域的规划，完成梅山水库、佛子岭水库的设计、施工，以及南水北调东线南端等工程的前期工作。会刊为《治淮》。

英国建成斯洛伊湖大坝 斯洛伊湖大坝为英国建造的第一座巨型支墩坝，是为北苏格兰水力发电委员会建造的，由威廉森（James Williamson）及其同伴们设计，坝高49 米，跨度354 米。

中国成立黄河水利委员会黄河水利科学研究院 黄河水利委员会黄河水利科学研究院（简称黄科院）是以研究河流泥沙为中心的多学科、综合性水利科学研究机构，隶属水利部黄河水利委员会，创建于1950年，院址在河南省郑州市顺河路。2002年后，启动了科技体制改革工作，共设非营利性研究所5个、综合事业研究中心5个及职能部门6个。

1951年

美国央河谷输水工程通水 央河谷输水工程是加利福尼亚州的调水工程之一。1937年开工，1951年主要输水工程通水。到1982年建成19座水库，总库容154亿立方米；8条输水引水渠，总长986千米，每年供水134亿立方米。11座水电站，总装机容量163万千瓦。工程主要将河谷北部的水源经过水库的调节，用调水泵等设施向南调水，发展农业灌溉，同时还有供电、供水、防洪和改善环境等综合效益。

1952年

中国江苏省建成苏北灌溉总渠 苏北灌溉总渠位于淮河下游江苏省北部，1951年冬开工，1952年春完成。工程西起洪泽湖边的高良涧，经济泽、青浦、淮安、阜宁、射阳、滨海等六县（区），东到扁担港口入海，全长168千米，是一条具有灌溉、排涝、航运、发电等多功能的大型人工河道。沿渠依次修建有高良涧进水闸、运东分水闸、阜宁腰闸和六垛挡潮闸，在各闸附近分别建有水电站、船闸等配套梯级建筑物。总渠设计引水流量每秒500立方米，计划灌溉360多万亩农田，汛期排洪流量每秒800立方米。经多年的行水和行洪考验，均达到设计要求。

中国河南省人民胜利渠灌区一期工程竣工 人民胜利渠位于河南省北部，是新中国成立后在黄河下游兴建的第一个引用黄河水的大型自流灌溉工程。1951年3月开工，1952年第一期工程竣工。灌区总控制面积1486 平方千米，主要由灌溉、排水、沉沙和机井四项工程组成。灌溉工程包括渠首闸、总干渠和干、支、斗、农、毛五级渠道及附属建筑物，各级固定渠道有2070条。渠首为无坝引水，渠首闸为框架式结构；排水工程由干排、支排和斗排三级组

人民胜利渠二号闸

成，共677条排水渠道，还有9处沉沙池，8000多眼机井。人民胜利渠除保证灌区用水外，还为新乡市提供工业和生活用水，并为引黄河水到天津做出了贡献。

1953年

中国江苏省建成洪泽湖水库三河闸　洪泽湖水库三河闸位于江苏省淮安市洪泽区境内，是淮河中、下游接合部的洪泽湖通往入江水道的控制工程，具有防洪、灌溉、航运、供水和水产养殖等综合效益。1952年10月开工，1953年7月竣工。设计排洪流量每秒8000立方米，非汛期控制洪泽湖蓄水位13.5米，蓄水库容52.95亿立方米。全闸共63孔，单孔净宽10米，包括闸墩总宽697.55米，属平原地区大型一级水闸。

中国湖北省建成荆江分洪工程　荆江分洪工程位于荆江段南岸的湖北省公安县，工程的任务是分蓄荆江河段的部分超额洪水，提高荆江两岸防洪标准，保障荆江大堤的安全。1952年4月5日开工，同年6月20日主体工程建成，1953年第二期工程完工。工程包括分洪区围堤工程、分洪闸、分洪工程、节制闸等，分洪区面积为920 平方千米，南北长约70千米，东西宽约30千米，四面环堤。堤身高6～14米，堤线长208千米，有效容积54亿立方米。分洪闸总宽1054米，共54孔，设计分洪流量每秒8000立方米，它使荆江大堤的防洪标准从10年一遇提高到25年一遇。

1954年

中国河北省建成官厅水库　官厅水库位于河北省怀来县境内，是永定河上的大型骨干水利枢纽，主要任务是防洪、供水，兼顾发电、灌溉效益。1951年10月开工，1953年拦洪，1954年枢纽主体工程建成，1955年12月发电。工程主要建筑物有拦河坝、输水洞、溢洪道、引水隧洞和水电站厂房等。拦河坝为黏土心墙坝，加高前坝高45米，总库容22.7亿立方米。坝长290米，泄洪洞长495.5米，发电引水隧洞长813米，直径6.01米，水电站总装机容量为3万千瓦。1979年开始对水库进行改建，坝高约增加7米，总库容增加到41.6亿立方米，于1989年完成。

中国安徽省建成佛子岭坝 佛子岭坝位于安徽省淮河支流淠河上，距霍山县城17千米，是我国建成的第一座混凝土连拱坝，也是最早建成的根治淮河的大型水利工程之一，具有防洪、灌溉、发电和供水等综合效益。1952年1月开工，1954年11月建成并开始发电，水库总库容5.01亿立方米，总装机容量3.1万千瓦。大坝全长510米，为钢筋混凝土连拱坝，最大坝高74.4米（后加高到75.9米），有20个空腹式支墩和21个半圆拱，支墩中心距为20米，两端与重力坝相连，左岸还有一部分平板坝。施工期间和建成后，曾经受到地震和洪水漫顶的考验，但大坝一直安全运行，表明连拱坝具有一定的抗震性、足够的抗渗性及耐久性。

佛子岭水库大坝

中国成立武汉水利学院 武汉水利学院由武汉大学、天津大学、华东水利学院等院校的水利系（科）和农田水利专业合并，于1954年12月成立。1959年增设电力类专业，改名为武汉水利电力学院。院址在湖北省武汉市，是一座培养水利、电力专门人才的理工科高等学校。1993年1月，改为武汉水利电力大学。2000年8月，武汉大学、武汉水利电力大学、武汉测绘科技大学、湖北医科大学合并组建成新的武汉大学。原武水的部分专业合并到新的武汉大学，而原武水的工科专业则和其他三校的工科专业一起组成新武汉大学的工学部。

中国创办《水力发电》月刊 《水力发电》为全国性水力发电专业技

术综合性刊物，国内外发行。1954年创刊，编辑部设在北京。1958年10月至1980年6月停刊，1980年7月复刊。方针是：宣传中国水电建设的方针政策，总结交流技术经验，推广先进的技术成果，探讨水电科学技术发展的方向和理论以及水电在中国能源构成中的地位，促进水电建设的发展和科学技术水平的提高。

中国新疆玛纳斯灌区骨干工程基本建成 玛纳斯灌区位于新疆维吾尔自治区天山北麓玛纳斯河流域，范围包括玛纳斯、沙湾两县和石河子市郊区。玛纳斯河全长400千米，流域面积10650平方千米，洪水期和枯水期水量相当悬殊。从20世纪50年代开始，新疆生产建设兵团在玛纳斯河流域兴建水利工程，1959年灌区骨干工程基本完成，设计灌溉面积24万平方千米，有效灌溉面积达21万平方千米。灌区在红山咀修建引水枢纽工程，渠首枢纽工程有4孔进水闸，10孔泄洪闸和长200米的溢流侧堰，灌区总干渠长18千米。为了调节玛纳斯河径流，在总干渠下游先后修建了4座大中型平原水库，总库容4亿立方米。灌区有各级渠道2500多条，总长8000多千米。

法国建成马尔巴塞拱坝 马尔巴塞拱坝（Malpasset Arch Dam）位于法国东南部瓦尔省莱朗河上，专为满足附近70千米范围内供水、灌溉和防洪等需要而修建。1952年开工，1954年建成。坝型为双曲薄拱坝，最大坝高66米，坝顶高程102.55米，坝顶长222.7米，坝顶厚1.5米，坝底厚6.78米。1959年12月2日突然溃决失事，是第一座失事的先导双曲薄拱坝，也是拱坝建筑史上唯一一座在瞬间几乎全部溃掉的拱坝。

1955年

俄罗斯古比雪夫水电站首台机组发电 古比雪夫水电站（Kuybyshev Hydropower Station）位于俄罗斯伏尔加河与支流卡马河汇合口以下的干流上，又称伏尔加列宁水电站。1950年开始施工准备，1955年底第一台机组发电，1957年机组全部安装完成。水库库容580亿立方米，是伏尔加河梯级开发中的最大水库。电站总装机容量230万千瓦，平均年发电量105亿千瓦时。电站的水土建筑物有坝、厂房、船闸等。主坝为水力冲填土坝，坝高45米，长2800米，填方3160万立方米，上游坡用钢筋混凝土板护面；左侧为混凝土溢

流坝，长981米，高45米，有38个溢流孔。左岸设上、下级船闸，船闸之间航渠长3.8千米。水电站为河底式厂房，长600米。工程除发电外，还有航运和灌溉等效益。

1956年

中国创办《水利学报》（月刊）　《水利学报》是中国水利学会的会刊，委托水利水电科学研究院主编，为面向国内外发行的学术性期刊。其前身是1931年创刊的中国水利工程学会的会刊《水利》，1956年更名为《水利学报》，编辑委员会设在北京。《水利学报》刊登反映水利、水电、水运等方面具有较高水平的学术论文、专题综述和工程技术总结，开展学术论文研讨，介绍国内外科技动态和消息。

中国湖北省建成杜家台分洪工程　杜家台分洪工程位于汉水下游右岸湖北省仙桃市杜家台，是汉江上的第一个分洪工程。工程包括分洪闸、分洪道、蓄洪区围堤、黄陵矶闸等。分洪闸的设计分洪流量为每秒4000立方米，蓄洪区有效蓄洪容量为16亿立方米。工程主要分泄汉江下游河段超额洪水，也可蓄纳长江部分洪水，以保护汉江下游农田及城镇的防洪安全，并有利于减轻洪水对武汉市的威胁。

杜家台分洪工程

1957年

中国四川省建成狮子滩水电站　狮子滩水电站位于重庆市长寿区东北，是龙溪河梯级水电站的第一级。1956年12月第一台机组发电，1957年3月竣工。总库容10.28亿立方米；拦河坝高51米，是中国第一座堆石坝，采用适应不均匀沉陷度形的楔形体结构。电站安装4台单机容量1.2万千瓦的混流式水轮发电机组，总装机容量4.8万千瓦。

中国水利学会成立　中国水利学会是由中国水利科技工作者和团体组员组成的学术性社会团体，会址在北京。宗旨是团结广大水利科学技术工作者，开展国内、国际学术活动，普及水利科学技术知识，以促进中国水利科学技术的发展，为社会主义建设服务。前身是1931年4月在南京成立的中国水利工程学会，1957年4月中国水利学会重建大会在北京召开。学会下属多个专业委员会和工作委员会，与国际大坝委员会、国际水资源协会等有组织联系。会刊为《水利学报》。

1958年

中国安徽省建成磨子潭水库　磨子潭水库位于安徽省霍山县，水库大坝为双支墩大头坝，坝高82米，是我国建成的第一座大头坝。

中国成立水利水电科学研究院　水利水电科学研究院简称水科院，院址在北京。前身为中国最早的水利科学研究机构——中国第一水工试验所，1958年由水利部水利科学研究院、电力部水电科学研究院和中国科学院水工研究室合并组成，是中国最大的综合性水利科学技术研究单位。1994年经国家科委批准更名为中国水利水电科学研究院。主要开展水利领域的科学技术研究和基础理论研究，总结推广技术革新、技术改造的成果与经验，解决水利建设中的技术问题。编辑出版月刊《水利学报》、季刊《泥沙研究》等。

中国辽宁省建成大伙房水库　大伙房水库位于辽河支流浑河中上游，辽宁省抚顺市境内，是兼有防洪、供水、灌溉、发电、养鱼等综合效益的大型水利工程。1954年4月开工，1958年9月竣工投入使用。大坝为碾压式黏土心墙复式断面土坝，坝顶高程139.2米，最大坝高49.2米，坝长1366.7米。二坝最大坝高31.4米，坝长327.9米。三坝为均质土坝，坝顶高程140.7米，最大坝高10米，坝长85米。水电站装机容量32兆瓦。

中国安徽省建梅山连拱坝开始蓄水　梅山连拱坝位于淮河支流上游安徽省金寨县境内，是以防洪灌溉为主，兼有发电等综合效益的大型水利枢纽工程。1954年3月动工，1956年1月连拱坝主体工程基本竣工，1958年水库开始蓄水。水库防洪库容22.63亿立方米，设计灌溉面积25.53万公顷，装机容量400兆瓦。枢纽建筑物包括连拱坝、重力坝、右岸开敞式溢洪道、右岸泄洪

隧洞、泄水底孔和坝后式电站厂房。大坝为钢筋混凝土结构，最大坝高88.24米，坝顶高程140.17米，左右两端各接一段重力坝和空心重力坝，坝轴线总长443.5米。大坝蓄水初期曾发生运行事故，后经修复加固恢复正常。

梅山水库大坝

瑞士建成莫瓦桑坝 莫瓦桑坝（Mauvoisin Dam）位于瑞士西南边境，罗纳河支流德朗斯（Drance）河上，主要任务是发电。1951年开工，1958年建成。主要建筑物包括大坝、泄洪洞、发电引水系统和厂房等，大坝为混凝土双曲拱坝，初期坝高237米，坝顶长520米，顶宽14米，坝底宽53.5米。拱坝加高于1989年开工，1991年完成。加高后坝高250.5米，顶宽变为12米，最高蓄水位高程达1975米，使水库多蓄水3000万立方米。

1959年

中国创办《水利水电技术》月刊 《水利水电技术》为全国性的水利水电综合性学术刊物，国内外发行，编辑部设在北京。主要任务是报道和交流先进经验，推广先进技术及革新成果，促进中国水利水电事业的发展，提高水电科学技术水平。刊物以介绍国内经验为主，也适当介绍国外先进技术。

中国重庆市建成龙溪河梯级水电站 龙溪河梯级水电站位于重庆市，由狮子滩、上硐、回龙寨、下硐等4座水电站组成。龙溪河是长江北岸的一级支流，是中国最早实现梯级开发的一条河流，自狮子滩至下硐24千米河段内，天然落差140余米。龙溪河梯级水电站就是利用这些集中落差建成。总装机容量104.5兆瓦，多年平均年发电量5.16亿千瓦时。一级狮子滩水电站1954年开工，1956年12月发电，主要建筑物包括堆石坝、溢流道系统、厂房等；二级上硐水电站，1956年9月竣工，拦河坝为砌石重力坝；三级回龙寨水电站，1958年12月竣工，坝型为砌石重力坝；四级下硐水电站，1959年3月重建竣工，坝型为块石混凝土重力坝。

中国湖南省建成水府庙水库 水府庙水库又名溪口水库，位于湖南省涟江中游的双峰县溪口镇，是韶山灌区的主要水源工程。1958年9月开工，1959年9月建成，1960年7月水库蓄水。水库水域面积44.3平方千米，最大库容为5.6亿立方米，正常库容3.7亿立方米，集水区面积3160平方千米。枢纽工程有大坝、水电站和船闸等。大坝是砌石重力坝，坝高35.8米，坝顶全长242米，其中溢流坝段长141.75米，电站装机3万千瓦。

1960年

卡里巴大坝

赞比亚卡里巴水电站首台机组开始发电 卡里巴水电站位于非洲赞比亚和津巴布韦两国交界的赞比西河中游卡里巴峡谷内，是当时非洲最大的水电站。电站包括拦河坝和左右两岸的两座厂房。拦河坝为混凝土双曲拱坝，坝高128米，坝顶长620米，首创在宽河谷中修建高拱坝。总库容1840亿立方米，为20世纪60年代世界最大的水库。在导流施工中，首次采用了拱围堰挡水。右岸第一期地下厂房，6台机组总装机容量60万千瓦，年发电量35亿千瓦时。首台机组于1960年投入运行。左岸地下厂房为第二期工程，装机90万千瓦，1988年末有4台机组投入运行。它为赞比亚的炼铜业提供了廉价的电力。

中国北京建成密云水库 密云水库位于北京密云区境内，是北京市郊最大的水库，潮、白河上的大型水利枢纽。枢纽的任务是防洪、灌溉和为北京市供水，兼有发电、养鱼等效益。1958年9月开工，1960年9月基本建成。枢纽主要建筑物有白河主坝、电站，潮河主坝、电站，第一、第二泄洪道，走马庄泄洪隧洞，黄各庄输水隧洞、副坝。白河、潮河两座主坝均为壤土斜墙坝，最大坝高分别为66.4米与56米，坝顶长分别为960.2米和1008米，5座副坝坝高6～39米，副坝总长4559米。水库建成后，至1999年平均向下游年供水量8.296亿立方米，平均年发电量0.75亿千瓦时。为保证向首都供水，1995年在九松山副坝增建了北京第九水厂引水隧洞。1998年8月，主坝和6座副坝的安全加固工程开工。

中国建成三门峡水利枢纽 三门峡水利枢纽位于河南省三门峡市和山西省平陆县交界的黄河干流，是黄河干流上第一座大型水利枢纽。工程于1957年4月开工，1960年大坝基本建成，1962年第一台机组安装完毕。主要建筑物有拦河坝、电站厂房、泄水建筑物等。拦河坝为混凝土重力坝，坝顶高程353米，最大坝高106米，坝顶长713.2米。电站装机总容量116万千瓦。水库蓄水后，由于泥沙淤积特别严重，1962年3月打开全部深孔闸门，改为低水头运行。1964—1978年又对工程进行两次改建，提升枢纽的泄水排沙能力，同时采取了非汛期抬高水头蓄水发电、灌溉，汛期降低水位排沙，使水库基本实现冲淤平衡，保持有效库容的“排浑蓄清”的运行方式，大大缓解了水库淤积，收到了防洪、防凌、灌溉、发电的综合效益。

三门峡水利枢纽工程

中国浙江省新安江水电站开始发电 新安江水电站位于浙江省建德市境内，钱塘江支流新安江上，是中国第一座自行勘探、设计、施工和自制设备的大型水电站。1957年4月开始施工，1960年4月第一台机组投产发电。水库正常蓄水位108米，总库容216.26亿立方米，防洪库容47.3亿立方米。工程由混凝土宽缝重力坝、坝后溢流式厂房、开关站和过坝设施等组成。大坝高程115米，最大坝高105米，坝顶宽8.5米，坝线全长466.5米，共26个坝段。大坝按1000年一遇洪水设计，10000年一遇洪水校核，相应库水位114米，下泄流量每秒13200立方米。电站总装机容量85万千瓦，设计年发电量18.6亿千瓦时，是华东电网的主要调峰、调频和事故备用电站，华东电网骨干电站之一，并有防洪、灌溉、航运、养殖和旅游等综合效益。

法国建成谢尔蓬松坝 谢尔蓬松坝（Serre-poncon Dam）距上阿尔卑斯省的加普城约30千米，20世纪法国罗讷河支流迪朗斯河上最大的一座水电枢纽。水库总库容12.7亿立方米，水电站装机容量320兆瓦，平均年发电量7亿千瓦时。大坝为心墙土石坝，最大坝高129米，坝顶宽12米、长600米。工程利用导流隧洞改建成泄水和发电共用的引水隧洞，2条导流隧洞分别长840米和892米，内径9.3米。

1961年

中国山西建成汾河水库 汾河水库位于山西娄烦县。水库坝高61.4米，是我国首次采用水中倒土法筑坝，也是当时世界上最高的水中填土坝。

中国江西省上犹江水电站建成发电 上犹江水电站位于江西上犹县陡水镇，是我国第一座坝内式厂房水电站、第一个五年计划期间投产装机容量最大的水电站，以发电为主，兼有防洪、灌溉、航运等综合效益。1955年开工，1957年11月机组发电。厂房设在坝内，坝高67.5米，电站装机容量7.2万千瓦，设计年发电量2.33亿千瓦时。

瓦依昂坝

意大利建成瓦依昂坝 瓦依昂坝（Vaiont Dam）位于意大利东部阿尔卑斯山区皮亚韦河的支流瓦依昂河上。工程于1956年开工，1961年建成。主要建筑物包括混凝土双曲拱坝、左岸引水发电系统和地下厂房、坝上表孔、左岸泄洪隧洞。最大坝高262米，坝顶长190米，坝顶厚3.4米，坝底厚22.6米，水库总库容1.69亿立方米。泄洪建筑物主要包括16孔坝上表孔泄洪道和左岸不同高程上设置的3条泄洪

隧洞，总泄洪量为每秒284 立方米。

1962年

中国广东省建成新丰江水电站 新丰江水电站位于广东省河源市，珠江水系东江支流新丰江上，以发电为主，兼有防洪、灌溉、航运、供水、潮区压咸等综合效益。1958年7月15日工程正式开工，1960年10月25日首台机组并网发电，1962年土建工程竣工，创造了当时国内同类水电工程建设速度最快和工期最短纪录。水库正常蓄水位116米，总库容139亿立方米，电站装机容量335兆瓦，多年平均年发电量11.7亿千瓦时。工程由混凝土单支墩大头坝、坝后式厂房和泄水隧洞组成。大坝坝顶高程124米，最大坝高105米，坝顶长440米，由19个单支墩大头坝坝段和左右两岸重力坝段组成。大坝按1000年一遇洪水设计，10000年一遇洪水校核。库区在1962年曾发生6.1级地震，抗震加固和泄水隧洞工程于1969年完成。

瑞士建成大狄克逊坝 大狄克逊坝（Grand Dixence Dam）位于瑞士罗讷河支流狄克逊河上，是瑞士最大的水电工程。1953年开工，1962年建成。水库汇集了罗讷河左岸10余条支流的水，总库容4亿立方米，总装机容量为130万千瓦。主要建筑物包括混凝土重力坝、泄洪建筑物、左岸发电引水系统和地下厂房。坝高285米，坝顶长695米，顶宽15米，最大底宽225米，坝顶高程为2365米，为当时世界上最高的混凝土重力坝。施工时采用了分期加高的筑坝技术。

大狄克逊坝

1963年

瑞士建成卢佐纳坝 卢佐纳坝位于瑞士西南部布伦尼沃河上。1958年动工，1963年建成。水库库容0.88亿立方米，装机容量41.8万千瓦，枢纽主要建筑为高混凝土双曲拱坝、远坝区引水式厂房和右岸开敞式岸边溢洪道。最大坝高208米，坝顶长530米，坝顶厚10米，坝底厚36米。

中国山东省建成东平湖分洪工程 东平湖分洪工程位于黄河下游右岸，山东省梁山、东平、汶上、平阴县境内，滞蓄黄、汶河洪水，控制黄河艾山站下泄流量不超过设计值，确保济南市、津浦铁路、胜利油田和黄河下游堤防安全，是黄河下游防洪工程系统的组成部分。东平湖由宋代梁山泊演变而来，民国年间始称东平湖。1958年，在位山修建拦河闸坝、进湖闸、出湖闸，并加高加固围堤成为东平湖水库。分洪工程由分洪区、分洪闸、泄洪闸、围堤4部分组成，分洪原则是控制分洪区以下河道不超过安全泄流量，黄河陶城埠以下防洪标准为 10000立方米/秒。当花园口发生不超过15000立方米/秒洪水时，视黄河洪水量和汶河来水大小决定是否分洪。若需分洪，可运用老湖区分洪。当花园口发生15000 ~ 22000立方米/秒洪水时，经分析计算，如老湖区不能解决问题时，则用新湖区；如新老湖区都需运用时，则先开放石洼闸分洪进新湖区，再自上而下顺序使用分洪闸进老湖区。

1964年

中国台湾建成石门土石坝 石门土石坝位于台湾北部淡水河支流大汉溪石门峡谷，具有灌溉、防洪、发电及公共给水等综合效益。1956年7月开工，1964年6月竣工。枢纽工程由大坝、溢洪道、水电站、后反调节池、灌溉进水口、工业城市供水系统等组成。大坝为黏土心墙堆石坝，最大坝高133.1米，坝顶长360米。水库总库容3.1亿立方米，电站安装2台机组，总装机容量90兆瓦，多年平均年发电量2.14亿千瓦时，后反调节池容量2200万立方米。公共给水量69050 立方米/天，北干管长14436米，南干管长4213米。

1965年

中国广东省建成东深供水工程 东深供水工程位于广东省东莞市和深圳市境内，是一项主要对香港，同时对深圳及工程沿线东莞城镇提供饮用水及农田灌溉用水的跨流域大型调水、净水工程，水源取自东江。输水工程全长83

千米，1965年3月建成投产，年设计供水量0.68亿立方米。20世纪70年代、80年代、90年代各进行了3次扩建，年设计供水量增加到17.43亿立方米。

1966年

印度建成巴克拉水利枢纽工程 巴克拉水利枢纽工程（Bhakra Project）位于喜马偕尔邦印度河支流萨特莱杰河上游的巴克拉峡谷进口处，是印度综合利用印度河东部支流水资源的骨干水利枢纽工程。1954年9月截流，1960年第一台机组发电，1966年全部建成。水库库容为96.2亿立方米，装机总容量1200兆瓦。主要建筑物有大坝、溢流坝、坝后式厂房，混凝土重力坝高226米，坝顶长518米，体积413万立方米，是在复杂地质基础上建成的高坝。工程的突出技术问题是地基处理和泄洪消能。

中国湖北省建成漳河水库灌区 漳河水库灌区位于湖北省中部丘陵区，除了灌溉，还有防洪、发电、水产、旅游、航运和城市供水等综合功能。水库东临汉水、西至沮河，南濒长湖。跨荆州、荆门、宜昌三市，灌区土地面积5444平方千米。1958年开工，1966年基本建成。水源工程为漳河水库，筑坝为黏土斜墙坝，最大坝高66.5米，总库容20.35亿立方米，渠道分总干、支干、分干、支、分支、斗、农、毛8级，全长7168千米。灌区内有中小型水库314座，总库容8.45亿立方米，塘堰81595处，泵站83处，形成以漳河水库为骨干，大中小相结合、蓄引提相调剂的灌溉系统。设计灌溉面积17.3万平方千米，有效灌溉面积16.2万平方千米。

法国建成朗斯潮汐电站 朗斯潮汐电站（Rance Tidal Power Station）位于法国西北部英吉利海峡圣玛珞湾的朗斯河口，是当时世界上最大的潮汐电站。其平均大汛潮差10.85米，最大潮差13.5米，属世界上著名大潮差地点之一。工程于1961年1月开工，1966年8月首台机组发电，1967年12月机组全部投入运行投产。枢纽建筑物自右至左由水闸、堤坝、厂房和船闸等组成。堤坝为混凝土心墙堆石坝，坝长164米，最大坝高25米，顶宽38.2米，平均底宽100米。电站装机容量240兆瓦，安装24台单机容量10兆瓦的可逆贯流灯泡式机组，设计年发电量6.08亿千瓦时。电站采用单库双向发电方式开发，机组可作双向发电、双向泄水和双向抽水6种工况运行。

朗斯潮汐电站

美国建成格伦峡坝　格伦峡坝（Glen Canyon Dam）位于美国亚利桑那州与犹他州交界处以南的科罗拉多河上，1957年开工，1966年建成，工程以发电为主，兼顾防洪和灌溉效益。主要建筑物包括拦河坝、电站厂房和泄洪隧洞。大坝为混凝土重力拱坝，最大坝高216米，坝顶长475米，坝顶厚10.7米，坝底厚91.5米。水库库容333亿立方米，水电站装机容量1040兆瓦。大坝埋设了很多安全监测仪器，以监测坝体内应力和温度情况、坝基变形、收缩缝的开度等。

中国山西省建成夹马口电灌站　夹马口电灌站位于山西省临猗县境内，是山西省第一座大型高扬程引黄灌溉泵站。一期工程于1958年动工，1960年竣工投产；1966年完成二期工程。泵站设计总流量为10.5 立方米/秒，总装机功率10兆瓦。设计灌溉面积2.66万公顷。

1967年

中国和朝鲜合作建成云峰水电站　云峰水电站位于中朝两国界河鸭绿江中游的干流距吉林省吉安市上游约50千米的青石镇境内，是中朝两国共同建设的国际河流水电站，鸭绿江4座梯级水电站的首级。1958年10月正式动工，1967年4月竣工，1971年9月通过竣工验收。水库正常蓄水位与防洪限制水位318.75米，总库容45.8亿立方米。水电站设计装机容量400兆瓦，多年平均年发电量20亿千瓦时。大坝为混凝土宽缝重力坝，坝顶高程321.8米，最大坝高

113.8米，坝顶长度828米，全坝分55个坝段。引水发电系统包括进水口、引水隧洞、调压井、蝴蝶阀室、压力管道、地面主副厂房和变电站等建筑物。大坝按1000年一遇洪水设计，10000年一遇洪水校核。由于多年运行，水工建筑物和机电设备老化，从20世纪70年代开始，逐渐被更新换代和改造。

美国创立国际水法协会 国际水法协会是研究和交流有关水利法律和法规的国际非政府间学术组织，1967年5月创立于美国华盛顿特区。其宗旨是交流各国水利立法和水利行政的信息和经验，研究国际水法的制定原则与方法，向有关国家组织提供建议和咨询，协会不设国家或地区的委员会而只吸收个人委员。最高执行机构为理事会，秘书处设在西班牙的巴伦西亚。

青铜峡水利枢纽

中国宁夏建成黄河青铜峡水利枢纽 青铜峡水利枢纽位于宁夏回族自治区青铜峡市境内，黄河干流青铜峡谷出口处，是以灌溉、发电为主，兼有防洪、防凌等效益的大型水利枢纽工程。1958年8月开工，1960年2月截流，1967年12月首台机组发电，1978年8台机组全部投产。枢纽挡水建筑物前沿总长687.3米，其中河西挡水混凝土重力坝长91.5米、河东挡水混凝土重力坝长177米。此外还有副厂房、开关站、河西灌溉总干渠、河东灌溉总干渠、河东高干渠。大坝属于混凝土重力坝，坝顶高程1160.2米，最大坝高42.7米。枢纽灌溉面积41万公顷，电站装机容量302兆瓦，多年平均年发电量11.01亿千瓦时。

中国建成子牙新河枢纽工程 子牙新河枢纽工程是扩大子牙河排洪能力的分洪工程，1966年开工，1967年建成。工程包括子牙新河、北排水河与献县、穿运、海口等3个枢纽。子牙河是海河流域五大水系之一，它的两大支流滹沱河和滏阳河上游多次出现罕见的集中暴雨，历史上经常决口成患。子牙新河流经河北省献县、河间、大城、青县、黄骅等县，于天津市大港区马棚口注入渤海，全长144千米。河道设计采用二河三堤形式，即开挖新河主槽及北排水河，用开挖料填筑新河的左右两堤，并在新河主槽右侧滩地上填筑滩地埝。北排水河是子牙新河的配套工程，全长143.3千米；献县枢纽包括子牙新河进洪闸、进洪堰和子牙河节制闸3部分，堰长1000米；穿运枢纽是子牙新河于南运河的交叉工程，包括主槽涵洞、南运河节制闸及北排水河涵洞等工程；海口枢纽包括子牙新河主槽挡潮闸、滩地溢洪堰、原北大港泄洪闸等。

美国建成奥罗维尔坝 奥罗维尔坝（Oroville Dam）位于美国加利福尼亚州费瑟河上，距奥罗维尔市8千米。工程于1961年开工，1967年建成。枢纽主要建筑物包括大坝、溢洪道、发电隧洞和地下厂房，坝型为斜心墙土石坝，心墙顶厚15.4米，底部有很厚的混凝土垫座，可以消除基础外形的突变，填充河床内的深槽，降低心墙宽度，挡住与坝体结合的上游围堰趾部，使其不侵入到心墙部位。最大坝高234米，坝顶长2019米，水库库容为43.6亿立方米，水电站装机容量为644兆瓦，兼有发电、防洪、旅游和养殖等多种效益。

奥罗维尔坝

1968年

苏联建成基斯洛潮汐试验电站 基斯洛潮汐试验电站（Kislo Tidal Test Station）是建造于白海沿岸的河口潮汐试验电站，1964年开工，1968年投产。基斯洛湾与白海相连的缩窄段内，宽50米，水深4～5米，潮差1.3～3.9米，平均潮差2.3米，单库双向发电，水库面积1.14平方千米。电站装机容量800千瓦，年发电量230万千瓦时。建设时采用预制混凝土构件浮运法施工。

1969年

中国湖南省建成韶山灌区 韶山灌区位于湖南省湘江流域中游的丘陵地区，灌溉湘乡、湘潭、宁乡、双峰、望城和雨湖等6个县（市、区）2500平方千米范围内的6.67万公顷农田，是以灌溉为主，兼有发电、航运、防洪、撇涝、工矿及城镇生活用水等综合效益的大型水利工程。1965年开工，1966年建成通水，1969年完工。工程由水库枢纽、引水枢纽和灌区工程3部分组成。水库枢纽位于涟水中游双峰县水府庙，由大坝、电站、船闸组成。正常蓄水位94米，总库容5.6亿立方米，大坝为砌石重力坝，坝高35.8米，坝轴线全长242米，电站装机容量3000千瓦。引水枢纽位于水库枢纽下游18千米处湘乡市洋潭，由拦河引水大坝、电站和斜面升船机及进水闸组成，大坝坝高12米，轴线总长387米，电站装机容量1500千瓦。灌区工程包括渠道工程、渠系建筑物、提灌工程、防洪排渍工程和小型塘坝工程等5部分。

中国海南省建成松涛水库灌区 松涛水库位于海南省西北部，以灌溉为主，兼有发电、供水和防洪等综合功能。1958年开工，1969年完工。以松涛水库为主水源，通过各级渠道连接灌区内的中小型水利工程，组成大、中、小和蓄、引、提相结合的灌溉系统，灌区总面积5866 平方千米。枢纽建筑物有大坝、溢洪道、导流洞、副坝、输水枢纽工程和水电站，最大坝高80.1米。输水枢纽工程包括进水明渠、进水塔、输水隧洞、调压塔、水电站、灌溉输水管、尾水渠、副坝等主要工程。总干渠长6.68千米，灌区设计灌溉面积13.7万公顷。

1970年

西班牙建成阿尔门德拉坝 阿尔门德拉坝（Almendra Dam）建于托母斯河上，1965年开工，1970年建成。水库库容26.5亿立方米，电站装机容量81万兆瓦。主坝为高混凝土双曲拱坝，最大坝高202米，坝顶长567米，拱坝顶厚10米，底厚40米，两坝肩均设重力墩，包括重力墩在内则顶长1080米。坝体混凝土量219万立方米。有两座副坝，左岸为重力坝，坝长1244米，坝高33米；右岸为堆石坝，坝长1673米，坝高35米。电站采用长隧洞引水式地下厂房，隧洞长18千米，直径7.5米。

中国建成岳城水库 岳城水库位于河北省磁县和河南省安阳县交界处，是海河水系漳河上的大型水利枢纽，具有防洪、灌溉、供水和发电等综合效益。1959年10月开工，1960年拦洪，1970年全部竣工。枢纽主要建筑物有拦河坝、泄洪洞、溢洪道、水电站和灌溉渠首等。主、副坝为均质土坝，主坝坝顶长3603.3米，最大坝高55.3米；副坝3座，全长2693.4米，最大坝高32.5米；坝下埋管共9条，其中8条泄洪，最大泄洪量3530 立方米/秒；泄洪道布置在左岸主副坝连接处，进口采用驼峰堰，共9孔，每孔净宽12米。枢纽按1000年一遇洪水设计，2000年一遇洪水校核。

1971年

中国河南省建成群英坝 群英坝位于河南省焦作市西北修武县大河坡村北500米的大沙河上，以灌溉和供水为主，兼有发电、防洪和养鱼等效益。1968年11月开工，1971年7月基本建成。工程枢纽由大坝、输水洞和溢洪道组成。大坝为砌石重力拱坝，坝顶高程490.5米，最大坝高101米，底宽52米，顶厚4.5米。大坝按50年一遇洪水设计，1000年一遇洪水校核。1976年大坝加高5.5米，1999年4月至2000年5月维修加固。

埃及建成阿斯旺水利枢纽 阿斯旺水利枢纽（Aswan Project）位于开罗以南约800千米的阿斯旺城附近，距下游老阿斯旺坝7千米，是埃及尼罗河上的一座大型水电工程，兼有抗旱、灌溉、发电、巷道改造等综合效益。1960年开工，1967年10月开始发电，1971年全部竣工。主要枢纽建筑物有大坝、电站、泄水和引水系统。施工中不对围堰基坑抽水，在深水中直接填筑堆石坝，大大简化了施工。大坝为黏土心墙堆石坝，最大坝高111米，坝顶长3830米，坝体体积4300万立方米，形成长500千米、面积6500平方千米的纳赛尔水库，水库总库容1689亿立方米，是世界上最大的人工湖。水电站装机总容量2100兆瓦。

阿斯旺大坝

美国建成埃德蒙斯顿泵站 埃德蒙斯顿泵站（Edmonston Pumping Plant）

位于加利福尼亚州贝克斯菲尔德以南47千米，是加州北水南调工程中的主要建筑物之一，为纪念工程设计师埃德蒙斯顿而以他的名字命名。1971年10月投入运行，总投资1.4亿美元。从加州大渡槽取水，翻越蒂哈查皮山，将水输送至洛杉矶和里弗赛德县，设计最大流量为每秒126 立方米，净扬程587米，泵房结构为干室型，东、西两翼各安装7台机组，是美国最大的泵站。

1972年

中国湖南省青山水轮泵站主体工程完工 青山水轮泵站位于湖南省临澧县境内，是中国规模最大的水轮泵站工程，以灌溉为主，兼发电和航运效益。1966年开工，1972年主体工程完工。主要工程有拦河坝、副坝、水轮泵站、发电站、船闸、灌区配套设施等。主坝为浆砌卵石重力坝，全长369.4米，最大坝高17.2米。副坝位于澧水干流分流后的新安河上，为浆砌卵石重力坝，全长437.25米，最大坝高13.2米。发电站总装机容量8900千瓦。灌区有总干渠1条，全长25.6千米，3条干渠共长99.28千米，52条一级支渠全长287千米。

国际水资源协会在美国成立 国际水资源协会是以水资源为研究对象的国际民间学术团体，1972年4月在美国芝加哥成立。协会的宗旨是推动水资源的规划、开发、管理、科研、教育等方面的发展；为水资源工作者提供国际论坛；开展在水资源领域内的国际协作。会刊为季刊《国际水》。中国于1986年成立了地区委员会。

罗马尼亚和南斯拉夫合建的铁门水利枢纽建成竣工 铁门水利枢纽（Iron Gate Project）坝址距黑海940千米，为两国在多瑙河上合建的发电和航运综合利用水利工程。工程分两期导流，一期围两岸，并修建船闸、电站和溢流孔，二期围住276米宽的中间河床部分，1969年8月11日截流，1970年7月20日首台机组发电，1972年5月竣工。枢纽呈对

铁门水利枢纽

称布置，全长1100米，河床中设重力式溢流坝，两岸建副坝。水库总库容25.5亿立方米，电站总装机容量205万千瓦。两岸设有变电站，分别以220千伏和400千伏电压同两国的电网连接。溢流坝高40米，长441米，设14个溢流孔。

1973年

加拿大建成买加坝 买加坝位于哥伦比亚河上游，在雷夫尔斯托克城以北约135千米。1969年3月开始填筑大坝，1973年建成。水库库容量247亿立方米，电站装机容量261万千瓦。大坝为斜心墙高土石坝，最大坝高242米，坝顶长792米，坝顶厚33.5米。坝体体积3211万立方米，其中心墙料约350万立方米。电站采用单机单洞引水，6条压力管道直径8米，长270米，左岸溢洪道，上游段宽，向下游逐渐收缩。两个泄水底孔是利用直径13.7米的导流隧洞改成，采用孔内孔板消能。

美国建成德沃歇克坝 德沃歇克坝（Dworshek Dam）位于爱德华州刘易斯顿以东6.4千米的清水河北支流上。工程于1968年开工，1973年建成。水库库容43亿立方米，电站装机容量106万千瓦。大坝为高混凝土重力坝，最大坝高219米，坝顶长1006米，坝顶厚13.4米，底厚152米，坝体混凝土量为493万立方米。施工技术改变了常规的柱状块浇筑方法，采用通仓灌浇、模板自动递升，并选用了高速缆机等高效大型施工机械等。

中国台湾建成青山水电站 青山水电站位于台湾中西部，是台湾大甲溪流域装机容量最大的水电站。工程分两期建设，每期2台机组，共4台90兆瓦机组，总装机容量360兆瓦，多年平均年发电量约6亿千瓦时。1964年7月开工，1970年12月一期工程建成投产，二期工程的2台机组于1973年7月并网发电。水库大坝为混凝土重力坝，最大坝高45米，有效库容59万立方米。

中国甘肃省建成黄河西津电灌站 黄河西津电灌站位于甘肃省兰州市。装机容量11440千瓦，10级总扬程684米，可灌溉农田3万亩，是中国总扬程最高的多级电灌站。

中国台湾建成曾文土石坝 曾文土石坝位于台湾省南部曾文溪上游，除满足灌溉需要外，还具有发电、供水和防洪等综合效益。1967年10月开工，1973年10月竣工。曾文水库为台湾最大的水库，总库容7.07亿立方米，多年平均年

发电量2.17亿千瓦时。枢纽建筑物包括大坝、溢洪道、引水发电系统及地下厂房等。大坝为中央黏土心墙的分区型碾压式堆石坝，高133米，坝顶宽10米，坝顶长400米。大坝施工导流采用2条直径12米的导流洞，长度分别为1250.6米和1083米。

1974年

中国台湾建成德基坝　德基坝曾名达见坝、大成坝，位于台湾省中部大甲溪上游，是大甲溪电力开发与公共供水的枢纽工程，具防洪、发电、灌溉等综合效益。1969年8月开工，1973年12月水库蓄水，1974年6月开始发电，9月全部竣工。工程包括混凝土双曲拱坝、泄水建筑物及左岸地下厂房。坝型为混凝土双曲薄圆拱结构，宽高比为1.27，对受力非常有利。坝基设周边缝将拱坝坝身与基座分开，在施工过程中可不改变拱的几何外形而适应岩石结构的要求。最大坝高181米，坝顶高程1411米，坝顶长290米，坝顶厚4.5米，底厚20米，水库总库容2.32亿立方米，电站装机容量23.4万千瓦。

德基坝

土耳其建成凯班坝　凯班坝（Keban Dam）位于幼发拉底河上，距埃拉泽市西北45千米。工程于1966年开工，1974年建成，是在岩溶发育地区建成的高坝。水库库容306亿立方米，电站装机总容量124万千瓦。大坝自右岸起至左岸602米段为直心墙堆石坝，最大坝高207米，坝顶长602米，坝顶宽11米，心墙用黏土料。左岸接混凝土重力坝，坝高82米，坝顶长524米。电站布置在左岸，为近坝区岸边地面厂房，引水压力钢管为直径5.2米的明管。

莫桑比克建成卡布拉巴萨坝　卡布拉巴萨坝（Caborabasan Dam）位于莫桑比克西北部太特省内，是非洲赞比西河流域的大型综合性水利工程。坝高168米，长330米，其双曲拱坝坝身设有8个泄水孔，尺寸均为6米×7.8米，孔底以上水头为96米，单孔泄水量每秒1630 立方米，电站装机容量208万千瓦，全部工程完工后可达400万千瓦。电力除供应本国外，主要输往南非。

中国甘肃省建成刘家峡水电站 刘家峡水电站位于甘肃省永靖县黄河上刘家峡峡谷中，是中国自行设计和建设的第一座装机容量1000兆瓦以上的大型水电站，以发电为主，兼有防洪、灌溉、防凌、供水和养殖等综合效益。工程于1958年9月开工，1961年停建，1964年复工，1969年3月第一台机组发电，1974年全部建成。工程由混凝土重力坝、右岸黄土副坝、溢洪道、泄洪洞、泄水道、排沙洞和厂房组成。大坝总长840米，主坝长204米，最大坝高147米，坝顶高程1739米，混凝土副坝长200米，右岸副坝黄土心墙堆石坝长200米，最大坝高49米。电站厂房由右岸地下窑洞式厂房和坝后地面厂房组成。枢纽通过水库调节，提高了刘家峡水电站本身及下游盐锅峡、八盘峡、青铜峡的保证出力，并为下游提供农田灌溉和工业用水，将兰州市防洪标准提高到100年一遇。刘家峡水电站的工程规模和技术水平，如高混凝土重力坝、大型地下结构、大容量机组和330千伏超高压输电等，当时都是中国首创，为我国高坝和大型水电站建设积累了丰富的经验。

刘家峡水电站

中国湖北省建成丹江口水利枢纽一期工程 丹江口水利枢纽位于湖北省丹江口市，是汉水干流最大的水利枢纽工程，具有防洪、发电、灌溉、航运、养殖等综合效益。1958年9月开工，1959年12月截流，1968年10月首台机组发电，1973年11月6台机组全部投入运行，1974年竣工。枢纽分两期开发，一期工程正常蓄水位高程157米，坝顶高程162米，最大坝高97米，坝顶长度2461米；二期工程正常蓄水位高程170米，总库容290.5亿立方米。枢纽主要由挡水建筑物、泄洪建筑物、通航建筑物、发电建筑物等组成。挡水建筑物包括河床混凝土宽缝重力坝、两岸连接混凝土重力坝、两岸土石坝；泄洪建筑物包括溢洪坝段和泄洪深孔，溢洪坝段总长264米，设有20个开敞式溢流孔；通航建筑物位于右岸，由垂直升船机与斜面升船机组成。枢纽的建成，使下游河道防洪标准提高到100年一遇，灌溉引水量每年约15亿立方米，灌溉面积24万公顷，年发电量38.3亿千瓦时。

哥伦比亚建成阿尔托安奇卡亚坝 阿尔托安奇卡亚坝（Alto Anchicaya Dam）位于哥伦比亚安奇卡亚河上，距卡利市75千米，是20世纪70年代世界上最高的混凝土面板碾压堆石坝。1970年开工，1974年建成。最大坝高140米，库容4500万立方米，水电站装机24万千瓦。

澳大利亚建成雪山调水工程 雪山调水工程位于澳大利亚东南部的新南威尔士州，是以发电、灌溉为主的跨流域调水工程。1949年开工，1974年全部建成。工程所在地的雪山山脉最高海拔2229米，常年积雪，年降水量500～3800毫米，约为澳洲大陆平均降水量的4倍。工程分南北两部分：雪河—墨累河跨流域引水工程；雪河—蒂默特河跨流域引水工程，两项工程分别与尤坎本湖相连接，并采用双向供水方式，充分利用流域内河流、湖泊的天然水量。雪河—墨累河工程除了引水隧洞和多座大坝外，还建有3座水电站，总装机容量1560兆瓦；雪河—蒂默特工程除了引水隧洞、多座大坝外，还建有4座水电站，总装机容量2180兆瓦。

1975年

中国安徽省建成濛洼蓄洪工程 濛洼蓄洪工程位于安徽省阜南县淮河北岸，是淮河中上游交界处用来分蓄超过淮河河道安全泄量洪水的蓄洪工程。1951年11月开工，1952年完成围堤工程，1975年完成全部工程。蓄洪区西起洪河口，东至南照集，南临淮河，北靠濛河分洪道，面积180平方千米，计划蓄洪水位27.66米，蓄洪量7.5亿立方米。工程主要包括蓄洪区围堤及区内工程（包括堤防、避洪安全措施和排灌工程）、王家坝进洪闸（1953年7月建成）、曹台子退水闸（1975年建成）。工程大大削减了洪峰流量，从而保证了淮北大堤的安全。

哥伦比亚建成契伏坝 契伏坝（Chivor Dam）位于哥伦比亚梅塔河的支流巴塔河上。1970年开工，1975年首台机组发电。水库总库容8.15亿立方米，电站装机容量1000兆瓦，工程主要用于发电。主要建筑物包括黏土斜心墙堆石坝、左岸引水发电系统、水电站厂房和左岸溢洪道。大坝最大坝高237米，坝顶长280米。

中国甘肃省建成盐锅峡水电站 盐锅峡水电站位于甘肃省永靖县境内，黄河干流盐锅峡十八坎河段兰丰渠隧道故址，是黄河干流上最先建成发电的水电站，具有发电和灌溉效益。1958年9月27日开工，1959年4月26日截流，1961年11月18日首台机组发电，1975年11月15日8台机组全部发电。水库正常蓄水位1619米，总库容2.8亿立方米，电站装机容量452兆瓦，年发电量22.8亿千瓦时。枢纽建筑物主要包括右岸副坝（重力坝）、右岸溢流坝（重力坝）、隔墩坝段及大导墙，左岸电站挡水坝（宽缝重力坝）及其坝后式厂房，左岸副坝（重力坝）等。坝顶高程1624.2米，坝顶长度321米，最大坝高57.2米。大坝按200年一遇洪水设计，1000年一遇洪水校验。

盐锅峡水电站

中国湖南省建成柘溪水电站 柘溪水电站位于湖南省资水中游的安化县境内，主要任务是发电，兼有防洪和航运等效益。1958年7月开工，1962年1月第一台机组发电，1975年7月最后一台机组投产。水库正常蓄水位167.5米（后提高到169米），总库容35.7亿立方米，电站装机容量447.5兆瓦，年发电量22.2亿千瓦时。枢纽建筑物由拦河坝、右岸引水式地面厂房和左岸斜面升船机组成。拦河坝坝顶全长330米，坝顶高程174米，最大坝高104米。河床溢流段宽146米，由8跨单支墩大头坝和2跨宽缝重力坝组成，大坝两岸非溢流段为宽缝重力坝。大坝及厂房按200年一遇洪水设计，1000年一遇洪水校核。由于大头坝1号、2号支墩表面裂缝扩展为大面积劈头裂缝，大坝于1980—1985年进行了加固。

1976年

托马斯［澳］著《大坝工程》出版 《大坝工程》由澳大利亚塔斯马尼亚水力发电委员会工程顾问托马斯（Thomas，H.H.）著，是一部全面、系统阐述大坝勘查、设计、施工和管理的专著，由纽约约翰·威利父子出版公司（John Wiley & Sons，Inc.）于1976年出版。内容包括工程责任、水库和大坝规划、大坝事故、作用力和安全系数；水文、气象、地质、建筑材料的调查勘测；重力坝、拱坝、支墩坝、土石坝的设计；溢流坝，堆石溢流过水等泄水建筑物设计；大坝施工导流，混凝土坝施工、土石坝施工等；水工模型试验和结构模型试验；大坝安全监控、维修加固及加高等。该书反映了20世纪坝工新技术和近数十年建坝的经验和理论。

南斯拉夫建成姆拉丁其坝 姆拉丁其坝（Mratinja Dam）位于皮瓦河上，1969年开工，1976年建成。主要建筑物包括混凝土双曲拱坝、左岸引水发电隧洞和地下厂房、泄洪建筑物、右岸导流隧洞。水库库容8.8亿立方米，水电站装机容量360兆瓦。大坝最大坝高220米，坝顶长268米，坝顶厚4.5米，坝底厚40米。

巴基斯坦建成塔贝拉水利枢纽 塔贝拉水利枢纽（Tarbela Project）位于印度河干流上，在拉瓦尔品第西北约64千米，是巴基斯坦开发印度河干流的一座具有灌溉、发电、防洪等综合利用效益的水利枢纽工程，也是巴基斯坦西水东调工程的主要水源工程。1968年开工，1976年正式蓄水发电。水库总库容136.9亿立方米，水电站原计划装机容量2100兆瓦，实际达到3478兆瓦，平均年发电量115亿千瓦时。工程主要建筑物有大坝、左岸大型溢洪道、右岸灌溉隧洞，右岸水电站引水隧洞、右岸发电厂

塔贝拉大坝

房等。大坝为斜心墙土石坝，最大坝高143米，长2743米。坝体填筑量1.21亿立方米，是到20世纪末世界已建填筑量最大的挡水土石坝。

1977年

中国江苏省建成江都排灌站 江都排灌站位于江苏省江都市境内，在京杭大运河、新通扬运河与淮河入江尾闾芒稻河的交汇处，是连接长江与淮河两大水系的大型水利枢纽工程。1961年开始兴建，1977年建成。整个枢纽由4座泵站、12座节制闸、5座船闸、2条输水河道及1座100千伏变电站组成，既是一项灌溉、排涝、发电、供水综合利用的重点工程，又是南水北调工程的一个起点。装备有中国自己设计、制造的大型立式轴流泵和立式同步电动机，动力总容量4.98万千瓦，设计提升流量400立方米，最大提水流量每秒470立方米。还配备变电站及水闸等水工建筑，形成以泵站为主体的大型水利枢纽。是中国平原地区最大的电力排灌站，也是南水北调东线工程的一级泵站，排灌站实现自动化运行和管理。

伊朗建成卡比尔坝 卡比尔坝（Kabir Dam）又称卡伦Ⅰ级坝，位于伊朗加罗河上，1970年开工，1977年建成。水库库容33亿立方米，电站计划装机容量200万千瓦。大坝为高混凝土双曲拱坝，最大坝高200米，坝顶长380米，顶厚6.1米，底厚28.3米，大坝混凝土量157万立方米。

中国浙江省建成富春江水电站 富春江水电站位于浙江省桐庐县境内，钱塘江上游富春江七里泷峡谷，以发电为主，兼有航运、灌溉、渔业、旅游等综合效益。工程于1958年开工，1962年停建，1965年续建，1968年首台机组发电，1977年5台机组投产。水库正常蓄水位23米，最大库容8.76亿立方米。工程由混凝土溢流重力坝、厂房、船闸、灌溉进水孔及鱼道组成，最大坝高47.7米。电站装机容量360兆瓦，多年平均年发电量9.23亿千瓦时。

奥地利建成柯恩布莱因坝 柯恩布莱因坝（Kolnbrein Dam）位于奥地利南部的马尔塔河上，1972年开工，1977年建成。水库库容2.1亿立方米，引水至下游连接有3级水电站，装机总容量共881兆瓦。枢纽建筑物包括坝、左岸发电引水隧洞及厂房、河床中坝体开设的底孔兼排沙孔、右岸岸边溢洪道及右岸导流隧洞。大坝为高混凝土双曲拱坝，最大坝高200米，坝顶长626米，坝顶厚7.6米，坝底厚36米。

柯恩布莱因坝

中国云南省建成以礼河梯级水电站 以礼河梯级水电站位于云南省，是跨流域开发的梯级水电站，中国已建水电站中单机容量最大的冲击式水轮发电机组。枢纽以发电为主，兼有灌溉效益。以礼河为金沙江支流，全长122千米，自南而北经会泽县和巧家县注入金沙江。以礼河自会泽县城以下，与金沙江水面高差1380米，梯级水电站就是利用这一落差，采用“两库四站”，跨流域引水，取得高水头的开发方式。总装机容量为321.5兆瓦，多年平均年发电量16亿千瓦时。一级毛家村水电站位于距会泽县城约10千米的上游河段，主要建筑物有拦河坝、泄洪坝、引水道和厂房等，拦河坝为黏土心墙土坝，长590米引水隧洞采用右岸有压隧洞，长504米；二级水槽子水电站，是跨流域水电开发的首部工程，位于距会泽县城约13千米的水槽子峡谷处，坝型为混凝土重力坝，设在右岸的2条引水隧洞，各长98.85米；三级盐水沟水电站，坝型为均质土坝；四级小江水电站，坝型为钢筋混凝土轻型坝。

1978年

中国用定向爆破建南水水电站大坝 南水水电站大坝位于北江支流南水河上，广东省乳源县境内，是国内唯一仍在使用的定向爆破堆石坝。1958年第三季度开始兴建，1970年4月第一台机组发电。大坝为黏土斜墙堆石坝，坝高81.3米，坝长215米，总库容12.8亿立方米。采用定向爆破筑坝，一次用炸药1394吨，爆破堆高平均62.5米，为设计最大坝高的76.9%。电站是引水式水电站，采用混合式地下厂房，装机3台，总容量102兆瓦。

吉尔吉斯加盟共和国建成托克托古尔坝 托克托古尔坝（Toktogul

Dam）位于吉尔吉斯加盟共和国的下纳伦河上。于1965年动工，1978年建成。水库库容105亿立方米，水电站装机容量120万千瓦。坝址为深山峡谷，谷深1500米，山坡坡角65°～75°。主要工程为高混凝土重力坝，最大坝高215米，坝顶长292.5米，顶厚10米，底宽153米，坝体混凝土量335万立方米。厂房采用双排机组布置，前后错开，妥善解决了狭窄河谷上枢组布置的难题。

格鲁吉亚加盟共和国建成契尔盖坝 契尔盖坝位于格鲁吉亚加盟共和国的苏拉克河上，1963年开工，1978年建成。水库库容27.8亿立方米。大坝为高混凝土双曲拱坝，最大坝高232.5米，坝顶弧长333米（包括右岸重力墩在内），坝顶厚6米，坝底厚76米。整个坝体设有辐射形径向分缝，将坝分为18个坝块。垫座为48米高，顶宽45米，底宽76米，平面为梯形，上游面宽，下游面窄，像楔子紧塞在河谷内。坝体混凝土量（包括右岸重力墩和垫座在内）为136万立方米。水轮机组采用双排布置，前后错开，每排2台，共装机100万千瓦。

中国四川省建成龚嘴水电站一期工程 龚嘴水电站位于长江流域的大渡河中下游，四川省乐山市沙湾区与峨边县交界处，是开发大渡河的第一个大型水电站，也是当时中国西南已建成的最大水电站，以发电为主，兼有过木和航运效益。工程于1966年3月开工，1971年第一台机组发电，1978年一期工程建成。电站分2期开发，高坝设计，低坝施工。一期水库正常蓄水位528米，总库容3.45亿立方米，装机容量720兆瓦；二期水库正常蓄水位590米，总库容18.8亿立方米，电站最终总装机容量2100兆瓦。一期工程包括混凝土重力坝，坝后厂房、地下厂房和漂木道等。大坝长447米，坝顶高程530.5米，最大坝高85米（二期坝高为146米）。

龚嘴水电站

1979年

中国成立水利部珠江水利委员会 珠江水利委员会是珠江流域水资源综合规划、统一调度、协调开发的专职机构，属水利部的派出机构，驻地在广东省广州市。前身是1937年成立的珠江水利局，后经多次易名，1979年成立水利部珠江水利委员会。委员会成立后，曾进行了大量的资料搜集和整理，编制了珠江流域综合利用规划，完成了澳门供水工程、飞来峡水利枢纽、北江大堤加固等设计规划工作。会刊为《人民珠江》。

中国香港建成高岛东、西坝 高岛东、西坝位于香港东北西贡半岛与高岛之间的官门海峡，是香港最大的供水水库——高岛水库（又名万宜水库）的主坝（在海峡东、西各建一坝隔断大海，形成一个海床水库）。工程于1972年开工，1979年建成。总集水面积60平方千米，总库容2.78亿立方米，有效库容2.74亿立方米。枢纽主要建筑物有东、西水坝，泄水隧洞和引水隧洞。水坝均为沥青混凝土心墙堆石坝，最大坝高分别为107米和102.5米，坝顶长度分别为490米和760米。水库建成后日供水31.8万立方米。

中国浙江省建成湖南镇梯形坝 湖南镇梯形坝位于浙江省衢州市境内的乌溪江上，是中国最高的支墩坝，工程以发电为主，兼有防洪、灌溉、航运及供水等综合效益。自1979年12月30日陆续投产发电，目前电站装机总容量为32万千瓦。主要建筑物有拦河坝、引水系统、厂房及开关站，拦河坝为混凝土梯形支墩坝（梯形坝），最大坝高129米，坝顶长425米，坝顶宽7米，共分23个坝段，每个坝段上游面宽，下游面窄，水平截面基本上成梯形。泄洪建筑物在河床中部，坝顶溢流与底孔泄流相结合，最大泄洪11000 立方米/秒。

1980年

中国成立水利部海河水利委员会 海河水利委员会是海河流域水资源综合规划、统一调度、协调开发和河道管理的专业机构，属水利部的派出机构，驻地在天津市。前身是1918年在天津成立的顺直水利委员会，后经多次易名，1979年成立水利部海河水利委员会。下设漳卫南运河管理局、海河下游管理局、引滦工程管理局等。委员会成立后，完成了海河流域补充规划，引湾入津、引滦入唐工程初步设计，南水北调东线工程北段的前期工作等。会刊为《海河水利》。

塔吉克斯坦共和国建成努列克水利枢纽　努列克水利枢纽（Nurek Hydroelectric Power Project）位于塔吉克斯坦共和国境内瓦赫什河中游的布利桑京峡谷处，具有发电、灌溉和航运等综合效益。1961年开工，1972年开始发电，1980年建成。水库总库容105亿立方米，电站装机容量2700兆瓦，年平均发电量112亿千瓦时。枢纽由土石坝、左岸泄水建筑物、右岸电站厂房等组成。大坝高300米，坝顶宽20米，坝顶长730米，为当时世界上已建成的最高土石坝。

巴西建成福斯-杜阿雷亚坝　福斯-杜阿雷亚坝（Foz do Areia Dam）位于巴西南部巴拉那州境内伊瓜苏河上，是世界最高的钢筋混凝土面板堆石坝。1975年开工，1980年建成。枢纽主要建筑物有：钢筋混凝土防渗面板堆石坝，坝高160米，坝顶长828米，坝顶宽12米；右岸引水式厂房，设计装机6台，总容量251万千瓦，现实际装机容量为167.4万千瓦；左岸有长约410米、宽70米的泻槽式溢洪道，最大下泄流量为11000 立方米/秒。坝体划分为若干区，按各部位的重要性，对各区石料和分层碾压提出相应的要求，有利于利用施工开挖出来的石料，减少坝体在水压力作用下所产生的变形，也有利于坝基础分区处理。

中国河北省建成朱庄坝　朱庄坝位于河北省沙河市境内滏阳河支流南滏河上，是我国已建成的最高浆砌石重力坝。工程于1971年冬开工，1980年竣工。大坝为浆砌石重力坝，坝高95米，坝体迎水面和溢流过水面用混凝土浇筑，总库容4.16亿立方米。大坝按100年一遇洪水设计，1000年一遇洪水校核，10000年一遇洪水保坝。

中国湖南省建成凤滩水电站　凤滩水电站地处湘西的永顺、古丈和沅陵三县交界地段，长江水系沅江支流酉水下游，是世界上拱坝经坝身泄洪量最大的工程，也是当时世界最高的混凝土空腹重力拱坝。工程于1970年10月开工，1978年首台机组发电，1980年全部建成。水库总库容17.4亿立方米，为季调节水库。工程由混凝土拦河坝、厂房和筏道组成。最大坝高112.5米，底宽60.5米，坝顶弧长488米，两岸坝段采用实体重力坝与岸坡相接。溢流坝布置在河床中部，有13个溢流孔，溢流前沿净宽182米，最大下泄流量达32600立方米/秒，采用三维有限元分析、三向光弹试验等方法，对空腹结构形式及坝体应力分布规律进行研究，取得了对空腹重力拱坝设计与施工较全面的认识。大坝按1000年一遇洪水设计，5000年一遇洪水校核。电站装机4台，每台机组容量10万千瓦。枢纽以发电为主，兼有防洪、航运、灌溉、过木等综合效益。

日本建成岛地川坝 岛地川坝位于日本山口县新南阳市大学高濑岛地川上，是世界上最早采用碾压混凝土施工法建造成的重力坝。1976年开工，1978年9月开始填筑坝体，1980年4月建成。坝高90米，坝长240米，体积32.4万立方米，水库总库容2060万立方米。除坝顶、坝基、上下游坝面及廊道周围采用常规混凝土施工外，坝体其余部分约16万立方米，均采用碾压混凝土方法施工，从而达到了坝体防渗、抗冻、抗冲耐磨的要求。该坝具有防洪、维护河道正常流水，为防府市及新南阳市供水的作用。

岛地川坝

奥地利建成芬斯特塔尔坝 芬斯特塔尔坝（Finstertal Dam）位于奥地利英斯布鲁克以西约30千米的芬斯特塔尔河上，是世界上最高的沥青混凝土心墙堆石坝。1977年开工，1980年9月建成。最大坝高150米，坝顶长652米，顶宽9米，为了减少坝体的填筑方量并出于稳定需要，将坝轴线向上游弯曲。由水库引水发电，分两级获得总水头1678.5米，装机容量为77.4万千瓦。

中国水力发电工程学会成立 中国水力发电工程学会是由全国水力发电工程科学技术工作者自愿组成并依法登记的全国性非营利学术团体，是中国科学技术协会的组成部分。学会于1980年6月浙江省新安江水电站第一次会员代表大会上宣告成立。宗旨是团结广大水电科学技术工作者，促进水力发电的学术研究与交流，普及和推广水电科技知识，推动水电生产建设的发展等。设有水能规划及动能经济、地址及勘探、水工及水电站建筑物等14个专业委员会，会刊为《水力发电工程学报》，同时还配合中国水利水电建设总局等单位，编辑出版了《1949—1983中国水力发电年鉴》等。

墨西哥建成奇科森坝 奇科森坝（Chicoasen Dam）位于墨西哥的格里哈尔瓦河上，主要用于发电和防洪。1974年开工，1980年建成。水库库容16.1亿立方米，水电站装机容量2400兆瓦。枢纽主要建筑物有大坝、泄洪隧洞和地下厂房。大坝为直心墙堆石坝，最大坝高261米，坝顶长485米，大坝内埋设了测斜仪、应变计、测压管、水位计等大量安全监测仪器。

奇科森坝

中国石砭峪定向爆破堆石坝基本建成 石砭峪定向爆破堆石坝位于陕西省长安区境内秦岭北麓的石砭峪河下游，水库以灌溉、城市供水为主，兼有发电、防洪等综合效益。1972年开工，1973年5月10日进行了定向爆破，1980年大坝基本建成。总库容2810万立方米，设计灌溉面积1.12万公顷，水电站装机容量3兆瓦，年发电量1700万千瓦时。枢纽工程由大坝、输水洞、泄洪洞和两级水电站组成。大坝为定向爆破堆石坝，最大坝高85米，坝顶长度265米，坝顶宽7.5米。水库蓄水运行后曾于1980年、1992年、1993年发生渗漏，因此降低水位运行，于2000年进行了加固处理。

1981年

挪威建成西玛水电站 西玛水电站（Sima Hydropower Station）位于挪威西南部哈当厄高原，是挪威已建成的第二大水电站，也是世界上1000米级高水头的最大常规水电站。1974年开工，1980年首台机组发电，1981年工程完工。电站是集水网道式水电站，由5条较大河流和许多小河流统一规划开发，包括2个水系：东南部的赛西玛水系——利用2个湖泊，在湖口筑坝抬高湖水

位，作为主要水库，电站利用水头894米；北部的朗西玛水系——也利用2个湖泊筑坝抬高水位作为主要水库，电站利用水头1038～1149米。两大水系总库容6.49亿立方米，水电站装机容量1120兆瓦，年发电量27.3亿千瓦时。

1982年

中国成立松辽水利委员会 松辽水利委员会成立于1982年，是中国松花江和辽河流域水资源综合规划、统一调度、协调开发及工程管理的专职机构，驻地为吉林省长春市。1988年改称为水利部松辽水利委员会。委员会成立后，对松花江流域、辽河流域以及松辽水资源的综合开发和利用进行了规划，还完成了东北地区大型水电站的设计。出版刊物有《东北水利水电》。

1983年

中国甘肃省建成碧口水电站 碧口水电站位于甘肃省文县境内的白龙江上，以发电为主，兼有防洪、灌溉、航运、养殖等综合效益，是连接中国西南、西北大电网的纽带。1969年开工，1975年建成拦河大坝，1976年开始发电，1983年竣工，总库容5.21亿立方米，电站装机容量30万千瓦，多年平均年发电量14.63亿千瓦时。工程由壤土心墙土石坝，右岸溢洪道、泄洪洞，左岸泄洪洞、排水洞、引水隧洞、地面厂房等组成。土石坝坝顶高程711.8米，顶宽10米，最大坝高101.8米，坝顶长297.36米，是中国第一座高于100米的土石坝。工程首次采用了振动平碾碾压坝体的施工方法，在对坝基34米深的覆盖层处理上，采用两道混凝土防渗墙，其中有一道钢筋混凝土墙深68.5米，是中国之最。

碧口水电站

中国贵州省建成乌江渡水电站 乌江渡水电站位于贵州省遵义市，在长江支流乌江的中游，是贵州电网中的大型骨干电站，也是开发乌江水能资源的第一座大型工程，以发电为主，兼有航运效益。1970年开始施工准备，1979年第一台机组发电，1983年竣工。水库正常蓄水位760米，总库容23亿立方米，电站装机容量1250兆瓦，多年平均年发电量40.56亿千瓦时。工程由混凝土拱形重力坝、坝面溢洪道、发电厂房及开关站、左右岸泄洪隧洞、坝身左右侧排沙泄洪中孔、右岸放空隧洞、升船机和防渗工程等组成。坝顶高程765米，最大坝高165米，坝顶弧长395米。大坝按500年一遇洪水设计，5000年一遇洪水校核。

乌江渡水电站

中国建成引滦入津工程 引滦入津工程是将河北省境内的滦河水跨流域引入天津市的城市供水工程，1982年5月开工，1983年9月建成通水。工程由引水枢纽、引水隧洞、河道整治工程、于桥水库、尔王庄水库、泵站、输水明渠及其渠系建筑物等215项工程组成，引水线路全长234千米，输水量为每年10亿立方米。引水枢纽含入津、入还2个水闸，分别向天津市和河北唐山地区输水。引水隧洞及进出口工程总长12.39千米，整治河道108千米，开挖输水明渠64千米，修建倒虹吸12座、涵洞5座、水闸7座。于桥水库是引滦入津工程的控制性调蓄枢纽，总库容15.59亿立方米，均质土坝长2222米。引滦工程的建成，大大缓和并改善了天津、唐山供水状况，控制了地面沉降，改善了市区排水及卫生环境，促进了生产，并间接改善了首都北京的供水情况。

1984年

英国建成伦敦泰晤士河防洪闸 泰晤士河防洪闸（The Thames Barrier）由帕尔梅与特里顿事务所设计。主闸宽81米，闸重1300吨，能挡10米高的洪水，可承受总荷载9000吨。该闸建成后，伦敦第一次摆脱了洪水的威胁。

国际泥沙研究培训中心成立 国际泥沙研究培训中心于1984年7月21日在北京成立，是中国政府与联合国教科文组织共同成立的一个国际学术组织。

其宗旨是促进世界各国在土壤侵蚀与河流泥沙领域的科学研究、信息交流与技术合作，培训专门人才，为合理利用水土资源、防止土壤侵蚀、保护生态环境等提供咨询服务。出版英文杂志《国际泥沙研究》《中国河流泥沙公报》和相关出版物。

加拿大建成安纳波利斯潮汐试验电站 安纳波利斯潮汐试验电站（Annapolis Experiental Tidal Power Station）位于安纳波利斯河口，利用已有挡湖闸扩建而成，是加拿大为开发芬迪湾潮汐资源而建设的试验性电站。1980年开工，1984年8月投入运行。河口原有挡潮闸分3部分，左侧是一座拦潮堆石坝，中段为一岛屿，右侧设置闸门。厂房内安装贯流式机组，正常运行水头1.4～6.8米，设计水头5.5米，多年平均年发电量约5000万千瓦时。

英国建成迪诺维克抽水蓄能电站 迪诺维克抽水蓄能电站（Dinorwic Pumped-storage Power Station）位于英国北威尔士的班戈尔附近，规模为1800兆瓦，是英国最大的抽水蓄能电站，也是欧洲最大的抽水蓄能电站之一，1974年开工，1982年首台机组投入运行，1984年6台机组全部投产。上水库利用原有的马切林摩尔湖扩建，修筑了一座堆石坝，最大坝高69米，坝顶长600米，有效库容670万立方米；下水库莱恩贝利斯湖也利用一个天然湖泊，修筑堆石坝，最大坝高35米，有效库容700万立方米。

格鲁吉亚共和国建成英古里坝 英古里坝（Inguri Dam）位于格鲁吉亚共和国英古里河上，是英古里水利枢纽的大坝，20世纪世界最高的拱坝，具有发电和防洪等综合效益。1965年开工，1978年11月首台机组并网发电，1984年拱坝竣工。水库库容11亿立方米，总装机容量1640兆瓦。枢纽主要建筑物包括拱坝、引水隧洞、地下厂房和无压尾水隧洞。坝型为双拱坝，高271.5米，坝顶长680米，包括两岸重力墩长度118米，最大底宽85米，顶宽10米。

英古里坝

1985年

洪都拉斯建成埃尔卡洪坝 埃尔卡洪坝（El Cajon Dam）位于胡穆亚河上。1980年开工，1985年建成。水库库容56亿立方米，电站装机容量30万千瓦。大坝为高混凝土双曲拱坝，最大坝高234米，坝顶长382米，坝顶厚7米，坝底厚48米，坝顶设有1.5米高的防浪墙，坝体混凝土160万立方米。由于坝址地区岩溶现象较普遍，地震活动活跃，故该坝针对深层岩溶防渗采用了“浴缸”式新型帷幕布置。

中国引滦入唐工程竣工 引滦入唐工程由引滦入还输水工程、邱庄水库、引还入陡输水工程和陡河水库四大工程组成。1978年开工，1985年竣工。设计过水流量为80立方米/秒，还利用落差建南观水电站，水流入还乡河注入邱庄水库。经反调节后通过隧洞、埋管、明渠等入陡河水库，最后引入唐山市区，全长52千米。引滦入唐工程每年可给唐山市和还乡河陡河中下游输水5亿～8亿立方米。

美国建成加利福尼亚调水工程 加利福尼亚调水工程是美国西部大型调水工程，目标是解决加州中部、南部以及洛杉矶地区缺水问题。1959年开工，1985年建成。工程分两期进行，一期调水28亿立方米，二期调水52亿立方米。工程的主要线路是，从奥罗维尔水库引出的水，经费瑟河与萨克拉门托河下泄，流经萨克拉门托河—圣华金河三角洲后，分别流入加利福尼亚水道。工程包括23座水库（总库容71亿立方米）、输水干渠5条（总长1102千米）、6座水电站（装机1360兆瓦）及22座抽水泵站（总扬程2396米）。

中国浙江省建成江厦潮汐电站 江厦潮汐电站位于浙江省乐清湾顶端支汊江厦港，温岭市境内，20世纪80年代中国装机容量最大的潮汐电站，名列世界第三

江厦潮汐电站

位。潮汐属半日潮，平均潮差5.08米，最大潮差8.39米，利用已建的原“七一”塘围垦海涂工程改建，工程于1973年10月动工，1980年5月第一台机组发电，1985年12月全部建成。电站建筑物有堤坝、水闸、发电厂房和升压站各一座。堤坝为黏土心墙堆石坝，在海中抛石、土而成，坝基为饱和海涂淤泥质黏土，层厚46米。堤坝全长670米，最大坝高15.5米，顶宽5.5米，坝基最大宽度180米。电站设计装机容量3900千瓦，年发电量约1000万千瓦时，以35千伏电压向温州电网供电。该电站以发电为主，兼有海涂围垦、海水养殖等综合效益。

加拿大建成魁北克调水一期工程　魁北克调水工程是加拿大跨流域调水工程，主要将拉格朗德河邻近流域东北部的卡尼亚皮斯科河及西南部的伊斯特梅恩河的水调至拉格朗德河，通过水力发电，在满足魁北克电力需求的同时，将剩余电力出售到美国东北部地区。调水线路全长861千米，流域面积9.8万平方千米，跨流域引水量共计382亿立方米。工程分两期开发，一期工程1973年开工，1985年完成，兴建相邻流域的两大调水水库、引水道和相应的配套设施，以及拉格朗德2级、3级、4级3座水电站；二期工程主要扩建拉格朗德2级水电站，建设1级水电站及引水工程上的勃里赛水电站、拉福奇2级和1级水电站等5项工程，共计装机容量达4954兆瓦。

中国台湾建成明湖抽水蓄能电站　明湖抽水蓄能电站位于台湾中南部南投县水里乡，是台湾第一座抽水蓄能电站。1981年4月开工，1985年建成投产。电站用日月潭作为上水库，在水里溪阻拦河床推移质流入下库，在下水库库尾及支流上建拦沙坝。水泵水轮机为立轴单机混流式，最大出力255兆瓦，设计水头309米，最大扬程326米，4台抽水蓄能机组的平均年运行小时数为4052小时。

1986年

美国建成巴斯康蒂抽水蓄能电站　巴斯康蒂抽水蓄能电站（Bath County Pumped-storage Power Station）位于美国弗吉尼亚州的西部高山区，是世界上装机容量第二大的抽水蓄能电站。1977年开工，1985年11月开始发电，1986年全部投入运行，装机容量为210万千瓦。电站包括下水库、上水库、引水系统、岸边半地下厂房等，电站上水库大坝建在小巴克溪上，为黏土心墙土石坝，最大坝高140米，坝顶长670米，总库容4702万立方米；下水库大坝建在巴克溪上，也是黏土心墙土石坝，最大坝高41米，坝顶长730米，总库容3760万立方米。电站运行中的启停条件、供水控制、水的最佳利用等参数，都由计算机控制。

中国福建省建成坑口坝 坑口坝位于福建省距大田县18千米的均溪支流屏溪上，是中国第一座碾压混凝土坝。1985年11月19日开工，1986年7月30日蓄水。坝型为重力坝，坝高56.8米，坝顶长122.5米。坝体采用高掺量粉煤灰碾压，不设纵横缝的整体式施工方法。溢流面等仍采用现浇混凝土的施工方法，节约了水泥、木材，降低了成本，加快了施工速度，并对混凝土的物理和力学性能有所改进。

荷兰建成东斯海尔德挡潮闸 东斯海尔德挡潮闸（East Scheldt Tide Lock）位于荷兰西部东斯海尔德河口，是世界上最高和规模最大的水中装配式水闸，1986年10月竣工。由闸身和连接两端海堤的坝体组成，闸身净长3000米，全长为4425米，横越大海，被称为海上长城。闸身最高53米，有63孔，采用平面闸门，长43米，高5.9～11.9米，最大面积为511.7平方米，是世界上最大的平面闸门。为了保存原有鱼类、鸟类及海底生物的生存条件，使潮水能保持原来通道，在施工期和建闸后不破坏原有的生态平衡，该闸采用了整体预制，浮运就位，现场水中拼装及水下处理地基的方法。闸门平时提起，只有预报可能将发生灾害性海潮时才关闭。

东斯海尔德挡潮闸

委内瑞拉建成古里水电站 古里水电站（Guri Hydropower Station）位于委内瑞拉东部瓜革那地区卡罗尼河下游，是下游开发的四级电站中的第一级水电站。电站分2期施工，一期工程于1963年开工，1968年开始发电，1977年完工；二期扩建工程于1976年开工，1984年开始发电，1986年完工。水库总库容1350亿立方米，电站最大发电容量1006万千瓦，年平均电能510亿千瓦时。主要建筑物包括：一座混凝土重力坝，最大坝高162米，坝顶长1426米；左、右两座土石坝坝基，右岸连接的土石坝长4000米，左岸连接的土石坝长2000米；一座溢洪道，溢流坝段长184米；两座坝后式发电厂房，安装20台水轮发电机组。

古里坝

中国成立长江科学院 长江科学院简称长科院，是以治理长江、开发长江水利水电资源为任务的综合性科学技术研究机构，隶属于水利部长江水利委员会，总部设在湖北省武汉市黄浦路23号。前身是1951年10月建立的长江水利委员会水工、土工试验室（后改为长江水利委员会试验研究所），1956年经水利部批准，成立长江水利科学研究院，1959年改称长江水利水电科学研究院，1986年改为现名。下设学术委员会，研究生部，行政、业务职能部门和河流、水工、土工、岩基、材料结构、爆破与振动、大坝安全监测、机电控制设备、仪器及自动化、微机应用等10余个专业研究所。

中国广西建成大化水电站 大化水电站位于中国广西壮族自治区大化瑶族自治县，珠江水系红水河中游，是红水河梯级开发中建成的第一座河床式电站。工程于1975年开始施工准备，1983年第一台机组发电，1986年竣工。电站以发电为主，兼有航运、灌溉等综合效益。工程由左右岸土坝、混凝土重力坝、混凝土溢流坝、右岸厂房、升船机和开关站等组成。坝线全长1166米，坝顶高程174.5米。溢流坝段布置在河床深槽，为混凝土重力坝和空腹重力坝，最大坝高74.5米，设有宽14米的溢流表孔13个，堰顶高程141米。大坝按100年一遇洪水设计，1000年一遇洪水校核。

中国宁夏建成固海扬黄灌溉工程 固海扬黄灌溉工程位于中国宁夏回族自治区南部的中宁县、海原县、固原市境内，是以解决人畜饮水和农业灌溉，发展农、林、牧业生产，改变贫困山区干旱面貌为目的，以黄河为水源的多级电力提水扶贫工程。1978年6月动工，1986年底竣工，设计灌溉面积2.66万公顷。渠首工程设在中宁县泉眼山北麓黄河干流右岸，直接从黄河提水。经11级扬水到固原市七营，总扬程为382.47米，共建泵站17座，安装抽水机组107台，总装机容量78405千瓦。输水主干渠全长150.42千米。

1987年

日本建成玉川坝 玉川坝位于秋田县，是当时世界上已建成最高的碾压混凝土坝。1983年开工，1987年6月完工。坝型为混凝土重力坝，坝高100米，坝顶长441.5米，总库容2.45亿立方米，电站装机容量2.6万千瓦。坝体混凝土总量114万立方米，其中碾压混凝土79.5万立方米。工程具有防洪、改善河道、灌溉、供水等多种效益。

俄罗斯建成萨扬舒申斯克水电站 萨扬舒申斯克水电站位于俄罗斯西伯利亚叶尼塞河上游，1963年进行施工准备，1978年第一台机组投入运行，1987年完成全部工程。萨扬舒申斯克水库正常蓄水位540米，水库总库容313亿立方米，水电站总装机容量6400兆瓦，平均年发电量235亿千瓦时。枢纽工程由大坝、溢流坝段、厂房、左右岸非溢流坝段、变电站等组成。大坝为混凝土重力拱坝，最大坝高242米，为世界已建最高的重力拱坝，坝顶高程547米，坝顶宽25米，最大坝底宽114米，坝顶弧线长1066.1米。水电站电力以500千伏超高压输电线联入西伯利亚联合电力系统，主要供给萨扬综合新兴工业用电。

萨扬舒申斯克水电站

中国安徽省建成淠史杭灌区干渠工程 淠史杭灌区位于安徽省中西部江淮之间的丘陵区，是淠河、史河、杭埠河3个毗邻罐区的总称，其干渠工程以灌溉为主，兼有发电、航运、水产养殖、城镇供水等综合效益。工程于1958年开工，1959年开始灌溉农田，1987年干渠以上工程已全部完成。灌区范围涉及六安、合肥、巢湖3个市12个县（市、区），总面积13130平方千米。灌区的主要水源工程是淠河上的佛子岭、磨子潭、响洪甸，史河上的梅山和杭埠河上的龙河口5个大型水库，总库容为65.93亿立方米。灌区内有中型水库24座、小型水库1112座、塘坝21万处。这些工程不仅对上游大型水库起到反调节作用，而且能拦蓄当地径流，补充灌溉水量。

中国山东省建成白沙口潮汐电站 白沙口潮汐电站位于山东半岛南岸乳山市白沙口，1970年开工，1973年末水工建筑物基本竣工，1978年8月，1、2号机组投入运行，1987年9月，6台机组全部投入运行。电站枢纽主要由堤坝、水闸、厂房等组成，大坝为砂质坝，坝长703米，顶宽9米，底宽36.5米，最大坝高5.5米。该电站利用白沙口湾的湾顶潟湖围成电站水库，采用单库单向发电。装机960千瓦，设计年发电量231万千瓦时。

法国建成大屋抽水蓄能电站 大屋抽水蓄能电站（Grand Maison Pumped-storage Plant）位于法国阿尔卑斯山区格勒诺布尔市东30千米，装机容量1800兆瓦，为法国最大的混合式抽水蓄能电站，也是当时世界上最大的混合式抽水蓄能电站。1979年开工，1986年开始发电，1987年竣工。上水库（大屋水库）在欧尔河上，冰碛土心墙土石坝最大坝高160米，坝顶长550米，正常蓄水位1695米，相应库容1.4亿立方米，有效库容1.32亿立方米；下水库在欧尔河的下游凡奈，沥青混凝土面板土石坝最大坝高42米，坝顶长430米，正常蓄水位高程768.5米，有效库容1430万立方米。

中国台湾建成翡翠拱坝 翡翠拱坝位于台湾省新店溪支流北势溪下游，是翡翠水库的拦河坝，为台北地区450万人口提供水源。1979年8月开工，1987年6月完工。枢纽工程包括拦河坝及电站两部分。拦河坝为双曲变厚度三心混凝土薄拱坝，坝高122.5米，坝顶总长510米，坝顶厚度7米，坝底厚度25米。

中国云南省建成西洱河梯级水电站 西洱河梯级水电站位于云南省，是利用西洱河上游的天然湖泊洱海作为调节水库，在西洱河上修建的4座梯级水电站。洱海是云南省三大高原湖泊之一，常年湖水位1973.5米，总容积31.6亿立方米，4级开发方式均为隧洞引水式，共利用落差608米，总装机容量255兆瓦，多年平均年发电量9.79亿千瓦时。一级水电站位于下关市沿河下游约10千米，首部枢纽位于下关湖盆地边缘天生桥处，坝型为潜孔式拦河闸，引水隧洞洞径4.3～5.6米，长8171米；二级水电站拦河坝位于一级水电站厂房下游

100多米处，为混凝土重力坝，引水隧洞长2184米，内径4.3米；三级水电站拦河坝位于二级水电站尾水渠出口下游230米处，为钢筋混凝土闸坝，引水隧洞长3266米，洞径4.3米；四级水电站拦河坝位于大河江村附近，为混凝土重力坝，引水隧洞长1960米，洞径4.3米。

1988年

中朝两国建成渭原水电站　渭原水电站位于鸭绿江干流中游，是鸭绿江干流上的第二座梯级水电站。中国侧为吉林省集安市凉水乡，朝鲜侧为慈江道渭原郡渭原区，为中朝两国共有。1978年主体工程开工，1987年首台机组发电，1988年6月6台机组全部投产。水库正常蓄水位169.3米，总库容8.55亿立方米，总装机容量390兆瓦，多年平均年发电量12亿千瓦时。大坝自右至左为右岸挡水坝段、溢流坝段、河床式厂房和左岸挡水坝段。坝顶全长643米，最大坝高55.5米，坝顶高程170.5米。溢流坝段为拱形布置，半径400米，总长288米，设有18个溢流孔。大坝按500年一遇洪水设计，5000年一遇洪水校核。

中国浙江省建成紧水滩水电站　紧水滩水电站位于浙江省云和县境内龙泉溪上，以发电为主，兼有航运、过木、防洪等综合效益。1981年开工，1987年4月首台机组发电，1988年6台机组全部投产。水库正常蓄水位184米，相应库容10.4亿立方米。电站装机容量300兆瓦，多年平均年发电量4.9亿千瓦时。工程由混凝土拱坝、坝后厂房、过船道和筏道等组成，大坝为三心圆变厚混凝土双曲拱坝，坝高102米，坝顶高程194米，坝顶弧长350.6米，厚5米，坝底厚24.6米。工程施工采用隧洞导流、一次断流、全年施工方式，上游采用混凝土拱围堰，下游围堰为混凝土重力式，坝基开挖采用预裂爆破法施工。

1989年

中国湖北省建成葛洲坝水利枢纽　葛洲坝水利枢纽位于湖北省宜昌市，是长江干流上第一座大型水利枢纽，对三峡水电站非恒定流进行反调节，并利用河道落差发电。工程于1970年12月开工，1981年1月大江截流，1989年全部竣工。枢纽主要建筑物自左岸至右岸为：左岸土石坝、3号船闸、三江冲沙闸、混凝土非溢流坝、2号船闸、混凝土挡水坝、二江电站、二江洪水、大江电站、1号船闸、大江泄水中沙扎、右岸混凝土挡水坝、右岸土石坝。枢纽总库容15.8亿立方米，挡水建筑物为闸型坝，最大坝高53.8米，坝顶长2606.5米。一、二号航闸可通行12000吨大型船舶，是中国目前最大的内河船闸。电站厂房为河床式，总装机容量271.5万千瓦，年平均发电量157亿千瓦时，是当时中国已建成的最大水电站。枢纽总泄流能力为11.4万立方米/秒，是当时世界上已建成的泄水量最大的水利工程。

葛洲坝水利枢纽

苏联建成罗贡坝 罗贡坝（Rogen Dam）位于苏联塔吉克共和国阿姆河支流瓦赫什河上，是罗贡水电站枢纽中的主要建筑物之一，当时世界最高的土石坝，也是当时世界最高坝。工程于1975年开工，大坝于1989年建成，水库总容量为133亿立方米。主要建筑物有拦河大坝、带有表孔和底孔进口的泄水建筑物，导流隧洞和交通洞。罗贡坝是一座黏土斜心墙土石坝，最大坝高335米， 坝顶长660米。为保护坝基岩层免遭冲蚀，在坝体上游侧地基内采取了综合防冲蚀措施，墙底用喷混凝土保护，下设灌浆帷幕并进行固结灌浆。地下式水电站厂房长200米、高68米、宽28米，装有 6台60万千瓦的水轮发电机组，总装机360万千瓦。

加拿大建成马尼克5级坝 马尼克5级坝（Manic-5 Dam）又称丹尼尔·约翰逊坝，位于加拿大马尼夸根河上，是河流梯级开发最上游的一级，世界最高的连拱坝。1961年开工，1968年第一期工程建成，1989年工程全部竣工。工程主要建筑物有混凝土高连拱坝、左岸引水发电系统与地面厂房、地下厂房、溢洪道等。为了解决施工基坑漏水问题，上游围堰建造了深76米的混凝土防渗墙，下游围堰修建了三排防渗帷幕灌浆。最大坝高214米，坝顶长1314米，大坝设有13个拱，14个坝垛，中间河床部位为跨度165米的大拱，其余左边7个拱和右边5个拱，跨度均为76米。大坝混凝土量226万立方米，大坝顶厚6.5米，拱底厚25米，水库总库容1388亿立方米，为北美洲最大的人工湖，也是当时已建高坝中库容最大的大坝，水电站装机容量265.6万千瓦。

马尼克5级坝

中国陕西省建成石头河土石坝 石头河土石坝位于陕西省眉县斜峪关上游，石头河（黄河水系渭河南岸支流）水利枢纽工程的主要组成部分。1974年6月开工，1982年12月拦河坝建成，1989年11月工程全部竣工。枢纽由拦河坝、溢洪道、泄洪隧洞、输水隧洞和水电站组成。拦河坝为土石坝，最大坝高114米，河床段采用黏土心墙砂卵石坝壳的土石混合坝，坝顶长约590米。水电站为坝后式地面厂房，总装机容量1.65万千瓦。石头河水库以灌溉为主，兼有发电、防洪和城市供水等综合效益。

巴西建成图库鲁伊水电站一期工程 图库鲁伊水电站（Tucurui Hydropower Station）位于巴西北部的亚马孙地区，托坎廷斯河下游，是巴西第二大水电站，以发电为主，兼有航运、防洪、灌溉等综合效益。一期工程于1975年11月主体工程开工，1984年首台机组发电，1989年完工；二期扩建工程1999年开工，首台机组2002年投入运行。一期装机4245兆瓦，年发电量228亿千瓦时；二期扩建4125兆瓦，年发电量324亿千瓦时。水库正常蓄水位72米，总库容503亿立方米，面积2875平方千米。挡水前缘总长7810米，河床部分跨越顺河断层，为斜心墙堆石坝，坝高98米，长1310米，右侧接土坝，最大坝高85米，长2611米。河床左侧为溢流坝段，坝高86米，成580米，设23个泄洪孔。

中国山东省建成引黄济青工程 引黄济青工程是山东省境内将黄河水引向青岛的大型跨流域调水工程，以满足城市供水和输水渠沿线农业用水。1986年4月15日开工，1989年11月25日建成通水。工程由水源工程、输水工程、调节水库及供水工程组成。水源工程和输水工程包括：渠首引水沉沙工程——利用山东省博兴县打渔张引黄闸引水，年引水量5.5亿立方米；输水河工程——始于博兴县沉沙池出口，向东经广饶、寿光、寒亭等9个县（市、区）至棘洪滩水库，全长253千米。输水河沿途共穿越天然河、沟、渠90余条，倒虹吸34座，总长5365米，输水河渡槽2座，长160米，排水河沟穿过输水河的倒虹吸51座，排水及灌溉渡槽13座，铁路桥2座，公路桥28座，生产桥165座，水闸64座，涵洞24座。棘洪滩水库为输水河末端的调节水库，坝型为碾压式心墙土坝，坝轴线总长14.2千米，最大坝高 15.24米，总库容1.56亿立方米。供水工程包括暗渠、低压管道、涵洞共22千米；净水厂、增压泵站各1座；输配水管道43.5千米；调蓄水池、加压泵站各3处。

1990年

中国福建省建成沙溪口水电站 沙溪口水电站位于福建省南平市上游的闽江支流西溪（又称沙溪）上，以发电为主，兼有航运、过木、水产养殖、旅游等综合效益。1983年3月正式筹建，1987年12月首台机组发电，1990年11月电站建成。水库正常蓄水位88米，总装机容量300兆瓦，多年平均年发电量9.6亿千瓦时。枢纽由拦河坝、河床式发电厂房、开关站和通航建筑物等组成。溢流坝位于河床中间偏左岸，最大坝高40米，堰顶高程93米。

中国湖北省建成西北口混凝土面板堆石坝 西北口混凝土面板堆石坝位于湖北省宜昌市长江三峡出口左岸支流黄柏河上，是中国第一座用现代技术修建的混凝土面板堆石坝，以灌溉为主，兼有发电、防洪等综合效益。1985年筹建，1990年建成。水库库容2.1亿立方米，水电站装机容量16兆瓦。枢纽工程由混凝土面板堆石坝、右岸开敞式岸边溢洪道、左岸泄洪放空隧洞、左岸发电输水隧洞及地面厂房组成。最大坝高95米，坝顶长222米。

印度建成特里坝 特里坝（Tehri Dam）位于印度特里城附近巴基拉蒂河及其支流比伦格纳河交汇处下游约1.5千米处，具有发电和灌溉效益。1978年开工，1990年建成。水库库容35.5亿立方米，电站装机容量2000兆瓦，多年平均年发电量35.68亿千瓦时。枢纽主要建筑物有黏土心墙堆石坝、发电引水系统、地下厂房、右岸溢洪道等。最大坝高260.5米，坝顶宽20米，坝顶长585米。

特里坝

1991年

格鲁吉亚加盟共和国建成胡顿坝 胡顿坝位于格鲁吉亚加盟共和国西部的英古里河上，坝址地质条件较复杂，地震烈度为8度。1982年开工，1991年建成。水库库容3.7亿立方米，电站装机容量210万千瓦。胡顿坝为高混凝土双曲拱坝，最大坝高200.5米，其中河床垫座高30米，坝顶长545米，包括两岸重力墩100米，坝顶厚6米，坝底厚46米，坝体混凝土量（含重力墩）148万立方米。

伊泰普水电站

巴西和巴拉圭合作建成伊泰普水电站 伊泰普水电站（Itaipu Hydropower Station）位于两国的边界巴拉那河中游河段上，是当时世界上已建成的最大水电站。水电站枢纽左岸属巴西，右岸属巴拉圭。1975年5月开工，1984年5月首批2台机组发电，1991年4月18台机组全部投入运行。水库正常蓄水位220米，相应库容290亿立方米。工程主要包括：导流明渠，长2000米；明渠上游拱围堰，高35米；明渠下游拱围堰，高31.5米；导流控制建筑物，重力坝高162米，长170米；上游主围堰；下游主围堰；主坝，为混凝土双支墩空心重力坝，坝顶高程225米，最大坝高196米，为世界已建最高的支墩坝，坝顶长1064米；右翼弧线形坝，为大头支墩坝，坝长986米，最大坝高64.5米；溢洪道；右岸土坝，长872米，最大坝高70米；左岸堆石坝，长1984米，最大坝高70米；左岸土坝，长2294米，最大坝高30米。大坝挡水前缘总长7760米，其中混凝土坝长2610米，土石坝长5150米。电站总装机容量14000兆瓦。

1992年

哥伦比亚建成瓜维奥坝并发电 瓜维奥坝（Guavio Dam）位于孔迪纳马卡省瓜维奥河上。1981年开工，1989年建成，1992年发电。水库库容10.2亿立方米，水电站装机容量160万千瓦。大坝为高斜心墙土石坝，最大坝高247米，坝顶长390米，坝体总体积1776万立方米。

中国吉林省建成白山水电站 白山水电站位于吉林省桦甸市境内，松花江上游干流上，是东北地区最大的水电站，与红石、丰满水电站形成梯级。工程于1958年开工，1961年停建，1971年筹备复建。一期为大坝及右岸地下厂房，二期为左岸地面厂房。1975年主体工程开工，1984年一期工程3台机组发电，1992年二期工程2台机组全部投产发电。工程由混凝土重力拱坝、泄洪设施、发电厂房、开关站等组成。大坝体型为三心等厚圆拱，坝顶高程423.5

白山水电站一、二、三期（抽水蓄能电站）工程全景图

米，最大坝高149.5米，坝顶长676.5米。水库总库容68.12亿立方米，电站总装机容量150万千瓦：一期工程装机容量90万千瓦，设计蓄水位413米，相应总库容为53.10亿立方米；二期工程续建后保坝洪水位为423.45米，相应库容为68.12亿立方米。右岸地下厂房系统由竖井式进水口、三条引水洞、25米大跨度的地下厂房和三条设有尾水调压井的尾水洞等四部分组成。水电站以发电为主，兼有防洪、灌溉和供水等综合利用效益。

中国陕西省建成安康水电站　安康水电站位于山西省安康市境内，长江支流汉水上游，为坝式水电站。工程于1978年正式开工，1990年第一台机组发电，1992年12月机组全部投产。电站装机容量852兆瓦，年发电量28.57亿千瓦时。工程由混凝土重力式溢流坝段、非溢流坝段、坝后厂房和垂直升船机等组成。坝线分布成折线，5段坝线共27个坝段，坝段间横缝灌浆，成整体折线重力坝。坝顶长541.5米，坝顶高程338米，最大坝高128米。工程以发电为主，兼有航运、防洪、养殖等综合效益。

加拿大建成拉格朗德二级水电站　拉格朗德二级水电站（La Grande Ⅱ Hydropower Station）位于加拿大魁北克省北部詹姆斯湾边远地区，在拉格朗德河上，距河口以上117千米处，是拉格朗德梯级开发中最重要、规模最大的工程。全梯级共有4座电站，拉格朗德水电站是全梯级四座电站中规模最大的一座。一期工程于1973年开工，1979年首台机组发电，1982年装完全部16台机组。二期扩建工程于1987年开工，1991年开始发电，1992年完成。枢纽主坝为斜心墙堆石坝，坝高160米，坝顶长2854米，并有副坝30座。电站的地下室厂房是庞大的洞室群，主厂房洞室长438.4米，宽26.5米，高47.3米，装16台33.3万千瓦的机组，是当时世界上最大的地下式厂房。总装机容量达7356兆瓦，平均年发电量380亿千瓦时。

中国青海省建成龙羊峡水电站　龙羊峡水电站位于青海省共和县和贵德县交界处的黄河干流上，是黄河流域开发中最上游一级大型水电站。工程于1978年7月开工，1979年12月截流，1987年9月底首台机组发电，1992年全部机组投入运行。水库总库容247亿立方米，有效库容193.5亿立方米。工程由混凝土重力拱坝、左右岸重力墩、左右岸混凝土重力式副坝、右岸溢洪道、坝后厂房等组成。挡水建筑物前缘总长1226米，主坝长367.6米，左右岸副坝分别为375米和340米。主坝为定圆心、定半径混凝土重力拱坝，坝顶高程2610米，最大坝高178米，坝顶宽15米，最大底宽80米。水电站装机容量1280兆瓦，多年平均年发电量59.42亿千瓦时。龙羊峡和刘家峡两水库的联合调度，使下游刘家峡、盐锅峡、八盘峡、青铜峡4座水电站增加出力25万千瓦，年发电量增加5.4亿千瓦时，并有防洪、灌溉、防凌、工业供水等综合效益。龙羊峡水电站以330千伏高压输电线路联入西北电网，向陕西、甘肃、宁夏、青海等地送电。

中国云南省建成鲁布革水电站 鲁布革水电站位于云南省罗平县与贵州省兴义市交界、珠江水系南盘江的支流黄泥河上。工程于1982年11月开工，1985年截流，1988年12月首台机组发电，1992年12月通过竣工验收。水库正常蓄水位1130米，相应库容1.224亿立方米，电站装机容量600兆瓦，多年平均年发电量28.45亿千瓦时。工程由首部枢纽、引水系统和厂区等3部分组成。首部枢纽包括拦河坝、泄水建筑物及排沙隧洞。拦河坝为心墙堆石坝，最大坝高103.8米，坝顶高程1138米，顶长217米，心墙顶宽5米，底宽38.25米。

1993年

中国江西省建成万安水利枢纽 万安水利枢纽位于江西省万安县境内长江支流赣江干流上，以发电为主，兼有防洪、航运、灌溉、养殖等综合效益。工程于1981年开始施工准备，1993年5月竣工，投入初期运行。水库正常蓄水位100米，总库容22.16亿立方米。电站装机容量500兆瓦，多年平均年发电量15.2亿千瓦时。工程由混凝土重力坝、右岸黏土心墙土坝、河床式水电站厂房、船闸及灌溉渠首组成。枢纽挡水前沿总长1104米，最大坝高64.5米，主要建筑物按1000年一遇洪水设计，10000年一遇洪水校核。

中国湖南省建成东江水电站 东江水电站位于湖南省资兴市罗霄山脉西麓湘江支流耒水上，工程于1958年10月开工，1961年缓建，1978年4月复工，1987年10月第一台机组发电，1993年竣工。电站枢纽包括大坝、溢洪道、泄洪洞、放空洞、过木道和厂房。大坝为变圆心、变半径双曲拱坝，坝顶高程294米，最大坝高157米，最大底宽35米，是当时中国大陆最高的混凝土双曲薄拱坝。坝内装设有自动安全监测系统。水库正常蓄水位285米，总库容92.74

亿立方米，发电厂房安装单机容量12.5万千瓦水轮机组4台，总装机50万千瓦，是耒水干流上13个梯级水电站中库容和装机容量最大的主导电站，兼有防洪、航运、养殖和工业供水等综合效益。

东江水电站大坝

中国河北省建成潘家口水利枢纽 潘家口水利枢纽位于河北省迁西县的滦河干流上，具有供水、发电防洪等综合效益。工程分两期开发，1975年10月一期工程开工，1981年第一台机组发电；二期工程1984年开工，1991年6月首台蓄能机组投产，1993年底全部竣工。水库是引滦工程中和滦河资源网络中的主要水源。主要建筑物有混凝土宽缝重力坝、坝后式厂房、副坝及下池等。主坝最大坝高107.5米，坝顶长1040米，坝身有18孔溢洪道，其中三孔采用宽尾墩式溢流坝，下泄流量很大，这种首创的泄流方式，可以增加坝面压力并提高下游消能效果。水库总库容29.3亿立方米，系多年调节水库，年平均引水19.5亿立方米，水电站装机容量420兆瓦，多年平均年发电量5.89亿千瓦时。电站设在大坝下游右侧，是中国第一座大型坝后混合式蓄能电站。

1994年

中国湖北枣阳石台寺提灌工程全线通水 石台寺提灌工程位于鄂豫两省四县市交界处，担负着襄阳、枣阳两地30万亩农田灌溉的任务，由中日合建，于1994年7月全线通水。工程共有4级5站，总装机容量10840千瓦，其中渡槽全长11000米，是亚洲最长的渡槽。

中国甘肃省建成引大入秦工程 引大入秦工程是甘肃省跨流域调水的大型自流引水灌溉工程，将发源于青海省境内的大通河水调至兰州市以北约60千米的秦王川地区。1976年开工建设，1980年停工缓建，1985年复建，1994年建成通水。工程设计年自流引水4.43亿立方米，灌溉面积5.87万公顷，解决灌区人民的生产生活用水，具有显著的经济、社会和环境效益。工程由引水渠首、输水渠系及其建筑物和田间配套工程组成。引水渠首位于甘肃省天祝县天堂寺，由混凝土重力式非溢流坝、溢流坝、泄洪冲沙闸及进水闸组成，正常蓄水位2258.7米。总干渠从天堂寺引水渠首到永登县香炉山总分水闸，全长86.94千米，45条支渠总长度约674.95千米。

引大入秦工程庄浪河大渡槽

中国甘肃省建成黄河景泰川电力提灌工程 黄河景泰川电力提灌工程位于甘肃省河西走廊东端，是大型高扬程提水灌溉工程。灌区北接腾格里沙漠，年平均降水量仅186毫米，年平均水面蒸发量则高达3330毫米，多风沙，自然条件很差。工程设计抽水流量为28.6 立方米/秒，计划灌溉景泰、古浪两县约80万亩土地。工程分两期进行：第一期工程于1969年动工、1974年建成，是一个梯级泵站系统，分11级抽水，建有13座泵站，安装104台主泵机组，装机容量6.7万千瓦，最大提水高度445米，干、支渠总长177千米，斗、农渠总长2600千米，干、支渠均采取混凝土衬砌，灌溉景泰县土地30万亩；第二期工程于1984年开工，1994年竣工，设计抽水流量18 立方米/秒，最大抽水高度602米，兴建泵站30座，195台机组总装机功率180.7兆瓦，发展灌溉面积约50万亩。

墨西哥建成阿瓜米尔帕坝 阿瓜米尔帕坝（Aguamilpa Dam）位于墨西哥西部纳亚里特州中部圣地亚哥河上，距州首府特皮克49千米，具有发电、防洪和灌溉等效益。工程于1990年8月开工，1994年9月第一台机组投产发电。枢纽主要建筑物有混凝土面板堆石坝、溢流坝、引水系统和地下厂房。坝型为混凝土面板堆石坝，最大坝高187米，坝顶长660米，是20世纪末已建同类坝型中最高的坝。总库容69.5亿立方米，总装机容量975兆瓦，年平均年发电量21.3亿千瓦时，灌溉面积10万公顷。

日本建成宫濑坝 宫濑坝位于日本神奈川县境内相模川水系右支流中津川上，是以防洪、供水和发电等为目标的水利枢纽工程。1991年10月开始碾压混凝土施工，1994年建成。水库总库容1.93亿立方米，电站总装机容量25.4兆瓦，最大坝高155米，坝顶长400米，是日本20世纪末建成的最高碾压混凝土重力坝。

1995年

日本建成大河内抽水蓄能电站 大河内抽水蓄能电站位于日本关西地区兵库县境内。1987年动工，1993年12月第一台机组投入运行，1995年全部完工，电站总装机容量1280兆瓦。上水库位于小田原河支流太田川上游，总库容931万立方米，有效库容866万立方米。下水库位于市川水系犬见川中游，总库容860万立方米，有效库容826万立方米。工程由上水库的5座黏土心墙堆石坝、下水库的1座大坝、2条压力引水隧洞、4条尾水隧洞、地下厂房和地面开关站组成。

中国四川省建成铜街子水电站 铜街子水电站位于四川省乐山市境内，长江水系岷江支流大渡河下游，是大渡河梯级开发的最末一级，为河床式水电站。电站以发电为主，兼有漂木、改善航运条件等综合效益。工程于1985年开工，1992年首台机组发电，1995年竣工。水库正常蓄水位474米，总库容2亿立方米，电站装机容量600兆瓦，多年平均年发电量32.1亿千瓦时。工程由混凝土重力坝、两岸堆石坝、河床式厂房及过木筏道组成。枢纽挡水前沿总长1084.59米，最大坝高82米，坝顶高程479米。溢流坝段位于河床右侧深槽，全长105米，设有5孔表孔。大坝按500年一遇洪水设计，10000年一遇洪水校验。

中国辽宁省建成观音阁水库 观音阁水库位于辽宁省本溪市境内的辽河支流太子河干流上，以防洪、供水为主，兼有灌溉、发电等综合效益。1990年5月开工，1995年建成。大坝为碾压混凝土重力坝，最大坝高82米，由挡水、溢

观音阁水库

流、底孔及电站坝段组成，坝顶全长1040米，大坝及主要建筑物设计洪水标准为1000年一遇，校核洪水标准为10000年一遇。

中国云南省建成漫湾水电站 漫湾水电站位于云南省云县和景东县交界处的澜沧江中游河段上，澜沧江中游河段开发的第3级，是云南省第一座百万千瓦级水电站。1986年5月1日开工，1993年6月30日首台机组建成投产，1995年6月5台机组全部投产。工程由混凝土重力坝、坝后封闭厂房及水垫塘、厂房两侧开关站、左岸泄洪洞组成。大坝最大坝高132米，坝顶长418米，坝顶高程1002米，正常蓄水位994米，总库容10.6亿立方米，大坝按1000年一遇洪水设计，5000年一遇洪水校核。水电站装机1670兆瓦，多年平均年发电量62亿千瓦时。

中国台湾建成明潭抽水蓄能电站 明潭抽水蓄能电站位于台湾中部南投县，是台湾最大的抽水蓄能电站，总装机容量1600兆瓦。1987年开工，1995年建成。上水库为天然湖泊日月潭，在车埕车站附近的水里溪河谷兴建另一座混凝土重力坝形成下水库。最大坝高61.5米，坝顶长319米，最高水位373米。明渠工程设有2条引水管道，每条包括引水隧洞、调压井、压力管道、岔管及支管。水泵水轮机为立轴单级可逆混流式，出力275兆瓦，设计水头380米，最大扬程411米。

中国四川省太平驿水电站全部机组投产发电 太平驿水电站位于岷江上游，四川省阿坝藏族羌族自治州汶川县境内。1991年10月开工，1992年11月8日截流，1994年11月10日首台机组并网发电，1995年末4台机组全部投产。水库正常蓄水位1081米，总库容95.57万立方米。电站装机容量260兆瓦，多年平均年发电量17.2亿千瓦时。枢纽工程由首部枢纽、引水系统和厂房枢纽三大部分组成。首部枢纽的拦河闸位于汶川县的彻底关，全长232米，闸室最大高度29.1米，布置有泄洪闸、漂木闸、引渠闸；引水系统布置有进水口、引水隧洞、调压室和2条压力管道；厂房枢纽位于川西龙门山峡谷中，包括地下主厂房、副厂房、主变压器室、尾水闸门室、尾水系统洞、交通洞、通风系统洞及出线洞及地面的出线平台。

中国广西岩滩水电站全部机组投入运行 岩滩水电站位于广西壮族自治区大化瑶族自治县境内，珠江水系红水河上，是红水河梯级电站之一。以发电为主，兼有航运效益。1984年进行施工准备，1987年11月截流，1992年9月首台机组发电，1995年6月机组全部投产。水库正常蓄水位223米，相应库容34.3亿立方米，电站装机容量1810兆瓦，多年平均年发电量56.6亿千瓦时。工程由混凝土重力坝、厂房、升船机等组成。坝线长525米，最大坝高110米。泄洪坝段总长159米，由7个表孔和1个底孔组成。枢纽按1000年一遇洪水设计，5000年一遇洪水校核。

岩滩水电站

1996年

土耳其建成伯克坝　伯克坝（Berke Dam）位于土耳其中南部的杰伊汉河上，1992年开工，1996年建成。主要建筑物包括混凝土双曲拱坝、坝顶溢洪道和坝后消力池、坝内2个底孔、右岸2条泄洪隧洞、右岸引水发电隧洞及地下厂房等。大坝为混凝土双曲薄拱坝，最大坝高210米，坝顶长270米，坝顶厚4.6米，坝底厚29.9米。工程主要用于发电，水电站装机容量为514.5兆瓦。

中国建成盐环定扬黄工程　盐环定扬黄工程位于陕西、甘肃、宁夏三省（自治区），是通过多级泵站将黄河水提送到宁夏回族自治区的盐池、同心县，甘肃省的环县，陕西省的定边县的部分地区，解决人畜饮水困难、地方病防治、发展灌溉的一项大型电力抽水工程。1988年8月动工，1996年9月竣

工。工程由三省（自治区）共用工程和各省（自治区）专用工程两部分组成。其中，共用工程共建泵站11座，总装机容量61.3兆瓦，总扬程391.2米，总干渠长101千米；专用工程共建泵站13座，总装机容量25.6兆瓦，干、支渠总长480千米，供水管网总长1127千米。

中国福建省建成水口水电站 水口水电站位于福建省闽清县境内闽江干流上，以发电为主，兼有航运、过木、防洪等综合效益。1987年开工，1989年9月大江截流，1993年8月首台机组发电，1996年12月机组全部投产。水库正常蓄水位65米，相应库容26亿立方米，电站装机容量1400兆瓦，多年平均年发电量49.5亿千瓦时。工程由混凝土重力坝、厂房、开关站、过船和过木建筑物组成。大坝总长783米，坝顶高程74米，最大坝高101米。工程防洪按1000年一遇设计，10000年一遇校核。

中国湖南省建成五强溪水电站 五强溪水电站位于湖南省沅陵县境内，长江支流沅江下游，是湖南省最大的水电站，以发电为主，兼有防洪、航运效益。1986年开始施工准备，1994年首台机组发电，1996年5台机组全部并网发电。水库正常蓄水位108米，相应库容43.5亿立方米，装机容量1200兆瓦，多年平均年发电量53.7亿千瓦时。枢纽建筑物包括泄洪重力坝、坝后式电站厂房、船闸。坝顶全长717.73米，坝顶高程117.5米，最大坝高85.83米，溢流坝段设9个溢流表孔。大坝按1000年一遇洪水设计，10000年一遇洪水校核。

五强溪水电站

1997年

中国湖北省长江三峡工程大江截流成功 位于长江干流三峡中的西陵峡，坝址在湖北省宜昌市三斗坪，是具有防洪、发电、航运、供水等巨大综合利用效益的特大型工程。工程分三期施工，1994年12月14日开工，1997年11月8日大江截流，标志着一期工程顺利完成。枢纽由拦河大坝、水电站、通航建筑等组成。拦河大坝为混凝土重力坝，最大坝顶高181米，坝顶长2309.47米，总库容450.5亿立方米，电站总装机容量2250万千瓦，采用坝后式厂房，安装26台水轮发电机组。永久通航建筑物为双线五梯级船闸及单线一级垂直升船机。

中国青海省李家峡水电站开始发电 李家峡水电站位于青海省尖扎县和化隆回族自治县交界处的黄河干流上，是黄河干流梯级开发中的第三级，具有发电和灌溉效益。1988年4月开工，1997年2月首台机组并网发电。电站总装机容量2000兆瓦，多年平均年发电量60.63亿千瓦时。枢纽建筑物由三心圆双曲拱坝、泄水建筑物、坝后厂房和左、右岸灌溉渠首组成。坝顶高程2185米，最大坝高155米，坝顶宽8米，坝底宽45米，坝顶弧长438.4米。

李家峡水电站

中国北京市建成十三陵抽水蓄能电站 十三陵抽水蓄能电站位于北京市昌平区，1992年9月11日开工，1997年6月建成投产。电站利用1958年在东沙河上建成的十三陵水库为下水库，在其左岸蟒山新建上水库，形成最大静水头481米，装机容量800兆瓦的日调节纯抽水蓄能电站，设计年发电量12.46亿千瓦时。工程主要由上水库、下水库、水道系统、地下厂房及开关站组成。上水库由开挖和筑坝形成，筑坝是混凝土面板堆石坝，最大坝高75米，正常蓄水位566米，总库容445万立方米，库顶周长1595米。

中国辽宁省建成引碧入连工程 引碧入连工程是以保障大连城市供水为

主，兼顾沿途农业用水、中小城镇用水的跨流域调水工程。1995年6月开工，1997年10月竣工。工程分北、南两段，北段始于碧流河水库坝下，止于洼子店水库左坝头受水池，为主要的引水工程；南段为进入城区的受水工程。工程主要由取水头部及输水总干线、防洪工程、分水枢纽等组成。输水总干线全长67.75千米，天然落差25米，包括暗渠、倒虹吸、隧洞等主要建筑物，年总供水量为3.33亿立方米。

中国上海黄浦江上游引水工程建成投产 黄浦江上游引水工程是以提高上海市自来水厂原水水质为目标的一项大型城市基础设施，中国最大的城市供水工程。工程规模为540万立方米/天，分两期实施，一期工程1987年7月投产，二期工程1997年12月投产。取水位置在黄浦江大桥附近，女儿泾出流口的上游。主要工程包括取水和增压泵站、输水渠道、穿越黄浦江的大型果酱钢管以及相应的供电、仪表、通信调度工程等。工程使上海市供水水源水质得到很大改善，基本上达到国家规定的Ⅲ级水源水质标准。

中国西藏建成羊卓雍湖抽水蓄能电站 羊卓雍湖抽水蓄能电站位于西藏自治区贡嘎县境内，属混合式蓄能电站。厂区地面海拔约3600米，为世界海拔最高、中国水头最高的抽水蓄能电站。1989年9月开工，1997年12月竣工。电站利用羊卓雍湖和雅鲁藏布江之间840多米的天然落差，取羊卓雍湖的湖水，通过引水隧洞和压力钢管，引水至雅鲁藏布江边的发电厂。电站总装机容量112.5兆瓦，多年平均年发电量9180万千瓦时。电站主要建筑物有：羊卓雍湖边进水口、引水隧洞、调压井、压力管道、地面式厂房和110千伏开关站；雅鲁藏布江边取水口，低扬程泵、沉沙池及与多级蓄能泵相连接的抽水钢管。

1998年

中国湖北省建成隔河岩水利枢纽 隔河岩水利枢纽位于湖北省长阳县境内长江支流清江干流上，工程以发电为主，兼有防洪、航运等综合效益。1987年

隔河岩水利枢纽

开工建设，1994年全部机组投产发电，1998年通过竣工验收。水库总库容34.4亿立方米，枢纽工程包括混凝土重力拱坝，泄水建筑物、右岸引水式水电站和左岸垂直升船机。主坝坝顶高程206米，坝顶全长665.45米，最大坝高151米；电站厂房内安装4台单机容量300兆瓦机组；左岸通航建筑物采用300吨二级垂直升船机。

中国河南省建成石漫滩水库大坝 石漫滩水库大坝位于河南省舞钢市境内淮河上游洪汝河支流滚河上，是具有防洪、供水、灌溉等综合效益的治淮重点工程。1993年 9月15日正式开工复建，1996年底大坝浇筑全部完成，1998年1月通过竣工验收。水库总库容1.2亿立方米，按100年一遇洪水设计，1000年一遇洪水校核。大坝为全断面碾压混凝土重力坝，全长645米，分22个坝段，1～9号坝段为右岸非溢流坝段，10～16号为溢流坝段，17～22号为左岸非溢流坝段，最大坝高40.5米，坝顶高程112.5米。工程的复建，显著提高和改善了水库的防洪除涝、城市供水、农田灌溉等综合效益。

石漫滩水库大坝

中国甘肃省建成大峡水电站 大峡水电站位于甘肃省白银市境内，是黄河上游龙羊峡—青铜峡河段梯级规划的第20个梯级，具有发电和灌溉效益。1991年10月开工，1993年11月截流，1996年12月首台机组发电，1998年6月4台机组全部投产，12月工程全部竣工。大坝挡水前缘全长258米，坝顶高程1482米，最大坝高72米。水库正常蓄水位1480米，总库容0.9亿立方米，为日调节水库。电站枢纽由河床式厂房、坝顶表孔溢洪道、泄水底孔、排沙底孔和副坝组成。电站装机容量为324.5兆瓦，多年平均年发电量14.92亿千瓦时。

中国贵州省建成东风水电站 东风水电站位于贵州省清镇市和黔西县界河乌江上游鸭池河上，系乌江干流梯级开发的第一级电站。工程以发电为主，兼有灌溉、旅游、养殖等综合效益。1987年主体工程开工，1989年1月30日截流，1994年8月30日首台机组并网发电，1998年通过工程竣工专项验收。水库正常蓄水位970米，总库容10.25亿立方米。枢纽工程由混凝土双曲拱坝、左岸溢洪道、左岸泄洪隧洞及右岸引水发电系统组成。坝顶高程978.3米，顶宽6米，底厚25米，最大坝高162.3米，是亚洲大型工程中最薄的拱坝。电站装机容量695兆瓦，多年平均年发电量24.2亿千瓦时。

中国黑龙江省建成莲花水电站 莲花水电站位于黑龙江省海林市与林口县交界处，是牡丹江下游第一座大型水电站，枢纽以发电为主，兼有防洪、灌溉等效益。主体工程于1992年11月开工，1994年10月大江截流，1996年底首台机组发电，1998年10月通过竣工验收。主要建筑物有主坝、副坝、右岸溢洪道、右岸引水系统及水电站厂房。主坝为钢筋混凝土面板堆石坝，最大坝高71.8米，坝顶长902米。副坝为黏土心墙砂砾石坝，最大坝高47.2米，坝顶长332米。枢纽建设中，在解决冬季施工、面板防冻、施工导流、电厂“无人值班（少人值守），梯调遥控”等技术问题上积累了丰富的经验。

1999年

希腊普拉塔诺里西电站投入运行 普拉塔诺里西电站（Plata Nuolixi Power Plant）位于希腊北部，是欧洲最高的碾压水泥混凝土坝，坝高95米，装机100兆瓦，年最大发电量达2.3亿千瓦时。1999年11月初正式投入商业运行，是奈斯托斯河综合开发所建的第二座电站。

中国上海市建成地下水库 上海地下水库位于上海市人民公园，占地面积约5800平方米，工程包括水库和泵房，水库库容量2万立方米，泵房占地面积约700 平方米，于1999年6月30日建成并通水。

日本建成冲绳海水蓄能电站并发电 冲绳海水蓄能电站位于日本冲绳县北部，是世界上第一座利用海洋作为下水库的抽水蓄能电站。1981年开始技术研究，1991年开工，1999年3月正式发电。电站在距海岸约600米、高程150

米左右的台地上人工挖掘填筑形成上水库，总库容59万立方米，利用海洋作为下水库。发电最大引用流量26立方米/秒，有效落差136米，发电出力30兆瓦。压力管道长度305米，直径2.4米；尾水隧洞长205米，直径2.7米。

中国广东省建成飞来峡水利枢纽　飞来峡水利枢纽位于广东省清远市珠江流域北江干流上，以防洪为主，兼有航运、发电效益，是珠江流域防洪工程体系的控制性枢纽之一。工程于1994年10月开工，1998年8月截流，1999年5月首台机组发电，1999年10月全部建成并投入运行。主要建筑物有溢流坝、非溢流挡水坝、船闸、水电站、土坝，另有副坝及左岸防护区等。主坝最大坝高52.3米，坝顶高程34.8米，坝顶长2952米。工程设计防洪标准为500年一遇，校核洪水标准为5000年一遇，土坝按10000年一遇洪水校核，水库总库容19.04亿立方米。

中国广西建成天湖水电站　天湖水电站位于中国湘江水系驿马河上游，距广西壮族自治区桂林市全州县城35千米。工程分两期建设，一期工程1989年7月开工，1992年4月竣工；二期工程1994年12月开工，1999年7月竣工。水库总库容3424万立方米，多年平均年发电量1.85亿千瓦时。设计装机容量60兆瓦，每期工程装机容量各30兆瓦，由蓄（引）水、输水、发电、输电4个工程系统组成。高山蓄（引）水系统以天湖水库和海洋坪水库为核心，13个中小型水库组成相互联系、上下贯通的水库群和引水、输水网路，压力水道系统全长4500米。

中国江苏省建成泰州引江河工程　江苏省苏北地区从长江引水至新通扬运河的引江河工程，主要功能是增供苏北地区水源，改善里下河地区洼地排涝，提高南通地区灌排标准，是一项引水、排涝、航运等综合治理开发的水利设施。1996年开工，1999年10月建成。河道全长24千米，工程主要包括河道开挖、河口枢纽、跨河桥梁及两岸灌溉、排涝、航运配套工程等。工程总体规模按河道自流引江流量600立方米/秒设计，河底宽80米，河底高程5.5～6米。

中国湖南省建成江垭水利枢纽　江垭水利枢纽位于湖南省张家界市境内澧水一级支流溇水中游，以防洪为主，兼有发电、灌溉、航运及供水等效益。主体工程于1995年7月2日开工，1999年3台机组全部发电。水库总库容

17.4亿立方米，电站装机容量300兆瓦，多年平均年发电量7.56亿千瓦时。枢纽由拦河坝、右岸地下厂房、地面升压站和左岸升船机等建筑物组成。大坝为全断面碾压混凝土重力坝，最大坝高131米，坝顶高程245米，正常蓄水位236米，坝顶长度369.8米。碾压混凝土采用斜层平推铺筑法，把浇筑仓面改小，缩短层间间歇时间，保证了混凝土的层面结合质量。

江垭水利枢纽

2000年

中国河南省黄河小浪底工程首台机组并网发电　小浪底工程位于河南省洛阳市以北40千米的黄河干流上，是黄河最下游的控制性骨干工程，以防汛、减淤为主，兼顾供水、灌溉和发电。枢纽建成后，下游防洪标准由60年一遇提高到1000年一遇，基本解除凌汛灾害；减少下游河道淤积，增加灌溉面积266万公顷；水电站装机1800兆瓦，多年平均年发电量51亿千瓦时。枢纽正常蓄水位275米，相应水库库容126.5亿立方米。1991年9月开工，1997年10月28日截流，2000年1月9日首台机组并网发电。枢纽主要包括挡水、泄洪排沙和引水发电建筑物三大部分。大坝采用带内铺盖的黏土斜心墙堆石坝，最大坝高154米，坝顶高程281米，坝顶长1667米；泄洪、排沙、引水发电建筑物布置在左岸，形成进水口、洞室群、出水口消力塘集中布置的特点，布置了各类洞室100多个，以及9条泄洪排沙洞、6条引水发电隧洞与10座进水塔。引水发电系统由发电进水塔、引水

黄河小浪底工程

洞、压力钢管、地下厂房、主变室、尾闸室、尾水洞、尾水渠和防淤闸等组成。工程于2001年底全部竣工。

中国陕西省建成东雷扬黄灌溉工程 东雷扬黄灌溉工程位于陕西省关中渭北旱塬的东部，是以黄河为水源的多级电力提灌工程。这一带属渭北黄土源区，地表水资源十分贫乏，十年九旱。灌区范围包括渭南市合阳、大荔、蒲城、富平4县和西安市临潼区，受益面积15万公顷。工程分两期实施：一期工程于1978年8月开工，1987年全部建成，设计灌溉面积6.5万公顷。采用无坝饮水方式，并按地形自然切割情况，实行分级分区抽水灌溉。二期工程于1990年7月开工，2000年4月干渠通水，由枢纽进水闸、一级抽水站、二级抽水站、三级抽水站、总干渠、北干渠、南干渠及6个分干渠灌溉系统组成，可灌溉耕地8.4万公顷，同时解决三门峡库区30%移民的饮水困难。

中国建成北京市第九水厂 北京市第九水厂位于北京市北郊，分三期建设，每期规模均为50万立方米/日，总供水能力为150万立方米/日，约占全市供水量的50%。一期工程从密云水库的调节水库——怀柔水库取水，在坝下建取水泵站，原水经预加氯及加压后由长42千米管道输水至水厂，于1990年投产；二、三期工程直接从密云水库取水，原水经调流及预加氯后由77千米输水管道自流送至水厂，二期工程于1995年投产，三期工程于2000年投产。几经升级改造，水厂供水能力不断提高，从原有150万立方米提升到170万立方米。

中国四川省建成宝珠寺水电站 宝珠寺水电站位于四川省广元市境内，长江水系嘉陵江支流白龙江上。1991年11月29日实现大江截流，1996年12月26日首台机组投产发电，2000年5月枢纽工程通过竣工验收。工程以发电为主，兼有防洪、灌溉等综合效益。枢纽主要水工建筑物包括折线形混凝土实体重力坝、坝后式水电站厂房、泄水

宝珠寺水电站

建筑物、过木道、821水厂取水工程及预留农业引水口。大坝按1000年一遇洪水设计，10000年一遇洪水校核，正常蓄水位588米，水库总库容25.5亿立方米，电站装机容量700兆瓦，多年平均年发电量23亿千瓦时。

中国浙江省珊溪水利枢纽首台机组发电 珊溪水利枢纽位于浙江省文成县的飞云江干流中游，由珊溪水库工程和赵山渡引水工程两部分组成，工程以灌溉和城市供水为主，兼有发电、防洪等效益。水库工程于1997年1月开工，同年11月截流，2000年7月首台机组发电。珊溪水库正常蓄水位142米，总库容18.24亿立方米，水电站装机容量200兆瓦，多年平均年发电量3.55亿千瓦时。水库主要建筑物由拦河坝、溢洪道、泄水隧洞、引水系统、发电厂房、开关站及牛坑溪排水系统组成。大坝为混凝土面板堆石坝，最大坝高132.5米，坝顶宽10米，坝顶长448米。赵山渡引水工程主要建筑物为16孔泄洪闸、河床式电站厂房、左岸及右岸重力坝及输水总干渠进水闸。

中国湖北省建成高坝洲水电站 高坝洲水电站位于湖北省宜都市境内，是清江干流开发3个梯级中最下游的一个梯级工程。1996年开工，2000年3台机组全部投产发电。枢纽建筑物由溢流坝、非溢流坝、河床式厂房和垂直升船机组成。大坝为混凝土重力坝，坝顶高程83米，最大坝高57米；电站装机容量270兆瓦，多年平均年发电量8.98亿千瓦时。水库主要任务是发电和航运，也是隔河岩水电站的反调节水库。

中国广东省建成广州抽水蓄能电站 广州抽水蓄能电站位于广州市东北方向的从化市，距广州市约90千米。电站分两期建设，总装机容量2400兆瓦，是世界上装机容量最大的抽水蓄能电站。一期工程于1888年9月开始兴建，1989年5月主体工程正式开工，1994年全部建成。二期工程于1994年9月正式开工，1994年4月首台机组发电，2000年6月机组全部投入商业运行。工程主要建筑物有上水库、下水库、引水系统、厂房和500千伏开关站，一期、二期工程共用上、下水库。兴建此电站是使深圳大亚湾核电站平稳安全运行，为广州电网调峰、调频、调相及事故备用。

中国西藏建成满拉水利枢纽工程 满拉水利枢纽工程位于西藏自治区日喀则地区境内的年楚河上，以灌溉、发电为主，兼有防洪、旅游和环境效益。1995年8月主体工程开工，1996年11月截流，1999年首台机组发电，2000

年年底主体工程全部完工。水库总库容1.55亿立方米，水电站装机4台，总装机容量20兆瓦，多年平均年发电量0.61亿千瓦时。枢纽由拦河坝、泄洪系统、引水发电系统等组成。拦河坝为砾质壤土心墙堆石坝，坝顶高程4261.3米，最大坝高76.3米，坝顶宽10米、长287米。

日本建成葛野川抽水蓄能电站 葛野川抽水蓄能电站位于日本山梨县。1993年1月开工，第1、2号机组分别于1999年12月和2000年7月投入运行。上水库位于富士川水系笛吹川支流日川的源头，正常蓄水位1481米，总库容1120万立方米。挡水坝为黏土心墙堆石坝，最大坝高87米，坝顶长494米，下水库位于相模川水系葛野川支流土室川的中游。正常蓄水位744米，总库容1150万立方米。拦水坝为碾压混凝土重力坝，最大坝高105.2米。

中国四川省二滩水电站枢纽工程竣工 二滩水电站位于四川省金沙江支流雅砻江的干流下游河段上，是雅砻江由河口上溯的第二个梯级水电站，中国20世纪建成的最大水电站。1991年9月主体工程正式开工，1993年12月26日截流成功，1998年8月电站正式并网发电，2000年12月枢纽工程通过竣工验收。枢纽工程由挡水、泄洪消能、引水发电系统以及过木机道等建筑物组成。大坝为混凝土双曲拱坝，坝顶高程1205米，坝顶弧长774.69米，拱冠处坝顶厚度11米，坝底厚度55.74米，最大坝高240米，水库总库容58亿立方米，电站总装机容量3300兆瓦，多年平均年发电量170亿千瓦时，在当时均为全国第一。工程以发电为主，兼有其他综合利用效益。

二滩水电站双曲拱坝

中国新疆乌鲁瓦提水利枢纽首台机组发电 乌鲁瓦提水利枢纽位于新疆维吾尔自治区和田地区，是和田河支流喀拉喀什河中游的大型控制枢纽，主要任务是灌溉、发电、防洪、改善生态环境。工程于1994年7月开工，1997年9月截流，2000年首台机组投产发电。枢纽正常蓄水位1962米，总库容3.47亿立方米，水电站装机容量60兆瓦，多年平均年发电量1.97亿千瓦时。枢纽主要建筑物有拦河坝、溢洪道、泄洪排沙洞、冲沙洞、发电引水系统及水电站厂房等。拦河坝由主坝和副坝组成，均为混凝土面板砂砾石坝。主坝坝顶长365米，最大坝高131.8米，坝顶宽12米；副坝最大坝高67米，坝顶长108米。工程施工采用隧洞导流，一次断流，枯水围堰挡水，汛期坝体临时断面挡水。枢纽主要水工建筑物按100年一遇洪水设计，2000年一遇洪水校核。

中国湖南省建成凌津滩水电站　凌津滩水电站位于湖南省桃源县境内，是沅江干流梯级开发方案的最后一个梯级，以发电为主，兼有航运效益。1994年开工，1998年12月首台机组发电，2000年竣工。电站总装机容量270兆瓦，多年平均年发电量12.15千瓦时。枢纽主要由大坝、发电厂房和船闸组成，坝顶全长915.11米，最大坝高52.05米。

中国福建棉花滩水电站水库开始蓄水　棉花滩水电站位于福建省永定县境内，以发电为主，兼有防洪、航运、水产养殖等综合效益。1998年3月开工，1998年9月截流，2000年12月水库开始蓄水，2003年竣工。水库正常蓄水位173米，相应库容20.35亿立方米，电站装机容量600兆瓦，多年平均年发电量12.5亿千瓦时。工程枢纽由碾压混凝土重力坝、左岸输水系统及地下厂房、左岸下游地面户内式开关站、右岸航运过坝建筑物、湖洋里副坝等组成。大坝长308.5米，坝顶高程179米，最大坝高113米，大坝按500年一遇洪水设计，5000年一遇洪水校核。

中国浙江省建成天荒坪抽水蓄能电站　天荒坪抽水蓄能电站位于浙江省安吉县境内，太湖流域西苕溪支流大溪上，是中国已建抽水蓄能电站中单个厂房装机容量最大、单级水泵水轮机水头最高的一座，在华东电网中担负调峰、填谷、调频、调相和事故备用等任务。主体工程于1994年6月开工，1998年9月30日首台机组试运行，2000年最后一台机组投入运行。总装机容量1800兆瓦，年发电量30.14千瓦时，年抽水电量41.04亿千瓦时。电站枢纽包括上水库、下水库、输水系统、地下厂房洞室群和开关站等部分。上水库利用天然洼地挖填而成，1座筑坝和4座副坝均为土石坝，主坝最大高度72米，设计最高蓄水位905.2米，相应库容919.2万立方米。下水库挡水建筑物为钢筋混凝土面板堆石坝，最大坝高92米，设计最高蓄水位344.5米，相应库容859.56万立

天荒坪抽水蓄能电站

方米，按100年一遇洪水设计，1000年一遇洪水校核。

中国建成天生桥一级水电站 天生桥一级水电站位于广西壮族自治区隆林县及贵州省安龙县界河南盘江干流，为红水河梯级开发的龙头水库电站，下游约6.5千米是天生桥二级水电站，以发电为主。工程于1991年6月开工，1994年底截流，1998年底首台机组发电，2000年工程竣工。水库总库容102.57亿立方米，为不完全多年调节水库。枢纽由混凝土面板堆石坝、开敞式岸边溢洪道、放空隧洞、引水系统和地面厂房等组成。大坝最大坝高178米，坝顶高程791米，坝顶宽12米、长1104米，坝顶长度、坝体填筑方量和面板面积在当时居世界首位。布置在右岸垭口的溢洪道具有规模大、泄流量大、流速快的特点，由宽120米、长1111米的引渠，溢流堰、泄槽、调流鼻坎和护岸工程组成。电站总装机容量1200兆瓦，多年平均年发电量52.26亿千瓦时。

天生桥一级水电站

中国建成天生桥二级水电站 天生桥二级水电站位于广西壮族自治区隆林县及贵州省安龙县界河南盘江上。工程分两期建设，一期低坝引水发电，建设两洞4机，1984年开工，1998年建成发电；二期工程于2000年底完工。电站由首部枢纽、引水系统及厂房和开关站3部分组成，为一大型引水式水电工程。大坝为碾压混凝土重力坝，最大坝高60.7米，坝顶长471米。水库正常蓄水位645米，水电站装机容量1320兆瓦，多年平均年发电量82亿千瓦时，最大水头204米，最小水头174米，设计水头176米。主要水工建筑物按100年一遇洪水设计，1000年一遇洪水校核。

中国安徽省建成同马大堤 同马大堤位于长江中下游左岸，是安徽省安庆市境内的重要堤防。大堤建设分3个阶段：1963—1979年，主要进行堤身加培及穿堤涵闸建设；1983—1997，主要进行填塘固基、反压平台、堤身培修、锥探灌浆、减压井、抛石护岸、涵闸加固、简易防汛公路等达标建设；1998—2000年，主要进行部分堤段堤身、堤基防渗加固及护岸加固建设。大堤南临长江，东傍皖河，上接湖北省黄广大堤末端段窑，下抵怀宁县官坝头，全长173.4千米。大堤保护区面积2310平方千米，包括安庆市宿松、望江、怀宁、太湖四县，保护耕地面积18.67万公顷，人口240万。

中国建成万家寨水利枢纽 万家寨水利枢纽位于黄河北干流托克托至龙口峡谷河段，左岸隶属山西省偏关县，右岸隶属内蒙古自治区准格尔旗。主要任务是向山西及内蒙古供水，并结合发电调峰，兼有防洪、防凌作用。1994年11月主体工程开工，1998年10月1日水库下闸蓄水，1998年11月28日首台机组发电，2000年全部机组投产。坝址控制流域面积39.5万平方千米，水库总库容8.96亿立方米，调节库容4.45亿立方米。设计年供水量14亿立方米，水电站总装机容量108万千瓦，多年平均年发电量27.5亿千瓦时。枢纽主要建筑物有混凝土重力坝、引黄取水口、坝后式厂房、开关站等。枢纽主要水工建筑物设计洪水标准为1000年一遇，洪峰流量16500立方米/秒；校准洪水标准为10000年一遇，洪峰流量21200 立方米/秒。最大坝高105米，坝顶长443米。泄洪排沙建筑物布置在河床左侧，最大泄洪能力21100立方米/秒，均采用挑流消能。坝后式厂房装有6台单机容量18万千瓦混流式水轮发电机组。

参考文献

［1］中国农业百科全书总编辑委员会水利卷编辑委员会，中国农业百科全书编辑部. 中国农业百科全书：水利卷（上、下）［M］. 北京：农业出版社，1986.

［2］中国大百科全书总编辑委员会，中国大百科全书出版社编辑部.《中国大百科全书》图文数据光盘［CD］. 北京：中国大百科全书出版社，1999.

［3］周魁一. 中国科学技术史（水利卷）［M］. 北京：科学出版社，2002.

［4］查尔斯·辛格，E.J.霍姆亚德，A.R.霍尔，等. 技术史［M］. 王前，孙希忠，译. 上海：上海科技教育出版社，2004.

［5］《中国水利百科全书》第二版编辑委员会，中国水利水电出版社编辑部. 中国水利百科全书（第二版）［M］. 北京：中国水利水电出版社，2006.

［6］田士豪，陈新元. 水利水电工程概论（第二版）［M］. 北京：中国电力出版社，2006.

事项索引

E

F

G

H

T

W

X

Y

Z

人名索引